国家能源集团
CHN ENERGY

技术技能培训系列教材

电力产业（火电）

火电辅控运行值班员

煤机

国家能源投资集团有限责任公司 组编

U0254100

中国电力出版社
CHINA ELECTRIC POWER PRESS

内 容 提 要

　　本系列教材根据国家能源集团火电专业员工培训需求，结合集团各基础单位在役机组，按照人力资源和社会保障部颁发的国家职业技能标准的知识、技能要求，以及国家能源集团发电企业设备标准化管理基本规范及标准要求编写。本系列教材覆盖火电主专业员工培训需求，本系列教材的作者均为长期工作在生产一线的专家、技术人员，具有较好的理论基础、丰富的实践经验。

　　本教材为《火电辅控运行值班员》（煤机），共十章，内容包括基础知识、辅机设备、运行操作、事故处理与预防四个方面。基础知识主要介绍火电厂辅控运行值班员岗位要求，辅控运行基本概念、原理和系统构成；辅机设备主要介绍火电厂辅控运行涉及的各类设备，包括泵、风机、阀门、除尘器、脱硫脱硝设备等的结构、工作原理、性能特点和使用注意事项方面的内容；运行操作主要介绍火电厂辅控运行的实践操作技能、操作步骤和注意事项；事故处理和预防主要介绍火电厂辅控运行过程中可能出现的事故及处理和预防措施。

　　《火电辅控运行值班员》（煤机）可以作为国家能源集团火电辅控运行值班员技能考核鉴定的培训和自学教材，也可作为各级各类火电辅控运行专业相关岗位技术、管理人员学习、技术比武等参考用书。

图书在版编目（CIP）数据

　　火电辅控运行值班员. 煤机/国家能源投资集团有限责任公司组编. --北京：中国电力出版社，2024.12.（技术技能培训系列教材）. -- ISBN 978-7-5198-9307-1

　　Ⅰ. TM621.3

　　中国国家版本馆 CIP 数据核字第 2024U1X448 号

出版发行：中国电力出版社
地　　址：北京市东城区北京站西街 19 号（邮政编码 100005）
网　　址：http://www.cepp.sgcc.com.cn
责任编辑：宋红梅
责任校对：黄　蓓　王海南　于　维
装帧设计：张俊霞
责任印制：吴　迪

印　　刷：三河市航远印刷有限公司
版　　次：2024 年 12 月第一版
印　　次：2024 年 12 月北京第一次印刷
开　　本：787 毫米×1092 毫米　16 开本
印　　张：34
字　　数：657 千字
印　　数：0001—3100 册
定　　价：150.00 元

技术技能培训系列教材编委会

主　　任　王　敏
副 主 任　张世山　王进强　李新华　王建立　胡延波　赵宏兴

电力产业教材编写专业组

主　　编　张世山
副 主 编　李文学　梁志宏　张　翼　刘　玮　朱江涛　夏　晖
　　　　　李攀光　蔡元宗　韩　阳　李　飞　申艳杰　邱　华

《火电辅控运行值班员》（煤机）编写组

编写人员　马连洪　王忠宝　王明喜　冯　刚　祁　镭　孙　勇
　　　　　刘雨明　刘启辉　张海富　杨铁强　岑国晓　何史彬
　　　　　陈春辉　吴伟源　孟立军　赵秀良　施卫平　施　梁
　　　　　徐宁翔　高春富　贾杰润　柴勇权　梁瑞庆　梁　凯
　　　　　黄杰锋　韩敦伟　解奎元　雷存祥

序　言

　　习近平总书记在党的二十大报告中指出，教育、科技、人才是全面建设社会主义现代化国家的基础性、战略性支撑；强调了培养造就更多大师、战略科学家、一流科技领军人才和创新团队、青年科技人才、卓越工程师、大国工匠、高技能人才的重要性。党中央、国务院陆续出台《关于加强新时代高技能人才队伍建设的意见》等系列文件，从培养、使用、评价、激励等多方面部署高技能人才队伍建设，为技术技能人才的成长提供了广阔的舞台。

　　致天下之治者在人才，成天下之才者在教化。国家能源集团作为大型骨干能源企业，拥有近25万技术技能人才，是企业推进改革发展的重要基础力量，有力支撑和保障了集团公司在煤炭、电力、化工、运输等产业链业务中取得了全球领先的业绩。为进一步加强技术技能人才队伍建设，集团公司立足自主培养，着力构建技术技能人才培训工作体系，汇集系统内煤炭、电力、化工、运输等领域的专家人才队伍，围绕核心专业和主体工种，按照科学性、全面性、实用性、前沿性、理论性要求，全面开展培训教材的编写开发工作。这套技术技能培训系列教材的编撰和出版，是集团公司广大技术技能人才集体智慧的结晶，是集团公司全面系统进行培训教材开发的成果，将成为弘扬"实干、奉献、创新、争先"企业精神的重要载体和培养新型技术技能人才的重要工具，将全面推动集团公司向世界一流清洁低碳能源科技领军企业的建设。

　　功以才成，业由才广。在新一轮科技革命和产业变革的背景下，我们正步入一个超越传统工业革命时代的新纪元。集团公司教育培训不再仅仅是广大员工学习的过程，还成为推动创新链、产业链、人才链深度融合，加快培育新质生产力的过程，这将对集团创建世界一流清洁低碳能源科技领军企业和一流国有资本投资公司起到重要作用。谨以此序，向所有参与教材编写的专家和工作人员表示最诚挚的感谢，并向广大读者致以最美好的祝愿。

2024 年 11 月

前　言

　　近年来，随着我国经济的发展，电力工业取得显著进步，截至 2023 年底，我国火力发电装机总规模已达 12.9 亿 kW，燃煤发电 600MW、1000MW 机组已经成为主力机组。当前，我国火力发电技术正向着大机组、高参数、高度自动化方向迅猛发展，新技术、新设备、新工艺、新材料逐年更新，有关生产管理、质量监督和专业技术发展也是日新月异，现代火力发电厂对员工知识的深度与广度，对运用技能的熟练程度，对变革创新的能力，对掌握新技术、新设备、新工艺的能力，以及对多种岗位上工作的适应能力、协作能力、综合能力等提出了更高、更新的要求。

　　我国是世界上最大的煤炭生产和消费国，原煤占能源消费的 70%，是世界上少数几个以煤为主要能源的国家。我国在经济高速发展的同时，也承受着巨大的资源和环境压力。当前我国燃煤电厂烟气超低排放改造工作已全面开展并逐渐进入尾声，烟气污染物控制也由粗放性的工程减排逐步过渡至精细化的管理减排。随着能源结构的不断调整和优化，火电厂作为我国能源供应的重要支柱，其运行的安全性、经济性和环保性越来越受到关注。为确保火电机组的安全、稳定、经济运行，提高生产运行人员技术素质和管理水平，适应员工培训工作的需要，特编写电力产业技术技能培训系列教材。

　　辅控运行是指在火电厂中，对辅助系统进行监控和控制的运行方式。这些辅助系统包括除灰系统、脱硫系统、脱硝系统、水处理系统、制氢站以及 CCUS 系统等。通过辅控运行，能够实现对辅助设备的远程监控、故障诊断和处理、节能降耗等方面的优化管理，从而提高电厂的运行效率和经济效益。本教材旨在提高火电厂辅控运行人员的专业素质和操作技能，帮助他们更好地理解和掌握辅控运行的核心知识，提高运行效率，保障电厂安全稳定运行。同时，本教材对于相关领域的从业人员、研究人员以及学生具有重要的参考价值和学习意义。

　　本教材为《火电辅控运行值班员》（煤机），共十章，内容涵盖了火电厂辅控运行的各个方面，包括设备系统概述、设备工作原理以及启停操作、故障判断处理等。此外，教材还提供了大量的案例分析与实践操作指南，方便学习者进行实战训练。

在编写本教材的过程中，我们得到了众多专家、学者和实践经验丰富的一线工程师的支持和帮助。在此，我们对他们表示衷心的感谢。同时，我们也期望本教材能够成为火电厂辅控运行人员的必备工具书，为提高他们的专业素质和操作技能发挥重要作用。在未来的使用过程中，我们欢迎广大读者提出宝贵的意见和建议，以便我们不断完善和改进教材内容。

编写组

2024 年 6 月

目　　录

第一章 岗位概述

第一节 辅控运行值班员岗位概述

一、职业定义

辅控运行值班员负责操作、监视、控制电厂环保设备、水处理设备的控制系统以及设备系统的就地运行。

二、职业能力特征

具有领会、理解、应用电厂环保设备、水处理设备系统运行规程、电业安全工作规程、运行措施、岗位责任制等文件的能力；具有应用正确、清晰、精炼的行业特征术语进行联系、汇报、交流的表达能力；能正确计算电厂环保设备、水处理设备的经济运行指标；能熟练、准确、稳定地完成电厂环保设备、水处理设备的启动、停机操作及定期切换试验；具有维护电厂环保设备、水处理设备日常运行的能力；能迅速准确发现、分析、判断、处理电厂环保设备、水处理设备的各种故障，并能正确实施预防措施。

三、岗位概述

在国家安全生产法律法规、上级公司安全生产管理制度和公司运行管理相关标准规范的规定下，电厂环保设备、水处理设备系统值班员主要是负责电厂环保设备、水处理设备系统及相关公用系统的安全稳定经济运行，定期对所管辖设备进行检查，掌握设备安全运行情况，不断提高机组安全经济环保运行水平，确保本值安全、生产、经济指标、环保等各项任务顺利完成，是本岗位安全生产第一责任人。其工作任务是：

（1）当班期间，负责电厂环保设备、水处理设备系统所管辖设备安全、经济运行和文明生产，是本岗位安全生产第一责任人。

（2）当值期间，协助负责电厂环保设备、水处理设备系统的运行方式、启停、调整和事故处理。

（3）在值长指挥下检查并监视电厂环保设备、水处理设备系统运行的各种参数，并及时分析、调整。作业前必须对操作项目进行运行操作安全性分析。

（4）认真监视并及时统计电厂环保设备、水处理设备系统经济指标数据、环保指标数据并及时报送，严格控制环境污染事件的发生。

（5）对电厂环保设备、水处理设备系统所辖设备系统的巡检、操作和其他工作的如实记录。

（6）严格遵守规章制度和上级指令，遵守劳动纪律。

第二节　辅控运行值班员岗位任职条件

一、身体素质要求

身体健康，视觉、色觉、听觉正常；有良好的空间感和形体知觉；手指、手臂、腿脚灵活、动作协调；矫正视力为 1.0 以上，无色盲；无冠心病、心率失常（频发性心室早搏、病窦）；无传染性疾病；没有妨碍本岗位工作的疾病。

二、基本知识及技能

（1）掌握工程力学、流体力学、动力设备、电工基础、电机学、电气设备、电力系统、继电保护、汽轮机原理、锅炉原理等知识。

（2）掌握分析化学、无机化学、有机化学、物理化学基础知识。

（3）掌握发电厂水、汽、氢监督项目，化验理论知识，试验分析方法及异常处理知识。

（4）掌握有关化学监督的各项制度和标准。

（5）掌握热力设备化学防垢、防腐、防积盐知识。

（6）掌握火电厂生产过程及除灰脱硫、脱硝专业有关的基础理论知识和技术规范。

（7）掌握除灰脱硫、脱硝系统的构成、工作原理及工艺流程，掌握设备系统的运行特性及操作方法。

（8）掌握除灰脱硫、脱硝及电厂化学系统中所执行的各种技术标准，掌握技术规程所规定的专业技术知识。

（9）了解电厂环保设备、水处理设备系统新技术、新设备、新规范等的应用情况。

（10）了解设备各种自动控制、热工保护和测量仪表的作用、工作原理及使用方法。

（11）了解国家最新的环保排放标准和相关政策。

三、专业知识及技能

（1）能够熟练操作电厂环保设备、水处理设备系统的启动、停运及运行调整。

（2）能够及时发现电厂环保设备、水处理设备系统的运行设备异常，分析异常原因并提出处理方法，能够对设备运行情况进行正确地分析、判断和处理。

（3）能够正确使用各种试验的仪器、仪表，能够正确使用各类安全工器具。

（4）能够对电厂环保设备、水处理设备系统运行设备系统故障进行正确地分析、判断和处理。

（5）能够运用所掌握的专业知识解决现场出现的问题。

（6）熟悉生产现场自动消防设施，会报火警、能扑救初期火灾。

（7）熟悉火电厂大气污染物排放限值和控制措施。

（8）熟悉并执行《中华人民共和国电力法》、《电力工业技术管理法规》（DL/T 800—2018）、《电业安全工作规程》（GB 26164—2010）、《压力容器安全技术监察规程》（质技监局锅发〔1999〕154号）、《电力设备消防典型规程》（DL 5027—2022）等法律法规及标准，熟悉并执行本厂《化学技术监督管理标准》《电厂环保设备、水处理设备系统运行规程》以及国家能源局《防止电力生产事故的二十五项重点要求》。

（9）熟悉电厂环保设备、水处理设备系统的设备布置形式、位置、走向及操作注意事项。

（10）熟悉设备发生事故后的处理流程和处理方法。

四、其他相关知识及技能

（1）具备较强责任心和一定的组织协调能力。

（2）具备并掌握一定的安全防护、消防、急救及职业危害防治等知识。

（3）掌握计算机应用知识及 SAP 管理系统操作方法。

（4）熟悉"两票三制"工作标准。

（5）熟悉国家有关法律、法令、厂规和本部门管理制度。

（6）熟悉公司安健环管理的内容及有关制度要求。

（7）掌握《中华人民共和国职业病防治法》、《中华人民共和国安全生产法》、《火电厂大气污染物排放标准》（GB 13223—2011）、《电业安全工作规程》（GB 26164—2010）、《电力设备典型消防规程》（DL 5027—2022）、《压力容器安全操作规程》以及《特种设备安全监察条例》（国务院令第549号）等法律法规及行业标准的相关要求。

第二章 岗位安全职责

第一节 辅控运行值班员安全生产责任

（1）严格执行安全生产责任制，遵守安全工作规程、运行规程和劳动纪律，严格执行公司、部门安全生产规定，对本人的工作行为负责。

（2）主动接受安全生产教育和培训计划。

（3）实施岗位安全检查，及时发现、消除不安全因素。

（4）熟悉本岗位事故应急处理方法。

（5）参加定期的安全活动，接受各级领导的安全检查和监督。

（6）了解岗位存在的风险，正确使用劳动保护用品。

（7）及时、如实报告不安全情况。

（8）对本岗位安全生产责任制与岗位实际不符的，向值长或部门分管领导反映，及时修改。

（9）对违反安全生产责任制造成的事故负直接责任。

第二节 辅控运行值班员安全工作标准

（1）遵守各项安全工作规定、规程、制度和劳动纪律，认真执行"两票三制"等安全生产管理制度，依法依规开展安全生产工作。

（2）按照安全文明生产标准化规范要求维护好控制室的文明生产秩序。

（3）参加安全生产隐患排查、季节性安全生产的检查、迎峰度夏及防汛抗台专项检查等各类安全检查，消除生产安全事故隐患。

（4）参加每轮值的班组安全活动，学习各类事故通报、上级安全文件、安全生产法律法规，开展各类风险辨识工作，主动参与本班组安全生产上存在问题的分析等，提高自身的安全意识及风险管控能力。

（5）认真履行交接班制度的相关规定，参加班前会、班后会，汇报所掌握的设备运行状况，认真听取并落实值长交代的工作任务、交代的作业风险及控制措施等内容，保持良好的精神面貌、工作状态。

（6）主动接受安全生产教育和培训，掌握本岗位操作所需的安全生产知识，不断提高安全生产技能。

（7）本机组、系统发生事故及异常时，在值长的指挥下进行相关处理工作。事后及时收集事故的原始资料，参加事故调查分析。

（8）参加公司、部门组组织的应急预案演练、反事故演习、急救和消防知识培训，掌握触电现场紧急救护法，会正确使用消防设施和火险报警，提高事故处理和应急能力。

（9）掌握本机组、系统的危薄点，并提出相应的运行方式调整建议。

（10）制止任何违章作业行为，拒绝接受和执行违章命令和违章指挥。

（11）按要求做好工器具的正确使用和保管，正确佩戴劳动保护用品。

第三节　辅控运行值班员安全责任标准履职清单

辅控运行值班员安全责任标准履职清单见表 2-1。

表 2-1　辅控运行值班员安全责任标准履职清单

序号	履职周期	安全责任内容	履职形式	完成期限
1	每年	协助值长完成本班组的班组建设工作，对其相应的工作承担直接责任	协助值长完成本班组的班组建设相关工作	按实际要求
2	每轮值	参加班组安全日活动	根据排班要求，参加班组安全日活动	按实际要求
3	日常	负责协助完成所辖设备和系统的启动、监视、调整、停运、事故处理、试验、定期切换等工作，确保机组设备安全、稳定、经济运行，对本岗位的操作准确性承担直接责任	（1）负责机组运行期间的监盘工作，严密监视机组运行参数，在偏离正常值的情况下作出适当调整，并对其正确性负责； （2）在值长的领导下，协助机组启停、监盘和调整操作，检查指导现场工作，并对其准确性和正确性负责，如遇环保数据异常应及时发现及汇报； （3）就机组运行过程中的异常现象作出分析，并对其承担主要责任； （4）就操作中的细节作出分析并提出合理化建议，并对其承担主要责任； （5）就操作中的细节作出分析并提出合理化建议，并对其承担主要责任	持续
4		遵守制度规定，严格执行运行规程，两票三制，办理工作票、操作票、风险预控票。对本岗位的制度执行承担直接责任	（1）按照工作票制度完成对工作票的许可、延期和终结，并对其承担主要责任； （2）按照操作票制度完成操作任务，并对其承担主要责任； （3）在监护下进行重要设备的操作	持续
5		负责进行机组的定期试验以及巡回检查制度的执行，对其相应操作的正确性负直接责任	（1）安排做好巡检工作，并指明要检查的要点，并对其承担主要责任； （2）负责进行机组的定期试验以及相关操作，并对各项操作、定期试验承担直接责任； （3）严格执行巡回检查制度，并对其执行情况承担直接责任	持续

第三章　火力发电厂辅控基础知识

第一节　脱硫基础知识

一、SO_2 的生成

（一）SO_2 的危害

火电厂排放的 SO_2、NO_x（氮氧化物）及烟尘会对大气造成严重污染。SO_2 为无色透明气体，具有强烈的刺激性气味，相对分子质量为 64.07，密度为 2.3g/L，熔点为 -72.7℃，沸点为 -10℃，溶于水、甲醇、乙醇、硝酸、硫酸、醋酸、氯仿及乙醚等物质。遇水形成亚硫酸，氧化后生成硫酸。

SO_2 对人体和环境均有较大危害，排入大气中的 SO_2 易与空气中的飘尘黏合，容易被吸入人体内部，引起各种呼吸道疾病。

SO_2 给人类带来最严重的问题是酸雨。SO_2 和 NO_x 与大气中的 O_2、H_2O 等氧化性物质及其他自由基经过一系列光化学反应和催化反应后，生成硫酸、硝酸等，形成 pH 值小于 5.6 的雨雪或其他形式的降雨（如雾、露、霜等）回到地面，严重危害环境和生态系统。

酸雨对水体生态系统的危害主要表现在使水体酸化，鱼类生长受抑制甚至灭绝，土壤酸化后溶出的有毒重金属离子会导致鱼类中毒死亡。对陆地生态系统的危害主要是导致土壤酸化、贫瘠化，危害农作物生长和森林系统。酸雨渗入地下水或流入江河湖泊中会导致水质污染，还会加速建筑物的风化腐蚀，影响人类健康生活。

（二）SO_2 的生成

大气中的 SO_2 来源于人为污染和自然释放两个方面，天然二氧化硫主要由动植物残体的腐化和火山喷发形成，人为产生的 SO_2 主要来源于化石燃料燃烧。

煤是我国主要的能源来源，据统计，截至 2022 年底，我国大约 70% 的电力燃料、70% 的工业燃料、60% 的化工原料以及 80% 的供热燃料等都来自煤。

1. 煤的种类

煤的元素分析成分包括碳、氢、氧、氮、硫，煤中的硫常以三种形式存在，即有机硫、硫化铁硫、硫酸盐硫，前两种为可燃硫，后一种归入灰分为固定硫。

根据干燥无灰基挥发分 V_{daf}，将煤分为褐煤、烟煤和无烟煤。$V_{daf} \leqslant$

10%的煤是无烟煤，$V_{daf} \geqslant 37\%$的煤是褐煤，在它们之间的煤是贫煤和烟煤。

2. 煤中硫的燃烧产物

煤在锅炉中燃烧时，煤中可燃硫主要氧化成SO_2，硫转化成SO_2的比率因煤中硫的存在形态、燃烧设备和运行工况的不同而不同，在生成SO_2的同时，有$0.5\% \sim 2.0\%$的SO_2进一步氧化成SO_3，其转化率与燃烧方式、工况以及煤的含硫量有关。

经FGD（烟气脱硫）吸收塔处理未除尽的SO_3，对吸收塔下游的设备有腐蚀性，且烟气中含有的SO_3与烟气中的水汽结合形成硫酸酸雾，在低温面上凝结，也会腐蚀设备。露点是硫酸蒸汽开始凝结的温度，当含酸的高温烟气到达低温段时，烟气可能降低至露点温度之下，硫酸蒸汽凝结在低温受热面上，易造成低温受热面的腐蚀和堵灰。而且FGD对硫酸雾脱除效率低，所以SO_3对FGD下游侧的设备腐蚀严重。

二、SO_2的排放标准

（一）我国为控制酸雨和二氧化硫污染采取的政策和措施

（1）将酸雨和二氧化硫污染综合防治工作纳入国民经济和社会发展计划。

（2）根据煤炭中硫的生命周期进行全过程控制。

（3）调整能源结构，优化能源质量，提高能源利用率。

（4）着重治理火电厂的二氧化硫污染。

（5）加强二氧化硫治理技术和设备的研究。

（6）实施排污许可证制度，进行排污交易试点。

对位于酸雨控制区与二氧化硫污染控制区（两控区）的火力发电厂，实行二氧化硫的全厂排放总量与各烟囱排放浓度双重控制。

（二）火电厂大气污染物排放标准

在我国大气污染物排放标准中，"标态"指烟气温度为273K、压力为101325Pa时的状态，烟囱的有效高度指烟气抬升高度和烟囱几何高度之和。下面的排放标准限值均为标态干烟气的数值。

大型火电厂烟气污染物排放标准（基准含氧量6%）为：烟尘$\leqslant 10mg/m^3$，$SO_2 \leqslant 50mg/m^3$，$NO_x \leqslant 100mg/m^3$（标况下）。

《火电厂大气污染物排放标准》（GB 13223—2011）自2012年1月1日开始施行，明确规定了火电厂SO_2的排放标准。2014年9月12日，国家发改委、国家环保部、国家能源局联合发布的"关于印发《煤电节能减排升级与改造行动计划（2014—2020年）的通知》"中作出要求，在2020年之前对燃煤电厂全面实施超低排放和节能改造。

超低排放，是指火电厂燃煤锅炉在发电运行、末端治理等过程中，采用多种污染物高效协同脱除集成系统技术，使其大气污染物排放浓度基本符合燃气机组排放限值，即烟尘、二氧化硫、氮氧化物排放浓度（基准含氧量 6%）分别不超过 10、35、50mg/m³（标况下）。

三、火电厂脱硫技术简介

燃煤产生的污染是我国大气污染的主要来源之一。在一次能源消费量中，煤所占的比例高达 70%，而我国的耗煤大户主要是燃煤电厂，其 SO_2 排放量占工业总排放量的 55% 左右，同时亦排放大量 NO_x，大气中的 SO_2 和 NO_x 与降水溶合形成酸雨（降水 pH 值小于 5.6 称酸雨，我国酸雨主要是 SO_2 所致）严重破坏生态环境和危害人体健康，加大癌症发病率，甚至影响人类基因造成遗传疾病。削减二氧化硫的排放量，控制大气二氧化硫污染、保护大气环境质量，是目前及未来相当长时间内我国环境保护的重要课题之一。

根据控制 SO_2 排放工艺在煤炭燃烧过程中的不同位置，脱硫工艺可以分为燃烧前脱硫、燃烧中脱硫和燃烧后脱硫。燃烧前脱硫是指用物理、化学或生物方法把燃料中所含的硫分去掉，将燃料净化，主要包括煤炭洗选、煤气化、液化和水煤浆技术。燃烧中脱硫是在燃烧过程中加入固硫剂，将硫分生成硫酸盐，随炉渣排出，按燃烧方式的不同又分为层燃炉脱硫、煤粉炉脱硫和沸腾炉脱硫。燃烧后脱硫是利用石灰石—石膏法、海水脱硫法对燃烧烟气进行脱硫的技术。

脱硫工艺还可分为干法烟气脱硫和湿法烟气脱硫。

干法烟气脱硫是指无论加入的脱硫剂是干态的还是湿态的，脱硫的最终反应产物都是干态的。与湿法烟气脱硫工艺相比，干法烟气脱硫投资费用较低，脱硫产物呈干态，并与飞灰相混，无需装设除雾器及烟气再热器，设备不易腐蚀，不易发生结垢及堵塞；但其吸收剂的利用率低于湿法烟气脱硫工艺，用于高硫煤时经济性差，飞灰与脱硫产物相混可能影响综合利用，对过程程控要求很高。干法脱硫技术的主要原理是通过与含有硫化物的气体接触，让气体中的硫化物转化为易于分离的形式或被吸附和固定。常见的干法脱硫技术包括活性炭吸附、干式湿化和干燥、干式催化氧化和干式电吹风等。

湿法烟气脱硫是相对于干法烟气脱硫而言的，无论是吸收剂的投入、吸收反应的过程，还是脱硫副产物的收集和排放，均以水为介质的脱硫工艺，都称为湿法烟气脱硫。湿法烟气脱硫技术先进成熟，运行安全可靠，脱硫效率较高，适用于大机组，煤质适应性广，副产品可回收；但其系统复杂，设备庞大，占地面积大，一次性投资多，运行费用较高，耗水量大。

目前已投入应用的烟气脱硫工艺主要有石灰石—石膏湿法烟气脱硫、海水脱硫、电子束脱硫、炉内喷钙尾部烟气活化增湿脱硫（LIFAC）等。其中综合各项因素考虑，目前电厂普遍以石灰石—石膏湿法烟气脱硫为主，下面章节会重点介绍。

（一）石灰石—石膏湿法烟气脱硫

石灰石—石膏湿法烟气脱硫技术，脱硫工艺流程是将石灰石加水通过球磨机研磨制成浆液作为吸收剂送入吸收塔，由浆液循环泵使石灰石浆液在吸收塔内自上而下进行循环。从锅炉引风机来的原烟气从吸收塔下部进入，向塔顶运动时与喷淋下来的石灰石浆液充分接触混合，烟气中的二氧化硫与浆液中的碳酸钙以及从塔下部鼓入的氧气进行化学反应生成硫酸钙，硫酸钙达到一定饱和度后，结晶形成二水石膏并排出。从吸收塔排出的石膏浆液经浓缩、脱水，使其含水量小于10%，然后用输送机送至石膏贮仓，脱硫后的净烟气经过除雾器除去雾滴，由净烟道导入烟囱排入大气。其工艺流程如图 3-1 所示。

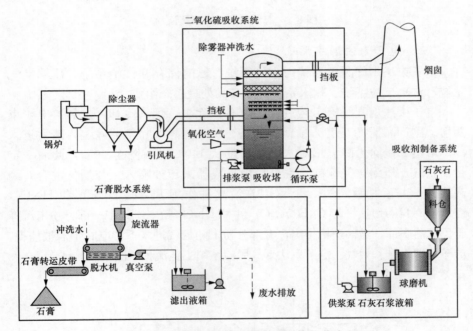

图 3-1　石灰石—石膏湿法脱硫系统工艺流程

（二）海水脱硫

海水脱硫是利用海水的碱度脱除烟气中 SO_2 的一种脱硫方法，大量的海水喷淋洗涤进入吸收塔的烟气，烟气中的 SO_2 因被海水吸收而除去。洁净的烟气经烟气除雾器除雾、烟气换热器加热后排放。吸收 SO_2 的海水与大量未脱硫的海水混合，经曝气池曝气，其中的 SO_3^{2-} 被氧化成 SO_4^{2-}，并调整海水的 pH（酸碱度）值与 COD（化学需氧量）达到排放标准后排向大海。海水脱硫系统工艺流程如图 3-2 所示。

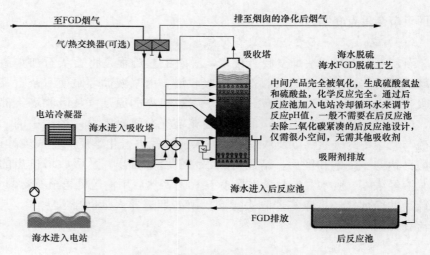

图 3-2　海水脱硫系统工艺流程

（三）电子束法烟气脱硫

电子束法烟气脱硫系统由烟气系统、氨的储存和供给系统、压缩空气系统、SO_2 反应系统、软水系统、副产品处理系统组成。

电子束法烟气脱硫工艺过程大致有预除尘、烟气冷却、加氨、电子束照射、副产品捕捉五道工序。首先烟气经锅炉静电除尘器除尘，然后进入冷却塔进一步除尘降温增湿，烟气温度从 140℃ 左右降至 60℃。此后一定量的氨气、压缩空气和软水混合后由反应器入口处喷入，与烟气混合，经高能电子束辐射后，SO_2 和 NO_x 在游离基作用下生成 H_2SO_4 和 HNO_3，继续与 NH_3 反应生成 $(NH_4)_2SO_4$ 和 NH_4NO_3 粉末。其中一部分粉末沉降至反应器底部，经输送机排出，大部分粉末随烟气进入下游电除尘器被捕捉，洁净的烟气排入大气。电子束法烟气脱硫系统工艺流程如图 3-3 所示。

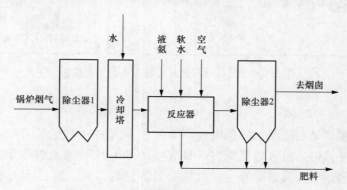

图 3-3　电子束法烟气脱硫系统工艺流程

（四）烟气循环流化床脱硫

烟气循环流化床脱硫工艺由吸收剂制备、吸收塔、脱硫灰再循环、除尘器及控制系统等部分组成。该工艺一般采用干态的消石灰粉作为吸收剂，也可采用其他对二氧化硫有吸收反应能力的干粉或浆液作为吸收剂。

由锅炉排出的未经处理的烟气从吸收塔（即流化床）底部进入。吸收塔底部为一个文丘里装置，烟气流经文丘里管后速度加快，并在此与很细的吸收剂粉末互相混合，颗粒之间、气体与颗粒之间剧烈摩擦，形成流化床，在喷入均匀水雾降低烟温的条件下，吸收剂与烟气中的 SO_2 反应生成 $CaSO_3$ 和 $CaSO_4$。脱硫后携带大量固体颗粒的烟气从吸收塔顶部排出，进入再循环除尘器，被分离出来的颗粒经中间灰仓返回吸收塔，由于固体颗粒反复循环达百次之多，故吸收剂利用率较高。

烟气循环流化床炉内脱硫的基本过程是：给煤中的硫分在炉膛内反应生成 SO_2 及其他的一些硫化物；同时一定粒度分布的石灰石被给入炉膛，这些石灰石被迅速加热，并发生煅烧反应，产生多孔疏松的 CaO。SO_2 扩散到 CaO 的表面和内孔，在有氧气参与的情况下，CaO 吸收 SO_2 并生成 $CaSO_4$。生成的 $CaSO_4$ 逐渐把空隙堵塞，并不断覆盖新鲜 CaO 表面（当所有的新鲜表面都被覆盖后反应就停止了）。

烟气循环流化床脱硫技术的优点可以归结如下：

（1）燃料适应性相对较广，能燃用高灰分低热值的煤种。

（2）采用分级送风和低温燃烧，有效地控制 NO_x 的产生和排放。

（3）采用炉内加石灰石的方法，在燃烧过程中脱硫，低成本降低 SO_2 的排放。

（4）燃烧温度低，灰渣有利于综合利用。

（5）密相区床内气固混合充分，可以减少给煤点，而且燃料供给系统比较简单。

烟气循环流化床脱硫系统流程如图 3-4 所示。

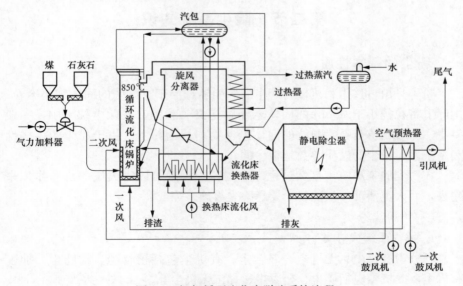

图 3-4 烟气循环流化床脱硫系统流程

（五）炉内喷钙尾部烟气活化增湿脱硫（LIFAC）

LIFAC 是一种炉内喷钙尾部烟气活化增湿联合的脱硫工艺，是一种干法烟气脱硫方法，一般脱硫效率为 60%～85%，工艺流程如图 3-5 所示。其工艺流程主要分三步：

（1）向高温炉膛喷射石灰石粉。石灰石粉用气力喷射到锅炉炉膛上部 900～1250℃的区域，碳酸钙迅速分解成氧化钙和二氧化碳，烟气中的部分 SO_2 和几乎全部 SO_3 与氧化钙反应生成硫酸钙。

（2）炉后增湿活化器中用水或灰浆增湿活化。尾部烟道的适当部位设置增湿活化器，未反应的氧化钙与水生成氢氧化钙，进一步脱硫。

（3）灰浆或干灰再循环。与其他工艺相比，此方法投资与运行费用最低，系统安装迅速，占地少，无废水排放，但其钙硫比较高，仅适用于低硫煤；并且锅炉尾部易积灰，导致锅炉效率降低。

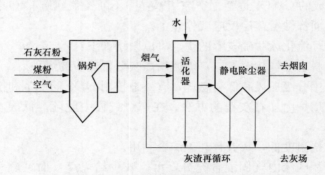

图 3-5　LIFAC 脱硫系统工艺流程

第二节　除尘基础知识

一、粉尘的基本性质

粉尘是由自然力和机械力产生的，能够悬浮于空气中的固体细小微粒。国际上将粒径小于 $75\mu m$ 的固体悬浮物定义为粉尘。在除尘技术中，一般将 $1～200\mu m$ 乃至更大颗粒的固体悬浮物均视为粉尘。由于粉尘的多样性和复杂性，粉尘的性质参数是很多的。

在粉尘的来源中，自然过程产生的粉尘一般可以靠大气的自净作用来除去，而人类活动产生的粉尘要靠除尘设施来完成。

（一）粉尘分类

1. 按物质组成分类

可分为有机尘、无机尘、混合尘。有机尘包括植物尘、动物尘、加工有机尘；无机尘包括矿尘、金属尘、加工无机尘等。

2. 按粒径分类

按尘粒径大小或在显微镜下可见程度粉尘可分为：粗尘，粒径大于 $40\mu m$，相当于一般筛分的最小粒径；细尘，粒径为 $10\sim40\mu m$，在明亮光线下肉眼可以看到；显微尘，粒径为 $0.25\sim10\mu m$，用光学显微镜可以观察；亚显微尘，粒径小于为 $0.25\mu m$，需用电子显微镜才能观察到。不同粒径的粉尘在呼吸器官中沉着的位置也不同，又分为可吸入性粉尘即可以吸入呼吸器官，直径约大于 $10\mu m$ 的粉尘；微细粒子直径小于 $2.5\mu m$ 的细粒粉尘，微细粉尘会沉降于人体肺泡中。

3. 按形状分类

不同形状的粉尘可分为：三向等长粒子，即长宽高的尺寸相同或接近的粒子；片形粒子、纤维形粒子，如柱状、针状、纤维粒子；球形粒子，外形呈圆形或椭圆形。

4. 按物理化学特性分类

根据粉尘的湿润性、黏性、燃烧爆炸性、导电性、流动性可以区分不同属性的粉尘。如按粉尘的湿润性分为湿润角小于 $90°$ 的亲水性粉尘和湿润角大于 $90°$ 的疏水性粉尘；按粉尘的黏性力分为拉断力小于 $60Pa$ 的不黏尘、$60\sim300Pa$ 的微黏尘、$300\sim600Pa$ 的中黏尘、大于 $600Pa$ 的强黏尘；按粉尘燃烧、爆炸性分为易燃、易爆粉尘和一般粉尘；按粉料流动性可分为安息角小于 $30°$ 的流动性好的粉尘，安息角为 $30°\sim45°$ 的流动性中等的粉尘及安息角大于 $45°$ 的流动性差的粉尘。按粉尘的导电性和静电除尘的难易可分为高比电阻粉尘、中比电阻粉尘和低比电阻粉尘。

5. 其他分类

还可分为生产性粉尘和大气尘、纤维性粉尘和颗粉状粉尘、一次扬尘和二次性扬尘等。

(二) 粉尘特性

1. 粉尘的粒径分布

粉尘的粒径分布是指粉尘中各种粒径的粉尘所占质量或数量的百分数。粉尘的粒径分布又称分散度。按质量计的称为质量粒径分布，按数量计的称为计数粒径分布；在除尘中通常用质量粒径分布，粉尘的粒径分布不同，对人体的危害以及除尘机理和所采取的除尘方式也不同，掌握粉尘的粒径分布是评价粉尘危害程度、评价除尘器性能和选择除尘器的基本条件。

2. 粉尘的堆积密度和真实密度

粉尘在自然状态下是不密实的，颗粒之间与颗粒内部都存在空隙。自然堆积状态下单位体积粉尘的质量称为堆积密度，又称容积密度，它是设计灰斗和运输设备的依据。已去除所含气体和液体即密实状态下的单位体积粉尘的质量称为真实密度，又称尘粒密度，它对机械类除尘器的工作效率具有较大的影响。

3. 粉尘的爆炸性

当粉尘的表面积大为增加时，其化学活泼性会迅速加强，在一定的温度和浓度下会发生爆炸。对于有爆炸危险的粉尘，在设计除尘系统时必须按照设计规范进行，采取必要的防爆措施。

4. 粉尘的荷电性及比电阻

悬浮在空气中的尘粒，由于相互摩擦、碰撞和吸附会带有一定的电荷，处在不均匀电场中的尘粒也会因电晕放电而荷电，这种性质称为荷电性。粉尘比电阻是指面积为 $1cm^2$、厚度为 $1cm$ 的粉尘层所具有的电阻值，电除尘器就是专门利用粉尘能荷电的特性从含尘气流中捕集粉尘的，比电阻过低或过高都会使除尘效率显著下降，最适宜的范围为 $10^4 \sim 5 \times 10^{10} \Omega \cdot cm$。

5. 粉尘的湿润性

有的粉尘容易被水湿润，与水接触后会发生凝聚、增重，有利于粉尘从气流中分离，这种粉尘称为亲水性粉尘；有的粉尘虽然亲水，但一旦被水湿润就黏结变硬，这种粉尘称为水硬性粉尘。

二、火电厂粉尘排放标准

自 2014 年 7 月 1 日起，国家环保部将对现有火力发电厂执行新的大气污染物排放标准（GB 13223—2011）。新排放标准对火电厂主要排放污染物提出了更加严格的限值要求。火电厂是大气环境治理的重要"参与者"，环保意识和社会责任都日益增强。

超低排放是指火电厂燃煤锅炉在发电运行、末端治理等过程中，采用多种污染物高效协同脱除集成系统技术，使其大气污染物排放浓度基本符合燃气机组的排放限值。

三、火电厂除尘简介

从我国发电构成来看，火力发电仍然占据主导地位。煤炭燃烧产生的烟尘，不仅污染环境，影响人类健康，同时也给生产带来很大损失，为此必须装设除尘器对烟尘加以捕集。在众多类型的除尘器（旋风除尘器、水膜除尘器、布袋除尘器、电除尘器等）中，电除尘器是一种较理想的除尘设备。

（一）电除尘在火力发电厂中的作用

（1）将锅炉燃烧后排放的烟气中的灰尘除掉，净化后的烟气排入大气，防止环境污染。

（2）防止烟气中的灰尘对风机叶片和下游设备造成冲刷磨损。

（3）提高脱硫系统效率。

（二）电除尘的优缺点

1. 优点

（1）除尘效率高：设计合理的电除尘器除尘效率可达到 99% 以上。

（2）阻力损失小：一般电除尘器的阻力小于 300Pa，有的阻力要求更高。

（3）能处理高温烟气：一般电除尘器用于处理 250℃ 以下的烟气，经特殊设计，可处理 350℃ 甚至 500℃ 以上的烟气。

（4）能处理大的烟气量。

（5）能捕集腐蚀性强的物质：采用特殊结构的电除尘器可捕集腐蚀性强的物质。

（6）运行费用低：由于运动部件少，电耗低，正常情况维护工作量小，相应的日常运行费用低。

（7）对不同粒径的粉尘进行分类捕集。

2. 缺点

（1）一次投资大，一台电除尘器的投资少则几十万元，多则几百万元，甚至上千万元。

（2）应用范围受粉尘比电阻的限制。

（3）电除尘器最适合的比电阻范围为 $10^4 < \rho < 5 \times 10^{10}$（Ω·cm）。

（4）不能捕集有害气体。

（5）对制造、安装和操作水平要求较高。

（6）钢材消耗大。

四、电除尘器的基本原理及特点

（一）基本原理

电除尘器是在壳体内通过电晕放电使含尘气流中的尘粒荷电后，在电场力的作用下驱使带电的尘粒移向集尘极，并沉积在集尘极上，定时振打使飞灰掉下，从而实现气固分离的设备。

一般来说，电除尘器本体主要由阴极（放电电极）和阳极（集尘电极）所组成。通常情况下可认为气体是绝缘的，因此，当阴极系统没接上高压直流电源之前，含尘气体从它们之间通过时，气流中的尘粒仍维持原来的流动状态，随气体一起流动。但是，将高压直流电接到阴极系统，两极之间就形成了高压电场。

当两极间的电压增大到某一电压值时，放电电极的电荷密度增高，出现部分击穿气体的电晕放电现象，从而破坏了电极附近气体的绝缘性，使之电离。也就是说，由于阴极线发生电晕放电，把电极附近的气体电离成正离子和负离子。由于静电具有同性排斥、异性相吸的特性，因此电离出来的正负离子各自向电场中相反极的方位移动，即正离子移向带负电的电极，而负离子移向带正电的电极。这时如果含尘气体从上述高压电场中通过，电场中的正负离子在驱进过程中与气流中的尘粒碰撞并吸附在尘粒上，这样使中性的尘粒带上了电荷，这就是尘粒荷电过程。这种尘粒荷电现象继续进行，直至荷电饱和为止。如果正负两个电极之间形成均匀电场，一起放电，则同时进行着对尘粒的正负荷电过程，这样就达不到收集尘粒的效果。但是，如果把正负两电极制成不同的形状，使它们之间产生不均匀电场，即使负极（阴极）附近电场密度大而成为放电极，使正极（阳极）附近的电场密度小而成为集尘极，这样情况就不同了。这时，如果使两极之间的电压达到一定的数值，负极附近发生放电，而正极附近则不能发生放电。负极附近产生的正电荷立即被吸引到负极上，而负电荷则向正极移动，在向正极移动的过程中被荷电在尘粒上，从而使尘粒带负电，尘粒被电场力驱动到正极上同时失去电性，然后借助振打装置使极板振动，使尘粒脱落掉入下方灰斗中，从而实现把尘粒从含尘气流中分离出来的目的。电除尘器基本原理如图 3-6 所示。

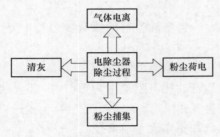

图 3-6　电除尘器基本原理

（二）主要特点

（1）处理烟气量大，压力降小。一般单台电除尘器处理烟气量从每小时几万立方米到几十万立方米，乃至 100 多万 m^3，国外大型电除尘器处理烟气量高达 200 多万 m^3/h。烟气通过电除尘器的压力损失，一般只有几百帕（几十毫米水柱）。

（2）可以处理高温烟气。一般可处理 400℃ 以下的烟气。若在较低温度下运行，烟气温度以 150℃ 以下为宜，如在高温状态下运行，烟气温度以 350℃ 以上为宜。

（3）对烟尘浓度及粒径分散度的适应性都比较好。一般电除尘器入口粉尘浓度范围为 $10\sim30g/m^3$（标准状态），如遇粉尘浓度很高的场合，做特殊设计也可解决。

（4）除尘效率高且运行稳定。可根据需要的除尘效率来选择电除尘器，一般二电场除尘器的除尘效率可达 98%，三电场除尘器除尘效率可达 99%，四电场和五电场除尘器的除尘效率可达 99.9% 及以上，只要条件许可，还能继续提高效率。另外，其除尘效率比较稳定，运行一段时间后，效率下降不多。

（5）要求仪控程度高。现代大型电除尘器，其供电电压采用自动控制，可实现远距离操作，减少维护工作量，运行费用也较低。

（6）电除尘器与其他除尘器设备相比，设备庞大，占地面积多，金属耗量多，一次性投资大，而且对设备的制造、安装及维护操作的技术要求比较严格。

（7）电除尘对粉尘的比电阻很敏感，一般要求比电阻在 $10^4 \sim 10^{12}\,\Omega \cdot cm$ 之间。若超出这一范围，吸尘相对困难。

五、电除尘器的分类

电除尘器可以根据不同的构造和特点来分类。

（一）单区和双区电除尘器

根据粉尘在电除尘器内的荷电方式及分离区域布置不同，可分为单区电除尘器和双区电除尘器。

（1）单区电除尘器。尘粒的荷电和捕集分离在同一电场内进行，亦即电晕电极和集尘电极布置在同一电场区内。

（2）双区电除尘器。尘粒的荷电和捕集分离分别在两个不同的区域中进行，即安装有电晕放电的第一区主要是完成对尘粒的荷电过程，而装有集尘电极的第二区主要是捕集已荷电的尘粒。双区电除尘器可以有效地防止反电晕现象。

（二）立式和卧式电除尘器

按气流在除尘器中的流动方向不同，可分为立式电除尘器和卧式电除尘器。

（1）立式电除尘器。立式电除尘器的本体一般制成管状，垂直安置，含尘气体通常自下而上流过电除尘器，可正压运行也可负压运行。这类电除尘器多用于烟气量小、粉尘易于捕集的场合。

（2）卧式电除尘器。电除尘器本体水平布置，含尘气体在电除尘器内水平流动，沿气流方向每隔数米可划分为若干单独电场（一般分成 2~5 个电场），依次为第一电场、第二电场等，这样可延长尘粒在电场内通过的时间，从而提高除尘效率。卧式电除尘器安装灵活，维修方便，通常是负压运行，适用于处理烟气量大的场合。

（三）管式和板式电除尘器

根据电除尘器集尘电极形式的不同，可分为管式电除尘器和板式电除尘器。

（1）管式电除尘器。管式电除尘器多为立式布置，管轴心为放电电极，管壁为集尘电极。集尘电极的形状可制成圆管形或六角形的气流通道，六角形可多根并列布置成"蜂窝"状，充分利用空间。管径范围以 150~300mm、管长 2~5m 为宜。

（2）板式电除尘器。板式电除尘器多为卧式布置，集尘板为板状，放电极呈线状设置在一排排平行极板之间，极板间距一般为 250~400mm。极板和极线的高度根据电除尘器的规模和所要求的效率及其他技术条件决定。板式电除尘器是工业上常用的除尘设备。

（四）湿式和干式电除尘器

根据对集尘极上沉降粉尘的清灰方式不同，可分为湿式电除尘器和干式电除尘器。

（1）湿式电除尘器。通过喷雾或淋水等方式将沉积在极板上的粉尘清除下来。这种清灰方式运行比较稳定，能避免二次扬尘，除尘效率较高。但是净化后的烟气含湿量较高，可对管道和设备造成腐蚀，还要考虑含尘洗涤水的处理问题，不适用于高温烟气场合。

（2）干式电除尘器。通过振打装置敲击极板框架，使沉积在极板表面的灰尘抖落入灰斗。这种清灰方式比湿式清灰简单，回收干灰可综合利用。但振打清灰时易引起二次扬尘，使效率有所下降。振打清灰是电除尘器最常用的一种清灰方式。

六、电除尘器常用术语

（1）漏风率。电除尘器本体漏入或泄出壳体的流量与进口烟气流量之比，用百分比表示。其计算公式为

$$\alpha = \Delta Q / Q_{进} \times 100\% = (Q_{出} - Q_{进}) \times 100\% \tag{3-1}$$

式中　α——漏风率，％；

ΔQ——漏入或泄出壳体的气体流量，m^3/s；

$Q_{出}$——出口烟气流量，m^3/s；

$Q_{进}$——进口烟气流量，m^3/s。

（2）气流分布装置。安装在电除尘器入口烟箱内，用以改善进入电场的气流分布均匀性的装置。一般由多空板、导流板组成。

（3）阳极板（简称极板）。也称收尘极板、集尘板。指荷负电尘粒在电场力的作用下向其移动并沉集其上的极板，是电除尘器的主要部件。工业电除尘器的阳极是接地电极。

（4）阳极振打装置。使阳极板发生冲击振动或抖动，以使沉积在极板上的粉尘振落的装置。

（5）阴极线（简称极线）。也称电晕极、放电极。指与阳极板按一定间距相对设置、安装于高压系统使空气电离、粉尘荷电及产生电场效应的构件。

（6）阴极振打装置。使阴极线产生冲击振动或抖动，以使沉积在阴极线上的粉尘振落的装置。

（7）阻流板。设置在电除尘器内，用以防止烟气不经过电场而从旁路流走的部件。

（8）电源电压。给电除尘器高、低压供电控制设备提供的工频交流电压，也称额定输入电压。

（9）额定输出电压。高压供电设备带上额定负载后所能输出的最高直流电压。

（10）一次电压。施加于高压整流变压器一次绕组的交流电压（有效值）。

（11）二次电压。高压整流变压器施加于电除尘器电场的脉动直流电压（平均值）。

（12）击穿电压。在电极之间刚开始出现火花放电的二次电压。

（13）起晕电压。在电极之间刚开始出现电晕电流的二次电压。

（14）一次电流。通过高压整流变压器一次绕组的交流电流（有效值）。

（15）二次电流。高压整流变压器通向电除尘器电场的直流电流（平均值）。

（16）电晕电流。发生电晕放电时，流过电极间的电流。

（17）空载电流。当以空载电压施加于电场时流过的二次电流。

（18）电流极限。由人为设定的允许高压整流变压器输出的最大二次电流。

（19）接地电阻。高、低压供电控制设备的接地体与地之间的电阻。

（20）阻尼电阻。用于消除整流变压器次级端产生的高频振荡，保护整流变压器或高压电缆不被击穿而设置的电阻。

（21）尖端放电。在高电压的作用下，在电极间尖端发生的放电现象。

（22）电晕放电。在相互对置着的电晕极（放电极）和收尘极之间，通过高压直流电建立起极不均匀的电场，在电晕线（或芒刺尖端）附近的场强最大。当外加电压升高到某一临界值（即电场达到了气体击穿的强度）时，在电晕极附近很小的范围内会出现蓝白色辉光并伴有咝咝的响声，这种现象称为电晕放电。它是由于电晕极附近的高电场强度将其附近的气体局部击穿引起的。外加电压越高，电晕放电越强烈。

（23）火花放电。在产生电晕放电之后，当极间的电压继续升高到某值时，两极间产生一个接一个的、瞬时的、流过整个间隙的火花闪络和噼啪声，闪络是沿着各个弯曲的、或多或少呈枝状的窄路贯通两极，这种现象称为火花放电。火花放电的特征是电流迅速增大。

（24）电弧放电。在火花放电之后，若再提高外加电压，就会使气体间隙强烈击穿，出现持续的放电，爆发出强光和强烈的爆裂声并伴有高温。这种强光会贯穿电晕极和收尘极两极间的整个间隙。它的特点是电流密度很大，而电压降很小。这种现象就是电弧放电。电除尘器应避免产生电弧放电。

（25）电晕封闭。当电晕线附近带负电的粒子的浓度到一定值时，抑制电晕发生，使电晕电流大大降低，甚至会趋于零的现象。

（26）最佳火花控制。在火花跟踪控制的基础上，自动调整火花率，使输出电压的平均值达到最高的一种方式。

（27）阴阳极周期振打控制。为保持阳极板和阴极线清洁，并减少二次扬尘，周期性地驱动阴阳极振打装置工作的控制方式。

（28）安全联锁控制。为保证人身安全和电除尘器的正常运行，由钥匙旋转的主令电器与机械锁组成的安全联锁控制。

（29）控制信号。由高、低压供电控制设备的控制电路向主电路发出的各种控制指令。

（30）指示信号。反映高、低压供电控制设备当前工作状态和运行参数的各种信号。

（31）调节信号。人为改变高、低压供电控制设备控制特性的各种信号。

（32）一次过电流。在一段时间内一次电流超过规定值。

（33）偏励磁。在一段时间内连续出现一次电流的一个半波大于某一设定值，而另一半波的电流值为零，使整流变压器单相励磁而引起发热的故障现象。

（34）晶闸管开路。当晶闸管的导通角增大到一定值时，晶闸管仍不导通，使一次电压和一次电流等于零。

（35）二次开路。在一定时间内，由于某种原因使得高压供电设备的二次电压超过额定值，二次电流等于零。

（36）二次短路。在一定时间内，由于某种原因使得高压供电设备的二次电压接近于零，二次电流大于或等于额定值。

（37）瓦斯报警。当高压整流变压器内部发生匝间、相间或单相接地短路故障时短路电弧使变压器油分解出部分瓦斯气体，瓦斯气体驱动气体继电器动作，发出轻瓦斯或重瓦斯报警信号。

（38）智能控制系统。由中央控制器、高压供电设备、低压控制设备和各种检测设备组成的全自动监视、控制和管理系统。

（39）火花率。单位时间内出现火花放电的次数。

（40）导通角。指在一个半波内晶闸管的导通范围。

（41）振打制度。是指阴阳极振打周期与阴阳极之间、前后电场之间实现的振打时间相互制约的制度。

（42）继电保护。由继电器实现的对高低压供电控制系统的各种故障实现自动检测、判断，并自动发出跳闸指令和声光报警信号的一种保护。

（43）除尘效率。含尘烟气流经除尘器时，被捕集的粉尘量与原有粉尘量之比称为除尘效率。在数值上近似等于额定工况下除尘器进、出口烟气含尘浓度之差与进口烟气含尘浓度之比。除尘效率计算公式为：

$$\eta = \frac{d_1 - d_2}{d_1} \times 100\% \tag{3-2}$$

式中　d_1——进口粉尘浓度；
　　　d_2——出口粉尘浓度。

（44）伏安特性。电除尘器工作过程中，电晕电流与施加电压之间的关系称为伏安特性。

（45）空载伏安特性。电除尘器未通入烟气时，电场中仅为空气介质时的伏安特性称为空载伏安特性。

（46）负载伏安特性。电除尘器在运行情况下，电场为烟气介质时的伏安特性称为负载伏安特性。

七、影响除尘效率的因素

（1）除尘效率是指含尘烟气流经电除尘器时，被捕集的粉尘量与原有粉尘量的比值，它在数值上近似等于额定工况下除尘器进出口烟气含尘浓度的差与进口烟气含尘浓度的比值（精确的数值还应用漏风系数进行修正）。除尘效率是除尘器运行的主要指标。电除尘器除尘效率大于 99.7%。

（2）除尘效率是除尘器运行的主要指标，主要受以下几点因素的影响：

1）气流分布是反映电除尘器内部气流均匀程度的一个指标，它一般是通过测定电除尘器入口断面上的气流分布来确定的。如果各个点的气流速度与整个断面上的平均气流速度越来越接近，其气流速度分布就越来越均匀，对除尘效率的提高也就越来越有利。

气流分布不均的原因大体包括：由锅炉引起的压力不均；在烟道中摩擦引起的紊流；由于烟道弯头曲率半径小，气流转弯时，因内侧速度减小，而形成的振动；粉尘在烟道中沉积过多使气流严重紊流；进口烟箱扩散太快，使中心流速高引起气流分布不均。

为改善气流分布采取的方法有：正确选择烟道断面与除尘器断面的进口烟道；在入口端设气流分布板，即多孔板；在烟箱系统中安装导流叶片，常用的方式是在除尘器进口烟道内设置导流板，使进入每台除尘器的烟气气流均匀；除尘器的进口还配备多孔板和导流板，以便烟气均匀地流过电场，保证烟气的均布性 $\sigma \leqslant 0.2$，保证局部最大粉尘浓度不大于 30g/m^3。

2）沉积在电除尘器收尘极表面上的粉尘，必须具有一定的导电性，才能传导从电晕放电到大地的离子流。根据粉尘的比电阻大小对电除尘器性能的影响，大致可分为三个范围：

（a）当 $\rho < 10^4 \Omega \cdot \text{cm}$ 时，比电阻在此范围内的粉尘，称为低比电阻粉尘。

（b）当 $10^4 \Omega \cdot \text{cm} < \rho < 5 \times 10^{10} \Omega \cdot \text{cm}$ 时，比电阻在此范围内最适合于电除尘。

（c）当 $\rho > 5 \times 10^{10} \Omega \cdot \text{cm}$ 时，比电阻在此范围内的粉尘称为高比电阻粉尘。

粉尘比电阻过高或过低，如不采取预处理措施，都不适合采用电除尘器进行捕集。

当比电阻 $\rho > 5 \times 10^{10} \Omega \cdot \text{cm}$ 的粉尘经过电除尘器时，会产生反电晕现象。反电晕就是沉积在收尘板表面上的高比电阻粉尘层所产生的局部放电现象。若沉积在收尘极上的粉尘是良导体，就不会干扰正常的电晕放电。但如果是高比电阻粉尘，则电荷不容易释放，随着沉积在收尘极上的粉尘增厚，释放电荷更加困难。此时一方面由于粉尘层未能将电荷全部释放，其表面仍有与电晕极相同的极性，便排斥后来的荷电粉尘；另一方面由于粉尘层电荷释放缓慢，于是在粉尘间形成较大的电位梯度。当粉尘层中的电场强度大于其临界值时，就在粉尘层的孔隙间产生局部击穿，产生与电晕极极性相反的正离子，所产生的离子便向电晕极运动，中和电晕区带负电的粒子，导致电流增大，电压降低，粉尘二次飞扬严重，除尘性能显著恶化。

为防止和减弱反电晕，采取的措施是进行调质处理，就是向烟气中加入导电性好的物质，如 SO_3、NH_3 等合适的化学调质剂，以及向烟气中喷水或水蒸气等；采用高温电除尘器；采用脉冲供电系统。

3）在干式电除尘中，沉积在收尘极上的粉尘如果黏力不够，容易被通过电除尘器的气流带走，这就是通常所说的二次飞扬。二次飞扬影响除尘效率，其产生的原因有粉尘层局部击穿产生反电晕；气流速度分布不均，以及气流紊流和涡流；振打电极强度或频率过高时，使脱落的粉尘不能成为较大的片状或块状，而是成为分散的小片状或单个粒子易被气流重新带走；气流不经过电场而通过灰斗出现旁路现象；烟气流速过高，会出现冲刷现象，将沉积在收尘极板和灰斗中的灰尘再次扬起带走。

为防止和克服粉尘的二次飞扬损失，采取的措施是使电除尘器内保持良好状态和使气流分布均匀；使设计出的收尘电极具有充分的空气动力学屏蔽性能；采用足够数量的高压分组电场，并将几个分组电场串联；建立良好的振打制度，对高压分组电场进行轮流均衡地振打；严格防止灰斗中的气流有环流现象和漏风。

4）烟气含尘浓度就是指每单位体积（标准状态体积或实际工况状态体积）干烟气所含有的粉尘量，单位为 g/m^3。当含尘气体通过电除尘器的电场空间时，粉尘粒子与其中的游离离子碰撞而荷电，于是在电除尘器内便出现两种形式的电荷，离子电荷和粒子电荷。所以电晕电流一方面是由于气体离子的运动而形成，另一方面是由粉尘离子运动而形成。但是粉尘粒子大小和质量都比气体离子大得多，所以气体离子的运动速度为粉尘离子的数百倍。这样，由粉尘离子所形成的电晕电流仅占总电晕电流的 1％～2％。随着烟气中含尘浓度的增加，粉尘离子的数量也增多，以致由于粉尘离子形成的电晕电流虽然不大，但形成的空间电荷却很大，接近于气体离子所形成的空间电荷，严重抑制电晕电流的产生，使尘粒不能获得足够电荷，以致除尘效率下降。

当烟气中的含尘浓度高到一定程度时，甚至能把电晕极附近的场强减少到电晕始发值，此时，电晕电流大大降低，甚至会趋于零，严重影响了除尘效率，这种现象称为电晕闭塞。电晕闭塞也将大大影响除尘效率。

电晕线越细，产生的电晕越强烈，但在电晕极周围的离子区有一些获得正电荷的粉尘粒子会在电场力作用下向电晕线运动并沉积在上面，如果粉尘黏附性很强，不易被振打下来，则电晕线上的粉尘越来越多，使电晕线变粗，降低了电晕放电效果。电晕肥大产生的原因包括粉尘因静电作用产生的附着力；电除尘器的温度低于露点，产生了部分水或硫酸，由于液体黏附而形成；粉尘本身黏附性较强。

5）烟气流速（电场风速）对除尘效率也有影响。电场风速就是指烟气在电除尘电场中的平均流动速度，它等于进入电除尘的烟气流量与电场断面之比。从降低电除尘器的造价和占地面积少的观点出发，应该尽量提高电场风速，以缩小电除尘器的体积。但是电场风速不能过高，否则会给电除尘器运行带来不利的影响。因为粉尘在电场中荷电后沉积到收尘板上需要一定的时间，如果风速过高，荷电粉尘来不及沉积沉降就被气流带出。同时电场风速过高，也容易使已经沉积在收尘极的粉尘层产生二次飞扬，特别是电极清灰振打时更容易产生二次飞扬。所以电场风速过高，会使除尘效率相对降低，并且使极板、极线的磨损量增加。

第三节　脱硝基础知识

一、NO_x 的生成

氮氧化物是造成大气污染的主要污染源之一。通常所说的氮氧化物（NO_x）有多种不同形式：NO、NO_2、N_2O、N_2O_3、N_2O_4 和 N_2O_4，其中 NO 和 NO_2 是燃煤产生的主要大气污染物。

据统计，目前人为排放的氮氧化物 90％以上来自于化石燃料的燃烧过程，如煤、石油、天然气等。随着人类生产活动和社会活动的增加，特别是自工业革命以来，由于大量燃料的燃烧、工业废气和汽车尾气的排放，使大气环境质量日益恶化，到现在已是非治不可。在各类大气污染物中，燃煤产生的污染最为严重，属不清洁能源。燃煤产生的 SO_2 和 NO_x 污染控制是目前我国大气污染控制领域最紧迫的任务。

NO_x 对生态环境危害严重：①影响人类身体健康：光化学烟雾对呼吸器官有强烈的刺激和致癌作用；②影响树木和作物生长：酸雨破坏作物和树根系统的营养循环；③影响全球气候：破坏臭氧的循环，减少臭氧层的厚度，引发温室效应。

我国氮氧化物的排放量中 70％来自煤炭的直接燃烧，电力工业又是我国的燃煤大户，因此火力发电厂是 NO_x 排放的主要来源之一。研究表明，氮氧化物的生成途径有三种：

（1）热力型 NO_x。指空气中的氮气在高温下氧化而生成 NO_x。

（2）燃料型 NO_x。指燃料中含氮化合物在燃烧过程中进行热分解，继而进一步氧化而生成 NO_x。

（3）快速型 NO_x。指燃烧时空气中的氮和燃料中的碳氢离子团如 CH

等反应生成 NO_x。

在这三种形式中，快速型 NO_x 所占比例不到 5%；在温度低于 1300℃ 时，几乎没有热力型 NO_x。

二、NO_x 的排放标准

1991 年我国就颁布了《燃煤电厂大气污染物排放标准》（GB 132239—1991），之后 1996 年、2003 年和 2011 年进行了三次修订。1996 年将标准名称修改为《火电厂大气污染物排放标准》，对新建 1000t/h 及以上的燃煤锅炉按排渣方式规定了 650～1000mg/m³ 的 NO_x 排放限值；2003 年修订的标准，按机组建设时段和燃煤挥发分的高低，对所有燃煤锅炉规定了 450～1100mg/m³ 的 NO_x 排放限值，控制重点是建设低氮燃烧器，并预留烟气脱硝设施的建设空间；2011 年再次修订后，按照不同地区、不同时段规定了 100～20mg/m³ 的 NO_x 排放限值，控制重点是建设低氮燃烧器和烟气脱硝设施，国家标准《燃煤电厂大气污染物排放标准》（GB 13223—1991）于 2012 年 1 月 1 日起开始实施。

2015 年 12 月 2 日，国务院常务会议决定，在 2020 年前，对燃煤机组全面实施超低排放和节能改造，大幅降低发电煤耗和污染排放。2015 年 12 月 11 日，环境保护部、国家发展和改革委员会、国家能源局下发《全面实施燃煤电厂超低排放和节能改造工作方案》的通知，要求具备条件的燃煤机组要实施超低排放改造。

三、降低 NO_x 的技术措施

对常规燃煤锅炉而言，NO_x 主要通过燃料型生成途径而产生。控制 NO_x 排放的技术指标可分为一次措施和二次措施两类。一次措施是通过各种技术手段降低燃烧过程中的 NO_x 生成量；二次措施是将已经生成的 NO_x 通过技术手段从烟气中脱除。

降低 NO_x 排放主要有两种技术措施：一是控制燃烧过程中 NO_x 的生成，即低 NO_x 燃烧技术；二是对已经生成的 NO_x 进行处理，即烟气脱硝技术。

（一）低 NO_x 燃烧技术

为了控制燃烧过程中 NO_x 的生成量所采取的措施原则为：①降低过量空气系数和氧气浓度，使煤粉在缺氧条件下燃烧；②降低燃烧温度，防止产生局部高温区。

低 NO_x 燃烧技术主要包括如下方法。

1. 空气分级燃烧

燃烧区的氧浓度对各种类型的 NO_x 生成都有很大影响。当过量空气系数 $\alpha<1$，燃烧区处于"贫氧燃烧"状态时，对于抑制在该区中 NO_x 的生成量有明显效果。根据这一原理，把供给燃烧区的空气量减少到全部燃烧所

24

需用空气量的 70% 左右，从而即降低了燃烧区的氧浓度也降低了燃烧区的温度水平。因此，第一级燃烧区的主要作用就是抑制 NO_x 的生成并将燃烧过程推迟。燃烧所需的其余空气则通过燃烧器上面的燃尽风喷口送入炉膛与第一级所产生的烟气混合，完成整个燃烧过程。炉内空气分级燃烧分为轴向空气分级燃烧（OFA 方式）和径向空气分级燃烧。轴向空气分级将燃烧所需的空气分两部分送入炉膛，一部分为主二次风，占总二次风量的 $70\%\sim85\%$；另一部分为燃尽风（OFA），占总二次风量的 $15\%\sim30\%$。炉内的燃烧分为三个区域：热解区、贫氧区和富氧区。径向空气分级燃烧是在与烟气流垂直的炉膛断面上组织分级燃烧。它是通过将二次风射流部分偏向炉墙来实现的。空气分级燃烧存在的问题是二段空气量过大，会使不完全燃烧损失增大，煤粉炉由于还原性气氛，易结渣、腐蚀。

2. 燃料分级燃烧

在主燃烧器形成的初始燃烧区的上方喷入二次燃料，形成富燃料燃烧的再燃区，NO_x 进入本区将被还原成 N_2。为了保证再燃区不完全燃烧产物的燃尽，在再燃区的上面还需布置燃尽风喷口。改变再燃烧区的燃料与空气之比是控制 NO_x 排放量的关键因素。存在的问题是为了减少不完全燃烧损失，需增加空气对再燃区烟气进行三级燃烧，配风系统比较复杂。

3. 烟气再循环

该技术是把空气预热器前抽取的温度较低的烟气与燃烧用的空气混合，通过燃烧器送入炉内从而降低燃烧温度和氧的浓度，达到降低 NO_x 生成量的目的。存在的问题是由于受燃烧稳定性的限制，一般再循环烟气率为 $15\%\sim20\%$，投资和运行费较大，占地面积大。

4. 低 NO_x 燃烧器

通过特殊设计的燃烧器结构（LNB）及改变通过燃烧器的风煤比例，以达到在燃烧器着火区空气分级、燃烧分级或烟气再循环法的效果。在保证煤粉着火燃烧的同时，有效抑制 NO_x 的生成。如燃烧器出口燃料分股、浓淡煤粉燃烧，在煤粉管道上的煤粉浓缩器使一次风分成水平方向上的浓淡两股气流，其中一股为煤粉浓度相对高的煤粉气流，含大部分煤粉；另一股为煤粉浓度相对较低的煤粉气流，以空气为主。我国低 NO_x 燃烧技术起步较早，国内新建的 300MW 及以上火电机组已普遍采用 LNB 技术。对现有 $100\sim300MW$ 机组也开始进行 LNB 技术改造。采用 LNB 技术，只需用低 NO_x 燃烧器替换原来的燃烧器，燃烧系统和炉膛结构不需作任何更改。

表 3-1 为脱硝技术的一般比较，从表中可看出，低氮燃烧技术的脱硝效率仅有 $25\%\sim40\%$，单靠这种技术已无法满足日益严格的环保法规标准。对我国脱硝而言，烟气脱硝技术将势在必行。

表 3-1　脱硝技术比较

序号	所采用的技术	脱硝效率（％）	工程造价	运行费用
1	低氮燃烧技术	25～40	较低	低
2	SCR 技术	80～90	高	中等
3	SNCR 技术	25～40	低	中等
4	SNCR/SCR 混合技术	40～80	中等	中等

（二）烟气脱硝技术

1. 选择性催化还原法（SCR）烟气脱硝技术

选择性催化还原法，是通过还原剂氨气（NH_3）或者尿素〔$(NH_2)_2CO$〕和 V_2O_5/TiO_2 催化剂在 320～420℃温度下，有选择性地与烟气中 NO_x 反应并生成无毒的 N_2 和 H_2O。主要的化学反应如下：

$$4NO+4NH_3+O_2 \longrightarrow 4N_2+6H_2O$$

$$6NO+4NH_3 \longrightarrow 5N_2+6H_2O$$

$$6NO_2+8NH_3 \longrightarrow 7N_2+12H_2O$$

$$2NO_2+4NH_3+O_2 \longrightarrow 3N_2+6H_2O$$

选择性催化还原法（SCR）工艺流程如图 3-7 所示。

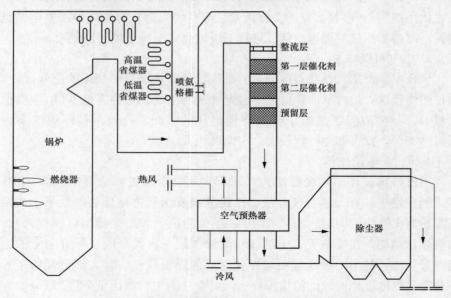

图 3-7　选择性催化还原法（SCR）工艺流程示意图

SCR 系统主要由液氨储存系统、液氨蒸发系统、氨气与空气混合系统、氨气喷入系统、脱硝反应器系统、氨气在线监测系统等组成。SCR 脱硝技术的 NO_x 脱除效率主要取决于反应温度、NH_3 与 NO_x 的化学计量比、混合程度、反应时间等。SCR 工艺温度条件非常重要，在温度低于 280℃时烟气中的 SO_3 会与 NH_3 进行反应，生成硫酸氢铵，其反应式如下：

$$SO_3+NH_3+H_2O \longrightarrow NH_4HSO_4$$

硫酸氢铵是一种黏性和腐蚀性的物质，其将吸附在催化剂表面，降低催化剂的活性，更为严重的会黏附在空气预热器的换热元件表面，引起堵塞和腐蚀，影响空气预热器的运行。由于催化剂的成分限制，在温度过高（超过420℃）后，可能会造成催化剂结构的不稳定，从而破坏催化剂的活性。

SCR 脱硝技术成熟，脱硝效率高，一般达到 70%～90%，在烟气脱硝中广泛应用。

2. 选择性非催化还原法（SNCR）烟气脱硝技术

选择性非催化还原法（SelectiveNon-CatalyticReduction，SNCR）是一种不用催化剂，在 850～1100℃ 范围内喷入还原剂氨（NH_3）或者尿素 $[(NH_2)_2CO]$，可以有选择性地与烟气中 NO_x 反应并生成无毒的 N_2 和 H_2O。NH_3 或尿素还原 NO_x 的主要化学反应为：

（1）NH_3 为还原剂：

$$4NH_3 + 4NO + O_2 \longrightarrow 4N_2 + 6H_2O$$

（2）尿素为还原剂：

$$(NH_2)_2CO \longrightarrow 2NH_2 + CO$$

$$NH_2 + NO \longrightarrow N_2 + H_2O$$

$$2NO + 2CO \longrightarrow N_2 + 2CO_2$$

选择性非催化还原法（SNCR）工艺流程如图 3-8 所示。

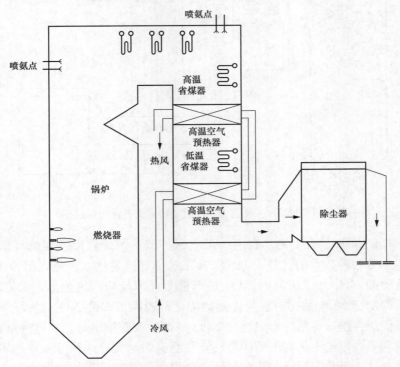

图 3-8 选择性非催化还原法（SNCR）工艺流程示意图

SNCR 烟气脱硝技术以炉膛为反应器，由还原剂氨的储存系统、氨的蒸发系统或尿素的制备氨气系统、多层还原剂喷入装置、控制仪表等组成。SNCR 烟气脱硝技术的 NO_x 脱除效率主要取决于反应温度、NH_3 与 NO_x 的化学计量比、混合程度、反应时间等。同样，SNCR 工艺温度条件非常重要，它的合适温度窗口为 $850 \sim 950℃$，若温度过低，NH_3 的反应不完全，容易造成 NH_3 的泄漏，温度过高，NH_3 容易被氧化成 NO_2 抵消 NO_x 脱除效率。温度过高或过低都会造成还原剂的损失和 NO_x 脱除效率下降。其化学反应如下：

$$4NH_3 + 5O_2 \longrightarrow 4NO + 6H_2O$$

SNCR 脱硝技术的脱除效率一般达到 $25\% \sim 50\%$，主要是脱硝效率低和氨的逃逸对锅炉尾部设备的影响。

3. SNCR/SCR 混合烟气脱硝技术

SNCR/SCR 混合烟气脱硝技术是集合了 SCR 与 SNCR 技术的优势而发展起来的一种比较高效的烟气脱硝技术，其工艺流程如图 3-9 所示。

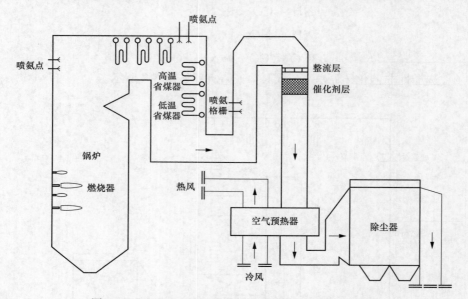

图 3-9　SNCR/SCR 混合烟气脱硝技术工艺流程示意图

SNCR/SCR 混合工艺具有两个反应区，即锅炉炉膛以及尾部反应器，其技术结合两种技术的优势，将 SNCR 工艺的还原剂喷入炉膛，用 SCR 工艺使逸出的 NH_3 和未脱除的 NO_x 进行催化还原反应。理论上，SNCR 工艺在脱除部分 NO_x 的同时也为后面的催化剂脱除更多的 NO_x 提供了所需的氨，但想控制好氨的分布以适应 NO_x 分布的改变很困难，对这种潜在的分布不均，在理论上无好的解决办法，并且锅炉越大，这种分布就越不好。为了弥补这一现象，混合的工艺设计必须提供一个充足氨的辅助喷射系统，准确地试验和调节辅助氨喷射减少烟气中的缺氨区域。

混合烟气脱硝技术总的投资成本和运行费用并不一定低，烟气脱硝技术应该根据具体的锅炉形式和负荷、烟气条件和 NO_x 浓度、需要达到的效率、还原剂的供给条件、场地条件、预热器、除尘器、脱硝装置特点等综合考虑，达到最佳的技术经济性能。

4. 各种烟气脱硝技术比较

各种烟气脱硝技术比较见表 3-2。

表 3-2　各种烟气脱硝技术比较

序号	内容	SCR	SNCR	SNCR/SCR 混合型
1	还原剂	NH_3 或尿素	尿素或 NH_3	尿素或 NH_3
2	反应温度	低温催化剂：260～400℃ 常规催化剂：320～400℃	850～950℃	前段：850～1250℃ 后段：320～400℃
3	催化剂	成分主要为 TiO_2、V_2O_5、WO_3	不使用催化剂	后段加装少量催化剂（成分同前）
4	脱硝效率	70%～90%	大型机组为 25%～40%	40%～90%
5	反应剂喷射位置	多选择于省煤器与 SCR 反应器间烟道内	通常炉膛内喷射	综合 SCR 和 SNCR
6	SO_2 氧化	会导致 SO_2 氧化	不导致 SO_2 氧化	SO_2 氧化率较 SCR 低
7	NH_3 逃逸	＜3mg/L	3～5mg/L	5～10mg/L
8	对空气预热器及尾部受热面的影响	催化剂中的 V、Mn、Fe 等多种金属会对 SO_2 的氧化起催化作用，SO_2 氧化率较高，而 NH_3 与 SO_3 易形成 NH_4HSO_4 造成堵塞或腐蚀	不会因催化剂导致 SO_2 的氧化，造成堵塞或腐蚀的机会为三者最低	SO_2/SO_3 氧化率较 SCR 低，造成堵塞或腐蚀的机会较 SCR 低
9	系统压力损失	催化剂会造成较大的压力损失	没有压力损失	催化剂用量较 SCR 小，产生的压力损失相对较低
10	燃料的影响	高灰分会磨耗催化剂，碱金属氧化物会使催化剂钝化	无影响	影响与 SCR 相同
11	锅炉的影响	受省煤器出口烟气温度的影响	受炉膛内烟气流速、温度分布及 NO_x 分布的影响	受炉膛内烟气流速、温度分布及 NO_x 分布的影响
12	占地空间	大（需增加大型催化剂反应器和供氨或尿素系统）	小（锅炉无需增加催化剂反应器）	较小（需增加一小型催化剂反应器）

第四节　电厂水处理基础知识

一、水的基础知识

（一）水的特性

（1）水的状态。水在常温下有三态。固态的熔点为 0℃，液态的沸点为

100℃，在自然环境中可以固态存在，也可以液态存在，一些情况下会以水蒸气状态存在。

（2）水的密度。水的密度与温度关系和一般物质不同，一般物质的密度均随温度上升而减小，而水的密度在 3.98℃时最大为 $1g/cm^3$，高于或者低于此温度时其密度都小于 $1g/cm^3$。这通常由水分子之间的缔合现象来解释，即在 3.98℃时水分子缔合后的聚合物结构最密实，高于或者低于 3.98℃时，水的聚合物结构比较疏松。

（3）水的比热容。几乎在所有的液体和固体物质中，水的比热容最大，同时有很大的蒸发热和溶解热。这是因为水加热时，热量不仅消耗于水温的升高，还消耗于水分子聚合物的解离。所以在火力发电厂和其他工业中，常以水作为传递热量的介质。

（4）水的溶解能力。水有很大的介电常数，溶解能力极强，是一种很好的溶剂，溶解于水中的物质可以进行许多化学反应，而且能与许多金属的氧化物、非金属的氧化物及活泼金属产生化合作用。

（5）水的表面张力。在水体内部，由于每个水分子受其四方相邻水分子的引力，所以每个水分子受力是平衡的。但靠近表面的水分子则受力不平衡，水体内部对它的引力大，外部空气对它的引力小，从而使水体表面分子受到一种向内的拉力，称为表面张力。水有最大的表面张力，达到 $72.75 \times 10^{-5} N/cm$，表现出异常的毛细、润湿、吸附等特性。

（6）水的黏度。表示水体运动过程中所发生的内摩擦力，其大小与内能损失有关。纯水的黏度取决于温度，与压力几乎无关。

（7）水的电导率。因为水是一种很弱的两性电解质，能电离出少量 H^+ 和 OH^-，所以即使理想的纯水也有一定的导电能力，这种导电能力常用电导率来表示。

（8）水的沸点与蒸汽压。水的沸点与蒸汽压有关，如将水放在一个密闭的容器中，水面上就有一部分动能较大的水分子克服其他水分子的引力。逸出水面进入容器上部空间成为蒸汽，这一过程称为蒸发。进入容器空间的水分子不断运动，其中一部分水蒸气分子碰到水面，被水体中的水分子所吸引，又返回到水中，这一过程称为凝结。当水的蒸发速度与水蒸气的凝结速度相等时，水面上的分子数不再改变，即达到动态平衡。

在温度一定的情况下，达到动态平衡时的蒸汽称为该温度下的饱和蒸汽，这时的蒸汽压力称为饱和蒸汽压，简称蒸汽压。

当水的温度升高到一定值，其蒸汽压力等于外界压力时，水就开始沸腾，这时的温度称为该压力下的沸点。当气体高于某一温度时，不管加多大压力都不能将气体液化，这一温度称为气体的临界温度，在临界温度下，使气体液化的压力称为临界压力。水的临界温度为 374℃，临界压力为 22.0MPa。

（9）水的化学性质。水能与金属和非金属作用放出氢气，水还能与许多金属和非金属的氧化物反应，生产碱和酸。

（10）水的流动特性。

1）工业中水的流动一般在管道中进行，其主要参数有：密度、压强（压力）、黏度、流量、流速等。水的密度受压力的影响很小，可忽略不计，但是受温度的影响比较明显，查阅和使用水的密度时应附注温度条件。

2）水垂直作用于单位面积上的力称为静压强，简称压强或压力。化工中水的真实压强为绝对压强，而装置上测压力仪表的读数是指设备内水的真实压强与设备外大气压的差值。将水的真实压强比外界大气压高出的压强数值称为表压强，将水真实压强低于外界大气压的压强数值称为真空度。

3）衡量流体的黏性大小的物理量称为黏度，液体黏度随温度的升高而减小。水的黏度较小，随温度变化不大。

4）水在单位时间内流经管道任一截面积的量，称为流量。以体积计量的，称为体积流量，以 q_V 表示，单位为 m^3/s（或 m^3/h）；以质量计量的，称为质量流量，以 q_m 表示，单位 kg/s（或 kg/h）。

5）单位时间内水在流动方向流过的距离称为流速。由于在管道截面上的各点流速不同，管道中心流速最大，愈近管壁愈小，管壁处流速为零，工程上为方便计算，将通过单位截面的体积流量作为该截面的平均流速，简称流速，以 v 表示，单位为 m/s。

6）当管内流速小时，流动截面上各质点沿彼此平行的流线流动，这种流动状态称为层流或滞流；当管内流速加大到一定程度，流动的各质点在沿轴线总的方向运动外，还附加有各个方向的运动，这种流动形态称为湍流或紊流。

（二）天然水中的杂质

按照杂质的颗粒半径由大到小将杂质分为悬浮物、胶体和溶解物质三部分。颗粒半径大于 $0.1\mu m$ 的杂质为悬浮物；颗粒半径为 $0.001\sim0.1\mu m$ 的杂质为胶体；颗粒半径 $0.001\mu m$ 的已经完全溶解于水中，所以这部分为溶解物质。

1. 悬浮物

悬浮物是指水中存在的半径大于 $0.1\mu m$ 可以通过一定的过滤的方式从水中分离出来的颗粒物质。由于悬浮物颗粒对进入水中的光线有折射、反射的作用，因此，悬浮物是水发生浑浊的主要原因。悬浮物在水中是不稳定的，在重力或浮力的作用下会发生沉淀或者上浮而与水分离。

组成悬浮物的物质主要是水中的沙粒、黏土微粒以及一些动植物在生命活动过程中产生的物质，或动植物死亡后的腐败产物。近年来，随着工业污染的加剧，一些排入水体的工业污染物也逐渐成为悬浮物的主要部分。

2. 胶体

胶体是指半径在 $0.001\sim0.1\mu m$ 的微粒，大多是由不溶于水的大分子组成的集合体。胶体的颗粒大小介于溶解物和悬浮物之间，因此胶体是水中存在相分界面的最小颗粒，胶体特有的丁达尔现象正是因此而产生的。因为粒径极小，所以胶体颗粒具有很大的比表面积和巨大的界面自由能，这一点决定了胶体具有很多的特殊性质，如布朗运动。

天然水中常见的胶体物质有铁、铝、硅的各种化合物；另外一些溶于水的大分子有机物（如腐殖酸等），因为也具有胶体的性质，通常也列入胶体的范围。

3. 溶解物质

天然水中的溶解物质主要包括无机盐和气体两类。

无机盐溶解于水后会发生电离而形成离子态的杂质，包括阳离子和阴离子。水中常见的阳离子有 Ca^{2+}、Mg^{2+}、Na^+、K^+、Fe^{3+}、Mn^{2+}、Cu^{2+}、Al^{3+} 等，阴离子有 HCO_3^-、Cl^-、SO_4^{2-}、F^-、CO_3^{2-} 等。

常见的气体杂质有 O_2、CO_2、H_2S、SO_2、NH_3 等。

4. 有机物

水中的有机物的存在形式包括悬浮物、胶体和分子态。天然水中的有机物种类很多，无法用一种确定的分子式来表示，因此要分别测定有机物十分困难。过去在水处理中，讨论的重点往往是腐殖酸、富里酸、木质磺酸等天然有机物；但近年来因为工业废水污染严重，地表水中存在的有机物主要是工业污染物，因此，有机物的组成更为复杂。

在水处理中，目前只能用有机物的总量来表示其含量的高低，而不再细分有机物的组成。有机物的含量表示方法很多；在火电厂，一般用化学耗氧量（COD）、生化需氧量（BOD）和总有机碳（TOC）来表示。

5. 硅酸化合物

硅酸化合物是一种十分复杂的化合物，在水中的形态包括离子态、分子态和胶体。硅酸分子在水中有多种存在形式，因此天然水中的硅酸化合物是以何种形态存在还没有定论。

硅酸化合物在水中的形态与其本身含量、pH 值、水温以及其他离子的含量有关。硅酸含量太大时会从水中以胶体形式析出。水的 pH 值越高，硅酸的溶解度越大，根据硅酸化合物的电离情况和其盐类的溶解度，一般认为当 pH 较低时，硅酸以游离态的分子或胶融态的钙镁硅酸盐存在。只有当 pH 较高时，水中才会出现 SiO_3^{2-}。另外，高 pH 条件下，如果水中不含 Ca^{2+} 或者 Mg^{2+}，则硅酸呈真溶液状态，以 $HSiO_3^-$ 的形式存在；如果水中同时存在 Ca^{2+} 和 Mg^{2+}，则容易形成胶融状态的钙镁硅酸盐。

6. 水中的 CO_2

CO_2 溶于水后形成碳酸，碳酸是二元酸，在水中可以进行多级电离形成两种酸根：HCO_3^- 和 CO_3^{2-}。由于该电离反应的存在，使得碳酸盐平衡成为天然水中最重要的化学平衡之一，该平衡控制着天然水的 pH 值，还可以与水中的其他组分进行中和反应和沉淀反应。因此可知 CO_2 在水中有以下四种存在形式：

（1）溶于水的 CO_2 分子，通常写作 CO_2（aq）。

（2）碳酸分子，即 H_2CO_3，CO_2 和 H_2CO_3 又合称为游离二氧化碳。

（3）碳酸氢根，即 HCO_3^-，是构成天然水碱度的主要物质，HCO_3^- 又称半结合二氧化碳。

（4）碳酸根，即 CO_3^{2-}，是构成天然水碱度的物质，又称结合二氧化碳。

（三）溶液的相关概念

一种物质以分子或离子状态均匀地分布于另一种物质中，得到均匀、稳定的体系称为溶液。以水为溶剂的溶液称为水溶液，简称溶液。能溶解、分散其他物质的物质叫溶剂，被溶解的物质叫溶质。溶质是半径小于 $0.001\mu m$ 的微粒。

1. 溶解度

溶解度是指一定温度下，某物质在 100g 溶剂中的饱和溶液的含量（g/100g 水）。根据溶解度的大小，粗略地分为可溶物、微溶物及难溶或不溶物质。

2. 溶液浓度

溶液浓度是指一定量的溶液或溶剂中所含溶质的量。主要表示方法有以下几类：

（1）物质的量浓度（c_B）。是物质 B 的量除以混合物（溶质＋溶剂）的体积，常用单位为 mol/L 及 mmol/L。一般表示标准滴定液、基准溶液的精确浓度，也可表示水质分析中被测组分的含量。

（2）物质的质量浓度（ρ_B）。是物质 B 的质量除以混合物的体积，常用单位是 g/L、mg/L、mg/mL、$\mu g/mL$、$\mu g/L$。主要用以表示物质标准溶液、基准溶液的质量浓度，也常用来表示一般溶液的质量浓度和水质分析中各组分的含量。一般当溶质为固体时，用它表示较为简便。在电厂水质指标中由于杂质含量的具体情况，常用 $\mu g/L$，数值较大时常用 mg/L。很多资料中常用 ppb 和 ppm 这两个单位。$\mu g/L$ 与 ppb 数值相当，均为 10^{-9} 数量级；mg/L 与 ppm 数值相当，均为 10^{-6} 数量级。

（3）物质的质量分数（w_B）。表示的溶液浓度为溶质 B 的质量与混合物质量之比。即一定质量的溶液中溶质 B 的质量所占的比例，用"％"表示。这种表示方法常用于溶质是固体时的一般溶液（非标准滴定液或非基准溶液）。如：$w(NaCl)=10\%$，表示 100gNaCl 溶液中含有 10gNaCl（即 10gNaCl＋90gH_2O）。

（4）物质的体积分数（φ_B）。表示一定体积的溶液中溶质 B 的体积所占的比例，常以"％"表示浓度值。常用来表示溶质为液体的一般较稀溶液的浓度。如：$\varphi(HCl)=5\%$，也可表示为 5%（V/V）HCl 溶液，表示 100 体积的 HCl 的溶液中含有 5 体积的浓 HCl。

（5）体积比浓度（$V_1＋V_2$）。是两种溶液分别以 V_1 体积与 V_2 体积相混时溶液浓度的表示法，常用于较浓的溶液。如：HCl（1＋2）表示 1 体积的 HCl 和 2 体积的水相混合的溶液。

（四）水质常用指标

1. 浊度（ZD）

衡量水中悬浮物（SS）的含量，它反映水的透明度，单位：mg/L、NTU、FTU（福马肼浊度）。三个单位大体相当，在水处理澄清池、空气擦洗滤池、活性炭过滤器；精处理前置过滤器；废水处理澄清池等处都要监测悬浮物的含量。有时，直接用悬浮物（SS）表示水中颗粒物质等杂质和水的透明度，单位与浊度一样。

2. 硬度（YD）

表示水中钙、镁离子（Ca^{2+}、Mg^{2+}）含量的指标，单位：mmol/L、μmol/L。水中含钙、镁离子会导致设备结垢。在水处理阳床出水有时要监测硬度是为了防止阳床深度失效，导致硬度带入汽水系统；汽水系统凝结水、给水都要监测硬度，特别是机组启动初期。

3. 碱度（JD）

表示水中可以用酸中和的物质的量。如溶液中 OH^-、HCO_3^-、CO_3^{2-} 等物质，单位：mol/L。在天然水中碱度主要是 HCO_3^-。碱度大小可以用酸来滴定测得。在水质全分析中需测定碱度。水处理系统中，原水的碱度大部分被阳床的酸性水中和生成 CO_2，CO_2 被除碳器除去。

4. 酸度（SD）

表示水中可以用碱中和的物质的量。如溶液中 H^+、H_2CO_3 等物质，单位：mol/L。在天然水中酸度主要是 H_2CO_3，酸度大小可以用碱来滴定测得。在原水水质全分析中需测定酸度。水处理系统中，原水的酸度大部分由除碳器和阴床除去。

5. pH 值

表示水中 H^+ 浓度的大小。其值为水中 H^+ 摩尔浓度的负对数。pH 值是一个数值，无单位。pH 值越小，酸性越强。在水处理系统和热力汽水系统中经常要监测 pH 值。特别是给水需严格把握 pH 值大小，pH 值控制不当随时有可能导致热力系统腐蚀。

6. 化学耗氧量（COD）

表示水中有机物含量的大小，化学耗氧量利用有机物可以被氧化的性质，采用一定的强氧化剂处理水样时，测定其反应过程中消耗的氧化剂量，单位：mg/L。在原水水质全分析要监测 COD 大小。活性炭过滤器、反渗透装置和除盐装置都能除去有机物，有机物如果带入热力系统中会分解一些有害物质，导致设备、管道的腐蚀。

7. 溶解氧（DO）

表示水中溶解氧气的含量。机组汽水加药系统在正常运行情况下采用给水加氧（OT）处理，在机组启动、停机前一段时间和机组运行异常时采用不加除氧剂的全挥发 [AVT（O）] 处理，溶解氧含量大小直接影响热力系统设备的腐蚀。溶解氧在汽水系统中几乎全程监控。溶解氧单位常用 $\mu g/L$。

8. 电导率（DD）

表示水中含盐量的大小，即各种阴阳离子多少，与水中各种离子浓度和离子组成有关。电导率单位常用 $\mu S/cm$。它是水纯净程度的一个重要指标，能较好地判断水质情况。几乎所有的水系统都要监测电导率。电导率分为比电导率和氢电导率。氢电导率是水样经过小型氢交换柱后仪表监测的电导率。同一种水质，氢电导率相对比电导率而言，数值小些，容易监测水质的变化。如水处理阴床出水、混床出水监测电导从而判断树脂是否失效；凝结水、给水等都要监测电导率能直接判断水质的好坏；凝汽器检漏装置监测电导率，能很灵敏地检测到凝汽器是否泄漏。电导率有时用 C、CC、λ 等符号表示，在阅读有关资料时注意辨识。

9. 钠离子（Na^+）

表示水中钠离子的含量。汽水系统中主蒸汽监测钠离子是为了检测蒸汽携带的盐类物质，防止系统积盐；阳床出水监测钠离子是因为阳树脂在将近失效时，最先漏过的是钠离子。

10. 二氧化硅（SiO_2）

表示水中活性硅（$HSiO_3^-$）的含量。天然水中的硅分为：活性硅和非活性硅（胶体硅），原水中大部分非活性硅被澄清装置除去，活性硅被反渗透装置、阴床和混床的阴树脂除去。阴床、混床出水监测硅是因为阴床、混床阴树脂在将近失效时，最先漏过的是 $HSiO_3^-$。除硬度（Ca^{2+}、Mg^{2+}）外，$HSiO_3^-$ 也是导致设备、管道结垢的主要物质。给水系统中监测二氧化硅可以防止热力系统结垢。

（五）水在火力发电厂中的作用

火力发电是把燃料的化学能，通过火力发电设备转变为电能的生产过程。在这一过程中离不开传递能量的工质。由于水的传热性能好，热容量高，分子量小，给水泵输送 1 份体积的水所产生的蒸汽流过汽轮机的体积可达 $22.4 \times 1000 \div 18 \div 0.03 = 4148$（份），因此被认为是火电厂用于做功的理想工质。水在做功的过程中是这样进行循环的：燃料在锅炉中燃烧把燃料中的化学能变成热能传递给锅炉中的水，吸收热能后的水变成具有一定温度的蒸汽，然后流经过热器进一步升温后进入汽轮机，推动汽轮机旋转；汽轮机带动发电机将机械能转变为电能；汽轮机做功后的乏汽排入凝汽器中，被冷却成凝结水，经处理后再次送往锅炉循环利用。另外，在火电厂中大量的转动机械的轴瓦也需要用水来冷却。因此，水在火电厂中起着能量传递、水变成高温蒸汽推动汽轮机旋转和冷却等作用。

（六）火力发电厂用水的分类

由于水在火力发电厂的作用不同，其水质差别很大。在实际生产中，我们给这些水以不同的名称：如生水、补给水、凝结水、给水、锅水、疏水、冷却水等。

（1）生水。又称原水，是指未经处理的天然水，如江河水、湖水、地下水等。在火电厂中生水既可作为制取锅炉补给水的水源，又可作为冷却水或消防水使用。

（2）补给水。是指生水经过各种方法处理后，用来补充火电厂中水、汽循环系统损失的水。补给水按其净化处理方法不同，又可分为软化水、蒸馏水和除盐水等。

（3）凝结水。在汽轮机做功后的蒸汽经凝汽器冷却成的水，称凝结水。

（4）给水。送往锅炉的水称为给水。凝汽式发电厂的给水主要由凝结水、补给水和各种疏水组成，热电厂还包括返回凝结水。

（5）锅水。在锅炉本体的蒸发系统内流动着的水称为锅水。

（6）疏水。火力发电厂内部各种蒸汽管道和用汽设备中的蒸汽凝结成的水称为疏水。它经疏水器汇集到疏水箱。在火力发电厂中高压疏水一般回收到除氧器，低压疏水回收到凝汽器。

（7）返回凝结水。热电厂向用户供蒸汽后，回收蒸汽凝结水称为返回凝结水，简称返回水。

（8）冷却水。作为冷却介质的水称为冷却水。在火力发电厂中，它主要是指通过凝汽器用以冷却汽轮机排汽的水。

（9）中水。又称再生水，是经适当处理后，达到一定的水质指标，满足某种使用要求，可以进行有益使用的水。

二、金属的腐蚀

（一）腐蚀的分类

1. 腐蚀的定义

金属材料（表面）与周围介质发生化学或电化学过程而使金属发生损耗或破坏的现象称为腐蚀。

2. 腐蚀的分类

（1）从受腐蚀的金属表面形态来看，腐蚀可分为均匀腐蚀和局部腐蚀。均匀腐蚀表现为受腐蚀金属材料均匀减薄，即与腐蚀性介质接触的表面大致上是受到相同程度的腐蚀；局部腐蚀是腐蚀损坏发生在金属材料区别范围，包括点蚀、溃疡性腐蚀、沟槽状腐蚀、腐蚀裂缝等。

在热力设备中，局部腐蚀比均匀腐蚀破坏性要大得多，因此也具有更大的危险性。

（2）按腐蚀本质不同可分为化学腐蚀和电化学腐蚀两类。

1）化学腐蚀。化学腐蚀过程是通过化学反应进行的，反应过程中没有腐蚀电流产生。

2）电化学腐蚀。金属的电化学腐蚀是由于金属与周围介质构成原电池作用而发生的，在电化学腐蚀过程中有电子转移，因为有电流产生。

（二）腐蚀的原理

1. 化学腐蚀原理

化学腐蚀主要是由于金属材料与介质直接发生化学反应引起的腐蚀过程。例如：盐酸滴在铁表面，其化学反应为：

$$Fe+2HCl \Longrightarrow Fe_2Cl+H_2$$

碳钢和高温水蒸气的反应：

$$Fe+H_2O \xrightarrow{<570℃} FeO+H_2$$

$$3Fe+4H_2O \xrightarrow{>570℃} Fe_3O_4+4H_2$$

2. 电化学腐蚀原理

金属浸入水溶液中，在水分子的作用下正离子会和水分子形成水化离子，有若干金属离子渗入溶液中，并且有等电量的电子留在金属表面。发生这个过程后，金属表面带有负电，水溶液中带有正电，在金属表面和此表面相接的溶液之间形成双电层。

金属放入它的盐溶液中时，金属也可以从溶液中吸附一部分该金属正离子，而在它表面形成了带正电和溶液带负电的双电层。

双电层的正负电荷之间存在着吸引力，所以转入溶液中的水化离子不会远离金属表面，而且转入溶液中的离子量通常也极其微小，因为留在金属上的电子又会吸引溶液中的水化离子到金属表面上去，这个过程和前一个过程传递电荷的方向相反。如果这两个过程进行的速度相等，就建立了平衡，这里离子转入溶液的过程就会自动抑制了。由于金属表面和溶液间存在着双电层，所以有电位差，这种电位差称为该金属在此溶液中的电极电位。

如前所述，当金属在溶液中形成双电层后，就会阻止金属的继续溶解，但如将金属上的电子引出，则金属的溶解过程又将继续进行，即形成了原电池，这个过程可以一直进行到金属全部溶解为止。

金属发生电化学腐蚀的过程和原电池中发生的反应一样。当某种金属和水溶液相接触时，由于金属组织以及和金属表面相接触的介质不可能完全均匀的，因此在金属的某两个部分会形成不同的电极电位，所以也会组成原电池，这种原电池是使金属发生电化学腐蚀的根源，称为腐蚀电池。

在实际情况下，当金属遇到侵蚀性溶液时，由于其电化学的不均匀性，常常会在金属的若干部分形成许多肉眼观察不出来的小型腐蚀电池，这种小型电池称为微电池。金属遭到电化学腐蚀，大都是由于这些微电池作用的结果。

三、机组水汽系统中杂质来源及危害

火力发电厂热力设备水汽循环系统中的工质总是含有一些杂质的，这些杂质是引起热力设备结垢、腐蚀和蒸汽品质不纯等故障的主要根源。

（一）水汽系统中的杂质的来源

水汽系统中的杂质的来源主要有以下几方面。

1. 补给水含有杂质

补给水处理采用二级除盐系统（一级除盐系统＋混床）制备除盐水作为补给水，水质很好，补给水水质控制标准如下：二氧化硅$\leqslant 10\mu g/L$；电导率（25℃）$\leqslant 0.15\mu S/cm$。

但是应该知道，二级除盐水中仍然含有各种微量杂质（含量以$\mu g/L$计），这些微量杂质的种类包括盐类、硅化合物和有机物等许多种。当水处理除盐系统的设备有缺陷或者运行操作管理不当时，除盐水中钠化合物、硅化合物和有机物等杂质的含量还会增加。除盐水中有机物种类和含量与原水中有机物的种类和含量有关，而且与预处理过程（特别是混凝过程）的进行程度有关。除盐水中还可能带有离子交换树脂的粉末等合成有机物和离子交换床内滋生的细菌、微生物等。

2. 冷却水渗漏使杂质进入凝结水

凝汽器水侧流过的是冷却水。采用海水作为凝汽器冷却水的机组，由于海水含盐量很高，且还含有其他很多杂质。当冷却水从凝汽器不严密处进入汽侧蒸汽凝结水中时，冷却水中的杂质就会随之进入凝结水，使凝结水含有各种盐类物质（包括Ca^{2+}、Mg^{2+}、Na^{+}、HCO_3^{-}、Cl^{-}、SO_4^{2-}等）、硅化合物和各种有机物等杂质。

前置过滤器、高速混床作为凝结水精处理设备，但它仍不能除尽从凝结水漏入的杂质，特别是冷却水漏入的杂质，尤其是冷却水中的胶体硅和胶态有机物。而当凝汽器发生泄漏时，进入系统的杂质会更多。

3. 金属腐蚀产物被水流携带

补给水系统、给水系统、凝结水系统、疏水系统中各种管道和热力设备不可避免遭受到的腐蚀都会给机组水汽系统带入金属腐蚀产物。这些金属腐蚀物主要是铁和铜的腐蚀产物。

此外，在机组安装、检修期间也会使一些杂质残留在系统中。因此热力设备中必然会发生各种结垢、腐蚀和蒸汽污染等问题，导致热力设备在短时间内发生重大故障，甚至造成停机、停炉的严重局面，影响机组的安全经济运行。

所以必须弄清楚热力设备内水汽侧所发生的结垢、腐蚀和蒸汽污染等问题的实质以便找到解决的办法。

（二）水中不良杂质的危害

水在火力发电厂的生产工艺中，既是热力系统的工作介质，也是某些热力设备的冷却介质。水质的好坏是影响电厂安全经济运行的重要因素。水处理的主要任务是改善水质，或采用其他措施消除由于水质异常而引起的危害。

在火力发电厂中，如果汽水品质不符合规定，则可能引起以下危害。

1. 引起热力设备的结垢

进入锅炉的水中如果有易于沉积的物质，或发生反应后生成难溶于水的物质，则在运行过程中会发生结垢的现象。垢的导热性比金属差几百倍，且它又极易在热负荷很高的部位生成，使金属壁的温度过高，引起金属强度下降，致使锅炉的管道发生局部变形、鼓包，甚至爆管；而且锅炉内结垢还降低锅炉的热效率，从而影响发电厂的经济效益。

锅炉给水中的硬度盐类是造成结垢的主要因素，但对于高参数的大型锅炉，由于给水中硬度已被全部去除，故形成的水垢主要是铁的沉积物。在汽轮机凝汽器内，因冷却水水质问题而结垢会导致凝汽器真空下降，从而使汽轮机的热效率和出力降低。热力设备结垢后需要清洗，不但增加了检修工作量和费用，而且使热力设备的年运行时间减少。

2. 热力设备的腐蚀

火力发电厂中热力设备的金属面经常和水接触，会发生由于水质问题而引起的金属腐蚀。易于发生腐蚀的设备有：给水管道、加热器、锅炉的省煤器、水冷壁、过热器和汽轮机凝汽器等。

腐蚀不仅缩短设备本身的使用寿命，而且由于金属腐蚀产物转入水中，使给水中杂质增多，其结果是这些杂质会促进炉管内的结垢过程，结成的垢转而又加剧炉管的腐蚀，形成恶性循环。如果金属的腐蚀产物被蒸汽带到汽轮机中，则会因它们沉积下来而严重影响汽轮机的安全和运行的经济性。

3. 过热器和汽轮机机内积盐

水质不良还会引起锅炉产生的蒸汽不纯，从而使蒸汽带出的杂质沉积在蒸汽通过的各个部位，例如过热器或汽轮机，这种现象称为积盐。

过热器管内积盐会引起金属管壁温度过高，以致爆管。汽轮机内积盐会大大降低汽轮机的出力和热效率。当汽轮机内积盐严重时，还会使推力轴承负荷增大，隔板弯曲，造成事故停机。

火力发电厂水处理的任务不仅仅是制出品质合格的给水，而且还应在以下各方面采取有效的措施：

（1）防止或减缓热力设备和系统的腐蚀。

（2）防止或减缓受热表面上结垢或形成沉积物。

（3）保证高纯度的蒸汽品质。

四、火力发电厂的水处理

为了防止水中的杂质进入锅炉后发生沉淀和结垢，一般对原水进行预处理（混凝、澄清、过滤）和水的除盐处理（一级除盐、二级除盐或超滤、反渗透、EDI），尽量使锅炉补给水中的杂质最少；为了防止对水、汽系统金属的腐蚀，防止腐蚀产物进入锅炉并引起水冷壁的腐蚀、结垢以及防止蒸汽携带杂质引起过热器和汽轮机腐蚀、积盐等，需要对给水和锅水进行处理。例如，给水中的腐蚀产物 Fe_3O_4、CuO 进入锅炉后，一方面在锅炉热负荷高的部位沉积，产生铜、铁垢，影响热的传递，严重时发生锅炉爆管，另一方面铜垢容易被高压蒸汽携带，它往往沉积在汽轮机的高压缸部分。因此，既要严格控制锅炉给水的质量，又要对给水、锅水进行合理的处理，防止发生任何形式的腐蚀。

（一）锅炉补给水处理

锅炉给水通常由补给水、凝结水和生产返回水组成。因此，给水的质量通常与这些水的品质有关。为什么要不停地向锅炉补水呢？这是因为虽然火电厂中的水、汽理论上是密闭循环，但实际上总是有一些水、汽损失，包括以下几方面：

（1）锅炉。汽包锅炉的连续排污，定期排污、汽包安全阀和过热器安全阀排汽、蒸汽吹灰、化学取样等。

（2）汽轮机。汽轮机轴封漏汽、抽汽器和除氧器的对空排汽和热电厂对外供汽等。

（3）各种水箱。如疏水箱、给水箱溢流和其相应扩容器的对空排汽。

（4）管道系统。各种管道的法兰连接不严和阀门泄漏等。

因此，为了维护火电厂热力系统的正常水、汽循环，机组在运行过程中必须要补充这些水、汽损失，补充的这部分水成为锅炉的补给水。补给水要经过沉淀、过滤、除盐等水处理过程，把水中的有害物质除去后才能补入水、汽循环系统中。火电厂的补给水量与机组的类型、容量、水处理方式等因素有关。凝汽式 300MW 以上机组的补水量一般不超过锅炉额定蒸发量的 1.0%。

（二）凝结水处理

对于直流锅炉和 300MW 及以上的汽包锅炉的机组，由于锅炉对水质要求非常严格，通常要对凝结水进行精处理。凝结水的处理方式有物理处理和化学处理。物理处理包括电磁过滤、纸浆过滤和树脂粉末过滤等。化学处理包括阳离子交换和精除盐等。在火电厂中应用最多的精处理设备是高速混床。

（三）给水处理

给水水质即使很纯，也会对给水系统造成腐蚀。选择适当的给水处理方式，就是将给水系统的金属腐蚀降到最低限度。目前有三种给水处理方式，即还原性全挥发处理、氧化性全挥发处理和加氧处理。

（四）冷却水处理

对于所有的冷却水一般都应采取杀菌、灭藻措施。对于采用冷水塔冷却的机组，由于水在冷水塔蒸发而浓缩，容易发生腐蚀、结垢问题。一方面需要大量的补水，一般占整个电厂用水量的 70% 左右。另一方面需要加阻垢剂防止结垢，加缓蚀剂防止凝汽器管发生腐蚀，加杀菌剂防止生物黏泥的附着引起微生物腐蚀、结垢。通常凝汽器循环冷却水采用加次氯酸钠的方式进行处理。

（五）废水处理

机组在运行过程中会产生各种废水，包括再生废水、脱硫废水、取样排水、煤场冲洗水等，为保证废水排放指标合格以及达到废水零排放的目标，必须对废水进行处理，通常采取混凝、过滤、中和等处理方式。

五、大宗药品的性质及安全防护

常用的大宗药品有：盐酸、氢氧化钠、氨水、水合联胺、氢气、硫酸等药品。

（一）盐酸

1. 标识

盐酸的分子式为 HCl，其相对分子量为 36.46。

2. 组成及性质

盐酸主要成分为 HCl，最高含量为 36％，工业级含量为 31％左右。工业盐酸为无色或微黄色，易挥发，有刺激性气味。

3. 对健康的危害

接触或吸入其烟雾，可引起急性中毒，出现眼结膜炎、鼻及口腔黏膜发炎、齿龈出血、气管炎等。眼和皮肤接触可致灼伤。长期接触，可引起鼻炎、慢性支气管炎、牙齿酸腐蚀及皮肤损伤等危害。

4. 急救措施

（1）皮肤接触。立即脱去被污染的衣着，用大量流动的清水冲洗，再以 5％的碳酸氢钠溶液清洗，然后就医进一步处理。

（2）眼睛接触。立即用大量流动清水冲洗，再以 5％的碳酸氢钠溶液清洗，然后就医进一步处理。

（3）吸入酸雾。迅速离开现场，至空气新鲜处，保持呼吸通畅，如呼吸困难，给输氧，如呼吸停止，立即进行人工呼吸，就医处理。

（4）误食。立即用清水漱口，然后饮用牛奶或蛋清，就医处理。

5. 燃爆特性

盐酸及其挥发气体不燃烧，但是其能与大量金属进行反应，放出氢气，有爆炸危险。遇氰化物能产生剧毒的氰化氢气体。

6. 泄漏应急处理

迅速撤离现场，进行隔离。处理人员戴正压式呼吸器，穿防酸碱服。用砂土、干石灰或苏打灰混合处理，也可用大量水冲洗，冲洗水放入废水系统进一步处理。

7. 储运注意事项

储存于阴凉、干燥、通风良好的地方，应与碱类、金属、卤素、易燃或可燃物分开存放。进行与之相关的操作时必须穿防酸碱服、戴防护面具及防酸碱手套。

（二）氢氧化钠

1. 标识

氢氧化钠的分子式为 NaOH，其相对分子量为 40.01。

2. 组成及性质

氢氧化钠主要成分为 NaOH，工业品一级含量≥99.5％，二级含量≥99.0％，常用的是浓度为 31％的氢氧化钠溶液。氢氧化钠为白色不透明固体，易潮解。

3. 对健康的危害

氢氧化钠具有强烈腐蚀性。粉尘刺激眼和呼吸道，腐蚀鼻中隔，皮肤和眼睛直接接触可引起灼伤；误服可造成消化道灼伤，黏膜糜烂、出血、休克。

4. 急救措施

（1）皮肤接触。立即脱去被污染的衣着，用大量流动的清水冲洗，再以 1％的醋酸溶液清洗，然后就医进一步处理。

（2）眼睛接触。立即用大量动清水冲洗，再以 2％的稀硼酸溶液清洗，然后就医进一步处理。

（3）误食。立即用清水漱口，然后饮用牛奶或蛋清，就医处理。

5. 泄漏应急处理

迅速撤离现场，进行隔离。处理人员戴防护面罩，穿防酸碱服。少量泄漏用洁净的铲子收集于干燥、洁净、有盖的容器中，也可用大量水冲洗，冲洗水放入废水系统进一步处理。大量泄漏时，应收集回收或运至废物处理场处置。

6. 储运注意事项

储存于干燥清洁的仓库间，注意防潮防雨，应与易燃或可燃物及酸类分开存放，其溶液应该存放在密封的容器内保存。进行与之相关的操作时必须穿防酸碱服、戴防护面具及防酸碱手套。

（三）氨水

1. 标识

氨的分子式为 NH_3，溶解在水中形成氨水，氨水的分子式为 $NH_3 \cdot H_2O$，其相对分子量为 35.05。

2. 组成及性质

工业氨水是含氨 25％～28％的水溶液。氨水为无色透明液体，易挥发，有刺激性气味。

3. 对健康的危害

吸入后对鼻、喉和肺有刺激性，引起咳嗽、气喘和哮喘等；重者发生喉头水肿、肺水肿及心、肝、肾损害。溅入眼睛内可造成灼伤。皮肤接触可致灼伤。误服可灼伤消化道。

4.急救措施

（1）皮肤接触。立即脱去被污染的衣着，用大量流动的清水冲洗，再以1%的醋酸溶液清洗，然后就医进一步处理。

（2）眼睛接触。立即用大量流动清水冲洗，再以2%的稀硼酸溶液清洗，然后就医进一步处理。

（3）吸入氨气。迅速离开现场，至空气新鲜处，保持呼吸通畅，如呼吸困难，给输氧，如呼吸停止，立即进行人工呼吸，就医处理。

（4）误食。立即用清水漱口，然后饮用牛奶或蛋清，就医处理。

5.燃爆特性

氨气及其挥发气体不燃烧，但是其挥发气体可形成爆炸性气体，不稳定性越高，分解挥发越快。

6.泄漏应急处理

迅速撤离现场，进行隔离。处理人员戴正压式呼吸器，穿防酸碱服。用砂土、干石灰或苏打灰混合处理，也可用大量水冲洗，冲洗水放入废水系统进一步处理。

7.储运注意事项

储存于阴凉、干燥、通风良好的仓库间，远离火种、热源，防止阳光直射，保持容器密封。应与酸类、金属粉末等分开存放。进行与之相关的操作时必须穿防酸碱服、戴防护面具及防酸碱手套。

（四）水合联胺

1.标识

水合联胺的分子式为$N_2H_4 \cdot H_2O$，其相对分子量为50.06。

2.组成及性质

水合联胺主要成分为N_2H_4，为无色发烟液体，微有特殊的氨臭味。

3.对健康的危害

吸入水合联胺蒸汽，会刺激鼻和呼吸道，此外还会出现头晕、恶心、呕吐和中枢神经系统症状。其液体或蒸汽对眼睛有刺激作用，可致眼睛的永久性损伤。对皮肤有刺激性，可造成严重灼伤，可经皮肤吸收中毒，可致皮炎。误服可引起头晕、恶心，出现暂时性中枢性呼吸抑制、心律紊乱，以及中枢神经系统症状，如嗜睡、运动障碍、供给失调、麻木等，肝功能也可能出现异常。

4.急救措施

（1）皮肤接触。立即脱去被污染的衣物，用大量流动的清水冲洗皮肤，然后就医进一步处理。

（2）眼睛接触。立即用大量流动的清水冲洗眼睛，然后就医进一步处理。

（3）误食。饮足量温水，催吐，就医处理。

5.燃爆特性

联胺是可烧性气体，遇明火或高温燃烧，具有强还原性。与氧化剂发

43

生强烈反应，引起燃烧或爆炸。遇氧化汞、氧化亚锡、2，4-二硝基氯化苯会剧烈反应。

6. 泄漏应急处理

迅速撤离现场，进行隔离，严格限制出入，切断火源。处理人员戴正压式呼吸器，穿防酸碱服。尽可能地切断泄漏源，用砂土或其他不燃材料吸收或者吸附，也可用大量水冲洗，冲洗水放入废水系统进一步处理。

7. 储运注意事项

储存于阴凉、干燥、通风良好的仓库间，远离火种、热源，仓库内温度不超过 30℃，防止阳光直射，保持容器密封。应与酸类、氧化剂分开存放。搬运时要轻装轻卸，防止包装及容器损坏。

（五）氢气

1. 标识

氢气的分子式为 H_2，其相对分子量为 2.01。

2. 组成及性质

氢气为无色无味的气体，工业级含量≥98.0%。氢气主要用于合成氨和甲醇等、石油精制、有机物氢化及做火箭燃料等。

3. 对健康的危害

在正常条件下，氢气是无毒的。但是，如果氢气浓度过高，可能会引起窒息。

4. 急救措施

吸入：迅速离开现场，至空气新鲜处，保持呼吸通畅；如呼吸困难，给输氧；如呼吸停止，立即进行人工呼吸，就医处理。

5. 燃爆特性

氢气为易燃易爆气体，与空气混合形成爆炸性混合物，其爆炸范围为 4.1%～74.1%。氢气与卤素会发生剧烈反应。氢气系统发生着火时，应立即切断气源，喷水冷却容器，可能的话将容器从火场移至空旷地方。

6. 泄漏应急处理

氢气系统泄漏后，应尽可能切断泄漏源，然后迅速撤离现场，进行隔离，严格限制出入。处理人员戴正压式呼吸器，穿消防防护服。合理通风，加强扩散。漏气容器要妥善处理，检查、修复后再使用。

7. 储运注意事项

储存于阴凉、干燥、通风良好的地方，远离热源、火种，防止阳光直射。应与氧气、压缩空气、卤素、氧化剂分开存放。储存间内的照明、通风等设施应采用防爆型，开关最好设在房间外。配备相应品种和数量的消防器材。禁止使用易产生火花的机械设备和工具。

（六）硫酸

1. 标识

硫酸的分子式为 H_2SO_4，其相对分子量为 98.08。

2. 组成及性质

硫酸工业级含量为 92.5% 或 98%，纯品为无色无味透明状液体。主要用于生产化肥及化工、医药、石油提炼等工业。

3. 对健康的危害

对皮肤、黏膜等组织有强烈的刺激和腐蚀。可引起结膜炎、结膜水肿、角膜浑浊，以致失明；可引起呼吸道刺激，发生呼吸困难和肺水肿；高浓度引起喉痉挛或声门水肿而窒息死亡。误服后引起消化道烧伤以致溃疡形成；严重者形成溃疡，愈后斑痕影响收缩功能。溅入眼内可造成灼伤，甚至角膜穿孔、全眼炎以至失明。

4. 急救措施

（1）皮肤接触。立即脱去被污染的衣着，用大量流动的清水冲洗，再以 5% 的碳酸氢钠溶液清洗，然后就医进一步处理。

（2）眼睛接触。立即用大量流动清水冲洗，再以 5% 的碳酸氢钠溶液清洗，然后就医进一步处理。

（3）误食。立即用清水漱口，然后饮用牛奶或蛋清，就医处理。

5. 燃爆特性

如遇大量水可发生沸溅。与易燃物和可燃物接触会发生剧烈反应，甚至引起燃烧。遇电石、高氯酸盐、磷酸盐、硝酸盐、苦味酸盐、金属粉末等产生剧烈反应，发生爆炸或燃烧。有强烈的腐蚀性和吸水性。

6. 泄漏应急处理

迅速撤离现场，进行隔离，严格限制出入。处理人员戴正压式呼吸器，穿防酸碱服。用砂土、干石灰或苏打灰混合处理，也可用大量水冲洗，冲洗水放入废水系统进一步处理。

7. 储运注意事项

储存于阴凉、干燥、通风良好的地方，应与碱类、金属、卤素、易燃或可燃物分开存放。搬运时要轻装轻卸，防止包装及容器损坏。进行与之相关的操作时必须穿防酸碱服、戴防护面具及防酸碱手套。

第五节　碳捕集、利用与封存技术基础知识

一、碳捕集定义

碳捕集与封存（CCS）是指将大型发电厂所产生的二氧化碳（CO_2）收集起来，并用各种方法储存以避免其排放到大气中的一种技术。

碳捕集、利用与封存（简称 CCUS）是在二氧化碳捕集与封存（CCS）的基础上增加了"利用（Utilization）"，这一理念是随着 CCS 技术的发展和对 CCS 技术认识的不断深化，在中美两国的大力倡导下形成的，目前已经获得了国际上的普遍认同。

CCUS 按技术流程分为捕集、输送、利用与封存等环节，如图 3-10 所示。

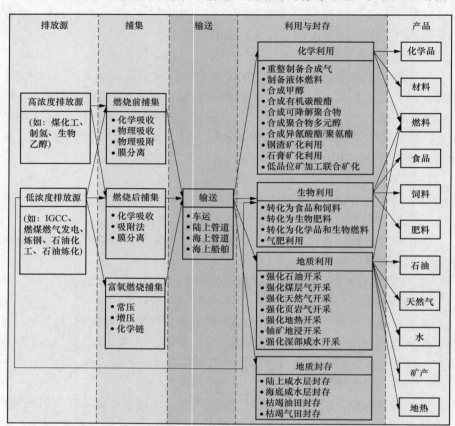

图 3-10 CCUS 技术流程

CCUS 可以捕集发电和工业过程中使用化石燃料所产生的多达 90％的 CO_2，脱碳水平较高；但同时也面临着泄漏、污染物排放等风险。这种技术被认为是未来大规模减少温室气体排放、减缓全球变暖最经济、可行的方法。

二、中国发展 CCUS 技术的基础及技术现状

CCUS 作为大规模碳减排的有效技术，对我国应对气候变化意义重大。政府、企业以及科研机构对 CCUS 技术的发展高度重视，其研发与应用也处于不断地创新升级中。

（一）中国发展 CCUS 技术的基础

1. 中国发展 CCUS 具有良好的基础条件

（1）以化石能源为主的能源结构长期存在。

（2）适合 CO_2 捕集的大规模集中排放源为数众多、分布广泛，且类型多样。

（3）我国理论地质封存容量巨大，初步研究估算在万亿吨级规模。

（4）我国完备的工业产业链为 CO_2 利用技术发展提供了多种选择。

（5）存在多种 CO_2 利用途径，其潜在收益可推动 CCUS 其他技术环节的发展。

2. 我国发展 CCUS 技术仍面临诸多传统挑战

（1）我国所处发展阶段难以承受 CCUS 的高投入、高能耗和高额外成本。

（2）源东汇西（东部地区的二氧化碳排放源捕集运至西部封存利用）的错位分布格局增加了 CCUS 集成示范和推广的难度。

（3）复杂的地质条件和密集的人口分布给规模化封存提出了更高技术要求。

3. 国内外新形势对 CCUS 技术发展带来了新的机遇

（1）全国统一碳市场的建立为 CCUS 技术发展提供了新的驱动力。

（2）具有较好社会经济效益的 CO_2 利用技术不断涌现，有望提高 CCUS 技术的整体经济性，并提供了与可再生能源协同的更多选项。

（3）低能耗捕集技术的出现有望大幅降低 CCUS 的实施成本。

（4）随着低渗透石油资源勘探和开发的比重不断增加，$10\sim20$ 年内 CO_2 强化采油技术（CO_2-EOR）将面临更大需求。

4. 国内外环境的变化也使 CCUS 技术发展面临新的挑战

（1）建设生态文明社会和落实可持续发展战略对 CCUS 技术的能耗、水耗以及环境影响提出更高要求。

（2）2035 年前后将是捕集技术实现换代升级的关键时期，二代捕集技术需要在 2035 年之前做好大规模产业化的准备。

（二）已开展的工作

近年来，CCUS 在全球范围快速发展，目前已开展了众多工业规模示范项目，逐渐开始发挥对传统能源"清洁化"的作用，并在 2016 年被纳入"创新使命"框架。中国政府高度重视 CCUS 技术的研发与示范，为积极发展和储备 CCUS 技术开展了一系列工作。

（1）明确了 CCUS 研发战略与发展方向。2011 版中国碳捕集利用与封存技术发展路线图明确了 CCUS 的技术定位、发展目标和研发策略；《"十二五"国家碳捕集利用与封存科技发展专项规划》部署了 CCUS 技术的研发与示范；已经出台的《"十三五"国家科技创新规划》明确了 CCUS 技术进一步研发的方向。

（2）加大了 CCUS 技术研发与示范的支持力度。通过国家重点基础研究发展计划（973 计划）、国家高技术研究发展计划（863 计划）和国家科技支撑计划，围绕 CO_2 捕集、利用与地质封存等相关的基础研究、技术研发与示范进行了系统的部署。正在开展实施的"十三五"国家重点研发计划重点专项以及准备启动的科技创新 2030 重大项目，也将 CCUS 技术研发与示范列为重要内容。

（3）注重 CCUS 相关的能力建设和国际交流合作。推动成立了中国 CCUS 产业技术创新战略联盟，加强国内 CCUS 技术研发与示范平台建设，促进产学研合作；参与国际标准制定；与国际能源署（IEA）、碳收集领导人论坛（CSLF）等国际组织开展了广泛合作，与欧盟、美国、澳大利亚、加拿大、意大利等国家和地区围绕 CCUS 开展了多层次的双边科技合作。

基于上述工作，中国企业积极开展 CCUS 技术研发与示范活动，已建成多套十万吨级以上 CO_2 捕集和万吨级 CO_2 利用示范装置，并完成了 10 万 t/年陆上咸水层 CO_2 地质封存示范。同时，开展了多个 CO_2 驱油与封存工业试验，累计捕集 CO_2 超过 150 万 t。

（三）技术现状

近年来我国 CCUS 技术发展迅速、成果可观：①2011 版路线图涵盖的技术取得了一定的进展；②多种新技术类型涌现。我国已开发出多种具有自主知识产权的技术，并具备了大规模全流程系统的设计能力。

与此同时，CCUS 技术大规模应用仍受到成本、能耗、安全性和可靠性等因素制约。因此，CCUS 技术研发与推广的方向是降低成本和能耗，并确保其具有长期安全性和可靠性；努力实现 CCUS 各个环节技术的均衡发展，尽快进入商业化阶段。

2011 年与 2018 年中国 CCUS 各环节技术发展水平如图 3-11 所示。

1. 捕集

CO_2 捕集是指将电力、钢铁、水泥等行业利用化石能源过程中产生的 CO_2 进行分离和富集的过程，是 CCUS 系统耗能和成本产生的主要环节。第一代 CO_2 捕集技术趋于成熟，但缺乏开展大规模系统集成改造的工程经验，第二代捕集技术处于实验室研发或小试阶段。根据技术方向，CO_2 捕集技术又可分为燃烧后捕集、燃烧前捕集和富氧燃烧捕集。

（1）燃烧前捕集。燃烧前捕集主要运用于整体煤气化联合循环发电系统（IGCC）中，该项技术会将煤高压富氧气化变为煤气，再经过水煤气变换产生二氧化碳和氢气，这会使气体压力和 CO_2 浓度都很高，很容易对 CO_2 进行捕集。剩下的氢气可以被当作燃料使用。该技术的捕集系统小、能耗低，有着很不错的效率以及对污染物的控制方面的能力，这使得该技术受到广泛关注。然而，IGCC 发电技术仍面临着投资成本太高、可靠性还有待提高等问题，难以进行大规模推广。

（2）富氧燃烧。富氧燃烧采用传统燃煤电站的技术流程，但通过制氧技术，将空气中大比例的氮气脱除，直接采用高浓度的氧气与烟道气的混合气体来替代空气，这样得到的烟气中有高浓度的 CO_2 气体，可以直接进行处理和封存。欧洲已有在小型电厂进行改造的富氧燃烧项目。该技术路线面临的最大难题是制氧技术的投资和能耗太高，没有一种廉价低耗的能动技术，同样不适合广泛推广。

（3）燃烧后捕集。燃烧后捕集即在燃烧排放的烟气中捕集 CO_2，如今常用的 CO_2 分离技术主要有化学吸收法（利用酸碱性吸收）和物理吸收法（变温或变压吸附），此外还有膜分离法技术。膜分离法技术正处于发展阶

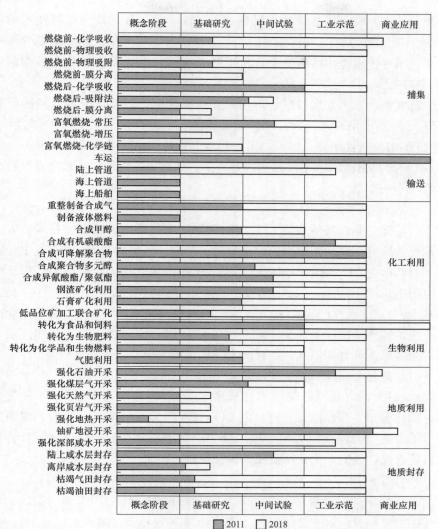

图 3-11　2011 年与 2018 年中国 CCUS 各环节技术发展水平

段，但却是公认的在能耗和设备紧凑性方面具有非常大潜力的技术。

从理论上说，燃烧后捕集技术适用于任何一种火力发电厂。然而，普通烟气的压力小体积大，二氧化碳浓度低，而且含有大量的氮气，因此捕集系统庞大，需耗费大量的能源。

目前，燃烧后捕集是发展最成熟的技术方向，可用于大部分的燃煤电厂、水泥厂和钢铁厂，已进入工程示范阶段，国内已有十万吨级捕集装置建成。当前，第一代燃烧后捕集技术的成本为 $300\sim450$ 元/t CO_2，能耗约为 3.0GJ/t CO_2，发电效率降低 $8\%\sim13\%$。第二代燃烧后捕集技术的能耗为 $2.0\sim2.5$GJ/t CO_2，发电效率降低 $5\%\sim8\%$。

燃烧前捕集系统相对复杂，主要用于整体煤气化联合循环发电系统（IGCC）和部分化工过程，265MW 的 IGCC 电厂已经进入商业运行阶段，其配套的十万吨级捕集装置也已建成。当前，第一代燃烧前捕集技术的成本为 $350\sim430$ 元/t CO_2，能耗约为 2.2GJ/t CO_2，发电效率降低 $7\%\sim10\%$，第二代燃烧前捕集技术的能耗为 $1.6\sim2.0$GJ/t CO_2，发电效率降低 $5\%\sim7\%$。

富氧燃烧技术发展迅速，可用于新建燃煤电厂以及部分改造后的燃煤电厂，目前已有 0.3MW、3MW、35MW 的试验装置建成，并完成了 200MW 的可行性研究。当前，第一代富氧燃烧捕集技术的成本为 $300\sim400$ 元/t CO_2，发电效率降低 $7\%\sim11\%$，第二代富氧燃烧捕集技术的发电效率降低 $5\%\sim8\%$。

2. 输送

CO_2 输送是指将捕集的 CO_2 运送到利用或封存地的过程，在某些方面与油气运输有一定的相似性，包括管道、船舶、铁路和公路运输等方式。

当前国内 CO_2 陆路车载运输和内陆船舶运输已进入商业应用阶段，主要应用于规模 10 万 t/年以下的输送，成本分别为 $1.00\sim1.20$ 元/(t·km) 和 $0.30\sim0.50$ 元/(t·km)；CO_2 海底管道输送技术在国内外均处于概念研究阶段，预测输送成本约为 4 元/(t·km)。强化深部咸水开采与陆上咸水层封存技术上具有相似性，尽管尚未开展试验，但技术成熟度较高。

CO_2 陆地管道输送技术最具应用潜力和经济性，美国已建成超过 7600km 的管网，我国已建成累计长度 70km、输送能力 50 万 t/年的气相 CO_2 输送管道，当前陆地管道输送 CO_2 成本约为 1.0 元/(t·km)。我国还完成了多条 50 万~100 万 t/年输送能力的管道项目初步设计，并已具备大规模管道设计能力，正在制定相关设计规范。

3. 地质利用

CO_2 地质利用是将 CO_2 注入地下，利用地质条件生产或强化能源、资源开采的过程。相对于传统工艺，CO_2 地质利用技术可减少 CO_2 排放，主要用于强化石油开采、强化煤层气开采、强化页岩气开采、强化深部咸水开采、强化地热开采、强化天然气开采、铀矿地浸开采等。我国低渗透油藏勘探开发比重的增加以及非常规油气清洁开采要求的提高，将为 CO_2 地质利用提供更大发展空间。

目前，强化石油开采技术应用于多个驱油与封存示范项目，CO_2 的累计注入量超过 150 万 t，累计原油产量超过 50 万 t，总产值约为 12.5 亿元；强化煤层气开采技术在山西省沁水盆地开展了多次现场试验；铀矿地浸开采技术处于商业化应用初期，产值约为 1.2 亿元/年；强化天然气开采、强化页岩气开采、强化地热开采技术处于基础研究阶段，存在较大不确定性；强化深部咸水开采技术是近几年提出的新方法，尚未开展现场试验，其大部分开采技术可借鉴咸水层封存和强化石油开采，但需要开发相应的抽注控制及水处理工艺。

4. 化工利用

CO_2 化工利用是以化学转化为主要手段，将 CO_2 和其反应物转化成目标产物，实现 CO_2 资源化利用的过程，主要产品有合成能源、高附加值化学品以及材料三大类。化工利用不仅能实现减排，还可以创造额外收益，对传统产业的转型升级可发挥重要作用。近年来，我国 CO_2 化工利用技术取得了较大的进展，整体处于中试阶段；部分技术完成了示范，如重整制备合成气技术、合成可降解聚合物技术、合成有机碳酸酯技术等；部分技术完成了中试，如合成甲醇技术、合成聚合物多元醇技术、矿化利用技术等；大批新技术涌现，如 CO_2 电催化还原合成化学品、基于 CO_2 光催化转化的"人工光合作用"等完成了实验室验证。当前合成能源燃料的 CO_2 利用量约为 10 万 t/年，产值约为 1 亿元/年，合成高附加值化学品的 CO_2 利用量约为 10 万 t/年，产值约为 4 亿元/年，合成材料的 CO_2 利用量约为 5 万 t/年，产值约为 2 亿元/年。

5. 生物利用

CO_2 生物利用是以生物转化为主要手段，将 CO_2 用于生物质合成，实现 CO_2 资源化利用的过程，主要产品有食品和饲料、生物肥料、化学品与生物燃料和气肥等。生物利用技术的产品附加值较高，经济效益较好。目前转化为食品和饲料的技术已实现大规模商业化，但其他技术仍处于研发或小规模示范阶段。转化为食品和饲料技术的 CO_2 利用量约为 0.1 万 t/年，产值约为 0.5 亿元/年，转化为生物肥料技术的 CO_2 利用量约为 5 万 t/年，产值约为 5 亿元/年，转化为化学品技术的 CO_2 利用量约为 1 万 t/年，产值约为 0.2 亿元/年，气肥利用技术的 CO_2 利用量约为 1 万 t/年，产值约为 0.2 亿元/年。

6. 地质封存

CO_2 地质封存是指通过工程技术手段将捕集的 CO_2 储存于地质构造中，实现与大气长期隔绝的过程。按照封存地质体的特点，主要划分为陆上咸水层封存、海底咸水层封存、枯竭油气田封存等方式。我国已完成了全国范围内 CO_2 理论封存潜力评估，陆上地质利用与封存技术的理论总容量为万亿吨级。陆上咸水层封存技术完成了年十万吨级规模的示范，海底咸水层封存、枯竭油田、枯竭气田封存技术完成了中试方案设计与论证。

基于当前的技术水平，并考虑 20 年的监测费用，陆上咸水层封存成本约为 120 元/t CO_2，海底咸水层封存成本约为 300 元/t CO_2，枯竭油气田封存成本约为 130 元/t CO_2。

第四章　火力发电厂辅控设备结构及原理

第一节　脱硫系统设备结构及原理

一、石灰石—石膏湿法脱硫反应原理

吸收液通过喷嘴雾化喷入吸收塔，分散成细小的液滴并覆盖吸收塔的整个断面。这些雾化后的液滴与塔内烟气逆流充分接触，发生传质与吸收反应，吸收烟气中的 SO_2、SO_3 及 HCl、HF 等酸性物质。其中，SO_2 吸收产物在吸收塔底部被氧化空气强制氧化后与碱性的吸收剂发生中和反应最终形成石膏。

为了维持吸收塔恒定的 pH 值并减少石灰石耗量，石灰石被连续加入吸收塔，同时吸收塔内的吸收剂浆液被搅拌机、氧化空气和吸收塔循环泵不停地搅动，以加快石灰石在浆液中的均布和溶解。

（一）脱除 SO_2 的反应过程

采用石灰石浆液吸收烟气中 SO_2，化学反应主要发生在吸收塔内，化学反应众多，且十分复杂。一般认为，在吸收塔内发生 SO_2 的吸收、石灰石的溶解、亚硫酸盐的氧化和石膏结晶等一系列复杂的物理、化学过程。

1. SO_2 的吸收

含有 SO_2 的烟气进入液相，首先发生吸收 SO_2 的反应，化学反应式为：

$$SO_2（液）+H_2O \longrightarrow H^+ + HSO_3^-$$
$$H^+ + HSO_3^- \longrightarrow H_2SO_3$$
$$HSO_3^- \longrightarrow H^+ + SO_3^{2-}$$

SO_2 进入液相后被吸收的程度与溶液的 pH 值有关，图 4-1 表示了这种关系，曲线 2 以上的区域为 SO_3^{2-} 离子存在区域，曲线 2 以下曲线 1 以上的

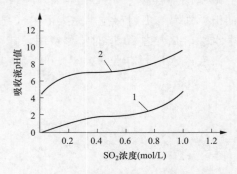

图 4-1　SO_2 的吸收与 pH 值的关系

区域为 HSO_3^- 离子存在区域，曲线 1 以下的区域为 SO_2+H_2O 与 H_2SO_3 平衡区域。从图 4-1 可以看出，在 pH 值为 7.2 时，溶液中存在 SO_3^{2-} 和 HSO_3^- 离子；而 pH 值为 5 以下时，只存在 HSO_3^- 离子。随着 pH 值的降低，SO_2 水化物的比例逐渐增大，与物理溶解的 SO_2 建立平衡。在石灰石湿法 FGD 工艺中，吸收浆液的 pH 值基本上在 5.0～6.0 之间，所以进入水中的 SO_2 主要以 HSO_3^- 离子存在。

为了确保最有效地吸收 SO_2，应至少去掉一种反应产物，以保证平衡继续向右移动，从而使 SO_2 持续不断地进入溶液。为达到此目的，一方面加入吸收剂 $CaCO_3$ 以消耗 H^+ 离子，另一方面通过加入氧气中和 HSO_3^- 离子。

2. 石灰石的溶解

加入石灰石，一方面可以消耗溶液中的氢离子，另一方面得到了生成石膏所需的钙离子。石灰石的消溶反应如下：

$$CaCO_3 \longrightarrow Ca^{2+}+CO_3^{2-}$$
$$CO_3^{2-}+H^+ \longrightarrow HCO_3^-$$
$$HCO_3^-+H^+ \longrightarrow H_2O+CO_2$$
$$CaCO_3+2H^+ \longrightarrow Ca^{2+}+H_2O+CO_2$$

石灰石按上述反应式溶解，由化学过程（反应动力学过程）和物理过程（反应物从石灰石粒子中迁移出的扩散过程）决定。当 pH 值在 5～7 之间时，这两种过程同等重要。但是在 pH 值较低时，扩散速度限制着整个过程；而在碱性范围内，颗粒表面的化学动力学过程起主要作用。低 pH 值有利于碳酸钙的溶解，当 pH 值在 4～6 之间时，石灰石的消溶速率按近似线性的规律加快，直至 pH=6.0 为止。为了提高 SO_2 的吸收量，需要尽可能保持较高的 pH 值，这只能提高石灰石浆液的浓度，以加快动力学过程，从而加快氢离子的消耗和钙离子的生成速度。但存在一个上限，若悬浮溶液中 $CaCO_3$ 含量过高，在最终产物和废水中的 $CaCO_3$ 含量也都会增高。一方面增加了吸收剂的消耗，另一方面降低了石膏的品质。工艺一般掌握石灰石浆液质量浓度在 25% 左右。

为了增大石灰石的消溶速率，提高浆液的化学反应活性，采用细的石灰石粉末以增大石灰石颗粒的比表面积是必要的。因此，在石灰石湿法 FGD 中使用的石灰石粉，其颗粒度大都在 40～60μm 之间，个别还有 20μm。目前典型的要求是 90% 的石灰石粉通过 325 目（44μm）。

3. 亚硫酸盐的氧化

根据 SO_2 在水溶液中氧化动力学的研究，HSO_3^- 离子在 pH 值为 4.5 时氧化速率最大，如图 4-2 所示。但实际运行中，浆液的 pH 值一般控制在 5～6 之间，加之浆液中氧浓度较低，HSO_3^- 离子很不容易被自然氧化。为此，工艺上采取向反应区鼓入空气以提高浆液中氧浓度的方法，使 HSO_3^-

强制氧化成 SO_4^{2-}，以保证化学反应按下式进行：

$$HSO_3^- + 1/2O_2 \longrightarrow H^+ + SO_4^{2-}$$

$$SO_4^{2-} + H^+ \longrightarrow HSO_4^-$$

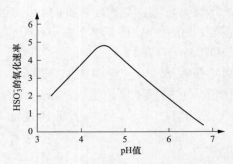

图 4-2   pH 值对 HSO_3^- 氧化的影响

氧化反应的结果，使大量 HSO_3^- 转化成 SO_4^{2-}，使反应式得以向正反应方向进行。

由于 HSO_3^- 氧化生成的 SO_4^{2-} 与 Ca^{2+} 发生反应，生成溶解度相对较小的 $CaSO_4$，进一步加大了 SO_2 溶解的推动力，从而使 SO_2 不断地由气相转移到液相，最后生成石膏。

亚硫酸盐的氧化除受 pH 值的影响外，还受到诸如锰、铁、镁等具有催化作用的金属离子的影响，这些离子的存在，加速了 HSO_3^- 的氧化速率。这些金属离子主要是通过吸收剂、烟气引入的。

4. 石膏的结晶

形成硫酸盐之后，吸收 SO_2 的反应进入最后阶段，即生成固态盐类结晶，并从溶液中析出。采用石灰石浆液作吸收时，从溶液中析出的是石膏 $CaSO_4 \cdot 2H_2O$，其化学反应式为

$$Ca^{2+} + SO_4^{2-} + 2H_2O \longrightarrow CaSO_4 \cdot 2H_2O$$

此外，还发生以下副反应：

$$Ca^{2+} + SO_3^{2-} + 1/2H_2O \longrightarrow CaSO_3 \cdot 1/2H_2O$$

石膏中 $CaSO_3 \cdot 1/2H_2O$ 的含量大小与氧化是否充分有关，氧化越充分，其含量越低。

控制石膏结晶，使其生成易于分离和脱水的石膏颗粒是很重要的。在可能的条件下，石膏晶体最好是粗颗粒，如果是层状、针状或非常细的颗粒，不仅非常难脱水，而且还可能引起系统结垢。工艺上通过控制石膏溶液的相对过饱和度或饱和度，以保证生成大颗粒的石膏。

（二）其他副反应

烟气中的其他污染物如 SO_3、HCl 和 HF 与悬浮液中的石灰石按以下反应式发生化学反应：

$$SO_3 + H_2O \longrightarrow 2H^+ + SO_4^{2-}$$

$$CaCO_3 + 2HCl \longrightarrow CaCl_2 + CO_2 \uparrow + H_2O$$
$$2CaCO_3 + 4HF \longrightarrow 2CaF_2 + 2CO_2 \uparrow + 2H_2O$$

脱硫反应是一个比较复杂的反应过程，其中一些副反应，有些有利于反应的进程，有些会阻碍反应的发生。下列反应应当在设计中予以重视。

1. Mg 的反应

浆液中的 Mg 元素，主要来自石灰石中的杂质，当石灰石中可溶性 Mg 含量较高时（以 $MgCO_3$ 形式存在），由于 $MgCO_3$ 活性高于 $CaCO_3$ 会优先参与反应，对反应的进行是有利的；但 Mg 过多时，会导致浆液中生成大量的可溶性的 $MgSO_3$，使溶液里 SO_3^{2-} 浓度增加，导致 SO_2 吸收化学反应推动力减小，从而导致 SO_2 吸收的恶化。

另外，吸收塔浆液中 Mg^{2+} 浓度的增加，会导致浆液中的 $MgSO_4$（L）的含量增加，即浆液中的 SO_4^{2-} 浓度增加，会导致吸收塔中悬浮液的氧化困难，从而需要大幅度增加氧化空气量，氧化反应如下：

$$HSO_3^- + 1/2O_2 \longrightarrow HSO_4^-$$
$$HSO_4^- \longrightarrow H^+ + SO_4^{2-}$$

因为以上氧化反应为可逆反应，从化学反应动力学的角度看，如果 SO_4^{2-} 浓度太高，则不利于反应向右进行。

因此，喷淋塔一般会控制 Mg^{2+} 的浓度，当高于 5000mg/L 时，需要排出更多的废水，此时控制准则不再是 Cl^- 的浓度小于 20000mg/L。

2. Al 的反应

Al 主要来源于烟气中的飞灰，可溶解的 Al 在 F^- 浓度达到一定条件下，会形成氟化铝络合物（胶状絮凝物）包裹在石灰石颗粒表面，从而形成石灰溶解闭塞，严重时会造成反应严重恶化的重大事故。

3. Cl^- 的反应

在一个封闭系统或接近封闭系统的状态下，FGD 工艺的运行会把吸收液从烟气中吸收溶解的氯化物增加到非常高的浓度。这些溶解的氯化物会产生高浓度的溶解钙，主要是氯化钙，如果高浓度的溶解钙离子存在 FGD 系统中，就会使溶解的石灰石减少，这是由于"共离子作用"造成的，在"共离子作用"下，来自氯化钙的溶解钙就会妨碍石灰石中碳酸钙的溶解。Cl^- 的浓度控制在 12000～20000mg/L 是保证反应正常进行的关键因素。

二、脱硫吸收剂

（一）脱硫吸收剂的选择原则

脱硫吸收剂的选择应遵循下列原则：

（1）吸收能力高。

（2）选择性好。

（3）挥发性低，无毒，不易燃烧，不发泡，黏度小，比热容小。

（4）无腐蚀或腐蚀性小。

（5）来源丰富，容易得到，价格便宜。

（6）便于处理及操作时不易产生二次污染。

（二）脱硫吸收剂介绍

（1）石灰石（石灰）/石膏法。这是世界上应用最广泛的一种烟气脱硫工艺，主要使用石灰石浆液作为吸收剂。

（2）海水法。这种方法主要利用海水作为吸收剂，工艺简单且成本低，但只能在沿海地区使用。

（3）氨法。使用氨水作为吸收剂，脱硫效率高且不会造成二次污染，但氨水的制备成本较高。

（4）双碱法。使用氢氧化钠和氢氧化镁作为吸收剂，适用于含氯离子高的烟气脱硫。

（5）氢氧化镁法。使用氢氧化镁作为吸收剂，具有高脱硫效率、低成本等优点。

（6）氢氧化钠法。使用氢氧化钠作为吸收剂，脱硫效率高，但氢氧化钠成本较高。

（三）石灰石—石膏湿法脱硫吸收剂

石灰石—石膏湿法脱硫工艺中应用最广泛的脱硫吸收剂有石灰（CaO）、氢氧化钙 $[Ca(OH)_2]$、碳酸钙（$CaCO_3$），其性能见表 4-1。

表 4-1　烟气脱硫常用吸收剂的性能

序号	脱硫吸收剂名称	性能
1	石灰（CaO）	白色立方晶体或粉末，暴露于空气中渐渐吸收二氧化碳生成碳酸钙。相对密度为 3.35，熔点为 2580℃，沸点为 2850℃，易溶于酸，微溶于水。与水化合生成氢氧化钙
2	碳酸钙（$CaCO_3$）	白色晶体或粉末，相对密度为 2.70～2.95，溶于酸而放出二氧化碳，极难溶于水，在 CO_2 饱和水中溶解生成碳酸氢钙，加热至 825℃ 左右分解为 CaO 和 CO_2
3	氢氧化钙 $[Ca(OH)_2]$	白色粉末，相对密度为 2.24，在 580℃时失水。吸湿性很强，放置在空气中能吸收 CO_2 生成碳酸钙，微溶于水，具有中强碱性，对皮肤、织物有腐蚀作用

三、FGD 工艺工程主要参数

（一）烟气温度

FGD 系统正常运行时，入口处原烟气温度应在规定范围之内，否则 FGD 系统联锁保护启动，即切换到旁路运行。如果原烟气温度超过运行规定的最大值，吸收塔内的设备因高温而损坏，而净烟气温度低于运行规定值，则净烟气的出口烟温达不到排放标准。

实际运行过程中，机组负荷变化较为频繁，入口处的原烟气温度也会随着波动，也一定程度影响 FGD 系统的性能指标。一方面，吸收塔烟气温度越低，越有利于 SO_2 气体溶于浆液，形成 HSO_3^-；另一方面，脱硫化学平衡反应是放热反应，温度低有利于向生成硫酸钙方向进行。

（二）烟气含尘浓度

虽然脱硫前烟气经过静电除尘器，但烟气中粉尘浓度仍较高，吸收塔入口烟尘浓度在 $100\sim300mg/m^3$ 之间。经过吸收塔洗涤之后，烟气中大部分粉尘都留在浆液中，飞灰在一定程度阻挡了 SO_2 与脱硫剂的接触，降低了石灰石中钙离子的溶解速率，同时飞灰中不断溶解出的一些重金属，如 Hg、Mg、Cd、Zn 等离子会抑制钙离子和 HSO_3^- 的反应。如果因除尘、除灰设备故障，引起浆液中的粉尘、重金属杂质过多，则会影响石灰石的溶解，导致浆液 pH 值降低，脱硫效率下降，影响石膏品质。另外，粉尘会磨损喷淋管道和吸收塔内衬。实际运行中发现，由于烟气粉尘浓度过高，脱硫效率会大幅度降低，并且石膏中 $CaSO_4\cdot2H_2O$ 的含量降低，白度降低，影响石膏品质。若出现这种情况，开启真空皮带脱水机或增大排放废水的流量，连续排除浆液中的杂质，或者外排部分浆液，脱硫效率可恢复正常。

（三）烟气中 SO_2 浓度

影响 FGD 系统的烟气化学特性主要是烟气中 SO_2 浓度，一般认为，在其他条件不变的情况下，当烟气中 SO_2 的浓度增加时，有利于 SO_2 通过浆液表面向浆液内部扩散，加快了反应速度，浆液吸收 SO_2 增大，脱硫效率随之提高。事实上，烟气中 SO_2 浓度的增加对脱硫效率的影响在不同浓度范围内是不同的。

在 Ca/S 比一定的条件下，烟气中的 SO_2 浓度较低时，根据化学反应动力学，其吸收速率较低，吸收塔出口 SO_2 浓度与入口 SO_2 浓度相比降低幅度不大。由于吸收过程是可逆的，各组分浓度受平衡浓度制约，当烟气中 SO_2 浓度很低时，由于吸收塔 SO_2 浓度不会低于其平衡浓度，所以不可能获得很高的脱硫效率。因此，工程上普遍认为，烟气中 SO_2 浓度低则不易获得很高的脱硫效率，浓度高时容易获得较高的脱硫效率。实际上，按某一入口 SO_2 浓度设计的 FGD 装置，当烟气中 SO_2 浓度很高时，脱硫效率会有所下降的。

因此，在 FGD 装置和 Ca/S 比一定的情况下，随着 SO_2 浓度的增大，脱硫效率存在一个峰值，即在某一 SO_2 浓度下脱硫效率达到最高。这个峰值约在 SO_2 浓度为 $4500mg/m^3$ 时。当烟气中 SO_2 浓度低于这个值时，脱硫效率随 SO_2 浓度增加而增加；超过此值，脱硫效率随 SO_2 浓度增加而减小。

（四）烟气中 O_2 浓度

在吸收剂与 SO_2 反应过程中，氧参与其化学过程，使亚硫酸氢根氧化成硫酸根。随着烟气中氧含量的增加，脱硫效率有增大的趋势；当烟气中的氧含量增加到一定程度后，脱硫效率的增加减缓。随着烟气中氧含量的增加，吸收浆液滴中氧含量增大，加快了 $SO_2 + H_2O \longrightarrow HSO_3^- \longrightarrow SO_4^{2-}$ 的正向反应进程，有利于 SO_2 的吸收，脱硫效率呈上升趋势。但是，并非烟气中氧浓度越高越好。因为烟气中的氧浓度很高则意味着系统漏风严重，进入吸收塔的烟气量大幅度增加，烟气在塔内的停留时间减少，导致脱硫效率下降。

（五）石灰石浆液的影响

石灰石特性对吸收塔性能的影响较大，主要体现在石灰石的纯度和活性。石灰石的活性可以用消溶速率来表示。在石灰石颗粒粒度和消溶条件相同的条件下，消溶速率大则活性高。石灰石消溶速率最主要与石灰石品种有关。这是由于石灰石的形成过程和晶体结构不同造成的。

石灰石纯度对脱硫有很大的影响。石灰石中 Mg、Al 等杂质对提高脱硫效率虽有有利的一面，但是更不利的是，当吸收塔 pH 值降至 5.1 时，烟气中的氟离子与铝离子化合成氟铝复合体，形成包膜覆盖在石灰石颗粒表面。镁离子的存在对包膜的形成有很强的促进作用。这种包膜的包裹引起石灰石的活性降低，也就降低了石灰石的利用率。另一方面，杂质碳酸镁、氧化铁、氧化铝均为酸易溶物，它们进入吸收塔浆液体系后均能生成易溶的镁、铁、铝盐类。由于浆液的循环，这些盐类将会富集起来，浆液中大量增加的非钙离子，将弱化碳酸钙在溶解体系中的溶解和电离。所以，石灰石这些杂质含量较高，会影响脱硫效果。此外，石灰石中的杂质氧化硅难以研磨，若含量高则会导致球磨机系统功率消耗大，系统磨损严重。石灰石中的杂质含量高，必然导致脱硫副产品石膏品质的下降。由于石灰石纯度越高价格也越高，因此采用纯度高的石灰石做脱硫剂将使运行成本增加，但这可以通过出售高品质石膏以弥补，对于石灰石湿法烟气脱硫，石灰石纯度至少控制在 90％以上。石灰石颗粒粒度越小，质量比表面积就越大。由于石灰石的消溶反应是固液两相反应，其反应速率与石灰石颗粒比表面积成正比关系，因此石灰石颗粒性能好，各种反应速率也高，脱硫效率和石灰石的利用率就高，同时石膏中的石灰石含量低，有利于提高石膏的品质。但石灰石的粒度越小，破碎能耗越高。通常要求石灰石颗粒通过 325 目筛（44μm）的过筛率达到 95％。

（六）浆液 pH 值

典型湿法 FGD 系统中浆液对 SO_2 的吸收程度受气液两相 SO_2 浓度差的控制。要使烟气中"毫克/升"级的 SO_2 在较短的时间内和有限的脱硫设备内达到排放标准，必须提高 SO_2 溶解速度，这主要通过调整和控制浆液的 pH 值来实现。另外，浆液 pH 值不仅对 SO_2 的脱除效率有显著影响，而且对运行可靠性亦有显著影响。低 pH 值运行时，一方面 SO_2 的排放量显著提高，难以达到排放标准；另一方面，设备腐蚀也会显著加剧，不能保证设备和运行安全。高 pH 值运行时，SO_2 含量会显著降低，但 pH 值太高会使脱硫设备内部固体颗粒堆积而结垢，使设备堵塞，无法正常运行，不能保证设备安全运行。

在 SO_2 吸收过程中，如果 pH 值为 7.2 时，生成亚硫酸盐混合物和亚硫酸氢根离子；而 pH 值为 5 以下时，只存在亚硫酸氢根离子。当 pH 值继续下降到 4.5 以下时，SO_2 水化物的比例增大，与物理溶解 SO_2 建立平衡。当 pH 值基本在 5~6 之间，溶解的 SO_2 主要以亚硫酸氢根离子的形式存在，因此，pH 值高有利于确保持续高效的吸收 SO_2。

在亚硫酸氢根和亚硫酸根的氧化过程中，pH 值对于亚硫酸根的氧化反应有很大影响，在 pH 值为 3.5~5.7 时，保持较高的氧化率，在 pH 值为 4.5~4.7 时达到最高。因此为了获得较高的亚硫酸盐的氧化率，应维持 pH 值在 3.5~5.7。在碳酸钙的溶解和反应过程中，当 pH 值在 5~7 之间时，碳酸钙的溶解和析出反应达到平衡。pH 值低有利于溶解，当 pH 值在 4~6 之间时，溶解速率随 pH 值降低按近似线性的形式加快（其他参数大部分保持恒定）直至 pH 值等于 4 为止。pH 值为 4 的溶解速率比 pH 值为 6 时快 5 倍。因此，为了获得较高的石灰石溶解率，应降低 pH 值。在石膏结晶过程中，pH 值高有利于硫酸盐的生成，有利于石膏结晶，但当石膏饱和度过高时，使石膏结晶向小颗粒方向发展，不利于高品质的石膏产品，石膏结晶过程中也应控制 pH 值。

通过分析，得知 SO_2 的吸收、石膏结晶与碳酸钙的溶解对 pH 值的影响是逆向的，结合亚硫酸氢根和亚硫酸根的氧化反应，可以得出 pH 值最佳值在 5~6，而在实际工程中，pH 值最佳在 5.4~5.6 之间。

（七）浆液密度

通常以浆液密度或浆液中质量百分比来表示浆液中晶种固体物的数量。就提供适当的晶种防止结垢而言，最低浆液含固量不应低于 5%。但是石灰石浆液含固量通常维持在 10%~15%（质量浓度），也有高的达到 20%~30%（质量浓度），维持较高的浆液浓度有利于提高脱硫效率和石膏纯度，但对泵、搅拌器、管道、阀门磨损较大。

石灰石—石膏湿法烟气脱硫技术中，由于吸收剂在水中的溶解度很小，它们在水中形成溶液的脱硫容量不能满足工程的要求，故采用含有固体颗粒的浆液来吸收 SO_2。常用的石灰石湿法脱硫装置中气液接触时间很短，因此石灰石浆液的初始吸收速率对脱硫装置的脱硫效率有很大影响，其吸收 SO_2 容量亦反映出该吸收剂的脱硫能力。

在 FGD 系统运行中，随着烟气与吸收剂反应的进行，吸收塔浆液密度不断升高，通过吸收塔浆液化学反应的取样分析结果可知，当密度大于 $1150kg/m^3$ 时，混合浆液中碳酸钙、二水硫酸钙的浓度已趋于饱和，二水硫酸钙对 SO_2 的吸收有抑制作用，脱硫率会有所下降。石膏浆液密度过低（小于 $1050kg/m^3$）时，说明浆液中的二水硫酸钙的含量较低，碳酸钙的含量相对较高，此时如果排除吸收塔脱水，将导致石膏中碳酸钙含量增大，品质下降，而且浪费了吸收剂石灰石。石膏旋流站运行的压力、旋流子磨损程度均受脱水前石膏浆液密度的影响。底流的石膏浆液密度越高，石膏旋流站的运行压力越高，旋流效果越好，但旋流子磨损越大。因此运行中应严格控制石膏浆液密度在一合适的范围内，这样有利于 FGD 系统的高效且经济运行。

（八）液气比

液气比是指与流经吸收塔单位体积烟气量相对应的浆液喷淋量。液气比决定吸收酸性气体所需要的吸收表面。在其他参数一定的情况下，提高液气比相当于增大了吸收塔内的喷淋密度，使液气间的接触面积增大，吸收过程的推动力增大，脱硫效率也将增大。但液气比超过一定程度，吸收率将不会显著提高，而吸收剂及动力的消耗将急剧增大。对于实际运行中，提高液气比将使浆液循环泵运行台数增加，电耗增大；提高液气比还会使吸收塔内压力损失增大，增压风机能耗提高。运行人员可根据 FGD 接收的烟气量和 SO_2 浓度的具体情况增减或调换循环泵从而调节系统的液气比。在确保脱硫效率的同时，经济、有效地使用不同的循环泵组合方式，最终达到最佳的液气比。

（九）循环浆液固体物停留时间

浆液固体物在吸收塔内的停留时间等于吸收塔中存有的固体物总量除以脱硫固体物平均产出率，也等于吸收塔中浆液体积除以馈送至脱水系统浆液的平均流量，后一种方法，应从馈送至脱水系统的浆液平均流量中扣除从旋流站返回吸收塔的浆液流量。这两种方法得出的结果是有差异的，体现在吸收塔浆液排放流量上。

固体物停留时间是浆液固体物在吸收塔停留的平均时间，适当提高这个时间有利于提高吸收剂利用率和石膏纯度，有利于石膏结晶的长大和脱水，但是时间过长，会使吸收塔较大 $\{t(h)=V/B\}$，增加投资成本，另外，由于大型循环泵和搅拌器对石膏结晶体有破碎作用，时间过长，对脱水会产生影响。与固体物在吸收塔内停留时间类似的还有另一个参数，即浆液循环停留时间，就是说浆液在吸收塔内循环一次所用的平均时间。适当提高这个时间，有利于在一个循环周期内，在吸收塔内完成各种化学反应，也有利于吸收剂的溶解和石灰石利用率的提高。

（十）脱硫塔液位

脱硫塔的液位是 FGD 正常运行的重要参数之一。液位过高会导致氧化剂和吸收剂的浓度降低，氧化剂的分布不均匀，碱性剂的浓度不足，从而降低脱除 SO_2 的效率。反之，液位过低不但增加了脱硫剂流失的风险，同时使脱硫塔的吸收液通量变大，造成运行成本的增加。脱硫塔液位过高或过低还将破坏系统水平衡的控制，保持适当的脱硫塔液位是保证脱硫效率稳定的重要保障，因此脱硫塔液位过高或过低都将影响脱硫系统的正常运行。

吸收塔液位过高有以下几方面影响：

（1）氧化风机出口阻力增大，电机电流增大，风机出口风温、轴承温度均有大幅提高，氧化风量也随之减小。

（2）高液位导致除雾器无法冲洗，从而导致除雾器差压过高，除雾元件表面黏结石膏，结垢，严重时导致除雾元件损坏或除雾器坍塌。

（3）液位过高会导致吸收塔内装液灌入烟道中，石膏在烟道中结垢，附着于烟道内壁，堵塞入口烟道冲洗水喷嘴，吸收塔入口烟道冲洗无法进行，加重烟道的腐蚀率。

（4）高液位容易造成吸收塔内氧化不足，浆液中 $CaSO_3 \cdot 1/2H_2O$ 成分过高，石膏品质差，石膏脱水困难。

（5）因液位过高从而投入循环泵数量过大，液气比增大，能耗增加。另外，循环浆液过多容易将吸收塔内石膏颗粒度因机械磨损而过细，石膏脱水困难，废水浓度升高。

吸收塔液位过低循环泵吸入侧压力过低，造成循环泵汽蚀，严重时循环泵振动异常。

脱硫塔液位过高或过低都可能导致脱硫浆液溢流的发生，脱硫浆液溢流还可能与脱硫塔中存在的泡沫有关，脱硫塔浆液起泡也是喷淋塔普遍存在的问题，目前只能采取添加消泡剂方式去除泡沫，这些泡沫可能导致脱硫塔内浆液不均匀，从而使仪表显示值偏低。为了防止这种情况，应避免脱硫塔浆液中有机物和重金属含量的增加，以及确保气液平衡不被破坏。同时，检查溢流管的设计和是否产生了虹吸现象也是必要的。

在脱硫运行的过程中，脱硫塔液位的调整通常通过调节吸收液的流量和蒸汽的压力来实现，以达到保持脱硫塔液位的目的。具体操作中，可以通过增加吸收液流量来提高液位，或者通过调节水泵的速度和阀门的开度等来控制液位。此外，脱硫塔液位还需要根据不同的工况条件和反应效率进行调整，以保证脱硫效率的最大化。

四、石灰石/石膏湿法 FGD 工艺流程及设计原则

湿法烟气脱硫的工艺过程多种多样，但也具有相似的共同点：含硫烟气的预处理（如降温、增湿、除尘），吸收，氧化，富液处理（灰水处理），除雾（气水分离），被净化后的气体再加热，以及产品浓缩和分离等。湿法烟气脱硫通常存在富液难以处理、沉淀、结垢及堵塞、腐蚀及磨损等棘手的问题。这些问题如解决得不好，便会造成二次污染、运转效率低下或不能运行等。湿法脱硫以石灰石—石膏湿法工艺最为成熟、运行最为可靠。

（一）FGD 系统简要流程

某电厂机组脱硫采用石灰石—石膏湿法烟气脱硫技术。脱硫过程：将石灰石加水通过球磨机研磨制成浆液作为吸收剂送入吸收塔，由浆液循环泵使石灰石浆液在吸收塔内自上而下进行循环。从锅炉引风机来的原烟气从吸收塔下部进入，向塔顶运动时与喷淋下来的石灰石浆液充分接触混合，

烟气中的二氧化硫与浆液中的碳酸钙以及从塔下部鼓入的氧气进行化学反应生成硫酸钙，硫酸钙达到一定饱和度后，结晶形成二水石膏。经吸收塔排出的石膏浆液经浓缩、脱水，使其含水量小于 10%，然后用输送机送至石膏贮仓，脱硫后的净烟气经过除雾器除去雾滴，由净烟道导入烟囱排入大气，脱硫工艺流程如图 4-3 所示。

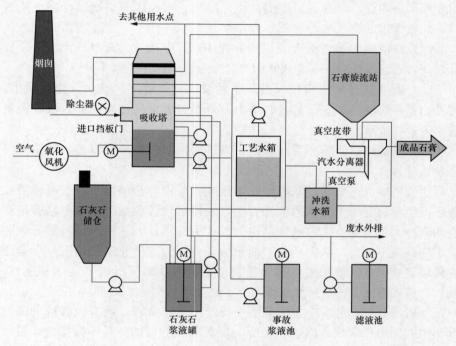

图 4-3　脱硫工艺流程

化学反应方程式为：

$$SO_2 + CaCO_3 + 1/2H_2O \longrightarrow CaSO_3 \cdot 1/2H_2O + CO_2$$

脱硫的主要工艺系统包括：烟气系统、吸收塔系统、石灰石供应与制浆系统、石膏制备与脱水系统、废水处理系统、工艺水系统、事故浆液与排放系统、压缩空气系统等。

（二）脱硫主要设计原则

以某电厂为例：脱硫主要设计原则如下：

（1）脱硫工艺采用石灰石—石膏湿法脱硫工艺。

（2）每台炉设置 1 座脱硫吸收塔和 1 套烟气系统，每台炉烟气脱硫系统不设置增压风机、不设置 GGH。

（3）机组设置 1 套公用的吸收剂制备系统、1 套石膏处置系统、1 套脱硫装置用水系统，1 套浆液排放与回收系统及 1 套废水处理系统。

（4）吸收塔的烟气处理能力为锅炉 BMCR 工况时的烟气量；脱硫装置脱硫效率≥95%，脱硫装置的设计工况采用锅炉燃用设计煤种时 BMCR 工况下的烟气参数。

（5）脱硫装置适应从锅炉不投油最低稳燃负荷至锅炉 BMCR 工况之间的任何负荷，保证脱硫装置在任何情况下不影响发电机组的安全运行。

（6）考虑到电厂实际燃煤含硫量变化的因素，烟气脱硫装置的设备配置选型和石灰石储存制备、石膏脱水装置等的设备出力按煤质资料中收到基硫分为 $0.80\%\sim1.10\%$（设计煤种/校核煤种）考虑。

（7）吸收剂制备采用外购粒径小于 20mm 的石灰石碎块，在脱硫岛内经湿式球磨机加水研磨制成石灰石浆液。

（8）脱硫副产物——石膏经脱水装置脱水处理后卸入石膏筒仓存放，用于综合利用或运至灰场堆放。

（9）脱硫工艺核心技术采用成熟、先进技术，关键设备及材料由国外进口。

（三）脱硫单塔双循环工艺（脱硫提效改造）

目前国内很多火电厂有进行脱硫装置改造的需要，改造后的脱硫效率都要求达到 97.5% 以上，已经超出了单纯使用石灰石作为脱硫剂的单循环石灰石—石膏湿法脱硫技术的临界效率（技术经济合理）。而单塔双循环脱硫技术在不改变石灰石作为脱硫剂的条件下，能够充分利用原有脱硫装置，有效提高脱硫效率，减少二氧化硫和粉尘排放量。

1. 单塔双循环 FGD 基本原理

烟气首先进入一级吸收塔，烟气首先与一级循环浆液逆流接触，经冷却、洗涤脱除部分 SO_2 后，通过碗状二级浆液收集盘后，流入二级吸收区，烟气在这里与二级循环喷淋的浆液进一步反应，SO_2 几乎被完全脱除。脱硫后的清洁烟气经除雾器除去雾滴后，由吸收塔上侧引出，排入烟囱。烟气中的 SO_2 分两级完成，二级循环收集盘将脱硫分割为上下两个循环回路，一级循环回路由吸收塔浆池、一级循环喷淋组成；二级循环由二级循环收集盘、二级循环浆液箱、二级循环喷淋层组成。

单塔双循环工艺是采用单座吸收塔使得两级烟气串联吸收，两级循环分别设有独立的循环浆池，喷淋层，根据不同的功能，每个循环具有不同的运行参数：烟气首先经过一级循环的脱硫效率一般在 $30\%\sim80\%$，循环浆液 pH 值控制在 $4.6\sim5.2$，此级循环的主要功能是保证优异的亚硫酸钙氧化效果，和充足的石膏结晶时间，根据资料显示，在酸性环境下 pH $=$ 4.5 时，氧化效率是最高的。一级循环中的反应为：pH 值范围为 $4.5\sim$ 5.2，温度为 $50\sim60℃$；二级循环浆液 pH 值可以控制在很是高的水平，达到 $5.5\sim6.0$。

2. 单塔双循环 FGD 系统主要优点

（1）系统浆液性质分开后，可以满足不同工艺阶段对不同浆液性质的要求，更加精细地控制了工艺反应过程。

（2）两个循环过程的控制是独立的，避免了参数之间的相互制约，可以使反应过程更加优化，以便快速适应煤种变化和负荷变化。

（3）高 pH 值的二级循环在较低的液气比和电耗条件下，可以保证很高的脱硫效率。

（4）低 pH 值的一级循环可以保证吸收剂的完全溶解以及很高的石膏品质，并大大提高氧化效率，降低氧化风机电耗。

（5）对 SO_2 含量的小幅变化和短时大幅变化敏感性不大。

（6）一级循环中可以去除烟气中易于去除的杂质，包括部分 SO_2、灰尘、HCL、HF，使杂质对二级循环的反应影响大大降低，提高二级循环效率。

（7）两级循环工艺延长了石灰石的停留时间，特别是在一级循环中 pH 值很低，实现了颗粒的快速溶解，可以实现使用品质较差的石灰石并且可以较大幅度地提高石灰石颗粒度，降低磨制系统电耗。

（8）由于吸收塔中间区域设置有烟气流畅均流装置，较好地满足了烟气流畅，能够达到较高的脱硫效率和更好的除雾效果，减少粉尘的排放，从而减轻"石膏雨"的产生。

五、石灰石—石膏湿法 FGD 工艺系统及主要设备

以某厂为例，典型的石灰石—石膏湿法系统包括 10 个系统：烟气系统、吸收塔系统、浆液制备系统、石膏脱水系统、废水系统、工艺水系统、事故排放系统、压缩空气系统、电气系统、烟气在线监测系统。根据工艺流程等的不同，可以适当取舍，但设备的选型对系统的功能、稳定性以及投资和运行成本有直接的影响。

每台机组设置 1 座脱硫吸收塔和 1 套烟气系统，2 台炉设置 1 套公用的吸收剂制备系统、石膏处置系统、脱硫装置用水系统及浆液排放与回收系统。

（一）烟气系统

烟气系统主要由原烟气烟道、净烟气烟道系统等组成。本期工程脱硫后烟气由烟囱排放，暂按不设置 GGH 考虑，同时按无增压风机设计。此设计更有利于烟道布置，减少故障点，由引风机克服 FGD 装置及烟道造成的烟气压降，锅炉引风机后的烟气从主烟道上水平接出后，直接进入吸收塔，在塔内洗涤脱硫后的烟气（约 50℃）经除雾器除去雾滴后，从脱硫装置出口挡板门进入公用烟道经烟囱排入大气。

烟道均采用普通钢质烟道，原烟气段烟道由于烟气温度较高，无需防腐处理。进入脱硫烟道到吸收塔入口处烟道，由于有可能接触到浆液，按防腐设计考虑。吸收塔出口至烟囱入口段之间的烟道，由于净烟气温度已降至 50℃左右，属于饱和湿烟气，有酸性液滴凝结，因此考虑全部采用防腐设计。

由于按无增压风机设计，为了预防脱硫设施因烟气超温（如：锅炉尾

部烟道积粉二次燃烧、空气预热器一台停运、停电）引起的破坏，在吸收塔入口前原烟道上设置一套事故喷淋系统，当吸收塔入口烟气温度达160℃时，启动开启事故喷淋气动门，使烟温维持在160℃以下，如果烟温继续升高，烟气温度达到160℃超过10min时或瞬时超过170℃时联锁锅炉MFT，并自动停止锅炉机组运行。事故喷淋有2路水源，一路引自厂区消防水管，另一路来自脱硫除雾器冲洗水泵。

（二）SO_2吸收系统

SO_2吸收系统是烟气脱硫系统的核心，主要包括如下设备及设施：吸收塔本体、浆液循环泵、石膏浆液排出泵、吸收塔喷淋层、氧化空气分配系统、除雾器及其冲洗水系统、搅拌器、吸收塔吸入口滤网等部件，还包括辅助的排空系统等。

在吸收塔内，烟气中的SO_2被吸收浆液洗涤并与浆液中的$CaCO_3$发生反应，反应生成的亚硫酸钙在吸收塔底部的循环浆池内被氧化风机鼓入的空气强制氧化，最终生成石膏，再由石膏浆液排出泵送入石膏脱水系统。脱硫后的烟气（约50℃）在吸收塔中经过塔顶的二级除雾器，除去脱硫后烟气带出的细小液滴，使烟气在含液滴量低于$75mg/m^3$（干态）下排出。

脱硫装置按一炉一塔设计，采用逆流式喷淋吸收塔。吸收塔为圆柱体，底部为循环浆池，安装有氧化空气分配系统；上部为喷淋除雾区，布置有4层喷淋层（每层喷淋层由1台循环浆泵单独供浆）。烟气在喷淋区自下而上流过，经洗涤脱硫后经吸收塔顶部排出。

吸收塔体为钢结构，采用内衬橡胶防腐。直径为19.5m，高约38.55m，内部结构如图4-4所示。每个吸收塔系统采用4台离心式浆液循环泵，3台罗茨型强制氧化风机（2运1备）。吸收塔顶部布置两级除雾器，可以分离烟气中大部分浆液雾滴，经收集后烟气夹带出的雾滴均下落到吸收塔浆池中。每套除雾器都安装了喷淋水管，通过控制程序进行冲洗，用以去除除雾器表面上的结垢和补充因烟气饱和而带走的水分，以维持吸收塔内的液位。

图4-4 吸收塔内部结构

在每座吸收塔下部浆液池安装有7台侧进式搅拌器，用于使浆液保持流动状态，从而使其中的脱硫有效物质（$CaCO_3$固体微粒）在浆液中保持均匀悬浮状态，保证浆液对SO_2的吸收和反应能力。

石膏浆液排出泵将石膏浆液（质量浓度为10%～20%）排出吸收塔送

入石膏处置系统。

1. 吸收塔水平烟道

入口烟道设置在吸收塔液位以上和吸收塔吸收区下部之间，处于高温烟气与下落浆液第一次接触的交接面上。当烟气进入吸收塔时被绝热饱和，沿入口烟道和干/湿界面交界区形成一个很大的温度梯度，在这一区域，烟气温度通常从 80～150℃ 迅速降低至 50℃ 左右，由于漩涡作用或入口烟气分布不均匀，下落的浆液会被带入入口烟道，在系统启停的时候尤为明显，带入的浆液接触到烟道的热壁面后水分蒸发，于是形成固体沉积物。入口烟道是 FGD 系统中腐蚀最严重的区域之一。

另外烟气在吸收塔上游侧烟道中的流速一般高达每秒十余米，而吸收塔内烟气流速通常是 3～4m/s，因此入口烟道还起到减速的作用，同时也影响进入塔内的烟气的均匀性。

2. 喷淋层

吸收塔内部喷淋系统是由分配母管和喷嘴组成的网状系统。每台吸收塔再循环泵均对应一个喷淋层，喷淋层上安装双向空心锥喷嘴，其作用是将石灰石—石膏浆液雾化。浆液由吸收塔再循环泵输送到喷嘴，喷入烟气中。喷淋系统能使浆液在吸收塔内均匀分布，流经每个喷淋层的流量相等。一个喷淋层由带连接支管的母管制浆液分布管道和喷嘴组成，喷淋组件及喷嘴的布置成均匀覆盖吸收塔的横断面，并达到要求的喷淋浆液覆盖率，使吸收浆液与烟气充分接触，从而保证在适当的液气比下可靠地实现95.5％的脱硫效率，且在吸收塔的内表面不产生结垢。

喷嘴系统管道一般采用 FRP 玻璃钢，如图 4-5 所示。喷嘴采用碳化硅（SiC）。碳化硅是一种脆性材料，但特别耐磨，光滑，且抗化学腐蚀性极佳，可以长期运行而无腐蚀、无磨损、无石膏结垢及堵塞等问题。在工作压力相同时，通常小口径的喷嘴产生的液滴也较细，但口径越小的喷嘴越容易堵塞。喷淋塔的脱硫效率主要取决于液滴大小和数量（这两个因素决定了吸收 SO_2 的液体的表面积），以及塔内烟气流速。液滴的大小和数量又

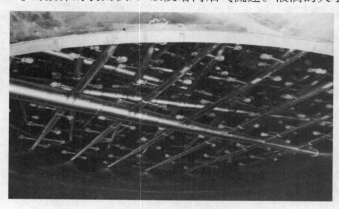

图 4-5　循环浆液喷淋层喷嘴

取决于喷淋浆液的总流量和喷嘴的特性。理论上讲，喷嘴喷出的液滴越细，单位体积循环浆液产生的洗涤效果越好。但是在实际工况下，并非如此，很细的液滴容易被烟气带离吸收区，如果烟气中夹带的液滴过多，将给除雾器下游侧的设备带来不利影响。并且过分追求细小的液滴，会使系统压力增加，能耗增大。

3. 搅拌器

在吸收塔浆液池的下部，沿塔径向布置侧进式搅拌器，吸收塔搅拌器的作用是使浆液的固体维持在悬浮状态，防止固体沉降，同时分散氧化空气。搅拌器安装有轴承罩、主轴、搅拌叶片、机械密封。搅拌器叶片安装在吸收塔浆池内，与水平线约为10°倾角、与中心线约为−7°倾角。搅拌桨形式为三叶螺旋桨，轴的密封形式为机械密封，如图4-6所示。

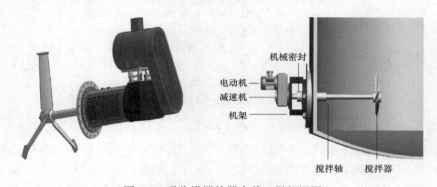

图 4-6　吸收塔搅拌器全貌、局部视图

在吸收塔旁有人工冲洗设施。采用低速搅拌器，有效防止浆液沉降。吸收塔搅拌器的搅拌叶片和主轴的材质为合金钢。在运行时严禁触摸传动部件及拆下保护罩。向吸收塔加注浆液时，搅拌器必须不停地运行。

搅拌器轴为固定结构，转速适当控制，不超过搅拌机的临界转速。所有接触被搅拌流体的搅拌器部件，必须选用适应被搅拌流体的特性的材料，包括具有耐磨损和腐蚀的性能。

4. 吸收塔浆液循环泵

吸收塔浆液循环泵安装在吸收塔旁，露天布置，用于吸收塔内石膏浆液的再循环。采用单流和单级卧式离心泵，包括泵壳、叶轮、泵轴、轴承、出口弯头、底板、进口、密封盒、轴封、基础框架、地脚螺栓、机械密封和所有的管道、阀门及就地仪表和电动机，常见的浆液循环泵结构如图4-7所示。工作原理：叶轮高速旋转时产生的离心力使流体获得能量，即流体通过叶轮后，压能和动能都能得到提高，从而能够被输送到高处或远处。同时在泵的入口形成负压，使流体能够被不断吸入。

泵壳由内外两层蜗壳组成，内部蜗壳与浆液直接接触，选用耐磨蚀的金属或非金属材料，外层蜗壳通常剖分为两半，将内蜗壳夹持在中间，依靠螺栓夹紧。外层蜗壳通常也称护套，不与浆液接触，材料为普通碳钢。蜗壳密

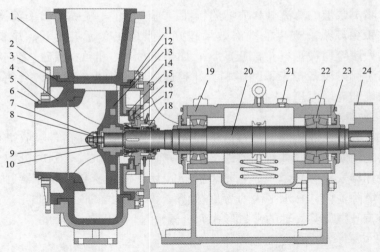

图 4-7 浆液循环泵结构图

1—泵壳；2—泵盖板；3—泵盖垫；4—泵盖；5—O形圈；6—哈夫环；7—锁紧螺母；
8—防转螺母；9—止退圈；10—锁紧螺母 L 垫；11—后泵盖；12—后泵盖垫；13—叶轮；
14—机封压盖；15—机封垫块垫；16—机封垫块；17—机封垫；18—机封组合；19—轴承座；
20—主轴；21—油塞；22—轴承；23—轴承侧盖；24—联轴器

封用的法兰面及泵体的支承结构均设在护套上，从而大大节约了贵重材料。

泵轴组件包括主轴、叶轮、机械密封、轴承箱和联轴器等。叶轮以梯形螺纹固定在轴端，螺纹方向与泵轴旋转方向相反，运转时螺纹会自动锁紧。机械密封采用不需冲洗的集装式结构（集装式是指购进机封时，动静环已经封装在一起，且压紧力已经调整好，装配时不用打开机械密封，也不用作任何调整，直接将整体机封安装到泵上即可），装卸非常方便。轴承箱位于泵壳外，通常选用前后两组轴承。轴承要承受很大的轴向力和径向力，一般为滚子轴承，而不选用球轴承。运转时，由于叶轮的重量主要由前轴承承担，所以前轴承发热较严重，温度可高达 50℃以上，对润滑油的性能有一定的负面影响，后轴承温度明显低于前轴承。由于浆液循环泵的功率大，启停时，在联轴器上会有很大的冲击，故要求选用挠性联轴器。浆液循环泵采用膜片联轴器，它的优点：机械强度高、承载能力大、质量轻、结构尺寸小、传动效率和传动精度高、可靠性好、装拆方便，且具有无相对滑动、不需润滑、无噪声等特点。普遍用于中速、高速、大转矩轴系的传动。膜片联轴器是由一定数量的薄金属弹性膜片经高压叠合而成，金属膜片为环形、多边、束腰等形状，通过柱销式高强度精密螺栓和自锁螺母进行定位连接。它能够补偿原动机与从动机之间由于制造误差，安装误差和承载后的变形以及温度变化的影响所引起的轴向、径向和角度偏移，并能消振，隔振。

选用材料能完全适于输送的介质，适应高达 40000mg/L 的 Cl⁻ 浓度，外壳材质为铸钢，内层蜗壳衬胶，叶轮、颈套采用 A51 铬合金钢，衬里材料为橡胶，轴承套采用 C26 合金，磨损保护材料为衬橡胶，密封材料为 SiC。

浆液再循环系统采用单元制，每个喷淋层配一台浆液循环泵，每台吸收塔配 4 台浆液循环泵。下面两层的浆液循环泵入口均接入新鲜石灰石浆液，这样可提高石灰石的利用率。运行的浆液循环泵数量根据锅炉负荷的变化和对吸收塔浆液流量的要求来确定，以达到要求的吸收效率。由于能根据锅炉负荷选择最经济的泵运行模式，该再循环系统在低锅炉负荷下能节省能耗。

启动浆液循环泵时，一般要先确认泵体内无堵塞现象，打开入口门（此时，吸收塔内浆液对叶轮有一定的冲击力，泵轴此时有小幅度转动，此可判断泵体内基本无堵塞，反之，则须通知检修盘车判断），静待约 2min 左右，再启动浆液循环泵。成组启动浆液循环泵时，按照由底层往上层的启动顺序，如果先启动上层浆液循环泵，再启动下层浆液循环泵，就有可能导致下层浆液循环泵喷淋管网的堵塞，锅炉负荷降低，含硫总量降低到一定程度，可停止 1～2 台浆液循环泵运行，也是尽量停止上层浆液循环泵运行，如果停止下层浆液循环泵运行，就很容易导致下层浆液循环泵喷淋管网和喷嘴堵塞。当成组浆液循环泵启动后，由于喷淋管网及管道有一定的容积，会造成吸收塔液位小幅度下降。停止浆液循环泵时，先停浆液循环泵，静待约 5min 后再关入口门，主要是让管网内一部分浆液重流回吸收塔。浆液循环泵停止后要及时对泵体进行冲洗和注水保养，细心查看浆液循环泵入口门是否有泄漏，如有泄漏联系检修人员处理。浆液循环泵入口门泄漏，容易造成泵体内大量石膏沉淀，导致浆液循环泵下次启动过载，严重时导致泵叶轮损坏，联轴器损坏，电动机烧损等事故。浆液循环泵停止后，管网内的浆液流回吸收塔，吸收塔液位有小幅度上涨，此时要防止吸收塔溢流发生。

5. 氧化风机

氧化风机设在氧化风机房内，其作用是为吸收塔浆池中的浆液提供充足的氧化空气。通过矛状空气喷管手动切换阀进行隔断。隔断时喷管可以通过开启冲洗水管的手动切换阀进行冲洗。氧化风机采用罗茨风机，每台包括润滑系统、进出口消声器、进气室、进口风道（包括过滤器），吸收塔内分配系统及其与风机之间的风道、管道、阀门、法兰和配件、电动机、联轴器、电动机和风机的共用基础底座、就地控制柜、冷却器等。

罗茨风机是一种定排量回转式风机，其内部结构如图 4-8 所示。靠安装在机壳 1 上的两根平行轴 5 上的两个"8"字形的转子 2 及 6 对气体的作用而抽送气体。转子由装在轴末端的一对齿轮带动反向

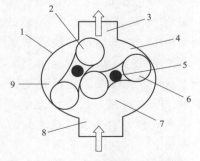

图 4-8 罗茨风机内部结构
1—机壳；2、6—转子；3—出风管；
4、7、9—空腔；5—平行轴；8—进风管

旋转。当转子旋转时，空腔 7 从进风管 8 吸入气体，在空腔 4 的气体被逐出风管，而空腔 9 内的气体则被围困在转子与机壳之间随着转子的旋转向出风管移动。当气体排到出风管内时，压力突然增高，增加的大小取决于出风管的阻力的情况而无限制。只要转子在转动，总有一定体积的气体排到出风口，也有一定体积的气体被吸入。

机壳采用灰铸铁，经时效处理，与前后墙板组成机体，圆锥销定位，形成气室。墙板采用灰铸铁，经时效处理，前后墙板通用、置用密封座和轴承座。叶轮采用高牌号灰铸铁，经时效处理，采用渐开线形线。主轴和从动轴采用 45 号优质碳素钢、与叶轮组装后校静叶平衡。

6. 除雾器

除雾器的作用主要是滞留洁净烟气中夹带的液滴，由吸收区来的洁净烟气携带了大量的液滴，一方面会造成除雾器之后的管路腐蚀，另一方面，液滴会在管路中沉积，造成管路泄漏，并影响烟气通流。

除雾器的类型大致分为三类：

（1）折流板除雾器（Z 字形除雾器）。它利用雾粒在运动气流中具有惯性。通过突然改变含雾气流的流向，雾粒在惯性作用下偏离气流，撞击折叠板并分离（去除）。在折流板的作用下，含雾气流改变了流动方向，充分利用雾粒惯性分离雾粒，类似于惯性除尘器。安装方式有两种：水平安装和垂直安装。

（2）板式除雾器（旋流板捕雾器）。主要安装在塔体的上部分，除雾器表面不容易堆积灰尘和污垢。哪怕使用的时间长了落灰也很容易冲洗干净，旋流板捕雾器的表面是经过特殊处理的呈现光滑并有滋润性。从根本上解决了除雾器叶片落灰成垢从而造成除雾器的阻力增加等现象。

旋流板捕雾器在塔中是由一层挡水圈、两层旋流板叶片及三层冲洗装置组成。其中另外一层除雾器为粗颗粒雾滴，第二层除雾器去除细颗粒雾滴，冲洗管布置形式为二级除雾器上下两侧和二级除雾器下侧。

（3）旋流板除雾器。利用离心力的作用将雾沫甩向筒壁而流下。它是由一块 1~2mm 厚的金属板，根据设计叶齿的分数切割，然后叶片的仰角一般为 $25°$，径向角 β 大于 $90°$，即外端翻转，内端与金属本身相连，中心圆为盲板。除雾器反冲洗管采用优质增强聚丙烯 FRP 材料，具有耐高温、耐腐蚀的优点。旋流板通常安装在旋流板塔内。工作时，含尘烟气从塔底向上流动。由于旋流板叶片的引导作用，烟气旋转上升，使塔板上下流动的液体喷入雾滴，使气液之间有很大的接触面积。液滴由气流驱动旋转，产生的离心力增强了气液之间的接触，随之甩向塔壁上，沿墙下流到下一层塔板上，再次被气流雾化。

吸收塔设两级除雾器，布置于吸收塔顶部最后一个喷淋组件的上部。烟气穿过循环浆液喷淋层后，再连续流经两层 Z 字形除雾器时，液滴由于惯性作用，留在挡板上。由于被滞留的液滴也含有固态物，主要是石膏，因此存在除雾器叶片结垢的危险，需定期进行在线清洗，除去所含浆液雾滴。在一级除雾器的上面和下面各布置一层清洗喷嘴。清洗水从喷嘴强力喷向除雾器元件，带走除雾器顺流面和逆流面上的固体颗粒；二级除雾器下面也布置一层清洗喷淋层；除雾器清洗系统间断运行，采用自动控制。清洗水由除雾器冲洗水泵提供，冲洗水还用于补充吸收塔中的水分损失。烟气通过两级除雾后，携带水滴含量低于 $70mg/m^3$（干基）。

除雾器由两部分组成：除雾器本体和冲洗系统，如图 4-9 所示。除雾器本体由除雾器叶片、卡具、支架等按一定的结构形式组装而成，其中叶片是除雾器最基本、最重要的元件，除雾器叶片由高分子材料 PP（阻燃型）制作。除雾器冲洗系统主要由冲洗喷嘴、冲洗泵、管路、阀门、压力表及电气控制部分组成，其作用是定期冲洗由除雾器叶片捕集的液滴、粉尘，保持叶片表面清洁（紧急情况下可防止叶片受到高温损坏），防止叶片结垢和堵塞，维持系统正常运行。

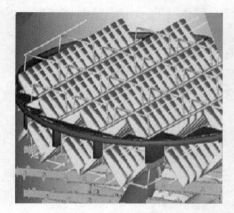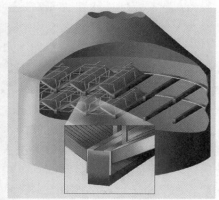

图 4-9　除雾器全貌、局部视图

除雾器利用水膜分离的原理实现气水分离。工作原理如图 4-10 所示。

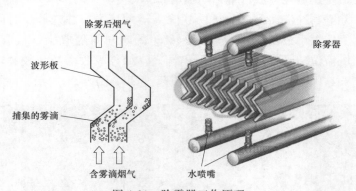

图 4-10　除雾器工作原理

当带有液滴的烟气进入除雾器狭窄、曲折的通道时，由于流线偏折产生离心力，将液滴分离出来，液滴撞击板片，部分黏附在板片上形成水膜，缓慢下流，汇集成较大的液滴落下，从而实现气水分离。系统的化学过程：吸收塔循环浆液中总含有过剩的吸收剂（碳酸钙），当烟气夹带的这种浆体液滴被捕集在除雾器板片上而未被及时清除，会继续吸收烟气中未除尽的SO_2，生成硫酸钙盐，在除雾器板片上析出并沉淀而结垢；冲洗系统设计不合理，当冲洗除雾器板面不理想时，会出现干区导致结垢和堆积物。

除雾器容易出现的问题主要是结垢和堵塞，其原因主要与以下因素有关：

（1）除雾器冲洗面。烟气中大部分浆体液滴在 V 型板的第一个通道处被捕获，所以对除雾器迎风面这一区域的冲洗最为有效，因此除雾器冲洗系统至少需冲洗 ME 每级的迎风面，多级除雾器中，前一、二级建议正反面都要冲洗。一般不建议冲洗最后一级的背面，因为这部分冲洗水会被直接带至除雾器下游设备、烟道和烟囱内，加重 FGD 系统的"降雨"现象。

（2）除雾器冲洗覆盖率。如果除雾器得不到全面、有效的冲洗，也会迅速产生结垢和堵塞。

（3）除雾器冲洗水量。除雾器冲洗水量太小也易造成结垢和堵塞，但是冲洗水量太大会使冲洗水板片中充满水沫，造成烟气夹带水雾增多。

（4）除雾器冲洗水压力。冲洗水压力影响喷射液滴的大小和水雾的形状。压力过高易使冲洗水雾化，增加烟气带水量，而且会降低板片使用寿命。压力过低可能形不成理想的水雾形状，烟气流还会使水雾形状发生畸变，降低冲洗效果。

（5）除雾器冲洗水品质。冲洗水品质主要是指冲洗水中石膏相对饱和度和固体悬浮物含量。除雾器冲洗水的一部分会黏附在板片上直到下个冲洗周期，并且这些水还会吸收烟气中残留的二氧化硫而增加石膏的相对饱和度。如果冲洗水本来就具有较高的石膏饱和度，这种情况下就会变成石膏过饱和溶液，从而产生结垢。除雾器冲洗的目的就是在结垢和堵塞前冲洗掉黏附在除雾器板上的浆液和固体物，如果冲洗水品质差显然达不到目的，而且最终还可能造成母管和喷嘴堵塞。

（6）除雾器冲洗时间。为了防止除雾器的堵塞，冲洗最长时间间隔的设定要严格依据于最短的冲洗时间，最短的时间间隔取决于吸收塔液位，如果吸收塔液位较低，可将时间间隔调短，如果吸收塔液位较高，可将时间间隔调长，但除雾器的冲洗周期不能超过 2h。图 4-11 所示为除雾器冲洗

图 4-11　除雾器冲洗图

图，除雾器的冲洗一是满足自身的要求，另外考虑吸收塔液位要求。除雾器冲洗中注意吸收塔液位，防止吸收塔溢流，同时注意冲洗水压力和流量，如果冲洗水压力和流量小于规定值，将使冲洗效果大大降低。另外，为了使除雾器安全高效运行，运行人员一般要遵循以下几点：

1）除雾器清洗不充分将引起结垢，这从压降升高得到判断，因此运行人员应密切注意除雾器的压差。

2）严格脱硫启停操作来操作除雾器的动作，如脱硫启动时，浆液循环泵未启动，禁止向吸收塔引入热烟气。

3）严格控制烟气中飞灰的含量，以克服灰尘造成的高温和堵塞。

（7）除雾器性能主要参数：

1）除雾效率。除雾效率指除雾器在单位时间内捕集到的液滴质量与进入除雾器液滴质量的比值，是考核除雾器性能的关键指标。

2）系统压力降。是指烟气经过除雾器时产生的压力损失，压力降越大，能耗越高。

3）烟气流速。烟气流速过高过低都不利于除雾器的正常运行，烟气流速过高，易造成烟气二次带水，能耗高；烟气流速过低不利于汽液分离，降低了除雾效率。

4）除雾器叶片间距。叶片间距大，除雾效率低，烟气带水情况严重；叶片间距小，能耗高，冲洗效果也会降低，易结垢堵塞。

5）除雾器冲洗水压。水压低，冲洗效果差；水压高，烟气带水严重。

6）除雾器冲洗水量。视具体工况而定。

7）冲洗覆盖率。是指冲洗水对除雾器覆盖面程度，一般选择在150%～300%。

8）除雾器冲洗周期。是指除雾器的冲洗间隔，太过频繁会导致烟气带水，间隔时间太长易结垢。

（三）石灰石浆液制备系统

1. 石灰石浆液制备系统介绍（以 2×1000MW 机组为例）

某发电厂烟气脱硫工艺采用石灰石—石膏湿法烟气脱硫工艺，2 台 FGD 所使用的石灰石浆液分别设置了 2 套石灰石浆液制备与供给系统，石灰石制备与供给系统为全厂脱硫装置的公用系统，设计满足 2×1000MW 机组脱硫装置用吸收剂的要求。本系统主要由石灰石卸料机、斗式提升机、石灰石储仓、称重皮带给料机、湿式球磨机、球磨机再循环箱及泵、石灰石浆液旋流器、石灰石浆液箱、石灰石浆液泵、搅拌器、管道及阀门等设备组成。

石灰石（粒径≤20mm）运至厂内卸料斗后经金属分离器、斗式提升机送至石灰石储仓内储存。石灰石储仓的石灰石由称重皮带给料机送到湿式球磨机内磨制成浆液，进入球磨机再循环箱，石灰石浆液用球磨机再循环泵输送到水力旋流器进行分离，底流物料再循环，溢流物料存储于石灰石浆液箱中，然后经石灰石浆液泵送至吸收塔。

石灰石储仓共设 1 座，钢质结构，储仓容量按 2 台锅炉在 BMCR 工况运行不小于 3 天的石灰石总耗量设计。在斗式提升机出料口与石灰石储仓之间设石灰石仓顶埋刮板输送机，以使石灰石储仓内布料均匀。

每套湿式球磨机出力按满足 2 台机组燃用设计煤种脱硫装置（2 台锅炉 BMCR 工况）所需浆液总量的 75％的需要，并且不小于 2 台机组燃用校核煤种脱硫装置（2 台锅炉 BMCR 工况）所需浆液总量的 50％的需要进行设计。每台球磨机配置一组石灰石浆液旋流器，浆液旋流器的溢流浆液可以进入石灰石浆液箱。共设置 2 个石灰石浆液箱，石灰石浆液的质量浓度控制在 20％～30％之间。脱硫所需的成品石灰石块可由汽车直接从石灰石矿运输至电厂。

2. 石灰石浆液制备系统工作流程

用货车把石灰石块（粒径小于 20mm）送到现场。将石灰石卸到石灰石卸料斗后，用振动给料机、斗式提升机送到石灰石储仓里。由石灰石储仓出口通过称重皮带给料机将石灰石混合工艺水送入湿式球磨机，球磨机利用钢球将石灰石磨成石灰石浆液。磨成的石灰石浆液流入石灰石浆液循环箱，并用石灰石浆液循环泵送到石灰石浆液旋流分离器进行粗颗粒的分离，粒径超过要求的颗粒送回到湿式球磨机。分离后的石灰石浆液中含有 25％的固体颗粒。石灰石浆液储存在石灰石浆液箱，并用石灰石浆液泵送到吸收塔。

石灰石浆液制备工艺流程如图 4-12 所示。外购粒度小于 20mm 的石灰石→石灰石卸料斗→振动给料机→斗式提升机→石灰石储仓→称重皮带给料机→球磨机→石灰石浆液循环箱→石灰石浆液循环泵→石灰石浆液漩流器→石灰石浆液箱→石灰石浆液泵→吸收塔。

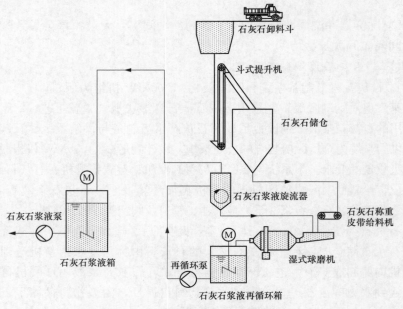

图 4-12　石灰石浆液制备工艺流程

（四）石灰石储仓及附属设备

石灰石储仓及附属设备系统主要包括石灰石上料设备和石灰石输送设备。其主要设备有：石灰石卸料斗、石灰石带式输送机（含电磁除铁器）、斗式提升机、石灰石储仓、称重皮带给料机。

1. 石灰石卸料斗

某厂所使用的石灰石，是通过货车将直径小于 20mm 的石灰石块运到卸料站，并且排到地下卸料斗，在卸料斗的上部（地上）装设钢质栅格，防止直径大于 20mm 的石灰石落入卸料斗，以保证系统安全，卸料斗仓设有 2 台抽尘风机。石灰石通过卸料斗里的振动机落入石灰石带式输送机。工作原理：卸料斗的下部装有电动振动机，通过设定的电流，振动机进行有规律性的振动，在卸料斗里的石灰石通过振动落入带式输送机的头部。

2. 石灰石带式输送机（含电磁除铁器）

石灰石通过卸料斗振动给料机落入带式输送机头部。带式输送机由电动机驱动，石灰石在转动的皮带上，经过金属分离器，然后送至斗式提升机的下部。皮带机带有跑偏报警装置，防止皮带跑偏。电磁除铁器用途及工作原理：本电磁除铁器通过挂钩挂悬挂在带式输送机头部的链条上，电磁除铁器为人工控制卸料，该设备配有带可调挂钩的 3 条链条，能很方便地调整架设高度和安装高度。其工作原理：通过电产生的强大磁力将混杂在料中的铁件清除，使原料品质显著提高，并能有效地防止研磨机、破碎机等机械设备的损伤，保证带式输送机的正常去铁磁性杂质。

3. 斗式提升机

石灰石通过带式输送机落入斗式提升机的底部，通过斗式提升机板链把石灰石送到石灰石储仓里。本斗式提升机为板链式提升机，是一种用密集排列的挂斗垂直输送粉状、粒状及小块状物料的提升设备，其结构简单，外形尺寸小，输送能力大，节能效果好，提升高度高，有良好的密封性能，使用安全、方便，提升范围广。其特点是提升能力大，出力范围为 10～800m³/h，提升高度可高达 55m。板链斗式提升机由底部机壳、张紧装置、中间壳体、头部机壳、驱动机构、拖动机构、链条及料斗等组成。其中驱动机构包括电磁制动电动机、减速机、传动链轮、传动链条及链罩。另设有链条断链报警装置。其工作原理：被输送物料由底部进料口喂入连续、密闭的料斗中，运至顶端翻转时，利用重力及料斗的导引，卸料至出料口流出。即所谓的流入式喂料，重力诱导式卸料。

4. 石灰石储仓

通过斗式提升机，把石灰石送到并储存在石灰石储仓内。石灰石储仓的容积为 800m³，满足 2 台锅炉燃用校核煤质时，在 BMCR 工况下运行 4 天所消耗的石灰石量。

石灰石储仓为钢结构，混凝土支撑。石灰石储仓底部成大于 60°的斜度"锥形"斗部，顶部有 3°的坡面。储仓配有布袋过滤器，布袋过滤器设有一个抽尘风机，其作用抽出空气，洁净气中最大含尘量不超过 $50mg/m^3$。在储仓的两个卸料口装有关断装置，储仓出口的设计能控制送至输送皮带的石灰石量（至碾磨设备的称重皮带给料机）以及能避免架桥堵料现象。同时配有抽尘风机系统，以帮助下料。2 个卸料口各装有电动关断阀。

5. 称重皮带给料机

称重皮带给料机用于测量和输送石灰石至球磨机，给料机将带有给料量调节控制器，调节范围能达到从 0%～100% 的可变给料量。给料机的给料质量精度在满载时为 ±0.5%。称重系统包括电子称重元件、速度感应器和质量—速度乘法器。皮带秤配有就地称重控制箱，包括比例指示器、就地积算器、远方积算器。控制包括测试皮带皮重并且设置成零点（零点调节）的装置，以及使用试验重物测试称重精度的装置。

称重皮带给料机主架采用槽型钢与底部断面为 T 形的槽体及上部槽体合为整体式，方便拆卸及更换皮带。头尾轮、托辊、皮带秤均固定在主架上，整体刚性好有利于计量；头轮为胶面人字齿，尾轮为钢面腰鼓形，有利于对皮带的纠偏，其轴承采用外球面球轴承，具有自动调心功能，对安装精度要求不高。出厂时此轴承已预填装润滑脂并采用双层密封形式，因此尤其适用于粉尘较多的场合。本机共 14 组托辊，在受料区布有 4 组以减少料仓物料对皮带的冲击；皮带秤一组作为称重托辊，托辊为钢面圆柱形，其表面为加工面，相对于托辊轴的径向跳动减小，有利于计量；托辊两端装有向心球轴承，外侧为迷宫式密封圈，适用于粉尘较大的场合。驱动采用轴联式，结构简单。电子称重桥架采用 ICS-30 型全悬浮式，配置称重传感器，精度高、稳定性能好，具有良好的温度补偿性。秤体不需要维护，秤架无物料堆积，由此产生的零点漂移的可能性不复存在。料斗导料槽出口处设有整形闸门，可以调整给料量的大小并保证皮带上物料均匀分布。皮带张紧器采用螺旋张紧器，能很方便地调整皮带张力。头尾部设有头部清扫器和内部清扫器，头部清扫器刮板为高分子聚乙烯板，内部清扫器刮板为橡胶板。皮带装有上下自动纠偏装置，防止皮带跑偏。底部槽体设有刮板清扫装置以清除撒落物料及浮灰。

工作原理：称重皮带给料机用于湿式球磨机的定量给料，给料过程为皮带连续给料。给料机将来自于用户给料仓或其他给料设备的物料输送并通过称重桥架进行质量检测；同时装于尾轮的测速传感器对皮带进行速度检测；被检测的质量信号及速度信号一同送入 XR2105 积算器进行微积分处理并显示以吨每小时为单位的瞬时流量及以吨为单位的累计量，其内部调节器将实测瞬时流量信号值与工控机的设定流量值进行比较，并根据偏离大小输出相应的信号值，通过变频器改变电动机转速的快慢以改变给料量使之与设定值一致，从而完成恒定给料流量的控制。累积量信号则通过通信板送入工控机，实现设定给料总量达标停机功能。

（五）湿式球磨机及其附属设备

发电厂中配置 2 套并列的石灰石研磨制浆系统。每套的容量相当于 2 台锅炉（2×1000MW）在 BMCR 运行工况时满负荷石灰石耗量的 75%。磨制后的石灰石粒度为 90%通过 250 目筛。制成的浆液质量浓度约为 25%。

湿式球磨机及其附属设备系统主要包括石灰石研磨设备和石灰石浆液输送设备，其主要设备有：湿式球磨机、石灰石浆液循环箱、泵及搅拌器、石灰石浆液旋流装置、石灰石浆液罐、泵及搅拌器、石灰石浆液排水坑、泵及搅拌器、石灰石区域压缩空气储气罐。

1. 湿式球磨机

（1）结构。湿式球磨机系统：全套驱动系统，包括电动机、减速器空气离合器、湿式球磨机本体、加球装置；油润滑系统、油冷却系统及保护系统；球磨机配套的全部管道、阀门、仪表、控制和其他辅助设备；齿轮防护罩和支撑结构全套轴承和润滑系统（含油冷却设备），球磨机结构如图 4-13 所示。润滑油系统能确保油泵故障时，让球磨机停机，避免轴承损坏，球磨机内有橡胶内衬，以防止钢球的摩擦、撞击而产生的力损坏球磨机本体。

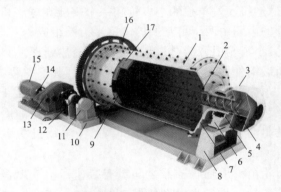

图 4-13　球磨机结构

1—筒体；2—石板；3—进料器；4—进料螺旋；5—轴承盖；6—轴承座；7—辊轮；
8—支架；9—花板；10—驱动座；11—过桥轴承座；12—小齿轮；13—减速机；
14—联轴器；15—电动机；16—大齿圈；17—大衬板

（2）工作原理。石灰石湿式球磨机由专用异步电动机、减速器与小齿轮连接，直接带动筒体上的周边大齿轮减速传动，驱动筒体部旋转，筒体内部装有适当的磨矿介质——钢球，钢球在离心力的作用下被提升到一定的高度，呈抛落状态落下，欲磨制的物料和水由给料管连续地进入筒体内部，被运动钢圆桶筛的初步筛分，以进行下一段工序处理，如图 4-14 所示。

（3）球磨机设计说明。

1）球磨机筒体。球磨机筒体内径为 2100mm，筒体长度为 4640mm，由钢板卷制而成的筒体带有 2 个人孔。筒体两端的部分全部采用机械加工，筒体上钻孔用于固定球磨机筒体内衬。筒体机加工之前，经整体去应力处理。

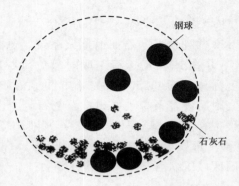

图 4-14 球磨机运行后内部模拟图

2）主轴承/轴承座。主轴承直径为 500mm，设计为球面滚子轴承（239/500），计算寿命大于 80000h。

3）底座。主轴承座、主齿轮箱和主驱动电动机安装在底座上。底座设计为焊接钢结构，上表面机械加工。底座配有调整螺栓便于调节。所有地脚螺栓包括在底座范围内。

4）齿圈。球磨机通过单独的小齿轮和一个安装在球磨机筒体上的齿圈进行驱动。对开的齿圈由两个可互换的铸钢半齿圈组成。

5）小齿轮。小齿轮由锻造材料制造，轮齿经热处理。

小齿轮轴由锻钢件加工制成，轴的两端对称，其上安装调心滚子轴承。

6）驱动装置。主齿轮箱（FLENDER 减速机）型号：H2SH09，传动比：6.611（两级斜齿轮传动），齿轮箱中的齿轮用齿轮油冷却，齿轮箱输出为联轴器辅助驱动装置，传动比为 108.52，主电动机功率为 250kW，电压为 380V。

电动机与齿轮箱输出轴联轴器之间设有减速器空气离合器，作为电动机与主齿轮箱的连接部件，当电动机转动时，空气离合器接收到齿轮啮合命令时，与电动机进行联轴转动。

空气离合器利用压缩空气进行工作，空气离合器配有一个专用小储气罐，这样当离合器需要啮合时，能够得到充分的缓冲作用。储气罐上设有压力监视装置，当压力过低时，不允许球磨机啮合。

7）球磨机润滑油系统。每台球磨机配一套润滑油系统，其中包括 1 个润滑油箱和油箱电加热器，2 台高压顶轴油泵，1 台低压油泵，1 台油冷却器和冷却风扇及油管回路。整个系统采用中心润滑系统自动润滑。

低压油泵用于球磨机运行时的主轴承、小齿轮轴的润滑和冷却作用。高压顶轴油泵用于球磨机启动前作顶轴润滑，启动后停止运行。

油冷却器和冷却风扇作用是冷却润滑油，另外润滑油箱配有一个电加热器，作用是加热润滑油，防止润滑油温度过低，增加其流动性。

球磨机配有开式大齿轮传动，采用自动油雾润滑系统。通过油脂喷射泵，利用压缩空气把润滑油脂喷射到大齿轮的喷射装置上，对大齿轮进行喷射润滑。油脂泵每间隔 15min 运行一次，每次 5s。

8）球磨机给料部。球磨机给料系统由内部衬有耐磨材料的入口斜槽及支撑其质量的轴承座和底座组成，物料从入口溜槽进入内部粘接橡胶衬板（20mm）的锥形入口。

9）球磨机卸料部。球磨机出口用来将从球磨机溢出的浆液由出口锥形筒通过矿石筛进入球磨机泄料箱（储浆罐），锥形筒安装在带有轴承的材料为 St37-2 的焊接钢结构中空耳轴上，中空耳轴内部衬有 15mm 耐磨橡胶衬板。储浆罐上配有检查门，用以检查最终物料尺寸和超尺寸的物料。

10）球磨机衬板。球磨机内腔包含进出口内壁板，筒体内侧和卸料装置内侧等均装有带必要紧固件的橡胶衬板。球磨机进出口内壁板扇形的橡胶衬板，由带橡胶密封的螺栓、埋头垫片和螺母固定。筒体内侧同样装有橡胶衬板，用带橡胶密封的螺栓、埋头垫片和螺母固定，螺栓在筒体母线方向整齐排列，在人孔装置处沿四周布置。

2. 石灰石浆液循环箱、石灰石浆液循环泵及循环箱搅拌器设备

（1）石灰石浆液循环箱及搅拌器。搅拌器采用高性能斜片涡轮，材质由碳钢加橡胶内衬制成，搅拌器通过减速箱由电动机带动。石灰石浆液循环箱接收石灰石在湿式球磨机内磨碎后自流的浆液和石灰石浆液旋流器底流浆液，作为缓冲石灰石浆液，再通过石灰石浆液循环泵抽出至石灰石浆液旋流器。每个循环箱上分别有 1 个搅拌器，以防止浆液沉积。

（2）石灰石浆液循环泵。石灰石浆液循环泵采用立式离心泵，壳体材质使用碳钢加双层不锈钢，叶轮采用双层不锈钢。泵体带有轴封水系统，以作为密封浆液和冷却轴承。在泵出口管道上设有工艺水冲洗门，当石灰石浆液循环泵停运时保证管道的洁净。

石灰石浆液循环泵通过皮带由电动机带动，电动机由变频器给定的频率转动，可以通过浆液旋流器设定一个压力来调节频率。

工作原理：通过设定的压力，利用变频器调节石灰石旋流器的压力，把石灰石浆液输送至旋流器，旋流器开启 3 个旋流子，1 个备用，通常旋流器压力设定为 117kPa，浆液循环泵的转速控制投入自动，便会自动保持旋流器压力。

3. 石灰石浆液旋流装置设备

石灰石浆液旋流器用于湿式球磨机的石灰石浆液的分离，通过设定规定的压力进行分离，其分离后的溢流浆液（含小颗粒）直接进入石灰石浆液箱，而底流（含粗大颗粒）返回球磨机。

每个旋流器都装有单独的手动阀，石灰石浆液旋流器环形布置，整个系统为自支撑结构框架，所有支撑结构制造件采用钢构件，每台球磨机配置一套石灰石浆液旋流器站，并满足石灰石浆液细度的要求。

工作原理：旋流器其实是利用重力旋流和离心力的原理，对液体进行旋流，只要设定好一定的压力，较重的液体便从旋流子的底流排走，而较

轻的液体则从上部溢出，故刚研磨的石灰石浆液输送到浆液旋流站时，含有颗粒物料的石灰石浆液从旋流站底流浆液再循环回到湿式球磨机入口，上溢浆液排到石灰石浆液箱，制成的浆液质量浓度约为 25% 的石灰石浆液。在通往石灰石浆液箱的管路上还装有监测石灰石浆液密度的装置。

4. 石灰石浆液罐、石灰石浆液泵及石灰石浆液罐搅拌器

（1）石灰石浆液罐及搅拌器。2 台脱硫装置共用 2 个石灰石浆液箱，其作用是储存经球磨机研磨合格的石灰石浆液。在石灰石浆液罐顶部装有 1 台搅拌机，防止浆液箱罐里沉积，另在顶部还设有工艺水注水门，目的是浆液罐清空时进行注水清洗作用。

（2）石灰石浆液泵。通过泵把研磨好的石灰石浆液输送至吸收塔里，每台脱硫装置均设有 2 台石灰石浆液泵（一运一备）。每个吸收塔配有一条石灰石浆液输送管，石灰石浆液通过管道输送到吸收塔。每条输送管上分支出一条再循环管回到石灰石浆液箱，以防止浆液在管道内沉淀，同时设有工艺水冲洗门，当石灰石浆液泵停运时保证管道的洁净。

石灰石浆液泵采用立式离心泵，循环泵通过皮带由电动机带动。壳体材质使用碳钢加双层不锈钢，叶轮采用双层不锈钢，泵体带有轴封水系统，以作为密封浆液和冷却轴承。

5. 石灰石浆液排水坑、泵及搅拌器

石灰石制浆区域设有一个排水坑，以收集石灰石区域各泵冲洗水及球磨机的回水。通过整个石灰石制浆区域的地沟汇流至排水坑，再通过排水坑泵输送至石灰石浆液箱，以做回收利用。排水坑顶部装有一个搅拌器，防止浆液沉积，以起到搅和作用。排水坑泵通过虹吸箱与排水坑连接，虹吸箱的作用是当排水坑泵运行时，通过虹吸箱的虹吸作用把排水坑内的水吸至泵的入口，防止排水坑泵汽蚀。

石灰石浆液排水坑泵采用离心式，壳体材质使用碳钢加双层不锈钢，叶轮采用双层不锈钢。泵体带有轴封水系统，以作为密封浆液和冷却轴承。

（六）石膏脱水系统

1. 石膏脱水系统概述

石灰石—石膏湿法脱硫工艺中，从吸收塔排除的石膏经过旋流分离、洗涤和真空脱水后，得到含有 10% 左右游离水的石膏，颗粒主要集中在 $30\sim60\mu m$。在脱硫装置正常运行时产出的脱硫石膏颜色近乎白色，当除尘器运行不稳定、带进较多的飞灰等杂质时，颜色发灰。当石灰石的纯度较高时，脱硫石膏的纯度一般在 90%～95% 之间，含碱低，有害杂质较少。FGD 石膏的品质参数主要有杂质含量、自由水含量、溶解于石膏中的 Cl^- 含量、粒度、白度、力学性能等。脱硫石膏的主要成分和天然石膏一样，都是二水硫酸钙晶体（$CaSO_4 \cdot 2H_2O$）。在国外，脱硫石膏主要用来生产各种建筑石膏制品和用于水泥生产的缓凝剂。不论在日本、美国还是在德国，脱硫石膏应用已相当普遍。脱硫石膏在很多方面与天然石膏不同，使

用前必须进行处理。在杂质中最重要的是氯化物，氯化物主要来源于燃料煤，如含量超过杂质极限值，则石膏产品性能变坏，工业上消除可溶性氯化物的方法是用水洗涤。

近年来，随着国内脱硫市场的发展，有关部门对烟气脱硫石膏性能进行了研究。试验结果表明：烟气脱硫石膏在建材行业应用十分广泛，基本上能代替所有天然石膏生产的建筑材料的建材制品。由于天然石膏是以石膏石为原始态的，而烟气脱硫石膏是以含自由水10%左右的湿粉状态存在，因此在利用上各有利弊。如煅烧建筑石膏粉，天然石膏需要破碎、制粉等多道预处理工序，烟气脱硫石膏因为有更多的游离水，煅烧消耗更多的热量，或者需要一个预干燥处理工序，另外因为其级配不好，在应用上应该考虑研磨问题。

在吸收塔浆液池中石膏不断产生，为了使浆液密度保持在计划的运行范围内（浆液质量浓度为15%～22%之间），吸收塔浆池浆液通过吸收塔石膏排出泵打入石膏旋流站，石膏旋流站包括水力旋流器和浆液分配器，在这里吸收塔来浆液的水分部分被脱除，使底流石膏含固量在50%左右，底流可通过底流浆液分配器进入石膏溢流浆液箱再重新回吸收塔浆池，或底流通过浆液分配器进入石膏底流浆液箱，再通过石膏浆液泵打入真空皮带脱水机（二级脱硫系统），进一步脱水至含水10%左右。溢流含3%～5%的细小固体微粒在重力作用下进入废水收集箱或石膏溢流浆液箱，石膏溢流浆液箱浆液通过石膏溢流浆液泵重新打回吸收塔。进入废水收集箱的溢流浆液通过废水旋流站给料泵打入废水旋流站，废水旋流站底流自重流入石膏溢流浆液箱，废水旋流站溢流进入废水箱，通过废水泵打入废水处理系统。

石膏脱水系统为公用，包括吸收塔排出泵系统、石膏旋流站、真空皮带脱水系统（或高效圆盘滤布脱水机）和滤液水系统。石膏脱水后含水量降到10%以下。在过滤过程中对石膏滤饼进行冲洗以去除氯化物，从而保证石膏的品质。

石膏脱水采用真空皮带过滤机（或高效圆盘滤布脱水机），石膏滤饼的含水量为10%。石膏滤饼中的氯离子含量将通过石膏滤饼清洗而控制在100mg/L。

两台机组共用一套石膏脱水系统，包括两套石膏旋流系统、两台真空皮带脱水机（或高效圆盘滤布脱水机）和配套的真空泵、滤液分离系统、石膏储存设施、废水旋流系统以及各种箱罐和配套输送泵等设施。

从吸收塔排出的石膏浆液（含固量质量浓度为10%～20%）由石膏浆液排出泵送至石膏浆液旋流站，经石膏浆液旋流站浓缩至含固量质量浓度为40%～50%后，进入真空皮带脱水机（或高效圆盘滤布脱水机），经脱水处理后的石膏表面含水率不超10%，脱水后的石膏卸入石膏筒仓存放待运。石膏浆液旋流站分离出来的溢流液进入滤液箱，经滤液水泵一部分送入废水旋流站，而另一部分送回吸收塔循环使用。

2套脱硫装置设置2台真空皮带脱水机（或高效圆盘滤布脱水机），且每台真空皮带脱水机配置1台水环式真空泵，每台真空皮带脱水机的出力按燃用设计煤种时脱硫石膏产量的75％设计，并且不小于2台锅炉BMCR工况下燃用校核煤种时脱硫石膏产量的50％。

脱硫岛设置2座石膏仓，其有效容积按2台锅炉BMCR工况下燃用设计煤种时3天的脱硫石膏产量设计；当脱硫石膏不能综合利用时，可用自卸汽车运至干灰场内堆放。

石膏综合利用时，可采用汽车运至附近的水泥厂。根据脱硫工艺的要求，脱硫系统需要连续排放一定量的废水以维持吸收塔浆池适当的Cl^-浓度。石膏浆液旋流站的溢流中一部分作为脱硫废水，排入废水旋流站进一步浓缩处理。废水旋流站的底流返回吸收塔，溢流的少量废水排入废水箱，经废水输送泵输送至脱硫废水处理系统进行处理。

2. 石膏脱水系统工艺流程及主要设备

石膏脱水系统的主要子系统有：吸收塔排出系统、石膏旋流站、真空皮带脱水机（或高效圆盘滤布脱水机）和废水旋流系统。

（1）吸收塔排出系统。吸收塔排出泵露天安装在吸收塔旁。吸收塔石膏排出泵通过管道将石膏浆液从吸收塔中输送到石膏旋流站。

石膏排出泵为单流单级离心泵，带有单滑动密封环，开敞式叶轮由3个叶片组成。此泵为后背抽出式设计，即叶轮、耐磨衬垫、填料箱压盖、轴封和支撑轴承可作为一个整体拆卸下来或装上去，而不需要卸下抽吸管和输送管以及电动机。

排出泵出口管道上设置有pH计和密度仪，密度仪将密度信号送至DCS，供操作员监视，吸收塔浆液密度一般控制在$1110\sim1150kg/m^3$之间。当吸收塔浆液密度达到$1150kg/m^3$时开始出石膏，当吸收塔浆液密度低至$1110kg/m^3$时，停止产石膏，吸收塔浆液打循环，直至浆液密度高时重新产石膏。pH计将pH信号送至DCS，当pH值低于设定值时，DCS将根据pH值并考虑烟气负荷和烟气进出口的二氧化硫浓度，控制石灰石浆液给料调节阀的开度，增大石灰石浆液给料，以抑制pH值的下降，保证二氧化硫的脱除效率；当pH值高于或接近设计值时，控制石灰石浆液给料调节阀的开度调小，以防止pH值太高，产生系统结垢、石灰石利用率下降、影响石膏品质等。

石膏排出泵还可以将石膏浆液打至事故浆液池，排空吸收塔，以方便对吸收塔内部的防腐内衬、搅拌器、喷嘴、除雾器冲洗水管等塔内零部件进行检修。

（2）石膏旋流站。石膏排出泵将吸收塔石膏浆液打至石膏旋流站，其工作原理如图4-15所示，石膏旋流站包含多个石膏旋流子，将石膏浆液通过离心旋流沉降而脱水分离，使石膏水分含量从80％左右降到40％～50％。石膏水力旋流器具有双重作用，即石膏浆液预脱水和石膏晶体分级，以减轻二级脱水装置真空皮带脱水机的脱水压力。进入水力旋流器的石膏浆液切向流动产生离心运动，重的固体微粒被抛向旋流器壁，并向下流动，形成含固浓度为50％的底流。含固量3％～5％的细小的微粒从旋流器的中心向上流动形成溢流，溢流可选择进入石膏溢流浆液箱或进入废水收集箱，进入石膏溢流浆液箱的石膏浆液重新回到吸收塔，回收吸收剂。进入废水收集箱的石膏溢流浆液，经废水旋流站给料泵进入废水旋流站，含固量为10％的底流进入石膏溢流浆液箱，回收有效吸收浆液，含固量为3％的溢流则进入废水箱，通过废水泵送入废水处理车间。

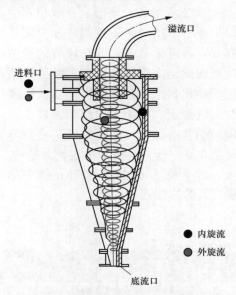

图 4-15　石膏旋流站原理图

在湿式石灰石—石膏FGD工艺中，不可避免地产生一定量的废水，废水中含有重金属元素和大量微细颗粒，废水还有较高浓度的氯离子，氯离子浓度的增高带来以下不利的影响：

1）降低了吸收液的pH值，从而引起脱硫率的下降和硫酸钙结构倾向的增大。

2）生产出的商用石膏产品，对氯离子有严格的要求，石膏中氯离子含量可通过脱水过程中的洗涤得到降低，也可通过吸收塔浆液中的氯离子浓度的降低而降低，吸收塔浆液中的氯离子浓度控制在20000mg/L以下。

3）系统中氯离子浓度的增加，会带来严重的腐蚀，尤其是对各种金属材料。所以脱硫系统要周期性地排放废水，后续的废水处理系统不能将氯离子处理掉，只能通过废水处理系统排放。

（3）石膏脱水系统。目前火电厂主流的石膏脱水机主要有两种：真空皮带脱水机和高效圆盘滤布脱水机。下面就两种脱水机作分别介绍。

1）真空皮带脱水机。

从一级脱水系统旋流器底流来的石膏浆液进入石膏底流浆液箱，经过石膏底流浆液泵进入二级脱水，石膏浆液经过脱水，得到湿度小于 10%、含氯离子小于 100mg/L 品质的石膏。

真空皮带脱水机机架为焊接钢结构，和螺栓连接方式加工制作而成，整台机架分段组成，包括前机架、后机架和两种规格的中间机架。其结构如图 4-16 所示。加料槽采用尾形加料槽，槽内设有若干条导向筋条使石膏浆液均布在滤带上；压布辊在滤布到达第一个真空盘之前，压布辊将滤布导行到真空盘上，在垂直方向上可调节导距；真空盘下部带有导向滚轮支撑着，真空盘上部有易于更换的材质为 304 不锈钢的滤板（滤板上均匀分布 $\phi6mm$ 滤孔）或高聚碳复合滤板；集液管是收集真空盘中滤液并送至气液分离器中的管道，集液管采用 304 不锈钢，分段尺寸根据用户的工艺要求制造，集液管内有 8 字板可分隔或打开分段管的通道；洗涤装置用于滤饼的洗涤；滤布清洗槽内固定 2 根带有喷嘴的喷管，从正、反两面冲洗滤布，冲洗后的水经清洗槽出口流出。分隔板固定在机架门形架上，分隔滤液和滤布洗涤液；改向辊固定在机架上，两端装轴承，用于改变滤布的运动方向。滤布驱动辊两端装有轴承，固定在机架上并与驱动装置连接带动滤布连续运转；滤板装在真空盘上，使滤布在其上运行。滤布为连续运行，拉紧并保持适当宽度，以避免滤布起皱，滤布由滤布驱动辊带动。真空胶管是真空盘与集液管之间的连接管。

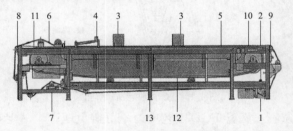

图 4-16　真空皮带脱水机结构图

1—滤布洗涤；2—橡胶脱水带洗涤；3—滤饼洗涤；4—给料箱；5—橡胶脱水带；
6—滤布；7—滤布纠偏机构；8—滤布张紧；9—卸料辊；10—驱动滚筒；
11—从动滚；12—真空盘；13—框架

张紧装置中有一个张紧辊（补胶），该装置通过张紧气缸的推力，使滤布工作时处于张紧状态，保持一定的摩擦力，防止滤布打滑。主气缸固定在机架上并与真空盘连接，推动真空盘的往复运行，该气缸前进速度可调。张紧气缸固定在机架上并与张紧装置连接，推动张紧装置产生位移，从而使滤布张紧。每两个蝶阀一组安装在每个气液分离器上，起到关闭或打开真空的作用。气动夹带器安装在机架下端的滤布两侧，用于防止滤布打折起皱和纠正滤布跑偏。驱动装置由电动机、摆线针轮减速器、蜗轮蜗杆减速器组成。通过驱动装置带动滤布驱动辊来带动滤布的连续运转。

在滤布的垂直上方有一个滤饼厚度监测装置，连续监视滤饼的厚度，并与操作员设定的滤饼厚度比较，形成差值信号来调节驱动电动机的转速，来达到滤布上滤饼厚度和设定的目标值一致。

水平带式真空脱水机的操作原理：料浆通过给料箱沿整个带宽方向均匀分布，解决了快速沉淀所产生的滤饼成形问题。在水平带式真空过滤机的运行过程中，由于重力的作用，有助于减少真空消耗并缩短滤饼成形时间。滤饼在滤布上形成并和滤布一同移动。橡胶脱水带支撑着滤布。脱水是由橡胶脱水带底部的真空来实现的。在滤饼两侧压差的作用下，滤饼中的水分穿过滤布沿着脱水带上的排水沟进入到位于真空盘中心线上方的排水孔，从真空盘排出。可以提供顺流或逆流洗涤来满足特殊工艺需要，并且可以提供一段或相互独立的多段洗涤区进行洗涤以获得最佳的回收效果。滤液和空气进入气液分离器。在气液分离器中，滤液汇集在底部并由泵抽走。而空气由于真空泵产生的负压，从气液分离器顶部排出。滤布通过一个小托辊与橡胶脱水带分离，而滤饼则在小托辊处与滤布分离、卸滤饼。多喷嘴洗涤系统分别对橡胶脱水带和滤布进行洗涤，延长滤布的使用寿命。

在运行中，脱水带和滤布始终处于适当的张紧状态。滤布的对中是由传感器控制、自动气动纠偏机构来完成的。滤布的彻底清洗、适当的张紧和自动纠偏及橡胶脱水带的支撑将延长滤布的使用寿命。

水环真空泵是进行石膏浆液脱水的动力设备。真空泵工作时，因偏心叶轮的转动，泵体和叶轮之间形成月牙形空腔，产生负压。在负压的作用下，石膏浆液的游离水随抽吸的空气一起经皮带机真空箱进入滤液回流母管，然后切向进入气水分离器。在气水分离器内，由于气体和液体不同的离心作用发生分离，空气由真空泵排到大气，水在重力的作用下进入滤液箱。水环真空泵结构如图 4-17 所示。

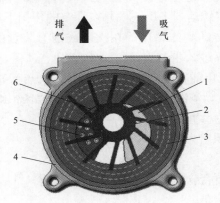

图 4-17　水环真空泵结构

1—吸气口；2—叶轮；3—水环；4—泵体；5—橡胶球；6—排气口

2）高效圆盘滤布脱水机。

高效圆盘滤布脱水机是针对皮带脱水机能耗大、故障率高、工作环境恶劣，以及陶瓷圆盘脱水机的工作效率低、降效快、连续工作能力差、操作繁琐及陶瓷板寿命短等缺陷，开发出的新型湿法脱硫系列专用脱水设备，成功实现了湿法脱硫系统中脱水设备的高效稳定、连续可靠运行。并具有能耗低、占地面积小、高强度连续工作能力强、无故障工作时间长、维护量小、维修成本低等显著特点。高效圆盘滤布脱水机外观如图 4-18 所示。

图 4-18　高效圆盘滤布脱水机外观

工作原理：高效圆盘滤布脱水机是运用真空泵吸附原理，真空泵运行在脱水机主机脱水通道内形成负压，将浆液内的固态物质吸附在脱水机介质上，通过主轴的旋转运动带出液面并持续脱水，最后在分配头的作用下，利用气体吹风卸料，也可以采用刮刀卸料。同时液体在此过程中通过脱水通道排走。

在高效圆盘滤布脱水机系统中，首先通过管道将待处理的石膏浆液连续输入高效盘式滤布脱水机槽体中；工作时，浸没在槽体中的脱水板在真空泵所形成的负压的作用下，脱水板表面吸附形成固体颗粒堆积层，液体则通过脱水板及滤液管道至分配头到达排液管。在主轴减速机的作用下，吸附在滤扇上的滤饼转动到干燥区，并在真空的作用下进行连续脱水作业。滤饼干燥后，主轴转动到卸料区，在吹风或刮刀装置的作用下进行卸料。卸料后的脱水机盘再进入带料区，继续重复以上过程。如果需要降低石膏中 Cl^- 含量，可以采用前置洗涤在干燥区初期，开启滤布喷淋装置，通过清水清洗降低 Cl^- 含量，清洗过的滤饼随后进入干燥区中继续脱水。

高效圆盘滤布脱水机具有如下特点：

a. 单位脱水面积出力效率高。

b. 占地面积小。

c. 经脱水后的石膏含水率低。

d. 设备故障率极低。

3. 高效圆盘滤布脱水机结构

高效圆盘滤布脱水机由主机和辅机两部分组成，主机部分由主轴、主轴传动装置、浆液槽体、脱水滤板和滤布、搅拌装置、气液转换分配装置、滤布清洗装置、降滤喷淋装置、干油自动润滑装置组成。辅机部分由汽水分离排液罐、高压风包、水环式真空泵、电气控制柜等组成。高效圆盘滤布脱水机结构如图 4-19 所示。

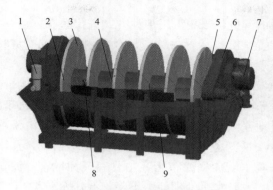

图 4-19 高效圆盘滤布脱水机结构

1—自动润滑系统；2—搅拌传动装置；3—圆盘组件和滤布；4—主轴组件；5—搅拌
装置；6—主轴传动装置；7—气液转换分配装置；8—滤布清洗装置；9—浆液槽体

（1）主轴及配气装置。主轴及配气装置是脱水机的主要部件，主轴由中心轴、滤液管、扇形板插座、摩擦片等组成。中心轴由一厚壁钢管支撑，有足够的刚性和强度承受扭矩和弯矩。滤液管成环状均布在中心轴圆周上，扇形板的头部插入扇形板插座，滤液在真空泵负压抽吸力的作用下，经滤液管从配气装置排出机外。配气装置由分配头和控制盘构成。分配头下部设有滤液出口与真空管路相连；顶部装有真空表，监测真空度。分配头与控制盘通过弹簧及压紧螺栓固定。

（2）槽体。槽体为本机的支撑件及浆液的容器。支撑部分由钢结构焊接而成。与浆液接触部分由耐强腐蚀的不锈钢组成。槽体上设有保证一定液位高度的浆液溢流堰、浆液排放口及滤饼排出口。

（3）搅拌装置。为防止浆液中的固体沉积和扇形板带料不均匀的情况，使物料在槽体内均匀分布，在槽体下部设有桨叶式搅拌装置，搅拌轴与主轴平行，搅拌轴上装有叶片，在滤盘之间不断搅拌浆液，搅拌轴的驱动装置由变频调速电动机，减速机、链传动组成。本机的搅拌为变频调速搅拌，可以针对不同性质的物料选择不同的搅拌转速。搅拌轴的两端装有水密封装置，工作时连续注入压力为 0.03MPa 的清水，以保证密封效果。

搅拌装置的主要作用为了避免石膏浆液的固体颗粒沉积，保证脱水盘盘面均匀带料，维持良好的脱水效果；在滤饼前置洗涤时，保证石膏浆液和水的充分混合，使大量的氯离子被浆液带走。

（4）脱水盘。18～20 个独立的扇形板、外套滤布，通过紧固压块和紧固螺栓固定在扇形板插座上，形成一个圆形脱水盘。扇形板采用耐腐蚀、耐高温的复合工程塑料制成，表面平整，滤液能顺畅通过，滤布为专业定制的耐腐蚀、耐高温化纤材料。

（5）自动集中润滑装置。自动集中润滑装置由多点干油泵、干油泵总成及输油管等组成。该装置可以对本机的大部分润滑点定时进行强制润滑，润滑时间及间隔由时间继电器设定并控制，保证各个工作部位正常运转。

不适合自动润滑的部分仍采用人工加油方式进行润滑。

（6）给料装置。给料装置由给料槽及给料管构成，将其与现场的给料系统连接即可实现均匀地向槽体内连续给料。

（7）滤布清洗装置。停机时为了避免滤布堵塞，延长滤布使用寿命，本机除安装了滤布清洗、喷淋装置外，还有一套严格的滤布清洗程序。

因采用的是地毯式无纺滤布，在清洗时，不仅要清洗滤布表面，滤布内部细颗粒的清洗最为关键。若滤布内部清洗不彻底，几次积累下来就会硬固结板，失去脱水功能（滤布堵塞主要表现和危害：滤饼表面凹凸不平整，滤饼变薄，导致脱水机处理能力下降，滤饼水分增高）。滤布清洗：清洗滤布根据石膏浆液的性质，原则上是在完成一个工作周期停机前进行清洗，需时 30min 左右，最小清洗水压不低于 0.3MPa。

4. 高效圆盘滤布脱水机与真空皮带脱水机比较

（1）占地面积小。高效圆盘滤布脱水机与真空皮带脱水机相比占地面积较小，约为真空皮带脱水机的 20%，改造后，脱水车间内的设备布局将更为合理美观。

（2）真空的利用率高。高效圆盘滤布脱水机和真空皮带脱水机都属于真空脱水机，真空度的高低直接影响脱水效率和含水率。高效圆盘滤布脱水机采用真空管对单个滤扇进行全密封抽真空（皮带机对滤布面进行抽真空），大大降低了无效功耗，脱水时的真空度可达 $-0.06 \sim -0.075$MPa，而真空皮带脱水机只能达到 $-0.03 \sim -0.04$MPa。

（3）系统电耗低。与同等出力真空皮带脱水机相比，高效圆盘滤布脱水机节约电耗 75% 以上。以某电厂为例，1 台真空皮带脱水机总能耗为 400kW，而 1 台同样出力的高效圆盘滤布脱水机能耗为 65kW，节约了 83%。

（4）对物料变化的适应能力强。在脱水过程中，物料的变化是必然会发生的正常现象。比如物料的粒度、石膏石灰石的比例、浆液的浓度和流量等，这些在生产过程中产生波动性改变甚至突变都是不可避免的。遇到这种情况，真空皮带脱水机则很难适应或根本无法适应，轻则滤饼水分达不到要求；重则失去工作能力（既无法脱水）、滤带跑偏、浆液四处流淌，导致脱水车间满地浆液，并不可避免地波及楼下车间，从而影响整个脱硫系统的正常工作。高效圆盘滤布脱水机在工作过程中依靠滤布和吸附在滤布上的固体滤饼形成微孔隔膜作用，对物料变化的适应能力强。在实际使用过程中对含煤废水、含油、高灰浆液及废水污泥均有较强的适应性，并不影响脱水效果，水分和产量基本稳定。

（5）可靠性高，故障率低。真空皮带脱水机由于面积太大，容易发生滤布跑偏并撕裂；支撑辊长度由于过长，容易发生断裂；真空泵泵轴在日常运行中故障率较高，造成维护费用大幅上升，并影响脱水系统的连续运行，影响脱硫设施的可靠性。目前，脱硫系统都不设置旁路，脱硫装置的可靠性与主机同步，在此情况下，采用高效圆盘滤布脱水技术可大大提高石膏脱水系统的安全可靠性，利于生产管理。

（6）维护成本低。高效圆盘滤布脱水机主要运行消耗件为滤布，如以1年为限，高效圆盘滤布脱水机更换滤布的费用约为真空皮带脱水机的60%；而真空皮带脱水机为水平方向运行，除滤布外还需消耗大量轴承、托辊，维护工作量较大。综合考虑每年的维护成本，高效圆盘滤布脱水机约为真空皮带脱水机的30%。

（7）节水。真空皮带脱水机在工作时需不间断地冲洗滤布，冲洗水泵始终处于工作状态，而高效圆盘滤布脱水机只需在每次工作完成停机前进行一次冲洗即可（耗时约为10min，耗水量约为10t），节水效果明显，耗水量仅相当于真空皮带脱水机的10%左右，更有利于超低排放改造后的系统水平衡控制。

（8）改善作业环境。需脱水浆液温度在60℃以上，真空皮带脱水机脱水区面积大（1台每小时出力43t的真空皮带脱水机，主机占地面积约为40m²），且其为敞开式，在生产过程中产生了大量有害热蒸汽，并弥漫至整个车间，对脱水间设备、构件腐蚀严重；高效圆盘滤布脱水机脱水区面积小（1台每小时出力43t的圆盘机，占地面积约为12m²），设备本身带有蒸汽阻隔装置，且真空度高，滤液流动速度较快，有害气体基本无法扩散。

高效圆盘滤布脱水系统可大幅降低脱水车间噪声、粉尘、污水及有害蒸汽，利于文明生产管理。通过对已经投产的高效圆盘滤布脱水机系统调研，高效圆盘滤布脱水机系统属于新兴的脱硫石膏处理工艺，改造设备结构简单，无大型、高速转动部件，主要核心部件采用合金材料制造，防腐性较强。同时，系统设备大幅降低了安装面积和运行电耗，在项目建设及日常运行中节约了生产成本，有益于日后的生产管理。

结合以上几点，高效圆盘滤布脱水技术这种新兴的脱水设备，在节能降耗、空间面积及噪声、文明生产方面具有绝对优势，属于湿法脱硫石膏脱水技术的发展趋势。

（七）脱硫工业水系统

脱硫装置用水主要有工艺用水和机械设备的冷却、密封水。

两台机组脱硫装置设置一个工艺水箱，脱硫工艺系统提供工艺用水。工艺水箱水源有两路：一路从电厂就近的工业水管网引接；一路从全厂工业回用水管网接。脱硫工艺水主要用户为：

（1）吸收塔蒸发水、石灰石浆液制备用水、石膏结晶水、石膏表面冲洗水。

（2）除雾器、真空皮带脱水机及所有浆液输送设备、输送管路、储存箱的冲洗水。

（3）所有循环浆液泵及浆液管道、喷嘴、仪表管、pH计、密度计等的冲洗水。

设有2台工艺水泵（1运1备），用于将脱硫用水输送至各工艺水用户。

同时每台锅炉设 3 台除雾器冲洗水泵（2 运 1 备），为除雾器提供冲洗水，在事故状态下，除雾器冲洗水泵可由保安电源供电，为吸收塔内热烟气降温提供事故喷淋水。

FGD 装置所用的冷却水来源于脱硫工艺水系统，设备冷却水的主要用户为：

（1）浆液循环泵冷却用水。

（2）氧化风机冷却用水。

（3）湿式球磨机冷却用水。

（4）石膏排出泵冷却用水。

（八）浆液排放与回收系统

两台机组脱硫装置设置一个共用的事故浆液箱，用于储存在吸收塔检修、停运或事故情况下排放的浆液。事故浆液箱配有搅拌器，以防浆液发生沉淀。并设置一台事故浆液返回泵，在吸收塔重新启动前，通过事故浆液返回泵将事故浆液箱的浆液送回吸收塔。

脱硫系统内的浆液管道和浆液泵等，在停运时需要进行冲洗，其冲洗水就近收集在附近的排水坑内，然后用泵送至事故浆液罐或吸收塔。

在吸收塔区域、制浆和石膏脱水区域处分别设置有排水坑，每个排水坑将分别设置相应的搅拌器和排水泵等设施。

（九）脱硫废水处理系统

脱硫装置浆液内的水在不断循环的过程中，会布集 Cl^-、F^- 和重金属元素等，一方面加速脱硫设备的腐蚀，另一方面影响石膏的品质，因此，脱硫装置要排放一定量的废水。

吸收塔的石膏浆液通过水力旋流器浓缩，浓缩后的石膏浆液进入真空皮带脱水机，水力旋流器分离出来的溢流液一部分返回吸收塔循环使用，另一部分进入废水旋流器，废水旋流器分离出来的溢流液进入脱硫废水处理系统，进行中和、絮凝、沉淀和过滤等处理。脱硫废水经过处理后的出水水质达到《污水综合排放标准》（GB 8978—1996）的二级新建排放标准的要求，见表 4-2。

表 4-2　二级新建排放标准的要求

序号	项目	指标	单位
1	pH	6.0～9.0	
2	悬浮物	70	mg/L
3	BOD	20	mg/L
4	COD	100	mg/L
5	总氰化物	0.5	mg/L
6	硫化物	1	mg/L
7	氟化物	10	mg/L
8	总铜	0.5	mg/L

序号	项目	指标	单位
9	总锌	2	mg/L
10	总汞	0.05	mg/L
11	总镉	0.1	mg/L
12	总铬	1.5	mg/L
13	铬 Cr^{6+}	0.5	mg/L
14	总砷	0.5	mg/L
15	总铅	1	mg/L
16	总镍	1	mg/L
17	挥发性苯酚	0.5	mg/L

注 COD表示化学需氧量，是指在一定条件下，用强氧化剂处理水样时所消耗氧化剂的量，以氧的mg/L表示，其反映了水中受还原性物质污染的程度。

（十）压缩空气系统

压缩空气系统主要为粉仓布袋除尘器、真空皮带脱水机、板框压滤机提供压缩空气。真空皮带脱水机纠偏装置、CEMS吹扫、布袋除尘器和板框压滤机根据各自的工艺要求都需要压缩空气，上述设备均要求采用仪用压缩空气。仪用压缩空气引自电厂，在脱硫岛石膏脱水车间布置1个储气罐。储气罐容积为10m³。储气罐的储备，能维持整个脱硫设备继续工作不小于5min的耗气量。

（十一）烟气脱硫电气系统

脱硫电气系统共分成以下四个部分。

1. 厂用电部分

每台机组设一段高压厂用母线，两个电源均由本机组主厂房高压厂用母线来，两个电源一路由一段母线提供，另一路从备用进线开关柜前侧引接。

脱硫系统每台机组设2台低压厂用变压器，2台低压厂用变压器互为备用，主要向电厂脱硫区域用电负荷供电。

2. 事故保安电源

脱硫系统单独设置一套60kVA的UPS，向两台机组的脱硫系统提供不停电电源。

3. 直流系统

脱硫系统按其用电需要单独设一套110V直流系统，作为两台机组的脱硫系统控制用直流电源。

4. 热控系统

脱硫控制系统拟采用单独的DCS作为主要控制设备，其自动化水平与机组的自动化水平相当。脱硫控制系统DCS采用与机组DCS相同的硬件和软件平台。

脱硫控制系统通过数据通信接口送进灰网，通过灰网数据通信的接口与辅助车间控制网（BOP网）进行数据通信，使得集控室内的辅助车间运行人员通过辅助车间控制网（BOP网）的操作员站可以对脱硫控制系统进行监视和顺序启停控制。

此外，脱硫控制系统还通过硬接线与机组DCS进行少量信号交换。

（十二）烟气连续监测系统（CEMS）

CEMS是连续监测烟气排放污染物而设计的系列化在线监测系统，通过采样的方式以实现对SO_2、NO_x、CO、O_2、烟尘浓度、温度、压力、湿度、流量等参数的测量，并计算烟气中污染物的排放率、排放量。同时系统可以经过数据采集通信装置，通过调制解调器（MODEM）将数据传送至环保部门，使用单位也可以进行远程的监测或接入DCS系统。

CEMS由颗粒物CEMS和气态污染物CEMS（含O_2或CO_2）、烟气参数测定子系统组成。

气态污染物CEMS监测系统采用完全抽取法中的热管法对气态污染物进行监测。该系统采用高温取样，高温样气输送和快速制冷脱水的方法，保证测量结果的准确性。高温取样探头包括进入烟道中的取样管和在烟道外的加热过滤器及温度控制系统。对于特殊的应用，电加热取样管可以被控制加热到最高300℃。温度控制系统除恒温控制整个取样探头外，在探头掉电或温度过低时可以输出报警信号给系统。一个独立的自动反吹系统直接与取样探头连接。可以根据现场情况在PLC上设定自动反吹的间隔时间。为了防止仪表风失效而对分析系统产生的损失，仪表风流路设计了压力报警功能，常温下的反吹仪表风经加热后进入在取样探头内部的被加热到180℃的$10\mu m$过滤器内，这样可以很好地防止因仪表风对样气的冷却而产生的H_2SO_3、HCl、HF等酸性溶液对取样系统的腐蚀；从取样探头抽出的样气通过电伴热取样管线进入样品预处理系统。取样管线是自加热式，利用加热材料的居里点进行控温，当温度低于居里点时，材料是导体并通过电流加热；当温度超过居里点时，材料转为绝缘体不加热。居里点就是其恒定温度。用该方法控温的最大优点是维护简单，可靠性高。通常选择的加热温度是140℃；快速流路设计确保了分析系统的快速响应；分析仪独特的光路设计使交叉干扰和误差被降至最低。NO_2/NO转换器用于将样气中的氮氧化物转化成易于测量的NO。

颗粒物CEMS采用D-R216D双光程浊度法。仪器的光源发射端和接受端在烟道或烟囱的同一侧，另一侧安装反射单元。光源发射的光通过烟气，由安装在烟道对面的反射单元反射，再经过烟气回到接收单元，检测光强并变为电信号输出。仪器的光源采用长寿命的石英卤素灯，可连续进行测量，直接输出粉尘浓度（mg/m^3）。

对流速测量，采用454FT系列热值流量计热传导原理，传感元件包括两个带热套管保护的电阻式温度传感器（RTD），流体测量时一个RTD被加热，一个RTD测量过程温度。利用惠斯通电桥控制加热传感器的功率来保持加热传感器和参比温度传感器之间的恒定温差。通过检测加热传感器

RTD（RP）和测量流体介质的参比温度的传感器 RTD 之间的热量差来测量流体的质量流量。

4114 型湿度分析仪是基于电容法在线连续测量过程中产生的水分。传感器是高性能的薄膜湿度和温度传感元件。电容式湿度传感器由多层热固聚合物构成。根据水分在空气中分压均衡的原理，当环境中水分多时，水分会扩散到传感器中，而当环境中水分少时，传感器中的水分会扩散到环境中。传感器中水分多少的变化会改变介电聚合物的电容，从而改变电容式湿度传感器的测量电容值，测量到的电容值再经过微处理器处理后输出对应湿度的电流值。

CEMS 系统测得的全部参数能通过其数据输出系统进入 DCS 中进行监视、计算及控制，并且数据能以通信方式传输至电厂环境检测站；该系统中分析仪器具有自我诊断功能。这些诊断功能包括检测源和探头失效、超出量程情况和没有足够的采样流量的能力，并具有主要仪器部件故障报警功能；该系统中分析仪表的状态包括测量、故障、报警、校准、反吹等，并能通过其数据输出系统进入 DCS 中进行监视；该系统还配备温度报警、压力报警和湿度报警，对高温取样的状态、取样过滤器的堵塞和冷凝情况进行监控，与取样泵联锁，从而保证系统取样的准确性和仪器工作的可靠性；该系统能满足连续 90 天运行，不需要日常维修的要求。

CEMS 系统的数据采集和处理系统（DAS）具有数据存储、处理、识别无效数据等功能。能够控制 CEMS 的日常运行，包括自动校正循环，自动反吹采样系统的过滤器和探头，提供认证测试和检查所需资料，全部打印出测量的排放物成分及浓度数据。CEMS 系统可与脱硫除尘岛 DCS 系统连接并在控制室中进行监控。

CEMS 可完成以下烟气参数的测量：

（1）脱硫塔进口烟道原烟气：烟气中 SO_2、O_2 含量，烟气烟尘浓度，烟气流量。

（2）脱硫塔出口烟道净烟气：烟气中 SO_2、O_2 含量，烟气烟尘浓度，烟气流量，烟气中 NO_x 含量。

第二节　除尘系统设备结构及原理

一、电除尘器的基本结构及其功能

电除尘器结构包括机械及电气两大部分，如图 4-20 所示。其主要构件及功能分述如下。

（一）机械部分

机械部分结构可分为内件（阳极系统、阴极系统、阳极振打、阴极振打）、外壳（进口封头、出口封头、屋顶、壳体、底梁和灰斗）和附属部件

（走梯平台、支撑、保温结构、接地）。电除尘器机械部分结构如图 4-21 所示。

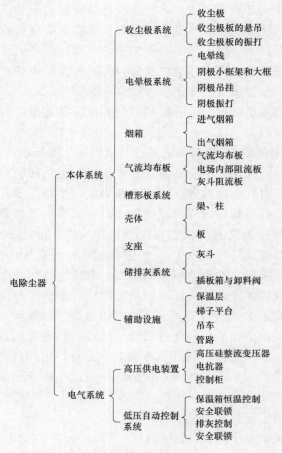

图 4-20　电除尘器结构

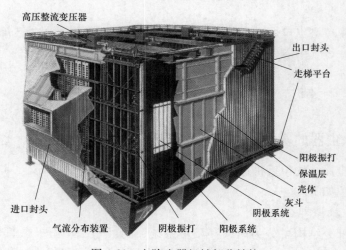

图 4-21　电除尘器机械部分结构

1. 内件

阴极系统包括电晕线、电晕线框架、框架吊杆及支持套管、电晕极振打装置等部分。阴极系统是产生电晕、建立电场的最主要构件，它决定了放电的强弱，影响烟气中粉尘荷电的性能，直接关系除尘效率。另外它的强度和可靠性也直接关系整个电除尘器的安全运行，所以电晕极系统是电除尘器设计、制造和安装的关键部件，必须选配良好的线性、合理的结构和适宜的振打。在安装时要保证严格的极间距，保证整个电晕极系统与除尘器其他部件的良好绝缘和足够的放电距离。电晕线越细，起晕电压越低。阴极系统由阴极吊挂、上横梁、竖梁、上部框架、中部框架、下部框架、阴极线等零部件组成。阴极吊挂常用结构形式包括绝缘套管和阴极绝缘支柱。

阴极线是专用设备制成的放电极，在一、二电场采用 RSB 芒刺线，三、四电场采用不锈钢螺旋线。RSB 芒刺线不仅具有传统 RS 芒刺线所具有不断线、不变形、刺尖上下不易积灰、振打性能好、放电强度大的优点，而且还克服了其放电均匀性差，平均电场强度弱的缺点。使得 RSB 芒刺线既能适应不同工况的要求，而且又具有放电均匀性好、尘粒荷电迅速充分、平均电场强度大的优点。在芒刺线的主干管背部有背刺，主要是为了改善电晕电流密度的均匀性，增强平均电流密度，可有效提高除尘效率。不锈钢螺旋线的放电强度较弱，但均匀性好，特别适宜低浓度、细粉尘的捕集。它的高电压低电流的特性，也能有效抑制高比阻粉尘工况中反电晕现象的产生，对原材料、加工、安装要求严格，只有各个环节严格把关才能最大限度地防止断线。阴极线采用进口的高镍不锈钢，不易粘灰，制造成本较高。

阳极系统由若干排极板与电晕极相间排列共同组成电场，是使粉尘沉积的重要部件，它直接影响电除尘器的效率。阳极系统由阳极悬挂装置、阳极板和撞击杆等零部件组成。阳极板的形式有鱼鳞板状、波纹形、C 形、CW 形、ZT 形、工字形、大 C 形等。一般采用大 C 形极板。大 C 形极板具有良好的收尘性能，能有效地降低二次粉尘，具有刚度大、振打性能好的特点。另外，大 C 形板的独特设计能有效增大收尘极面积。收尘极面积是指收尘极板的有效面积。由于极板的两个侧面均起收尘作用，所以两面的面积均应计入。每一排收尘极板的收尘面积为电场长度与电场高度的乘积的 2 倍。每一个电场的收尘面积为一排极板的收尘面积与电场通道数的乘积。一个室的收尘面积为单电场收尘面积与该室电场数的乘积。一台电除尘器的收尘面积为单室收尘面积与室数的乘积。

槽形板系统排列在最后一个电场的出口端，是由除尘器出气烟箱前平行安装的两排槽形板组成。在电除尘电场内，由于气流涡流现象，总有一些微小粉尘从电场逸出，流向出气烟道和出气管道。此外，在靠近电场出口部分的极板在振打时会产生粉尘的二次飞扬，这些粉尘一般不会重新沉积到收尘极上，因此在出口烟箱前加装不带电的槽形板对这些粉尘有再次捕集的作用。同时它还具有改善电场气流分布和控制二次扬尘的功能。所以它对提高除尘效率有显著作用。在槽形板装置上根据需要可装设振打设备，以清除板上的积灰。

振打装置：即电除尘振打清灰机构，要保证电除尘器稳定、高效、可靠运行，就需要对电除尘器极板定期进行振打，使收尘极板上附着的粉尘落入下部的灰斗中。除阳极板外，由于一部分带正电荷的粉尘向电晕极迁移，并黏附在极线上，从而可能影响电晕极的放电性能，进而影响收尘效果，因此也必须对电晕极进行振打，以保持其良好的放电性能。电除尘器的振打方式有两种：周期振打和连续振打。在系统启、停阶段及发生故障的情况下，可采用连续振打；在系统进入正常运行中采用周期振打，以保证良好的清灰效果，抑制二次扬尘，提高除尘效率。

如果阳极收尘系统清灰效果不佳，阳极板上剩留的粉尘层形成较大的电压降，会减少作用于烟气的电场强度，从而影响收尘效果。严重时还会产生反电晕，使收集到阳极板上的粉尘又返回到烟气中。阴极系统清灰效果如果不佳，阴极线被粉尘层包围后，就不能有效地放出电子使烟气中的粉尘充分荷电，严重时就会产生电晕封闭，导致二次电流很小，收尘效率很低。合理的振打清灰能力除了与电除尘器结构有关外，还与煤种有关。我国大部分动力煤灰分高，粉尘黏性大，要求电除尘器振打清灰力大。振打清灰主要有两种方式：电磁振打和机械振打，电磁振打具有结构简单、检修方便、电除尘器尺寸小、成本低的优点；缺点是被振打体质量大、振打清灰力小、漏风率高、二次扬尘大。当粉尘黏性较大时，特别是大型除尘器，极板、极线上的灰就会清不下来，从而影响除尘效率。因此采用机械振打装置。

机械振打装置包括阳极振打和阴极振打。阳极振打由阳极振打传动装置、振打轴系和尘中轴承等零部件组成。阴极振打由阴极振打传动装置、竖轴、大小针轮、振打轴系和尘中轴承等零部件（顶部传动）或振打传动装置、振打轴系和尘中轴承等零部件（侧部传动）组成。在槽形板处一般还设置槽形板振打。除尘阴、阳极振打均采用侧面摇臂锤旋转振打机构。

由于阴极振打尘中轴承固定在带有负高压的阴极系统构件上，所以阴极振打轴端串联有一支用来绝缘的电瓷传轴，以便隔离高压电。

投入振打时，同一电场中阴、阳极振打不能同时敲打；前后电场阳极振打不能同时敲打；末电场阳极振打与槽形板振打不能同时敲打（菲达的静电除尘器无槽形板振打）。

2. 外壳

进口封头是进口烟道和电场外壳之间的连接过渡段。进口封头内部装有2～3道气流分布板，其目的是使烟道中来的含尘烟气经过时气流尽可能均匀进入全电场。因为喇叭接口有一个气流降速过程，所以一些较大尘粒的灰尘易自然沉降而积附在封头和分布板上。因而在一些灰尘黏性较大的电除尘器中还设置了气流分布板振打（结构类似阳极振打）。

出口封头是使净化后的烟气接入排气烟道的装置。它的结构形状同样对气流分布有关。一般情况下，在出口封头内部靠近与壳体相接的断面上间隔装有槽形出口气流分布板。

壳体由立柱、侧封、端封、管撑等组成，是电除尘器钢壳受力支撑件，它与前后的进、出口封头和上下的屋顶、灰斗组成一个密闭的容器。电除尘器的每个电场前后均设有通道和人孔，侧封上装有人孔门，人孔门有可靠的接地和安全联锁装置，在电除尘器顶部设有检修孔，以便对电极悬吊系统进行检修。底梁把壳体与部件和灰斗连接成一体。

灰斗是收集振落灰尘的容器，它把从电极上落下来的粉尘进行集中，经排灰装置送到其他输送装置中去。一般灰斗为四棱台状或棱柱状，四棱台状灰斗多采用星型排灰阀顺序定时排灰。棱柱状灰斗多采用链式输送机连续排灰。电除尘器的储灰系统事故较多，特别是定时排灰的灰斗，往往由于灰斗沉积过满造成电晕极接地。连续排灰的灰斗积灰太少或斗壁密封不严会使空气泄入引起二次飞扬。此外，如果下部排灰装置能力不够也容易造成运行故障。灰斗倾角过小或斗壁加热保温不良，会造成落灰不畅，甚至结块堵塞。所以为了保障灰斗的安全运行，电除尘器采用了灰斗加热装置和料位显示信号、高低灰位报警装置等检测装置。而为了防止气流旁路，在灰斗中设置了阻流板。阻流板包括电场内部阻流板和外部阻流板，作用是防止气流不经过电场从旁路绕流，绕流气体有可能将灰斗中的积灰以及下落的粉尘带走，造成严重的二次飞扬。为了防止温度降至露点以下使灰斗结灰，一般在灰斗下部设置加热装置。加热装置有两种类型：电加热或蒸汽加热，一般采用电加热。灰斗下口直接接气力输灰装置或接抽板阀和排灰阀。

为了避免烟气短路，灰斗内装有阻流板，它的下部尽量距排灰口较远。灰斗斜壁与水平面的夹角不小于$60°$，相邻壁交角的内侧，制成圆弧形，圆角半径大于200mm，以保证灰尘自由流动。灰斗及排灰口的设计是为了保证灰尘能自由流动排出灰斗。每只灰斗的容积能满足锅炉$8\sim10h$满负荷运行。灰斗有良好的保温措施，并装设灰斗板式电加热器，使其保持灰斗壁温不低于$120℃$，且高于烟气露点温度$5\sim10℃$。灰斗加热设有恒温装置及测温热电偶，以保证电加热器的安全和稳定运行。另外每个灰斗都设有高料位指示装置，还有一个密封性能很好的捅灰孔。

屋顶由内顶盖和外顶盖组成。其中顶横梁是一个重要零部件，它担负阳极、阴极的支撑悬挂，载荷较大。因为高压电（不管高压电源是装于顶部或地面）通过顶梁引入阴极，为保证瓷套的干燥以利于绝缘，绝缘子室内部设有加热装置。加热装置有两种类型：电加热或电加热附加热空气加热。

3. 附属部件

为保证电除尘器的正常运行，防止烟气温度因散热而降至露点以下，必须对电除尘器外壳进行保温，目的是减少热交换。保温的基本要求是保证烟气介质的最低温度必须在露点以上 20～30℃。

支撑的位置在电除尘器的本体和支座之间。由于电除尘器是热体，支座是冷体，因而支撑除担负电除尘器重载外，还需要补偿热膨胀引起的位移。支撑一般采用平板型负荷材料（摩擦片）滑动轴承。

电除尘器在高电压下运行，且采用负电晕制，即阳极与壳体等电位。为保护高压设备和人身安全，必须对设备进行可靠接地。接地的基本要求如下：接地网平均能达到 2Ω 以下。

（二）电气部分

电除尘器电气部分由高压直流电源（包括其控制系统）和低压控制系统组成。

1. 高压直流电源（包括其控制系统）

高压直流电源装置一般包括高压整流变压器、自动控制柜和电抗器，或高阻抗变压整流器和自动控制柜。该装置能灵敏地随电场烟气条件的变化，自动调整电场电压，能根据电流反馈信号调整电场火花频率，使其工作在最佳状态下，达到最佳收尘效果。高压电源目前常规配用型号为 GGAJ02 型，其型号意义为：

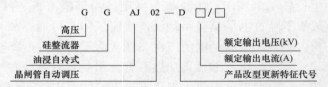

电除尘器的高压电源部分采用晶闸管控制，使电除尘器的电源获得了良好的控制特性，即快速降压和升压。这种特性使电除尘器在电场发生闪络瞬间快速降压而不产生拉弧，同时又能立即使电压回升，让电场恢复正常工作。这样电场的工作电压始终接近于击穿前的临界电压，从而保证电除尘器获得尽可能高的除尘效率。电除尘器每个电场配置一套微机型自动控制高压硅整流变设备，其中包括高压整流变压器、高压硅整流控制柜、阻尼电阻、高压隔离开关箱等。高压硅整流变压器和高压隔离开关柜布置在电除尘器本体顶部，为屋外防雨防尘型，接线盒密封。高压硅整流变压器为高抗阻，侧出线型。整流变滚轮为导轨轮，滚轮方向与线套管方向平行，轨道轮可转 90°，底部设有集油盘及通至零米的排油管路。高压硅整流变压器设有油温报警，当油温达到 80℃时报警，当油温达到 85℃时自动切断高压电源，并发出声光报警信号。硅整流变压器选用 45 号油。硅整流变压器设有瓦斯保护。瓦斯保护的作用就是当变压器内部发生绝缘被击穿，线圈匝间短路及铁芯烧毁故障时，发出信号或切断各侧断路器，以保护变

压器。

瓦斯保护的原理：对于油冷却的变压器，当油箱内发生短路故障时，在短路电流和短路点电弧的作用下，绝缘油和其他绝缘材料因变热分解，产生气体必然会从油箱流向油枕上部，故障越严重，产生的气体越多，流向油枕的气流速度也越大。利用这种气体来动作的保护装置就是瓦斯保护。轻瓦斯保护动作后发出报警信号，重瓦斯保护动作后使变压器跳闸。

硅整流变压器设有不同档次的调压抽头，电压分别为 60、66、72kV。其一次侧和二次侧的电流和电压均引至电除尘控制室的控制柜进行显示。高压直流电源的电动控制装置的电动控制采用单片机。高压整流微机控制设备具有以下功能：

（1）控制功能包括火花跟踪控制、峰值跟踪控制、闪频跟踪控制、阶段恢复跟踪控制、间歇供电和脉冲供电控制，粉尘浓度反馈控制。

（2）通信联网控制功能包括传送运行的一次电压、一次电流、二次电压、二次电流、火花频率、设备启停状态、设备故障、变压器故障、除尘器故障信号；设备的启动、停止、升压、降压、调整可受上位机控制。

（3）保护功能包括负载开路、短路保护、设备过电流保护、变压器油温超限及偏励磁保护。

（4）显示功能具有一次电压、一次电流、二次电压、二次电流的表计显示；火花率的数字显示；主回路接通、设备故障、变压器故障、除尘器故障显示。

（5）硅整流装置能灵敏地随电场烟气条件的变化，自动调整电场电压，能根据电流反馈信号调整电场火花频率，使其工作在最佳状态下，达到最佳收尘效果。

2. 低压控制系统及其功能

低压控制系统包括阴、阳极振打程序控制；高压绝缘件的加热和加热温度控制；料位检测及报警控制；门、孔、柜安全联锁控制；排灰及输送控制；灰斗电加热功能；进、出口烟气温度检测及显示；通过上位机设定低压系统的功能和参数；综合信号显示和报警装置。每台锅炉配用的低压程控设备包括微机型低压控制柜（带动力回路、安全联锁）；顶部加热端子箱；振打就地操作端子箱；卸灰就地操作端子箱。

低压控制系统的主要作用：

（1）向电除尘器内的电加热器、电动机振打、卸灰系统等提供交流电源。

（2）低压控制系统是保障电除尘器进行有效烟气除尘的重要组成部分，不可缺少。

（3）低压控制系统的良好控制特性可直接或间接地改善电除尘器的运行性能，提高除尘效率；低压控制系统自动化程度的提高，有利于改善运行人员的工作条件，减轻运行维护人员的劳动强度。

绝缘子加热控制功能，控制并保持电除尘器的阴极支撑绝缘子处于烟气露点温度以上，使电场能够维持较高供电水平，温度可能达到 300℃ 的烟气由进气烟箱进入电除尘器后，烟气流速慢下来，碰到温度内部较低的构件时，其局部区间温度有可能降到烟气露点以下，这样烟气中的蒸汽将会凝结成水珠附着在构件表面。如果高压绝缘子上附着水珠，将使绝缘子表面的绝缘性能变差，电场高压在其表面产生频繁闪络、拉弧，甚至短路，经常的拉弧、闪络放电所形成的火花烧蚀，使绝缘子表面形成一条条焦痕，这不仅会导致绝缘性能变差，甚至会完全丧失绝缘能力，还会造成绝缘子的机械损伤而失去支撑能力，使整台电除尘器无法运行。其加热控制方式分为以下三种：

（1）连续加热。对阴极支撑绝缘子保温箱持续加热，虽能保证绝缘子不发生结露，但若不加以控制，可使保温箱温度过高，降低设备机械强度，加速设备老化，并浪费能源。连续加热一般用于系统启、停阶段及故障情况。

（2）恒温加热控制。设定一高于烟气露点温度的保温值，从环境温度开始对绝缘子保温箱加热，直到达到保温值停止加热，保温箱温度逐渐下降到保温值以下时，重新开始加热。如此循环下去，对于有触点恒温加热控制装置，继电器处于频繁的启停过程中，易影响其寿命。

（3）区间电加热控制。

（三）电除尘器的能耗

电除尘器的能耗主要包括以下几个方面：

（1）供电装置。这是电除尘器运行的基础，需要消耗电能。

（2）加热装置。在某些情况下可能需要额外的热量来维持电除尘器的正常工作。

（3）设备阻力。电除尘器本身会有一定的阻力损失，这部分能量损耗虽然不大，但在总能耗中所占比例相对较低。

（4）振打。振打系统用于清除积聚在电极上的粉尘，也需要消耗电能。

（5）附属设备。如卸灰电动机和气化风机等，这些设备的能耗也计入电除尘器的总能耗。

电除尘器的能耗还与其处理的烟气量有关。根据处理能力的不同，每处理 $1000m^3/h$ 的烟气量通常需要的电能为 $0.2\sim0.8kWh$。在实际应用中，如果电除尘器的使用频率高或环境恶劣，其耗电量可能会更高。

需要注意的是，电除尘器的能耗与使用的电力价格有关，因此电价的高低会影响电除尘器的总成本。此外，电除尘器的维护和管理也是影响其运行效率和能耗的重要因素。

二、电除尘器设备规范及性能参数

电除尘器设备规范及性能参数见表 4-3。

表 4-3　电除尘器设备规范及性能参数（龙净 BE 型干式静电除尘器）

序号	项目	单位	参数及材质
1	（1）设计效率：设计煤种； （2）校核煤种； （3）保证效率	%	≥99.70 ≥99.70 ≥99.60
2	本体阻力	Pa	<200
3	本体漏风率	%	<2
4	噪声	dB	<80
5	外形尺寸	m×m×m	
6	除尘器总图（平、断面图）		
7	有效断面积	m²	693
8	长高比		1.14
9	室数/电场数		3/4
10	通道数	个	38
11	单个电场的有效长度	m	2×4.75+2×3.8
12	电场的总有效长度	m	17.1
13	比集尘面积/一个供电区不工作时的比集尘面积	m²/m²	90.80/83.23
14	驱进速度/一个供电区不工作时的驱进速度	cm/s	6.08/6.63
15	烟气流速	m/s	0.93
16	烟气停留时间	s	18.4
	阳极系统		
17	阳极板类型及材质		BE 板/SPCC
	同极间距	mm	405
	阳极板规格：高×宽×厚	m×mm×mm	15×475×1.5
	单个电场阳极板块数		1170×2+936×2
	阳极板总有效面积	m²	116964
	振打方式/最小振打加速度	—/g	顶部电磁锤振打/>100
	振打装置的数量	套	588
	阴极系统		
18	阴极线类型及材质		针刺线/不锈钢
	沿气流方向阴极线间距	mm	203
	阴极线总长度	m	225836
	振打方式/最小振打加速度	—/g	顶部电磁锤振打/>80
	振打装置的数量	套	204
19	壳体设计压力： 负压 正压	kPa	−9.8 +9.8

序号	项目	单位	参数及材质
20	壳体材质		Q235
21	每台除尘器灰斗数量	个	2×24
	灰斗		
22	灰斗加热类型		板式
	灰斗料位计类型		射频导纳
	整流变压器		
23	数量	台	24
	整流变压器类型（油浸式或干式）/质量	—/t	油浸式/1.85
	每台整流变压器的额定容量	kVA	6×189+6×185+12×165
	整流变压器适用的海拔/环境温度	m/℃	1000/−25～40
24	每台锅炉电气总负荷	kVA	
25	每台锅炉总功耗	kVA	
26	气流均布系数理论（空气）		<0.2
27	气流均布系数实际保证值（烟气）		<0.2

三、除灰输送系统概况

用来排灰与排渣，并将灰渣送往发电厂厂区以外的设备和设施称为除灰输送系统。它包括清除由锅炉燃烧产生的炉下灰渣，以及经电除尘器、省煤器、空气预热器所收集的飞灰的过程，此外还有磨煤机甩下的石子煤的清除过程，它包括收集、储存、输送、排放处理的方式及其整套设备。目前，电厂输送灰渣的方法主要有机械输送、水力输送和气力输送三种。有的电厂采用单一的输送方式，也有一些电厂将不同的输送方式结合起来，但大多数电厂采用水力输送或气力输送方式。水力输送又称湿除灰，气力输送又称干除灰。炉膛底部的灰渣一般采用湿除灰方式，如图 4-22 所示，而除尘器和省煤器灰斗多采用干除灰方式，如图 4-23 所示。

（一）某电厂输灰系统设计原则

（1）某电厂气力干除灰系统按 2×1000MW 机组先导式低压节能型栓塞输送系统（以下以先导式输灰系统简称）设计，每台锅炉为一单元。

（2）每套除灰系统的出力在连续运行时应不小于锅炉 BMCR 工况下校核煤种的 120%，即每台锅炉连续运行出力不小于 62t/h。

（3）当电除尘器一电场故障时，二电场可作为备用，即二电场的仓泵输送能力应与一电场相同。

（4）脱硝入口、空气预热器、电除尘器每个灰斗下设 1 台输灰仓泵。每台锅炉电除尘器设 48 个灰斗，共 4 个电场，每个电场 12 个灰斗；每台锅炉空气预热器 4 个灰斗；每台锅炉脱硝入口设 4 个灰斗，2 台锅炉共 112 个灰斗。

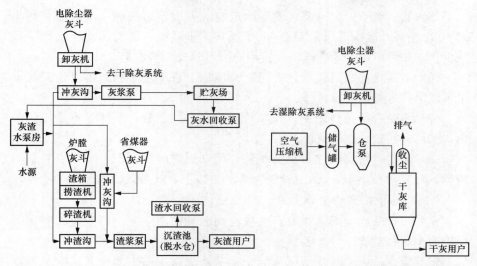

图 4-22　湿除灰系统框图　　　　图 4-23　干除灰系统框图

（5）其中一电场使用原管路分 A/B 两侧进行输送，二、三、四电场 12 个仓泵分别串联，共用一根输灰管道至灰库。二电场 A/B 两侧 12 个仓泵串联。三电场 A/B 两侧 12 个仓泵串联。四电场 A/B 两侧 12 个仓泵串联。二、三、四电场共用一根原输灰管道至灰库。

（二）输灰方式介绍

在以往浓相气力输灰系统中，堵管、远距离、磨损是相互制约和相互矛盾的，为了解决堵管，只有增加系统的用气量，增加系统的磨损；反之，系统容易发生堵管，一旦发生堵管处理不及时，容易发生恶性循环，从而造成一系列的严重后果。例如除尘器放灰、机组降负荷、除尘器跳闸等。而先导式输灰系统可以彻底解决以上的问题。先导式输灰系统具有以下特点：

（1）不堵管（永远），输送方式与传统的密相输送方式有着本质的区别，比较容易的理解为仓泵流化系统变化为管道流化系统。

（2）进气方式改变、配置简单，所有的仓泵流化风系统只保留一个主进气，其他的仓泵流化、二次气、防堵气、管道助吹全部取消，降低仓泵系统的故障点。

（3）节能，输送气源压力经过调压阀后，只需要 0.3MPa 压力就可以满足输送系统的用气要求，大大降低了系统的用气量，节气效果可达到 50％（保证值）以上。

（4）磨损小，本系统可实现满泵、满管输送，输送效率较常规输送系统提高 3 倍以上，气力输灰用气量下降，输送浓度高，流速低，介质在灰管内流动时可以达到最大的气灰比，可以达到理想的恒压恒流状态，相同的灰量在用气量降低的情况下，磨损必然下降，使输送系统的管道、阀门等使用寿命更长。

（5）输送频率大大下降，例如改造前的省煤器输灰和一电场输灰每小时 10 个循环，改造后只需要 2～3 个循环，进料阀、出料阀动作次数明显减少，本来可以用一年的阀门，使用寿命可延长 3 倍以上。

（6）可实现远距离输送，输送距离理论上讲不受限制，可以达到几十千米以上，且可以稳定运行。

（7）不受现场条件限制，现场管道、弯头、上升、下降等不受任何限制，都可以实现畅通输送。

（8）输送大密度的物料更有优势，例如锅炉省煤器灰、石灰石粉、炉渣等，只要颗粒小于 5mm、灰分达到 30％以上，就可以输送。

（三）先导式系统的构成及工作原理

先导式自动成栓阀是在原自动成栓阀的基础功能上进行改进，实现了全新的作用和功能。

先导式自动成栓阀是低压节能型栓塞输送系统的主要设备，它是智能型的全机械产品，无电控元件，动作准确，使用寿命长（8～10 年），无易损件，每隔一定距离安装在输灰管道上，可以智能感知输灰管道内的压力，当达到设定值时可以智能开启、关闭，无须程序控制，每个自动成栓阀都可以自主工作。

1. 系统配置

沿输灰管道铺设一条先导式自动成栓阀专用伴气管道，给先导式自动成栓阀供气。

在输灰管道上安装先导式自动成栓阀，根据输送物料不同，例如除尘器灰、省煤器灰、石灰石粉、钢砂、煤粉等多种工况，安装距离为 3～8m 一个。再从先导式自动成栓阀专用伴气管道上安装组件，与成栓阀连接。输灰系统的配气系统只保留原来输送系统的主进气，所有的流化气、二次气、防堵气等全部取消。连接先导式自动成栓阀的先导系统。

2. 工作原理

（1）装料时间。装料时间一般有两种控制方式：一种是时间；一种是料位信号。但先导式系统最好要达到料位信号最佳，让仓泵尽可能地多装料，一次的输送量越多越好。

（2）只保留一个主进气，因为仓泵内满料，让仓泵迅速升压，以启动栓塞系统工作。

（3）栓塞系统被启动后，先导式系统触发，永远启动介质流动方向的一个栓塞阀自动启动。

（4）布置在输灰管道上的栓塞阀开启压力各不相同，根据输送现场情况进行调节，可实现点进气，哪里堵管哪里进气，不堵管的地方不进气，以达到最佳输送效率。

（5）本系统的工作原理好像是接力赛，前一个成栓阀的作用负责把输送介质传递给后面一个成栓阀，先导式的作用好像是一个推车，但是又加了一个人在前面拉车,这样一推一拉,更有利于输送,且输送要求气源压力更低。

(四)系统主要设备

1. 仓泵

仓泵由仓体、蝶阀、排气阀、加料口、气体管路等组成,气阀到圆锥体内部凸起的气嘴,使气体产生涡流,随着发送器内部压力的增加,被送物料呈涡旋状流动,以达到物料顺利输送的目的。利用较低的气压实现低速度、高浓度的输送。其工作流程大致如下:

(1)灰斗内的料位计未被覆盖或循环周期未到,入口圆顶阀关闭并密封,此时不消耗空气。

(2)当同一组所有灰斗中任何一个的料位计被覆盖或定时到,系统触发,仓泵的入口圆顶阀打开,进料计时器开始计时,并持续一个设定时间使灰落入仓泵中。

(3)一旦设定的进料时间到,入口圆顶阀关闭,密封圈加压密封,并由压力开关确认密封正常。然后主输送器的进气阀打开,压缩空气将灰从仓泵输送到灰库。

(4)在进气管线上设有压力变送器,当探测到管线内的压力下降到一定值时,关闭压缩空气入口阀,系统复位,等待下一个循环。

2. 空气压缩机

飞灰输送压缩空气系统包括输灰空气压缩机、压缩空气后处理装置、储气罐。在飞灰输送灰系统中,输灰空气压缩机主要为仓泵提供输送用压缩空气。以某电厂为例,电厂采用阿特拉斯科普柯公司的双螺杆式空气压缩机,基本结构部件主要包括原电动机部分和机械部分。输送空气压缩机原动电动机的功率为200kW。原动电动机采用高压厂用动力电源,电动机本体绕组采用空气冷却的方式,每台电动机装设3支电阻式温度监测器(安装在定子绕组中局部温度最高的部位),温度监测器的感温元件为3线式的Pt(铂)-100的热电阻。空气压缩机的机械部分包括阴阳转子、空气滤清器、油气分离器、汽水分离器、油过滤器、后冷却器以及油位指示计、泄油阀、压力释放阀、压力表等常规配置。

(1)阴阳转子。作为空气压缩机的核心工作元件,它是由两对SAP等直径4齿对6齿的阴阳转子,空气压缩机工作时,通过阴阳转子密封啮合将空气进行压缩,然后再沿着转子齿轮螺旋方向将经过压缩的空气送到阴阳转子排气口。它的冷却介质是空气压缩机专用油,空气压缩机油再用工业水进行冷却。

(2)油气分离器。利用重力、离心力和钢丝网捕捉油雾的原理进行油气分离,使油气分离器出口的油含量小于3mg/L,上部装有压力维持阀维持油气分离器中的压力在1MPa左右,在钢丝网的内侧中心高压部分引出一路回油到螺杆转子的润滑油的冷却器的入口。油气分离器通过油气分离使空气中的油滴悬浮粒子、油蒸汽含量控制在 3mg/L 以下，其工作原理如图 4-24 所示。

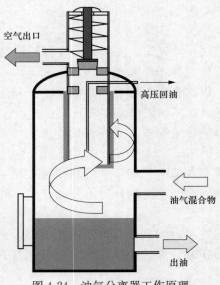

空气出口

高压回油

油气混合物

出油

图 4-24　油气分离器工作原理

（3）空气滤清器。使用优质高效的干纸滤芯，防尘粒径$\geqslant 3\mu m$，除尘率$\geqslant 99.9\%$，空气滤清器上装有差压测量装置，当压差$> 0.03MPa$时要清洗。

（4）气水分离器。主要通过旋风分离器，不锈钢丝网拦截以及纤维拦截进行汽水分离。汽水分离器要进行定期排放，每次排放时间在 5min 左右，属于彻底排放方式。

（5）后冷却器。属不锈钢管壳式冷却器，其中经压缩的空气走壳侧，工业冷却水走管侧。

（6）内置 ID 冷冻干燥机。经压缩的热空气通过管壳式热交换器管侧进入预热器和蒸发器到自动排水器，然后采用高效五级离心气水分离器，能够充分将已被冷却到 2～3℃ 的压缩空气中的水分分离出来，首先第一级是速度降级，第二级是离心分离，第三级是冲击凝聚，第四级是改变流向，第五级是不锈钢丝网捕雾凝聚泄出。

（7）干燥塔。干燥塔利用活性氧化铝做干燥剂使干燥净化装置出口空气中：含油量小于 $0.01mg/m^3$；出口的固体颗粒尺寸在 $0.1\mu m$ 左右。干燥剂装填量：1000kg。干燥剂使用寿命：7～8 年。

（8）储液箱。用来加装 R22，即氟利昂制冷剂液体，氟利昂制冷剂液体要定期更换。

（9）预冷器。主要作用是回收被蒸发器冷却后压缩空气所携带的冷量，并用这部分冷量来冷却携带大量蒸汽的较高温度的压缩空气，从而减轻干燥净化装置的热负荷，达到节约能源的目的。

（10）蒸发器。碳钢圆柱筒体通压缩空气，内置翅片管铝质蒸发器芯，通以氟利昂液体蒸发，吸收热量，其进口采用膨胀阀调节。

（11）气液分离器。蒸汽进入制冷压缩机，该干燥净化装置采用活塞式制冷压缩机，活塞式制冷压缩机采用滑阀来调节制冷剂的压缩量来调节制冷量，调节范围为 15%～100%。

（12）气液分离箱。经压缩的蒸汽回到气液分离箱中，进行一次换热，然后再送到冷凝器中用工业水冷却，使蒸汽变成液体，送回储液箱中进行下一个循环流程。

（13）自动排水器。干燥净化装置工作时会在预热器及蒸发器中积聚大量的凝结水，如果不及时、彻底排出这些凝结水，冷冻干燥机就成了一只储水器失去了干燥净化装置应有的作用。

GA-200W-7.5 型螺杆式空气压缩机，其主要工作元件是两对等直径 4 齿对 6 齿阴阳转子，通过阴阳转子密封啮合将空气进行压缩，然后再沿着转子齿轮螺旋方向将经过压缩的空气送到阴阳转子排气口，与此同时在阴阳转子入口也同时形成了负压，这样在大气压作用下，外界空气又重新送到阴阳转子的入口进行下一轮做功。阴阳转子进行工作时的冷却介质是空气压缩机专用油，空气压缩机油用工业水进行冷却。由阴阳转子出口送出的空气中携带有大量的冷却密封油，把这些混有密封油的压缩空气送到油气分离器，利用油气之间的密度差，将油气切向送入油气分离器中，利用重力和离心力原理，对油气进行分离。分离出来的空气送到后冷却器中进行冷却，使其温度降低后，再把空气中的水蒸气进行凝结，然后送到滤芯式气水分离器中滤除液态水。从气水分离器中分离出来的空气直接送到压缩空气干燥净化系统，生成高品质的压缩空气供输灰用气，压缩空气系统流程如图 4-25 所示。

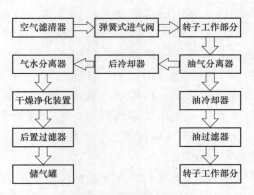

图 4-25　压缩空气系统流程

3. 空气压缩机油系统

空气压缩机油系统的主要作用是空气压缩机工作时，阴阳转子阴阳齿之间进行啮合，为了防止阴阳转子密封面因发热而导致转子密封面温度过高，利用润滑油进行冷却，把阴阳转子出口空气中携带的油在油气分离器中气分离出来，一部分油送到阴阳转子上，进行再循环。在油气分离器中分离出来的油则送到油冷却器中用工业水进行冷却，然后再送到油过滤器中过滤，重新送到阴阳转子中进行冷却，在油过滤器下部装有排污阀进行定期排污，排除油过滤器中的积水，油气分离器上装有液位计监视液位，空气压缩机要定期补充空气压缩机工作时损耗的油。另外在 GA200-315 的空气压缩机系列中，空气压缩机油还有一种是通过风冷的方式，即通过两个轴向冷却风扇对从油气分离器中出来的油进行冷却，因此空气压缩机油冷却器是根据系统实际情况而改装的另外一种油冷却方式。另外，润滑油还对阴阳转子在工作时密封面起到密封作用，防止阴阳转子在输送过程中空气泄漏，以保证空气压缩机的工作效率和容积效率。

4. 空气压缩机冷却水系统

空气压缩机冷却水系统主要是对空气压缩机油进行冷却，冷却水管的进出口装有压力表，用来监视工业水的压力，冷却水进出水管上装有手动蝶阀，正常运行时通过对回水阀的调节，对冷却水进行压力调节。压缩空气系统的冷却水主要用于冷冻干燥机的冷凝器和空气压缩机的油冷却器及压缩空气系统中的后冷却器。冷却水温度要求不大于33℃。

5. 压缩空气干燥装置

空气压缩机的冷却干燥器是空气压缩机本体上自身配置的内置 ID 冷冻干燥机，从后冷却器中出来的湿空气被送到冷冻干燥机中通过和制冷剂之间的温差换热，（制冷剂吸收湿空气的热量便蒸发成气体，然后送到活塞式压缩机中进行压缩后送到冷却器中利用冷却水进行冷却，然后再送到制冷剂溶液箱中重复上述的过程）。把湿空气中水蒸气进行凝结，然后送到自动排水器中，通过滤芯式分离器（采用超细玻璃纤维作为滤芯）将其中的液态水过滤掉，在自动排水器的底部装有自动排水阀，将这部分液态水排至地沟。

冷冻干燥机根据空气冷冻干燥原理，利用制冷设备将压缩空气冷却到一定的露点温度后析出相应所含的水分，并通过分离器进行气液分离，再由自动排水器将水排出，从而使压缩空气获得干燥。冷冻干燥机的除水率大于90%，来自空气压缩机的压缩空气经过此套装置处理后的空气品质能够达到以下指标：压力下露点不高于 3℃，含油量≤1mg/m³，含油尘粒径≤1μm，含尘浓度≤1mg/m³。

无热再生吸附干燥塔的空气干燥方法是根据变压吸附原理，利用吸附剂表面气体的分压力具有与该物质中周围气体的分压力取得平衡的特性，使吸附剂在压力状态下吸附，而在常压状态下再生。随着空气的被压缩，空气中的水蒸气的分压力得到相应的提高，在与表面水蒸气压力很低的吸附剂表面接触时，压缩空气的水蒸气便向吸附剂表面转移，逐步提高吸附剂表面的水蒸气压力直至平衡，这就是吸附过程。当同样的压缩空气压力下降时，水蒸气的分压力也相应地降低，在遇到水蒸气分压力较高的吸附剂表面时，水分便由吸附剂转向空气，吸附剂表面水蒸气的分压力逐步降低直至达到平衡，这就是再生过程。

6. 空气压缩机主电动机

电动机在冷态下的启动次数不超过 2 次，每次的启动循环周期不小于5min；热态启动不超过 1 次；如果启动时间不超过 3s，电动机应能够满足多次启动的要求。

电动机采用 F 级绝缘（允许极限温升是 140℃），但其温度升高值不得超过 B 级绝缘（允许极限温升是 120℃）规定的温升值。空气压缩机正常运行时，轴承振动值应小于 25μm。

制冷压缩机的电动机：电压等级为 400V，启动方式为直接启动。

空气压缩机润滑油系统由油分离器、油冷却器、温控阀和油过滤器组成。润滑油系统的功能包括：①润滑轴承与转子接触面；②密封转子间隙；③冷却压缩过程。实际上大部分油用来冷却，只有小部分油用来润滑与密封。在压力作用下，润滑油从油分离器流出后，进入油冷却器的进油口和温控阀旁通入口，得到温度控制的润滑油，在恒定压力流过过滤器、断油电磁阀、进入压缩机各工作点，经加压后，随压缩空气一起又进入油分离器。

空气—润滑油的混合气体从压缩机排出后，进入分离系统，这个系统就在油分离器内，混合气体流经分离器后，几乎从空气中除尽所有润滑油，此时空气里油量已经很少。分离下来的油返回到润滑油系统，与此同时压缩空气流入后冷却器。

为了降低进入除油器及空气干燥装置的空气温度，减少压缩空气系统发生爆炸事故的可能性，空气压缩机设置了后冷却器。后冷却器系统由一个热交换器、一个冷凝分离器和一个排污罐组成（后两者组成水分离器）。利用压缩空气的冷却，空气里含有的水蒸气大部分被冷凝析出，冷却后的空气进入母管。其冷却器面积能够保证压缩机空气出口温度控制在 40℃ 以下（水冷型），或比环境温度高 10℃（风冷型）。在环境温度不超过 40℃、冷却水（水冷型）进水温度不超过 32℃ 的情况下，能保证空气压缩机的正常运行。空气压缩机润滑油的回油温度不超过 70℃。输送空气压缩机采用水冷，仪用空气压缩机采用风冷。

输送空气压缩机的配套空气净化装置采用冷冻干燥机，仪用空气压缩机的配套空气净化装置采用无热再生吸附干燥塔。一般大气中的水分皆呈气态，不易察觉其存在，但若经空气压缩机压缩及管路冷却后，则会凝结成液态水滴。举例说明：在大气温度为 30℃，相对湿度为 75% 状况下，一台空气压缩机吐出量 3m³/min，工作压力为 0.7MPa，运转 24h 压缩空气中约含 100L 的水分。露点温度越低，压缩空气中所含的水分就越少。露点温度即是一种检测压缩空气系统干燥度的温度，换句话说，就是空气中水分凝结成水滴的温度。假如没有使用任何可以除去水气的方法，立即可见的影响是造成产品品质不良，设备发生故障，严重时影响生产流程，增加生产成本等不良后果，所以空气压缩机必须配套空气净化装置。

空气压缩机的安全保护和报警项目有：①电动机超载保护；②排气温度过高保护；③排气压力过高；④冷却水（或进口空气）温度过高、冷却水断流（如果需要）；⑤空气滤清器堵塞报警；⑥油过滤器堵塞报警；⑦油水分离器堵塞报警；⑧油位过低报警；⑨机组振动；⑩空气压缩机转子反转保护；⑪润滑油压力低。

阿特拉斯·科普柯公司研制的电脑控制系统，使空气压缩机的可靠性和安全性达到了一个全新的水平。它能显示常规的空气压缩机性能参数（如进、出口温度、压力、油温、运行时间等），同时能连续、正确地监控空气压缩机工作状态，异常情况报警，并及时提供零部件更换等维修保养信息。此外，还可根据用户需求对各种参数进行设置。如加、卸载压力，自动开机设置，停机时间等，当用户暂停用气时，控制系统能自动监测并卸载、停机以达到节能效果，再次用气时，空气压缩机能自动启动，真正达到自动化运行。

配置适当硬件可实现与用户计算机、自动控制网络的通信。

（1）组合式空气干燥器采用微电脑控制自动运行，外箱体设有带背光的液晶显示触摸控制面板，可显示并进行参数设定：主要的指示信号、干燥器运转、排气压力显示、排气温度显示、进气滤网、油过滤器堵塞、A和B干燥塔温度、空气入口温度冷凝温度、压力露点温度、加热器的出口空气温度、制冷压缩机的电流。

（2）空气压缩机站按照无人值班设计，每台空气压缩机自身的启/停、联锁、保护功能，由空气压缩机自身的控制装置完成，8台空气压缩机之间的联锁、切换功能则由分散控制系统完成。接口点在控制箱的端子排上。接口信号型式：模拟量为4～20mA直流。开关量为无源干接点，接点容量为220V交流、5A；220V直流、3A。

（3）压缩空气的气量调节方式主要有三种：通过空气压缩机的启/停（ON/OFF）调节方式；60%～100%气量自动调节装置；延时自动停车和自动启动装置。

7. 灰斗气化风系统

灰斗气化风系统包括灰斗气化风机、气化风电加热及相关管道阀门。向灰斗内输入气化风，是为了防止灰斗内的灰板结，确保灰始终处于一种流化状态。在气化风机出口安装了电加热装置，将气化风加热至150℃，以保证灰温，并配有自动恒温装置。气化风量按运行时最大用气量的110%设计，风机的风压满足系统计算风压的120%。风机机芯采用进口机芯。

　　气化风机通常为罗茨风机。罗茨风机就是靠转子旋转吸收气体的容积式风机，在该风机内有一对形状相同的转子，平衡地布置于气缸中，借助于同步齿轮，这对转子相互啮合，又保持一定的间隙，并作方向相反等速旋转。转子转动时，把由转子与气缸的高压气体压缩而升压，所以罗茨风机并不对所输送的气体加以压缩。罗茨风机排气压力决定于排气侧的背压力。由于转子与气缸壁所形成的空间的体积是一个定值，所以转子每转一转总是从进气口把确定容积的气体送到排气口。显然，这个"确定容积"决定于风机的几何尺寸，而与排气侧的压力大小无关。实际上随着排气侧压力的增加，风机内部漏损有所增加，所以每转一转，风机所排送的气体体积随排气压力的增加而减少。

　　一般采用三叶罗茨风机作为气化风机，其工作原理如图4-26所示。由于风机为容积式风机，输送的风量与转数成比例，三叶型叶轮每转动一次由两个叶轮进行3次吸、排气，与二叶型相比，气体脉动变少，负荷变化小，机械强度高，噪声低，振动也小。在两根相平行的轴上设有两个三叶型叶轮，叶轮与椭圆形机箱内孔面及各叶轮三者之间始终保持微小的间隙，由于叶轮互为反方向匀速旋转，使箱体和叶轮所包围着的一定量的气体由吸入的一侧输送到排出的一侧。各叶轮始终由同步齿轮保持正确的相位，不会出现互相碰触现象，因而可以高速化，不需要内部润滑，而且结构简单，运转平稳，性能稳定，能适应于多种用途。

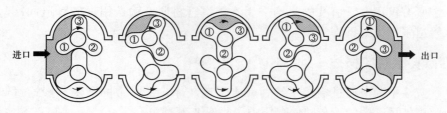

进口　　　　　　　　　　　　　　　　　　　　　　　　　　出口

图 4-26　三叶罗茨风机工作原理

罗茨风机具有以下特点：

（1）由于采用了三叶转轮及带螺旋线型的箱体，所以风机的噪声和振动很小。

（2）叶轮和轴为整体结构，且叶轮无磨损，风机性能持久不变，可以长期连续运转。

（3）高速高效率，且结构非常紧凑。

（4）结构简单，由于采用了特殊轴承，具有超群的耐久性，且维修管理也方便。

（5）由于附有齿轮油甩油装置，因此不会产生漏油的现象。

　　每台风机配套供应包括进口过滤器、进出口消声器、柔性膨胀节、安全阀、冷却器、压力及温度开关、出口止回阀和截止阀等，其安装如图4-27所示。

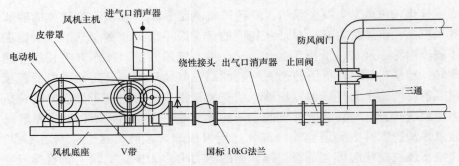

图 4-27　风机管路安装图

在气化风机的出口配有气化风电加热。气化风电加热就是由多根管状电加热元件、简体、导流隔板等部分组成。管状电热元件是在灰套管内放入高温电阻丝，在空隙部分紧密地填有良好绝缘性能和导热性能的氧化镁粉，采用管状电热元件做发热体，具有结构先进、热效率高、机械温度高等特点。简体内安装了导流隔板，能使空气在流通时受热均匀。灰斗气化风电加热都将加热温度设定在 150℃。

8. 管道和阀门

输送系统管道分两类：一类是与灰气流接触的输灰管道；另一类是与水或空气接触的普通管道。输灰管道的弯头用耐磨弯头，并在耐磨弯头出口方向设置一定的耐磨直管段。

所有仪用气管道及阀门均采用不锈钢管材质。输送用气的管道和冷却水管道采用无缝钢管。

四、灰库系统概述

灰斗中的灰通过输送系统，最终到达灰库，灰库中的积灰一般通过卸料装车外运来缓和输灰的储存压力。每座灰库都设有干、湿两种卸灰方式。为防止灰库中灰板结或下灰不畅，每座灰库设置有灰库气化风机、气化风机电加热器。为了防止灰库背压过高或过低，每座灰库设置一个库顶真空释放阀。为了释放灰库中过量的空气流量，每座灰库顶部设置有 2 台脉冲式布袋除尘器。为了筛选出符合国家标准 GB 1596—1991《用于水泥和混凝土中的粉煤灰》规定的 Ⅰ 级灰（细度 $45\mu m$ 筛余量≤12%）或 Ⅱ 级灰（细度 $45\mu m$ 筛余量≤20%），每台锅炉设置一套处理能力为 40t/h 飞灰分选系统。

灰库系统一般设两座粗灰库，一座细灰库，有效容积均为 $2500m^3$，每座灰库均具有干卸灰和湿卸灰功能。3 座灰库设 4 台灰库气化风机（3 台运行，1 台 1 备用）及 3 台气化风机电加热器，供灰库气化组件用气。灰库区域设 2 套仪用空气压缩机系统，为灰库布袋除尘器提供吹扫压缩空气，灰库区域仪表控制及阀门操作用气，其中一套运行一套备用。灰库系统流程如图 4-28 所示。

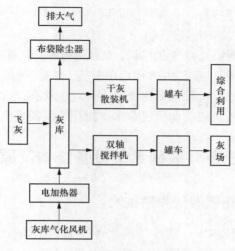

图 4-28　灰库系统流程

（一）灰库的主要设备

1. 灰库压缩空气系统

灰库区域设有灰库区域仪用压缩空气系统，为灰库布袋除尘器提供反吹扫压缩空气及灰库区域的所有仪表控制及阀门操作用气。

仪用空气压缩机为螺杆空气压缩机。每套仪用气系统包括仪用空气压缩机及空气冷却器、干燥器、储气罐等必要的后处理设备。每套系统的容量满足两台机组灰库区域除灰系统所需的仪用压缩空气量。（参照输灰空气压缩机及冷冻干燥机）。

2. 干卸灰系统

干灰散装机伸缩管采用双套管结构，内管采用优质耐磨锰钢板制作，抗磨损，使用寿命长，外管采用硅胶细帆布制作。干灰散装机料位计采用固体音叉料位开关，料位计控制料位灵敏准确，无误动作现象，确保罐车装满时实现自动停止给料。干灰卸料系统配带的干灰阀启闭灵活，密封严密，壳体采用耐磨材料制作，阀板采用不锈钢板，密封填料采用抗老化、耐磨损、润滑性好、回弹性好的柔性石墨。气动干灰阀所配电磁阀均采用进口产品，电磁阀防水、防尘。

干灰卸料系统配带的电动给料机转动灵活，采用多片回转叶轮，锁气腔为多片式双层锁气结构，叶轮与机壳密封严密，给料均匀，壳体上有检查手孔。干灰卸料装置配带就地控制箱，设置半自动控制和自动控制卸料的功能，并能与入口处的气动干灰阀和电动给料机相互联锁，共同实现卸料。设备定期运行，处理物料为灰库内飞灰，灰的堆积密度为 $0.7t/m^3$，灰的粒度小于 0.2mm。

气动干灰阀、气动排气阀、吸尘风机在开始装料和装满料的两个动作过程中互为闭锁，即前一个动作在执行，后一个设备不能开启或关闭，要打乱上面所述的顺序执行，必须解除闭锁。

3. 气化风机（以某电厂为例）

灰库 3 座灰库配备 4 台气化风机，3 台运行，1 台备用。气化风系统包括气化风机、电加热、蒸汽加热及相关管道阀门。向灰库内输入气化风，防止灰斗内的灰板结，确保灰始终处于一种流化状态。

气化风机为罗茨风机。此风机与本节提到的罗茨风机选型一致。

第三节　脱硝系统设备结构及原理

一、选择性催化还原烟气脱硝技术

在众多的脱硝技术中，选择性催化还原烟气脱硝技术（SCR）是脱硝效率最高、最为成熟的脱硝技术。在欧洲已有 120 多台大型装置的成功应用经验，其 NO_x 的脱除率可达到 80%～90%。日本大约有 170 套装置，接近 100GW 容量的电厂安装了这种设备。美国政府也将 SCR 技术作为主要的电厂控制 NO_x 技术。SCR 方法已成为目前国内外电站脱硝比较成熟的主流技术。

SCR 技术是还原剂（NH_3、尿素）在催化剂作用下，选择性地与 NO_x 反应生成 N_2 和 H_2O，而不是被 O_2 所氧化，故称为"选择性"。

SCR 系统包括催化剂反应室、氨气（储存）制备系统、氨喷射系统及相关的测试控制系统。SCR 工艺的核心装置是脱硝反应器，在燃煤锅炉中，烟气中的含尘量很高，一般采用垂直气流方式。按照催化剂反应器在烟气除尘器之前或之后安装，可分为"高飞灰"或"低飞灰"脱硝，采用高尘布置时，SCR 反应器布置在省煤器和空气预热器之间。优点是烟气温度高，满足了催化剂反应要求。缺点是烟气中飞灰含量高，对催化剂防磨损、堵塞及钝化性能要求更高。对于低尘布置，SCR 布置在烟气脱硫系统和烟囱之间。烟气中的飞灰含量大幅降低，但为了满足温度要求，需要安装烟气加热系统，系统复杂，运行费用增加，故一般选择高尘布置方式。

（一）SCR 工艺流程

选择性催化还原是基于在催化剂的作用下，喷入的氨把烟气中的 NO_x 还原成 N_2 和 H_2O。还原剂以氨为主。催化剂有板式和蜂窝式两类。SCR 反应器置于锅炉之后，SCR 工艺流程如图 4-29 所示。

（1）高粉尘布置的优点是进入反应器烟气的温度达到 300～400℃，多数催化剂在此温度范围内有足够的活性，烟气不需要加热可获得好的 NO_x 脱除效果。但催化剂处于高尘烟气中，寿命会受下列因素影响：

1）飞灰中 K、Na、Ca、Si、As 会使催化剂污染或中毒。

2）飞灰磨损反应器并使蜂窝状催化剂堵塞。

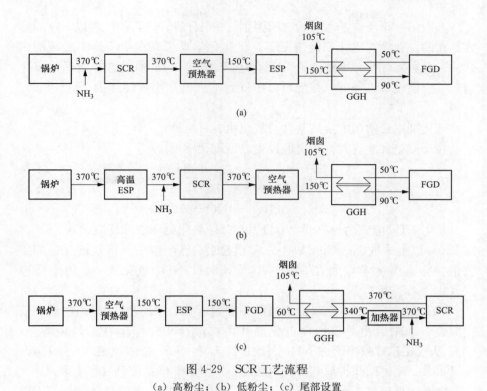

图 4-29　SCR 工艺流程
(a) 高粉尘；(b) 低粉尘；(c) 尾部设置

3）烟气温度过高会使催化剂烧结或失效。

（2）低粉尘布置的优点是催化剂不受飞灰的影响，但需高温电除尘器。

（3）尾部设置布置若 SCR 反应器置于湿式 FGD 系统之后，催化剂既不受飞灰的影响，也不受 SO₃ 等气态毒物的影响，但由于烟温较低，一般需用气—气换热器或采用燃料气燃烧的方法将烟气温度提高到催化还原反应所必需的温度。

在工业应用中常常采用高粉尘布置。

整个 SCR 烟气脱硝系统分为两大部分，即 SCR 反应器系统（反应器、催化剂、氨喷射器等）和尿素水解供氨系统。

SCR 系统设置分为有烟气旁路和没有烟气旁路两种。如有旁路，SCR 反应器中烟气的温度可通过调节经过省煤器的烟气与通过旁路烟气的比例来控制。氨喷射器（AIG）的安装位置在 SCR 反应器的上部以保证喷入的氨与烟气充分混合。

（二）SCR 过程化学

SCR 的化学反应机理比较复杂，但主要的反应是 NH_3 在一定的温度和催化剂的作用下，有选择地把烟气中的 NO_x 还原为 N_2。化学反应方程式为

$$4NH_3 + 4NO + O_2 \longrightarrow 4N_2 + 6H_2O \tag{4-1}$$

$$4NH_3 + 2NO_2 + O_2 \longrightarrow 3N_2 + 6H_2O \tag{4-2}$$

上面第一个反应是主要的，因为烟气中几乎 95% 的 NO_x 是以 NO 的形式存在的。在没有催化剂的情况下，上述化学反应只在很窄的温度范围内（980℃左右）进行，即选择性非催化还原（SNCR）。通过选择合适的催化剂，反应温度可以降低，并且可以扩展到适合电厂实际使用的 290～430℃ 范围。

催化剂中最常用的金属基含有氧化钒、氧化钛。

在反应条件改变时，还可能发生以下副化学反应：

$$4NH_3 + 3O_2 \longrightarrow 2N_2 + 6H_2O \tag{4-3}$$

$$2NH_3 \longrightarrow N_2 + 3H_2 \tag{4-4}$$

$$4NH_3 + 5O_2 \longrightarrow 4NO + 6H_2O \tag{4-5}$$

发生 NH_3 分解的反应式（4-4）和 NH_3 氧化为 NO 的反应式（4-5）都在 350℃ 以上才进行，450℃ 以上才激烈起来。在一般的选择性催化还原工艺中，反应温度常控制在 300～400℃，因此 NH_3 氧化为 N_2 的副反应式（4-3）很难发生。

NH_3 和 NO_x 在催化剂上反应的主要过程为：NH_3 通过气相扩散到催化剂表面；NH_3 由外表面向催化剂孔内扩散；NH_3 吸附在活性中心上；NO_x 从气相扩散到吸附态 NH_3 表面；NH_3 和 NO_x 反应生成 N_2 和 H_2O；N_2 和 H_2O 通过微孔扩散到催化剂表面；N_2 和 H_2O 扩散到气相主体。

由上述反应过程可知，反应式（4-1）和式（4-2）主要是在催化剂表面进行的，催化剂的外表面积和微孔特性很大程度上决定了催化剂的反应活性，上述 7 个步骤中，速度最慢的为控制步骤。

二、SCR 脱硝效率的主要影响因素

在 SCR 脱硝工艺中，影响脱硝效率的主要因素是烟气温度、反应时间、催化剂性能、NH_3/NO_x 摩尔比等。

1. 烟气温度对脱硝效率有较大的影响

在 300～400℃ 范围内（对中温触媒），随着反应温度的升高，脱硝率逐渐增加，升至 400℃ 时，达到最大值（90%），随后脱硝率随温度的升高而下降。在 SCR 过程中温度的影响存在两种趋势：一方面是温度升高时脱硝反应速率增加，脱硝率升高；另一方面温度的升高 NH_3 氧化反应开始发生，使脱硝率下降。因此，最佳温度是这两种趋势对立统一的结果。

2. 反应时间的影响

在 310℃ 下和 NH_3/NO_x 摩尔比为 1 的条件下，脱硝率随反应气与催化剂的接触时间 t 的增加而迅速增加，t 增至 200ms 左右时，脱硝率达到最大值，随后脱硝率下降。这主要是由于反应气体与催化剂的接触时间增加，有利于反应气体在催化剂微孔内的扩散、吸附、反应和产物气的解吸、扩散，从而使脱硝率提高。但是，若接触时间过大，NH_3 氧化反应开始发生，使脱硝率下降。

3. 催化剂性能的影响

催化剂中 V_2O_5 含量的增加，催化效率增加，脱硝率提高，但是，V_2O_5 含量超过 6.6％时，催化效率反而下降，这主要由于 V_2O_5 在载体 TiO_2 上的分布不同造成的。当 V_2O_5 含量在 1.4％～4.5％时，V_2O_5 均匀分布于 TiO_2 载体上，并且以等轴聚合的 V 基形式存在；当 V_2O_5 含量为 6.6％时，V_2O_5 在载体 TiO_2 上形成新的结晶区——V_2O_5 结晶区，从而降低了催化剂的活性。

脱硝催化剂磨损与中毒也是影响催化剂性能和使用寿命的主要问题之一。

（1）磨损。脱硝反应器安装在省煤器和空气预热器之间，处于高温高尘区域，这就意味着脱硝流场不均匀、积灰等问题将一直存在。脱硝催化剂对于流场的敏感程度非常高，这是因为流场将伴随着局部灰分浓度高于催化剂选型时使用的设计值，导致催化剂局部积灰如牛皮癣一样难以根除。脱硝催化剂节距小，本身又比较脆，如果有大颗粒物聚集在催化剂表面，容易形成大面积堆灰和磨损。如果省煤器灰斗输灰效果不好，将形成催化剂的堆灰，严重者甚至压弯催化剂支撑梁。对于催化剂来说，积灰和磨损是共存，有积灰必然导致局部区域流速偏大，从而导致磨损。

（2）中毒。催化剂中毒主要是指其在活性稳定期间因接触少量杂质而导致活性显著下降的现象。使催化剂丧失催化作用的物质称为催化剂的毒物。一般认为，毒物选择性地与活性中心发生化学反应为化学中毒，毒物不具选择性地覆盖在催化剂表面或堵塞催化剂孔道等被认为是物理中毒。燃煤电厂在 SCR 脱硝催化剂的使用过程中，导致催化剂失活的主要因素既有化学中毒也有物理中毒，物理中毒主要有覆盖活性位和堵塞孔道等，造成脱硝催化剂性能下降；化学中毒则是有毒有害化学元素造成活性位的丧失或减少。

4. NH_3/NO_x 摩尔比对脱硝率的影响

如图 4-30 所示，在 300℃下，脱硝率随 NH_3/NO_x 摩尔比的增加而增加，NH_3/NO_x 摩尔比小于 0.8 时，其影响更明显，几乎呈线性正比关系。

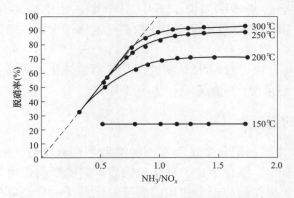

图 4-30 NH_3/NO_x 摩尔比影响脱硝率的性能曲线

该结果说明若 NH_3 投入量偏低，脱硝率受到限制；若 NH_3 投入量超过需要量，NH_3 氧化等副反应的反应速率将增大，从而降低脱硝率，同时也增加了净化气中未转化 NH_3 的排放浓度，造成二次污染。

三、SCR 催化反应器的设计

催化剂和反应器是 SCR 系统的主要部分。几乎所有的催化剂都含有少量的氧化钒和氧化钛，因为它们具有较高的抗 SO_3 的能力。催化剂的结构、形状随它的使用环境而变化。为避免被颗粒堵塞，蜂窝状、板式催化剂部件都是常用的结构，而最常用的是蜂窝状，因为它不仅强度好，而且容易清理。为了使被飞灰堵塞的可能性减到最小，反应器都要垂直放置，并使烟气由上而下流动。此外，还可用吹灰器来防止颗粒的堆积。

SCR 系统的性能主要由催化剂的质量和反应条件所决定。在 SCR 反应器中催化剂体积越大，脱硝率越高同时氨的逃逸率也越低，然而 SCR 工艺的费用也会显著增加，因此，在 SCR 系统的优化设计中，催化剂体积是一个很重要的参数。在给定脱硝率和氨逃逸率的情况下，所需的催化剂的体积是由 NO_x 的入口浓度所确定的；而当 NO_x 的入口浓度和氨逃逸率一定时，所需的催化剂的体积则依赖于系统所需要的脱硝率。催化剂的体积也取决于催化剂的可靠寿命，因为催化剂的寿命受很多不利因素的影响，如中毒和固体物的沉积。

对 SCR 系统进行优化设计则需考虑在催化反应器的入口处合理分布烟气和氨。研究表明，倒流板、混合器、氨喷射器和烟道等对 SCR 系统产生影响。在最初的催化剂体积的设计中也应考虑适当放大催化剂的量，同时还要考虑反应器中有效区域的变化。

研究发现反应器中有些部位的温度常偏离设计温度从而导致脱硝率的改变，因此，催化反应器的设计通常在平均温度值的 $\pm 15\,℃$ 范围内进行，气流的入口装置应设计可使烟气各断面上相等。催化反应器的设计还要考虑气流的不均衡的扩散速度。

对一个给定的脱硝率来说，NH_3/NO_x 摩尔比不应超过理论值的 $\pm 5\%$。过大的偏离会降低脱硝反应，导致氨逃逸率增大，并需要更大的催化剂体积。

催化剂的寿命决定着 SCR 系统的运行成本。催化剂置换费用约占系统总价的 50%。目前催化剂的寿命一般为 $2\sim3$ 年。

四、催化剂的选择

用于 SCR 系统的催化剂主要有四种类型：贵金属型、金属氧化物型、沸石型和活性炭型。催化剂是一种化学物质，它能影响热力学上可能的反应过程，具有加速作用和定向作用，而反应之后，本身没有变化，不改变热力学平衡。

脱硝催化剂作为一种有效的脱硝技术被广泛应用，其原理是通过催化剂促使 NO_x 在一定条件下与还原剂发生反应，将其转化为无害的氮气和水。

催化剂在 SCR 烟气脱硝系统中是投资最大、最为关键的部件，催化剂选择的合理性直接关系 SCR 烟气脱硝效率，目前应用最多的是金属氧化物催化剂，主要是氧化钛基 V_2O_5、WO_3、MoO_3/TiO_2 系列催化剂。

（一）氧化钛基催化剂的特点

（1）蜂窝状催化剂的制作是通过挤压工具整体成型，由催化剂的活性材料（如 V_2O_5、WO_3、TiO_2 等）组成，经过干燥、烧结、切割成满足要求的元件，这些元件被装入框架内，形成一个易于方便装卸的催化剂模块。蜂窝式催化剂具有模块化、相对质量较轻、长度易于控制、比表面积大、回收利用率高等优点。蜂窝式催化剂结构如图 4-31 所示。

（2）板式催化剂的制作是采用金属板作为基材浸渍烧结成型，活性材料与蜂窝式催化剂类似，在世界催化剂市场占 25% 左右。板式催化剂有比表面积小、催化剂用量大等特点，适用于高含尘烟气的脱硝系统。板式催化剂结构如图 4-32 所示。

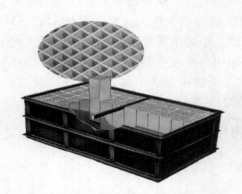

图 4-31　蜂窝式催化剂结构　　　　图 4-32　板式催化剂结构

（3）波纹板式催化剂的制作是采用玻璃纤维板或陶瓷板作为基材浸渍烧结成型，优点是比表面积大、压降比较小，但耐磨损能力较差，质量轻。波纹板式催化剂结构如图 4-33 所示。

脱硝装置催化剂的选型要根据烟气条件、场地的限制等进行选择，如催化剂的配方、型号（节距、壁厚等）、体积，保证脱硝装置的高效率、低的 SO_2/SO_3 转化率、低 NH_3 逃逸率、抗磨损、防积灰等技术指标。

（二）脱硝催化剂的工作原理

脱硝催化剂的工作原理主要包括两个关键步骤：吸附和反应。

NO_x 分子在催化剂表面被吸附。吸附是指气体分子在固体表面与固体表面上的活性位点相互作用，形成化学键或物理吸附。脱硝催化剂的活性位点往往是金属氧化物中的氧空位或金属离子，它们能够与 NO_x 发生相互

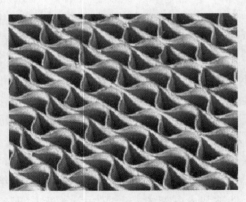

图 4-33　波纹板式催化剂结构

作用。NO_x 分子通过吸附在活性位点上，使其与还原剂接触，促进反应的进行。接着，吸附的 NO_x 分子与还原剂发生反应，形成氮气和水。常用的还原剂有氨气（NH_3）、尿素（$CO(NH_2)_2$）等。在催化剂表面，NO_x 与还原剂发生反应，生成氮气和水。其化学反应方程式为：

$$4NO + 4NH_3 + O_2 \longrightarrow 4N_2 + 6H_2O$$

脱硝催化剂的反应速率与温度、催化剂的活性和还原剂浓度等因素密切相关。一般来说，反应速率随着温度的升高而增大。在较低的温度下，催化剂的活性较低，反应速率较慢；而在较高的温度下，催化剂的活性增加，反应速率也随之增大。此外，还原剂的浓度也会影响反应速率。当还原剂浓度较低时，反应速率较慢；当还原剂浓度适中时，反应速率较快；而当还原剂浓度过高时，反应速率反而会下降。

五、脱硝还原剂（NH_3）制备的选择

（一）液氨汽化成氨气

1. 氨（NH_3）的特性

氨（NH_3）为无色、有刺激性辛辣味的恶臭气体，分子量为 17.03，相对密度为 0.597，沸点为 $-33.33℃$，爆炸极限为 $15.7\% \sim 25\%$（容积）。氨在常温下加压易液化，称为液氨。与水形成水合氨，简称氨水，呈弱碱性，氨永极不稳定，遇热分解，1%水溶液 pH 值为 11.7。浓氨水含氨 $28\% \sim 29\%$。氨在常温下呈气态，比空气轻，易溢出，具有强烈的刺激性和腐蚀性，故易造成急性中毒和灼伤。对上呼吸道有刺激和腐蚀作用，高浓度时可危及中枢神经系统，还可通三叉神经末梢的反射作用而引起心脏停搏和呼吸停止。人对氨的嗅觉阈值为 $0.5 \sim 1.0mg/m^3$，浓度为 $50mg/m^3$ 以上鼻咽部有刺激感和眼部灼痛感，$500mg/m^3$ 以上短时内即出现强烈刺激症状，$1500mg/m^3$ 以上可危及生命，$3500mg/m^3$ 以上可即时死亡，缺氧时会加强氨的毒作用。国家卫生标准为 $30mg/m^3$。液氨的危险性表现在两个方面：一是泄漏导致人员中毒、窒息死亡；二是与空气形成混合物，遇明火极易

燃烧、爆炸。

2. 液氨的储存及蒸发工艺

（1）液氨储存系统。液氨由液氨槽车送来，利用液氨槽车自身压力和氨压缩机入口抽液氨储罐顶部气氨，压缩机出口至液氨槽车形成压力差的方式，将液氨由槽车输送至液氨储罐内储存，反之可将液氨储罐中的液氨装入槽车。

液氨储存系统主要包括液氨卸料压缩机、液氨储罐、液氨储罐安全阀、气氨管线、液氨管线、卸氨臂、调节阀门等。

（2）液氨蒸发工艺技术。液氨自合成氨厂由液氨槽车运送到电厂氨区，利用槽车自身压力或氨卸料压缩机增压的方式将其由槽车输入至储罐内储存。储罐内的液氨通过管道或液氨泵送至蒸发器，在蒸发器内被加热汽化，通过气氨缓冲罐稳压后经管道送至 SCR 系统。液氨储罐及蒸发系统紧急排放的氨气则排入氨气稀释罐中，经水吸收后排入废水池，再由废水泵送至主厂废水处理系统。液氨蒸发工艺是我国目前应用最为广泛的脱硝还原剂制备工艺。

（二）尿素热解成氨气

1. 尿素的特性

尿素分子式为（NH$_2$）$_2$CO，分子量为 60.06，含氮通常大于 46%，为白色或浅黄色的结晶体，吸湿性较强，易溶于水，水溶液呈碱性。

尿素制氨的工艺方法有两种：一种是利用燃烧的热能作为热源分解尿素；另一种是使用蒸汽作为热源分解尿素，即热解法和水解法。

2. 尿素热解法的基本原理

（1）尿素的热解法制氨工艺。尿素的热解法制氨将尿素溶解成 50% 的尿素溶液，在温度高于 150℃时发生分解生成 NH$_3$ 和 HNCO，HNCO 与水反应生成 NH$_3$ 和 CO$_2$，得到脱硝所用的还原剂氨。主要的化学反应方程式为：

$$(NH_2)_2CO \longrightarrow NH_3 + HNCO$$
$$HNCO + H_2O \longrightarrow NH_3 + CO_2$$

尿素热解脱硝工艺由尿素溶解、尿素溶液储存、尿素溶液输送循环及计量、尿素溶液热解器等组成。尿素热解工艺系统流程如图 4-34 所示。

尿素储存于储存区，由斗提机输送到溶解罐里，用除盐水将干尿素溶解成约 50% 质量浓度的尿素溶液，通过尿素溶液混合泵输送到尿素溶液储罐。尿素溶液经由输送泵、计量与分配装置、雾化喷嘴等进入尿素热解装置内分解，生成 NH$_3$，冷一次风经布置在锅炉后竖井低温过热器入口段的气热交换器加热至 650℃，同时设置低温旁路调节部分冷风，将风温控制在反应合格范围内，混合成为氨浓度小于 5% 的氨气/空气混合气，供后部 SCR 系统使用。

（2）尿素热解装置系统设备。

1）计量/分配装置。计量/分配装置是烟气脱硝工艺用于精确测量并独

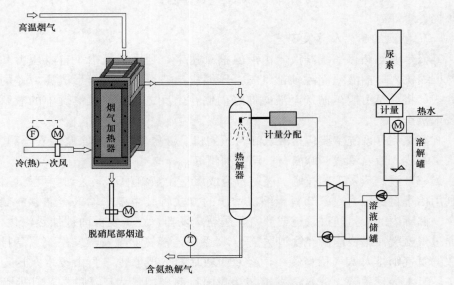

图 4-34　尿素热解工艺系统流程

立控制输送到每个喷射器的尿素溶液的装置。布置在热解器附近，计量装置用于控制通向分配装置的尿素流量的供给。该装置通过使用一个独立控制阀来为进入热解器的喷射器提供反应剂。该装置将接收到 SCR 脱硝控制系统提供的反应剂（NH_3）需求信号，分配模块通过独立流量控制和区域压力控制阀门来控制通往多个喷射器的尿素和雾化空气的喷射速率。空气和尿素量通过这个装置来进行调节以得到适当的气液比，最终得到最佳的 SCR 反应剂。

计量/分配装置包括：不锈钢机架、仪用及雾化空气压力开关和仪用空气调节器；每个装置流量和压力控制、本地流量和压力显示、电动阀门和化学药剂流量控制阀，电动阀用于清洗模块，使清洗水进入分配装置；分配装置还包括尿素和雾化空气控制阀、雾化空气流量计、压力显示仪表和尿素流量显示仪表。

2）热解器。热解器利用风机提供的空气（或预热风）或燃用柴油的燃烧器作为热源，来完全分解要传送到氨喷射系统的尿素。热解器是一个反应器，在所要求的温度下，热解器提供了足够的停留时间以确保尿素到氨的充分转化。热解系统由热解器、稀释/助燃空气设备、燃烧器、尿素溶液喷射装置等组成。

一个完整的热解器包括：内部绝热、带燃烧器管理系统的燃烧器导引装置和温度控制、烟气压力控制；烟道内混合器以及氨气/空气混合物的流量、压力、温度的控制和过程指示等。

（3）尿素水解法的基本原理。尿素水解法制氨工艺原料为干态颗粒尿素，送入尿素溶解槽并加入去离子水进行溶解，配制成（40%～50%）的水溶液，然后用泵送入尿素水解器，尿素水解器采用蒸汽进行加热，尿素在水解器内水解为氨、二氧化碳和水蒸气的混合物，减压后直接供 SCR 系统喷氨装置使用。

水解法尿素制氨工艺是饱和蒸汽通过盘管的方式进入水解器，饱和蒸汽不与尿素溶液混合。通过盘管回流，需要增加一个冷凝水回收装置；此外，水解器内的尿素溶液浓度可达到 40%～50%，气液两相平衡体系的压力为 1.4～2.1MPa，温度约为 150℃。尿素水解后的产物为 NH_3、CO_2 与 H_2O 的混合体，通过除雾器除掉所携带的水滴后，依靠自身压力送往氨气稀释系统。加入空气后稀释成浓度约为 5% 的氨气，送往喷氨系统。U2A 水解法尿素制氨工艺与液氨或氨水系统不同的是：稀释空气需要加热到 145℃ 以上，以避免 NH_3 与 CO_2 在低温下逆向反应，生成氨基甲酸盐。同样原因，成品氨气输送管道需要伴热，介质温度要维持在 145℃。水解法尿素制氨气工艺流程如图 4-35 所示。

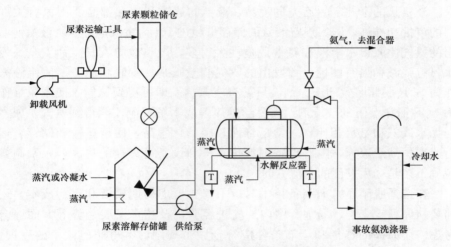

图 4-35　水解法尿素制氨气工艺流程

水解法尿素制氨设备简介。

1）尿素溶液储罐。尿素颗粒经卸料装置和去离子水在储罐混合，经搅拌器搅拌均匀，配制成 40%～50% 的尿素水溶液，在常压下储存。尿素溶液储罐一般为不锈钢罐，根据系统需求选择罐体容积。

2）尿素溶液给料泵。尿素溶液通过给料泵以一定压力、按一定速率输送到水解反应器内。为了控制反应器在一定工况下运行，通过调节控制泵的压力信号来维持反应器内的溶液量在一个设定值范围内。

3）水解反应器。尿素水解反应是吸热反应，由给料泵从尿素溶液罐中抽取的 40%～50% 的尿素水溶液在水解反应器内吸收饱和蒸汽热量，控制整个发生器内的温度和压力在一定范围内后，尿素分解反应达到平衡，反应逐渐向生成氨气、二氧化碳以及水蒸气混合气体的方向进行，并以一定的速率排出反应器。在一定的压力和温度下反应达到平衡，通过控制反应温度的升高和降低来控制产生氨气混合气体的数量，从而适应不同锅炉负荷的变化。

（三）氨水制备氨气

用氨水可以作为 SCR 脱硝装置的还原剂，氨水的浓度为 20％～29％，氨水具有强碱和强腐蚀性。氨水在 SCR 脱硝装置作为还原剂时，不能直接喷射到脱硝反应器中，因氨水中的 NaCl、KCl 等盐类会使催化还原反应效率迅速降低，必须使用蒸发器等装置将氨气从氨水中分离出来。

氨水通过计量给料泵输送到蒸发器，给料流量受脱硝系统的氨气用量和蒸发器内的压力、温度等控制，氨水在蒸发器内实现氨气和水的分离，纯净的氨气送入到 SCR 脱硝装置中参加反应，分离出的水被送到废水站处理。蒸发器系统的热源可以采用蒸汽或电加热方式。

（四）还原剂的选择

液氨是国家规定的乙类危险品，液氨的运输和储存都需要国家有关部门的审批和准许，国家规定液氨的储存量超过 10t 为重大危险源，液氨泄漏出的氨气比尿素水溶液和氨水危险性大得多，严重威胁人身生命安全。氨水具有强碱和强腐蚀性，挥发出的氨气刺激眼睛、皮肤和鼻子。使用液氨作为 SCR 脱硝装置的还原剂，只需将液氨蒸发即可得到氨气。使用尿素作为 SCR 脱硝装置的还原剂，需要经过热解或水解反应才能得到氨气。尿素与无水液氨和氨水相比，尿素是毒性较轻的化学品，便于运输和储存，运行成本稍高于液氨，随着设备国产化水平和设备可靠性的提高，尿素制氨脱硝工艺是今后发展的主流方向。

在选择脱硝还原剂制备技术时，不仅要考虑初期投资和运行成本，还需要从原料、安全、场地、国内外先进经验以及技术发展趋势等方面综合考虑。还原剂的选择和运输条件应符合城镇规划，不得妨碍城镇的发展、危害城镇的安全、污染和破坏城镇的环境及影响城镇各项功能的协调。对于烟气脱硝还原剂制备系统，综合运行和投资成本考虑，液氨蒸发工艺是首选方案，如考虑原料运输、占地和安全等因素，尿素制氨工艺作为重要补充方案将为烟气脱硝方案提供更多的选择，故火电厂普遍选择尿素热解技术为脱硝提供还原剂 NH_3。SCR 脱硝装置的还原剂比较见表 4-4。

表 4-4　还原剂比较

序号	还原剂项目	液氨	氨水	尿素
1	物料消耗比例	1：1	4：1	1.9：1
2	还原剂成本	价格稍高	价格低	价格高
3	运输成本	低	高	低
4	安全性	有毒	有害	无害
5	储存条件/方式	高压/液态储罐	常态/液态储罐	常态、干燥/颗粒筒仓
6	设备初投资	低	高	高

续表

序号	还原剂项目	液氨	氨水	尿素
7	运行成本	低	高	高
8	设备安全要求	国家法律、法规	需要	基本不需要

六、脱硝系统基本设计原则

以 2×1000MW 机组为例，安装两套处理 100％烟气量的脱硝装置。脱硝工艺采用选择性催化还原脱硝法（SCR）。脱硝效率≥80％。脱硝装置不设省煤器旁路和反应器旁路。脱硝还原剂采用尿素水解供氨系统。

（一）尿素水解制氨原理

尿素水溶液在加热条件下进行水解反应，生成的气体中包含二氧化碳、水蒸气和氨气。其化学反应式为：

$$NH_2CONH_2 + H_2O \longrightarrow 2NH_3 + CO_2$$

尿素水解制氨总反应是吸热反应，需要热输入。反应速率为温度的函数，在确定温度、压力的平衡条件下，利用来自蒸汽盘管的热量给尿素溶液供热。

（二）主要工艺系统及工艺流程

1. 尿素存储及溶解系统

在尿素车间设置袋装尿素临时储存区，特殊情况下采用人工拆袋、斗提机上料制尿素溶液，在正常情况通过尿素罐车自带空气压缩机及杂用压缩空气进行气力输送尿素颗粒至两个容积 100m³ 的尿素溶解罐。

采用蒸汽疏水（除盐水）在蒸汽盘管加热、搅拌器搅拌的情况下溶解尿素颗粒制成 50％浓度左右的尿素溶液，制好的尿素溶液通过尿素溶解泵输送至 2 个 600m³ 尿素溶液储罐储存。

2. 水解反应系统

尿素溶液输送泵将尿素溶液储罐的尿素溶液输送至水解器，水解器采用普通水解（预留催化剂接口），饱和蒸汽通过盘管的方式进入水解反应器，饱和蒸汽不与尿素溶液混合，通过盘管回流，冷凝水回至疏水箱。水解反应器内的尿素溶液浓度可达到 40％～60％，气液两相平衡体系的压力为 0.4～0.6MPa，产生的成品气温度为 130～160℃，产品气主要成分为氨气、水蒸气及二氧化碳。

3. 炉前 SCR 反应系统

稀释风通过稀释风加热器加热后与尿素水解产生的成品气在氨空混合器混合，通过喷氨格栅喷入 SCR 反应器入口烟道参与脱硝反应。

稀释风换热器采用蒸汽换热，稀释风通过加热器加热后与成品气在氨空混合器混合，混合气体通过喷氨格栅喷入烟道，在 SCR 反应器内通过催化剂的作用脱除烟气中的氮氧化物。

4．SCR 反应器

在锅炉省煤器出口处布置 1 个 SCR 反应器运行。

反应器有 2 个催化剂层，另有 1 个附加催化剂层。在脱硝效率下降到要求值之前，需要在附加层加装新催化剂。新加装的催化剂可以利用已有的催化剂残余活性提高脱硝效率，因此可以延长催化剂的有效使用寿命。

5．SCR 催化剂

催化剂采用板式催化剂，SCR 催化剂元件包含支撑板（不锈钢筛板），在整个基底上涂有表面有活性催化剂成分的二氧化钛载体。多块板元件装入钢单元中，这些钢单元被装配在焊接钢框架内从而形成一个易于操作的催化剂模块。

6．吹灰系统

脱硝系统设置吹灰器。吹灰器的数量和布置原则是将催化剂中的积灰尽可能多地吹扫干净，尽可能避免因死角而造成催化剂失效，导致脱硝效率的下降和反应器烟气阻力的增加。

吹灰装置设在反应器上部，每层设置 10 台吹灰装置。所以在本脱硝系统 2 台锅炉共设 60 台吹灰装置。

声波吹灰器在烟道内部器件采用不锈钢材料，能在 450℃高温环境中长期使用和工作。每一层催化剂清灰的顺序为每层每次运行暂定 2 台声波喇叭，每组每次运行 10s，每一循环的间隔为 10min。

声波吹灰技术主要靠声振荡与声疲劳达到清灰的目的，振荡的作用是阻止灰尘黏附在受热面上，声疲劳的作用是使黏附在受热面上的灰尘通过疲劳而与受热面剥离。声波在炉膛或烟道内充满度好，可多次折射反射，形成驻波，只要声波能到达的地方就能起到清洗作用。声波发生器周期运行，一般 6h 清灰一次或许多声波发生器轮流连续运行。

7．辅助系统

（1）蒸汽减温系统主要工艺流程如下：锅炉过来的过热蒸汽采用减温水泵将除盐水（疏水备用）喷入减温系统管道内将过热蒸汽降温至饱和蒸汽。

（2）尿素站废水系统主要工艺流程如下：废水坑收集各尿素溶液罐体排污水、水解器废水、气相泄压等废气。

（3）成品气管道伴热疏水系统主要工艺流程如下：由于成品气在 120℃时会结晶，因此在管道输送过程中需要采用双管蒸汽伴热方式来保证成品气管道温度不会过低，一期蒸汽伴热的疏水采用管道收集后利用背压输送至一期工业废水池、二期蒸汽伴热的疏水采用管道收集后利用背压输送至尿素区疏水箱，疏水主要用于管道冲洗、尿素溶液制备，多余的疏水利用疏水泵输送至二期工业废水池。

8．系统介质

（1）蒸汽：尿素区的蒸汽采用不同机组的辅助蒸汽且互为备用。

（2）除盐水：来自除盐水联通管。

（3）仪用压缩空气：来自仪用气系统。

（4）消防水：来自化学消防水母管。

（5）杂用压缩空气：来自杂用压缩空气系统。

第四节　电厂水处理系统设备结构及原理

一、原水的混凝沉降处理

（一）水的混凝的特点

水中杂质的大小相差悬殊，几乎达几百万倍，小至可溶性物质，尺寸为几埃，大到几百微米的悬浮物质，即使是胶体，可能同时存在几种，成分不一样，尺寸也不一样。天然水中主要有黏土颗粒，还有微生物和其他有机物等。废水中成分更加复杂，含有大量无机杂质与有机杂质，甚至有大量合成高分子有机物。水的 pH 值变化大，由于水环境的污染，天然水水质必然受到工业废水和城市污水的影响，也随之复杂起来。水中的溶解离子成分多，随不同水质其成分与数量也不一样。水中不同的胶体受到反离子不同程度的压缩双电层的作用，可能已有轻度的凝聚，不同带电号的胶体也可能有一定程度的相互凝聚，它们还可能与水中较大的悬浮颗粒接触而被吸附等。因此水的混凝现象比之单纯胶体的凝聚虽有相同之处，但要复杂得多。

（二）水的混凝机理

水的混凝包括凝聚与絮凝两种过程。凝聚是指胶体被压缩双电层而脱稳的过程；絮凝则指胶体脱稳后（或由于高分子物质的吸附架桥作用）聚结成大颗粒絮体的过程。

凝聚是瞬时的，只需将化学药剂扩散到全部水中即可。絮凝则与凝聚作用不同，它需要一定的时间去完成，但一般情况下两者也不好绝然分开。因此把能起凝聚与絮凝作用的药剂统称为混凝剂。

1. 双电层压缩的机理

胶团双电层的构造决定了在胶粒表面处反离子的浓度最大，胶粒表面向外的距离越大反离子浓度越低，最终与溶液中离子浓度相等，当向溶液中投加电解质使溶液中离子浓度增高时，则扩散层的厚度减小。

当两个胶粒互相接近时，由于扩散层厚度减小，ξ 电位降低，因此它们互相排斥的力就减小了，也就是溶液中离子浓度高的胶间斥力比离子浓度低的要小。胶粒间的吸力不受水相组成的影响，但由于扩散层减薄，它们相撞时的距离就减小了，这样相互间的吸力就大了。其排斥与吸引的合力由斥力为主变成以吸力为主（排斥势能消失了），胶粒得以迅速凝聚。

这个机理能较好地解释港湾处的沉积现象，因淡水进入海水时，盐类增加，离子浓度增高，淡水挟带胶粒的稳定性降低，所以在港湾处黏土和其他胶体颗粒易沉积。

根据这个机理，当溶液中外加电解质超过发生凝聚的临界凝聚浓度很多时，也不会有更多超额的反离子进入扩散层，不可能出现胶粒改变符号而使胶粒重新稳定的情况。这样的机理是依据单纯静电现象来说明电解质对胶粒脱稳的作用，但它没有考虑脱稳过程中其他性质的作用（如吸附），因此不能解释复杂的其他一些脱稳现象，例如三价铝盐与铁盐作混凝剂投量过多，凝聚效果反而下降，甚至重新稳定；又如与胶粒带同电号的聚合物或高分子有机物可能有好的凝聚效果；等电状态应有最好的凝聚效果，但往往在生产实践中电位大于零时混凝效果却最好。

实际上在水溶液中投加混凝剂使胶粒脱稳现象涉及胶粒与混凝剂、胶粒与水溶液、混凝剂与水溶液三个方面的相互作用，是一个综合的现象。

2. 吸附电中和作用的机理

吸附电中和作用指粒表面对异号离子，异号胶粒或链状离分子带异号电荷的部位有强烈的吸附作用，由于这种吸附作用中和了它的部分电荷，减少了静电斥力，因而容易与其他颗粒接近而互相吸附。此时静电引力常是这些作用的主要方面，但在不少的情况下，其他的作用超过了静电引力。举例说，用 Na^+ 与十二烷基铵离子（$C_{12}H_{25}NH_3^+$）去除带负电荷的碘化银溶液造成的浊度，发现同是一价的有机胺离子脱稳的能力比 Na^+ 大得多，Na^+ 过量投加不会造成胶粒再稳，而有机胺离子则不然，超过一定投置时能使胶粒发生再稳现象，说明胶粒吸附了过多的反离子，使原来带的负电荷转变成带正电荷。铝盐、铁盐投加量高时也发生再稳现象以及带来电荷变号。上面的现象用吸附电中和的机理解释是很合适的。

3. 吸附架桥作用机理

吸附架桥作用机理主要是指高分子物质与胶粒的吸附与桥连。还可以理解成两个大的同号胶粒中间由于有一个异号胶粒而连接在一起。

高分子絮凝剂具有线性结构，它们具有能与胶粒表面某些部位起作用的化学基团，当高聚合物与胶粒接触时，基团能与胶粒表面产生特殊的反应而相互吸附，而高聚物分子的其余部分则伸展在溶液中可以与另一个表面有空位的胶粒吸附，这样聚合物就起了架桥连接的作用。假如胶粒少，上述聚合物伸展部分粘连不着第二个胶粒，则这个伸展部分迟早还会被原先的胶粒吸附在其他部位上，这个聚合物就不能起架桥作用了，而胶粒又处于稳定状态。高分子絮凝剂投加量过大时，会使胶粒表面饱和产生再稳现象。已经架桥絮凝的胶粒，如受到剧烈的长时间的搅拌，架桥聚合物可能从另一胶粒表面脱开，又卷回原所在胶粒表面，造成再稳定状态。

聚合物在胶粒表面的吸附来源于各种物理化学作用，如范德华引力、静电引力、氢键、配位键等，取决于聚合物同胶粒表面二者化学结构的特点。这个机理可解释非离子型或带同电号的离子型高分子絮凝剂能得到好的絮凝效果的现象。

4. 沉淀物网捕机理

当金属盐（如硫酸铝或氯化铁）或金属氧化物和氢氧化物（如石灰）作凝聚剂时，当投加量大得足以迅速沉淀金属氢氧化物［如 $Al(OH)_3$、$Fe(OH)_3$、$Mg(OH)_2$］或金属碳酸盐（如 $CaCO_3$）时，水中的胶粒可被这些沉淀物在形成时所网捕。当沉淀物是带正电荷［$Al(OH)_3$ 及 $Fe(OH)_3$ 在中性和酸性 pH 范围内］时，沉淀速度可因溶液中存在阴离子而加快，例如硫酸银离子。此外水中胶粒本身可作为这些金属氧氧化物沉淀物形成的核心，所以凝聚剂最佳投加量与被除去物质的浓度成反比，即胶粒越多，金属凝聚剂投加量越少。

以上介绍的混凝的四种机理，在水处理中常不是单独孤立的现象，而往往可能是同时存在的，只是在一定情况下以某种现象为主而已，目前看来它们可以用来解释水的混凝现象。但混凝的机理尚在发展，有待通过进一步的试验以取得更完整的解释。

（三）混凝处理常用药剂

1. 铝盐

常见的铝盐有硫酸铝 $\{Al_2(SO_4)_3 \cdot 18H_2O\}$、氯化铝（$AlCl_3$）、铝酸钠（或偏铝酸钠 $NaAlO_2$）、明矾 $\{Al_2(SO_4)_3 \cdot K_2SO_4 \cdot 24H_2O\}$、聚合铝等。

2. 铁盐

常见的铁盐有：硫酸亚铁（$FeSO_4 \cdot 7H_2O$）、氯化铁（$FeCl_3 \cdot 6H_2O$）、硫酸铁 $Fe_2(SO_4)_3$ 等。

3. 助凝剂

助凝剂是在混凝处理过程中起辅助（主要是吸附和架桥）作用，提高混凝效果的药剂，一般为高分子有机物，如聚丙烯酰胺（PAM）等。

（四）原水的沉降处理

利用重力使水中比水重的悬浮颗粒下沉而析出的过程称为水的沉降处理。此法比较简单，所以在水净化工艺中经常采用。

颗粒在静水中的沉降可以分为两种情况：一种是自由沉降；另一种是拥挤沉降。

1. 颗粒在静水中的自由沉降

为了将问题简化，下面讨论单个颗粒（离散颗粒）在静水中的沉降速度，并作如下假定：

（1）颗粒在静水汇总的自由沉降，是指颗粒沉降时不受容器壁的干扰，同时也不受周围其他颗粒的干扰，一般认为距容器壁的距离大于 $50d$（d 为颗粒直径）和悬浮物浓度小于 $5000mg/L$ 时，就可以看作是自由沉降。

（2）颗粒的形状理想化，颗粒自然形状虽然接近于球形，但它是不规则的，为了便于分析研究，假定它们的形状为球形。

（3）颗粒在静水中沉降的一个瞬间初速度为零，抗拒下沉的速度也为零，只有有效重力起作用，所以颗粒的沉降具有加速度。

根据牛顿第二定律，颗粒在静水中沉降的初期，由于重力作用，以加速度沉降，这一加速度可按下式计算：

$$\frac{m\,\mathrm{d}v_s}{\mathrm{d}t} = F_W - F_B - F_D \tag{4-6}$$

$$F_W = \rho_s V_P g \tag{4-7}$$

$$F_B = \rho_1 V_P g \tag{4-8}$$

式中　v_s——颗粒的沉降速度；

　　　m——颗粒的质量；

　　　t——时间；

　　　F_W——由于重力作用而形成的力；

　　　F_B——液体对颗粒所产生的浮力；

　　　F_D——颗粒周围的水对颗粒下沉所产生的阻力，即摩擦力；

　　　ρ_s——颗粒的密度；

　　　ρ_1——液体的密度；

　　　V_P——颗粒的体积；

　　　g——重力加速度。

F_D 不仅是颗粒粗糙度和沉降速度的函数，也是液体黏度和密度的函数。理论分析和试验结果表明，对球形的悬浮颗粒来说，在静水中沉降时这个阻力的值为：

$$F_D = 3\pi\mu v_s d \tag{4-9}$$

式中　d——颗粒的直径；

　　　μ——液体的动力黏度。

将式（4-7）、式（4-9）代入式（4-6），就可得到颗粒在水中沉降的方程式：

$$m\frac{\mathrm{d}v_s}{\mathrm{d}t} = g(\rho_s - \rho_1)V_p - 3\pi\mu v_s d$$

$$= g(\rho_s - \rho_1) \times \frac{1}{6}\pi d^3 - 3\pi\mu v_s d$$

$$V_p = \frac{1}{6}\pi d^3 \tag{4-10}$$

式中　V_p——球形颗粒的体积。

随着颗粒下沉的速度加大，抗拒沉降的阻力也加大，直到有效重力与阻力相等时，颗粒便以等速下降。颗粒在静水中的沉降，从加速度到等速沉降的时间是相当短暂的，如颗粒直径 $d_p = 1\mathrm{mm}$ 时，仅为 1/20s，所以研究时可以不考虑这一阶段，只研究等速沉降的速度，即

$$g(\rho_s - \rho_1) \times \frac{1}{6}\pi d_p^3 - 3\pi\mu v_s d_p = 0$$

$$v_s = \frac{g}{18\mu}(\rho_s - \rho_1)d_p^2 \tag{4-11}$$

式（4-11）为颗粒在静水中沉降速度公式，又称斯脱克斯公式，此式有很大的局限性，只有颗粒为球体和水流呈层流时才成立，所以实际上并不能用来计算悬浮颗粒的沉降速度。但有助于理解影响沉降的各个因素，从而有利于掌握沉淀澄清处理的原理和工艺条件。

上述公式表明，颗粒的直径 d_p 对沉降的速度影响很大，因 V_s 与 d_p 的平方成正比，所以混凝处理可大大增加沉降速度，提高澄清效果。如前所述，通过混凝处理，将水中许多细小的胶体颗粒凝聚成肉眼可见的絮状物，颗粒的直径增加了几十倍，甚至几百倍。

其次影响颗粒沉降速度的是颗粒与水之间的密度差（$\rho_s - \rho_l$），所以在沉降处理中，选择合适的混凝助凝剂，可增加絮状物的密度，提高澄清效果。水的动力黏度 μ 也影响颗粒的沉降速度，μ 值与水温有关，提高温度会降低水的黏度，有利于提高沉降速度。

上述影响因素只是对单个球形颗粒的静水沉降速度的影响，而在实际情况下，颗粒形状和水质条件等也会影响颗粒的沉降速度。颗粒的形状越复杂，沉降时受到的阻力也就越大。水质的影响是多方面的：

（1）固体颗粒之间或与周围介质之间存在着吸附作用，这种吸附作用的大小与颗粒的比表面积有关。

（2）天然水中的固体颗粒大都带有一定的电荷，经混凝处理后，电位降低了，因此颗粒之间存在着再凝聚现象。

（3）水的电化学性质也会影响颗粒沉降速度，而决定水的电化学性质的是水中反离子浓度的化合价。

（4）颗粒浓度很小时，沉降过程中彼此干扰很小，可看作是自由沉降。当颗粒浓度达到一定程度后，干扰逐渐增大，容易产生絮凝现象，使沉降速度加大。所以颗粒浓度大小对沉降速度的影响是通过絮凝起作用的。

2. 颗粒在静水中的拥挤沉降

在混凝过程中，悬浮固体颗粒的沉降，并非是单个颗粒的沉降问题，而是浓度很高的悬浮颗粒沉降。因此在沉降的过程中，颗粒与颗粒之间或颗粒与容器壁之间就存在干扰，这时就不能看作是自由沉降，而应看作是拥挤沉降了。拥挤沉降的特点是在沉降过程中出现一个清水与浑水的交界面，沉降过程就是在交界面的下降过程，交界面的下降速度就是颗粒的平均沉降速度。如果在澄清设备的悬浮泥渣层中取一量筒水样，让其自然沉降，就可观察到这种拥挤沉降现象。沉降不久，就在量筒最上面出现一层清水，清水与浑水之间形成一个交界面，又称浑液面。如果研究某一时刻沉降高度中悬浮物浓度的变化，可以把整个高度分成 4 个区域，如图 4-36 所示。上层浓度最小，为清水区 A；浑液面以下有较长一段高度浓度是均匀的，为等浓度区 B；在量筒底部有一段颗粒逐渐压实的区域，它的浓度比等浓度区大，称为浓缩区 D；在等浓度区和浓缩区之间有一个过渡区 C。随着沉淀时间的增长，浑液面往下移动，一直到等浓度区和过渡区完全消失，只剩下清水区和浓缩区。此后，浓缩区也逐渐减小，直到最后压实为止，得到最后压实浓度。这样研究固体颗粒在静水中的沉降规律就归结为研究浑液面随时间的下降规律了。

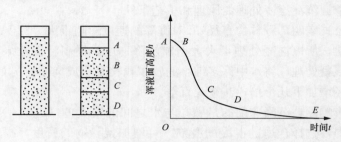

图 4-36　高浊度水的拥挤沉降过程

以浑液面的高度为纵坐标，以沉淀时间为横坐标，就可得到浑液面下降曲线。沉降开始后不久，在 B 点就可以出现浑液面，AB 段就是浑液面形成的过程，因为有凝聚现象，所以下降速度是逐渐增大的，因此 AB 段是向下凹的曲线，BC 段是一条直线，与曲线 AB 在 B 点相切，浑液面等速下降一直到 C 点，CD 段是一向上凹的曲线，表示浑液面下降速度逐渐减小，此时等浓度区已经消失，所以 C 点是沉降临界点，相应于 C 点以下的浓度都大于等浓度区的浓度，CD 段表示等浓度区，是过渡区和压缩区重合的沉淀物的压实过程。随着沉降时间增长，最后压实到某一高度 h。

拥挤沉降的速度一般可用式（4-12）表示：

$$v_c = \beta v_o \tag{4-12}$$

式中　v_c——颗粒浓度为 c 时的沉降速度；

　　　v_o——颗粒自由沉降速度；

　　　β——干扰系数。

β 主要为颗粒浓度的函数，可用式（4-13）表示：

$$\beta = f(c) \tag{4-13}$$

除了颗粒浓度影响沉降速度以外，颗粒密度、形状、水力条件等也会影响拥挤沉降的速度，因此很难用一个表达式表示 β 值，必须通过试验确定，试验条件不同，得出的 β 值表达式也不同，其中最简单的表达式为：

$$\beta = 10^{-kc}$$
$$v_c = 10^{-kc} v_o \tag{4-14}$$

式中　c——悬浮颗粒的体积浓度；

　　　k——反映悬浮物特性的常数。

（五）水的沉降澄清设备

沉淀设备的作用主要是让水中的悬浮固体颗粒沉淀下来，并排出沉淀物，使水得到澄清。按其工艺条件的不同，可分为澄清池和沉淀池。

1. 澄清池

澄清池与沉淀池的区别在于澄清池要同时完成两个过程：一是完成水

和药剂的引入、混合、反应和沉淀物成长的过程；二是完成沉淀物的沉淀分离和排出过程。因此澄清池必须同时起到以下几种作用：水的引出、药剂的加入、水和药剂的充分混合、沉淀物生成与沉降、澄清水的均匀引出和沉淀物的排出。

澄清池的种类、类型虽然很多，但有一个共同的特点，就是利用接触凝聚的原理去除水中的悬浮胶体颗粒。从接触凝聚的观点看，原水中的悬浮颗粒浓度越高、颗粒粒径越大及粒径之间相差越大，混凝效率就越好。澄清池内的悬浮泥渣层就是根据这一原理而设计的。

悬浮泥渣层是指在混凝反应过程中生成的絮状物在上升流速的作用下处于悬浮状态，保持动力平衡，随着处理水的不断通过，处于动态平衡的絮状物逐渐积累，当达到一定的浓度时，就形成一个对混凝效率起关键作用的悬浮泥渣层。

悬浮泥渣层有以下作用：

（1）悬浮泥渣层中的颗粒浓度越大，接触凝聚的效果就越好。因为在凝聚过程中颗粒总浓度随时间的变化率与颗粒总浓度成正比。

（2）悬浮泥渣层中的颗粒浓度越大，颗粒之间的水流速度越大，颗粒之间的碰撞机会就越多，因此混凝效率就越好。但浓度达到 40g/L 以上时，由于水流速度过大，容易将絮状物打碎，使悬浮层难以维持动力平衡状态，甚至带出池外。而且使失去表面吸附能力的絮状物相对增多，从而造成一部分刚脱稳的胶体颗粒失去最有利的凝聚机会，不能及时被吸附。

（3）悬浮泥渣层对保证出水水质起一定的稳定作用。这是因为悬浮泥渣层中的固体颗粒在小股水流的撞击下呈无规则运动，从而改善了悬浮层中的浓度分布状态，当进水流量和水发生变化时，不至于引起出水水质恶化。

（4）随着处理水不断通过，一部分泥渣表面失去吸附能力，同时又有些新的泥渣在生成。为了保持悬浮层中颗粒表面的吸附活性，必须不断排除一部分老化的泥渣。

（5）吸附作用：水中某些杂质颗粒被悬浮泥渣颗粒的表面所吸附。

（6）晶核作用：悬浮泥渣层中的颗粒可充作结晶核心，例如：$CaCO_3$ 的结晶过程可以在这些颗粒表面进行。

悬浮泥渣层中的颗粒浓度层高度是保证接触凝聚效果的关键，而影响悬浮层浓度的主要因素是生水中悬浮物含量和水流的上升速度。在其他条件相同下，上升流速越大，悬浮层中颗粒浓度就越小。澄清池通常由进水系统、接触凝聚区、澄清分离、出水系统和排污系统五部分组成。由于每部分的型式不同，澄清池型式繁多。根据悬浮泥渣层的特点，可分为泥渣悬浮式澄清池和泥渣循环式澄清池两种类型。

泥渣悬浮式的特征是在运行中有一层悬浮在水中的泥渣层，该泥渣层是因为受到自下而上水流的作用力而呈悬浮状态的。水的净化作用发生在加有药剂的原水流过此泥渣层的过程中。

泥渣循环式除了有悬浮泥渣层外，还有若干泥渣作循环运行，即泥渣区中有部分泥渣回流到进水区，与进水混合后又返回到泥渣分离区。

2. 沉淀池

沉淀池的作用只是让悬浮颗粒从水中沉淀出来，并排出池外，因此在沉淀池的前面必须设置混凝剂和水进行混合的混合设备和反应设备，完成胶体颗粒的脱稳、长大过程后，再进入沉淀池。沉淀池的池型也比较多，最常用的有两种：一种是平流式沉淀池，它是发展最早的一种沉淀设备；另一种是斜板斜管式沉淀池，它是在平流式沉淀池的基础上发展起来的一种新的池型。下面对斜板斜管式沉淀池进行重点介绍。

（六）斜板斜管式沉淀池

斜板斜管式沉淀池是一种在沉淀池内设置许多间隔较小的平行倾斜斜板或直径较小的平行倾斜管的一种沉淀装置。它不仅沉淀效率高，而且池子容积小，占地面积少。但对水量、水质变化的适应性较差，所以应加强管理和注意排泥。

1. 斜板斜管式沉淀池的特点

（1）根据平流式沉淀池离散颗粒的沉淀原理，在处理水量 q_v 和颗粒沉降速度 u_J 一定的条件下，沉降效率（或去除率）与池子的平面面积（A）成正比，即去除率等于 $\dfrac{u_J A}{q_v}$。如将池子沿高度分成 n 个间隔，使平面面积增加 n 倍，沉淀效率也应提高 n 倍。

（2）池内设置斜板、斜管以后，加大了池子过水断面的湿周，使水力半径和雷诺数减小，在水平流速一定的情况下，沉淀效率提高。

以水流断面积为 m^2 的正方形为例，它的水力半径 R 为：

$$R = \frac{m^2}{4m} = \frac{m}{4}$$

如果用隔板沿深度方向分成 n 等份，则水力半径 R 为：

$$R = \frac{\dfrac{m^2}{n}}{2\left(\dfrac{m}{n} + m\right)} = \frac{m}{2(1+n)}$$

由于 $n > 1$，$2(1+n) > 4$，因此

$$\frac{m}{2(1+n)} < \frac{m}{4}$$

如果 n 值足够大，可使水力半径 R 很小。因为雷诺数（Re）与 R 成正比，R 值越小，Re 也越小。

一般来讲，斜板斜管式沉淀池的水流属于层流状态，Re 多在 200 以下，甚至低于 100。

由于弗劳德数（Fr）与 R 成反比，R 值越小，Fr 值越大，水流的稳

定性增强，也有利于颗粒沉降，提高沉降效率。斜板斜管式沉淀池的 Fr 数一般为 $10^{-3}\sim10^{-4}$，斜管的 Fr 数会更大。

（3）斜板斜管式沉淀池按水流方向，一般分为上向流、下向流和平向流三种。上向流的水流方向是水流自下向上流动的，而沉泥是自上而下滑动的，两者流动的方向正好相反，故常称异向流，斜管沉淀池均属异向流。下向流的水流方向和沉泥的滑动方向都是自上向下的，故常称为同向流。同流向的特点是：沉泥和水为同一流向，但清水流至沉淀区底部后仍需返回到沉淀池顶部引出，使沉淀区的水流过程复杂化。平向流的水流方向是水平的，而沉泥仍然是自上向下滑动的，两者的流动方向正好垂直。

目前，在电厂水处理中多采用异向流。

2. 斜板斜管式沉淀池的结构

（1）进水区。进入沉淀池的水流多为水平方向，而在斜板、斜管沉淀区的水流方向是自下向上的。目前设计的斜板斜管式沉淀池，进水布置主要有穿孔墙、缝隙墙和下向流斜管进水等形式，以使水流在池宽方向上布水均匀，其要求和设计布置与平流式沉淀池相同。为了使下向流斜管均匀出水，需要在斜管以下保持一定的配水区高度，并使进口断面处的水流速度不大于 0.05m/s。

（2）斜板斜管的倾斜角。斜板与水平方向的夹角称为倾斜角，倾斜角越小，截流速度越小，沉降效果越好。但为排泥通畅，倾斜角不能太小，对异向流斜板斜管式沉淀池，倾斜角一般不小于 55°。对同向流斜板斜管式沉淀池因排泥比较容易，一般不小于 30°。

（3）斜板、斜管的形状与材质。为了充分利用沉淀池的有限容积，斜板、斜管都设计成截面为密集型的几何图形，其中有正方形、长方形、正六边形和波纹形等。为了便于安装，一般将几个或几百个斜管组成一个整体，作为一个安装组件，然后在沉淀区安放几个或几十个这样的组件。

斜板、斜管的材料要求轻质、坚牢、无毒、价廉。目前使用较多的有纸质蜂窝、薄塑料板等。蜂窝斜管可以用浸渍纸制成，并用酚醛树脂固化定形，一般制成正六边形，内切圆直径为 25mm。塑料板一般用厚度为 0.4mm 的硬聚氯乙烯板热压成形。

（4）斜板的长度与间距。斜板、斜管的长度越长，沉降效率越高。但斜板、斜管过长，制作和安装都比较困难，而且长度增加到一定程度后，再增加长度对沉降效率的提高却是有限的。如果长度过短，进口过滤段（是指水流由斜管进口端的紊流过渡到层流的区段）长度所占的比例增加，有效沉降区的长度相应减少，斜管过渡段的长度为 100～200mm。

根据经验，上向流斜板长度一般为 0.8～1.0m，不宜小于 0.5m，下向流斜板长度为 2.5m 左右。

在断面速度不变的情况下，斜板间距或管径越小，管内流速越大，表面负荷也就越高，因此池体体积可以相应减少。但斜板间距或管径过小，加工困难，而且易于堵塞。目前在给水处理中采用的上向流沉淀池，斜板间距或管径大致为50～150mm，下向流斜板沉淀池的斜板间距为35mm。

（5）出水区。为了保证斜板、斜管出水均匀，出水区中集水装置的布置也很重要。集水装置一般由集水支槽（管）和集水总渠组成。集水支槽有带孔眼的集水槽、三角锯齿堰、薄型堰和穿孔管等类型。

斜管出口到集水堰（孔）的高度（即清水区高度）与集水支槽（管）之间的间距有关，应满足：

$$h \geqslant \frac{\sqrt{3}}{2}L \tag{4-15}$$

式中 h——清水区高度；

L——集水支槽之间的间距。

一般L值为1.2～1.8m，故h最小值一般为1.0～1.5m。

（6）颗粒的沉降速度u。采用混凝处理时一般为0.3～0.6mm/s。斜板间内的水流速度与平流式沉淀池的水平流速基本相当，一般为10～20mm/s。

3. 斜板斜管式沉淀池的优点

（1）利用了层流的原理，水流在板间或管内流动，具有很大的湿周，水力半径很小，所以雷诺数较低，一般情况下，雷诺数（Re）不会大于500，对沉淀极为有利。

（2）大大增加了沉淀池的面积，因此使沉淀效率提高。当然，由于斜板的具体布置、进出水的影响及板或管内流态的影响等，处理能力不可能达到理论倍数。实际提高的沉淀效率与理论沉淀效率比称为有效系数。

（3）缩短了颗粒沉淀距离，使沉淀时间大大缩短。

（4）斜板或管内絮状颗粒的再凝聚，促进了颗粒进一步长大，从而提高了沉淀效率。

二、原水的过滤处理

（一）过滤的目的

浊度较高的原水，经沉淀或澄清处理后浊度≤10NTU，出水浊度还远远不能满足离子交换处理等后续处理对水质的要求，因此，必须再经过过滤处理，要求出水浊度≤1NTU。

（二）过滤的机理

过滤就是让经混凝处理后的水通过一种多孔滤料，从而降低水中悬浮物含量的过程。过滤可除去一部分有机物、硅、铁、铝的化合物及一部分细菌、臭味和色度。

当水经过滤层时，被水夹带的悬浮颗粒在某些物理因素作用下会脱离水流流线，向滤料表面靠近，由于悬浮颗粒与滤料颗粒之间的黏附作用，悬浮颗粒黏附在滤料表面。但滤料颗粒和被截留的悬浮颗粒间的黏合程度并不十分牢固，因此在水力作用下，一部分已黏着的悬浮颗粒会从滤料表面剥落下来，被水流带入下一层滤料，并重新被截留。随水流流动的悬浮颗粒之所以能脱离水流流线向滤料颗粒表面靠近，是由于某些物理因素的作用，这些物理作用有拦截、惯性、扩散、沉降和流体动力作用。

一旦悬浮颗粒靠近滤料颗粒，它就会在范德华力、化学结合力以及某些特殊的物理、化学吸附力作用下黏附到滤料颗粒的表层或黏附在原来已黏附的悬浮颗粒上。黏附作用主要与滤料颗粒和悬浮颗粒表面的物理化学性质有关，同时还与水流速度和水的性质有关。

过滤除去的不仅仅是大于过滤介质孔径的颗粒，较小的也能除去。研究得知，过滤过程有以下作用：

（1）吸附：滤料颗粒表面吸附了水中细小的颗粒。

（2）架桥：截留下来的悬浮物在滤颗粒表面发生重叠和架桥的过程，因此形成了一层附加的滤膜。

（3）混凝：凝絮、悬浮物和砂粒表面之间发生了与混凝作用相同的颗粒凝集过程。

（4）筛分：完成大小悬浮物的大小分离过程。

当滤层截污到一定程度时，用较强的水流自下而上对滤料进行冲洗，称为反冲洗。从过滤开始到反洗结束后的时间，称为滤池的工作周期。

反洗时，由于水是向上流动的，滤料颗粒间会发生松动的现象，即滤层膨胀。滤层膨胀后所增加的高度和膨胀前高度之比称为滤层膨胀率，这是用来度量反洗强度的指标。

（三）对滤料的要求

（1）化学性能稳定，不影响出水水质。

（2）力学性能良好，使用中不破裂。

（3）粒度适当。粒径过大时，细小的悬浮物会穿过滤层，而且反洗时不能使滤层充分松动，反洗不彻底，滤层中水头损失也较快，缩短过滤周期，反洗水耗量也大。

（4）应当价格便宜，便于取材。

目前所用的滤料主要有石英砂、活性炭、无烟煤、磁铁矿等。

（四）影响过滤的因素

（1）滤速的影响。滤速越高，滤池的产水量越大，而滤池的占地面积就越小。但滤速的提高是有限度的，因为随着滤速的提高，会出现过滤周期缩短、滤层压降增加、出水浊度升高等问题。

（2）反洗的效果。每次反洗应将滤层中的污泥清除干净，否则，累积在滤层中的污泥会使滤料颗粒相互黏结起来，即发生滤料结块现象，从而破坏滤池的正常运行。

（3）水流的均匀性。取决于滤池本身的配水系统，使滤池在过滤和反洗时水流均能在滤层平面均匀分布。

（五）空气擦洗重力滤池

原水预处理中过滤处理装置为重力滤池，如图 4-37 所示。

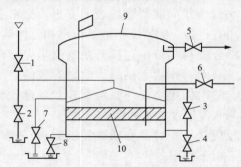

图 4-37　空气擦洗重力滤池

1—进水气动门；2—反洗排水气动门；3—连通气动门；4—正洗排水气动门；

5—出水气动门；6—空气擦洗进气气动门；7—上部排空门；8—底部排空门；

9—集水箱；10—石英砂滤料层

利用澄清池出水口高于重力滤池出水口的高度差为重力滤池运行的原动力。澄清池出水经进水气动门 1 进入重力滤池，然后经过石英砂滤料层 10 过滤，出水经连通气动门 3 进入上部集水箱 9，当集水箱水位到达溢流口时，通过出水气动门 5 流入饮用消防水池。

重力滤池运行达到下列条件时需要进行反洗，同时进行空气擦洗：①达到运行周期；②进出水压差大于 50kPa；③出水水质恶化；④其他特殊原因。重力滤池需要擦洗时，首先通过正洗排水气动门 4 将石英砂滤层上部水排水 1min，然后开反洗排水气动门 2 及空气擦洗进气气动门进行气擦洗 15min，然后开连通气动门利用集水箱水进行反冲洗。

三、消防水系统

燃煤电厂有不少重点防火部位，火灾危险性很高，一旦发生火灾，其后果不堪设想，所以消防水系统非常重要。消防水系统通常具有高可靠性、高稳定性和高智能性等特点。

消防水是火灾扑救中的重要一环。消防给水设施通常包括消防供水管道、消防水池、消防水泵、消防稳压设备等。这个设施中包含的几个部分，每一部分都有着重要的作用。消防水泵一般由 1 套消防稳压设备（消防稳压泵、稳压罐）、1 台电动消防泵和 1 台柴油消防泵组成。

1. 消防水泵

消防水泵是消防系统中的主要设备之一，用于提供高压水流，保证消防系统的正常运行。消防水泵应有备用动力，如采用双电源、双回路供电有困难时，可采用内燃机作动力。电厂厂用电不属于双电源，故新建电厂、大电厂备用电源应选用柴油机驱动。消防泵启动时，应优先启动电动消防泵，当电动消防泵故障时，再启动柴油消防泵，后者永远是备用泵。当消防泵全部为电动泵时，应设计为"互为备用"方式。

2. 消防稳压泵

消防稳压泵是消防系统中的重要组成部分，其作用是为消防水源提供稳定的水压和流量。消防稳压泵必须在平时保持运行状态，维持消防管网压力，在火灾发生时，仍应能运行一段时间，直至主消防泵启动时为止，须按主、备泵设置稳压泵。由于需要稳压泵一直保持运行状态，所以对其使用寿命有很高要求。

3. 稳压罐

如果说消防稳压泵为消防水泵的辅助设备，那么稳压罐就为稳压泵的辅助设备。稳压泵出口的管路与稳压罐相连通，水压相同。当管网压力（测点在稳压泵出口与稳压泵出水管路止回阀之间）降至设定低值时，自启动稳压泵。在稳压过程中，应将水看作为不可压缩的液体。

常见的自动喷水灭火系统如图 4-38 所示，其工作原理是在稳压罐内设定的 p_1、p_2、p_{s1}、p_{s2} 四个压力控制点中，每个压力点与控制继电器相连接，p_1 为稳压罐设计最小工作压力，p_2 为消防水泵启动压力，p_{s1} 为稳压泵启动压力，p_{s2} 为稳压泵停泵压力。当罐内压力为 p_{s2}，消防给水管网处于较高压力状态，稳压泵和消防水泵均处于停止状态，随着管网渗漏或其他原因造成泄压，罐内压力从 p_{s2} 降至 p_{s1} 时，便自动启动稳压泵向气压罐补水，直到罐内压力达到 p_{s2} 时，稳压泵停止运转，从而保证了稳压罐内消防储水的常备储存。若建筑物内发生火灾，随着灭火设备的开启用水，使稳压罐内的水量减少，压力不断下降，当从 p_{s2} 迅速降至 p_2 时，在发出警报的同时，输出信号到消防控制中心，自动启动消防水泵向消防给水管网供水，当消防水泵启动后，稳压泵便自动停止运转，消防稳压功能完成。

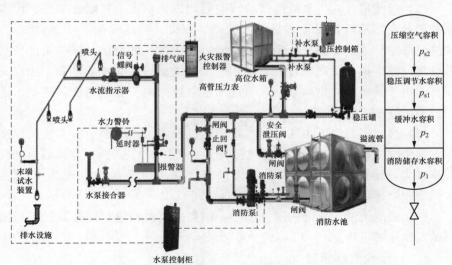

图 4-38　自动喷水灭火系统构成

p_{s1}、p_{s2}—稳压泵启动、停泵压力；p_2—消防水泵启动压力；p_1—稳压罐设计最小工作压力

四、锅炉补给水处理

（一）高效纤维过滤器结构特点

高效纤维过滤器是一种结构新颖的过滤器，采用纤维束为滤料垂直悬挂在多孔板上组成滤料层。在纤维滤料内设置加压室，通过加压室充水和排水来调节滤层纤维密度。加压室充水后过滤器运行，预过滤水从设备下部进入，清水从设备上部引出，加压室排水后对过滤器清洗。通过控制加压室充水量，可调节滤料的堆积密度，并根据出水水质要求，可方便地实现过滤器的运行和清洗。其下部设有空气分配系统和上下配水挡板，加压室充水为自动控制，设备整体可实现自动控制。

（二）高效纤维过滤器过滤的作用

1. 滤料、滤层特征

高效纤维过滤器以纤维丝束为滤料，若干纤维束以一定的密度排布于过滤器中，构成一松散并易于清洗的滤层，当加压室充入一定体积的水使纤维处于一定的压实状态，待过滤的水在压力作用下沿纤维束伸展的方向流过，即得到过滤。清洗时，排出加压室内的水，纤维束被放松，用水沿纤维束伸展方向冲出截留物，即使之得到清洗再生。

2. 滤层状态对过滤性能的影响

（1）截污容量。工作时水从空隙较大的滤层一侧流入，从孔隙较小的滤层一侧流出，泥渣可以渗透到滤层深处被吸附截留，能有效发挥整个滤层的截污作用，提高截污容量。测试表明高效纤维过滤器的截污容量可达 $8 \sim 10 kg/m^2$。

（2）过滤精度。高效纤维过滤器滤料比表面积大，吸附能力强；出水侧滤层存在压实区，保证了足够大的滤料密度，可以起到水质保护作用；清洗时可使纤维全部处于松散状态，能得到很彻底的清洗。这些条件使高效纤维过滤器具有很高的过滤精度，原水经过滤后透明度非常好，浊度近于零。由于其使用的是软填料，通过加压室随时调节滤层密度，达到了适时调节过滤精度的目的。

（3）过滤阻力。压实区的存在将增大过滤阻力，但由于压实区的厚度只占整个滤层厚度的一小部分（试验表明一般占 20% 左右），整体滤层的孔隙率较大，滤层总压头损失并不大；干净滤层压头损失一般为 $0.02 \sim 0.03 MPa$，该项指标也可通过加压室进行调节。

（4）过滤流速。较低的过滤阻力，很高的过滤精度，使高效纤维过滤器的工作流速可达 30m/h 以上。

（三）活性炭过滤器

活性炭吸附的目的：去除水中的有机物，降低水的 COD 值；去除水中游离氯，防止水中游离氯对离子交换树脂的氧化性破坏。

1. 工作原理

吸附是一种界面现象，在自然界很普遍。在固体与液体的自由表面上，由于物质质点（如分子、离子、质子等）与周围质点间的作用力没有达到平衡，因此，都有吸附外来物质的能力。因为通常物体的自由表面不大，所以此种吸附能力表现得不太明显。如果将固体粉碎成很小的微粒或者将它做成多孔的物体，则此种吸附能力就表现得十分突出，以致可以用这种性能对混合物进行分离。活性炭的比表面积很大，达 $500\sim1500m^2/g$。活性炭是非极性吸附剂，所以它对于某些有机物有较强的吸附力。活性炭的吸附力以物理吸附为主，一般是可逆的。

用活性炭的比表面过滤法除去水中游离氯能够进行得很彻底。这个过程不完全是由于活性炭表面对 Cl_2 的物理吸附作用，而是由于在活性炭表面起了催化作用，促使游离 Cl_2 的水解和加速产生新生态氧，其化学反应式为

$$Cl_2 + H_2O \Longleftrightarrow HCl + HClO$$

$$HClO \longrightarrow HCl + [O]（新生态氧）$$

这里所产生的新生态氧可以与活性炭中的碳或其他易氧化的组分反应，即

$$C + 2[O] \longrightarrow CO_2 \uparrow$$

活性炭可以用来降低水中有机物的含量，但是由于天然水中有机物种类繁多，分子的大小也不统一，所以在不同条件下，活性炭除去有机物的效率并不同，通常它不能将有机物除尽。根据活性炭的本质和水中有机物的组成，其吸附率为 $20\%\sim80\%$。

2. 活性炭过滤器的操作

在运行时，水流至活性炭层，在活性炭层的拦截、吸附作用下，水中的悬浮颗粒及胶体被截留在滤料层。由于活性炭本身对水流有阻力，因而形成了一定的压力降，即产生水头损失。随着过滤的进行，水头损失达到某一允许值时，过滤器就应停止运行，进行反冲洗以除去滤层中的悬浮颗粒及杂质，使滤层恢复吸附能力。

首先用罗茨风机把滤料搅动起来，以提高反冲洗的效果及减小反冲洗用水量。然后再用水反冲洗，使用反冲洗自下向上流动，把滤料冲成悬浮状态后，借助于滤料颗粒间的水流产生的剪切力和相互摩擦力，把吸附截留的悬浮物冲刷剥离下来，由反冲洗水带出。

（四）离子交换树脂

水处理中除去水中离子类杂质用得最普遍的方法是离子交换。离子交换现象是指某些物质遇到溶液时，可以将其本身所具有的离子和溶液中同符号离子发生相互交换。

离子交换剂的分类：现有的离子交换剂的工业产品种类繁多，通常按它们的各种特征作相对的区分。按本质可分为：无机离子交换剂和有机离子交换剂；按来源可分为：天然、合成、人造离子交换剂。目前用的最广的是合成有机离子交换剂。这一类交换剂的外形很像松树分泌出的树脂，

故称为树脂。

1. 离子交换树脂的分类

离子交换树脂以官能团的性质分为：强酸、弱酸、强碱、弱碱、螯合、两性及氧化还原树脂。

离子交换树脂的分子结构可以人为地分为两个不同的部分：一部分称为离子交换树脂的骨架，是由高分子所构成的基体，具有庞大的空间结构，支撑着整个化合物，使离子交换树脂不溶于各种溶剂；另一部分是带有可交换离子的活性基团，化合在高分子骨架上，起提供可交换离子的作用。骨架是由许多低分子化合物聚合而形成的不溶于水的高分子化合物，这些低分子化合物称为单体。根据单体的种类，树脂可分为：苯乙烯系、丙烯酸系等。根据实际生产需要可以制成多种类型树脂，如：磺酸型阳树脂、胺型阴树脂等。根据特点结构可以分为：凝胶型树脂、大孔型树脂、超凝胶型树脂和均孔型强碱性阴树脂。

（1）凝胶型树脂。凝胶型树脂是由苯乙烯和二乙烯苯混合物在引发剂存在下进行悬浮聚合得到的具有交联网状结构的聚合物，因这种聚合物呈透明或半透明状态的凝胶结构，所以称凝胶型树脂。凝胶型树脂的网孔通常很小，平均孔径为 $1\sim2nm$，且大小不一。在干的状态下，这些网孔并不存在，当浸入水中呈湿态时，它们才显示出来。因凝胶型树脂孔径小，不利于离子运动，直径较大的分子通过时，容易堵塞网孔，再生时也不易洗脱下来，所以凝胶型树脂易受到有机物污染，抗氧化性和机械强度也较差。

（2）大孔型树脂。大孔型树脂的制备方法和凝胶型树脂的不同主要是高分子聚合物骨架的制备。制备大孔结构高分子聚合物骨架时，要在单体混合物中加入致孔剂，待聚合反应完成后，再将致孔剂抽提出来，这样便留下了永久性网孔，称物理孔。大孔型树脂的特点是在整个树脂内部无论干或湿、收缩或溶胀都存在着比凝胶树脂更多、更大的孔（孔径一般在 $20\sim100nm$），因此比表面积大（几百到数百平方米每克）。大孔型树脂由于孔隙占据一定的空间，离子交换基团含量相应减少，所以交换容量比凝胶型树脂低些。大孔型树脂的交联度通常要比凝胶型的大，所以它的抗氧化能力较强，机械强度较高。对于凝胶型树脂来说，如果采用增大交联度的办法来提高其机械强度，则因制成的树脂网孔过小，离子交换速度缓慢，就失去了应用意义。通常，凝胶型树脂的交联度在 7% 左右，而大孔型树脂的交联度可高达 $16\%\sim20\%$。

（3）超凝胶型树脂。凝胶型树脂力学性能差的原因是聚合反应速度不一致，二乙烯苯比苯乙烯的聚合反应快，因而在聚合反应过程中总是二乙烯苯首先反应完，随后剩余的一些苯乙烯继续集合。这样就产生了由苯乙烯聚合而成的线性高分子，这就是混凝型树脂的薄弱环节。

超凝胶型树脂的制造方法是控制二乙烯苯和苯乙烯的反应速度，使其不发生苯乙烯单独聚合的过程。这样制得的树脂力学性能较好，可与大孔树脂相比。

（4）均孔型阴树脂。现在还生产出一种名为均孔型阴树脂，此种树脂不易被有机物污染。

当用二乙烯苯作交联剂时，差异聚合引起的不均匀性是不可避免的。所以在均孔型阴树脂的制造过程中，其交联不是依靠二乙烯苯，而是在引入氯甲基时，利用傅氏反应的副反应，使树脂骨架上的氯甲基和邻近的苯环之间生成次甲基桥。其反应式为：

这种次甲基交联不会集拢在一起，网孔较均匀。均孔型阴树脂对有机物的吸着是可逆的。所以不会被污染。

2. 离子交换树脂的种类

（1）苯乙烯系。苯乙烯系离子交换树脂是现在应用中一种离子交换剂，它以苯乙烯和二乙烯苯聚合成的高分子化合物为骨架，其反应式为：

工业用二乙烯苯都是它的各种异构体混合，邻位、间位和对位二乙烯都有，在上式的二乙烯苯分子中用斜线连接的乙烯基就是这个意思。在此反应中过氧化苯甲酰是聚合反应的引发剂。

用二乙烯苯是因为在它的分子上有两个可以聚合的乙烯基，可以把两个由乙烯基聚合成的线性高分子交联起来，所以二乙烯苯称为交联剂。聚合物中有了交联剂便成了体型高分子化合物，此时，它的机械强度增大，成为不溶于水的固体。在聚合物中起交联作用的纯二乙烯苯质量百分比称为交联度，通常用 DVB 来表示。

由于离子交换工艺方面的需要，都是直接将离子交换树脂聚合成小球状。其方法为将聚合用单体和分散剂等放在水溶液中，在一定温度下（40～50℃）经一定时间搅拌后，这些悬浮于水中的单体即聚合成球状物。此种球状物还没有可交换离子基团，称为白球或惰性树脂。需通过化学处理，引入活性基团，才成为离子交换树脂。

根据引入活性基团种类的不同，聚苯乙烯既可以制成阳离子交换树脂，也可以制成阴离子交换树脂。其方法如下：

1）磺酸型阳树脂。如用浓硫酸处理上述白球，则可以在它的分子上引入磺酸基（—SO₃H），如反应式所示：

$$\cdots-CH-CH_2-CH-CH_2-\cdots \quad \xrightarrow[100℃，Ag_2SO_4]{H_2SO_4} \quad \cdots-CH-CH_2-CH-CH_2-\cdots$$

聚苯乙烯 → 聚苯乙烯磺酸型阳树脂

此反应为磺化反应，产物磺酸型阳树脂具有强酸性。磺化反应是比较容易进行的，但对于有交联结构的聚合物，因硫酸不易进入白球的内部，故磺化反应会受到阻碍。为了扩大树脂的孔眼，制造时常加入溶胀剂二氯乙烷，待磺化完成后，将二氯乙烷蒸馏出来。

2）胺型阴树脂。在聚苯乙烯的分子上引入胺基，则可制得阴树脂。通常是先用氯甲醚处理白球，使苯环上带氯甲基，如下反应式所示：

$$\cdots-CH-CH_2 \quad +CH_3OCH_2Cl \quad \xrightarrow{ZnCl_2} \quad \cdots-CH-CH_2 \quad +CH_3OH$$

聚苯乙烯中的苯乙烯环　　氯甲醚　　　　　氯甲基聚苯乙烯　　　CH₂Cl

此反应称为傅氏反应。然后用胺类处理氯甲基聚苯乙烯，即胺化。根据胺化所用药剂的不同，可以制得碱性强弱不同的各种阴树脂。

（2）丙烯酸系。如用丙烯酸甲酯 $CH_2\!=\!CH\text{-}COOCH_3$（或 $CH_2\!=\!C\text{-}COOCH_3$）与交联剂二乙烯苯共聚，可生产丙烯酸系聚合物，反应式为：

$$\cdots-CH-CH_2-CH-CH_2-CH-\\ |\qquad\qquad |\qquad\quad |\\ COOCH_3\quad\ COOCH_3\\ \\ -CH-CH_2-CH-CH_2-\\ |\qquad\qquad |\\ COOCH_3\quad\ COOCH_3$$

（或简写成RCOOCH₃）

此聚合物上已带有活性基团。可用以下方法转化成阳树脂或阴树脂。

1）羧酸型阳树脂。将 $RCOOCH_3$ 进行水解，可获得丙烯酸型羧酸树脂，反应式为：

$$RCOOCH_3 \xrightarrow[H_2O]{浓 KOH} RCOOH$$

羧酸型树脂为弱酸型阳树脂。

2）阴树脂。将 $RCOOCH_3$ 用多胺进行胺化，可获得丙烯酸系阴树脂。如用二乙撑三胺进行胺化，其反应式为：

$$RCOOCH_3 + H_2N\text{-}C_2H_4\text{-}NH\text{-}C_2H_4\text{-}NH_2 \longrightarrow$$
$$RCONH\text{-}C_2H_4\text{-}NH\text{-}C_2H_4\text{-}NH_2$$

此反应制得的是弱酸型阴树脂，每个活性基团有一个仲胺基和伯胺基。

3. 离子交换树脂命名

离子交换树脂的全名称由分类名称、骨架（或基团）名称、基本名称三部分按顺序依次排列组成。

因氧化还原树脂与离子交换树脂的性能不同，故在命名的排列上也有不同。其命名原则有基团名称、骨架名称、分类名称和树脂两字组成。凡分类属酸性的，应在基本名称前加一个"阳"字；分类属碱性的，在基本名称前加"阴"字。

离子交换树脂产品的型号主要以三位阿拉伯数字组成，第一位数字代表产品的分类即活性基团的代号，第二位数字代表骨架的差异，代号及名称见表 4-5，第三位数字为顺序号，作为区别基团、交联剂等的差异。

表 4-5 离子交换树脂产品的活性基团和骨架代号

离子交换树脂产品的活性基团代号		离子交换树脂产品的骨架代号	
序号	分类名称（活性基团）	序号	分类名称（骨架代号）
0	强酸性	0	苯乙烯系
1	弱酸性	1	丙烯酸系
2	强碱性	2	酚醛系
3	弱碱性	3	环氧系
4	螯合性	4	乙烯吡啶系
5	两性	5	脲醛系
6	氧化还原性	6	氯乙烯系

凡大孔型离子交换树脂，在型号前加"大"字的汉字拼音的首位字母"D"表示。凝胶型离子交换树脂的交联度值，可在型号后用"×"号连接阿拉伯数字表示。如遇到二次聚合或交联度不清楚时，可采用近似值表示或不予表示。凝胶型离子交换树脂和大孔型交换树脂型号如图 4-39 所示。

如 001×7 全称为"凝胶型强酸性苯乙烯系阳离子交换树脂"，其交联度为 7%；D201×7 全称为"大孔型强碱性苯乙烯系阴离子交换树脂"，其交联度为 7%。

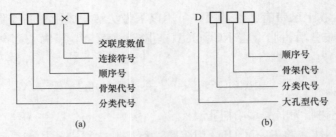

图 4-39 凝胶型离子交换树脂和大孔型离子交换树脂型号
(a) 凝胶型离子交换树脂；(b) 大孔型离子交换树脂

4. 离子交换原理

(1) 晶格理论。以前，采用的离子交换剂是天然沸石，此种物质的组成大致为 $Na_2O \cdot Al_2O_3 \cdot nSiO_2 \cdot mH_2O$，它具有晶态结构。对于此种离子交换过程，可用同晶置换的理论来解释。该理论指出，此种物质的晶格基本是由离子所组成，其中有一部分 Si^{4+} 被 Al^{3+} 所代替，因此在这些部位缺少正电荷，此不足的电荷是由 Na^+ 或 Ca^{2+} 等离子来补偿，从而形成了可交换的活动离子。

(2) 双电层理论。对离子交换树脂，由于它们具有凝胶状结构，所以不能用晶格理论来解释其离子交换过程。

双电层理论指出，离子交换树脂分子上的可交换离子，是由许多活性基团在水中发生电离作用而形成的。当离子交换树脂遇水时，它的可交换离子在水分子的作用下有向水体中扩散的倾向（因为水体中离子的浓度通常比树脂中的浓度小），扩散的结果会使树脂的基体留有与可交换离子符号相反的电荷，这样，使因异性电荷的引力而抑制了可交换离子的进一步扩散。其结果是，在浓度扩散和静电引力两种相反力的作用下，形成了双电层式结构，如图 4-40 所示。

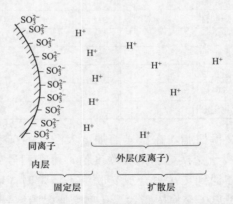

图 4-40 离子交换树脂的双电层结构

离子交换树脂双电层中扩散层的厚度受到许多因素的影响。首先，它决定于树脂的性质，如强酸性 H 型阳树脂中的 H^+ 很容易扩散，而弱酸性

H 型阳树脂中的 H^+ 就不易扩散。此外，还有溶液中溶质的浓度，当浓度较大时，由于渗透压的关系，双电层中水分渗透至溶液中的倾向要比在稀溶液中的大。因此，增大溶液中电解质的浓度会减少扩散层的厚度。所以在浓度较大的溶液中，离子交换比较困难。

当离子交换剂遇到含有电解质的水溶液时，电解质对其双电层有以下两种作用：

1）交换作用。扩散层中反离子在溶液中的活动较自由，离子交换作用主要在此种反离子和溶液中其他反离子之间，但并不局限于此，因动平衡的关系，溶液中的反离子会先交换至扩散层，然后再与固定层中的反离子互换位置。在扩散层中处于不同位置离子的能量是不相等的，那些和内层离得最远的反离子能量最大，因此它们最活跃，最易和其他反离子交换；和内层离得较近的反离子能量较小，活动性较差。这和多元酸或多元碱的多级电离情况相似。

2）压缩作用。当溶液中盐类浓度增大时，可以使扩散层压缩，从而使扩散层中部分反离子变成固定层中的反离子，以及扩散层的活动范围变小。这就说明了，为什么当再生溶液的浓度太大时，不仅不能提高再生效果，有时反使效果降低。

5. 离子交换树脂的性能

离子交换树脂外观为白色、黄色或棕色的小球，直径为 $0.3 \sim 1.2$mm。内部为网状的结构骨架。骨架内有许多孔隙和离子交换基团，树脂网状结构孔隙里充满水，它和可交换离子共同组成一个高浓度的溶液，使其有可能与外部水中的离子发生离子交换作用。离子交换树脂结构如图 4-41 所示。

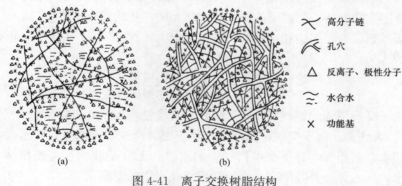

图 4-41　离子交换树脂结构
（a）凝胶型结构；（b）大孔型结构

（1）物理性能。

1）外观。离子交换树脂均制成小球状，球状颗粒量占整个颗粒量的百分率称为圆球率。离子交换树脂有透明、半透明和不透明三种。通常，凝胶型是透明的，大孔型是不透明的。当树脂在使用中受到污染时，其颜色也会发生变化。外观只是树脂的一种属性，并不影响它的应用，不能用来判断其性能的优劣。

2）粒度。在交换柱中进行的离子交换过程，实质上是水通过粒状介质的过滤过程，所以对离子交换树脂粒度的要求与滤料一样，应该是大小适宜和不均匀系数小。颗粒太小则阻力大，颗粒太大则离子交换速度慢。树脂的粒度一般是用不同目数筛子上的累计百分数来表示的。能保留50%颗粒的筛孔孔径（以 mm 表示）即为平均粒径；能保留90%颗粒的筛孔孔径为有效粒径。保留40%和90%颗粒的筛孔孔径之比为均一系数，计算公式为：

$$均一系数 = \frac{保留 40\%样品的筛孔孔径}{保留 90\%样品的筛孔孔径}$$

均一系数越小，说明树脂颗粒大小越均匀。

3）密度。离子交换树脂的密度有干真密度、湿真密度、湿视密度等表示法。

干真密度表示干燥情况下树脂的质量和干树脂的真体积之比，单位为 g/mL，即：

$$干真密度 = \frac{干树脂质量}{干树脂的真体积}$$

真体积指树脂的排液体积，它不包括颗粒内和颗粒间的孔隙。求取树脂的真体积要用不会使树脂溶解的溶剂，如甲苯。

湿真密度表示按树脂在水中经充分膨胀后的体积算出的密度，此体积包括颗粒孔眼中的水分，但颗粒与颗粒间的孔隙不应算入，湿真密度的计量单位为 g/mL，计算公式为：

$$湿真密度 = \frac{湿态树脂质量}{湿态树脂的真体积}$$

树脂的湿真密度与其在水中所表现的水力特性有密切的关系，所以具有重要的实用性能。阳树脂的湿真密度常比阴树脂的湿真密度大。

湿视密度表示树脂在水中充分膨胀后的堆积密度，计量单位为 g/mL，计算公式为：

$$湿视密度 = \frac{湿态树脂质量}{湿态树脂的视体积}$$

离子交换树脂的湿视密度可用来计算交换柱中装载的湿树脂量。

4）含水率。离子交换树脂在保存和使用时都应含有水分，脱水时易变质，遇水时易碎裂。离子交换树脂中的水分一部分是和活性基团相结合的化合水，另一部分是吸附在表面或滞留在孔眼中的游离水。

含水率常以每克湿树脂（去除表面水分后）所含水分百分比来表示，也可用每克干树脂的水分百分比表示。含水率大表示它的交联度小而孔隙大。含水率计算公式为：

$$含水率 = \frac{湿树脂质量 - 干树脂质量}{湿树脂质量} \times 100\%$$

5）溶胀性。当树脂浸于水中时，是不会溶解的，但体积会膨胀，这种现象称为溶胀。

离子交换树脂有两种不同的溶胀现象：一种是不可逆的，即新树脂经溶胀后，如重新干燥，它不再恢复到原来的大小；另一种是可逆的，即当浸于水中时树脂会胀大，干燥时恢复原状，再浸入水中时还会胀大，它会如此反复地溶胀和收缩。

在离子交换柱的运行过程中，如离子交换树脂的膨胀和收缩的变动较大，则在树脂层中间，特别是树脂层与柱壁之间产生间隙。在这些间隙中水的流速较大，故会造成水流断面各部分的流速不匀。

6）机械强度。树脂的机械强度包括耐磨性、抗渗透冲击性及物理稳定性等。为了保证交换器出水水质及长期可靠运行，离子交换树脂必须有良好的机械强度。

引起树脂可以破碎的原因有：树脂颗粒受到水流产生的压力；下部树脂层中的树脂颗粒受到上部树脂层重力的挤压；冲洗树脂床层时颗粒间的摩擦；树脂中离子的种类转变时颗粒的体积发生变化等。

7）溶解性和耐热性。离子交换树脂在水中基本上是不溶的，但有时会发生部分溶解的现象，其原因有：一是新树脂中有少量低聚物，这些低聚物会在树脂的最初使用阶段逐渐溶解；二是树脂的胶溶现象，离子交换树脂的高分子发生化学降解，崩裂成较小的分子，从而呈胶状溶于水中。促使胶溶的因素有：树脂的交联度小，树脂的交换容量大，活性基团的电离能力大和离子的水合离子半径大等。

温度对离子交换树脂的胶溶性能有很大影响：温度越高，树脂越容易发生化学降解。阳树脂承受的温度一般比阴树脂高。

（2）化学性能。

1）可逆性。离子交换反应是可逆的，例如当以含有硬度的水通过 H 型离子交换树脂时，其化学反应式为：

$$RH+Ca^{2+}\longrightarrow R_2Ca+2H^+$$

当反应进行到失效后，为了恢复离子交换树脂的交换能力，就可以利用离子交换反应的可逆性，用硫酸或盐酸溶液通过此失效的离子交换树脂，以恢复其交换能力，其化学反应式为：

$$R_2Ca+2H^+\longrightarrow 2RH+Ca^{2+}$$

这两种反应，实质上就是可逆反应化学平衡的移动，当水中 Ca^{2+} 和 H 型离子交换树脂多时，反应正向进行；反之，则逆向进行。反应式为：

$$2RH+Ca^{2+}\rightleftharpoons R_2Ca+2H^+$$

离子交换反应的可逆性，是离子交换树脂可以反复使用的重要性质。

2）酸碱性。H 型阳树脂和 OH 型阴树脂，如同电解质和碱那样，具有酸碱性。有些 H 型阳树脂或 OH 型阴树脂在水中电离出 H^+ 或 OH^- 的能力强，而另一些则电离能力弱，也有介于强弱树脂之间的离子交换树脂。离子交换树脂的活性基团有强酸性、弱酸性、强碱性和弱碱性之分。水的 pH 值对它们的使用特性有一定的影响。弱酸性树脂在水的 pH 值低时不电离或部分电离，因而只能在碱性溶液中才会有较高的交换能力；弱碱性树脂在水的 pH 值高时不电离或部分电离，只能在酸性溶液中才会有较高的交换能力；强酸、强碱性树脂的电离能力强，适用的 pH 值范围较广。各种离子交换树脂的有效 pH 值范围见表 4-6。

表 4-6　离子交换树脂的有效 pH 值范围

树脂类型	强酸性阳离子交换树脂	弱酸性阳离子交换树脂	强碱性阳离子交换树脂	弱碱性阳离子交换树脂
有效的 pH 值范围	0～14	4～14	0～14	0～7

3）中和、水解与中性盐分解性。在离子交换过程中可以发生类似于电解质水溶液中的中和、水解与复分解反应。例如，强酸性 H 型树脂与 NaOH 溶液相遇时，会发生类似于酸、碱溶液的中和反应，故交换反应可以进行得很完全。此化学反应式为：

$$RSO_3H + NaOH \longrightarrow RSO_3Na + H_2O$$

其结果是使水中中性盐转化为酸（当用强碱 OH 型树脂时为碱），此种性能为中性盐分解性。

如果在离子交换的反应产物中有易于沉淀的物质或稳定的络合物，那么都会使反应易于完成。

4）树脂的交换特性。

a. 强酸阳离子交换树脂：

$$2RH + \begin{cases} Ca^{2+} \\ Mg^{2+} \\ 2Na^+ \end{cases} \begin{cases} (HCO_3^-)_2 \\ 2Cl^- \\ SO_4^{2-} \end{cases} \longrightarrow R2 \begin{cases} Ca^{2+} \\ Mg^{2+} \\ Na^+ \end{cases} + \begin{cases} H_2CO_3 \\ 2HCl \\ H_2SO_4 \end{cases}$$

由上式可知，进水中各种阳离子经 H^+ 交换后，强酸阴离子与 H^+ 产生强酸，即经 H^+ 交换水的强酸酸度和其进水中强酸阴离子的量相当。

b. 强碱阴离子交换树脂：

$$2ROH + \begin{cases} 2Cl^- \\ SO_4^{2-} \\ 2HCO_3^- \\ 2HSiO_3^- \end{cases} \longrightarrow R2 \begin{cases} 2Cl \\ SO_4 \\ 2H_2CO_3 + 2OH^- \\ 2H_2SiO_3 \end{cases}$$

交换反应的结果，产生 OH^-，若进水为酸性，进行中和反应。

c. 弱碱阴离子交换树脂。弱碱性阴树脂只能交换 SO_4^{2-}、Cl^-、NO_3^- 等强酸阴离子，对弱酸阴离子 HCO_3^- 的交换能力很弱，对更弱的酸根 $HSiO_3^-$ 不能交换。不仅如此，而且弱碱性 OH 型树脂对于这些酸根的交换是有条件的。那就是交换过程只能在酸性溶液中进行，或者说只有当这些酸根成酸的形态时才能被交换，化学反应式为：

$$R(NH_3OH)_2 + H_2SO_4 \longrightarrow R(NH_3)_2SO_4 + 2H_2O$$

$$RNH_3OH + HCl \longrightarrow RNH_3Cl + H_2O$$

至于在中性溶液中，弱碱性 OH 型树脂就不能和它们进行交换。

虽弱碱 OH 型树脂的交换性能不如强碱性的好，但它极易用碱再生。因为它吸着 OH^- 的能力大，所以不论用强碱或弱碱（如 NaOH、KOH、$NaHCO_3$、Na_2CO_3 或 NH_4OH）再生都可以，而且不需要多量过剩的药剂，用顺流式再生时，一般仅需理论量的 1.2～1.5 倍。这对于降低离子交换除盐系统运行中的碱耗，具有很大意义，特别是当原水中含有强酸阴离子的量较多时。

在离子交换除盐系统中，弱碱性 OH 型树脂常常是和强碱性 OH 型树脂联合使用的，所以它还可以利用再生强碱性 OH 型树脂后的废液来再生。这样，不但可节约用碱量，而且可减少废碱的排放量。

5) 树脂的选择性。离子交换树脂对于不同的反离子的交换倾向有所不同，有些离子容易被吸着，而另一些离子很难被吸着。此种性能可看作是它们之间的亲和力有差别，这就是离子交换的选择。

选择性可区分成两类：一类是某种类型的离子交换树脂对某些离子的特殊选择性，例如弱性酸型树脂特别容易吸着 H^+，弱碱性树脂特别容易吸着 OH^-，又如羟酸型树脂易于吸着 Ca^{2+} 等；另一类是许多离子交换树脂对各种反离子所共有的选择性。

离子交换树脂对各种离子的选择性顺序并不是固定的。在不同的条件下，它们的顺序可能不同。影响此顺序的因素有：离子交换树脂的性质、溶液的浓度以及同离子与反离子之间所进行的特殊反应等。

对于强酸性阳树脂，在稀溶液中常见阳离子的顺序如下：

$$Fe^{3+} > Al^{3+} > Ca^{2+} > Mg^{2+} > K^+ \approx NH_4^+ > Na^+ > H^+$$

对于弱酸性阳树脂，H^+ 的位置向前移动。例如，对羟酸型阳树脂，H^+ 的选择性顺序居于 Fe^{3+} 之前。

在稀溶液中，阳离子交换的选择大致可以总结成以下一些规律：

a. 离子电荷数多的优先。

b. 电荷数相同时，水合离子半径小的优先。

c. 离子极化性较强的优先。

d. 会与固定离子基团形成络合物的优先。

e. 会与固定离子基团形成电离度很小化合物的优先。

对于强碱阴树脂，在稀溶液中的选择性顺序为：

$$SO_4^{2-} > NO_3^- > Cl^- > OH^- > HCO_3^- > HSiO_3^-$$

而对于弱酸阴树脂的选择性顺序为：

$$OH^- > SO_4^{2-} > NO_3^- > Cl^- > HCO_3^-$$

对 HCO_3^- 交换能力很差，对于 $HSiO_3^-$ 则不进行交换。

6) 树脂的交换容量。交换容量是对离子交换剂中可交换离子量多少的一种衡量。常用交换容量有全交换容量、平衡交换容量和工作交换容量。

全交换容量表示单位数量离子交换树脂所具有的活性基团的总量。

将离子交换树脂完全再生，使其处于单一的树脂成分，如全 RNa 型、全 RH 型或全 ROH 型等，然后使它与一定组成的溶液进行交换并达到平衡状态，如让组成一定的水不断通过直到进、出水的组成完全相同，此时单位数量离子交换树脂所交换的离子量称为离子交换树脂在该水质条件下的平衡交换容量。它是树脂在给定水质条件下可能达到的最大交换容量。

工作交换容量是指离子交换柱（器）由开始运行制水，到出水中需除去的离子泄漏量达到运行失效的离子浓度时，平均单位体积树脂所交换的离子量。其单位为 mol/m^3 或 mmol/L。影响树脂工作交换容量的因素有再生剂种类、再生剂纯度、再生方式、再生剂用量、再生液浓度以及再生流速、温度等。

7）稳定性。

a. 辐射稳定性。离子交换树脂受到射线照射后可能发生的现象为：交联度减少，交换容量降低和含水率增大；强碱树脂中的季铵基团会蜕变成为弱碱基团，并释放出水溶性脂肪胺；对于伯胺、仲胺、叔胺等弱碱基团，会分解出甲醛。

b. 化学稳定性。离子交换树脂的化学稳定性主要是指活性基团的稳定性以及它的抗氧化性能。不同的离子交换树脂会表现出不同的化学稳定性。在使用中，影响其稳定性的因素很多，如高温、氧化剂、铁离子及其氧化物、有机物污染以及微生物的作用等。

通常情况下，阳树脂的化学稳定性要比阴树脂的化学稳定性强，强酸性树脂比弱酸性树脂稳定。

6. 离子交换树脂的变质、污染和复苏

在离子交换水处理系统的运行过程中，各种离子交换树脂常常会渐渐改变其性能。一是树脂的本质改变了，即其化学结构受到破坏或发生机械损坏；二是受到外来杂质的污染。前一原因造成的树脂性能的改变是无法恢复的，而后一原因所造成的树脂性能的改变，则可以采取适当的措施，消除这些污物，从而使树脂性能复原或有所恢复。

（1）变质。

1）树脂的氧化。

a. 阳树脂。阳树脂在应用中变质的主要原因是由于水中有氧化剂。当温度高时，树脂受氧化剂的侵蚀更为严重。若水中有重金属离子，因其能起催化作用，使树脂加速变质。

阳树脂氧化后发生的现象为：颜色变浅，树脂体积变大，因此易碎，体积交换容量降低，但质量交换容量变化不大。

树脂氧化后是不能恢复的。为了防止氧化，应控制阳床进水活性氯离子低于 0.1mg/L。

b. 阴树脂。阴树脂的化学稳定性比阳树脂要差，所以它对氧化剂和高温的抵抗力也更差。除盐系统中，阴离子交换器一般布置在阳离子交换器之后，一般只是溶于水中的氧对阴树脂起破坏作用。

运行时提高水温会使树脂的氧化速度加快。

防止阴树脂氧化可采用真空除碳器，它在除去 CO_2 的同时，也除掉了氧气。

2）树脂的破损。在运行中，如果树脂颗粒破损，会产生许多碎末，碎末的增多会加大树脂的阻力，引起水流不均匀，进一步使树脂破裂。破损的树脂在反洗时会冲走，使树脂的损耗率增大。

（2）污染和复苏。

1）树脂的污堵。离子交换树脂受水中杂质的污堵是影响其长期可靠运行的严重问题。污堵有许多原因，现分述如下：

a. 悬浮物污堵。原水中的悬浮物会堵塞在树脂层的孔隙中，从而增大水流阻力，也会覆盖在树脂颗粒的表面，阻塞颗粒中微孔的通道，从而降低其工作交换容量。

防止污堵，主要是加强生水的预处理，以减少水中悬浮物的含量；为了清除树脂层中的悬浮物，还必须做好交换器的反洗工作，必要时，采用空气擦洗法。

b. 铁化合物的污染。在阳床中，易于发生离子性污染，这是因为阳树脂对 Fe^{3+} 的亲和力强，当阳树脂吸取了 Fe^{3+} 后不易再生，变成不可逆的交换。

在阴床中，易于发生胶态或悬浮态 $Fe(OH)_3$ 的污堵，因为再生阴树脂用的碱常含有铁的化合物，在阴床的工作条件下，阴树脂形成了 $Fe(OH)_3$ 沉淀物。

铁化合物在树脂层中的积累，会降低其交换容量，也会污染出水水质。

清除铁化合物的方法通常是用加有抑制剂的高浓度盐酸长时间与树脂接触，也可用柠檬酸、氨基三乙酸、EDTA 络合剂等处理。

c. 硅化合物污染。硅化合物污染发生在强碱性阴离子交换器中，其现象是：树脂中硅含量增大，用碱液再生时这些硅不易洗下来，结果导致阴离子交换器的除硅效果下降。

发生这种污染的原因是再生不充分，或树脂失效后没有及时再生。

d. 油污堵。如有油漏入交换器，会使树脂的交换容量迅速下降且水质变坏。一旦发生油污染，可发现树脂抱团、水流阻力加大、树脂的浮力增加、反洗时树脂的损失加大等现象。

可采用 38%～40% 的 NaOH 溶液进行清洗，或用适当的溶剂或表面活性剂清洗。

2）树脂的有机物污染。有机污染物是指离子交换树脂吸附了有机物后，再生清洗不能将它们解吸下来，以致树脂中的有机物量越积越多，树脂的工作交换量降低。被污染的树脂常常颜色发暗，原先透明的珠体变成不透明，并可以嗅到一种污染的气味。

防止有机物污染的基本措施是将进入除盐系统水中的有机物除去。其具体措施如下：采用抗有机物污染的树脂，加设弱碱性阴交换器，加设有机物清除器等。

3）复苏。离子交换树脂被有机物污染后，可用适当的方法加以处理，使它恢复原有的性能，称此为复苏。常用的复苏法为：用 $1\%\sim4\%$ 的 NaOH 和 $5\%\sim12\%$ 的 NaCl 的混合水溶液慢慢地通过或浸泡树脂层。此法的原理是用 NaCl 中的 Cl^- 置换有机酸根，因为浓溶液中的 Cl^- 与阴树脂的亲和力较强；加 NaOH 的目的是降低树脂基体对有机物的吸引力及增大有机物的溶解度。

五、一级离子交换除盐

原水经过混凝沉淀和过滤等预处理后，除去了水中大部分悬浮物和胶态物质，但水中仍有少量的悬浮物、有机物和可溶性盐类。要想制取满足亚临界以上高参数锅炉补给水要求的合格水质，必须将水中的阳离子、阴离子和二氧化硅全部除去。水处理工艺上常常采用阳离子、阴离子交换进行除盐的方法。

（一）一级离子交换除盐原理

一级离子交换除盐是指用 H 型阳树脂将水中各种阳离子交换成 H^+，用 OH 型树脂将水中各种阴离子交换成 OH^-，交换生成的 H^+ 和 OH^- 中和生成水，从而达到除盐的目的。简单的一级除盐系统如图 4-42 所示，它包括强酸阳离子交换器、除碳器和强碱阴离子交换器。水经过图 4-42 所示系统，基本上可以达到彻底除去阳、阴离子和 SiO_2 的目的。

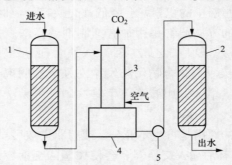

图 4-42　简单的一级除盐系统

1—强酸阳离子交换器；2—强碱阴离子交换器；3—除碳器；4—中间水箱；5—水泵

一级除盐系统的出水水质，应达到电导率 $\leqslant5\mu S/cm$，$SiO_2<100\mu g/L$，含钠量 $<100\mu g/L$。

（二）离子交换过程

1. 失效层、工作层和保护层

为了简便起见，先研究水中阳离子只有 Ca^{2+} 时通过 Na 型离子交换剂进行交换的情况。

当将水由上部通入交换剂时，水中 Ca^{2+} 首先遇到处于表面层的交换剂，与 Na^+ 进行交换。所以这层交换剂通水后总是很快就失效了。此后水再通过时，其中的 Ca^{2+} 已不和此表面层交换剂进行交换，交换作用就渗入到处于下一层的交换剂。此后，整个交换剂层可分为三个区域。上部是已失效的交换剂层，在这一层中由于前期的运行，交换剂均呈 Ca 型，使进水通过它后水质没有变化，故这一层称为失效层（也叫饱和层）；在它下面的一层称为工作层，水经过这一层时，水中 Ca^{2+} 和交换剂中的 Na^+ 逐步进行交换反应，直至它们达到平衡。最下部的交换剂层是未参加工作的一层，因为通过工作层后的水质，已达到和这里的离子交换剂成平衡状态。

当工作层还处于离子交换剂层的中间时，出水水质一直是良好的。当工作层的下缘移动到和交换器中交换剂层的下缘相重合时，如再继续运行势必因交换不完全而使出水中 Ca^{2+} 的残留量增加。以后如再运行时，水中 Ca^{2+} 的残留量就会较快地上升。所以在离子交换器的最下部，有一层不能发挥其全部交换能力的交换剂层，它只起保护出水水质的作用。这部分交换剂层称为保护层。

由此可知，交换器的运行，实质上是其中交换剂工作层自上而下不断移动的过程。

2. 阳树脂与 Ca^{2+}、Mg^{2+}、Na^+ 的反应

设水中只含有 Ca^{2+}、Mg^{2+}、Na^+，水自上而下通过阳离子交换器（阳床）。则阳床的工作过程如下。

进水的初期，由于交换剂是 H 型的，故水中各种阳离子都和离子交换剂中的 H^+ 相交换。但因各种阳离子选择性的不同，交换剂吸着的离子在交换剂层中有分层现象。即依据离子被交换剂吸着能力的大小，从上至下依次被吸着的顺序为 Ca^{2+}、Mg^{2+}、Na^+。当交换器不断进水时，由于 Ca^{2+} 比 Mg^{2+} 和 Na^+ 更易被吸着，进水中的 Ca^{2+} 可和已吸着了 Mg^{2+} 的交换剂层进行交换，使吸着 Ca^{2+} 的交换剂层不断扩大；当被交换出来的 Mg^{2+} 连同进水中的 Mg^{2+} 一起进入已吸着了 Na^+ 的交换剂层时，同样，Mg^{2+} 会排挤 Na^+，结果使吸着 Mg^{2+} 的交换剂层也不断扩大和下移；同理，吸着 Na^+ 的交换剂层也会不断扩大和下移。所以吸着 Ca^{2+}、Mg^{2+}、Na^+ 的交换剂层高度，大致与进水中所含三种离子浓度的比值相符合，如图 4-43 所示。在运行过程中，这三层交换剂的高度均在不断地向下扩展。当然，这三层交换剂并不是截然分开的，有程度不同的混层现象。

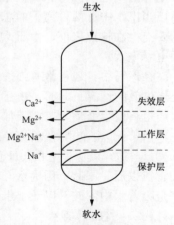

图 4-43　阳离子交换器工作过程

（三）阳床运行监督

强酸性 H 型交换器失效时，先后有漏 Na^+ 和漏硬度两种现象。在除盐系统中，为了要除去水中 H^+ 以外的所有阳离子，必须在有漏 Na^+ 现象时，即停止运行，进行再生。强酸性 H 型树脂交换器经再生后，出水水质变化明显。当它再生后冲洗时，出水中各种杂质的含量便迅速下降，当出水水质达到一定标准时就可投入运行，以后水质就保持平稳；当出水中的杂质达到临界点时，开始漏 Na^+，就是说应在此时停止运行。

（四）阴床运行监督

因为强碱性 OH 型交换器常设在强酸性 H 型交换器的后面，所以它的进水中各种阴离子都以酸的形态存在。因此，强碱性 OH 型交换器出水水质的变化情况（从再生后清洗时算起）如图 4-44 所示。

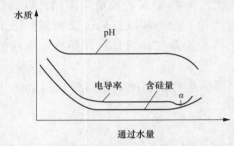

图 4-44　强酸性 OH 型交换器出水水质变化情况

在强碱性 OH 型交换器正常运行中，出水的 pH 值大部分在 7～9 之间，电导率为 $2～5\mu S/cm$，含硅量以 SiO_2 计为 $10～20\mu g/L$。当强碱性 OH 型树脂失效时，由于有酸漏过，pH 值下降；与此同时，集中在交换剂层下部的硅也就漏出，致使出水中硅含量上升。

至于电导率，则常常呈现先略微下降，而后上升的情况。其原因正和用电导法滴定酸碱中和反应相同，即水中 H^+ 和 OH^- 要比其他离子易导电，所以当出水中这两种离子的总含量很小时有一电导率最低点，如图 4-44 上的 α 点。在这点之前，由于 OH^- 含量较大而电导率大，之后由于 H^+ 量多而电导率大。

在运行中，还常常有强酸性 H 型交换器已开始失效，而 OH 型交换器还未失效的情况。此时，由于进入 OH 型交换器的水质改变了，它的出水水质也将发生变动，其概况如图 4-45 所示。

由于 H 型交换器开始漏 Na^+，致使 OH 型交换器的出水中含有NaOH，这样就会使它的 pH 值、电导率和含 Na^+ 量均上升，如图 4-45 上的 α 点以后。同时，因为水在通过 OH 型交换器时碱性增强，交换剂不能完全吸着水中的硅，以致出水中的硅含量也会上升。

（五）树脂的再生

1. 阳树脂

一般采用盐酸或硫酸再生，再生的反应式为：

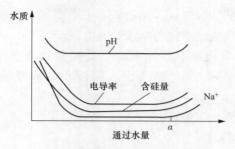

图 4-45　阳床失效时，阴床出水水质

$$2H^+R2\begin{cases}Ca^{2+}\\Mg^{2+}\\\\2Na^+\\2K^+\end{cases}\longrightarrow 2RH+\begin{cases}Ca^{2+}\\Mg^{2+}\\\\2Na^+\\2K^+\end{cases}$$

当采用硫酸再生时，反应产物中有易沉淀的 $CaSO_4$，需采用高流速、低浓度或分步再生等措施，以防 $CaSO_4$ 在树脂颗粒表面上析出。如果发生 $CaSO_4$ 在树脂层中析出，就会妨碍再生和制水运行中的离子交换，还会堵塞树脂颗粒间的缝隙，大大增加水流阻力，严重时会将树脂颗粒相互联结成块状，造成反洗困难。

盐酸与硫酸作再生剂的比较见表 4-7。

表 4-7　盐酸与硫酸作再生剂的比较

序号	盐酸	硫酸
1	价格高	价格便宜
2	再生效果好	再生效果差，有生 $CaSO_4$ 沉淀的可能
3	腐蚀性强，对防腐要求高	较易于采取防腐措施
4	具有挥发性，运输和储存比较困难	不能消除树脂的铁污染，需定期用盐酸清洗树脂

大部分电厂采用的是用盐酸再生。

2. 阴树脂

一般都用氢氧化钠再生，其反应式为：

$$R2\begin{cases}SO_4^{2-}\\2Cl^-\\\\2HCO_3^-\\2HSiO_3^-\end{cases}+2OH^-\longrightarrow 2ROH+\begin{cases}SO_4^{2-}\\2Cl^-\\\\2HCO_3^-\\2HSiO_3^-\end{cases}$$

（六）一级离子交换除盐装置运行及再生

离子交换器按其运行方式可分为固定床和浮动床。固定床再生方式可

157

分为顺流式、逆流式、分流式，浮动床离子交换器一般采用逆流方式再生。逆流再生指再生液的流动方向与制水的方向相反。

通常一级除盐采用单室浮动阳离子交换器和双室浮动阴离子交换器（增加了弱碱阴树脂），同时如果原水碱度小，从经济性考虑可不设除碳器。

下面主要针对浮动床进行介绍。

1. 浮动床工作原理

图 4-46 所示为浮动床的工作及再生示意图：它的运行比较独特，是将整个床层托在设备顶部的方式进行的。当自下向上的水流速度大到一定程度时，可以使树脂层像活塞一样上移（称成床），此时床层仍然保持着密实状态。如果水速控制得适当，则可以做到在成床时和成床后不乱层。离子交换反应即在此水向上流的过程中完成。当床层失效后，利用排水的办法或停止进水的办法使床层下落（称落床），于是可使再生液自上而下再生。

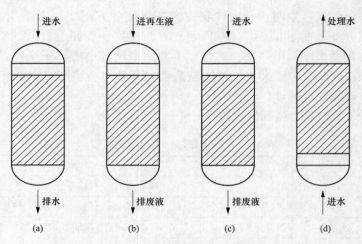

图 4-46　浮动床工作及再生示意图
（a）落床；（b）吸盐；（c）置换清洗；（d）成床、顺洗和制水

由于浮动床和逆流再生固定床在运行和再生时液流向恰好相反，所以浮动床交换剂层中的离子变动过程也恰好与逆流再生固定床相反。失效时，下层是近乎完全失效的交换剂层，上层是部分失效的交换剂层。再生时，上层交换剂始终接触新鲜的再生液，因此获得很高的再生度，这对保证运行出水水质是非常有利的。

浮动床除具有逆流再生固定床出水水质好、再生剂比耗低的优点外，还具有运行流速高、水流阻力小、操作方便和设备投资少等优点。其缺点是树脂需要在体外清洗。

2. 浮动床介绍

浮动床壳体一般是钢质的，为安装体内装置，小直径的浮动床多采用法兰结构。以下对浮动床内部的分配装置、床层、垫层、惰性树脂的作用，作简要说明。

（1）上部分配装置。上部分配装置起收集处理好的水、分配再生液、清洗水的作用。用的比较广泛的有：水平支管式、弧形管式、多孔板式和多孔管式等。一般在浮动床直径大于 1.5m 时，采用水平支管式或弧形管式；浮动床直径等于 1.5m 时，采用多孔板式或多孔管式。

（2）下部分配装置。下部装置起分配进水和汇集废液的作用，有石英砂垫层式、多孔板水帽式和环形管式等多种。中型和大型浮动床用得最多的是石英砂垫层式。

（3）床层和水垫层。床层和水垫层处于上、下分配装置之间。在运行状态时，床层在上部，水垫层在下部；在再生状态时，床层在下部，水垫层在上部。

床层高度一般为 1.5～3.0m，但树脂在转型时，体积会发生变化，如强型树脂在用酸或碱再生时，体积膨胀，在运行中体积又会逐渐收缩；弱型树脂则相反，在用酸或碱再生时体积收缩，在运行中体积又会逐渐膨胀。

水垫层起两个作用：一是作为床层体积变化时的缓冲高度；二是使水流或再生液分配均匀。水垫层的高度应调整适当，过高易使床层在成床或落床时产生乱层现象，而浮动床是最忌乱层的；高度不足，则床层膨胀时没有足够的缓冲高度，树脂受到压缩，产生结块、挤碎、清洗时间长以及运行阻力大等现象。要做到使浮动床既有水垫层而其高度又要适当，就需要在向浮动床装填树脂时，注意树脂的型态和装填的高度。一般强型树脂当呈 H 型或 OH 型时，用水力压实后，水垫层高度以 0～50mm 为宜。

3. 浮动床的运行与再生

浮动床的操作分运行和树脂的体外清洗两大部分。

浮动床的运行操作自浮动床失效算起，依次为：落床、再生、置换和正洗、成床和顺洗及制水等步骤。

（1）落床。当浮动床运行至出水水质达到失效标准时，应立即停止运行，转入落床。落床的方式分压力落床和重力落床两种。

1）压力落床。关出口门，开下部排水门，利用出口水的压力强迫床层整齐下落。此种落床时间一般为 1min。

2）重力落床。关出入口门，令树脂自行落床，落床时间一般为 2～3min。

两种落床方式相比，第一种落床方式速度快，床层的扰动小，适用于水垫层稍高和阀门有程序控制或远方操作的设备；第二种落床方式速度慢，适用用于水垫层低的设备。

（2）再生。由上而下送入再生液，并调整再生液的流速和浓度。为防止空气进入树脂层，可在排液门后加装倒 U 形管（顶部通大气）。

H 型浮动床的再生参数，可控制如下：在用盐酸再生时，酸液用量：每立方米 001×7 型树脂，用 40～50kg（换算 100%）；酸液浓度：2%～3%；酸液流速：3～6m³/h。

（3）置换和正洗。在进完再生液后，立即进行置换，控制流速与再生时相同。置换时间一般为 15～30min，然后调节水的流速至 10～15m³/h，进行正洗，正洗一般需要 15～30min。正洗结束后，进行下述操作或转入短期备用。

（4）成床。以 20～30m³/h 的水流速度成床，成床后继续用向上流的水清洗，直至出水水质达到标准时（一般仅需 3～5min），即可转入制水。运行流速为 7～60m³/h。

为了提高浮动床的出水水质和及时指示运行周期的终点，应设置体内取样装置。同时，在实际操作中不应在整个床层失效后才进行再生，而应在保护层失效前就进行再生，使保护层中的树脂始终保持很高的再生度。

树脂的清洗周期决定于入口水悬浮物含量的大小，一般是通过了 10～30 个运行周期后，需要将树脂送到体外进行清洗，因为在浮动床本体中几乎是装满树脂的。其清洗方法有两种：一种称气—水清洗法，它是将树脂全部输送到一个专设的体外清洗罐中，先用经净化的压缩空气擦洗 5～10min，然后以 7～10m³/h 流速反洗 10～20min（至反洗出口水透明无悬浮物）；另一种方法称为水力清洗法，它是只将约一半的树脂输送到一个体外清洗罐中，然后在两罐串联的情况下进行反洗，反洗时间通常为 40～60min。前者清洗效果好，但体外清洗罐容积要比浮动床容积大 1 倍左右，且所用压缩空气需要净化；后者需清洗时间较长，体外清洗罐的容积和直径与浮动床相同。

六、混合离子交换除盐

经一级离子交换除盐系统处理过的水质虽已较好，但仍不能满足亚临界以上高参数机组对补给水水质的要求。为了得到更好的能满足机组正常运行所需的合格水质，现用一种能在同一交换器中完成许多级阴、阳离子交换过程以制出更纯水的装置，这就是混床除盐装置。

（一）混合离子交换除盐原理

混合床离子交换法，就是把阴、阳离子交换树脂按一定比例放在同一个交换器中，运行前，将它们混合均匀。混合床可以看作是由许多阴、阳树脂交错排列而组成的多级式复床，如以阴、阳混均的情况推算，其级数可达 1000～2000 级。

在混合床中，由于阴、阳树脂是相互混匀的，所以其阴、阳交换反应几乎是同时进行的。或者说，水中的阳离子交换和阴离子交换是多次交错进行的。所以经 H 型交换所产生的 H^+ 和经 OH 型交换所产生的 OH^- 都不能累积起来，消除了反离子的影响，交换反应进行得十分彻底，出水水质很高。

（二）混合离子交换除盐设备结构

混合离子交换器的壳体和逆流再生阴、阳离子交换器的壳体相同，都是圆柱形密闭容器。壳体装有上部进水装置、下部配水装置、中间排水装置，还设有加酸、加碱的装置。其结构如图 4-47 所示。

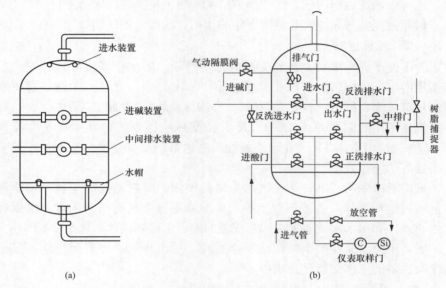

图 4-47 离子交换器管系布置和离子交换器阀门布置

（a）离子交换器管系布置；（b）离子交换器阀门布置

1. 离子交换器管系

混床进水配水装置和中间排水（进碱）装置及水帽，如图 4-48 所示。

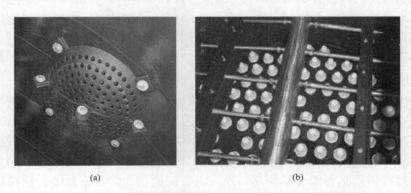

图 4-48 混床进水配水装置和中间排水装置及水帽

（a）混床进水配水装置；（b）混床中间排水装置及水帽

（1）进水装置采用的形式是穹形多孔板。

（2）进碱装置及中间排水装置均为支母管式。支管外包有尼龙网罩，以防树脂流失。进碱装置应能保证再生碱液能均匀地分布在交换剂层中。

（3）出水装置采用的是多孔板水帽式结构。其特点是布水均匀性好，水帽结构紧密，可防树脂流失。

2. 树脂捕捉器

捕捉器用于交换器的出口，防止因设备出水装置故障而引起的树脂泄漏，也可以截留破碎树脂，防止锅炉给水水质因树脂的混入而恶化。

树脂捕捉器是靠滤元起截留树脂的作用，滤元为不锈钢筛管结构。

（三）混床树脂

为了便于混合离子交换器失效后再生时阴、阳树脂能很好地分层，混床所用的阴、阳树脂的湿真密度差应大于 0.15g/mL。为了使水流通过树脂层的压降较小，树脂颗粒要大而均匀，同时机械强度要好。

混床所用的阳树脂为 D001-TR 大孔型强酸性苯乙烯系阳离子交换树脂，阴树脂为 D201-TR 大孔型强碱性苯乙烯系阴离子交换树脂，这样易于获得良好的除盐效果。

确定混床中阴、阳树脂比例的原则是使阴、阳树脂同时失效，以获得最高的树脂利用率。由于阳树脂的工作交换容量常比阴树脂的大，根据进水水质条件和出水水质要求，通常设置的阴、阳树脂的体积比为 2：1。

阴、阳离子交换树脂的配比不合适时，对出水水质一般无影响，只是整个交换器的工作交换量会减小。

（四）混床运行

这里以混床运行至失效时为起点，介绍一个运行周期的工作情况。

1. 反洗分层

这是混床除盐装置运行操作的关键问题之一，就是如何将失效的阴、阳树脂分开，以便分别通过再生液进行再生。用水力筛分法对树脂进行分层，即借反洗的水力使树脂悬浮起来，令树脂层达到一定的膨胀率，再利用阴、阳树脂的密度差所形成的在水中不同的沉降速度来达到分层的目的。一般阴树脂的密度较阳树脂的小，分层后阳树脂在下，阴树脂在上，两层树脂间有明显的分界面。

反洗开始时，流速宜小（为了保护集水和中间排水装置），待树脂层松动后，逐渐加大水速，直至全部床层都能松动。如反洗流速过大，虽然可以增加树脂的膨胀率，有利于分离，但需要用较高的设备，增加了投资，而且又可能损失树脂。

两种树脂是否能分层明显，除与阴、阳树脂的湿真密度差、反洗流速有关外，还与树脂的失效程度有关。树脂失效程度大的分层容易，否则就比较难。这是由于树脂在吸着不同离子后，密度不同，从而沉降速度不同。

对阳树脂，不同型的密度排列为：

$$H^+<NH_4^+<Ca^{2+}<Na^+<K^+$$

而对于阴树脂，不同型的密度排列为：

$$OH^-<Cl^-<CO_3^{2-}<HCO_3^-<NO_3^-<SO_4^{2-}$$

当交换器运行到终点时，如底层尚未失效的树脂较多，则未失效的阳树脂（H型）与已失效的阴树脂（SO_4型）密度差较小，所以分层就比较困难。此外，刚刚投入运行不久的H型和OH型树脂还有相互黏结的现象（即抱团），也会使分层困难，可以在分层前先通过NaOH溶液，这样不仅可以破坏抱团现象，同时还可以使阳树脂转变为Na型，将阴树脂再生成OH型，从而加大阴、阳树脂的湿真密度差。

若反洗分层不好，进酸碱再生时混在阳树脂中的阴树脂被再生成Cl型，混在阴树脂中的阳树脂被再生成Na型。因此再生后混床中必然保留有大量的Na型和Cl型树脂，从而影响出水水质和周期制水量。

2. 再生

在热力发电厂中，通常采用的是体内同时再生法。所谓同时再生法，是指再生时，由混床上、下同时送入碱液和酸液，并接着进清洗水，使之分别经阴、阳树脂层后，由中排管同时排出。采用此法时，若酸液进完后，碱液还未进完时，下部仍应以同样流速通清洗水，以防碱液串入下部污染已再生好的阳树脂。

3. 阴、阳树脂的混合

树脂经再生和洗涤后，再投入运行前必须将分层的树脂重新混合均匀。通常用从底部通入压缩空气的办法搅拌混合。这里所用的压缩空气应经净化处理，以防压缩空气中有油类等杂质污染树脂。混合时间主要以树脂是否混合均匀为准，时间过长易磨损树脂。

为了获得较好的混合效果，混合前应把交换器中的水位下降到树脂层表面上100mm左右。如果水位太高，混合时效果不好，还易损失树脂。要使树脂能混合均匀，除了必须通入适当的压缩空气，并保持一定的时间外，还需足够大的排水速度，迫使树脂迅速降落，避免树脂重新分离。压缩空气压力一般采用0.10～0.15MPa，混合时间视树脂是否混合均匀为准，一般为0.5～1.0min，不宜过长。树脂下降时，采用顶部进水，这样对加速其沉降有一定的效果。树脂混合后应迅速关闭空气入口门，全开底部排水门并打开顶部进水门，使树脂迅速落下，以免再次分层。

4. 正洗

混合后的树脂层还需用除盐水进行正洗，正洗流速为10～20m³/h，直至出水水质合格后方可投入制水运行。

5. 制水

混床的离子交换与普通固定床相同，只是它可以采用更高的流速。运行流速过低时，树脂颗粒表面的边界水膜较厚，离子扩散过此水膜时慢，影响总的离子交换速度，同时还会携带树脂内的杂质而使水质降低；流速过快，能加快离子膜扩散速度，但阻力增加太大，而且水中的离子与树脂接触时间过短来不及进行交换就被水流带出，从而使出水水质下降，同时保护层高度也增加，树脂的工作交换容量也要降低。因此，其流速一般在 $40\sim60\mathrm{m}^3/\mathrm{h}$ 之间。

（五）混床工作特性

混床经过再生清洗开始制水时，出水电导率下降很快，如图 4-49 所示。

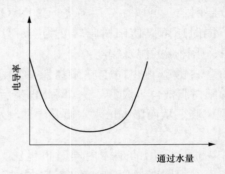

图 4-49　混床再生后出水电导率

这是由于残留在树脂中的再生剂和再生产物，立即被混合后的树脂所吸着。正常运行中，出水的残留含盐量在 $1.0\mathrm{mg/L}$ 以下，电导率在 $0.2\mu\mathrm{S/cm}$ 以下，SiO_2 含量在 $20\mu\mathrm{g/L}$ 以下，pH 值为 7 左右。

混床的出水一般很稳定，在工作条件有变化时，对其出水水质影响不大。

进水的含盐量和树脂的再生程度对出水电导率的影响一般不大，而与混床的工作周期有关。用于净化一级除盐水的混床，设计时要考虑到树脂用量应有较大的富余度，其工作周期一般在 15 天以上。对混床的运行流速，应适当地选择，若过慢，会携带树脂内的杂质而使水质下降；若过快，水与树脂接触时间短，离子来不及交换而影响水质。因此运行流速一般选在 $40\sim60\mathrm{m}^3/\mathrm{h}$ 之间。

系统间断运行对混床出水水质影响也较小。无论是混合床还是复床，当交换器停止工作后再投入运行时，开始出水的水质都会下降，要经短时间运行后才能恢复正常，恢复正常所需的时间，混床要比复床短。

混床运行到失效时，终点比较明显。由图 4-50 中曲线可以看出，混床在交换的末期，出水电导率上升很快，这不仅有利于监督，而且有利于实现自动控制。

为了充分利用各种离子交换工艺的特点和各种离子交换设备的功能，在水处理应用中，常将它们组成各种除盐系统。

（六）混床的优点、缺点

混床优点与缺点汇总见表 4-8。

表 4-8　混床优点与缺点

序号	优点	缺点
1	出水水质好	树脂交换容量利用率低
2	出水水质稳定	树脂损耗大
3	间断运行对出水水质影响小	再生操作复杂
4	交换终点明显	为保证出水水质，消耗较多再生剂
5	混床设备较少，布置集中	

七、除盐系统组成原则及运行指标

（一）组成原则

（1）除盐系统的第一个交换器是 H 交换器，这是为了提高系统中强碱 OH 交换器的除硅效果或使其后的弱碱 OH 交换能顺利进行。同时，这样设置也比较经济，因为第一个交换器由于交换过程中反离子的影响，其交换能力不能得到充分发挥，而阳树脂交换容量大，且价格比阴树脂便宜，所以它放在前面比较合适。同时假若 ROH 型交换器放在 RH 型交换器前面，就会出现以下问题：

1）如果第一个 OH 交换器，运行时会在交换器中析出 $Mg(OH)_2$、$CaCO_3$ 沉淀物，其化学反应式为：

$$2ROH + SO_4^{2-}(Cl^-) \longrightarrow R_2SO_4(Cl_2) + 2OH^-$$

生成的 OH^- 立即与水中 Ca^{2+}、Mg^{2+} 反应生成沉淀，其化学反应式为：

$$Mg^{2+} + 2OH^- \longrightarrow Mg(OH)_2 \downarrow$$

$$Ca^{2+} + HCO_3^- + OH^- \longrightarrow CaCO_3 \downarrow + H_2O$$

生成的 $Mg(OH)_2$、$CaCO_3$ 会沉积在树脂颗粒表面，阻碍水与树脂接触，影响交换器的正常运行。

2）除硅困难。反应所生成的 OH^-，可使水中 H_2SiO_3 转变成 $HSiO_3^-$，其化学反应式为：

$$H_2SiO_3 + OH^- \longrightarrow HSiO_3^- + H_2O$$

含有 $HSiO_3^-$ 的水继续流经强碱性 OH 型树脂时，可发生以下交换：

$$ROH + HSiO_3^- \longrightarrow RHSiO_3 + OH^-$$

由于水中本来就含有较多的 OH^-，$HSiO_3^-$ 的选择性又比 OH^- 弱，所以上反应式的反应很难较彻底地向右进行，因而也就达不到较彻底地除去水中二氧化硅的目的。

3）阴树脂负担大。碱性 OH 型交换器放在最前面时，它必须承担除去水中全部的 HCO_3^- 的任务，而这些 HCO_3^- 若先经过 H 型交换器，则经过 H^+ 交换后变成 CO_2，其大部分可以通过除碳器除去。强碱性阴树脂的工作容量比强酸型阳树脂的工作交换容量低，这样会造成强碱 OH 型交换器再生频繁，而再生剂 NaOH 价格又较贵，故在实际生产中这是不经济的。

此外，若阴离子交换器放在最前面，首先接触含有悬浮物、胶态物质即可溶性盐类等的水，而强碱性阴树脂的抗污染能力又比强酸性阳树脂差，这必然会影响强碱性阴树脂的工作交换容量和出水水质。

（2）要求除硅时在除盐系统中应设强碱 OH 交换器，因为只有强碱阴树脂才能起除硅作用。对于除硅要求高的水应采用二级强碱 OH 交换器或带混床的系统。

（3）对水质要求很高时应在一级复床后面设混床。

（4）除碳器应设在 H 交换器之后强碱 OH 交换器之前，这样可以有效地将水中 HCO_3^- 以 CO_2 形式除去，以减轻强碱 OH 交换器的负担和降低碱耗。

（5）当原水中强酸阴离子含量较高时，在除盐系统中增设弱碱 OH 交换器，利用弱碱树脂交换容量大、容易再生等特点，提高除盐系统的经济性。弱碱 OH 交换器应放在强碱 OH 交换器之前。由于弱碱性阴树脂对水中 CO_2 基本上不起交换作用，因此它可置于除碳器之后，也可置于除碳器之前。不过将其放置在除碳器之前，对弱碱性阴树脂交换容量的发挥更为有利。

（6）当原水碳酸盐硬度比较高时，在除盐系统中增设弱酸 H 交换器，弱酸 H 交换器应置于强酸 H 交换器之前。

（7）强、弱型树脂联合应用时，视情况可采用双层床、双室双层床、双室双层浮动床或复床串联。

（二）运行指标

1. 水质指标

一级除盐系统出水：硬度 ≈ 0，二氧化硅 $\leqslant 100\mu g/L$，电导率 $\leqslant 5\mu S/cm$。

混床出水：二氧化硅 $\leqslant 20\mu g/L$，电导率 $\leqslant 0.15\mu S/cm$，pH $= 6.8 \sim 7.2$。

2. 运行周期

运行周期为除盐系统或单台设备从再生好投入运行后到失效为止所经过的时间，其指标应根据实际情况制定。

3. 周期制水量

周期制水量为除盐系统或单台设备在一个运行周期内所制出的合格水的数量。它可根据流量表累积计算，也可根据下式进行计算：

$$V = \frac{EGV'}{c_J} \tag{4-16}$$

式中　V——阳床或阴床周期制水量，m^3；

　　EG——工作交换容量，mol/m^3 树脂；

　　V'——交换器内树脂体积，m^3；

　　c_J——进水中阳离子或阴离子总量，mol/m^3。

4. 自用水率

自用水率为离子交换器每周期中反洗、再生、置换、正洗过程中耗用水量的总和与其周期制水量相比，可用下式表示：

$$P = \frac{V_1 + V_2 + V_3 + V_4}{V} \times 100\%$$
(4-17)

式中　P——自用水率，%；

V_1——反洗水用量，m^3；

V_2——再生用水量，m^3；

V_3——置换用水量，m^3；

V_4——正洗用水量，m^3；

V——周期制水量，m^3。

5. 再生时的酸耗、碱耗

离子交换系统运行中费用最大的一项是再生剂酸和碱的消耗。原水中含盐量越多，这种费用也就越大。因此，如何降低再生时所用再生剂的比耗，是提高离子交换除盐经济性的主要措施。

在离子交换器中，再生阳树脂、阴树脂所需酸耗、碱耗的计算方法如下：

$$酸耗 \approx \frac{m_S}{c_阳 V}$$
(4-18)

$$碱耗 \approx \frac{m_J}{c_阴 V}$$
(4-19)

式中　m_S、m_J——分别为再生一次所用纯的酸和碱量，g；

$c_阳$、$c_阴$——分别为用 H 型阳树脂所除去的阳离子浓度和用 OH 型阴树脂除去的阴离子浓度，mmol/L；

V——离子交换器一个运行周期所处理的水量，m^3。

将此酸耗或碱耗与理论用酸碱量相比，可以求得用倍数或百分数表示的比耗。

降低酸耗、碱耗的措施主要有：选用质量高的离子交换树脂和酸、碱再生剂；对设备进行必要的调整试验，求得最佳再生工艺条件；再生时对碱液进行加热；选用对流式离子交换设备；在原水条件适宜的情况下采用弱酸、弱碱性离子交换器或双层床离子交换器；当原水含盐量大时可采用电渗析、反渗透等工艺对原水进行预脱盐处理。

八、除盐再生系统

（一）再生系统

离子交换除盐系统的再生剂是酸和碱。用酸和碱进行除盐再生时，必须有一套用来储存、输送、计量和投加酸、碱的再生系统。酸和碱对设备和人身有侵蚀性，因此必须采取妥善的防腐措施并在运行中注意防止灼伤。

1. 储存

盐酸、烧碱通常用密闭卧式储存槽储存。酸、碱储存槽的壳体用碳钢制作，整体内壁防腐采用钢衬胶。

由于酸槽储存的是挥发性极强的浓盐酸，需设置酸雾吸收器来吸收酸储存槽里的酸雾。酸雾对设备、建筑物能产生严重腐蚀，并危害人体健康。酸雾吸收器就是将酸储存槽和酸计量箱的排气引入，通过水喷淋填料后加以吸收，达到防止环境污染的目的。

在此系统中运输车里的酸（碱）液依靠通过卸酸（碱）泵将酸（碱）液送至布置于高位的酸（碱）储存槽中，储存槽中的酸（碱）依靠重力自动流入酸（碱）计量箱。

2. 计量

酸、碱的计量采用计量箱，计量箱壳体材料为碳钢，内壁防腐采用钢衬胶。计量箱设有液位计，以实现自动控制与高低液位报警。

3. 再生液的配制与输送

再生液的配制与输送采用喷射器输送法。其系统如图 4-50 所示。

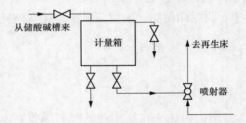

图 4-50　酸、碱喷射器输送系统

稀释水以一定的稳定压力和流量通过喷射器，将酸、碱再生液抽吸输送至交换器中，适当调整计量箱的出口门（喷射器再生液入口门），就可配制成所需浓度的再生液。此种方法具有设备简单、调节灵敏、能耗小、可连续输送、无机械传动机构、不需润滑、操作管理方便、工作可靠等优点。但也存在着运行不稳定、抽吸部位易出现异常、出口压力较小、需采用压力水源等缺点。

喷射器是输送和稀释再生液的典型设备，其工作原理如下。

高压原水通过管道阀门进入喷射器的渐缩段，将静压头转换成动能，在喷嘴处形成高速射流，使混合室形成微真空状态。将高浓度的再生液吸入混合室，并使再生液的压力和速度发生变化。在混合段内，水和再生液得到充分地混合，然后流经扩散段，使再生液降低流速、静压头升高，再通过出口管道及阀门将稀释了的再生液送至交换器本体。

（二）废水中和处理

离子交换除盐系统中，废液和废水的排放量很大，一般约相当于其处理量的 10%。为了防止污染环境，应使排放废液的 pH 值在 6～9 的范围。

酸、碱废液排放至再生废水池后，然后用再生废水泵打到废水集中处理区处理。在池内进行酸碱中和反应，采用机械搅拌器进行搅拌，同时启动中和水泵进行循环搅拌，使酸、碱废液的中和反应完全，同时根据池内废液的 pH 值，决定是否需要向池内加酸或加碱。当池内废液 pH 值达到排放标准后，方可进行排放。

九、凝结水精处理

随着热力机组参数的提高，对锅炉给水水质的要求更为严格。发电厂锅炉给水由凝结水和化学补给水组成。而凝结水包括汽轮机凝结水、热力系统中的多种疏水以及热用户返回的生产凝结水，机组正常运行时化学补给水量很少，给水水质的好坏在很大程度上取决于凝结水的水质。因此凝结水处理已成为电厂水处理的一个极为重要的环节。凝结水处理，通常指的是汽轮机凝结水的处理。

（一）凝结水的污染

凝结水是由蒸汽凝结而成的，水质应该是很好的，但是由于下述原因，凝结水往往会受到污染。

1. 凝汽器的渗漏和泄漏

冷却水从凝汽器不严密处进入凝结水中，使凝结水中盐类物质与硅化合物的含量升高，这种情况称为凝汽器渗漏。凝汽器的不严密处，通常出现在固定凝汽器管子和管板的连接部位（简称固接处）。当凝汽器的管子因制造或安装有缺陷，或者因腐蚀而出现裂纹、穿孔和破损，以及固接处的严密性遭到破坏时，进入凝结水中的冷却水量将比正常时高得多，这种情况称为凝汽器泄漏。凝汽器泄漏时，凝结水被污染的程度要比渗漏时大得多。

进入凝汽器的蒸汽是机组汽轮机的排汽，其中杂质的含量非常少，所以凝结水中的杂质含量主要决定于漏入的冷却水量及其中杂质的含量。在冷却水水质已定的条件下，给水水质要求越高，允许的凝汽器漏水量就越低，对凝汽器的严密性的要求就越高。实践证明，当凝结水不进行处理时，凝汽器的泄漏往往是引起发电机结垢、积盐和腐蚀的一个主要原因。

某厂凝汽器采用海水作为冷却水，泄漏率一般控制在 0.0035% ~ 0.004%，发生泄漏时，凝结水中 Cl^- 和 Na^+ 含量会大幅度增加，同时电导率急剧上升。

2. 金属腐蚀产物的污染

热力系统的管路和设备会由于某些原因而被腐蚀，因此凝结水中常带有金属腐蚀产物。

（1）机组停运保护不当，发生停运期间的氧腐蚀。

（2）凝结水溶氧较高或水中同时含有二氧化碳而造成的金属腐蚀。

（3）凝结水 pH 值太高或太低。

通常主要为铁的氧化物，以 Fe_3O_4 和 Fe_2O_3 为主，它们呈悬浮态和胶态，此外也有铁的各种离子。铁的腐蚀产物随给水进入锅炉后，将会造成锅炉的结垢和腐蚀，因此必须严格控制给水中铁和铜的含量。

3. 锅炉补给水的污染

锅炉补给水一般从凝汽器补入热力系统。当锅炉补给水水质不良时，就可能对凝结水造成污染。

（二）凝结水精处理系统

1. 精处理的作用

（1）除去由锅炉补给水带入的溶解盐、热力系统的腐蚀产物（如铁、铜等的氧化物）以及因凝汽器泄漏带入凝结水的盐分，满足给水水质要求，减少锅炉排污和补水，节约成本，提高运行的经济性，保障机组安全运行。

（2）凝汽器渗漏量较小时，可防止水汽品质恶化，保证机组安全运行。设有凝汽器泄漏连续监测装置，严格监督凝结水水质；当凝汽器泄漏量较大时，可延缓水汽品质恶化，保证机组安全停运时间，具有一定抵御凝汽器泄漏的能力。

（3）缩短机组启动时间，降低水耗。

2. 精处理系统简介（以配置 4 台混床为例）

凝结水精处理系统由前置过滤器、高速混床、树脂捕捉器、再循环泵和两套旁路系统组成。机组启动初期，若含有大量的杂质、油类等的凝结水进入前置过滤器，将会给过滤器内的滤元造成不可恢复的破坏，使滤元再也无法清洗干净，从而失去其原有的作用。在新机组启动时，凝结水系统进水含铁量超过 $1000\mu g/L$ 时，可直接排放，或仅投入前置过滤器，迅速降低系统中的铁悬浮物含量；凝结水系统进水中的悬浮物含铁量超过 $2000\mu g/L$ 时，应将其排放，不能进入凝结水精处理前过置滤器系统，凝结水经过旁路而不进入精处理系统，待凝结水系统进水含铁量小于 $2000\mu g/L$ 时，再投运前置过滤器系统，正常运行时过滤器进口总铁悬浮物小于 $100\mu g/L$。当发生压降过高（0.08MPa），表明截留了大量固体，前置过滤器退出运行。

每个混床单元设有一台再循环泵，再循环系统是由于混床初投时水质较差不能立即向热力系统送水，在混床投入前先进行再循环，即将混床出水通过循环旁路及泵送至混床入口母管，混床启动初期出水不符合要求时，需经再循环泵循环至混床出水合格方可向系统供水。每台机组精处理系统设有两套自动旁路系统［前置过滤器一套（含调节小旁路）、混床一套］，旁路阀均采用电动蝶阀，前置过滤器的调节小旁路阀具有 0～100％的自动调节功能。混床的旁路阀具有 0～33％～66％～100％的自动调节功能。当有一台过滤器失效时，过滤器的调节小旁路阀打开，能通过 50％凝结水量；当凝结水不通过过滤器时，过滤器的大旁路阀和调节小旁路阀完全打开，能通过 100％的凝结水量。1 台混床投运时，混床旁路阀打开 66％，2/3 的凝结水量旁流；2 台混床投运时，混床旁路阀打开 33％，1/3 的凝结水量旁流；3 台混床投运时，混床旁路阀完全关闭。每个旁路系统均设有手动检修旁路阀,当旁路系统中的旁路阀有故障时,打开手动旁路阀,关闭自动旁路阀前后的隔离阀,进行检修自动旁路阀。为避免混床出水有可能带树脂进入热力系统,每个混床的出口设有树脂捕捉器,用以捕捉漏过混床出水装置的树脂,当混床中的树脂大量泄漏时,树脂捕捉器可以将树脂拦截下来,防止树脂进入热力系统。凝结水精处理系统流程如图 4-51 所示。

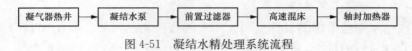

图 4-51 凝结水精处理系统流程

凝结水精处理体外再生系统树脂流程如图 4-52 所示。

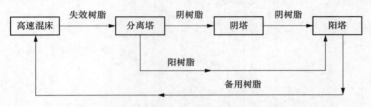

图 4-52 凝结水处理体外再生系统树脂流程

（三）凝结水的过滤

凝结水净化系统的组成可分为三个部分:①前置过滤;②除盐;③后置过滤。前置过滤是用来除去凝结水中的悬浮物质及油类等杂质,以保护除盐设备的树脂不受污染。后置过滤是用来截留除盐设备漏出的树脂或树脂碎粒等杂质,防止它们随给水进入锅炉,保证锅炉给水水质。

凝结水精处理系统在机组启动初期,凝结水含铁量在 $2000 \sim 3000 \mu g/L$ 时,仅投入前置过滤器,迅速降低系统中的铁悬浮物含量,使机组尽早回收凝结水,减少排水。前置过滤器进口母管设 100%旁路,两台前置过滤器中间设 50%旁路。当前置过滤器进出口母管压差大于 0.10MPa 时,前置过滤器母管进出阀门关闭,100%大旁路自动打开。当某台前置过滤器发生压降过高,表明截留了大量固体,则自动开启 50%旁路,并使失效过滤器退出运行,用水和压缩空气进行反洗,反洗完毕,自动并入凝结水处理系统。前置过滤器的进出口压差超过规定值或周期制水量达到设定值时,备用过滤器投入运行,失效过滤器解列并自动进行反洗。前置过滤器的正常运行周期应不低于 10 天,滤元的正常使用寿命不低于两年（或反洗次数不低于100 次）。

这三个组成部分并不是每个凝结水净化系统都必须具备,在有些系统中不设前置和后置过滤设备。这时,离子交换除盐设备本身也起过滤作用。

凝结水处理采用体外再生,以空气擦洗高速混床、中压运行系统。高速混床按单元制配备,每台机配 4 台高速混床运行,3 备 1 用,凝结水100%处理。当混床出水电导率>$0.2\mu S/cm$ 或进出口压差超过 0.30MPa 时,此混床失效,备用床投运,失效混床退出运行。待失效的树脂输出,再生好的树脂输入后，此混床作备用。每台机组用一套体外再生设备。

混床单元设置能通过100％凝结水流量的旁路系统，当凝结水温度超过50℃或系统压差超过0.30MPa，旁路阀自动开启，凝结水100％走旁路；混床单元与再生单元之间的管路设置带不锈钢梯形绕丝筛管的压力安全阀，筛管可以泄压而不让树脂逃逸。

（四）凝结水高速混床

凝结水除盐采用的装置是阴、阳离子交换树脂混床。凝结水具有流量大、含盐量低的特点，故混床采用高速运行的混床（称之为高速混床）。

1. 高速混床的结构

高速混床的结构如图4-53所示。

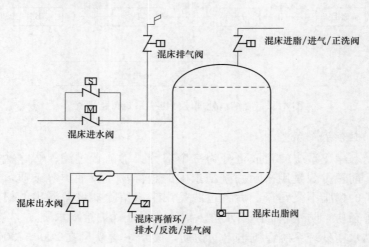

图 4-53　高速混床的结构

高速混床的进水分配器、底部集水器均采用双速水嘴的形式，双速水嘴的构造及出水形式如图4-54所示。

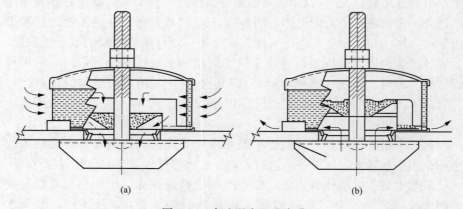

图 4-54　高速混床双速水嘴
（a）运行时；（b）反洗及再生时

2. 高速混床的特点

(1) 运行流速高，正常流速为 $100m^3/h$，最大流速可达 $120m^3/h$。

(2) 采用体外再生，简化了混床内部结构。

(3) 处理水量大，能有效除去水中离子及悬浮杂质。

(4) 对树脂的要求较严格。

3. 树脂的性能要求

高速混床树脂的选择要求较严格，一般应符合下列原则：

(1) 必须选用机械强度高的树脂。因为混床运行流速高，压力大（中压运行），树脂污染后，要利用高速空气擦洗，所以选用的树脂必须具有很好的机械强度，否则会磨损、破碎得很严重。

(2) 必须选用粒度较大且均匀的树脂。这是因为粒度大，可以减少运行时的压降。但粒度过大，树脂容易破碎和出现裂纹。

(3) 必须选用强酸性、强碱性树脂。这是因为弱型树脂都有一定的水解度，而且弱碱性树脂还不能除掉水中的硅，羟酸型弱酸性树脂交换速度慢，而床体的运行流速高，因此不能用弱型树脂。否则，难以保证高质量的出水要求。

(4) 必须选择适当的阳、阴树脂比例。阳、阴树脂比例应根据凝结水水质污染状况及机组运行工况选择。某厂高速混床树脂采用美国进口陶氏树脂，阳树脂型号为 650C，阴树脂型号为 550A，阳、阴树脂比例为 $1:1$。

4. 高速混床的类型

目前这种混床有两种形式：H—OH 型混床和 NH_4—OH 型混床（氨化混床）。

(1) H—OH 型混床。由于凝结水采用加氨处理，致使水中的 NH_4^+ 和 OH^- 含量增大。当含有浓度较高的 NH_4^+ 和 OH^- 的凝结水通过 H—OH 型混床时，水中的 NH_4^+ 就和 H 型阳离子交换树脂进行了交换反应。而凝结水中 NH_4OH 的量往往比其他杂质大，H—OH 混床的交换容量大都被它消耗掉了，致使混床中 H 型阳离子交换树脂较快地被 NH_4^+ 所饱和，此时混床将发生氨漏过现象，使混床出口水的电导率升高，Na^+ 含量也会有所增加。因此 H—OH 型混床运行周期短，再生次数频繁，酸、碱耗也大。此外，H—OH 型混床除了为减轻热力设备的腐蚀而加入的 NH_4^+，不利于热力设备的防腐保护。而且随后在给水系统中又需补充 NH_3，很不经济。

H—OH 型混床的出水水质很高，电导率可在 $0.1\mu S/cm$ 以下，Na^+ 浓度小于 $2\mu g/L$，SiO_2 浓度小于 $5\mu g/L$。

尽管 H—OH 型混床的出水水质很好，但它除去了凝结水除盐处理中不需除去的 NH_4^+。那么，是否可在 H—OH 型混床运行到有 NH_4^+ 泄漏时，当作 NH_4—OH 混床而继续运行呢？事实证明，当混床中由 NH_4^+ 穿透时，Na^+ 也跟着漏出来。所以这种设想对于通常的 H—OH 型混床是行不通的。

（2）NH_4—OH 型混床。NH_4—OH 型混床与 H—OH 型混床相比，在化学平衡方面有较大的差异。下面以净化 NaCl 为例来说明。

当采用 H—OH 型混床时，离子交换反应可表示为：

$$RH+ROH+NaCl \Longleftrightarrow RNa+RCl+H_2O$$

此反应的产物中有很弱的电解质 H_2O，所以容易进行得很安全，而且强酸性 H 型树脂对水中 Na^+、NH_4^+、Fe^{3+} 和 Cu^{2+} 有较大的吸着力，这些有利于反应的完成。

当采用 NH_4—OH 型混床时，离子交换反应可表示为：

$$RNH_4+ROH+NaCl \Longleftrightarrow RNa+RCl+NH_4OH$$

此反应不像上反应式那样容易完成。因为 NH_4OH 的稳定性比 H_2O 要差得多，容易发生电离。所以逆向反应倾向比较大，水中容易有 Na^+ 和 Cl^- 漏过。

解决 NH_4—OH 型混床泄漏量不超过某一数值的措施是提高混床中阳、阴树脂的再生度，即尽量地减少再生后残余的 Na 型阳树脂和 Cl 型阴树脂。实践证明，当阳树脂的再生度在 99.5％以上、阴树脂的再生度在 95％以上时，NH_4—OH 型混床可以在氨漏过时继续运行而钠含量不超标。这样可以延长其运行周期，但增大了酸碱耗。

（五）树脂的再生

高速混床失效后应停止运行进行再生。树脂的再生采用体外再生。

1. 体外再生

体外再生的特点：

（1）离子交换和树脂的再生在不同的设备中分别进行，简化了高速混床内部的结构，有利于离子交换采用较高的流速。此外，体外再生系统中的分离罐可制成细长形的，以便阴、阳树脂的分离。

（2）树脂在专用的再生器进行再生，有利于提高再生效率。在混床本体上无需设置酸、碱的管道，可以避免因偶然发生的事故而使酸或碱混入凝结水系统，从而保证系统安全。

（3）设置再生后树脂的储存器，使再生时设备停运的时间减少到最短。

2. 再生系统

体外再生系统由树脂分离塔（SPT）、阴树脂再生塔（ART）、阳树脂再生兼树脂储存塔（CRT）以及有关泵、风机等组成。混床再生流程如图 4-55 所示。

（1）树脂分离塔（SPT）。

1）树脂分离塔的结构。

树脂分离塔的结构如图 4-56 所示。

高速混床失效树脂输入树脂分离塔后，通过底部进气擦洗松动树脂，使悬浮杂质和金属腐蚀产物从树脂中脱离，通过底部进水反洗直至出水清

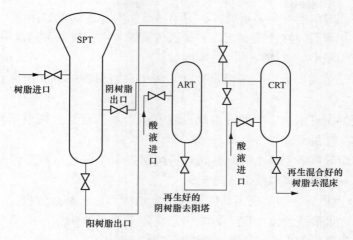

图 4-55　混床再生流程

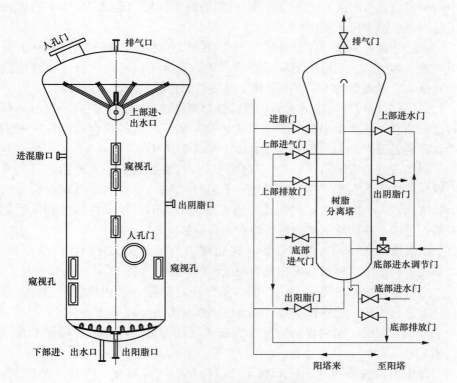

图 4-56　树脂分离塔的结构

澈。然后通过不同流量的水反洗使阴阳树脂分离直至出现一层界面。阴树脂从上部输至阴塔，阳树脂从下部输至阳塔，阴、阳树脂分别在阴、阳塔再生。剩下的界面树脂为混脂层，留到下一次再生参与分离。

其顶部进水装置采用支母管式，底部出水装置采用不锈钢双速水嘴。

树脂分离塔的上部是一个锥形筒体，上大下小；下部是一个较长且直的筒体，无任何中排、中集管。树脂分离塔结构特点如下：

a. 反洗时水能均匀地形成柱状流动，不使内部形成大的扰动。

b. 无中集管，在反洗、沉降、输送树脂时，内部扰动可达最小程度。

c. 断面积小，树脂交叉污染区域小。

d. 树脂分离塔上设有多个窥视孔，便于观察树脂的分离情况及树脂的多少。

e. 底部主进水阀、辅助进水阀设置有多个不同流量，提供不同的反洗强度水流，有利于树脂的分离。

f. 树脂分离塔上部水位调整阀对树脂层以上水位进行调整，SPT 顶部椭圆具有一定的空间，便于分离。

2）分离原理。为了提高高速混床出水水质和延长其运行周期，必须保证阴、阳树脂很高的再生度。影响树脂再生度高低的一个极为重要的因素是混床失效树脂再生前能否彻底分离。当树脂分离不完全时，混在阳树脂中的阴树脂被再生成 Cl 型，混在阴树脂中的阳树脂再生成 Na 型，这样在运行中势必影响出水水质。

树脂分离可采用"完全分离"（PULLSEP）技术，该工艺根据水力分层原理，利用阴、阳树脂不同颗粒度、均匀度和不同密度，通过反洗流量的调整，形成树脂的不同沉降速度，从而达到使树脂分离的目的。

3）分离过程。树脂分离前，必需要对树脂进行清洗。因为高速混床具有过滤功能，树脂层中截留了大量的污物，如不清洗掉，会发生混床阻力增大、树脂破碎及阴、阳树脂再生前分离困难等问题。

树脂清洗最常用的方法是空气擦洗法。就是在装有失效树脂的分离塔中重复性地通入空气，然后清洗的一种操作方法。擦洗的次数视树脂层污染程度而定，至出水清洁时为止。通入空气的目的是松动树脂层和使污物脱落，正洗是使脱落下来的污物随水流自底部排走。

空气擦洗还可减少静电，防止树脂抱团，减少反洗时间和反洗流量，此外还可将粉末状树脂从树脂表面冲走，减少运行压降。

空气擦洗也可在分离后阴、阳树脂分别进行再生时和再生后进行。在再生后进行擦洗，能除掉被酸、碱再生剂所松脱的金属氧化物。

反洗分层时，先用较高的反洗流速来反洗树脂层，然后慢慢降低反洗流速。

首先使反洗流速降低到阳离子树脂的终端沉降速度，维持一段时间，使阳离子交换树脂积聚在上部锥形和下部圆柱的分离界面以下，形成阳树脂层，然后再慢慢降低反洗流速使阳离子树脂慢慢、整齐地沉降下来。阳树脂沉降的同时，阴树脂也要开始沉降，当反洗流速降低到阴树脂终端沉降速度时，仍以此流速维持一段时间使得阴树脂积聚在上部锥形和下部圆柱的分界面下，形成阴树脂层，然后再慢慢降低反洗流速一直到零。

通过水力分层后，可使阴树脂在阳树脂内和阳树脂在阴树脂内的含量

（交叉污染）均低于 0.1%，达到彻底分离的目的。

（2）阴树脂再生塔（ART）。树脂在 SPT 分离后，将上部的阴树脂输送到阴树脂再生塔进行擦洗再生。

阴树脂再生塔结构如图 4-57 所示。

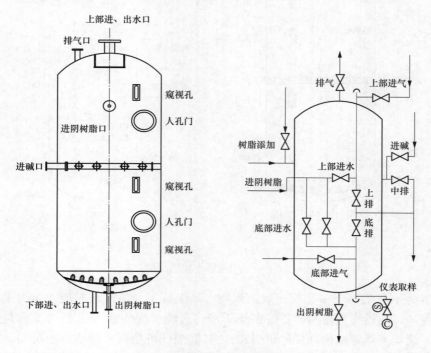

图 4-57　阴树脂再生塔结构

1）作用。对阴树脂进行空气擦洗、反洗及再生。

2）结构及工作原理。阴树脂再生塔上部配水装置为挡板式，底部配水装置为不锈钢碟形多孔板＋双速水帽，既保证了设备运行时能均匀配水和配气，又使得树脂输出设备时彻底干净。进碱分配装置为 T 型绕丝支母管结构（又称鱼刺式），其缝隙既可使再生碱液均匀分布又可使完整颗粒的树脂不漏过，且可使细碎树脂和空气擦洗下来的污物去除。

分离塔阴树脂送进阴树脂再生塔后，通过底部进气擦洗和底部进水反洗阴树脂，直至出水清澈。然后从树脂上部进碱再生、置换、漂洗。

阳再生兼树脂混合储存塔的结构与阴树脂再生塔类似，它的作用是将输送来的阳树脂进行擦洗再生，然后再将再生好的阴树脂输送到阳树脂再生塔里与阳树脂混合均匀并储存待用。

（3）阳树脂再生塔。阳树脂再生塔结构如图 4-58 所示。

1）作用。对阳树脂进行空气擦洗及再生；阴阳树脂混合；储存已经混合好的备用树脂。

2）结构及工作原理。阳树脂再生塔上部配水装置为挡板式，底部配水

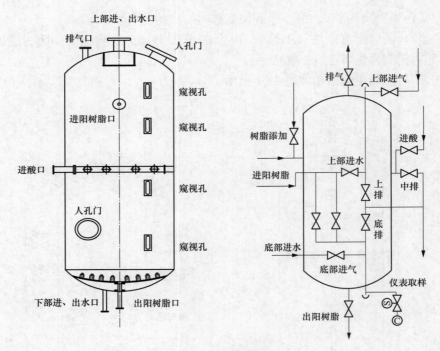

图 4-58 阳树脂再生塔结构

装置为不锈钢碟形多孔板＋双速水帽，既保证了设备运行时能均匀配水和配气，又使得树脂输出设备时彻底干净。进酸分配装置为 T 型（又称鱼翅式）绕丝支母管结构（又称鱼刺式），其缝隙既可使再生酸液均匀分布，又可使完整颗粒的树脂不漏过，且可使细碎树脂和空气擦洗下来的污物去除。

分离塔阳树脂送进阳塔后，通过底部进气擦洗和底部进水反洗阳树脂，直至出水清澈。然后从树脂上部进酸再生、置换、漂洗后，阴塔树脂再生合格后，阴树脂送入阳塔中与阳树脂混合，成为备用树脂。

3. 阴、阳树脂的再生

阴、阳树脂在各自的再生塔中分别进行再生。再生前要进行空气擦洗，再生的过程和要求同阴、阳逆流再生床的再生相似，不过再生的方式采用的是逆流再生。

4. 精处理出水水质标准

精处理出水水质标准见表 4-9。

表 4-9 精处理出水水质标准

序号	项目	单位	运行状态			
			启动		正常运行	
			进水水质	出水水质	进水水质	出水水质
1	钠离子（Na^+）	$\mu g/L$	≤80	≤5	≤15	≤2
2	全铁（Fe）	$\mu g/L$	≤1000	≤40	≤15	≤5

续表

序号	项目	单位	运行状态			
			启动		正常运行	
			进水水质	出水水质	进水水质	出水水质
3	全铜（Cu）	$\mu g/L$	≤50	≤15	≤20	≤2
4	二氧化硅（SiO_2）	$\mu g/L$	≤500	≤50	≤20	≤10
5	氯离子（Cl^-）	$\mu g/L$	200	≤10	≤20	≤1
6	电导率（经氢离子交换后，25℃）	$\mu S/cm$		≤0.2		≤0.1
7	pH值		8.8～9.3	6.7～7.5	8.8～9.3	6.7～7.5
8	温度	℃	≤50		≤50	
9	系统压差	MPa	≤0.35		≤0.35	

十、电厂废水处理

由于火力电厂在发电过程中，采用燃煤或其他易燃材料，产生大量废水，其中含有大量的悬浮物和有毒有害物质，如果不合理地处理废水，将会对大气环境和水质产生严重的威胁，进而给居民生产、生活等造成严重威胁。因此，从保护环境和经济效益出发，节约发电用水，提高工业废水的重复利用率，实现发电厂废水循环利用具有重要意义。电厂废水处理是节水的有效途径，二者相辅相成。所谓工业废水循环利用是指不向地面水域排放对环境有不利影响的废水，所有进入电厂的水最终都是以蒸汽的形式进入大气，或是以污泥等适当的形式封闭、填埋处置。为了保护环境，消除污染，实施电厂废水循环利用，节约水资源，实现可持续发展，达到环境保护与经济效益的双赢。

（一）工业废水处理

1. 工业废水处理概述

根据工业废水的排放周期，可以将工业废水分为经常性废水和非经常性废水。

工业废水处理系统主要功能是处理电厂各生产工艺排放的工业废水，使之达到工业废水回收标准后回收利用。

经常性废水主要包括：锅炉补给水处理系统排水、凝结水精处理系统排水、实验室及取样系统排水、脱硫系统排放泥水、输煤系统冲洗排水、锅炉连排和定排水。

非经常性废水主要包括：锅炉化学清洗排水、空气预热器冲洗排水、停炉保护排水、运行前冲洗水、含油废水、煤场废水等。

工业废水经处理后，可达到以下指标：

（1）pH：6～9。

（2）悬浮物：≤20mg/L。

（3）COD：≤100mg/L。

2. 工业废水的处理

（1）经常性废水的处理。经常性废水的主要污染因子是 pH 值超过标准，因此主要利用酸、碱进行中和处理，处理至 pH 值为 6～9 即可回收利用或排放。如果出现悬浮物超过标准的情况，应先进行混凝—澄清处理，澄清后的清水再把 pH 值调整至 6～9，然后回收利用或排放。

（2）非经常性废水的处理。非经常性废水的特点是发生频次少，但一次的水量却很大，其种类较多，根据其污染因子的不同可分为两大类：pH 值和悬浮物都超过标准的废水和 pH 值、悬浮物和化学需氧量（COD）都超过标准的废水。属于 pH 值和悬浮物都超过标准的废水，有空气预热器冲洗水、炉前系统冲洗水、锅炉火侧冲洗水、净化站系统泥浆水等；属于 pH 值、悬浮物和化学需氧量（COD）都超过标准的废水有采用有机酸清洗的锅炉化学清洗废水。

（3）pH 值和悬浮物都超过标准的废水的处理。收集的此类废水，先送至 pH 值调整池，在搅拌的作用下，加酸或碱调节 pH 值。经 pH 值调节后的水中再加入混凝剂和高分子聚合物进行混凝处理。经混凝反应后的水送至絮凝—沉淀池澄清，澄清后的清水再送至中和池，通过酸、碱中和至 pH 值为 6～9，其出水可回收利用或者排放。沉淀池的泥浆被送至泥浆浓缩和脱水的单元进行处理。

（4）pH 值、悬浮物和化学需氧量（COD）都超过标准的废水的处理。大型动力锅炉的化学清洗介质大多使用有机酸。该类化学清洗废水的水质特点是 pH 值超过标准 2～12，悬浮物可高达 2000mg/L，化学需氧量一般为 4000mg/L，有时甚至高达 10000mg/L。针对该类废水的特点，目前的处理方法多采用焚烧法，即将废水小批量地喷入锅炉炉膛里焚烧，将一切有机成分转化为水和二氧化碳，随锅炉烟气排放至大气中。其他成分的量与主燃烧产物相比，数量是很小的，对燃烧产物的组成不会造成过大的影响。

（5）泥浆浓缩和脱水。沉淀池排出的泥浆一般有两种处置方式：第一种是泥浆直接排入灰浆池，与灰浆一起由灰浆泵送至灰场处置，这种方法比较简单，但应注意泥浆中的重金属元素对地下水的污染；第二种是泥浆送入泥浆浓缩池浓缩至含泥量为 3%～4%（质量分数）的浓泥浆，再送至脱水机脱水，脱水后泥饼的含泥量可达 25% 左右。泥饼送至堆场处置。常用的脱水机有两种类型，即离心式和板框压滤式。离心式脱水机占地少，操作方便，适合密度较大泥浆的脱水；板框压滤式脱水机占地大，操作较复杂，适合密度较小的泥浆，特别是沉淀池的絮状泥浆的脱水。

（6）含油废水的处理。电厂含油废水的发生点比较分散，主要来自油库区、升压站和汽机房。通常，在各发生点都设有收集池，再由泵送至电厂废水处理车间处理。含油废水先经隔油池，使油与水分离，分离出来的油送至废油箱回收利用，而废水再经过油水分离器或气浮池分离，当废水含油量降至 10mg/L 以下后，将其排放或送至煤场喷洒系统用作煤堆喷水。如果出水中还有其他污染因子（如 pH 值）超过标准，可将这部分水送至经常性废水处理系统处理。含重油的废水，应在油隔离池内用蒸汽加热，降低含油的黏度，以保证油水分离的效果。油水分离工艺方面，气浮池的分离效果要优于油水分离器。

（7）煤场废水的处理。煤场废水的主要污染物是煤屑，可通过重力沉降的方法加以去除。一般是将煤场排水排至沉煤池沉淀，沉淀后上部的清水可送至煤场喷洒系统，用作煤堆喷水，或者用作冷却塔的补充水，或者排放掉。如果上部的清水还有其他的污染因子（如 pH 值）超过标准，可将其送至经常性废水处理系统处理。储存高硫煤的煤场排水，可能含铁及硫酸量较高，可先用石灰石处理，再澄清过滤。必要时还应根据实际情况作其他处理。沉淀在池底的煤屑可定期地捞取送回煤场。

3. 工业废水处理系统流程

工业废水处理系统流程如图 4-59 所示。

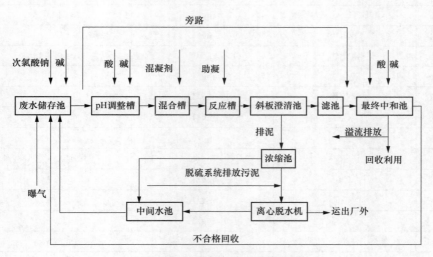

图 4-59　工业废水处理系统流程

（二）脱硫废水处理

1. 脱硫废水处理系统概述

脱硫废水主要是指在燃煤电厂等行业中，采用湿法脱硫技术所排放的废水。湿法脱硫技术是一种广泛应用于燃煤电厂等行业的脱硫方法，其原理是利用石灰石或石灰作为吸收剂，将烟气中的二氧化硫吸收到吸收剂中，再通过加热、蒸馏等工艺将其转化为固体废物。在这个过程中，会产生大量的废水，其中含有大量的悬浮物、重金属离子、酸性物质等有害物质，对于环境和人类健康都会造成很大的危害。

燃煤电厂脱硫废水中的杂质来自烟气和脱硫用的石灰石，主要包括悬浮物、过饱和的亚硫酸盐、硫酸盐以及重金属；其中很多是国家环保标准中要求控制的第一类污染物，由于水质的特殊性，脱硫废水处理难度较大；同时，由于各种重金属离子对环境有很强的污染性，因此，必须对脱硫废水进行单独处理。

脱硫废水水质主要特点：

（1）pH 值比较低、呈酸性。

（2）含大量的悬浮物和金属离子。

（3）含有微量的重金属离子。

（4）含有大量的 F^-、SO_4^{2-}、Cl^- 等阴离子。

脱硫废水（原水）排放标准见表 4-10。

表 4-10　脱硫废水（原水）排放标准

序号	项目	单位	数据
1	悬浮物	mg/L	≤70
2	pH（20℃）		6.0～9.0
3	COD（$K_2Cr_2O_7$）	mg/L	≤100
4	BOD_5	mg/L	≤20
5	氰化物	mg/L	≤0.3
6	硫化物	mg/L	≤0.5
7	氟化物	mg/L	≤10
8	Cu	mg/L	≤0.5
9	Zn	mg/L	≤2.0
10	Hg	mg/L	≤0.05
11	Cd	mg/L	≤0.1
12	Cr	mg/L	≤1.5
13	Cr^{6+}	mg/L	≤0.5
14	As	mg/L	≤0.5
15	Pb	mg/L	≤1.0
16	Ni	mg/L	≤1.0
17	挥发性苯酚	mg/L	≤0.5

2. 脱硫废水处理工艺介绍

（1）脱硫废水处理原理。脱硫废水处理系统采用"F—Ca 沉淀处理"的工艺。通过加 CaOH，使水中的 F^- 转化为 CaF_2，再通过混凝澄清去除水中的 CaF_2 和悬浮物；通过加有机硫化物去除水中的重金属螯合物。

"F—Ca"中和处理的主要作用包括两个方面：

1）发生酸碱中和反应，调整 pH 值至 9.0 左右。之所以将 pH 值选择

182

调整到 9.0 左右有如下两个原因：一是 pH 值在排放标准之内；二是这个 pH 值有利于后续沉淀反应的进行。

2）沉淀部分重金属，使锌、铜等重金属元素生成氢氧化物沉淀。

沉淀反应在沉淀箱中进行，其作用是去除废水中的重金属离子（如汞、镉、铅、锌、铜等）、碱土金属（如钙、镁）以及某些非金属（如砷、氟等）。对于一定浓度的某种金属离子而言，溶液的 pH 值是沉淀金属氢氧化物的重要条件。当溶液由酸性变为弱酸性时，金属氢氧化物的溶解度下降，但许多金属离子的氢氧化物为两性化合物（如铬、铝、锌、铅、铁、镍、铜、镉等的氢氧化物），随着碱性的进一步增强，这些两性化合物发生络合反应使溶解度增大。综合考虑废水排放的允许值和生成的金属离子氢氧化物沉淀不因络合反应而溶解，选择将废水的 pH 值调整到 8～9 之间。在一定 pH 值条件下，金属硫化物有比其氢氧化物更小的溶解度。所以，在沉淀箱中加入有机硫进一步去除重金属离子。当 pH 值在 8～9 之间时，重金属硫化物的溶解度已相当小，可认为重金属已被完全去除。絮凝经沉淀反应后的废水中含有大量微小的悬浮物和胶体物质，必须加入絮凝剂使之凝聚成大颗粒而沉降下来。常用的絮凝剂有硫酸铝、聚合氯化铝、三氯化铁、硫酸亚铁等；常用的助凝剂有石灰、高分子凝聚剂等。

（2）脱硫废水处理工艺流程如下：

$$石灰乳\quad 有机硫\quad FeClSO_4\quad 助凝剂\quad HCl$$
$$\downarrow\qquad \downarrow\qquad \downarrow\qquad \downarrow\qquad \downarrow$$

脱硫废水→废水缓冲箱→中和箱→沉降箱→絮凝箱→澄清池→出水→清水池→回用

$$\downarrow$$
$$浓缩池$$
$$\downarrow$$
$$离心脱水机$$

（3）脱硫废水处理工艺。脱硫废水在中和箱中，加入石灰浆液，脱硫废水氟离子与 $Ca(OH)_2$ 反应生成 CaF_2，化学反应为：

$$2F^- + Ca^{2+} \longrightarrow CaF_2$$

在沉降箱中加入有机硫化物，与脱硫废水中重金属反应形成难溶于水的络合物；在絮凝箱加入硫酸氯铁和助凝剂，使脱硫废水中 CaF_2 和悬浮物进行絮凝。通过澄清池，大部分絮凝物在这里沉降。通过澄清池抽出泵，将底部污泥输送至污泥储存池。污泥储存池中污泥通过污泥排出泵输送至离心脱水机进行脱水。

3. 脱硫废水处理加药介绍

（1）采用氢氧化钙/石灰乳［$Ca(OH)_2$］进行碱化处理。来自脱硫系统的废水浆液经废水旋流器送至中和箱。加入石灰乳将废水 pH 值调至 9.0～9.5 之间，这个过程大部分重金属形成微溶的氢氧化物从废水中沉淀下来。同时可将废水中的部分氟离子化学反应，生成难溶的氟化钙。以固体的形式沉淀下来。

a. 石灰浆液的配制。石灰计量利用石灰给料机进行一级容积式定量，通过调节转速改变石灰输出量。给料机转速与输送石灰量见表 4-11。

表 4-11 给料机转速与输送石灰量

频率（Hz）	50	45	40	35	30	25	20	15
转速（r/min）	15	13.5	12	10.5	9	7.5	6	4.5
给粉量（L/h）	3060	2764	2448	2142	1836	1530	1224	918

工艺要求的石灰浆液浓度为 10%。计算方法：溶解箱横断面直径为 1800mm，石灰粉相对密度约为 0.6，溶解箱由低液位 0.30m 补水至高液位 0.95m，时间约 15min，则要求石灰给料机频率输出约为 18Hz。

在溶解箱进行过检修或停运后，溶解箱进水手动门开度发生改变。进行系统恢复时，应重新调节手动门至合适开度，保证由 0.3m 补水至 0.95m 的时间约 15min。

b. 石灰系统控制。通过两台螺杆泵（一用一备）向中和箱输送石灰浆液，利用电动调节门进行加药量的自动调节。根据设计要求，一台石灰输送泵额定流量为 2400L/h，由于本系统处理水量小，石灰加药不能对系统的水量产生大的影响，因此，在此浓度下，大部分浆液回流至溶解箱，回流量占总流量的 1/5（回流门开度保持 4~5 个螺纹）。根据控制要求，中和箱进石灰调节门开度为 15%，运行一段时间后，加药流量减小甚至没有流量，因此运行 20min 程序强制阀门全开 10s，保证管路畅通。

（2）采用有机硫化物沉淀重金属。镉和汞等重金属不能以氢氧化物形式完全沉淀出来。有机硫化物（如有机硫）可根据被处理的废水量按比例加入。形成难溶的硫化物沉积下来，以固体形式沉淀出来。

（3）固体沉淀物的絮凝。从废水中沉淀出来氢氧化物、硫化物，废水中还含有许多细小而分散的颗粒和胶体物质，很难沉降。

为了改善所有固体物的沉降行为，应向废水中加入 10% 浓度的聚合氯化铝，形成氢氧化铝/Al（OH）$_3$ 小粒子絮凝物。重金属氢氧化物及化合物附在氢氧化铝小粒子絮凝物上，形成较大的更易沉降的絮凝物。同时废水中的悬浮物也沉降下来。废水中所含固体的沉降行为可以通过加入助凝剂（PAM）进一步得到改善。

（4）沉降——固形物从废水中分离。在沉降阶段，固体物质从液相中分离出来。絮凝阶段形成的大粒子絮凝物沉到澄清/沉降器的底部。这一过程是在重力作用下发生的，因为固相和液相具有不同的密度。在沉降过程中，液相的浮力必须小于固体物的沉降力。热诱导流对固形物（大粒子絮凝物）的沉降行为有不利影响。

沉降阶段完成后，形成两个较易分离的物相，分别以净化废水和浓渣的形式排出。向水中加入盐酸，调节 pH 值至 7.0~9.0 之间。

（三）脱硫废水零排放处理

脱硫废水零排放处理系统，采用低温三效闪蒸结晶＋旁路烟道蒸发技术，处理能力为 20t/h 脱硫废水，实现脱硫废水零排放。

低温三效闪蒸结晶技术其原理是利用辅助蒸汽为蒸发系统提供热源，采用单套三效闪蒸系统，整套系统不需要三联箱进行预处理，脱硫废水直接从真空皮带脱水机前端气液分离器取水，利用脱硫废水中的自身离子特性，直接进行蒸发结晶。系统包括：废水储存输送系统、三效蒸发系统、出料系统、排空系统、循环冷却水系统等。

旁路烟道蒸发干燥系统，共设置两套旁路烟道蒸发干燥系统（一炉一塔），利用空气预热器入口高温烟气为蒸发干燥系统提供热源，将废水进行蒸发干燥，最终实现废水的零排放。系统包括：滤液输送系统（喷雾水箱及搅拌器、喷雾水泵及输送管道）、蒸发干燥塔及烟道系统、压缩空气系统等。

1. 低温三效闪蒸结晶系统结构

（1）废水缓冲调节系统。废水缓冲调节系统主要用于储存和输送来自脱硫装置的脱硫废水。脱硫废水通过石膏脱水楼废水箱废水泵输送至原水池。再由废水给料泵将原水池中的废水输送至三效闪蒸系统的一效分离器。废水给料泵的出入口管路设有电动控制阀，可实现自动投切。为了防止浆液沉积，每个原水池的底部均设有穿孔管曝气系统，由罗茨鼓风机供气。

此系统还设有脱硫废水 pH 值调节加药装置和去除脱硫废水中氨氮的加药装置，在系统投运后根据实际脱硫废水水质变化进行加药，其中去除脱硫废水中氨氮的加药采用投加次氯酸钠折点氯化法。

废水缓冲调节系统的主要设备有原水池、曝气系统以及废水给料泵。

（2）三效蒸发结晶系统。三效蒸发浓缩系统是整个脱硫废水零排系统的核心，主要包括一效蒸发系统、二效蒸发系统、三效蒸发系统，每套系统内都由一台分离器、一台加热器和一台强制循环泵组成。

从废水给料泵而来的废水，首先进入到一效分离器。在一效分离器中，废水经一效强制循环泵均匀地沿一效加热器加热管内壁，从下向上螺旋流动，废水在加热管内，被蒸汽加热后返回至一效分离器。在一效分离器上端设有专门的汽液两相共存的沸腾区，物料在沸腾区内，汽液混合物的静压使下层液体的沸点升高，并使溶液在加热管中螺旋流动时只受热而不产生汽化，沸腾物料进入一效分离器完成汽、液分离。废水在一效系统内经多次循环、加热、汽化、分离后，完成初步浓缩。被浓缩的料液在一效强制循环泵出口压力与压差的共同作用下进入二效分离器。

进入二效分离器的物料，经历与一效系统内相似的过程。两者不同之处在于，一效加热器利用辅汽作为热源，而二效加热器则利用的是一效分离器产生的二次蒸汽作为热源。料液在二效系统内同样经多次循环、加热、汽化、分离后，实现进一步浓缩。被浓缩的料液在二效强制循环泵出口压力与压差的共同作用下进入三效分离器。

进入三效分离器的物料经历与一、二效内相似的过程，三效加热器利用二效分离器产生的三次蒸汽作为热源。料液在三效系统内进一步被深度浓缩，三效分离器出料管道设密度计，连续监测物料的密度。当密度计显示达到设计密度时，开启出料泵与出料阀门进行出料。

达到浓缩要求的物料，通过出料泵被送往出料系统进行处理。

各效因出料而产生液位降低，这时物料在进料泵的作用下和相连通的物料管自行补充各效分离器、蒸发器内的物料，各效物料的补充速度由进料电动阀控制，从而达到自动控制蒸发器各效液位的目的。

第三效蒸发器中产生的蒸汽经过尾气冷凝器冷凝后，进入尾气冷凝罐，最后经凝结水泵输送至循环冷却水回水管道内，作为循环水补充水使用。

尾气冷凝器所需的循环冷却水由循环冷却水泵从机组循环冷却水给水管道抽取。

系统设有水循环真空泵，三效蒸发系统在真空泵作用下保持在负压工况下运行，因为在负压工况下，废水汽化温度可以大幅度降低，这样就可以更加有效地利用低温蒸汽作为系统热源，实现废水的蒸发浓缩。

三效蒸发的核心原理是将第一个蒸发系统产生的二次蒸汽当作加热源，引入第二个蒸发系统，并将第二个蒸发系统产生的三次蒸汽再次当作加热源，引入第三个蒸发系统。

从第一效蒸发系统至第三效蒸发系统，操作压力逐级降低，分离器内的溶液沸点也相应逐级降低，因此，只要控制分离器内的压力，则可利用前一个蒸发器产生的蒸汽对下一个蒸发器进行加热。同时，蒸汽也在该处被冷凝为冷凝水。与单效蒸发相比，三效蒸发可节约70%左右的蒸发能量。

三效蒸发结晶系统主要设备有一、二、三效分离器，一、二、三效加热器，尾气冷凝器，一、二、三效强制循环泵及尾气真空泵。

（3）出料系统。脱硫废水经过三效蒸发后，由于水分蒸发，浆液密度逐渐增加，在三效分离器底部出口的循环管道上设有差压密度测量，当该测量值达到出料密度值（1300～1350kg/m³）后，通过出料泵将浆液排出到板框压滤机内，此处所排出的浆液固体浓度为30%～50%。该部分出料经板框压滤机，进一步脱水固化后，最终形成含水率小于25%的固体物料，排至电动污泥斗中，派车外运妥善处置。由板框压滤机所脱出的滤液排入喷雾水箱中，再通过喷雾水泵将滤液输送至旁路烟道干燥系统进行蒸发干燥固化处理。

出料系统主要设备有出料泵，板框压滤机，喷雾水箱，喷雾水箱搅拌器，喷雾水泵及自清洗过滤器。

（4）排空系统。脱硫废水楼主要通过废水楼一层的地坑来收集系统正常运行、清洗和检修中产生的废水。当地坑集满后，地坑泵就将其中的废水输送至原水池。排水地坑设有搅拌器防止沉积。

（5）循环冷却水系统。第三效脱硫废水蒸发产生的蒸汽经过尾气冷凝器冷凝过程中需要冷却水，冷却水采用循环冷却水，由循环冷却水泵送至脱硫废水处理系统，冷却后再回到循环冷却水回水母管中，排出的循环冷却水温度升高 8～10℃。

2. 高温烟气旁路雾化干燥工艺

脱硫废水零排放处理系统固化段采用高温烟气旁路雾化干燥（双流体喷雾）工艺，通过空气总管提供压缩空气，并通过气管连接到干燥塔的雾化喷枪上。每套 $1m^3/h$ 的干燥塔布置 1 支 $1m^3/h$ 的喷枪，废水在压缩空气的作用下，在喷枪出口形成直径为 $50\mu m$ 的液滴。液滴从干燥塔上部形成并与干燥塔中的热烟气顺流而下。干燥塔从空气预热器前进行引气，出口连接到除尘器前的烟道上，为蒸发废水提供热源。在蒸发器上部还引入一股一次风，在干燥塔的蒸发区内形成保护的气膜，以防止挂壁、结垢。

第五节　公用系统设备结构及原理

一、水汽质量监督和化学加药处理（以超超临界机组为例）

（一）水汽系统的工作特点

超临界工况下的水、汽的理化特性决定了超临界和超超临界锅炉必须采用直流锅炉。直流锅炉没有汽包，无法通过锅炉排污去除杂质。直流锅炉的特点决定了由给水带入的杂质在机组的热力系统中只有如下三个去处。

（1）部分溶解于过热蒸汽中，其中绝大部分随蒸汽带入汽轮机而沉积在汽轮机上。

（2）不能溶解于过热蒸汽的那部分杂质将沉积于锅炉的炉管中。

（3）极少量的杂质溶解于凝结水中而进入下一个汽水循环。

无论杂质沉积于锅炉热负荷很高的锅炉的水冷壁管内，还是随蒸汽带入汽轮机沉积在汽轮机上，都将对机组的安全性和经济性运行有很大的危害。根据超临界和超超临界机组的特点，尽量纯化水质，减少水中盐类杂质，降低给水中的含铁量，控制腐蚀产物的沉积量，是超超临界机组水处理和水质控制的主要目标。

（二）超临界和超超临界工况下的水化学特点

通常由给水带入锅炉内的杂质主要是：钙离子、镁离子、钠离子和硅酸化合物，强酸阴离子和金属腐蚀产物等。根据这些杂质在蒸汽中的溶解度与蒸汽参数的关系（见图 4-60）得知，各种杂质离子在过热蒸汽中的溶解度是有很大差别的，且随蒸汽压力的增加而变化的情况也不同。

给水中的钙、镁杂质离子在过热蒸汽中的溶解度较低且随压力的增加变化不大；而钠化合物在过热蒸汽中的溶解度较大且随压力的增加溶解度

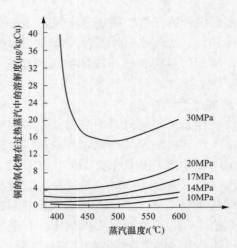

图 4-60 铜的溶解度变化曲线

稳步增加；硅化合物在亚临界以上工况下的溶解度已接近同压力下的水中的溶解度，且随压力的增加溶解度也渐渐增加；强酸阴离子（如氯离子）在过热蒸汽中的溶解度较低，但随压力的增加变化较大，硫酸根离子在过热蒸汽中的溶解度较低且随压力的增加变化不大；铁氧化物在蒸汽中的溶解度随压力的升高也呈不断升高趋势，而铜氧化物在蒸汽中的溶解度随压力的升高而升高，当压力升高到一定程度时有发生突跃性增加的情况。

从图 4-60 中可看出铜氧化物在过热蒸汽中的溶解度随着压力的增加而不断增加，当过热蒸汽压力大于 17MPa 以上时，铜在过热蒸汽中的溶解度有突跃性的增加。由于铜会在汽轮机通流部分沉积，使通流面积减少，影响汽轮机的出力，所以对于超临界和超超临界机组凝结水和给水中铜的含量应引起足够的重视，建议最好采用无铜系统，并严格控制凝结水、给水系统运行中的 pH 值，减少腐蚀产物的产生。

（三）水汽控制质量标准

根据各种离子在汽水中的溶解度的变化情况和在不同部位沉积的可能性看，由于超临界和超超临界工况下过热蒸汽中的铜、铁氧化物的溶解度与亚临界相比有较大的提高，尤其是铜氧化物的溶解度从亚临界到超临界有一个急剧的提高，如果水中不加以严格限制，将会造成大量铜铁氧化物沉积于汽轮机的高压缸的通流部位。为了保证机组的安全运行，在对给水水质的要求上，铜、铁氧化物的标准将比亚临界直流锅炉有更高的要求。另外由于超临界和超超临界机组中奥氏体钢的使用量比亚临界机组有很大的提高，且与相同再热蒸汽温度的亚临界机组相比，低压缸末几级叶片的湿度增加，为了防止发生奥氏体钢的晶间腐蚀和汽轮机末几级叶片的腐蚀，对阴离子的含量也提出了较高的要求。

另外，为了解决钠盐的沉积、腐蚀对过热器、再热器及汽轮机产生的影响，必须控制蒸汽中的钠含量小于 $1\mu g/kg$，才有可能控制二级再热器中形成的氢氧化钠浓缩液对奥氏体钢的腐蚀和锅炉停用时存在干状态的 Na_2SO_4 引起再热器的腐蚀。要想控制蒸汽中的钠含量小于 $1\mu g/kg$，必须控制凝结水精处理出水水质的钠含量小于 $1\mu g/kg$。因此，超临界和超超临界机组的水质控制对凝结水精处理系统也提出了更高的要求。同时，如何确保凝汽器微泄漏的情况下系统仍能达到相应的水质应是考虑的主要因素。

依据中华人民共和国电力行业标准《超临界火力发电机组水汽质量标准》（DL/T 912—2005），超超临界机组水汽控制质量标准参照如下控制。

给水溶解氧含量、联氨浓度和 pH 值标准见表 4-12。

表 4-12　给水溶解氧含量、联氨浓度和 pH 值标准

序号	处理方式	pH 值（25℃）		溶解氧（$\mu g/L$）	联氨（$\mu g/L$）
		有铜系统	无铜系统		
1	挥发处理	8.8～9.3	9.0～9.6	≤7	10～50
2	加氧处理	8.5～9.0	8.0～9.0	30～150	—

注　低压给水系统（除凝汽器外）有铜合金材料的应通过专门试验，确定在加氧后不会增加水汽系统的含铜量，才能采用加氧处理。

为减少蒸发段的腐蚀结垢、保证蒸汽品质，给水质量应符合表 4-13 规定。

表 4-13　给水质量标准

序号	项目	氢电导率（25℃）（$\mu S/cm$）		二氧化硅（$\mu g/L$）	铁（$\mu g/L$）	铜（$\mu g/L$）	钠（$\mu g/L$）	TOC[a]（$\mu g/L$）	氯离子[a]（$\mu g/L$）
		挥发处理	加氧处理						
1	标准值	<0.20	<0.15	≤15	≤10	≤3	≤5	≤200	≤5
2	期望值	<0.15	<0.10	≤10	≤5	≤1	≤2	—	≤2

注　根据实际运行情况不定期抽查。

挥发处理时，凝结水处理装置前凝结水溶解氧浓度应小于 $30\mu g/L$。

经过凝结水处理装置后凝结水的质量应符合表 4-14 的规定。

表 4-14　经过凝结水处理装置后凝结水的质量标准

序号	项目	氢电导率（25℃）（$\mu S/cm$）		二氧化硅（$\mu g/L$）	铁（$\mu g/L$）	铜（$\mu g/L$）	钠（$\mu g/L$）	TOC[a]（$\mu g/L$）	氯离子[a]（$\mu g/L$）
		挥发处理	加氧处理						
1	标准值	<0.20	<0.15	≤15	≤10	≤3	≤5	≤200	≤5
2	期望值	<0.15	<0.10	≤10	≤5	≤1	≤2	—	≤2

注　根据实际运行情况不定期抽查。

为了防止汽轮机内部积盐，蒸汽质量应符合表 4-15 规定。

表 4-15　蒸汽质量标准

序号	项目	氢电导率（25℃）（$\mu S/cm$）	二氧化硅（$\mu g/L$）	铁（$\mu g/L$）	铜（$\mu g/L$）	钠（$\mu g/L$）
1	标准值	<0.20	≤15	≤10	≤3	≤5
2	期望值	<0.15	≤10	≤5	≤1	≤2

（四）化学加药处理系统

1. 凝结水、给水的加氧、加氨处理

为了降低给水的铁含量，防止锅炉前系统发生流动加速腐蚀（FAC），降低锅炉的结垢速率，减缓直流锅炉运行压差的上升速度、延长锅炉化学清洗的周期和凝结水混床的运行周期，化学加药系统在机组正常运行是采用凝结水、给水的加氧处理（OT），加氧处理必须满足以下几个条件：

（1）给水氢电导率应小于 $0.15\mu S/cm$。

（2）凝结水精处理系统按 100% 的流量正常运行。

（3）除凝汽器冷凝管外水汽循环系统各设备均应为钢质结构。

（4）锅炉水冷壁管内的结垢量 $\leq 200g/m^2$。

加氧处理一般要求机组满负荷运行，在机组启动、停机及负荷变化时，水汽品质的下降是不可避免的，其水质可能达不到规定的要求，因此，机组启动时，以仅加氨的方式运行，直到氢电导率小于 $0.15\mu S/cm$。

运行如果发生氢电导率值超标，则可通过增加氨的注入，并切断氧的加入，同时打开除氧器的排气阀，直到氢电导率值达标、稳定。

当准备停机，在运行最后几小时内切换运行工况，以在水汽系统内得到较好的湿储存工况。

2. 加药原理

化学加药处理系统正常运行时采用锅炉给水加氨、加氧联合处理（即 CWT 工况），它是一种新的水处理技术。即在给水系统中加入氧气并调整给水的 pH 值，使金属表面形成一种特定的氧化膜，从而起到防腐的作用。而在机组启动阶段或水质异常的情况下，采用给水加氨、加联胺处理（即 AVT 工况），降低水中的氧含量，减缓氧腐蚀。

采用 CWT 工况（pH 值为 8.5）与碱性（即全挥发性 AVT 处理）工况（pH 值为 9.2）相比具有下列优点：

（1）凝汽器管及凝汽器其他各处无氨蚀。

（2）热力循环系统无破坏性的氧化铁覆盖层，减少了热力系统腐蚀。

（3）锅炉水汽侧的压力损失将减少。

（4）凝结水精处理混床的运行周期将延长 5 倍，减少了运行成本和运行人员的劳动强度。

（5）加药费用减少 2/3。

（6）精处理的再生废水排放量减少 80%。

（7）加药设备简单，操作方便。

采用给水联合循环处理（CWT）运行工况，对整个热力系统汽水工况非常有利，但要求凝结水处理系统提供高品质的凝结水，由于水质的改变，热力系统一些材质的腐蚀应给以适当关注。

正常情况下，加药系统对加药设备运行状况进行连续检测，并将各仪表检测信号通过精处理 PLC 控制系统送入水网集中控制系统。

3. 给水和凝结水加氨、加联氨系统

给水和凝结水加氨泵为电控计量泵，给水加氨根据汽水取样系统的给水 pH 模拟信号控制加药量，凝结水根据除氧器入口 pH 模拟信号控制加药量。

给水加药点设在除氧器下水管上，凝结水加药点设在精处理混床出水母管上。

正常运行时给水 pH 值控制在 8～9 之间，在机组启动初期或凝结水精处理系统不正常情况下（出水水质达不到要求），给水采用加联胺处理（即全挥发性 AVT 处理），此时应提高凝结水和给水的加氨量，使给水 pH 值达到 9.2～9.6。机组给水加氨系统如图 4-61 所示。

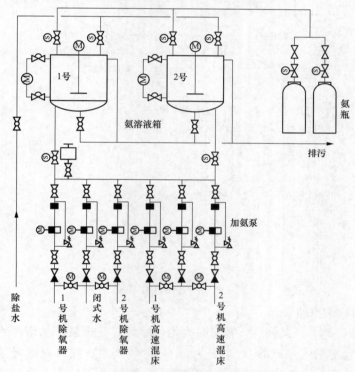

图 4-61　给水加氨系统

4. 加氨原理

氨（NH_3）溶于水称为氨水，呈碱性，化学反应式为：

$$NH_3 + H_2O \longrightarrow NH_4OH$$

给水 pH 值过低原因是它含有游离 CO_2，所以加 NH_3 就相当于用氨水的碱性来中和碳酸的酸性，化学反应式为：

$$NH_4OH + H_2CO_3 \longrightarrow NH_4HCO_3 + H_2O$$

$$NH_4OH + NH_4HCO_3 \longrightarrow (NH_4)_2CO_3 + H_2O$$

加氨以使给水 pH 值调节到 8～9 来防止游离 CO_2 的腐蚀。

5. 给水和凝结水加联胺系统

在机组启动初期或凝结水精处理系统不正常情况下（出水水质达不到

191

要求），为减缓系统腐蚀，并在低温区促进生成 Fe_3O_4 氧化膜，给水采用加联胺和氨（又称 AVT）处理。

加药点给水设在除氧器下水管上，凝结水设在精处理混床出水母管上。机组给水加联胺系统如图 4-62 所示。

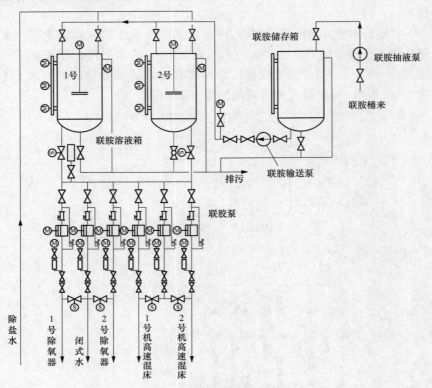

图 4-62　给水加联胺系统

6. 加联胺原理

联胺（N_2H_4）又称肼，常温时为无色液体，易挥发，易溶于水。遇水会结合成稳定的水和联胺（$N_2H_4 \cdot H_2O$）。空气中有联胺对呼吸系统及皮肤有侵害作用。空气中联胺蒸汽量最高不允许超过 1mg/L。联胺蒸汽含量达 4.7%，遇火便发生爆燃现象。

联胺在碱性水溶液中，是一种很强的还原剂，可将水中的溶解氧还原，化学反应式为：

$$N_2H_4 + O_2 \longrightarrow N_2 + 2H_2O$$

在高温（$t > 200℃$）水中，N_2H_4 可将 Fe_2O_3 还原成 Fe_3O_4、FeO 或 Fe，化学反应式为：

$$6Fe_2O_3 + N_2H_4 \longrightarrow 4Fe_3O_4 + N_2 + 2H_2O$$

$$2Fe_3O_4 + N_2H_4 \longrightarrow 6FeO + N_2 + 2H_2O$$

$$2FeO + N_2H_4 \longrightarrow 2Fe + N_2 + 2H_2O$$

N_2H_4 还能将 CuO 还原成 Cu_2O 或 Cu，化学反应式为：

$$4CuO+N_2H_4 \longrightarrow 2Cu_2O+N_2+2H_2O$$
$$2Cu_2O+N_2H_4 \longrightarrow 4Cu+N_2+2H_2O$$

联胺的这些性质可用来防止锅炉内结铁垢和铜垢。

联胺和水中溶解氧的反应速度受温度、pH 值和联胺过剩量的影响，为使 N_2H_4 和水中溶解氧的反应进行得迅速且完全，应维持以下条件：

（1）使水有足够温度。温度越高，反应越快。

（2）使水维持一定的 pH 值。一般在 9~11 之间。

（3）使水中联胺有足够过剩量。过剩量越多，除氧所需时间越少。联胺水溶液显弱碱性，遇热会分解：

$$3N_2H_4 \longrightarrow N_2+4NH_3$$

过剩的 N_2H_4 分解还可以提高给水 pH 值。

7. 给水和凝结水加氧系统

加氧方式为气态氧作氧化剂，由高压氧气瓶提供的氧气经减压阀减压后分两点通过一针形流量调节阀加入热力设备水汽系统，使热力管道表面形成致密的氧化铁保护膜，从而有效地改善水系统工况。氧气加入点为：一是凝结水精处理设备出口母管；二是除氧器出口母管。加氧量的控制采用自动调节。采用加氧处理的优点是节约了联胺药品费，由于加氧处理时要求的 pH 值为 8~9.0，也使混床的运行周期延长，从而节省了再生用酸碱耗量。机组加氧系统如图 4-63 所示。

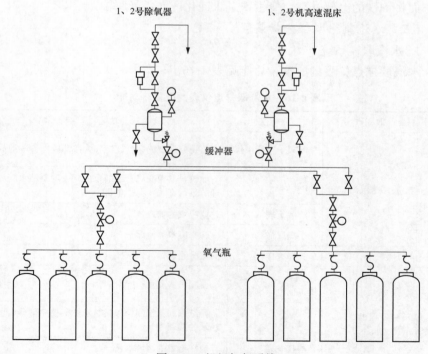

图 4-63　机组加氧系统

8. 联合加氧原理

前面介绍了氧腐蚀的主要机理，水中溶解氧在与之接触的钢铁等金属材质发生氧腐蚀。而另一方面，氧在适当的条件下，也可能起钝化作用，当氧的去极化作用使金属氧化时，生成的是金属氧化物或氢氧化物，并且积聚在金属表面，形成连续、有保护性的氧化物或氢氧化物层时，这层保护膜会阻碍金属继续发生阳极溶解，从而起到保护作用。铁和水中的氧反应能直接形成 Fe_3O_4 氧化膜，其反应如下：

$$6Fe+\frac{7}{2}O_2+6H^+\longrightarrow Fe_3O_4+3Fe^{2+}+3H_2O$$

但这样产生的 Fe_3O_4 晶体有间隙，水可以从间隙中渗入到钢铁表面引起腐蚀，防腐效果差，而当高纯水中加入适量氧化剂时，水中 Fe^{2+} 氧化变成稳定的 Fe_2O_3，即在 Fe_3O_4 层上覆盖一层 Fe_2O_3。这层 Fe_2O_3 是致密的，使水不能再与钢材表面接触，其化学反应为：

$$2Fe^{2+}+\frac{1}{2}O_2+3H_2O\longrightarrow Fe_2O_3+4H^+$$

钢铁在水中的反应，使钢铁表面形成了稳定的保护膜，由于某些原因，这层保护膜被破坏时，存在于水中的氧化剂能迅速地修复它。

而采用联合加氧处理，就是在加氧的同时，在水中加入氨，提高 pH 值，一方面能增强它对水中偶尔出现的、能形成酸的杂质的缓冲能力；另一方面将钢铁的电位升高，使钢铁进入钝化区而免受腐蚀。

（五）水汽集中取样分析装置

1. 水汽取样系统

水汽取样点仪表的配置、功能见表 4-16。

表 4-16　水汽取样点仪表的配置、功能

序号	取样点	分析仪	功能
1	凝结水泵出口	阳离子电导率仪	监视凝结水的综合性能和为渗漏提供参考指示
		pH 表	能较早发现凝汽器渗漏，由此决定凝结水精处理的运行方式，保护主机安全
		溶解氧表	监视氧的加入量
		手操取样	检查凝汽器泄漏
2	除氧器入口	手操取样	监测除氧器入口水质
3	精处理出口母管（加药点后）	阳离子电导率仪、比电导率表	监测出水质量
		pH 表	凝结水加氨控制信号凝结水加氨控制信号、监视水的酸碱度
		溶解氧表	监视出中的溶解氧量
		手操取样	确保检测的准确性

续表

序号	取样点	分析仪	功能
4	除氧器出水	溶解氧表	监视给水中的溶解氧量
		手操取样	确保监测的准确性
5	省煤器进口	阳离子电导率仪、比电导率表	监视锅炉给水杂质的重要参数。（给水加氨控制信号）
		pH 表	监视给水的酸碱度（给水加氨控制信号）
		溶解氧表	监视给水溶解氧量，以此调整给水加氧量（溶解氧模拟量送化学加药系统）
		二氧化硅表	监视给水中二氧化硅的含量
		手操取样	确保监测的准确性
6	主蒸汽（两点）	阳离子电导率仪	监视锅炉水中的杂质水平的重要参数
		比电导率表	监视主蒸汽中总含盐量
		溶解氧表	监视主蒸汽中的溶解氧量
		钠表	监视蒸汽的钠盐携带量
		二氧化硅表	监视二氧化硅的携带量
		氢表	监视主蒸汽中氢的含量
		手操取样	确保监测的准确性
7	再热蒸汽（入口，出口两点）	阳离子电导率仪	监视再热蒸汽的质量、总含盐量
		二氧化硅	监视再热蒸汽二氧化硅的携带量
		钠表	监视再热蒸汽的钠盐携带量
		氢表	监视再热蒸汽中氢的含量
		手操取样	确保监测的准确性
8	辅助蒸汽	阳离子电导率仪	监视辅助蒸汽品质
		手操取样	确保监测的准确性
9	高压加热器疏水	阳离子电导率仪	监视疏水水质
		手操取样	确保监测的准确性
10	低压加热器疏水	手操取样	监视疏水水质
11	闭式冷却水	比电导率表	监视闭式冷却水的品质
		pH 表	监视水的酸碱度
		手操取样	确保监测的准确性
12	发电机冷却水	比电导率表	监视发电机冷却水的品质
		pH 表	监视水的酸碱度
		手操取样	确保监测的准确性
13	凝结水补水箱	阳离子电导率仪	监测补水水质
		手操取样	确保监测的准确性
14	启动分离器排水	手操取样	监测启动分离器排水水质
15	凝汽器检漏装置	阳离子电导率仪	监视凝汽器泄漏（监测为 8 点）检查意外泄漏
		手操取样	确保监测的准确性

2. 水汽取样设备

水汽集中取样装置由高温盘、低温仪表盘及人工取样系统组成。

水汽取样系统的各水样与热力系统上的取样点相对应，从左至右分别为：凝结水（凝泵出口）、精处理出水、除氧器进口水、除氧器出口水、省煤器进口水（给水）、（左、右侧）主蒸汽、（冷、热）再热蒸汽、低压加热器疏水、高压加热器疏水、启动分离器排水、辅助蒸汽、轴封加热器疏水、发电机定子冷水、闭冷水，各样品通过不锈钢管引至汽水集中取样架，分别经冷却器冷却、减压，再经恒温装置恒温后引至仪表盘，供在线仪表和手工分析用。

水汽集中取样架各水样均有排污管，以冲洗管内杂质。

（1）高温盘。为完成高压高温的水汽样品减压和初冷而设，该部分包括高温高压阀门、样品冷却器、减压阀、安全阀、样品排污和冷却水供排水管系统。上述器件与样品管路一起安装在高温盘内。其主要任务是将各取样点的水和蒸汽引入高温盘，由高压阀门控制，一路连接排污管，供装置在投运初期排除样品中的污物；另一路连接冷却器，冷却器内接逆向通入的冷却水，使样品冷却降温，冷却后的样品经减压阀减压后送至人工取样和低温仪表盘。

其主要设备分述如下：

1）阀门。高压的取样水采用双卡套连接或球头连接不锈钢高压阀门；冷却水系统使用低压阀门。

2）样品冷却器。冷却装置（取样冷却器）为双螺纹管冷却器，取样水通过冷却器可使取样水冷却到适宜化学仪表测定和人工分析测定所需的温度。

双螺纹管取样冷却器由两根直径不同的不锈钢管套在一起弯制而成。取样器的内管通流取样水，外套管与内管之间的隔层里面通流冷却水。由于冷却水通流断面较小，冷却水的流速高，使其具有较高的冷却效率。双螺纹管取样冷却器只能采用洁净的除盐水作为冷却水，因为套管结构难以清理。

3）减压阀。高温高压的取样水除了通过取样冷却器进行减温处理外，还要经减压后才能送到各取样点。

螺纹式减压器是在一个螺纹管体内旋入一个阳螺纹杆，在阴阳螺纹之间控制一定的间隙，通过调节阳螺纹杆进入阴螺体的尺寸来实现取样水的减压。但减压阀的阳螺纹杆旋出长度不得超过 24mm，以防止由于螺扣过少而使阳螺杆脱出，造成高压取样水冲出。螺纹式减压器的材质为不锈钢。螺纹式减压器具有体积小、安装方便，易调节等特点。

（2）低温仪表盘。由低温仪表盘和人工取样架两部分合二为一。该部分包括背压整定阀、机械恒温装置、双金属（或数字）温度计、浮子流量计、离子交换柱、电磁阀、化学仪表和报警仪等。从降温减压架送来的样品，按照各点需要监测的项目进行分配。一路送至人工取样屏，供人工取样分析；其余分支样品分别引入相应的化学分析仪表，进行在线测量。分析结果由微机系统进行数据采集、显示和打印制表。正常情况下，该系统对各取样点在线仪表进行连续检测，并将各仪表检测信号通过精处理 PLC控制系统送入水网集中控制系统。

为了消除样品温度变化对化学仪表测量精度的影响，采用了机械恒温装置。

（3）凝汽器检漏系统。每台机组的凝汽器热井高、低压侧取样及检漏装置各设 4 个取样点，分别自动巡检。取样及检漏装置由 2 个单独布置的热井取样架和 1 个合用的检测仪表盘组成，单套热井取样架至少应包括 4个电磁阀、1 台吸水箱、1 台取样泵及管路、电控设备等，检测仪表盘由 2台导电度表及相关的阀门、电导池、发送器、人工取样器、管路、电控设备等组成，装置应实现自动远程投运、报警、信号传送及就地控制等功能。

凝汽器检漏装置由检漏取样架和检漏仪表盘两部分组成，整套装置包括 2 台取样泵、相关的阀门、电导池、发送器、导电度表、人工取样器及实现报警、信号传送功能的全部部件、管路、电气、控制部件等。

3. 机组启动过程中汽、水品质要求

（1）凝结水精处理进、出水水质指标。凝结水精处理进、出水水质指标见表 4-17。

表 4-17　凝结水精处理进、出水水质指标

序号	内容项目		单位	进水水质		出水水质		检测周期
				启动	正常	标准值	期望值	
1	二氧化硅（SiO_2）		$\mu g/L$	≤500	≤15	≤10	≤5	在线
2	钠（Na）		$\mu g/L$	≤20	≤10	≤3	≤1	在线
3	总铁（Fe）		$\mu g/L$	≤500	≤15	≤5	≤3	运行床定期查定
4	氢电导率（25℃）	挥发处理	$\mu S/cm$	—	—	≤0.15	≤0.10	在线
		加氧处理	$\mu S/cm$			≤0.15	≤0.10	在线

注　机组为无铜系统，无铜指标。

（2）锅炉上水水质标准。锅炉上水水质标准见表 4-18。

表 4-18　锅炉上水水质标准

炉型	锅炉过热蒸汽压力（MPa）	硬度（$\mu mol/L$）	氢电导率（25℃）（$\mu S/cm$）	铁	二氧化硅
				$\mu g/L$	
汽包锅炉	3.8～5.8	≤10.0	—	≤150	—
	5.9～12.6	≤5.0	—	≤100	—
	>12.6	≤5.0	≤1.00	≤75	≤80
直流锅炉	—	≈0	≤0.50	≤50	≤30

（3）机组启动时，有凝结水处理装置的机组，凝结水的回收质量应符合表 4-19 的规定，处理后的水质应满足给水要求。

机组启动时凝结水回收标准见表 4-19。

表 4-19　机组启动时凝结水回收标准

凝结水处理形式	外观	硬度（μmol/L）	钠（μg/L）	铁（μg/L）	二氧化硅（μg/L）	铜（μg/L）
过滤	无色透明	≤5.0	≤30	≤500	≤80	≤30
精除盐	无色透明	≤5.0	≤80	≤1000	≤200	≤30
过滤＋精除盐	无色透明	≤5.0	≤80	≤1000	≤200	≤30

机组启动时，应监督疏水质量。有凝结水处理装置的机组，疏水铁含量不大于 $1000\mu g/L$ 时，可回收至凝汽器。

（4）有凝结水精除盐装置的机组，回收到凝汽器的疏水和生产回水质量可按表 4-20 控制。

疏水和生产回水的回收应保证的给水质量标准见表 4-20。

表 4-20　疏水和生产回水的回收应保证的给水质量标准

名称	硬度（μmol/L）		铁（μg/L）	TOCi（μg/L）
	标准值	期望值		
疏水	≤2.5	≈0	≤100	—
生产回水	≤5.0	≤2.5	≤100	<400

（5）回收至除氧器的热网疏水质量按表 4-21 控制。

回收至除氧器的热网疏水质量标准见表 4-21。

表 4-21　回收至除氧器的热网疏水质量标准

炉型	锅炉过热蒸汽压力（MPa）	氢电导率（25℃）（μS/cm）	钠离子（μg/L）	二氧化硅（μg/L）	全铁（μg/L）
汽包锅炉	12.7~15.6	≤0.30	—	—	≤20
	>15.6	≤0.30	—	≤20	
直流锅炉	5.9~18.3	≤0.20	≤5	≤15	
	超临界压力	≤0.20	≤2	≤10	

（6）汽轮机冲转前蒸汽品质标准见表 4-22（要求在 8h 达到正常运行标准）。

表 4-22　汽轮机冲转前蒸汽品质标准

炉型	锅炉过热蒸汽压力（MPa）	氢电导率（25℃）（μS/cm）	二氧化硅	铁	铜	钠
			μg/kg			
汽包锅炉	3.8~5.8	≤3.0	≤80			≤50
	>5.8	≤1.0	≤60	≤50	≤15	≤20
直流锅炉	—	≤0.5	≤30	≤50	≤15	≤20

4. 机组正常运行中汽、水品质标准

机组正常运行中汽、水品质标准见表 4-23。

表 4-23　机组正常运行中汽、水品质标准

序号	监测点	项目	单位	控制标准	
				控制值	期望值
1	精处理出口	氢电导率	$\mu S/cm$	≤0.15	≤0.10
		SiO_2	$\mu g/L$	≤10	≤5
		Na^+	$\mu g/L$	≤3	≤1
2	凝泵出口	氢电导率	$\mu S/cm$	≤0.20	≤0.15
		溶解氧	$\mu g/L$	≤20	
		Na^+	$\mu g/L$	≤10	≤5
3	除氧器出口	溶解氧	$\mu g/L$	≤7（AVT 处理） 30～150（OT 处理）	
4	省煤器入口	pH 值	25℃	9.2～9.6（AVT 处理） 8.0～9.0（OT 处理）	9.4～9.6（AVT 处理） 8.5～9.0（OT 处理）
		氢电导率	$\mu S/cm$	≤0.15	≤0.10
		N_2H_4	$\mu g/L$	≤30（AVT 处理）	
		Cu^{2+}	$\mu g/L$	≤2	≤1
		Fe^{3+}	$\mu g/L$	≤5	≤3
		SiO_2	$\mu g/L$	≤10	≤5
		Na^+	$\mu g/kg$	≤3	≤2
5	主蒸汽	氢电导率	$\mu S/cm$	≤0.15	≤0.10
		SiO_2	$\mu g/kg$	≤10	≤5
		Fe^{3+}	$\mu g/kg$	≤5	≤3
		Cu^{2+}	$\mu g/kg$	≤2	≤1
		Na^+	$\mu g/kg$	≤3	≤2

二、制氢系统

（一）制氢设备原理

制氢设备是用于氢冷发电机的制氢设备，同时也可用于电子、化工、冶金、建材等行业作为制氢或制氢设备。

目前国内外工业上制取氢气的主要方法有：

（1）水电解法。将水电解得氢气和氧气。氯碱工业电解食盐溶液制取氯气、烧碱时也副产氢气。电解法能得到纯氢，但耗电量很高，每生产氢气 $1m^3$，耗电量达 21.6～25.2MJ。

（2）烃类裂解法。此法得到的裂解气含大量氢气，其含量视原料性质及裂解条件的不同而异。裂解气深冷分离得到纯度 90% 的氢气，可作为工

业用氢，如作为石油化工中催化加氢的原料。

（3）烃类蒸汽转化法。烃类在高温和催化剂存在下，可与水蒸气作用制成含氢的合成气。为了从合成气中得到纯氢，可采用分子筛通过变压吸附除去其他气体；也可采用膜分离得到纯氢；用金属钯吸附氢气，可分离出氢气体积达金属的 1000 倍。

（4）炼厂气。石油炼厂生产过程中产生的各种含氢气体，如催化裂化、催化重整、石油焦化等过程产生的含氢气体，以及焦炉煤气（含氢 45%～60%）经过深冷分离，可得纯度较高的工业氢气。

在火力发电厂中，通常采用水电解制氢工艺，其工作原理是将电解液（电解液是由电解质氢氧化钾或氢氧化钠与除盐水按比例配置成一定浓度的碱液）注入制氢系统的电解槽中，电解槽内通以直流电流，由于在强碱溶液中电解质呈离子状态存在，在电场的作用下，电解槽中的每个电极上发生了各自的半电池电化学反应，其中阳极生成 O_2，阴极生成 H_2。化学反应式如下。

在阳极：

$$4OH^- \longrightarrow O_2 \uparrow + 2H_2O + 4e^-$$

在阴极：

$$4H_2O + 4e^- \longrightarrow 2H_2 \uparrow + 4OH^-$$

总反应式：

$$2H_2O \longrightarrow 2H_2 \uparrow + O_2 \uparrow$$

根据法拉第定律，气体产量与电流成正比，与其他因素无关。

水电解制氢原理如图 4-64 所示。

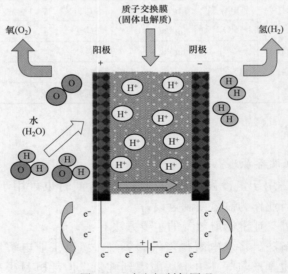

图 4-64　水电解制氢原理

电解液的作用在于增加水的电导，本身不参加电解反应，理论上是不消耗的。电解液中加入五氧化二钒的作用是在于降低电解电压。单位气体产量的电耗,取决于电解电压,电解槽的工作温度越高,电解电压越低,同时也增加了对电解槽材料,主要是隔膜材料的腐蚀。石棉在碱液中长期使用温度不能超过 100℃,因此操作温度选择在 80~85℃为宜。电解压力的选择主要根据用户的需求。气体纯度决定于制氢机结构和操作情况。在设备完好(主要是电解槽隔膜无损坏)操作压力正常(主要是压差控制正常)的条件下,纯度是稳定的。

工艺流程:工业软水经纯水装置制取纯水,并送入原料水箱,经补水泵输入碱液系统,补充被电解消耗的水。电解槽中的水,在直流电的作用下被分解成 H_2 与 O_2,并与循环电解液一起分别进入框架中的氢、氧分离洗涤器后进行气液分离、洗涤、冷却。分离后的电解液与补充的纯水混合后,经碱液冷却器、碱液循环泵、过滤器送回电解槽循环、电解。调节碱液冷却器冷却水流量,控制回流碱液的温度,来控制电解槽的工作温度,使系统安全运行。分离后的氢气由调节阀控制输出,送入氢气储罐,再经缓冲减压后,供用户使用。

水电解制氢工艺流程如图 4-65 所示。

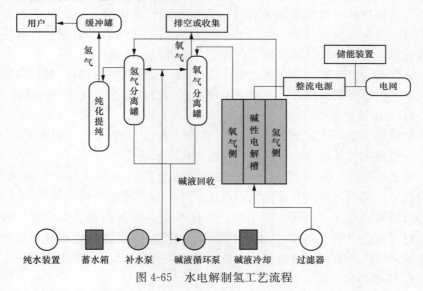

图 4-65　水电解制氢工艺流程

(二) 制氢设备的结构

氢气发生器为组合式框架结构,由电解槽、氢氧分离冷却器、氢洗涤器、碱液循环泵、电解液过滤器(捕滴器)、氢气干燥装置组成。干燥器由气体吸附塔 A、B(2 台)、冷凝分离器、排污器、电磁先导气动执行的二位二通阀和二位三通阀、温度、压力测量仪表及阀门、一次仪表、管路等组成,主要作用是气液分离、冷却、碱液加压循环、气水分离、氢气净化干燥、控制系统压力、液位平衡、控制氢气的湿度、纯度等。

1. 氢气系统

从电解槽各电解小室阴极分解出来的氢气随碱液一起,借助于碱液循环泵的扬程和气体本身升力，从主极板阴极侧的出气孔进入氢气管道，再从右端极板流出进入氢分离器，在其内与碱液分离，然后从氢分离器的氢气管道进入氢气洗涤器。在洗涤器中洗涤氢气中含有的微量碱，并将氢气由 65～80℃冷却至 40℃左右，经气动薄膜调节阀压力调节后，再进入捕滴器，捕捉氢气中的水滴，使含湿度降到 $4g/m^3$ 以下，流向吸附器 A（B）进行再生吹冷，再进入冷凝分离器，到干燥塔 B（A）进行吸附干燥，干燥后氢气湿度（露点）降到 -50℃以下。

干燥器装置，当进行吸附的干燥塔饱和需要进行再生时，由 PIC 控制相应的气动球网动作，使氢气进入需要再生的干燥塔，升温带出饱和的水分，再经冷凝分离器将水分冷凝分离，随后进入另一只干燥塔，经吸附后，合格的产品气送出，进行分配送入各氢气储罐。氢气再从与发电机房匹配的适合压力的储氢罐管路进入送氢母管，送入发电机房。

氢气的排气注意：用于开停机期间，不正常操作或纯度不达标以及故障排空。

2. 氧气系统

由电解槽各电解小室阳极侧分解出来的氧气随碱液一起，从主极板阳极侧出气孔进入氧气管道，再从右端极板流出，进入氧分离器，在其内与碱液分离，然后经气动薄膜调节阀排空（也可回收使用）。

氧气作为水电解制氢装置的副产品，具有综合利用价值，氧气系统与氢气系统有很强的对称性，装置的工作压力和槽温也都以氧侧为测试点。

3. 气体排空系统

制氢装置在每次刚开机运行时，其氢气纯度不能马上达到所需标准，所以一般是先将其排空，待氢气纯度达到标准后再充氢。

正常运行时，排空完成，检测氢气纯度合格且各项指标符合要求后，给出信号，关闭二通阀开始充氢；当正常停机或故障紧急情况停机卸压时，又给出信号，打开二通阀，将系统内气体排空。但如遇紧急情况时，也可直接打开氢、氧侧手动排空阀进行排空，但此时必须密切注意氢、氧分离器中的液位，严防氢、氧差压过大造成氢、氧混合发生事故。

4. 碱液循环系统

为了随时带走电解过程中产生的氢气、氧气和热量，并向极板区补充除盐水，必须要求系统内的碱液按一定的速度和方向进行循环。此时碱液的循环还可以增加电解区域电解液的搅拌，以减少浓差极化电压，降低碱液中的含气度，从而降低小室电压，减少能耗。

由于本系统所用的电解槽体积小、管道细、碱液流动阻力较大且电流密度较高，故要求碱液循环次数能达成每小时 2～3 次。所以在本系统中采用循环泵强制循环。

碱液在氢分离器和氧分离器中分离出氢气和氧气后，在两分离器底部的连通管内汇合，经碱液过滤器去除固态杂质，再进入循环泵，由泵加压后回到电解槽。在电解槽中，碱液从左端压板进入各主极板的进液孔，流经各电解小室，在各电解小室中进行电解，而后与电解出来的氢气或氧气一起，分别从各自的出气孔进入氢气道，再分别进入氢分离器或氧分离器，从而构成完整的碱液循环系统。

5. 冷却水系统

水的电解过程是吸热反应，制氢过程必须供以电能，但水电解过程消耗的电能超过了水电解反应理论吸热量，超出的部分主要由冷却水（系统冷却全部使用除盐水）带走，以维持电解反应区正常温度。电解反应区温度过高，可降低能源消耗，但温度过高，电解槽石棉质的小电解室隔膜将被破坏，同时对设备长期运行带来不利。此外，所生成的氢气、氧气分离后也必须冷却，以及干燥器再生加热的纯氢气也须冷却除湿，晶闸管整流装置上同样也设有必要的冷却管路。

6. 补水、配碱系统

（1）补水系统。电解过程中，除盐水不断消耗，必须及时向系统内补水。补水系统主要包括除盐水箱和送水泵，水箱中的水通过送水泵打入氢分离器，从而进入碱液循环系统。在正常情况下，补水可自动进行，特殊情况下也可手动操作。为保证系统中的气体和碱液在送水泵停止期间不回流，在送水管道上装有逆止阀。

（2）配碱系统。电解槽首次开启使用前须进行配碱（电解液）：碱液箱中按比例加入氢氧化钠和除盐水，开启泵可进行闭合循环将碱融化；用泵将碱液送入电解槽中，进行电解。配碱箱用于配制氢氧化钠电解液及储存碱液。

7. 水封及阻火器

氢气、氧气的水封均采用不锈钢材料，水封上设有一根排空管。阻火器一般设在氢气系统的放空管路上及用氢设备的氢气支管上，以防止回火及火焰蔓延。

8. 氢气干燥器系统

依据工艺流程条件设置检测、调节、电气自动保护系统，由可编程序控制器来实现工艺流程的自动控制，保证设备安全可靠、高质量运行。设备主要包括：干燥吸附塔、冷凝器、工艺管路、网门及配件等（氢气干燥装置包括一对交替使用的干燥 A、B 塔及对应的 A、B 冷凝器）。

9. 储气系统

电解产生的氢气、氧气，经过一系列净化和冷却处理，最后存入储气罐备用。储氢罐的数量由发电机的氢冷容积确定。为防止着火事放，储氢罐与大气间安装挡火器和弹簧安全网。当罐内压力超过规定值时，气体可安全排出。

三、电解海水制氯

（一）电解海水制氯原理

临海燃煤电厂凝汽器多采用钛管，冷却水为海水，采用直流供水方式。

由于海水中存在着海生物，如藤壶、贻贝、海草及藻菌等，这些海生物的附着性极强。当它们及它们的孢子或卵进入凝汽器的冷却水系统后，往往附着滋生在管壁上，使管道阻力增加，严重影响凝汽器的换热效果，最终导致影响汽轮机的出力和安全运行。为了防止海生物和微生物在凝汽器等冷却设备及管道中附着滋生，往冷却水中投加次氯酸钠是一种安全、简便的方法，能达到保护管道和凝汽器的目的。

电解海水制氯装置是通过整流变压器和整流器，将交流电变压整流为直流电，施加到海水电解槽的阴、阳极上，由于海水中的 NaCl 是以离子状态存在，在电场的作用下，阳极表面产生 Cl_2，阴极表面产生 H_2，Cl_2 和 NaOH 在溶液中发生次级化学反应生成 NaClO，使海水发生电解产生活性有效氯，投加到机组冷却海水中，化学反应方程式如下。

电离反应：

$$NaCl \Longrightarrow Na^+ + Cl^-$$
$$H_2O \Longrightarrow H^+ + OH^-$$

电化反应，阳极：

$$2Cl^- - 2e \longrightarrow Cl_2 \uparrow$$

阴极：

$$2Na^+ + 2H_2O + 2e^- \longrightarrow H_2 \uparrow + 2NaOH$$

溶液中化学反应：

$$Cl_2 + 2NaOH \longrightarrow NaCl + NaClO + H_2O$$

总反应式：

$$NaCl + H_2O \xrightarrow{\text{电解}} NaClO + H_2 \uparrow$$

在电解槽中发生的电化学反应和化学反应的产物基本上是次氯酸钠溶液和氢气。

由于海水中存在钙、镁离子，电解时这些离子会在阴极上形成钙和镁的沉淀物，增加电能的消耗。因此，必须通过酸洗的方法定期消除这些沉淀物。

电解海水制氯原理如图 4-66 所示。

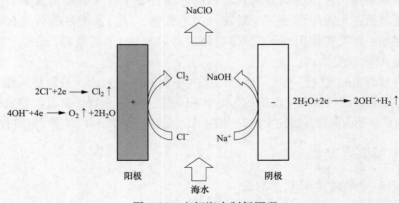

图 4-66 电解海水制氯原理

（二）电解海水制氯系统结构

1. 电解海水制氯系统的组成

电解海水制取次氯酸钠溶液简称电解制氯，由电解系统、酸洗系统、冷却系统、电气系统、控制系统组成。具体设备有自动冲洗海水过滤器、海水升压泵、次氯酸钠发生器、次氯酸钠储存罐、加药泵、酸洗设备、整流变压器、整流柜或者高频电源、控制柜和动力柜等。

电解海水制氯工艺流程如图 4-67 所示。

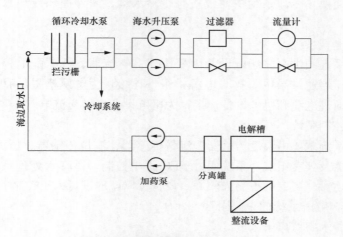

图 4-67　电解海水制氯工艺流程

（1）电解系统。

电解系统主要由多个电解槽组成。电解槽由阴、阳极板组成，极板的有两种类型；平行板式和圆筒式。电解槽一般要求海水进水氯离子大于8000mg/L，海水温度大于 5℃，未受到油及有机物污染。当海水通过电解槽时，被直流电电解产生次氯酸钠溶液。

每个电解槽组由一台整流变压器供给低压直流电。380V 低压配电柜供给电解制氯组件所需交流电。机械设备主要由海水升压泵、过滤器、电解槽、次氯酸钠储罐等组成。这些设备由耐海水及次氯酸钠溶液腐蚀的 UP-VC 管道或钢衬塑管道连接。

（2）酸洗系统。

电解槽电解海水过程中，由于海水中存在钙镁离子，这些离子会聚集在负极形成钙镁离子的沉淀物，导致电解能力下降，能耗增加。且阴阳极之间沉淀结垢的形成，会导致阴阳极板间连接短路，由于电解槽中产生大量氢气，会有氢气爆燃的风险。因此电极必须定期进行酸洗，除去阴阳极表面结垢，恢复电解槽洁净表面，保证电解槽运行安全，酸洗周期根据运行情况确定。一般发生器累计工作 720h 提醒酸洗，此时发生器可继续工作8h，8h 后必须酸洗，否则整流电源无法启动。

酸洗系统是为电解槽酸洗提供 10％的稀盐酸溶液，稀盐酸溶液通过酸洗泵在电解槽与酸洗箱之间循环流动，酸洗结束后，将废酸液排至室外中和池，中和后排出。酸洗系统主要包括酸洗箱、酸洗泵等。

（3）冷却系统。

整流器在工作过程中产生大量的热，为了保证整流器正常运行，需要对整流器进行冷却。采用水冷方式的冷却系统分为内外循环方式，内循环冷却水采用除盐水，外循环冷却水采用海水，内外循环水在板式热交换器进行热量交换。冷却系统主要设备有冷却水罐、内外循环冷却水泵、板式换热器等。

（4）电气系统。

电气系统的供电、配电设备由变压器、整流器、低压配电柜组成。整流器和变压器通过导电母排与电解槽组件连接，为电解槽提供直流电。低压配电柜通过电缆和机电设备连接，为机电设备提供交流电。

（5）控制系统。

控制系统主要由温度传感器、流量传感器、液位传感器、压力传感器、压差传感器及仪表组成。系统通过 PLC 集中控制，循环水处理系统可以自动安全地运行。当自动控制失效后，设备可以就地进行人工控制。

2. 影响电解系统的主要因素

（1）海水中氯离子浓度。

我国各个海域的氯离子浓度不同，同一个海域的氯离子浓度也会随季节变化而不同。海水中氯离子的浓度一般是 18000～20000mg/L，氯离子浓度高，电解电流效率高，单位产量电耗小。如果海水中氯离子浓度低于 10000mg/L 时，仍采用电解海水制氯的工艺，会出现电解电流效率低，单位产量电耗增大。

（2）海水温度。

海水温度是随季节变化的，水温低，生产率低，要达到同样的生产率需要较高的电耗。滨海电厂电解用海水，通常在循环水泵出口管道取水。夏季海水温度较高，对系统运行较有利。冬季较低的海水温度，海生物的生长也会变缓慢。次氯酸钠溶液的投加是可根据实际运行情况减少。

（3）槽温度。

电解反应是一个升温过程。海水在大电流作用下，温度升高很快。次氯酸钠溶液是不稳定的物质，温度高容易分解。据试验分析，在 40℃时次氯酸钠溶液的分解速度为 30℃时的 30 倍。因此需要对电解槽的槽温度进行控制。一般电解槽的槽温度控制在 40℃内。

（4）电极材料。

电极材料是电解槽的核心部件。电极材料的选择尤为重要。选用的电极材料的原则是：电解反应时氯离子、氢离子放电电位低，可以提高电解效率和电极寿命；电极材料或涂层工作时损耗小，电极材料耐海水、次氯酸钠溶液、稀盐酸腐蚀。

（5）衡量电解槽的主要技术经济指标。

衡量电解槽的主要技术经济指标如下：产出次氯酸钠溶液的有效浓度；电解槽的电流效率；直流电电耗；电极的酸洗周期等。不同的海水水质条件、水温条件，采用不同构造形式的电解槽、电极材料得到不同的数值。需要根据工程实际情况选择适合的电解槽。

（三）电解海水制氯运行安全

电解海水制氯系统在电解产生次氯酸钠溶液同时，会产生氢气及少量氯气。氢气具有可燃性和爆炸性，空气中氢气的浓度在 $4\%\sim70\%$ 之间，遇有明火即会发生爆炸。在电解过程中，氢气随次氯酸钠溶液排至室外次氯酸钠储罐，通过次氯酸钠溶液储罐顶部的排放口自然排放，或通过风机强制排放。制氯站的排风应选用防爆型，并与氢气浓度探测仪联锁。在电解间需设置氢气浓度探测仪及氯气浓度探测仪，在控制室氢气浓度报警仪及氯气浓度报警仪，当氢气浓度超过预设值（一般为 1%）、氯气浓度超过预设值（0.1%）时自动开启机械排风装置强制排风。

第六节　碳捕集、利用与封存系统设备结构及原理

一、CCUS 系统概述

（1）以某电厂为例，CO_2 捕集量为 15 万 t/年；捕集方式为化学吸收法；原料气所需烟气从 1 号机组的脱硫吸收塔出口净烟气烟道上引接；捕集处理烟气量 $100000Nm^3/h$（湿基，实际氧）；处理烟气温度为 $-40℃$；进口 CO_2 体积浓度为 11.1%（设计煤种）；所用吸收剂以复合胺吸收剂为主吸收剂，兼容相变吸收剂和离子液体吸收剂；捕集率 $\geqslant90\%$；以低温液态二氧化碳，压力在 $1.8\sim2.2MPa$，纯度 $\geqslant99\%$ 封存。本项目实施有助于优化燃烧后 CO_2 捕集-咸水层封存全流程系统，掌握各项关键技术，真正实现燃煤电厂"近零排放"。

（2）CO_2 捕集系统包括：水洗塔、吸收塔和再生塔，CO_2 压缩机，干燥橇块，液化橇块，CO_2 球罐，各种换热装置、引风机、罗茨风机和泵类；CO_2 捕集平台构架、电控楼、泵房、压缩机房、界区内管架；烟道系统、蒸汽系统、管架、循环冷却水系统；CO_2 捕集电气、热控、给排水、消防系统、防腐保温等。

（3）CO_2 捕集和封存工艺系统：本系统烟气引自湿式静电除尘器出口与烟囱入口之间的烟道；烟气 CO_2 在捕集岛内预处理、提纯、压缩、液化和存储；蒸汽来自汽轮机辅汽，在捕集岛内换热后返回除氧器；捕集岛内水洗塔废水去往脱硫制浆地坑；地下槽废液去往酸洗废水池；污水池污水去往电厂工业废水系统；循环水系统。

（4）二氧化碳常温常压是一种无色无味的气体，其水溶液略有酸味，是一种常见的温室气体。

二、CO₂ 捕集和封存工艺原理及工艺流程

（一）工艺原理

根据理论分析，MEA 与二氧化碳反应生成比较稳定的氨基甲酸盐，在再生过程中需要较多的能量才能分解，导致再生能耗较大。同时氨基甲酸盐对设备的腐蚀性较强，又易形成水垢。MEA 与二氧化碳的化学反应式如下。

$$CO_2 + HOCH_2CH_2NH_2 = HOCH_2CH_2HNCOO^- + H^+ \quad (4\text{-}20)$$

$$HOCH_2CH_2HNCOO^- + H_2O = HOCH_2CH_2NH_2 + HCO_3^- \quad (4\text{-}21)$$

$$H^+ + HOCH_2CH_2NH_2 = HOCH_2CH_2NH_3^+ \quad (4\text{-}22)$$

因为 MEA 与二氧化碳反应生成比较稳定的氨基甲酸盐，反应式（4-21）比反应式（4-20）要快得多，所以总反应式可以写为：

$$CO_2 + 2HOCH_2CH_2NH_2 + H_2O = HOCH_2CH_2HNCOO^- + HOCH_2CH_2NH_3^+ + OH^- + H^+ \quad (4\text{-}23)$$

由总反应式可知：MEA 吸收二氧化碳的最大容量为 0.5molCO₂/molMEA。

本新技术开发了一种活性胺，形成了以 MEA 为主体的复合胺吸收溶剂。该活性胺与二氧化碳的反应机理与 MEA 不同，胺与二氧化碳反应不形成稳定的氨基甲酸盐，其最大吸收容量为 1molCO₂/mol 胺。总化学反应方程式可以写为：

$$CO_2 + R_1R_2NH + H_2O = R_1R_2NH_2^+ + HCO_3^- \quad (4\text{-}24)$$

因此使用该活性胺，在同摩尔浓度下与 MEA 法相比，吸收能力提高、再生能耗下降。

在回收二氧化碳过程中，MEA 易与氧气、二氧化碳、硫化物等发生化学降解，也易发生热降解，而引起 MEA 降解损耗增大的主要原因是氧气与MEA 的氧化降解反应。MEA 与氧气的降解中间产物主要为过氧化物，最终产物为氨基乙酸等，与二氧化碳的降解产物主要有恶唑烷酮类等。MEA 降解问题一直是 MEA 法回收二氧化碳存在的难以解决的技术难题，根据上述降解反应机理，本新技术开发了一种抗氧化剂，抑制过氧化物的形成，中断降解反应链的发生，有效地控制了降解产物有机酸的生成，基本解决了 MEA 溶剂的氧化降解问题。

传统的 MEA 法回收低分压二氧化碳存在设备腐蚀严重的技术问题。MEA 法造成设备腐蚀严重的主要原因是由 MEA 与二氧化碳反应生成的氨基甲酸盐及 MEA 的化学降解产物所引起。国内外对此作了大量研究，虽在防腐剂开发方面有一定进展，但未能从降低 MEA 降解而减少设备腐蚀方面彻底解决。本新技术经过大量的试验研究，首先加入抗氧化剂和活性胺解

决了 MEA 的化学降解，然后开发了一组防腐剂配入复合胺溶液中，使溶液对设备的腐蚀速率小于 0.1mm/年，从根本上解决了 MEA 法对设备腐蚀性严重的技术问题。

（二）工艺流程

锅炉排放的烟气经脱硝、电除尘、脱硫和湿式电除尘后，从一号脱硫吸收塔净烟气烟道口抽取约 4.7%（100000m^3/h）净烟气进入水洗塔，在水洗塔内经洗涤降温、除尘和深度脱硫、脱硝及经引风机增压后进入吸收塔。其中大部分 CO_2 被复合胺溶剂吸收，尾气由吸收塔顶排入大气。

吸收 CO_2 后的富液由吸收塔底经富液泵送入贫富液换热器，回收热量后送入再生塔。解吸出的 CO_2 连同水蒸气经再生气冷却器冷却后，经再生分离器分离除去水分后得到纯度 99.5% 以上的产品 CO_2 气，送入后序工段使用。再生气中被冷凝分离出来的冷凝水进入地下槽，用泵送至再生塔。

富液从再生塔上部进入，吸热解吸部分 CO_2，然后进入降膜煮沸器，使其中的 CO_2 进一步解吸。解吸 CO_2 后的贫液由再生塔底流出，经贫富液换热器换热后，用贫液泵送至贫液冷却器，冷却后进入吸收塔。溶剂往返循环构成连续吸收和解吸 CO_2 的工艺过程。

为了维持溶液清洁，10%～15% 的贫液经过预机械过滤器和活性炭过滤器、贫液后机械过滤器过滤。

为处理系统的降解产物，将部分贫液送入胺回收加热器中，加入碳酸钠溶液，通过蒸汽加热再生回收。

复合胺液在装置运行过程中会消耗损失，设置地下槽、补液泵用于复合胺液的配制和补充。此外，捕集系统中设置溶液储槽，在设备检修时，可以将系统的复合胺液放置在储槽中进行存储，便于药剂循环利用。

从再生塔出来冷却分离的产品气进入 CO_2 压缩机，压缩机级间冷却采用循环冷却水，压缩机出口 CO_2 压力为 2.5MPa（g），温度为 40℃，压缩后的 CO_2 气体进入脱水橇块进行干燥。

来自压缩单元的 CO_2 进入干燥塔进行脱水处理，脱水工艺采用两塔＋预吸附塔流程，以复合硅胶作为吸附载体，脱水后产品气中的水含量降至 10mg/L 以下，硅胶再生为干气预干燥同压再生，冷吹为湿气冷吹，再生和冷吹后的 CO_2 经过冷却分离后返回脱水系统进行干燥。

增压脱水后的产品气经过二氧化碳液化器降温制冷至 -20℃ 以下，完全液化后送至二氧化碳球罐进行储存。

来自液化单元的液态 CO_2 分别进入相应球罐进行储存。其中工业级 CO_2 通过装车泵装入槽车，实现外输和咸水层封存；食品级 CO_2 供给食品厂、饮料厂等终端用户用于加工生产。燃烧后 CO_2 捕集—驱油/封存工艺流程如图 4-68 所示。

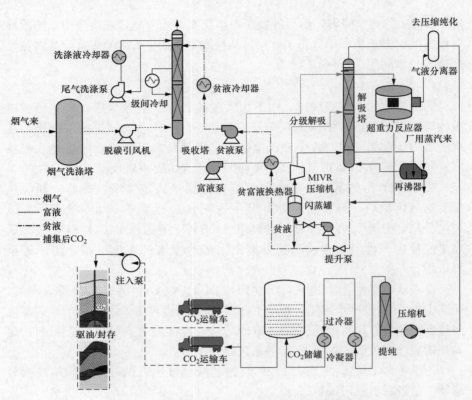

图 4-68　燃烧后 CO_2 捕集—驱油/封存工艺流程图

三、CCUS 系统设备结构

（一）烟气系统及主要设备简介

某电厂 CCUS 系统在脱硫设置了烟气系统，当该装置运行时，在水洗塔下游设置一台引风机，进入该装置的烟气通过引风机变频实现流量控制，通过风门挡板的开度进行压力控制。烟气系统将未捕集的 CO_2 烟气引入该装置，在吸收塔内的烟气与贫液以相反的方向流动接触，经化学反应后的烟气进入尾气洗涤系统，脱胺后通过除雾器除去液滴后排向大气。

（二）水洗单元及主要设备简介

（1）水洗单元主要功能：燃煤电厂脱硫脱硝后的烟气中含有 SO_2、SO_3、HCl、HF 等强酸性物质，为了减少对后续设备和管线的腐蚀以及吸收剂的影响，设置水洗塔对烟气进行水洗，进一步净化烟气中残存的污染物，同时通过水洗水冷却器控制烟气温度，为吸收塔提供最佳温度。待捕集的烟气进入水洗塔与水洗泵提供大流量的 NaOH 溶液在填料层充分接触。水洗单元配有 pH 装置，通过碱液泵控制水洗水 pH 酸碱度。水洗水为工业水。

（2）水洗单元主要设备包括：水洗塔本体（5.2m×30m）一座、水洗泵一台、塑料填料一层、排水泵一台、pH 计、水洗水冷却器、碱槽（2.2m³）、搅拌器一台、排水泵一台、填料压紧栅板、液体分布器、气体分布器、流量计等。

（3）超亲水改性规整填料：聚丙烯填料因其具有成本低廉、易加工成型、耐腐蚀等优点，特别适用于石油、化工、环保等中低温（60～150℃）吸收、水洗塔中，能大幅度降低投资成本。聚丙烯是典型的非极性高分子材料，材料表面亲水性差，因而其表面不能像不锈钢填料一样被以水相为主的吸收剂润湿，传质效果将大打折扣。可见，有必要对聚丙烯填料进行亲水改性。将塑料填料两端最外侧 4 块填料板替换为不锈钢填料板，通过不锈钢穿钉与点焊工艺进行固定，大幅提高了填料的机械强度与尺寸规整度。

聚丙烯塑料填料结构如图 4-69 所示。

图 4-69　聚丙烯塑料填料结构

（三）捕集单元及主要设备简介

吸收剂采用外购的（MEA、MDEA、AMP）组合体胺液。根据化学反应原理，吸收塔中烟气的 CO_2 被胺液所捕集为放热过程，捕集 CO_2 过程中生成氨基甲酸根离子、质子化胺以及 CO_2 的水解；吸收 CO_2 后的富液经富液泵送入贫富液换热器 A、B，回收热量后送入再生塔，解吸出的 CO_2 连同水蒸气分离出去水分后得到纯度为 99.5％以上的产品气，送入后续工段使用。产品气中被分离出来的冷凝水，回到地下槽，用补液泵送至再生塔。富液从再生塔顶部进入，经煮沸器泵通过降膜煮沸器加热解吸出 CO_2，解吸 CO_2 后的热贫液由贫液泵经贫富液换热器 A、B 换热后，通过贫液冷却器降温后进入吸收塔继续捕集，贫、富液往返循环构成连续的捕集和解吸 CO_2 的工艺过程。

0.3MPa 蒸汽进入降膜煮沸器经煮沸器泵在再生塔作往复循环加热胺溶液，由贫液泵送往吸收塔，富液泵送往再生塔，经贫富液换热器 A、B 将贫液、富液进行逆流换热后，因吸收塔内温度控制在 40～45℃为最佳，所以贫液经贫液冷却器降温至 40℃进入吸收塔。

分级解吸：设计三种工况，抽取 10％～15％富液量，一是富液未经过贫富液换热器，二是富液经过贫富液换热器 A，三是富液经过贫富液换热器 A、B 进入再生塔变径段回收再生塔顶部潜热，从而实现节能降耗的目的，再生塔顶部温度≥95℃时投入运行。

分级流比例过低：再生塔顶部潜热回收效果差。

分级流比例过高：冷热侧流量不匹配，换热系数降低，冷贫液温度升高。

级间工艺：级间冷却液体收集装置结构较为简单，升气管压降大，建议采用专门的集液器，设置分布管或防冲击结构，以保持分布器液位稳定；吸收塔内捕集 CO_2 是放热过程，采用级间冷却将富液温度降至 40～45℃，富液 CO_2 吸收负荷最大，实现降低能耗的目的。

MVR 闪蒸系统：通过贫液提升泵将贫液经喷嘴喷入闪蒸罐，实现扩容泄压，这部分潜热由闪蒸压缩机升压提温后进入再生塔，使之再生塔温度整体提高，减少了蒸汽用量，用电能替代热能达到了降低能耗的目的。

（1）吸收单元主要设备包括：吸收塔（5.5m×43m）一座、富液泵一台、贫富液换热器 A/B、尾气洗涤槽（39m³）、尾气洗涤泵一台、尾气洗涤冷却器、网丝除沫器、超重力反应器、煮沸器、煮沸液分离器、流量计等。

（2）再生单元主要设备包括：贫液泵一台、再生塔（4.0m×35m）一座、贫液冷却器、预机械过滤器、活性炭过滤器、后机械过滤器、煮沸器泵、降膜煮沸器、再生冷却器、再生气气液分离器、胺回收加热器、废液输送泵、安全阀、流量计等。

（3）填料塔（吸收塔与再生塔）由规整填料、支撑板、支撑梁、液体初始分布器、槽式液体收集器、再分布器和气体分布器组成。图 4-70 所示为填料塔结构。

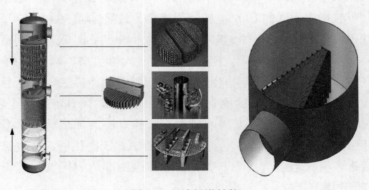

图 4-70　填料塔结构

（4）节能工艺及主要设备包括：分级解吸装置一组、级间泵一台、级间冷却器、MVR 闪蒸压缩机、闪蒸罐（71.3m³）、贫液提升泵一台、三套流量计等。

（5）降膜式再沸器：料液在管内壁呈膜状流动，产生的蒸汽与液膜并流向下。

1）优点：

a. 停留时间短，有利于缓解吸收剂的热降解。

b. 传热系数大。

c. 蒸发过程在再沸器内部完成，无需塔釜空间完成气液分离。

d. 蒸发空间大易解吸，能够起到部分解吸塔的功能（10％～20％CO_2解吸量）。

e. 操作弹性大，单程蒸发强度大，50％流量负荷运行时仍可以保持较高换热系数。

2）缺点：

a. 上方需要设置初始液体分布器。

b. 需要配置溶液循环泵。

降膜式再沸器结构如图 4-71 所示。

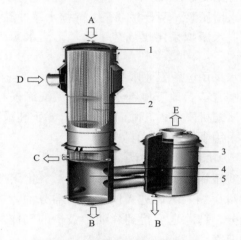

图 4-71　降膜式再沸器结构

1—液体分布器；2—换热管束；3—再生塔釜；4—二次蒸汽管；5—贫液釜

A—贫液入口；B—排污口；C—蒸汽冷凝水出口；D—蒸汽进口；E—再生塔排污口

（6）板式换热器简介。板式换热器由换热芯体、立柱、盲板、上盖板、下盖板、折流板、密封垫、支座等组成。换热芯体的传热元件为全焊接板片，适用-200～900℃工况，盲板为螺栓连接，可快速拆卸安装，密封性好，不易泄漏，设备安全长周期运行，方便拆卸清洗，维护费用低。

特点：安装空间占用小；可立式、卧式布置。

板式换热器结构如图 4-72 所示。

（7）胺回收加热器简介。胺回收加热器为 U 型釜式加热器，为处理系统的降解产物，经贫液泵出口抽取小部分贫液送入胺回收加热器中，通过蒸汽加热再生，氨气进入再生塔回收，废液经废液输送泵输送至锅炉炉膛

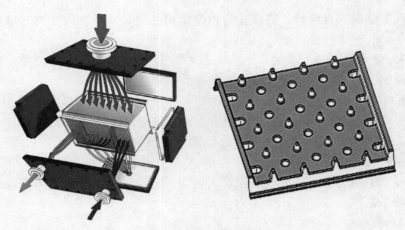

图 4-72　板式换热器结构

进行焚烧。其中碱洗时碱液来自碱槽。

（四）水源及主要设备简介

设有两台除盐水增压泵、两台柱塞泵、除盐水缓冲罐、流量计。

电厂水源：工业水源拟采用煤场疏干水，生活水源为水库水，疏干水的备用水源为水库水。

水洗单元工业水采用电厂工业水。

除盐水供用户端有：①地下槽补水；②尾气洗涤槽补水；③胺回收加热器补水；④闪蒸压缩机降温；⑤减温减压橇；⑥千吨级吸附装置。

除盐水缓冲罐采用凝结水进行伴热。

（五）二氧化碳压缩系统主要设备简介

共有两台螺杆式压缩机组，对进来的低压二氧化碳气体经过过滤器过滤后进入低压压缩机压缩，然后进入油水分离器分油，然后经过进入高压级压缩机，进入油分、精滤之后得到含油量极少的气体，然后进入水容冷却器冷却到需要的温度。

该螺杆式压缩机组主要由气液分离器、吸气过滤器、低压螺杆压缩机、主电动机、高压压缩机、油分离器、精滤油器、水冷后冷却器、水冷油冷却器、油泵、油过滤器、PLC控制柜、公共底座等组成。

主机采用螺杆式压缩机，它是一种高速回转机械，属于容积式压缩机，兼有活塞式压缩机和离心式压缩机两者的优点：转子采用先进的双边非对称全四弧及其包络线转子型线，使得压缩机具有较高的效率。流量调节装置使压缩机可进行15％～100％的流量无级调节，同时可实现最小负荷启动，节省运行费用。

机组设置有排气压力高、排气温度高、排气温度低、吸气压力低、油压低、电动机过载等保护装置。设备可实现自动控制，能量自动调节，使用简捷、方便。

整个设备运行平稳，振动小，安全可靠。

整套设备装在同一公共底座上，移动方便。

1. 压缩机

压缩机主要由机体、吸气端座、排气端座、油缸体、排气端盖、转子、主轴承、机械密封、平衡活塞、能量调节滑阀及油活塞、能量指示器等组成。油缸体、吸气端座、机体、排气端座用螺栓和定位销连成一体。吸气端座和排气端座上安装了主轴承，阴、阳转子由主轴承支撑，排气端侧各装有一对角接触球轴承。阳转子吸气端装有平衡活塞，阳转子轴通过联轴器与电动机相连。能量调节滑阀、油活塞通过滑阀导杆相连和油缸共同组成能量调节机构。能量指示器安装在油缸盖板上，与能量调节机构相连。

2. 油分离器

油分离器主要由筒体、封头、法兰盖和高效油气滤芯等组成。拆掉封头上的法兰盖，可更换油气滤芯。

3. 水冷油冷却器

机组配置的油冷却器为水冷式，通过水将润滑油进行冷却。

4. 油泵

油泵为螺杆油泵。

5. 油过滤器

安装在油泵前，由壳体、滤芯、平盖等组成，拆掉平盖，可拆卸清洗滤芯。

6. 吸气过滤器

吸气过滤器采用立式结构。

7. 精滤油器

机组配置的精滤油器主要由壳体、滤芯组成。

8. 水冷后冷却器

机组配置的后冷却器为水冷式，通过水将二氧化碳进行冷却。

（六）循环水系统及主要设备简介

循环水系统主要设备包括：机力塔，一台 10kV 循环水泵、一台冷却风机、一套液控阀装置、电动葫芦等。

循环水泵电源取自工作段。

冷却风机电源取自灰库 400V PC 间。

循环水供各用户端有：压缩橇高、低压级油冷却器；干燥橇加热器；液化橇冷凝器；贫液冷却器；级间冷却器；尾气洗涤冷却器；水洗水冷却器；凝结水冷却器；闪蒸压缩机；超重力反应器；千吨级吸附装置；煮沸器泵散热器。

（七）地下槽、胺储罐及主要设备简介

地下槽一是配置胺溶液；二是将再生气冷凝液和尾气脱胺后的溶液收集回地下槽；三是将系统排放胺溶液排放至地下槽，通过补液泵送回至系统，来维持系统的水平衡。在设备检修时，可以将系统的复合胺液放置在储槽中进行存储，便于药剂循环利用。

地下槽来液有：贫液冷却器液侧；尾气洗涤槽溢流及排放；尾气洗涤冷却器液侧；贫富液换热器 A、B 级间冷却器液侧；降膜煮沸器排放；吸收塔排放；再生塔排放；MVR 闪蒸系统；综合泵房各泵排放；再生气分离器排放。

补液泵出口有三路，分别为再生塔、污水池、胺溶液储罐。

胺溶液储罐（250m³）：通过贫液泵打至吸收塔（塔釜注液时），也可以放至地下槽通过补液泵打至再生塔。

（八）减温减压站及凝结水主要设备简介

（1）通过回收降膜煮沸器、煮沸器、胺回收加热器三种品质蒸汽凝结水，经凝结水冷却器冷却降温后进入凝结水罐，由凝结水提升泵分两路，一路送至机组疏水扩容器回收利用，另一路回到污水池最终回到化学废水存储槽，其中抽取小部分对除盐水缓冲罐进行伴热。

（2）减温减压站汽源取自高压、低压辅汽联箱，压力设计值分别为 1.0、0.63、0.3MPa，低辅经减温减压站为降膜煮沸器提供 0.3MPa、144℃的饱和蒸汽，经减温减压站为胺回收加热器提供 0.63MPa、160℃的饱和蒸汽；高辅经减温减压站为干燥橇块提供 1.0MPa、180℃的饱和蒸汽。减温减压站通过减压阀降低过热蒸汽压力后，通过减温阀喷入除盐水降温。就地设有 PLC 柜，有手动、自动两种模式。

第五章 操作规程相关要求

第一节 脱硫系统操作规程相关要求

一、脱硫系统整体启动规定及说明

（一）脱硫系统的启动方式

脱硫系统有以下三种不同的启动方式。

1. 长期停运后的启动

长期停运指全部机械设备停运，所有的箱罐呈无水的状态，停机的时间为 7 天以上。长期停运后的启动工作应在脱硫系统进烟气的前一天进行。

2. 短期停运后的启动

短期停运后的启动是指系统未进烟气，其他设备处于备用或运行状态，停机时间为 1～7 天。

3. 临时停运后的启动

临时停运一般不超过 24h，只需将烟气系统、石灰石浆液系统、石膏浆液系统和吸收塔系统停运。

（二）FGD 系统启动前的试验

1. 转动机械的试运

（1）新装或大修后的转动机械，试转时间应不小于 2h，试转完成后，应将出力减至最小，然后分别用事故按钮逐个停止转机运行。

（2）转机试运应达到以下要求：

1）转向正确。

2）无异声。

3）轴承温度与振动符合规定。

4）轴承油室油镜清晰，油标线清晰，油位正常，油质合格，轴承无甩油、渗油现象。

5）转机无积灰、积浆、漏风、漏水等现象。

6）皮带无跑偏、打滑现象。

2. 阀门试验

（1）新装或检修后的电动门、气动门、调节门和调节挡板，在启动前应进行操作灵活性和准确性试验，至少由热工人员、机务检修人员和运行人员三方参加。

（2）联系送电（气）并检查阀门装置是否完好，全开全关所试验的电（气）动门，要求开关灵活，无卡涩，位置指示正确；电动门试验时，应记录全开全关时的丝杆总圈数，开或关的行程时间。

（3）调节门、调节挡板试验时，应电动远程操纵全开、全关一次，传动装置及阀门、挡板动作应符合要求，开关到位，无卡涩，开关方向与指示方向一致。

3．FGD系统的联锁保护试验

FGD系统在启动前，各系统必须按照联锁试验卡的内容作各种联锁保护试验，由有关单位参加，同时向值长联系该项工作。此工作应在检修工作全部完成，并经验收合格后进行。

（三）出现下列情况，脱硫系统严禁启动

（1）压缩空气系统存在故障，仪用气压力低于0.55MPa。

（2）工艺水箱补水流量低，不能满足脱硫系统用水需求；或者工艺水不能顺利送达各脱硫子系统。

（3）各脱硫PC段、MCC段、保安段供电异常，脱硫UPS、110V直流系统未能正常投运，各重要负荷未送上电源。

（4）脱硫系统跳闸原因未查明，重大缺陷或隐患未消除。

（5）上位机失电，DCS系统调节失灵，OM画面翻红，仪表和热机保护电源消失。

（6）电除尘器故障，至少两个电场以上不能投运。

（7）石灰石浆液制备系统故障，不能制浆，或石灰石浆液供给量不能满足脱硫系统需求。

（8）烟气在线分析仪故障，无法投入。

（9）吸收塔浆液氯离子含量严重超标。

（10）事故紧急喷淋系统经联锁保护传动不合格。

（四）脱硫系统整体启动步骤

（1）公用系统启动。

（2）排放系统启动。

（3）石灰石浆液制备系统启动。

（4）烟气系统启动。

（5）吸收塔系统启动。

（6）石膏脱水系统启动。

（7）废水系统启动。

（五）脱硫系统整体停止步骤

（1）石灰石浆液制备系统停止。

（2）烟气系统停止。

（3）吸收塔系统停止。

（4）石膏脱水系统停止。

（5）废水系统停止。

（6）公用系统停止。

（7）排放系统停止。

（六）脱硫系统整体停运注意事项

（1）在停运浆液循环泵以前，要将吸收塔及排水坑液位保持在较低液位，以免停运浆液循环泵时造成吸收塔液位过高或排水坑溢流，在停运浆液循环泵的同时，要时刻注意排水坑的液位。

（2）对吸收塔进行排空的过程中要对吸收塔浆液进行反复稀释，稀释至合理的范围再进行排放，对此过程中的排出泵要加强巡检，发现有堵泵现象，应立即停泵进行冲洗，待液位到合理的范围时，打开吸收塔排放门将其排空。

（3）脱硫系统设备停运后，必须对浆液泵、管道冲洗干净。浆液循环泵冲洗干净后，关闭排污门，注入工艺水至泵出口压力表有压力显示。

（4）石膏仓排空后，每天必须转动石膏卸料装置 30min。

（5）脱硫系统停运后，若检修需排空吸收塔、浆液箱罐、地坑时，将浆液排往事故浆液箱。若吸收塔、浆液箱罐、地坑浆液不排空，必须保持搅拌器运行，并按要求巡检。

（6）机组停运时，浆液循环泵必须在风烟系统停运前停运。

二、公用系统运行操作

（一）公用系统启动前检查

（1）检查工艺水箱内干净、无杂物，内衬完好。

（2）检查工艺水泵、除雾器冲洗水泵完好。

（3）工艺水箱液位计、补水流量计投入良好。

（4）工艺水箱补水管、工艺水至脱硫各系统管道、阀门完整，所有压力表完好，正常投用。

（5）工艺水泵及除雾器冲洗水泵的入口门开启，出口门关闭，排污门关闭，密封水开启。

（6）主机侧至脱硫区域仪用压缩空气的阀门已开启，压力表计已投入，压力显示正常。

（7）脱硫区域各仪用压缩空气用户所有阀门已开启，各仪用气供气管道无泄漏。

（8）检查主机侧至脱硫区域闭式冷却水已开启，压力正常。

（二）公用系统启动步骤

（1）投入压缩空气系统。

（2）联系相关人员对工艺水系统动力电源、控制电源送电。

（3）检查工艺水至各系统的供水管道畅通，节流孔板无堵塞。

（4）工艺水箱补水门设自动，进水至正常液位。

（5）开启工艺水泵入口门。

（6）启动一台工艺水泵，开工艺水泵出口门。

（7）将另外工艺水泵设自动。

（8）投入除雾器冲洗水系统。

1）开启除雾器冲洗水泵入口门，启动除雾器冲洗水泵。

2）开启除雾器冲洗水泵至除雾器、吸收塔事故喷淋水箱、氧化空气增湿水、吸收塔搅拌器启动冲洗水各阀门。

（9）各系统注水

1）将吸收塔区排水坑、制浆区排水坑和石膏脱水区排水坑补工艺水至一定液位，启动其搅拌器运行。

2）将滤液水箱补工艺水至一定液位后，启动滤液水箱搅拌器运行。

3）将废水箱补工艺水至一定液位后，启动废水搅拌器运行。

4）将滤布冲洗水箱补工艺水至正常液位。

5）将石灰石浆液箱补工艺水至一定液位后，启动石灰石浆液箱搅拌器运行。

6）将吸收塔补工艺水至一定液位后，分别启动下层、上层吸收塔搅拌器运行。

7）将事故喷淋水箱补水至正常液位，投入水箱补水自动。

（三）公用系统运行中的调整

（1）保持工艺水箱、工业水箱的液位在正常范围内。

（2）保证系统压缩空气的压力在正常范围内。

（3）系统各个浆液箱、罐体、地坑等液位计指示正确，搅拌器运行正常。

（4）检查工艺水泵运行正常，电流、压力在正常范围，工艺水系统无漏水。

（四）公用系统停运

（1）待所有设备停运冲洗完毕且所有转动机械全部停运后关闭各设备密封水、冷却水，FGD系统无需工艺水泵供水时，停运工艺水泵。

（2）FGD停运后，根据需要停运压缩空气系统。关闭主机至脱硫压缩空气供气总门，根据需要排空储气罐。

（3）打开脱硫仪用气储气罐疏水，关闭仪用气储气罐入口手动门、脱硫区域气动阀门手动门、脱硫装置烟气分析仪手动门，关闭除灰压缩空气至脱硫系统手动门、吸收塔区检修手动门、石膏脱水区检修手动门。

（4）一般情况下事故浆液箱和排水坑不进行排空，以方便下次启动。

三、石灰石浆液制备系统运行操作

（一）石灰石浆液制备系统启动前的检查

（1）石灰石浆液箱液位不高，石灰石仓料位不低。

（2）石灰石浆液循环箱液位不高，石灰石浆液循环泵电动机接地良好，地脚螺栓无松动。

（3）石灰石浆液泵电动机接地良好，地脚螺栓无松动。

（4）石灰石浆液泵的轴承密封良好，出入口阀门动作正常。

（5）密度计投用正常，无堵塞。工艺水补水手动门开启，补水调节门动作正常。

（6）仪用气供应正常，球磨机啮合系统正常。

（7）石灰石上料系统正常。

（二）石灰石浆液制备系统启动步骤

1. 石灰石仓上料

（1）货车将合格的石灰石送到石灰石卸料斗。

（2）启动卸料斗除尘风机和石灰石仓除尘风机。

（3）启动斗式提升机。

（4）启动除铁器和石灰石带式输送机。

（5）振动给料机投入运行，石灰石储仓上料至正常料位（在有破碎系统的情况下，先启动破碎机将石灰石破碎到合适的粒径后再送到石灰石储仓）。

2. 球磨机系统启动

（1）确认各石灰石浆液箱、罐搅拌器满足启动条件，启动搅拌器。

（2）启动石灰石浆液再循环泵，开石灰石旋流器至球磨机入口门，浆液通过石灰石旋流器、球磨机和浆液循环泵形成一个循环回路。

（3）球磨机油站加热器设自动。

（4）启动球磨机程启程序。

1）启动球磨机辅助电动机电磁离合器。

2）启动球磨机齿圈润滑系统并投联锁。

3）启动球磨机润滑油泵并投定调联锁。

4）启动球磨机。

5）停运球磨机辅助电动机电磁离合器。

（5）启动称重给料机，开石灰石仓插板门，球磨机开始进料。

（6）及时调整球磨机进水量和给料量，磨制好的石灰石浆液进入石灰石浆液罐。

（7）石灰石浆液泵投入运行，打循环，做好向吸收塔供浆的准备。

（8）确认石灰石浆液箱的液位满足搅拌器的启动条件，启动浆液箱搅拌器。

（9）启动一台石灰石浆液泵打循环，密度计投入运行，并将石灰石浆液至吸收塔的调节门或电动门关闭。

（10）石灰石浆液箱液位足够时，可以向吸收塔供浆。

（三）石灰石浆液制备系统运行中的调整

为满足 FGD 装置安全、经济运行的需求，需要制浆系统在最佳出力下运行，为系统提供足量的高品质的石灰石浆液。对于湿式球磨机制浆系统

221

来说，石灰石给料粒径、石灰石给料量、石灰石活性、石灰石可磨性系数、湿式球磨机钢球装载量以及钢球大小配比、石灰石浆液旋流器投运台数、湿式球磨机入口进水量、湿式球磨机出口分离箱分离效果以及系统结垢、堵塞、磨损等情况都会影响制浆系统的出力。

（1）进入湿式球磨机的石灰石粒径应控制在设计范围内。

（2）进入湿式球磨机的石灰石品质应控制在设计范围内。

（3）严格控制湿式球磨机的石灰石给料量以及进入湿式球磨机参与制浆的滤液量配比，根据具体情况及时对称重皮带给料机的转速进行调整，保证湿式球磨机内的给料量在额定值。

（4）监视湿式球磨机运行电流，如果发现湿式球磨机运行电流偏小，应及时对其补充合格的钢球。

（5）监视并控制石灰石浆液旋流器入口压力在设计范围内。

（6）监视石灰石浆液循环箱的液位，严禁出现石灰石浆液循环箱溢流现象。

（7）定期对石灰石浆液的密度及细度进行化验分析，为制浆系统的运行方式调整提供数据支撑。

（8）对石灰石制浆系统来说，主要调节指标为浆液密度。浆液密度过高容易造成石灰石浆液泵和管道的磨损、结垢、腐蚀、堵塞，对石灰石浆液箱和衬胶也极为不利；浆液密度过低会出现供浆调节阀全开后仍不能满足石灰石浆液用量的情况。一般情况下，脱硫设计石灰石浆液含固率应在25％左右、可以通过调节制浆程序和定期校验密度计的方法使石灰石浆液密度得到控制。

（四）石灰石品质标准

石灰石品质标准见表 5-1。

表 5-1   石灰石品质标准

序号	石灰石成分	单位	数值	备注
1	CaO	％（质量含量）	$\geqslant 50$	
2	$CaCO_3$	％（质量含量）	$\geqslant 90$	
3	MgO	％（质量含量）	$\leqslant 2.00$	球磨机给料斗前取样
4	Fe_2O_3	％（质量含量）	$\leqslant 0.10$	
5	Al_2O_3	％（质量含量）	$\leqslant 0.10$	
6	SiO_2	％（质量含量）	$\leqslant 0.20$	

（五）石灰石浆液制备系统停运

脱硫系统浆液制备系统停运步骤如下：

（1）关闭石灰石称重给料机进料闸板门。

（2）石灰石称重皮带机走尽，转速调至最低，停止运行。

（3）启动球磨机程控停止步骤：

1）启球磨机辅助电机电磁离合器。

2）停运球磨机。

3）停运球磨机齿圈润滑系统。

4）停运球磨机润滑油泵。

5）停运球磨机辅助电动机电磁离合器。

（4）关闭球磨机入料端补水和循环箱补水。

（5）调整球磨机再循环箱液位，停运球磨机再循环泵并冲洗疏放。

（6）球磨机停运 1h 后，视球磨机轴承温度关闭冷却水。

四、烟气系统运行操作

（一）烟气系统启动前的检查

（1）检修工作结束，工作票终结，安全措施已拆除，设备及周围环境清洁无杂物，照明充足。

（2）确认烟道内无杂物，人孔门关闭。

（3）烟气检测系统正常可用。

（4）检查事故喷淋水水箱水位正常，消防水水源正常、工艺水水源充足，气动门仪用压缩空气压力正常，紧急喷淋联锁保护传动正常。

（二）烟气系统启动步骤（本节主要以烟气系统无增压风机为例）

（1）检查事故喷淋水水箱水位正常，消防水水源正常、工艺水水源充足，气动门仪用压缩空气压力正常，紧急喷淋联锁保护传动正常。

（2）检查确认烟气入口挡板已开启，净烟气出口挡板已开启。

（三）烟气系统运行中的调整

（1）烟道膨胀畅通，膨胀节无拉裂现象，烟道应无漏风、漏烟现象。

（2）挡板密封良好，差压值不超限。

（3）烟气连续监视系统各测点测量值准确。

（4）检查事故喷淋水水箱水位正常，补水投入自动。

（5）检查压缩空气正常，各喷嘴压缩空气定期吹扫投入自动。

（6）检查吸收塔入口烟温在正常范围内。

（四）烟气系统停运

（1）检查事故喷淋水水箱水位正常，消防水水源正常、工艺水水源充足，气动门仪用压缩空气压力正常，紧急喷淋联锁保护传动正常。

（2）保持烟气旁路挡板在开启状态。

五、吸收塔系统运行操作

（一）吸收塔系统启动前的检查

（1）检查工作结束，工作票终结，安全措施已恢复，设备及周围环境清洁无杂物，照明充足。

（2）检查吸收塔、各水箱及池内部清洁无异物，防腐层完好，人孔门关闭完好。

（3）各管道冲洗水门及放水门关闭无泄漏。

（4）吸收塔浆液循环泵、石膏浆液排出泵、除雾器冲洗水泵及氧化风机地脚螺栓牢固，防护罩完好且安装牢固。

（5）吸收塔浆液循环泵、石膏浆液排出泵、除雾器冲洗水泵及氧化风机润滑油位在油位计的中心线以上，无泄漏，油位计及油面镜清晰完好。

（6）吸收塔浆液循环泵、石膏浆液排出泵、除雾器冲洗水泵及氧化风机电动机按电动机检查通则检查完好，电动机接地线完好，电动机绝缘合格。

（7）各手动阀门和气动阀门严密且开关灵活，各阀门开关指示与 DCS 相符。

（8）各就地控制柜工作良好，指示灯试验合格。

（9）各开关、接触器分合闸指示明显、正确，分合闸试验合格。

（10）氧化风机本体和电动机外形完整，空气管道消声器、过滤器清洁无杂物。

（11）氧化风机外部隔声罩完好，排风扇启、停正常。

（12）氧化风机出口电动排空阀排气口无障碍物，且关闭。

（13）润滑油油位正常，无滴、漏油现象。

（二）吸收塔系统启动步骤

（1）开启吸收塔工艺水补水门，补至一定液位，启动吸收塔下层和上层搅拌器。

（2）启动浆液循环系统，步骤如下：

1）A、B石灰石浆液箱液位正常。

2）吸收塔液位正常。

3）吸收塔搅拌器在运行。

4）入口原烟气温度正常。

5）工艺水箱液位正常，工艺水泵运行正常。

6）吸收塔事故喷淋水箱液位正常。

7）开启浆液循环泵入口电动门。

8）启动浆液循环泵。

（3）启动除雾器冲洗系统，步骤如下：

1）工艺水箱液位正常。

2）除雾器冲洗水泵出口电动门全关。

3）启动除雾器冲洗水泵。

4）开出口电动门。

（4）启动氧化风系统，步骤如下：

1）开氧化风机出口电动门。

2）启动氧化风机隔声罩换气扇。

3）开氧化风机出口卸载阀。

4）启动氧化风机。

5）关氧化风机出口卸载阀。

（5）启动石膏排出系统，步骤如下：

1）吸收塔石膏浆液液位正常。

2）吸收塔搅拌器在运行。

3）石膏浆液排出泵入口电动门全开。

4）关石膏浆液排出泵至旋流器电动门、至事故浆液箱电动门。

5）开石膏浆液排出泵至吸收塔返回电动门。

6）启动石膏浆液排出泵。

7）开石膏浆液排出泵出口电动门。

（三）吸收塔系统运行中的调整

（1）脱硫率、pH 值及石灰石浆液给浆量调整。石灰石浆液给浆量的大小对脱硫装置的影响很大。如果给浆量太少，就不能满足烟气负荷的脱硫要求，出口烟气含硫量增加，从而降低脱硫率。如果给浆量太多，就可能使石膏中石灰石含量增加，从而降低石膏纯度，同时对石灰石的利用率降低，造成了极大浪费。正常运行时，给浆量可根据 pH 值、入口原烟气 SO_2 浓度、脱硫率及石灰石浆液浓度联合进行调节。

正常运行中 pH 值的调整范围在 5.2～6.2 之间，当 pH 值及石灰石浆液浓度降低时，可加大给浆量；当出口 SO_2 浓度增加时，可适当开大石灰石给浆调节门的开度，增加石灰石给浆量。若脱硫率太低，不能达到设计值，则加大给浆量，必要时对系统进行全面检查、分析，查找原因，予以消除。

（2）吸收塔浆液浓度的调整。吸收塔浆液浓度对于整个脱硫装置的运行十分重要，如果调整不当，就可能造成管道及泵的磨损、腐蚀结垢及堵塞，从而影响脱硫装置的正常运行。

吸收塔质量浓度设计为 15％～25％，如果吸收塔浆液浓度低，应加大滤液箱至吸收塔的回流量，并减少进入吸收塔的工艺水量，适当增加石灰石浆液的供给量，必要时停止石膏脱水，使石膏浆液全部保持在吸收塔中。反之如果浆液浓度偏高，应减少滤液箱至吸收塔的回流量，并增大进入吸收塔的工艺水量，适当减少石灰石浆液的供给量，增加石膏浆液的排放量。调整中需注意保持浆液 pH 值及脱硫效率在合格范围之内。

（3）吸收塔液位的调整。吸收塔液位对于脱硫效果及系统安全影响极大。如吸收塔液位高，会缩短吸收剂与烟气的反应空间，降低脱硫效果，严重时甚至造成脱硫原烟道和氧化空气管道进浆；如液位低，会降低吸收反应空间，影响石膏品质，严重时可能造成搅拌器振动、轴封损坏，甚至停机。

以某厂百万机组为例，吸收塔正常液位为 9～9.8m，如果液位高，应确认排浆管路阀门开关正确，控制系统无误，同时手动关闭吸收塔补水门，并减少或关闭至吸收塔的滤液水量，如果液位还未得到有效控制，可手动终止除雾器冲洗程控，必要时可排浆至事故浆液箱或开启吸收塔底部排浆阀适当排浆。如果液位低，应确认吸收塔补水管路、浆液循环泵浆液管道无泄漏或堵塞，同时投入除雾器冲洗自动控制程序，除雾器冲洗应自动冲洗，开大吸收塔工艺水补水阀门，并增加滤液泵至吸收塔的回流量。

（4）除雾器差压监视调整。应做好冲洗除雾器的定期工作，并时常关注各级除雾器差压变化情况。如果发现除雾器差压有增大趋势，则应适当增加冲洗除雾器次数和时间。并应时常检查除雾器冲洗阀门动作是否正常，检查除雾器冲洗水泵运行出力是否正常。

（5）氯离子含量的调整。以某厂百万机组为例，吸收塔浆液氯离子含量严格控制在 20000mg/L 以下，如超标将对吸收塔及设备管道产生严重的腐蚀。如运行中根据化学浆液化验报告，发现氯离子含量超过 12000mg/L，就要有针对性地采取预防措施。增加排浆量，加水进行稀释，减少滤液水的补充量。脱水系统保证排往废水处理的流量。增加化学浆液化验的频率，定期监控，直至合格。在应对的同时，需要注意配合浆液 pH、浓度及脱硫效率。

（6）在正常运行时，pH 的设定值确定前提是满足脱硫率达到设计值（95%），在 pH 值确定后，进浆流量与排出系统必须以系统设计的程序控制方式运行，为了保证吸收塔内的物料平衡，正常运行中一般不能随意改动进浆流量与排出量的控制方式。

（7）脱硫系统运行中，要严密监视脱硫装置入口烟气 SO_2 含量、烟囱出口 SO_2 含量，控制环保参数不超限。脱硫 SO_2 排放标准：运行中控制烟囱出口 $SO_2 \leqslant 35mg/m^3$（标况下）。

（四）吸收塔系统停运

（1）停止烟气系统。

（2）停止石灰石供浆系统。

（3）停止石膏排出系统，步骤如下：

1）停运 A 石膏浆液排出泵。

2）停运 B 石膏浆液排出泵。

3）关闭 pH 计出入口电动门。

4）打开 pH 计排水门。

5）打开 pH 计冲洗水电动门。

6）关闭 pH 计排水门。

7）关闭 pH 计冲洗水电动门。

8）关闭石膏浆液排出泵至旋流器电动门、至事故浆液箱电动门。

（4）停止氧化风系统，步骤如下：

1）打开氧化风机出口卸载阀。

2）停运氧化风机。

3）关闭氧化风机出口电动门。

4）停运氧化风机隔声罩换气扇。

5）关闭氧化风机出口卸载阀。

（5）停止浆液循环系统，步骤如下：

1）停运浆液循环泵。

2）关闭浆液循环泵入口电动门。

3）打开浆液循环泵排水电动门。

4）关闭浆液循环泵排水电动门。

5）打开浆液循环泵冲洗电动门，对管道进行注水。

6）关闭浆液循环泵冲洗电动门。

（6）停止除雾器冲洗系统，步骤如下：

1）退出吸收塔除雾器自动冲洗程序，检查所有冲洗门是否关闭。

2）停运除雾器冲洗水泵。

3）关闭出口电动门。

（五）脱硫系统定期化验项目、化验指标标准及周期

脱硫系统定期化验要求见表 5-2。

表 5-2　脱硫系统定期化验项目、化验指标标准及周期

序号	项目	指标	化验周期	单位	合格标准
1	吸收塔浆液	pH 值	每周一次	—	5.2～5.6
		Cl^-		mg/L	≤10000
		密度		kg/L	
		固体含量		％（质量浓度）	≤25
		$CaSO_4 \cdot 2H_2O$		％（质量浓度）	
		$CaSO_3 \cdot 1/2H_2O$		％（质量浓度）	
		$CaCO_3$ 含量		％（质量浓度）	
		F^- 含量		mg/L	
2	工艺水箱水样	Cl^-	每周一次	mg/L	
		硬度		mmol/L	
		溶解性固体		mg/L	
		pH 值		—	
3	石灰石	$CaCO_3$	每车/船	％（质量浓度）	≥90
		$MgCO_3$		％（质量浓度）	≤3
		SiO_2		％（质量浓度）	
4	石灰石浆液罐	密度	每周一次	kg/L	
		固体含量		％（质量浓度）	
		细度		mm	90％过 325 目

续表

序号	项目	指标	化验周期	单位	合格标准
5	脱水后石膏	自由水分	每周一次	%（质量浓度）	<12
		$CaSO_4 \cdot 2H_2O$		%（质量浓度）	>90
		$CaSO_3 \cdot 1/2H_2O$		%（质量浓度）	<0.35
		$CaCO_3$ 含量		%（质量浓度）	<1
6	脱硫废水处理系统入口水样	pH 值	每周一次	—	—
		密度		kg/L	—
		固体含量		%（质量浓度）	—
		COD		mg/L	—
		F^-		mg/L	—
7	脱硫废水处理系统出口水样	pH 值	每周一次	—	6.0～9.0
		悬浮性固体		mg/L	≤60
		COD		mg/L	≤90
		F^-		mg/L	≤30
		氨氮		mg/L	—

六、石膏脱水系统运行操作

（一）石膏脱水系统启动前的检查

（1）脱水机滤布、槽形皮带、滑道安装正确，各支架安装牢固，皮带上无剩余物，皮带张紧适当。皮带和滤布托辊转动自如、无卡涩现象。

（2）皮带主轮和尾轮安装完好，主轮与皮带之间应无异物。皮带和滤布应完好，无划伤或抽丝现象。皮带下料处石膏清理器安装位置适当，下料口清理干净。

（3）脱水机进浆分配畅通均匀，无堵塞。

（4）滤布冲洗水、皮带润滑水、真空槽密封水管道畅通，无堵塞。

（5）确认真空槽与皮带之间间隙适当，其管路畅通，密封严密。

（6）真空泵、滤液水泵、废水泵、滤布滤饼冲洗水泵安装完好，管路畅通。

（7）开启真空泵冷却水门和真空泵密封水进口门，开启真空泵的排水阀向滤布冲洗水箱注水至合适。

（8）确认调整压缩空气压力正常，检查滤布位置偏移传感器是否准确、灵敏，托辊的位移方向正确。

（9）启动石膏脱水机，检查其前进、停止是否可靠，试转正常后停止其运行。

（10）检查并确认皮带脱水机调频盘工作正常，将控制方式置远方，确认 DCS 石膏厚度输出值为零。

（11）确认真空盒高度适当，其调整装置应灵活。密封条密封良好，滑道密封水应适当。

（12）旋流器外形完好，各个旋流子安装正确，漏斗无堵塞，旋流子手动门应开启，电动门应关闭。

（13）石膏浆液旋流器底流分配器动作灵活无卡涩。

（14）石膏浆液旋流器溢流应畅通无堵塞，至滤液水箱的管道应完好。

（15）废水旋流器溢流应畅通无堵塞，至废水缓冲箱的管道应完好。

（二）石膏脱水系统启动步骤

通常脱水系统投入前，吸收塔内浆液含固量至少要达到 10%。

1. 真空皮带脱水机启动

（1）石膏排出泵启动，石膏浆液通过石膏旋流器循环。

（2）启动滤液箱搅拌器。

（3）启动滤布冲洗水泵，调整皮带真空盒密封水和皮带润滑水流量至合适。

（4）打开真空泵密封水门，调整密封水流量至合适，启动真空泵。

（5）真空皮带脱水机控制模式设置为远程控制，启动真空皮带脱水机。

（6）打开石膏旋流器至真空皮带脱水机给料电动门，真空皮带脱水机进料，滤饼厚度控制投自动。

（7）投入滤饼冲洗水。

（8）打开滤液水泵入口电动门，启动一台滤液泵。

（9）系统中各项自动均投入。

（10）石膏仓达一定料位时，启动卸料机外运石膏。

2. 高效圆盘滤布脱水机启动

（1）石膏排出泵启动，石膏浆液通过石膏旋流器循环。

（2）启动滤液箱搅拌器。

（3）启动高效圆盘滤布脱水机。

1）关闭高效圆盘滤布脱水机槽体排空阀。

2）打开高效圆盘滤布脱水机搅拌器密封水电动阀。

3）启动高效圆盘滤布脱水机搅拌电动机。

4）等待进浆液，高效圆盘滤布脱水机槽体液位到达一定液位。

5）打开高效圆盘滤布脱水机真空泵注水阀。

6）启动高效圆盘滤布脱水机真空泵。

7）启动高效圆盘滤布脱水机主轴电动机。

（4）打开石膏旋流器至高效圆盘滤布脱水机进料门。

（5）打开滤液水泵入口电动门，启动一台滤液泵。

（6）系统中各项自动均投入。

（7）石膏仓达一定料位时，启动卸料机外运石膏。

（三）石膏脱水系统运行中的调整

石膏品质受到多方面因素的影响。原烟气中 SO_2 浓度、原烟气中烟尘含量、石灰石品质、氧化风机运行效果、真空皮带脱水机运行效果等均会影响石膏的最终品质。

（1）如果石膏中的酸不溶物含量高，应通过改善提高电除尘器运行情况的方法来降低吸收塔浆液中的粉尘含量，进而降低石膏中的粉尘含量。

（2）如果石膏中的 $CaSO_4$ 含量高，说明氧化效果不佳，应该及时调整氧化空气量，以保证吸收塔浆液中的 $CaSO_4$ 被充分氧化。

（3）如果石膏中的 $CaCO_3$ 含量高，说明吸收塔的补浆量偏大，石灰石浆液和 SO_2 反应不充分。一般可以通过增开浆液循环泵或者调整石灰石浆液粒径至合格范围或者着力提高石灰石品质等方法加以解决。

（4）如果石膏含水率偏大（大于10%），一般可以通过调整石膏浆液旋流器出力、真空皮带脱水机转速、真空泵的真空度等方法加以调整。

（5）真空脱水皮带运行中重点检查及调整项目如下：

1）检查浆液分配是否均匀、石膏滤饼厚度是否均匀适当、出料含水量是否正常且无堵塞现象。

2）脱水机走带速度适当，滤布张紧适当、清洁、无划痕。

3）脱水机所有托辊应能自由转动，应及时清除托辊及周围固体沉积物。

4）各路冲洗水及密封水量、水压正常。脱水机运转时声音正常，气水分离器真空度正常。

5）皮带调偏装置正确投入，出口压力适当。

6）真空泵密封水流量正常。

7）检查工艺水至滤饼冲洗水箱、滤布冲洗水箱管路，应畅通。

8）脱水机不宜频繁启停，应尽量减少启停次数。短时不脱水时，可维持皮带脱水机空负荷低速运行。

（6）高效圆盘滤布脱水机运行中检查调整项目：

1）检查反吹投自动模式。

2）高效圆盘滤布脱水机槽体液位控制投自动模式。

3）干油泵投自动模式。

4）设备运行是否平稳或有无异响，滤布有无破损，观察入料、卸料及排料是否正常，滤饼厚度和水分有无异常现象，观察液位是否处于预定位置等（始终保持溢流堰有适当的溢流），落料槽内壁有无积料和堵塞现象等。

5）石膏滤饼黏度较大，落料槽内壁时常会出现积料情况，杜绝因落料槽内壁积料过多而产生堵塞，从而导致脱水盘卡死并损坏的事故发生。

（四）石膏脱水系统停运

1. 真空皮带脱水机停运步骤

（1）将石膏浆液排出泵至脱水系统电动门关闭，将石膏排出泵切至再循环至吸收塔。

（2）待真空皮带脱水机皮带上无石膏或浆液后停运真空皮带脱水机变频器。

（3）停运真空泵。

（4）关闭密封水门。

（5）停运滤布冲洗水泵。

（6）停运滤液水泵。

2. 高效圆盘滤布脱水机停运步骤

（1）将石膏浆液排出泵至脱水系统电动门关闭，将石膏排出泵切至再循环至吸收塔。

（2）停运高效圆盘滤布脱水机真空泵。

1）关闭高效圆盘滤布脱水机真空泵注水阀。

2）关闭反吹电磁阀。

3）打开高效圆盘滤布脱水机滤布冲洗阀。

4）打开高效圆盘滤布脱水机槽体排空阀。

5）打开槽体注水阀。

6）关闭高效圆盘滤布脱水机槽体进水阀。

7）关闭高效圆盘滤布脱水机滤布冲洗阀。

8）打开高效圆盘滤布脱水机槽体排空阀。

9）停运高效圆盘滤布脱水机搅拌电动机。

10）关闭高效圆盘滤布脱水机搅拌器密封水电动阀。

11）停运高效圆盘滤布脱水机主轴电动机，并解除高效圆盘滤布脱水机干油泵自动。

（3）停运滤液水泵。

七、废水系统的运行操作

（一）废水系统启动前检查

（1）检查所有加药计量箱药液是否符合要求。

（2）检查所有反应池液位是否正常。

（3）检查工业水压力是否符合要求。

（4）检查所有抽取泵、搅拌机、刮泥机、计量泵是否良好备用。

（二）废水系统启动步骤

1. 向废水处理站注水

（1）向各箱罐注入一定液位的工业水，满足搅拌器或刮泥机的启动条件。

（2）启动搅拌器或刮泥机。

2. 制备化学加药站所需药品

该过程主要制备一定浓度的药品溶液，包括石灰溶液、HCl 溶液、螯合物水溶液、聚合物水溶液等。

3. 开始废水接收

通常 FGD 系统废水来自石膏旋流器溢流，有的还加设一个废水旋流器，直接或通过废水泵打入一级反应池。

4. 开始废水处理

（1）相关设备设为自动控制。

（2）启动各化学药品供给泵，根据各控制参数供给适量的化学药品。

（3）启动污泥脱水机。

（三）废水系统运行中的调整

（1）废水处理系统的加药量应科学计算，水质应加强化验，pH 值应控制好。

（2）系统各个浆液箱、罐体、地坑等液位计指示正确，搅拌器运行正常，各备用泵良好并处于自动联锁位。

（四）废水系统停运

脱硫系统废水停运步骤如下：

（1）停运废水旋流给料泵并冲洗疏放。

（2）停运废水泵，并将设备和管道冲洗干净。

（3）将各加药泵变频调至 0 位，并停运。

（4）按检修需要排空废水箱（正常停运不需排空）。

（5）澄清池污泥排放干净后将压滤机冲洗干净，并停运。

（6）停运出水泵，并对母管进行冲洗。

（7）三联箱、出水箱不检修情况下可以不排空。

第二节　除尘系统操作规程相关要求

一、电除尘系统运行操作

（一）电除尘器启动前的升压试验

1. 振打试验前的检查

（1）设备检查：部件外观无裂纹、严重损伤及变形。

（2）用钢尺检测阴极、阳极、分布板锤击点的位置偏差。

（3）振打锤位置灵活。

2. 振打试验后检查

（1）振打连续运行 8h 后，对各部件进行检查。运行时应经常检查轴承温度，滑动轴承温度应不大于 65℃，滚动轴承温度应不大于 80℃。转动部分运转平稳，无异声、无振动，不漏油。

（2）各部件的焊点是否牢固及脱焊现象，阴极线阳极板以及框架的位置是否正确。

（3）振打锤的击点是否正确，应查看线、点、面，所谓线是指在振打锤与接触的地方为线；所谓点是指在线的基础上，继续振打时间长了为点；所谓面是指在点的基础上经过长时间的振打（2～3年）的时间形成面。形成的面要在大修时更换。

（二）电场的升压试验

1. 升压前应具备的条件

（1）电除尘器本体安装完毕，经质检部门检验合格，安装工艺及质量均符合制造厂的设计要求。

（2）电气有关的一、二次设备的安装调试工作均验收完毕，并具有完整的试验报告的技术资料。

（3）升压场所清理干净，照明充足，消防设施齐全。

（4）设备编号正确清晰，安全措施及接地符合要求。

（5）电除尘器母线已送电。

（6）电厂低压设备运行正常。

2. 升压的目的

在电除尘器本体安装完毕，具有封闭条件，电气设备安装调试完后，为检验设备和安装质量，保证设备满足运行要求，在投入前进行电场空载升压试验。

（三）升压前的检查工作

1. 本体

（1）检查除尘器本体内清洁无杂物。

（2）检查阴极线清洁无污物。

（3）拆除阴极框架上焊接用的接地线。

（4）检查完毕后清点人数，确认全部人员离开电场后封闭全部人孔门，并悬挂"高压危险"安全标志牌。

（5）设专人监护本体爬梯入口及各个人孔门。

2. 电气设备

（1）除尘器配电室的检查。

1）检查高低压控制柜、程控柜、仪表柜、操作台的型号、规格与设计相符，柜面设备齐全，柜内元件齐全完整且无损伤断线现象。

2）检查高压整流柜内接线正确，螺钉紧固。

3）检查柜内各种熔断器选型合格，接触良好。

4）检查柜内各种插接件接触可靠。

5）检查柜内电流回路无开路，电压回路无短路。

6）用绝缘电阻表检查高压整流柜主回路绝缘是否符合要求。

7）检查柜内各开关、熔断器在断开位置。

（2）除尘器本体的检查。

1）检查整流变压器及磁件完好，附件齐全。

2）检查变压器负高压侧至阴极线连接正确、可靠。

3）检查变压器瓦斯继电器、热电偶温度计完好。

4）检查变压器油位正常，箱体密封良好，无渗油、漏油现象，吸潮器完好，硅胶无受潮现象。

5）检查变压器一、二次接线可靠无误，铭牌齐全清晰。

6）检查高压隔离开关柜内部隔离开关安装牢固，操作灵活，行程满足要求，触点接触良好，行程开关动作准确，闭锁可靠，动静触点涂凡士林。

7）400V 带电体相间及对地绝缘电阻值大于 $1M\Omega$，二次回路对地的绝缘电阻值应大于 $1M\Omega$（500V 绝缘电阻表测量）；整流变压器主回路对二次回路及对地的绝缘电阻值不应小于 $1M\Omega/kV$（2500V 绝缘电阻表测量）。

8）检查硅整流变压器的外壳与本体可靠连接。

（四）升压试验

1. 晶闸管触发系统测试

（1）按接线图要求，用万用表检查各连接线，保证接线正确。

（2）在除尘器 380V PC 柜内合上安全联锁电源，插入并锁紧电锁钥匙，并把电锁投至"解除"位置。

（3）合上高压控制柜内主回路开关，并使主回路自动空气开关处于断开位置，给高压控制柜送电，再合上高压控制柜控制电源开关，然后接通高压隔离开关柜门锁开关，高压控制柜应正常带电。

（4）按下控制板上复位键，控制器右边八位数码应显示 H。

（5）为检查晶闸管触发系统是否正常，按下运行/停机键，控制柜应处于运行状态，其门后的接口板上发光二极管应发光，约 15s 后控制柜发出晶闸管开路报警并跳闸，跳闸时显示二次电压值 130kV。

（6）按下控制面板上复位键，设备处于复位状态。

（7）对每一个电场按上述（1）～（6）条内容对晶闸管触发系统进行测试。

2. 输出开路保护试验

（1）通知本体操作人员将试验电场的隔离开关置于"接地"位置，使输出开路。

（2）在高压控制柜内短接高压隔离开关柜门联锁或安全联锁接点，检查安全联锁箱内的电锁钥匙已旋至"解除"位置。

（3）合上主回路空气开关，在高压控制柜控制面板上按下近控/遥控键，使设备处于近控状态。

（4）按下控制面板上运行/停机键，设备处于运行状态，密切注意观察控制面板上的显示器显示，二次电流显示为零，设备处于开路状态，当二次电压 U_2 达到约 100kV 时，控制柜应发出输出开路报警并跳闸。

（5）断开主回路空气开关，按下控制面板上复位键，设备处于复位状态。

（6）对每一个电场按上述（1）～（5）条内容进行输出开路保护试验。

3. 输出短路保护试验

（1）断开控制电源开关，拉开主回路隔离开关，通知本体操作人员检查试验电场的隔离开关已拨至"接地"位置，把变压器负高压侧用 5A 熔丝接地，使整流变压器输出短路。

（2）检查在高压控制柜已短接高压隔离开关柜门联锁或安全联锁接点，检查安全联锁箱内的电锁钥匙已旋至"解除"位置。

（3）合上主回路空气开关，在高压控制柜控制面板上按下近控/遥控键，使设备处于近控状态。

（4）按下控制面板上运行/停机键，设备处于运行状态，密切注意观察控制面板上的显示器显示，二次电压显示为零，设备处于短路状态，控制柜发出输出短路报警并跳闸。

（5）断开主回路空气开关，按下控制面板上复位键，设备处于复位状态，拆除变压器接地熔丝。

（6）对每一个电场按照上述（1）～（5）条内容进行输出短路保护试验。

4. 变压器瓦斯报警和保护试验

（1）通知本体操作人员检查试验电场的隔离开关已拨至"接地"位置。

（2）检查在高压控制柜内已短接高压隔离控制柜门联锁或安全联锁接点，检查安全箱内的电锁钥匙，已旋至"解除"位置。

（3）在高压控制柜控制面板上按下近控/遥控键，使设备处于近控状态。

（4）按下控制面板上运行/停机键，设备处于运行状态。

（5）在变压器侧短接气体继电器瓦斯接点，密切注意观察控制面板上的显示器显示，高压控制柜发出轻瓦斯报警信号。

（6）在变压器侧按下气体继电器瓦斯按钮，密切注意观察控制面板上的显示器显示，高压控制柜发出重瓦斯报警并跳闸。

（7）断开主回路空气开关，按下控制面板上复位键，设备处于复位状态。

（8）对每一个电场按照上述（1）～（7）条内容进行瓦斯报警和保护试验。

5. 变压器油温报警和保护试验

（1）通知本体操作人员检查试验电场的隔离开关已拨至"接地"位置。

（2）检查在高压控制柜内已短接高压隔离开关柜门联锁或安全联锁接点，检查安全联锁箱内的电锁钥匙已旋至"解除"位置。

（3）在高压控制柜控制面板上按下近控/遥控键，使设备处于近控状态。

（4）按下控制面板上运行/停机键，设备处于运行状态。

（5）变压器侧断开温度传感器接点，密切注意观察控制面板上的显示器显示，高压控制柜发出油温报警并跳闸（危险油温值设定为 85℃，试验跳闸时油温显示 120℃）。

（6）断开主回路空气开关，按下控制面板上复位键，设备处于复位状态。

（7）对每一个电场按照上述（1）～（6）条内容进行温度报警和保护试验。

（五）电场升压

在保证电除尘器内无人及高压整流变压器附近无人的情况下，将高压硅整流变压器带上电场负载进行试验。

（1）通知本体操作人员将升压电场的隔离开关投入"电源"位置，其余电场隔离开关置于"接地"位置。

（2）检查安全联锁箱内的电锁钥匙已旋至"解除"位置。

（3）合上主回路空气开关，在高压控制柜控制面板上按下近控/遥控键，使设备处于近控状态。

（4）按下控制面板上运行/停机键，设备处于运行状态。

（5）对电场升压，每隔 5kV 按一次终止键，此时设备处于终止状态，其输出维持不变，注意观察控制板面上的显示器显示，按 U_1 键显示一次电压，I_1 键显示一次电流，按 U_2 键显示二次电压，按 I_2 键显示二次电流，按油温键显示高压硅整流器油温，每次停留 15s 左右，记录二次电流、二次电压值，注意不能超过允许值。

（6）按下控制板面上运行/停机键，设备处于停止状态。

（7）先断开控制电源开关，再断开主回路空气开关，然后拉开主回路开关。

1）将隔离开关投至"接地"位置。

2）依次进行下一个电场的升压工作。

（六）电除尘系统启动前的检查

（1）静电除尘器所有检修工作全部结束，工作票已终结并收回，现场临时架子拆除，杂物已清除。

（2）绝缘子室应清洁，不允许积尘，更不允许有水和杂物。

（3）灰斗内无积灰，无杂物堵塞。

（4）电除尘器外壳、烟道、灰斗保温完整良好。

（5）人孔门关闭严密，密封垫料完好，锁紧螺栓齐全、紧固。

（6）阴阳极振打接线完好。

（7）电除尘本体楼梯、扶手、栏杆、平台等应牢固齐全，运行巡检过道畅通。

（8）灰斗气化风机无漏油、漏气。

（9）检查整流变压器正常，检查项目如下：

1）油质透明，无混浊，无杂质。

2）整流变压器无渗漏。

3）油位在示油镜的 1/2～2/3 之间。

4）硅胶颜色为乳蓝色（受潮颜色为白色）。

5）各部件引线接触良好。

6）检查高压隔离开关箱小门关闭严密。

（10）高压隔离开关室内清洁无杂物，高压隔离开关操作机构灵活无卡涩、位置正。阻尼电阻清洁完好。高压绝缘子清洁，电场进线连接牢固。

（11）就地所有端子箱内清洁无杂物，电气接线无松动、无脱落现象。

（12）各振打就地控制箱内空气开关进出线头无烧焦、无变色等现象。

（13）电磁振打的外壳、端子箱外壳、硅整流变压器、高压隔离开关外壳均可靠接地。

（14）电除尘高、低压控制柜内部清洁，接线牢固，无松动、无脱落、无烧焦等现象。高、低压柜熔断器完好。热工表计齐全，指示正确。

（15）气化风机及空气电加热器控制柜开关位置正确，指示灯指示正确。

（16）检查低压电动机绝缘值在规定范围内。

（17）用2500V绝缘电阻表测高压绝缘件的绝缘电阻应大于500MΩ。

（18）用500MΩ表检查低压电动机及其电缆绝缘情况，其绝缘电阻不低于0.5MΩ。

（19）输灰系统正常，并且已投运。

（七）电除尘器启动步骤

（1）在接到值长通知锅炉8h后点火时，应投入灰斗加热装置及绝缘子加热装置，以确保灰斗、绝缘瓷套、电瓷转轴等的干燥，避免绝缘件绝缘不好而爬电，以及防止灰斗结露或落灰受潮而堵灰。

（2）加热器温度设定为120℃。

（3）锅炉点火后，阴阳极振打装置送电并投入连续运行。

（4）为防止未燃烧完全的油污黏结在除尘器的极板上和防止煤粉污染脱硫吸收塔浆液，除尘器电场在锅炉投入第一套制粉系统后立即投入一、二电场，在锅炉投入第三套制粉系统后立即投入剩余的三、四电场。

（5）在锅炉启动时投入的电场电流极限为50%，启动结束后根据实际工况再行调整。

（6）除尘器电场投入前，干除灰系统应具备投入条件，能保证随时投入。

（7）除尘器低压电源投入：

1）合上低压控制柜内电源总开关，并逐一合上控制柜内各断路器开关。

2）低压控制柜内安全联锁钥匙复位，并置于"开"位。

3）在低压集控操作终端上检查各项设置正确。

4）将加热器控制柜面板上控制开关置于"自动"位。

（8）除尘器高压电源投入：

1）除尘器电场在锅炉投入第一套制粉系统后立即投入一、二电场，在

237

锅炉投入第三套制粉系统后立即投入剩余的三、四电场。

2）在锅炉启动时投入的电场电流极限为 50%，启动结束后根据实际工况再行调整。

3）除尘器高压电源的手动投入程序：

a. 合上高压隔离开关。

b. 将高压控制柜电源开关打到"通"的位置，控制柜"电源故障"灯亮，控制器 LED 显示器显示"88888"。

c. 按下"启动"按钮，交流接触器 KM1 吸合，接通主电源，控制柜"电源故障"灯灭，"运行"灯亮。

d. 按"复位"键，再按"运行"键，此时输出电流、电压缓慢上升，调整"电流极限"旋扭，直到闪络发生或达到额定电流，再调整"上升率"旋扭，选择最佳闪络频率（30～70 次/min）使电场工作在最佳状态。

（八）电除尘系统运行中的调整

1. 电除尘器的运行调整

（1）严格监视除尘器的一、二次侧电流和二次侧电压，2h 抄表一次。

（2）监视高压硅整流变压器的温升，油温不得超过 80℃，无异常声音，高压输出网络无异常放电现象。油位正常（1/2～2/3）、油质良好（透明无杂质）。

（3）高压硅整流变压器干燥剂颜色正常无堵塞。

（4）检查各电缆接头，尤其是主回路电缆接头、硅整流变压器、电抗器进线接头的发热情况。

（5）各保温箱及灰斗加热器工作正常。

1）保温箱加热温度为：低限 110℃，高限 130℃。

2）灰斗加热温度为：低限 110℃，高限 130℃。

3）除尘器进出口烟气露点报警温度为：92℃。

4）检查控制柜上各控制装置、指示灯及报警装置工作正常。

（6）正常情况下，2h 检查一次排灰系统工作情况。

（7）经常检查火花率在规定范围内，若不符合要求，及时调整，使电除尘工作在最佳状态。

（8）经常检查振打装置运行正常，无报警。

2. 电除尘器运行、维护的安全注意事项

（1）运行中禁止开启高压隔离开关柜，柜门应关闭严密。

（2）电除尘器运行时，严禁打开各种门孔封盖。

（3）进入电除尘器内部工作，必须严格执行工作票制度，并停用电场及所属设备，隔离电源，隔绝烟气流通并待电除尘器内部温度降至 40℃ 以下，工作部位有可靠的接地，并制定有效的安全措施；在进入之前，打开人孔门加强内部通风，以防有害气体的存在。

（4）进入电除尘器之前必须将高压隔离开关投到"接地"位置，并用接地棒对高压整流变压器输出端放电部分进行放电，确认没有残余静电时方可进入。

（5）电除尘器停用后，即使所有电场均已停电，在没有可靠的接地前，禁止接触任何阴极部位。

（6）电除尘器内部有检修作业时，灰斗内的灰必须排除干净。

（7）电除尘器作业中，不得随意拆除任何接地装置。

（8）在除尘器作业结束后，应进行全面检查，确认没有任何东西遗留在电除尘器内部。

（九）电除尘器系统停运

（1）锅炉在停运第三套制粉系统后，立即停运三、四电场，停运最后一套制粉系统后，立即停运一、二电场。

（2）接到值长命令后，在CRT上操作停止电场运行。

（3）就地手动停止电场操作步骤：

1）按"复位"键，输出电流电压降至零。

2）按下"停止"按钮，断开主回路。

3）将电源开关SA1转至"断"的位置。

4）将整流控制柜内轴流冷却风扇开关打到"关"的位置。

5）如果设备自动跳闸报警，按"复位"按键解除报警，然后可按投入步骤重新投入或停止。

（4）待锅炉送风机、引风机停止后，继续保持保温箱加热运行，直至检修需开启保温箱人孔时停止。

（5）停炉8h后，停止振打装置，并及时将灰斗内的灰排干净。

（6）确认灰斗内无灰后，可停止灰斗加热运行。

（7）电除尘器停止8h后方能打开入口门冷却，如检查需要可在停止后4h打开入口门冷却。

（8）锅炉事故灭火后立即停止电除尘器运行。

（十）停运注意事项

（1）锅炉故障灭火停炉时，应立即停止整流变压器运行。

（2）根据工作票要求做好安全措施。

（3）整流变压器高压控制柜，必须先手动或自动降压到零，再操作停止按钮。

（4）整流变压器停运后，若机组大、小修时，阴阳极振打装置改为连续振打。如短时间停炉，可仍按原运行方式周期振打，直至把极板、极线上的积灰振打下来。

（5）短时间停炉，绝缘子室、灰斗加热装置等要继续运行。停炉检修，如这些系统无检修任务，也可不停运。

（6）电除尘器停止运行后，应对设备按巡回检查的内容进行全面检查，进行现场清扫并做好记录。

（7）整流变压器二次电压正常、二次电流明显降低，在确认不是整流变压器本身或锅炉燃烧原因或吹灰造成时，可将整流变压器停运，一次侧开关断开后，将对应振打投连续运行1～2h，然后再投运整流变压器，恢复程控振打。

二、除灰输送系统运行操作

（一）除灰输送系统的运行原则

（1）正常情况下，气力除灰系统采用连续方式运行。

（2）在锅炉点火前4h，灰库气化风机应投入运行。

（3）在锅炉停运后，必须确认灰斗内的灰已经排尽，方可停止气力除灰系统的运行。

（4）如灰库有灰，灰库气化风机必须投入运行。

（5）若灰斗产生高料位报警，应立即查明原因，联系检修处理。

（6）控制烟囱出口烟尘≤5mg/m³（标况下）。

（二）除灰输送系统启动前的检查

（1）除灰压缩空气系统启动前的检查正常。

（2）系统检修工作结束，无影响运行的杂物，工作票已全部终结。

（3）检查除灰空气压缩机及其干燥器正常，应具备运行条件，电源已送上。

（4）设备与系统连接完整，标志清晰，各吊架、支撑良好。

（5）就地表计齐全，完整无损，各标志醒目，投用正常。

（6）各热控装置及远方表计、信号、保护电源已送上，投用正常。

（7）各电动门执行机构完好，电源已送上，开关指示正常。

（8）检查除灰压缩空气系统阀门位置正确。

（9）仓泵及其输灰管线的检修工作结束，无影响运行的杂物，工作票已全部终结。

（10）设备与系统连接完整，保温完整，吊架、支撑良好。

（11）仓泵人孔门应关闭严密，泵体各部件完好无损。

（12）各阀门完整无损，动作灵活，阀门牌齐全，开关方向醒目。

（13）确认仓泵输灰系统各气动阀门的仪用气源已送上，压力正常。

（三）先导式输灰的系统启动

1. 进料阶段

打开进料阀——系统开始进料。进料的多少由系统中的进料时间控制，具体的参数均可在画面中设置，当系统停炉后初次投入，进料时间可如此设置：先设置15s，输送1h后把进料时间延长至30s，再输送1h后把时间延长至50s以上，依此类推，直至把灰斗上的存灰送完后方可把进料时间延长合适的时间。

2. 气化阶段

"进料时间到"开进气阀系统开始气化。气化的程度由压力变送器发出的压力值来决定，一般设定在 100～200kPa 之间。

3. 正常输灰

系统开始出料→仓泵压力达到"压力下限"值（100kPa）→关进气阀输送结束，进入下一循环的进料阶段。有堵管倾向输灰：仓泵压力达到"压力上限"值（200kPa）→开自动成栓阀（自动开启）→系统开始出料→仓泵压力达到"开防堵压力"值（200kPa）→开自动成栓阀→仓泵压力达到"关防堵压力"值（100kPa）→关自动成栓阀→仓泵压力达到"压力下限"值（100kPa）→关进气阀→输送结束，进入下一循环的进料阶段。

4. 堵管

仓泵压力达到"压力上限"值（200kPa）→开自动成栓阀→"关防堵压力"值（50kPa）→关自动成栓阀，关进气阀。若仓泵压力又达到"堵管压力"，则再次重复上述内容，如此反复，直至疏通。手动排堵与自动排堵一样操作。

（四）除灰输送系统运行中调整

1. 气力输灰的运行调整

在气力输灰过程中，运行人员应根据实际工况、实际参数的变化对系统和设备进行及时调整、及时处理。确保气力输灰系统正常运行。

（1）当锅炉负荷低灰量少时，可以适当增加仓泵的落灰时间，延长输送周期。

（2）当锅炉负荷高灰量大时，可以适当减少仓泵的落灰时间，缩短输送周期。

（3）当电除尘整流变压器跳闸后，前后级整流变压器参数提高时，需加大对应仓泵的输灰能力，防止灰斗积灰。

（4）各电场落灰时间及循环周期设定根据实际的负荷情况和燃煤情况作相应调整。

（5）输灰系统运行期间，除了要注意输送压力、输灰时间，输送周期以及上位机上相应曲线外，还要注意灰斗灰量的变化，可以从灰斗气化风出口压力进行粗略判断，尽量维持灰斗低料位运行。巡检中，要注意输送管路灰斗下大小头的灰温变化，以便及时发现和处理堵灰问题。

2. 输灰不畅或灰斗不落灰的调整

1）加强现场的巡检工作。对输灰用储气罐加强疏水，保证 2h 一次。如果含水较多可改为 1h 一次。

2）每班两次，对各灰斗大小头进行检查，确认各灰斗的下灰情况。

3）加强对气化风机出口压力的监视，保证气化效果，可采取两台机相互对照的方法。

241

4）每班两次，对每个输灰仓泵进行检查，确认各仓泵下灰正常，且各仓泵灰量大致相同。

5）现场加强对输灰管路的检查，确认现场输灰正常，可从输灰管路温度及声音等进行判断。

3．加强上位机的监视及参数调整

（1）加强对电除尘及输灰系统画面的监视，尤其是输灰曲线发现有堵灰现象时，及时进行参数调整及排堵，如在短时间内无法处理，及时联系维护人员。

（2）加强关注机组负荷及煤种的变化，并及时对相关参数进行调整。

（3）电除尘的调整依据主要有两个：一是电除尘出口浊度；二是脱硫烟气系统入口含尘量。在对电除尘及输灰系统调整时，还可依据这两个参数的变化趋势进行调整。

（4）输灰系统运行基本原则为尽量保证灰斗低料位运行，在烟气中含灰量较大时，运行人员在调整输灰参数时，应确保在输灰正常的情况下，尽量加大输灰量。

（5）一、二电场相对应的整流变压器可相互替代，替代的整流变压器参数要及时进行调整。

（6）灰斗高料位时，相应的整流变压器会有一次电压、一次电流、二次电流较小的现象，此整流变压器二次电流调整不要过高，以较实际的二次电流值稍高为宜。

（7）系统灰量较大时，输送周期、落灰时间、输送频率等应及时进行调整。管路堵塞时，排堵方法有两种：一种是管路憋压后由排堵阀进行排堵；另一种是管路憋压后由仓上排放阀进行排放。两种手段都无效的情况下，或者处理时间过长（一般为1~2h）的情况下，都要及时联系维护人员进行处理。

（8）高压整流变压器跳闸后，如果相对应的灰斗没有高料位，可对此区域进行连续振打后，再行试投，如果还是不能投运，联系维护人员检查处理。

（9）加强对灰库料位的监视，确保灰库不能满灰，机组刚启动期间一、二电场的灰原则上应进粗灰库。

（10）若出现仪表不准的情况，及时联系相关专业人员处理。

（五）输灰运行中严密监视输灰压力曲线

除灰系统采用正压浓相输灰系统。目前这套系统运行基本正常，但不能完全杜绝堵灰的发生。任何故障的出现都有先兆，除灰系统的故障大都能通过输灰曲线判断出来。通过实际经验的总结，现将一些典型异常输灰曲线的分析判断及处理汇总如下。

（1）图5-1说明仓泵输送时仓泵无灰或灰量少，压力无法建立。有四种可能造成：①灰斗落灰管堵塞；②灰斗里的灰搭桥；③进料手动闸板门没开或没全开；④手动输送时进料太少。

处理：就地进行判断灰斗有无堵灰、搭桥，查看进料手动闸板门有无打开。手动输灰造成的应进料多些再输送。

（2）图 5-2 特征是输送压力升高过快，输送压力较高，输送空气量减少。有两种可能：①仓泵挂灰；②管道挂灰。

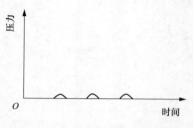

图 5-1 仓泵压力无法建立曲线

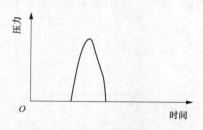

图 5-2 输送压力升高过快曲线

处理：停止输送，通知检修仓泵清灰。敲管并用空气吹扫管路。

（3）图 5-3 特征是输送压力、流量维持在一固定值不变，拉曲线。主要有三种可能：①进料阀内漏或管道泄漏；②输送压力太低；③进气阀内漏。

处理：查找漏点并修理。调整输送压力。

（4）图 5-4 曲线特征是输送不久输送压力直线上升，输送空气量减少，压力高报警。此曲线是典型的堵管曲线，上升直线发生得越早，表明堵塞位置越靠近仓泵。

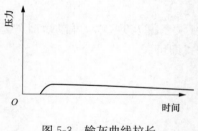

图 5-3 输灰曲线拉长

图 5-4 输灰管堵塞曲线

处理：①查明堵管原因；②判断堵塞位置；③进行反抽；④敲管；⑤如上述办法无法解决，则拆管处理。

（5）图 5-5 特征是输送压力不高，输送时间长。造成此现象有五种可能：①进料阀内漏；②管道外漏；③气化风调整不当；④输送空气量不够；⑤进料少。

处理：①查找漏点；②调整气量；③调整气化风。

（6）图 5-6 曲线特征是在输送就要

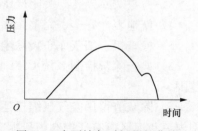

图 5-5 仓泵输灰时间延长曲线

结束时曲线出现突角。此现象有两种可能造成：①进料阀或管道漏气；②气化风调整不当。

处理：查找漏点，调整气化风。

以上图形是典型异常曲线，还有其他的一些异常曲线，在此就不一一列举，只要输送曲线与正常曲线不一样，就应提高警惕，查找原因并及时处理。图 5-7 所示是输送正常的标准曲线。

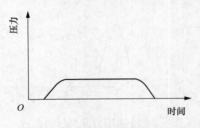

图 5-6　输灰曲线出现突角

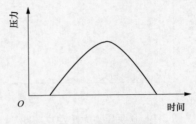

图 5-7　正常输灰曲线

（六）除灰输送系统的停运操作

（1）锅炉停运后，电除尘器振打系统改为连续振打，检查灰斗无积灰后，停止输灰系统。

（2）当仓泵内的灰输送完后，对仓泵进行吹扫，保证仓泵及灰管内无存灰。

（3）按下停止按钮，系统自动停止运行。

（4）在确认灰斗无灰后，停止灰斗气化风机及加热器。

（5）如有检修则根据工作情况进行停运。

（6）如果出现输灰管道、仓泵等输灰设备漏灰现象，可以短时停运，直接退出自动输灰程序，切至手动输灰方式即可。

三、灰库系统运行操作

（一）灰库系统运行前的检查

（1）灰库本体运行前的检查：

1）工作票已全部终结。

2）检查灰库压力真空释放阀动作正常，以防灰库超压或负压。

3）检查灰库人孔门关闭严密。

4）就地表计齐全，完整无损，各标志醒目，投用正常。

5）检查粗、细灰库布袋除尘器压差在正常范围内。

6）检查除灰控制系统 CRT 画面运行情况，各设备运行参数应在正常范围。

7）除灰渣仪用空气压缩机运行正常，仪用压缩空气母管压力在正常范围内，灰库区所有气控阀门压缩空气投用正常。

（2）灰库气化风系统运行前的检查：

1）首次启动时，如果有进气管道与风机相连接，建议在进气口法兰上安装一金属丝滤网，运转 24h 后拆下滤网，重新换上法兰连接。这样可以防止管道中的焊渣等异物吸入风机。

2）滤网必须可靠地固定，以免被吸入风机。滤网需用不锈钢丝编织而成（不能用焊接滤网），网眼为 $1mm^2$。

3）风机及其附近应无人工作，无影响运行的杂物，工作票已全部终结。

4）风机电气、机械部分应具备启动条件，电源已送上，保护应投入。

5）控制装置良好、仪表齐全、投用正常。

6）启动前电动机已经试转过，旋转方向正确。

7）用手转动风机的带轮，应感觉转动灵活自如。

8）检查带轮（或联轴器）对准与否，皮带的张紧程度如何，皮带张紧不可太紧或太松。

9）皮带防护罩应完整，安装牢固可靠。

10）检查灰库气化风机进口过滤器清洁无堵塞。

11）检查管道安装，不使管道载荷直接加到风机法兰上；检查管道连接部位是否紧固，气化风机与管道连接良好；地脚螺栓完整无松动。

12）电动机的接地线良好，绝缘合格，电源已送上。

13）检查油塞及油位观察窗是否已经紧固。

14）油箱的油位应正常，油质良好，油位应在油位观察窗中心圈红点的上端。（润滑油不可加入过量，否则会使润滑油进入罗茨风机空腔）

15）检查进、出口所有的阀门，应使阀门全部开启，以防止压力瞬间上升过高。

（3）气化风电加热器的检查：

1）电加热器壳体、防护罩完好无损。

2）电加热器地脚螺栓完整无松动，其外壳、控制柜应可靠接地。

3）电加热器控制柜面板完好，加热电源送上，各开关、信号、表计指示正确。

（4）检查气化风系统所有气控阀门的仪用压缩空气投用正常。

（5）各就地表计完整无损，投用正常。

（6）检查确认所有压力开关一、二次门均开启。

（7）各热控装置及远方表计、联锁、信号、保护电源已送上，投用正常。

（8）检查确认粗、细灰库的库顶切换阀均关闭。

（9）系统应无检修工作，无影响运行的杂物，工作票已全部终结。

（二）灰库系统启动

（1）投入灰库气化风系统。

1）开启气化风机出口门。

2）开启气化风机加热器出口门。

3）启动气化风机。

（2）投入气化风机加热器。

（3）投入灰库布袋除尘器。

（4）干灰装车启动。

1）启干灰卸料管。

2）启动抽尘风机。

3）启动电动锁气器。

4）开启气动圆顶阀。

5）开启手动闸板门。

（5）湿灰装车启动（如有需要）。

1）开启湿灰搅拌器出口门。

2）启加湿搅拌器。

3）启电动锁气器。

4）开启气动圆顶阀。

5）开启供水门。

6）开启手动闸板门。

（三）灰库系统运行中的监视调整

（1）只要灰库内有灰，灰库气化风机就应处在运行状态。

（2）正常运行时，灰库气化风机3台运行，1台备用。

（3）按规定检查灰库气化风机运行正常，气化风管道无裂缝，无泄漏。

（4）灰库系统运行时，应按规定对运行设备及仪表巡视和监视。

（5）灰库运行时不得打开布袋除尘器人孔门。

（6）检查灰库压力真空释放阀动作正常。

（7）灰库采取连续排放措施。

（8）值班员加强对布袋除尘器出口的监视，每2h测一次灰库落灰管的温度，如温度大于90℃或发现布袋除尘器出口冒黑烟，应立即进行排放，并尽可能将灰排放干净。

（9）灰库运行中，应加强对灰库料位的监视及对灰库气化风机出口温度的监视，发现料位较高或气化风机出口温度偏高，应通知放灰人员加强放灰。

（10）如运行中发现卸灰设备出现缺陷，应及时通知检修人员及时处理。

（四）灰库系统整体停运顺序

（1）关闭灰库顶部进料门。

（2）清空飞灰。

（3）停运气化风机加热器。

（4）停运灰库气化风系统。

（5）停运气化风机。

（6）关闭气化风机出口门。

（7）关闭气化风机加热器出口门。

第三节　脱硝系统操作规程相关要求

一、SCR 脱硝系统启动前的检查

（一）尿素热解系统应检查内容

（1）系统控制电源、动力电源已送电。

（2）系统各气动阀气源正常。

（3）系统联锁、保护已全部投入。

（4）就地仪表、变送器、传感器工作正常。

（5）设备阀门状态符合启动条件，所有安全阀均校验合格。

（6）热解炉风系统正常，满足启动条件。

（7）尿素制备系统已投入正常运行，尿素母管压力正常。

（二）稀释风系统应检查内容

（1）稀释风管、加热器内部清洁。

（2）喷氨格栅完好，喷嘴无堵塞。

（3）压力、压差、温度、流量等测量装置完好并投入。

（4）稀释风机润滑油正常，并具备启动条件。

（5）稀释空气加热系统具备投入条件。

（6）系统阀门应处于启动前位置。

（7）稀释风机电源绝缘合格已送电。

（三）吹灰系统应检查内容

（1）压缩空气、蒸汽吹灰系统的管道吹扫干净，排水管道通畅。

（2）压力、温度、流量等测量装置完好并投入。

（3）蒸汽吹灰器进、退应无卡塞，与支架平台应无碰撞，限位开关调整完毕，位置正确。

（4）吹灰蒸汽压力、压缩空气压力正常。

（5）吹灰器控制系统完好，具备投入条件。

（6）系统阀门处于启动前位置。

（四）SCR 反应器应检查内容

（1）催化剂及密封系统安装检查合格。

（2）喷氨混合器、导流板、整流器完好。

（3）混合器氨气入口管路应完好、通畅，阀门应处于启动前位置。

（4）烟道内部、催化剂清洁，无杂物。

（5）烟道无腐蚀泄漏，膨胀节连接牢固无破损，人孔门、检查孔关闭严密。

（6）烟气在线自动监测系统（CEMS）运行及信号传输正常，控制系统运行正常，所有联锁保护投入正常。

（7）氨泄漏报警系统投入正常。

（8）循环取样风系统、稀释风机系统、吹灰系统、压缩空气系统已投入运行正常。

（9）锅炉运行正常，烟温满足投运脱硝条件，供氨系统备用良好。

（五）吹灰系统应检查内容

（1）压缩空气、蒸汽吹灰系统的管道吹扫干净，排水管道通畅。

（2）压力、温度、流量等测量装置完好并投入。

（3）蒸汽吹灰器进、退应无卡涩，与支架平台应无碰撞，限位开关调整完毕，位置正确。

（4）吹灰蒸汽压力、压缩空气压力正常。

（5）吹灰器控制系统完好，具备投入条件。

（6）系统阀门处于启动前位置。

（六）SCR 反应器应检查内容

（1）催化剂及密封系统安装检查合格。

（2）喷氨混合器、导流板、整流器完好。

（3）混合器氨气入口管路应完好、通畅，阀门应处于启动前位置。

（4）烟道内部、催化剂清洁，无杂物。

（5）烟道无腐蚀泄漏，膨胀节连接牢固无破损，人孔门、检查孔关闭严密。

（6）烟气在线自动监测系统（CEMS）运行及信号传输正常，控制系统运行正常，所有联锁保护投入正常。

（7）氨泄漏报警系统投入正常。

（8）循环取样风系统、稀释风机系统、吹灰系统、压缩空气系统已投入运行正常。

（9）锅炉运行正常，烟温满足投运脱硝条件，供氨系统备用良好。

二、脱硝系统启动

脱硝系统启动步骤：启动稀释风机→锅炉风烟系统启动→投入声波吹灰器→锅炉点火→排烟温度大于305℃→尿素水解系统启动供氨→启动炉前SCR系统。

1. 稀释风机启动

（1）开启稀释风至 A 侧混合器稀释风手动门、稀释风至 B 侧混合器稀释风手动门。

（2）设定稀释风机自动/手动方式。

（3）稀释风机 A 或 B 启动命令选择。

（4）启动选择的稀释风机，稀释风机出口电动门自动开启。

（5）调节稀释风至 A、B 侧混合器稀释风手动门，出口风压大于13332Pa（100mmHg）后固定稀释风机出口风门位置。

（6）确认稀释风机启动后运行正常。

2. 声波吹灰系统投运

脱硝 SCR 系统一般有两种吹灰器：声波吹灰器和耙式蒸汽吹灰器。主要以声波吹灰器为主，耙式蒸汽吹灰器为辅。不论脱硝系统是否投入，当机组启动时就应投入声波吹灰器。声波吹灰器应按烟气流动的方向运行，即按先吹上层再吹下层的顺序，一般应按组吹灰。声波吹灰器采取回路自动循环运行。机组启动时，检查压缩空气压力正常，投入吹灰器自动吹扫程序即可。

3. 尿素水解系统启动

（1）压缩空气系统投入。

（2）除盐水系统投入。

（3）蒸汽系统投入。

（4）尿素溶解罐注水。

（5）尿素颗粒的注入。

（6）尿素溶液的制备。

（7）尿素溶液储罐的启动。

（8）尿素水解反应器的启动。

4. 启动炉前 SCR 系统

（1）确认 SCR 入口烟气温度大于 295℃ 且小于 420℃。

（2）开启炉前 SCR 氨气至 A、B 混合器速断阀前、后手动门，开启氨气至 A、B 混合器流量计前、后手动门。

（3）开启 A 侧反应器喷氨速断阀、B 侧反应器喷氨速断阀，根据 SCR 出口 NO_x 含量、脱硝效率及负荷情况手动调节 A、B 喷氨流量控制阀开度，缓慢向 SCR 喷氨（以 SCR 出口 NO_x 含量不大于 50mg/L 为标准进行调节）。

（4）当脱硝效率大于 80% 且氨的逃逸率小于 2mg/L，稳定运行 10min 后 SCR 喷氨投自动。

（5）控制烟囱出口 NO_x 含量不大于 $50mg/m^3$（标况下）。

三、脱硝系统停运

（一）脱硝系统停运顺序

脱硝系统停运顺序：停止尿素水解供氨系统→停止炉前 SCR 喷氨系统→停运引风机→退出声波吹灰器→停运稀释风机。

注：由于尿素水解系统为全厂机组运行的公用系统，一旦投入运行，整套系统维持长期运行。此章节系统停运是指尿素水解系统中单个设备的停运或退出。

（二）水解反应器停运（停运检修）

（1）关闭水解反应器蒸汽气动调节门前后手动门。

（2）关闭水解反应器蒸汽气动阀。

（3）关闭水解反应器氨气出口调节阀、气动门。

（4）关闭水解反应器至供氨母管手动门。

（5）关闭水解反应器尿素溶液入口气动阀。

（6）关闭水解反应器尿素溶液气动调节门前后手动门。

（7）开启水解反应器气相泄压手动门，开启水解反应器卸压气动门压力。

（8）开启水解反应器排液手动门。

（9）开启水解反应器排液至尿素溶液罐气动阀。

（10）水解反应器溶液排空后进行冲洗。

（三）尿素溶液泵停运

（1）停止尿素溶液泵运行。

（2）关闭尿素溶液输送泵出口手动阀。

（3）关闭尿素溶液输送泵进口气动阀。

（4）对管道进行冲洗。

（四）炉前 SCR 系统停运

（1）关闭 A/B 侧 SCR 反应器喷氨调节阀、速断阀。

（2）锅炉灭火后启动 SCR 吹灰器吹灰一遍，然后退出 SCR 吹灰自动程序。

（3）确认引风机停运后停止稀释风机运行，关闭 SCR 吹灰器稀释风入口手动门。

（4）关闭 A、B 侧反应器喷氨手动门。

（5）关闭稀释风至 A、B 侧反应器总门。

第四节　电厂水处理系统操作规程相关要求

一、原水预处理的运行操作

（一）原水预处理启动前的检查

（1）检查原水预处理系统设备电源均已送上，电动机开关均正常。

（2）检查各离心泵、计量泵、风机应完好，轴承油位在 1/2 以上，有冷却水的保持水流畅通。

（3）检查压力表、流量表和各化学测量表均处于良好备用状态。

（4）检查反应池、沉淀池、滤池、工业水池及化学、消防水池均处于良好备用状态。

（5）检查压缩空气系统处于良好备用状态，各电磁阀箱气源已送上，各气动门无漏气现象。

（6）检查次氯酸钠、混凝剂、助凝剂计量箱液位大于 1/2，具备加药条件。

（二）反应池、沉淀池的运行操作

1. 反应池、沉淀池的启动

（1）开启反应池进口手动门、气动门，向反应池、沉淀池进水。反应池、沉淀池空池的情况下，进口手动门开度保持在使进水流量 $100m^3/h$，反应池、沉淀池满水后，再逐步开大进水手动门，使进水流量保持在 $300m^3/h$。

（2）启动各加药泵，进行边进水边加药，并调节各加药泵使加药量为正常的 1～2 倍。

（3）化验沉淀池出水水质，不合格排入中间水池；当出水合格后，向重力滤池进水。

2. 反应池、沉淀池的运行

（1）根据规定的监督项目和时间，对沉淀池水质进行检测。如有异常，应迅速判明原因，及时处理。

（2）对加药量进行检查和调整。

（3）定期进行排泥。

3. 反应池、沉淀池的停运

（1）关闭反应池进口气动门。

（2）若停运进行内部检修，应关闭反应池进口手动门并将池体排空。

（三）滤池的运行操作

1. 滤池的启动

（1）开启滤池出口手动门。

（2）开启滤池进水气动门、正洗排水气动门，对滤池进行正洗。

（3）化验滤池正洗排水浊度。

（4）待滤池正洗排水浊度合格后，开联通气动门1和联通气动门2，关闭正洗排水气门，向工业水池和化学、消防水池进水。

（5）新滤池投运时，可视出水情况对滤池进行擦洗。

2. 滤池的停运

（1）关闭滤池的进水气动门、联通气动门1和联通气动门2。

（2）若滤池需停运检修，则开启滤池反洗排水气动门、下部排污门、联通气动门1和联通气动门2，排空内部水后关闭反洗排水气动门、下部排污门、联通气动门1和联通气动门2；并关闭滤池出口手动门。

3. 滤池的擦洗

（1）擦洗条件：

1）滤池运行达到运行周期。

2）滤池进出水压差大于 0.05MPa。

3）滤池出水水质恶化。

4）或其他特殊原因。

（2）擦洗程序。

1）隔仓放水。

2）气擦洗。

3）水反洗。

4）水正洗。

5）投运。

（3）擦洗程控见表 5-3。

表 5-3　擦洗程控

序号	步骤名称	进水门	反洗排水门	联通门1	联通门2	正洗排水门	滤池进气门	风机排气门	罗茨风机	时间（s）
1	放水					√		√		300
2	气擦洗		√				√	√	√	10
			√				√	√		300
3	水反洗		√	√	√			√		600
4	水正洗	√	√					√		5
		√				√		√		300
5	备用	√		√	√			√		600（滤池满水）

注　1. "√"表示阀门开启；

2. 当滤池压差大于 0.05MPa 时报警；

3. 一般运行 5~10 个周期需要进行空气擦洗（具体时间需视出水情况作调整）。

（四）澄清池的运行操作

澄清池的投运。具体步骤如下：

（1）开启澄清池进水门，根据需要调节流量。

（2）根据水质选择性加药，若需加药，启动凝聚剂加药泵（若加石灰，则应启动石灰加药泵；若采用喷射器加药，则应开喷射器进水门抽吸），根据需要调节加药量。

（3）如果澄清池有刮泥机，应开润滑水门，启动刮泥机。

（4）当搅拌机叶轮浸入水中时，启动搅拌机。为了便于活性泥渣的形成，可调整叶轮高度和调节转速。

（5）开始时，出水排地沟，浊度应在满足规定的出水水质要求后，出水送入过滤池（器），投运过程中根据情况进行排泥。

（五）混凝剂、助凝剂、次氯酸钠计量泵的运行操作

1. 混凝剂、助凝剂、次氯酸钠计量泵的启动

（1）开启计量箱出口手动门，开启计量泵的进、出口手动门，启动计量泵。

（2）根据需要调节好计量泵的出力。

（3）若计量泵体温度迅速升高，应停计量泵查明原因，消缺后再投运。

（4）计量泵在运行中机箱内油温不大于 65℃。

（5）运行中平衡无异声，有流量，否则停泵查明原因，消除后再投运。

2. 混凝剂、助凝剂、次氯酸钠计量泵的停运

(1) 停运计量泵。

(2) 关闭计量泵进、出口门。

（六）浓缩池及脱水机的运行操作

1. 浓缩池及脱水机的启动

(1) 当反应池、沉淀池排泥时，启动浓缩池刮泥机。

(2) 当浓缩池泥位高需要排泥时，启动脱水机，开启脱水机工业冲洗水门、排水门，冲洗 10min。

(3) 开启脱水机污泥进口门、加药门，污泥泵进、出口门，脱水机助凝剂泵进、出口门。关闭脱水机工业冲洗水门。

(4) 启动污泥泵和脱水机助凝剂泵，30s 后再启动离心脱水机。

2. 浓缩池及脱水机的停运

(1) 停运浓缩池刮泥机。

(2) 停运污泥泵和脱水机助凝剂泵，开启脱水机工业冲洗水门，冲洗脱水机，冲洗 1min 后关闭脱水机工业冲洗水门。

(3) 关闭脱水机污泥进口门、排水门、加药门；关闭污泥泵进、出口门；关闭脱水机助凝剂泵进、出口门。

（七）罗茨风机的运行操作

1. 罗茨风机的启动

(1) 检查罗茨风机出口母管排气门在开启状态。

(2) 开启罗茨风机出口门，开启滤池进气门，启动罗茨风机，5s 后关闭罗茨风机排气门。

(3) 运行后检查罗茨风机运转正常。

(4) 检查罗茨风机的压力指示在额定值内。

2. 罗茨风机的停运

(1) 开启罗茨风机出口母管排气门，停运罗茨风机。

(2) 关闭滤池进气门和罗茨风机出气门。

（八）卸药（混凝剂、次氯酸钠）操作

(1) 将运药车出口管和卸药泵进口管连接，开启运药车出口门、卸药泵进、出口门，药液储罐进口门，启动卸药泵向储存罐卸药。

(2) 卸药完毕或储药罐高液位时停运卸药泵，关闭运药车出口门、卸药泵进、出口门，药液储罐进口门。

（九）药液配制（混凝剂、助凝剂）

1. 混凝剂的配制

(1) 开启混凝剂计量箱进口门、混凝剂储罐出口门，向计量箱放入一定量药液，然后关闭计量箱进口门、储罐出口门；开计量箱进水门按规定配一定量的水，关闭计量箱进水门（水：药＝4：1）。

(2) 启动计量箱搅拌机，搅拌 10min 后，停运搅拌机。

2. 助凝剂的配制

（1）保持助凝剂加药箱料斗内有一定的助凝剂粉末。

（2）当助凝剂加药箱低液位时，自动开启助凝剂加药箱进水电磁阀进水至指定液位，并启动搅拌机，同时按照比例向助凝剂加药箱加入助凝剂粉末，配药浓度为 0.2%。

（3）搅拌一定时间后，停运搅拌机。

（十）消防水系统运行操作

1. 消防水系统投运

（1）开启启化学消防水池消防用水手动门。

（2）开启电动消防泵进口手动门、柴油消防泵进口手动门，消防稳压泵进、出口手动门，消防稳压罐进口手动门，消防稳压泵出口母管手动门，消防水泵出口联络管手动门，消防管网泄压门前手动门。

（3）开启启消防水泵出口管手动门。

（4）消防系统初次投运，应手动启动一台消防稳压泵，缓慢向消防管网注水，直至压力升至 0.85~0.95MPa。

（5）消防管网压力正常后，可将系统置于自动，根据管网压力设定自动启停设备。

2. 消防水系统联锁保护

（1）消防母管压力≥0.95MPa 时，两台消防稳压泵均为停运状态。

（2）消防母管压力≤0.85MPa 时，启动上次未运行的一台消防稳压泵。

（3）消防母管压力≤0.7MPa 时，启动电动消防泵。

（4）柴油消防泵出口压力≤0.6MPa 时，延时 10s 自动启动柴油消防泵。（无论电动消防泵是否运行）

（5）电动消防泵或柴油消防泵启动后，电动消防泵可程控手动停运，柴油消防泵须就地手动停运。

（6）电动消防泵或柴油机消防泵出口气动门保持常开。

（7）化学消防水池同时达到低低液位设定值时，自动停运运行的消防水泵。

二、锅炉补给水处理的运行操作

（一）启动前的准备工作

（1）检查系统设备电源均已送上，电动机开关均正常。

（2）检查各水泵应完好，轴承油位在 1/2 以上，水泵进口门已开启、出口门开度合适。

（3）检查压力表、流量表和各化学在线仪表均处于良好的备用状态。

（4）检查压缩空气系统处于良好备用状态，各电磁阀箱气源已送上，各气动门无漏气现象。

（5）检查所需投运床体内充满水，开启床体进、出口手动门，开启水箱进、出口手动门和再循环母管手动门。各床体进口手动门开度应保证单列除盐运行流量不低于规定值。

（6）投运超滤装置前，检查化学消防水池液位在 1/2 以上；投运除盐系统前，检查淡水箱液位在 1/2 以上。

（7）检查废水池不在高液位，废水泵具备启动条件。

（8）核对控制参数设置正确。

（二）清水系统的运行操作

1. 手动方式

操作时按照书写的先后顺序进行操作：

（1）开启高效过滤器正洗排水气动门、进口气动门、化学水泵出口气动门，启动化学水泵，进行高效过滤器正洗。

（2）正洗 2min 后开启炭床正洗排水气动门、进口气动门，开启高效过滤器出口气动门，关闭高效过滤器正洗排水气动门，进行炭床正洗。

（3）正洗 2min 后开启炭床出口气动门，关闭炭床正洗排水气动门，向淡水箱进水。通过调节高效过滤器和炭床进口手动门来平均各床体的流量。

2. 自动方式

（1）进入"高效纤维"画面，点击"补水自动"，选择一台化学水泵，一台高效纤维过滤器，三台活性炭过滤器，点击"自动启动"。

（2）清水系统按照表 5-4 所示步骤自动投运。

表 5-4　清水系统自动投运步骤

序号	步骤名称	高效过滤器进口门	高效过滤器出口门	高效过滤器正洗排水门	罗茨风机出口母管排气门	化学水泵及出口门	高效过滤器进口母管门	炭床进口门	炭床出口门	时间（s）
1	高效过滤器正洗准备	√		√	√		√			10
2	高效过滤器正洗	√		√	√	√	√			300
3	运行准备	√	√		√	√	√	√		10
4	运行	√	√		√	√	√	√	√	

注　"√"表示阀门开启。

3. 清水系统的停运

（1）在手动方式下，先停运化学水泵，然后关闭高效过滤器进、出口气动门，关闭炭床进、出口气动门及化学水泵出口气动门，并开启高效过滤器、炭床排气气动门进行泄压后关闭。

（2）在自动方式下，进入"高效纤维"画面，点击"补水自动"，点击"自动停运"，并手动打开各床体排气门进行泄压。

（三）超滤装置的运行操作

1. 超滤装置的投运

（1）手动开启超滤出口母管至炭床旁路气动门或手动投运炭床，并开启超滤出口母管至炭床进口气动门。

（2）在"超滤画面"中点击"超滤运行参数设置"按钮，检查运行时间设定正确，反洗加药泵已选择主投，超滤已选择对应的进水泵。

（3）点击"1号超滤控制"或"2号超滤控制"按钮，进入后点击"一键自动"按钮，对应超滤装置的所有阀门将设置为自动状态，当"远程""自动""就绪"3个标识变红后，超滤具备自动投运条件。点击"启动产水"按钮，超滤装置将按以下步序自动投运。

1）正冲。开启超滤上排污气动门、超滤进口气动门、高效纤维过滤器进口母管气动门、化学水泵出口气动门，启动化学水泵，正冲30s。

2）产水。开启超滤出口气动门，关闭超滤上排污气动门，超滤开始出水，时间为2400s。

注：产水结束后，产水周期加1次。

3）气洗。停运化学水泵，关闭超滤进口气动门、超滤出口气动门。开启超滤上排污气动门、超滤反洗进气气动门，时间为30s。

4）水洗。关闭超滤反洗进气气动门，开启超滤下排污气动门、超滤反洗进水气动门，启动反洗水泵，时间为30s。

5）排放。停运反洗水泵，关闭超滤反洗进水气动门，排放40s后，关闭超滤上排污气动门、下排污气动门。

注：上述1）～5）步循环运行，当产水周期达到设定次数后（50～500次），自动执行超滤维护性清洗程序。

2. 超滤维护性清洗

（1）配制次氯酸钠。

1）需要在每次达到产水周期设定次数前进行配药。

2）点击"配药控制"按钮，点亮"加NaClO选择"，同时点亮"加酸取消"和"加碱取消"，选择主投的次氯酸钠加药泵。

3）点击"启动补水补药"按钮，超滤化学清洗箱补水气动门开启向化学清洗箱补水，同时主投的次氯酸钠加药泵启动向化学清洗箱配药，配药时间为300s，当化学清洗箱液位达到1400mm时，自动关闭超滤化学清洗箱补水气动门。配药结束，化学清洗箱画面上方出现"补水补药完成标志"后，才会执行自动清洗程序。配药过程中，可以点击"停止补水补药"按钮，停止配药。

如果手动启动泵和开启阀门进行配药，配药结束后需要在"配药控制"菜单中点击"置位补水完成标志"，才会出现"补水补药完成标志"。"复位补水完成标志"按钮用于将"补水补药完成标志"去掉。

（2）维护性清洗程序。

1）循环清洗。开启超滤浓水侧回流气动门、产水侧回流气动门、化学清洗进口气动门，启动超滤化学清洗泵，循环 2400s。

2）浸泡。停运超滤化学清洗泵，关闭超滤化学清洗进口气动门、浓水侧回流气动门、产水侧回流气动门，浸泡 3600s。

3）排放。开启超滤上排污气动门、下排污气动门，排放 40s。同时开启超滤化学清洗箱排污气动门，当化学清洗箱液位降至 10mm 后，自动关闭超滤化学清洗箱排污气动门。

4）正冲。关闭超滤下排污气动门，开启超滤进口气动门，启动化学水泵，冲洗 30s。

5）气洗。停运化学水泵，关闭超滤进口气动门，开启超滤反洗进气气动门，时间为 30s。

6）水洗。关闭超滤反洗进气气动门，开启超滤下排污气动门、超滤反洗进水气动门，启动反洗水泵，时间为 30s。

7）排放。停运反洗水泵，关闭超滤反洗进水气动门，排放 40s 后，关闭超滤上排污气动门、下排污气动门。

8）超滤维护性清洗结束后，自动进入下一个制水周期。

3. 超滤装置停运

（1）短时停运（3天以下）。点击"1号超滤控制"或"2号超滤控制"按钮，进入后点击"停机"按钮，对应超滤装置的化学水泵停运、所有气动门关闭。

（2）长时停运（3天以上）。点击"1号超滤控制"或"2号超滤控制"按钮，进入后点击"启动保养停机"按钮，超滤执行以下步序：

1）开启超滤上排污气动门、超滤反洗进水气动门，启动反洗水泵、反洗次氯酸钠加药泵，反洗 60s。

2）停运反洗水泵、反洗次氯酸钠加药泵，关闭超滤反洗进水气动门、超滤上排污气动门。

4. 超滤装置恢复性化学清洗

（1）超滤跨膜压差达到 100kPa 时，需要采用盐酸对滤膜进行恢复性清洗。

（2）配制盐酸。

1）点击"配药控制"按钮，点亮"加酸选择"，同时点亮"加 NaClO 取消"和"加碱取消"，选择主投的加酸泵。

2）点击"启动补水补药"按钮，超滤化学清洗箱补水气动门开启向化学清洗箱补水，同时主投的加酸泵启动向化学清洗箱配药，配药时间为 1140s（浓度为 0.55%），当化学清洗箱液位达到 1400mm 时，自动关闭超滤化学清洗箱补水气动门。配药结束，化学清洗箱画面上方出现"补水补药完成标志"后，才会执行自动清洗程序。配药过程中，可以点击"停止补水补药"按钮，停止配药。

如果手动启动泵和开启阀门进行配药，配药结束后需要在"配药控制"菜单中点击"置位补水完成标志"，才会出现"补水补药完成标志"。"复位补水完成标志"按钮用于将"补水补药完成标志"去掉。

5. 化学清洗程序

（1）在"超滤画面"中点击"CIP 清洗参数设置"按钮，检查运行时间设定正确。

（2）点击"1 号超滤控制"或"2 号超滤控制"按钮，进入后点击"启动 CIP 清洗"按钮，对应超滤装置开始进入化学清洗程序。

1）循环清洗。开启超滤浓水侧回流气动门、产水侧回流气动门、化学清洗进口气动门，启动超滤化学清洗泵，循环 2400s。

2）浸泡。停运超滤化学清洗泵，关闭超滤化学清洗进口气动门、浓水侧回流气动门、产水侧回流气动门，浸泡 3600s。

注：上述步骤循环 2 次。

3）排放。开启超滤上排污气动门、下排污气动门，排放 40s。同时开启超滤化学清洗箱排污气动门，当化学清洗箱液位将至 10mm 后，关闭超滤化学清洗箱排污气动门。

4）正冲。关闭超滤下排污气动门，开启超滤进口气动门，启动化学水泵，冲洗 30s。

5）气洗。停运化学水泵，关闭超滤进口气动门，开启超滤反洗进气气动门，时间为 30s。

6）水洗。关闭超滤反洗进气气动门，开启超滤下排污气动门、超滤反洗进水气动门，启动反洗水泵，时间为 30s。

7）排放。停运反洗水泵，关闭超滤反洗进水气动门，排放 40s 后，关闭超滤上排污气动门、下排污气动门。

（四）除盐系统的运行操作

1. 除盐系统的投运

（1）手动方式（再生后投运）。

1）开启阳床正洗排水气动门、进口气动门，启动淡水泵，进行阳床正洗，流量控制在 150m³/h 左右。

2）正洗 10min 后，开启阴床正洗排水气动门、进口气动门，关闭阳床正洗排水气动门，进行阴床正洗。

3）正洗 10min 后，开启阴床再循环气动门，关闭阴床正洗排水气动门，进行阴床再循环，并开启阴床 DD（电导率）在线仪表取样门，投入阴床 DD 在线仪表。

4）当阴床出水 DD≤5μS/cm 时，开启混床正洗排水气动门、出口气动门、进口气动门，开启阴床出口气动门，关闭阴床再循环气动门，进行混床正洗。

5）正洗 5min 后，开启混床再循环气动门，关闭混床正洗排水气动门，进行混床再循环，并开启混床 DD、SiO_2 在线仪表取样门，投入混床 DD、SiO_2 在线仪表。

6）当混床出水 DD≤0.15μS/cm、SiO_2≤10μg/L 时，开启混床系统出口气动门，关闭混床再循环气动门，向除盐水箱进水。

（2）手动方式（停床后投运）。

1）开启阴床再循环气动门、进口气动门，开启阳床进口气动门，进行阴床再循环，并开启阴床 DD 在线仪表取样门，投入阴床 DD 在线仪表。

2）当阴床出水 DD≤5μS/cm 时，开启混床再循环气动门、出口气动门、进口气动门，开启阴床出口气动门，关闭阴床再循环气动门，进行混床再循环，并开启混床 DD、SiO_2 在线仪表取样门，投入混床 DD、SiO_2 在线仪表。

3）当混床出水 DD≤0.15μS/cm、SiO_2≤10μg/L 时，开启混床系统出口气动门，关闭混床再循环气动门，向除盐水箱进水。

（3）自动方式。

1）进入"一级除盐"画面，点击"补水自动"，选择一台淡水泵，一套一级除盐并根据实际情况选择"再生后投运"或"停床后投运"，一台混床并根据实际情况选择"再生后投运"或"停床后投运"，点击"自动启动"。

2）除盐系统按照表 5-5 所示步骤自动投运。

表 5-5　除盐系统投运步骤

序号	步骤名称	阳床进口门	阳床正洗排水门	阴床进口门	阴床正洗排水门	阴床出口门	阴床再循环门	淡水泵	混床进口门	混床出口门	混床系统出口门	混床正洗排水门	混床再循环门	时间(s)
一级除盐系统再生后、混床再生后运行														
1	阳床正洗	√	√					√						600
2	阴床正洗	√		√	√			√						600
3	一级除盐再循环1	√		√				√						300
4	一级除盐再循环2 混床正洗	√		√				√	√	√		√		300
5	一级除盐运行 混床再循环1	√		√		√		√					√	300
6	一级除盐运行 混床再循环2	√		√		√		√					√	300
7	系统运行	√		√		√		√	√		√			
一级除盐系统再生后、混床停床后运行														
1	阳床正洗	√	√					√						600

续表

序号	步骤名称	阳床进口门	阳床正洗排水门	阴床进口门	阴床正洗排水门	阴床出口门	阴床再循环门	淡水泵	混床进口门	混床出口门	混床系统出口门	混床正洗排水门	混床再循环门	时间(s)
2	阴床正洗	√		√	√			√						600
3	一级除盐再循环1	√		√			√	√						300
4	一级除盐再循环2 混床再循环1	√					√	√	√	√			√	300
5	一级除盐运行 混床再循环2	√				√		√	√				√	300
6	系统运行	√		√		√		√	√	√	√			
一级除盐系统停床后、混床再生后运行														
1	一级除盐再循环1	√					√	√						300
2	一级除盐再循环2 混床正洗	√					√	√	√			√		300
3	一级除盐运行 混床再循环1	√		√		√		√	√				√	300
4	一级除盐运行 混床再循环2	√		√		√		√	√				√	300
5	系统运行	√		√		√		√	√	√	√			
一级除盐系统停床后、混床停床后运行														
1	一级除盐再循环1	√		√			√	√						300
2	一级除盐再循环2 混床再循环1	√					√	√	√				√	300
3	一级除盐运行 混床再循环2	√		√		√		√	√				√	300
4	系统运行	√		√		√		√	√	√	√			

注 "√"表示阀门开启。

2. 除盐系统的停运

（1）在手动方式下，先停运淡水泵，然后关闭阳床进口气动门和阴床进、出口气动门，关闭混床进、出口气动门和系统出口气动门，并开启阳床、阴床、混床排气气动门进行泄压后关闭。

（2）在全自动方式下，进入"一级除盐"画面，点击"补水自动"，点击"自动停运"，并手动开启各床体排气门进行泄压。

3. 锅炉补给水处理联锁保护

（1）化学消防水池同时达到低低液位设定值时，自动停运化学水泵。

（2）淡水箱同时达到低低液位设定值时，自动停运淡水泵。

（3）在有水泵启动的步序，只有当该步序的所有阀门都开到位后，水泵才能启动。

（4）只有当下一步的所有阀门都开到位后，上一步的阀门才能关闭。

（5）阴床再循环（1）步中，若检测到出口 DD＜5μS/cm，则再循环（1）步时间到后跳过再循环（2）步，直接进入下一步；若再循环（1）步时间到，仍检测到出口 DD≥5μS/cm，则进入再循环（2）步，再循环（2）步时间到而出口 DD≥5μS/cm，也进入下一步。

（6）混床再循环（1）步中，若检测到出口 DD＜0.15μS/cm，则循环（1）步时间到后跳过再循环（2）步，直接进入下一步；若再循环（2）步时间到而出口 DD≥0.15μS/cm，则混床一直再循环，直到出口 DD＜0.15μS/cm才进入下一步。

三、凝结水精处理设备运行操作

（一）启动前检查

（1）检查压缩空气系统处于良好的备用状态。

（2）各控制电磁阀均已送电、送气、热工信号试验正常。

（3）分析试剂药品齐全，所有在线检测仪表均处于良好备用状态。

（4）凝结水泵压力稳定，水温不应超过 50℃。

（5）再循环泵和电动机处于良好备用状态。

（6）各电动门、气动门启闭灵活可靠，无漏水、漏气现象，并处于关闭状态；排污门处于关闭状态。

（7）前置过滤器、混床、再循环泵出口手动门处于开启状态。

（8）混床内充满水，树脂高度适中，具备启动条件。

（9）机组启动阶段，投运前置过滤器时凝结水含铁量应≤1000μg/L，投运混床前置过滤器出水含铁量应≤400μg/L。（1μm 的前置过滤器滤元在机组 168h 后才允许投入运行）

（二）前置过滤器的运行操作

1. 前置过滤器的投运

（1）从解列到备用。前置过滤器从解列到备用步骤见表 5-6。

表 5-6　解列到备用步骤

步序	步序名称	步序终点	开启阀门/泵/风机	仪表信号	报警信号	备注
		s	名称	设定值	设定值	
1	充水		过滤器反洗进水门			溢流信号到后充水结束
			过滤器排气门			
			冲洗水泵			
2	升压		过滤器升压门			压力升至与凝结水母管压力相差 0.2MPa，升压结束

（2）从备用到运行。前置过滤器从备用到运行步骤见表 5-7。

表 5-7　备用到运行步骤

步序	步序名称	步序终点	开启阀门/泵/风机	仪表信号	报警信号	备注
		s	名称	设定值	设定值	
1	升压		过滤器升压门			压力升至与凝结水母管压力相差 0.2MPa，升压结束
2	开进口门		过滤器进口门			过滤器进口门开到位后，执行第 3 步
3	开出口门		过滤器进口门			
			过滤器出口门			

2. 前置过滤器的停运

（1）从运行到备用。前置过滤器从运行到备用步骤见表 5-8。

表 5-8　运行到备用步骤

步序	步序名称	步序终点	开启阀门/泵/风机	仪表信号	报警信号	备注
		s	名称	设定值	设定值	
1	开过滤器旁路门		过滤器旁路电动门			第一台前置过滤器停运，旁路电动门关至 50% 后，执行第 2 步；第二台前置过滤器停运，旁路电动门关至 0% 后，执行第 2 步
			过滤器出口门			
			过滤器进口门			
2	关过滤器出口门		过滤器旁路电动门			过滤器出口门关到位后，执行第 3 步
			过滤器进口门			
3	关过滤器进口门		过滤器旁路电动门			过滤器进口门关到位后，过滤器至"备用"状态

（2）从备用到解列。前置过滤器从备用到解列见表 5-9。

表 5-9　备用到解列步骤

步序	步序名称	步序终点	开启阀门/泵/风机	仪表信号	报警信号	备注
		s	名称	设定值	设定值	
1	泄压		过滤器泄压门	<0.1MPa	0.1MPa	压力降至设定值以下至"解列"

3. 前置过滤器的反洗

前置过滤器反洗步骤见表 5-10。

表 5-10　前置过滤器反洗步骤

步序	步序名称	步序终点	开启阀门/泵/风机	仪表信号	报警信号	备注
		s	名称	设定值	设定值	
1	泄压	60	过滤器泄压门	<0.1MPa	0.1MPa	压力降至设定值以下泄压结束
2	排水及冲洗至 2/3	140	过滤器排气门			
			过滤器反洗排水门			
			过滤器反洗进水门			
			冲洗水泵			流量低报警
3	空气擦洗	2	过滤器排气门			
			过滤器反洗排水门			
			过滤器反洗进水门			
			冲洗水泵			流量低报警
			过滤器进气门		<580kPa	
4	排水及冲洗至 1/3	120	过滤器排气门			
			过滤器反洗排水门			
			过滤器反洗进水门			
			冲洗水泵			流量低报警
5	空气擦洗	2	过滤器排气门			
			过滤器反洗排水门			
			过滤器反洗进水门			
			冲洗水泵			流量低报警
			过滤器进气门		<580kPa	
6	排水及冲洗至管板	120	过滤器排气门			
			过滤器反洗排水门			
			过滤器反洗进水门			
			冲洗水泵			流量低报警
7	空气擦洗	2	过滤器排气门			
			过滤器反洗排水门			
			过滤器反洗进水门			
			冲洗水泵			流量低报警
			过滤器进气门		<580kPa	
8	充水至 1/3	120	过滤器排气门			
			过滤器反洗进水门			
			冲洗水泵			流量低报警

续表

步序	步序名称	步序终点 s	开启阀门/泵/风机 名称	仪表信号 设定值	报警信号 设定值	备注
9	空气擦洗	2	过滤器排气门			
			过滤器反洗进水门			
			冲洗水泵			流量低报警
			过滤器进气门		<580kPa	
10	充水至2/3	10	过滤器排气门			
			过滤器反洗进水门			
			冲洗水泵			流量低报警
11	空气擦洗	10	过滤器排气门			
			过滤器反洗进水门			
			冲洗水泵			流量低报警
			过滤器进气门		<580kPa	
12	充水至顶部	120	过滤器排气门			
			过滤器反洗进水门			
			冲洗水泵			流量低报警
13			重复步序2～7			
14	排水及冲洗	30	过滤器排气门			
			过滤器反洗排水门			
			过滤器反洗进水门			
			冲洗水泵			流量低报警
15	充水	750	过滤器排气门			溢流信号到后充水结束
			过滤器反洗进水门			
			冲洗水泵			流量低报警

（三）混床的运行操作

1. 混床的投运

（1）从解列到备用。混床从解列到备用步骤见表5-11。

表 5-11　混床从解列到备用步骤

步序	步序名称	步序终点 s	开启阀门/泵/风机 名称	仪表信号 设定值	报警信号 设定值	备注
1	充水		混床排气门			溢流信号到后充水结束
			混床注水气动总门			
			混床进树脂门			
			冲洗水泵			

续表

步序	步序名称	步序终点	开启阀门/泵/风机	仪表信号	报警信号	备注
		s	名称	设定值	设定值	
2	升压		混床升压门			压力升至与凝结水母管压力相差0.2MPa,升压结束

（2）从备用到运行。混床从备用到运行步骤见表5-12。

表 5-12　混床从备用到运行步骤

步序	步序名称	步序终点	开启阀门/泵/风机	仪表信号	报警信号	备注
		s	名称	设定值	设定值	
1	升压		混床升压门			压力升至与凝结水母管压力相差0.2MPa,升压结束
			混床再循环进气门			
			再循环泵进口门			
			混床取样电磁阀			
2	开启混床进口门		混床进口门			混床进口门开到位后,执行第3步
			混床再循环进气门			
			再循环泵进口门			
			混床取样电磁阀			
3	混床再循环		混床进口门			
			混床再循环进气门			
			再循环泵进口门			
			再循环泵			
			混床取样电磁阀			
4	停再循环泵		混床进口门			再循环泵停运后,执行第5步
			混床再循环进气门			
			再循环泵进口门			
			混床取样电磁阀			
5	关闭再循环门		混床进口门			混床再循环兼进气门、再循环泵进口门关到位后,执行第6步
			混床取样电磁阀			
6	开启混床出口门		混床进口门			
			混床出口门			
			混床取样电磁阀			

2. 混床的停运

（1）从运行到备用。混床从运行到备用步骤见表5-13。

表 5-13　混床从运行到备用步骤

步序	步序名称	步序终点	开启阀门/泵/风机	仪表信号	报警信号	备注
		s	名称	设定值	设定值	
1	开启混床旁路门		混床旁路电动门			三台运行混床中一台混床退出，旁路开至 33.3%；两台退出开至 66.7%；三台退出开至 100%
			混床进口门			
			混床出口门			
2	关闭混床出口门		混床旁路电动门			混床出口门关到位后，执行第 3 步
			混床进口门			
3	关闭混床进口门		混床旁路电动门			混床进口门关到位后，至"备用"

注　在正常运行中，混床三用一备，在退出失效混床前已经先投入了运行混床，只要保持有 3 台混床在运行状态，混床旁路电动门则不会开启。

（2）从备用到解列。混床从备用到解列步骤见表 5-14。

表 5-14　混床从备用到解列步骤

步序	步序名称	步序终点	开启阀门/泵/风机	仪表信号	报警信号	备注
		s	名称	设定值	设定值	
1	泄压		混床泄压门	<0.1MPa	0.1MPa	压力降至设定值以下至"解列"

3. 混床的切换

（1）按照步序投运备用混床。

（2）检查备用混床运行正常后，按照步序停运失效混床。

（四）混床的联锁保护

（1）当 1 台前置过滤器压差＞0.10MPa 时，前置过滤器旁路电动门开启 50%，压差高前置过滤器退出运行。

（2）当 1 台前置过滤器流量＞1200m³/h 时，前置过滤器旁路电动门开启 50%，流量高前置过滤器退出运行。

（3）当前置过滤器运行台数少于 2 台（包括前置过滤器进口或出口气动门突然关闭或故障）时，开启前置过滤器旁路电动门，每少 1 台开旁路 50%。

（4）当前置过滤器旁路压差＞0.12MPa 时，前置过滤器旁路门 100% 开启，2 台前置过滤器退出运行。

（5）当 1 台前置过滤器进口压力＞3.8MPa 时，发前置过滤器进口压力高报警。

（6）当凝结水温度＞50℃时，前置过滤器旁路电动门和混床旁路电动门 100% 开启，前置过滤器和混床均退出运行。

（7）当混床旁路压差＞0.35MPa 时，混床旁路电动门 100% 开启，混床均退出运行。

（8）当 3 台混床运行，其中 1 台混床压差＞0.3MPa 时，混床旁路电动门开启 33.3%，压差高混床退出运行（若为 4 台混床运行，只退混床，不开旁路电动门）。

（9）当 3 台混床运行，其中 1 台混床流量＞825m³/h 时，混床旁路电动门开启 33.3%，流量高混床退出运行（若为 4 台混床运行，只退混床，不开旁路电动门）。

（10）当运行混床台数少于 3 台（包括运行混床进口或出口气动门突然关闭或故障）时，开启混床旁路电动门，每少 1 台开启旁路 33.3%。

（11）混床出口树脂捕捉器压差＞0.03MPa 时，树脂捕捉器差压高报警。

（12）当混床出水 DD＞0.1μS/cm 或 SiO_2＞5μg/L 或 Na^+＞1μg/L 时，发混床失效报警，根据实际情况进行混床切换操作。

（五）精处理的再生操作

1. 树脂输送

（1）失效树脂输送至树脂分离塔。失效树脂输送至树脂分离塔步骤见表 5-15。

表 5-15　失效树脂输送至树脂分离塔步骤

步序	步序名称	步序终点	开启阀门/泵/风机	仪表信号	报警信号	备注
		s	名称	设定值	设定值	
1	泄压	60	混床泄压门	＜0.1MPa	0.1MPa	压力降至设定值以下
2	气送树脂	1200	混床树脂输送进气门			进气压力为 0.2～0.3MPa
			混床再循环进气门			
			混床出树脂门			
			混床至再生系统树脂隔离门			
			分离塔进树脂门			
			分离塔正洗排水门			
3	水气输送树脂	800	混床树脂输送进气门			35s 气水交替开
			混床再循环进气门			进气压力为 0.2～0.3MPa
			混床出树脂门			
			混床注水气动总门			
			混床进树脂门			50s 水气交替开启
			混床排气门			
			混床至再生系统树脂隔离门			
			分离塔进树脂门			
			分离塔正洗排水门			
			冲洗水泵			冲洗水流量为 40m³/h

续表

步序	步序名称	步序终点 s	开启阀门/泵/风机 名称	仪表信号 设定值	报警信号 设定值	备注
4	树脂管道冲洗	300	混床排气门			
			混床再循环进气门			
			混床排水总门			
			混床出树脂母管冲洗水门			
			混床至再生系统树脂隔离门			
			分离塔进树脂门			
			分离塔正洗排水门			
			再生系统树脂管冲洗水门			240s 后开启
			冲洗水泵			冲洗水流量为 40m³/h

（2）备用树脂输送至混床。备用树脂输送至混床步骤见表 5-16。

表 5-16　备用树脂输送至混床步骤

步序	步序名称	步序终点 s	开启阀门/泵/风机 名称	仪表信号 设定值	报警信号 设定值	备注
1	气送树脂	1200	阳塔顶压进气门			
			阳塔出树脂门			
			再生系统至混床树脂隔离门			
			混床进树脂门			
			混床再循环进气门			
			混床排水总门			
2	气水输送树脂	120	阳塔顶压进气门			进气压力为 0.2～0.3MPa
			阳塔反洗进水门			
			阳塔出树脂门			
			再生系统至混床树脂隔离门			
			混床进树脂门			
			混床再循环进气门			
			混床排水总门			
			冲洗水泵			冲洗水流量为 40m³/h

续表

步序	步序名称	步序终点	开启阀门/泵/风机	仪表信号	报警信号	备注
		s	名称	设定值	设定值	
3	水气输送树脂	250	阳塔正洗进水门			50s 水气交替开
			阳塔顶压进气门			10s 气水交替开
			阳塔反洗进水门			进气压力为 0.2～0.3MPa
			阳塔出树脂门			
			再生系统至混床树脂隔离门			
			混床进树脂门			
			混床再循环进气门			
			混床排水总门			
			冲洗水泵			冲洗水流量为 40m³/h
4	树脂管道冲洗及混床充水		再生系统树脂管冲洗水门			
			阳塔排气门			
			再生系统至混床树脂隔离门			
			混床进树脂门			
			混床排气门			溢流信号到结束
			混床再循环进气门			
			混床注水气动总门			180s 后开启
			冲洗水泵			冲洗水流量为 40m³/h
5	阳塔充水	1200	阳塔正洗进水门			
			阳塔排气门			
			冲洗水泵			冲洗水流量为 40m³/h
以下步序手动操作（树脂在混床内再次混合）						
6	排水	180	混床排气门			放水至混床窥视孔上部
			混床再循环进气门			
			混床排水总门			
7	树脂混合	180	混床排气门			检查排气管无树脂排出
			混床再循环进气门			
			混床树脂混合进气门			
8	排水	60	混床排气门			使树脂快速沉降
			混床再循环进气门			
			混床排水总门			

续表

步序	步序名称	步序终点	开启阀门/泵/风机	仪表信号	报警信号	备注
		s	名称	设定值	设定值	
9	混床充水		混床排气门			将混床注满水
			混床再循环进气门			
			混床注水气动总门			
			混床进树脂门			
			冲洗水泵			

2. 树脂再生

（1）分离塔树脂清洗及分离。分离塔树脂清洗及分离步骤见表 5-17。

表 5-17　分离塔树脂清洗及分离步骤

序号	名称	步骤开始开启阀门	步骤结束关闭阀门	时间	参数
1	树脂分离塔注水	开启分离塔排气门、大流量正洗进水门，启动再生冲洗水泵	停运再生冲洗水泵并关闭上述阀门	20min	流量为 55m³/h，溢流液位开关动作
2	树脂分离塔排水	开启分离塔顶压进气门、正洗排水门	第 3min 关闭顶压进气门，第 6min 关闭正洗排水门、开启分离塔排气门	8min	压缩空气流量为 200m³/h（标况下）
3	树脂分离塔空气擦洗	开启分离塔反洗排水门、空气擦洗进气门，启动罗茨风机，10s 后关闭罗茨风机空气管排气门	开启罗茨风机空气管排气门，停运罗茨风机并关闭分离塔空气擦洗进气门、反洗排水门、排气门	5min	罗茨风机流量为 360m³/h（标况下）
4	树脂分离塔排水 2	开启分离塔顶压进气门（2min 后关闭）、正洗排水门	关闭分离塔正洗排水门	5min	
5	树脂初步分离 1	开启分离塔反洗排水门、分离塔反洗进水门、反洗调节进水门，启动再生冲洗水泵	—	1min	反洗进水门流量为 4.9m³/h，反洗调节进水门流量为 30m³/h
6	树脂初步分离 2	开启再生系统树脂管冲洗水门、分离塔排气门，分离塔阳树脂输出门，每 5min 开启 3s	关闭再生系统树脂管冲洗水门、分离塔阳树脂输出门	30min	分离塔反洗调节进水门流量为 45～50m³/h，分离塔小反洗流量为 4.9m³/h
7	树脂初步分离 3	—	—	30min	分离塔反洗调节进水门流量为 30～40m³/h，分离塔小反洗流量为 4.9m³/h

序号	名称	步骤开始开启阀门	步骤结束关闭阀门	时间	参数
8	树脂初步分离4	—	关闭分离塔反洗调节进水门	30min	分离塔反洗调节进水门流量为25～30m³/h,分离塔小反洗流量为4.9m³/h
9	树脂初步分离5	—	结束后关闭所有阀门（除分离塔排气门)	30min	分离塔小反洗流量为4.9m³/h
10	树脂静置	—	关闭分离塔排气门	20min	观察分离效果确定是否要重新分离
11	阴树脂送至阴再生塔	开启阴再生塔正洗排水门、分离塔小流量正洗进水门、阴树脂输出门、第5min起开分离塔小流量反洗进水门,启动再生冲洗水泵	关闭分离塔阴树脂输出门、分离塔正洗进水门、小流量反洗进水门、阴再生塔正洗排水门	6min	分离塔正洗进水流量为38～42m³/h、小反洗流量为4.9m³/h
12	树脂二次分离1	开启分离塔反洗排水门、排气门、反洗调节进水门,小流量反洗进水门,再生系统树脂管冲洗水门,分离塔阳树脂输出门每5min开启5s	关闭再生系统树脂管冲洗门	10min	分离塔反洗调节进水门流量为48～55m³/h,小反洗流量为4.9m³/h
13	树脂二次分离2	—	—	10min	分离塔反洗调节进水门流量为30～38m³/h,小反洗流量为4.9m³/h
14	树脂二次分离3	—	—	10min	分离塔反洗调节进水门流量为24～28m³/h,小反洗流量为4.9m³/h
15	树脂二次分离4	—	停运再生冲洗水泵并关闭上述阀门（除分离塔排气门)	10min	分离塔反洗调节进水门流量为15～18m³/h、小反洗流量为4.9m³/h
16	树脂静置	—	关闭分离塔排气门	20min	观察分离效果,如果效果不好则重做一次分离
17	阳树脂送至阳再生塔	开启分离塔阳树脂输出门、正洗进水门、小流量反洗进水门,阳再生塔进树脂门、正洗排水门,启动再生冲洗水泵	关闭分离塔正洗进水门、小流量反洗进水门,阳再生塔进树脂门、正洗排水门	8min,根据光电仪动作来送树脂	分离塔正洗进水流量为45m³/h,小反洗流量为4.9m³/h

序号	名称	步骤开始开启阀门	步骤结束关闭阀门	时间	参数
18	输送树脂管路清洗	开启再生系统树脂管冲洗水门	停运再生冲洗水泵并关闭上述阀门	5min	精处理再生系统树脂管冲洗水流量为60m³/h
19	阴再生塔注水	开启阴再生塔正洗进水门、排气门，启动再生冲洗水泵	关闭阴再生塔正洗进水门、排气门	溢流液位开关动作	阴再生塔正洗进水流量为55m³/h
20	阳再生塔注水	开启阳再生塔正洗进水门、排气门	停运再生冲洗水泵，关闭上述阀门	溢流液位开关动作	阳再生塔正洗进水流量为55m³/h

（2）阴树脂再生。阴树脂再生步骤见表 5-18。

表 5-18　阴树脂再生步骤

序号	名称	步骤开始开启阀门	步骤结束关闭阀门	时间	参数
1	阴再生塔顶压排水1	开启阴再生塔正洗排水门、阴再生塔顶压进气门、第4min起开启阴再生塔排气门	1min后关闭阴再生塔顶压进气门、3min后关闭阴再生塔正洗排水门	5min	阴再生塔顶压进气门进气量为140m³/h（标况下）
2	阴再生塔空气擦洗1	开启阴再生塔空气擦洗进气门，启动罗茨风机，10s后关闭罗茨风机空气管排气门	开启罗茨风机空气管排气门后停运罗茨风机，关闭阴再生塔空气擦洗进气门	5min	阴再生塔空气擦洗进气门进气量为360m³/h（标况下）
3	阴再生塔中部排水1	开启阴再生塔顶压进气门（顶压30s后关闭）、中部排水门	—	1min	顶压进气流量为140m³/h
4	阴再生塔底部排水1	开启阴再生塔正洗排水门	关闭阴再生塔顶压进气门、中部排水门、正洗排水门	1min	—
5	阴再生塔充水1	开启阴再生塔排气门、正洗进水门，启动再生冲洗水泵	关闭阴再生塔正洗进水门、排气门	12min	流量为55m³/h
6	阴再生塔进碱	开启阴再生塔进碱门、正洗排水门、精处理碱计量泵出口门、电热水箱出口三通调节门、碱混合三通进水门，启动碱计量泵	停运碱计量泵、关闭碱计量泵出口门（关闭碱系统其他手动门）	80min	阴再生塔进碱门流量为10～15m³/h，控制碱稀释水水温为43～54℃，调节碱浓度为4%
7	阴再生塔置换	—	关闭阴再生塔进碱门、电热水箱出口三通调节门、碱混合三通进水门	70min	阴再生塔进碱门流量为10～15m³/h

续表

序号	名称	步骤开始开启阀门	步骤结束关闭阀门	时间	参数
8	阴再生塔正洗1	开启阴再生塔正洗进水门和正洗排水取样门	停运再生冲洗水泵并关闭上述阀门	30min	阴再生塔正洗进水流量为50～55m³/h，正洗至出水电导率小于5.0μS/cm
9	阴再生塔顶压排水2	开启阴再生塔正洗排水门、顶压进气门、3min后开启阴再生塔排气门	1min后关闭顶压进气门、3min后关闭阴再生塔正洗排水门	5min	压缩空气流量为140m³/h
10	阴再生塔空气擦洗2	开启阴再生塔排气门、空气擦洗进气门，启动罗茨风机，10s后关闭罗茨风机空气管排气门	开启罗茨风机空气管排气门后停运罗茨风机，关闭阴再生塔空气擦洗进气门	5min	罗茨风机出口流量为360m³/h（标况下）
11	阴再生塔中部排水2	开启阴再生塔顶压进气门（顶压30s后关闭）、中部排水门	—	1min	保持压缩空气流量为140m³/h
12	阴再生塔底部排水2	开启阴再生塔正洗排水门	关闭阴再生塔顶压进气门、中部排水门、正洗排水门	1min	—
13	阴再生塔充水2	开启阴再生塔排气门、正洗进水门、启动再生冲洗水泵	关闭阴再生塔排气门	2min	流量为55m³/h
14	阴再生塔最终清洗	开启阴再生塔正洗排水门、正洗排水取样门	停运再生冲洗水泵，并关闭上述所有阀门	20min	流量为55m³/h，冲洗至阴再生塔出水电导率小于5.0μS/cm

（3）阳树脂再生。阳树脂再生步骤见表5-19。

表5-19 阳树脂再生步骤

序号	名称	步骤开始开启阀门	步骤结束关闭阀门	时间	参数
1	阳再生塔顶压排水1	开启阳再生塔正洗排水门、阳再生塔顶压进气门、第6min起开启阳再生塔排气门	3min后关闭阳再生塔顶压进气门、5min后关闭阳再生塔正洗排水门	8min	阳再生塔顶压进气门进气量为140m³/h（标况下）
2	阳再生塔空气擦洗1	开启阳再生塔空气擦洗进气门，启动罗茨风机，10s后关闭罗茨风机空气管排气门	开启罗茨风机空气管排气门后停运罗茨风机，关闭阳再生塔空气擦洗进气门	5min	阳再生塔空气擦洗进气进气量为360m³/h（标况下）
3	阳再生塔中部排水1	开启阳再生塔顶压进气门（顶压30s后关闭）、中部排水门	—	1min	顶压进气流量为140m³/h

273

序号	名称	步骤开始开启阀门	步骤结束关闭阀门	时间	参数
4	阳再生塔底部排水1	开启阳再生塔正洗排水门	关闭阳再生塔顶压进气门、中部排水门、正洗排水门	1min	—
5	阳再生塔充水1	开启阳再生塔排气门、正洗进水门、启动再生冲洗水泵	关闭阳再生塔正洗进水门、排气门	15min	流量为55m^3/h
6	阳再生塔进碱	开启阳再生塔进酸门、正洗排水门、精处理酸计量泵出口门、酸混合三通进水门，启动酸计量泵	停运酸计量泵、关闭酸计泵出口门（关闭碱系统其他手动门）	100min	阳再生塔进酸门流量为12～15m^3/h，调节碱浓度为5%
7	阳再生塔置换	—	关闭阳再生塔进酸门、酸混合三通进水门	80min	阳再生塔进酸门流量为12～15m^3/h
8	阳再生塔正洗1	开启阳再生塔正洗进水门和正洗排水取样门	停运再生冲洗水泵并关闭上述阀门	40min	阳再生塔正洗进水流量为55～60m^3/h，正洗至出水电导率小于5.0μS/cm
9	阳再生塔顶压排水2	开启阳再生塔正洗排水门、顶压进气门、6min后开启阳再生塔排气门	3min后关闭顶压进气门、5min后关闭阳再生塔正洗排水门	8min	压缩空气流量为140m^3/h
10	阳再生塔空气擦洗2	开启阳再生塔排气门、空气擦洗进气门，启动罗茨风机，10s后关闭罗茨风机空气管排气门	开启罗茨风机空气管排气门后停运罗茨风机，关闭阳再生塔空气擦洗进气门	5min	罗茨风机出口流量为360m^3/h（标况下）
11	阳再生塔中部排水2	开启阳再生塔顶压进气门（顶压30s后关闭）、中部排水门	—	1min	保持压缩空气流量为140m^3/h
12	阳再生塔底部排水2	开启阳再生塔正洗排水	关闭阳再生塔顶压进气门、中部排水门、正洗排水门	1min	—
13	阳再生塔充水2	开启阳再生塔排气门、正洗进水门、启动再生冲洗水泵	关闭阳再生塔排气门	15min	流量为55m^3/h
14	阳再生塔最终清洗	开启阳再生塔正洗排水门、正洗排水取样门	停运再生冲洗水泵，并关闭上述所有阀门	5min	流量为55m^3/h、冲洗至阳再生塔出水电导率小于5.0μS/cm

（4）阴树脂输送至阳再生塔。阴树脂输送至阳再生塔步骤见表5-20。

表 5-20　阴树脂输送至阳再生塔步骤

序号	名称	步骤开始开启阀门	步骤结束关闭阀门	时间	参数
1	气水输送	开启阳再生塔进树脂门、正洗排水门，阴再生塔顶压进气门、反洗进水门、出树脂门	—	6min	阴再生塔顶压进气门进气量为140m³/h，反洗进水流量为15m³/h
2	水气输送	开启阴再生塔正洗进水门	关闭阴再生塔正洗进水门、阴再生塔反洗进水门、阴再生塔出树脂门	3min	控制阴再生塔正洗进水门流量为45m³/h，反洗进水流量为4.9m³/h
3	输送管路冲洗	开启再生系统树脂管冲洗水门	关闭上述所有阀门	5min	流量为 60～65m³/h
4	阴再生塔充水	开启阴再生塔顶部排气门、正洗进水门	停运再生冲洗水泵，关闭上述所有阀门	充水至满停止	—

（5）阳再生塔树脂混合及清洗。阳再生塔树脂混合及清洗步骤见表 5-21。

表 5-21　阳再生塔树脂混合及清洗步骤

序号	名称	步骤开始开启阀门	步骤结束关闭阀门	时间	参数
1	阳再生塔充水	开启阳再生塔反洗进水门、排气门，启动再生冲洗水泵	关闭阳再生塔反洗进水门	3min	—
2	阳再生塔空气混合	开启阳再生塔空气擦洗进气门，启动罗茨风机，10s 后关闭罗茨风机空气管排气门	—	10min	进气量为360m³/h（标况下）
3	阳再生塔空气混合及排水	开启阳再生塔中部排水门	开启罗茨风机空气管排气门，停运罗茨风机。关闭阳再生塔空气擦洗进气门、中部排水门	2min	进气量为360m³/h（标况下）
4	阳再生塔充水 2	开启阳再生塔正洗进水门	关闭阳再生塔排气门	3min	流量为 55m³/h
5	阳再生塔最后清洗	开启阳再生塔正洗排水门、阳再生塔正洗排水取样门	停运再生冲洗水泵，关闭上述所有阀门	30min	正洗流量为55m³/h，出水电导率小于0.2μS/cm

（六）卸药（酸、碱）操作

1. 操作前准备

（1）穿戴好合格的防护用品（防护服、防护面罩、防护手套、防护鞋）。

（2）准备好酸、碱烧伤药品，放置在酸、碱区易于拿到的位置。

（3）检查酸、碱区淋浴器、洗眼器处于良好备用状态。

（4）检查卸药泵电源、电磁阀箱气源已送上，具备启动条件。

2. 操作过程

（1）将运药车出口管与卸药罐进口管正确连接，开启运药车出口门、卸药罐进口手动门，向卸药罐进药。

（2）开启卸药泵进口手动门及出口气动门，开启高位储罐进口手动门，当卸药罐达到指定液位时启动卸药泵，向高位储罐进药。卸药过程中注意检查卸药罐和高位储罐液位，防止出现溢流现象。卸药过程中，若出现漏药现象，应先停止卸药，再采取下一步应急措施。

（3）卸药完毕，停运卸药泵，关闭相关阀门。若在卸药过程中出现高位储罐高液位需要切换高位储罐的情况，应先停运卸药泵，切换阀门后再开始卸药。

（七）泵、罗茨风机的运行操作

1. 泵的运行操作

（1）启动前的检查。

1）泵的本体及周围应清洁无杂物、无污水、无油污等现象。

2）泵和电动机的地脚螺栓及联轴器保护罩完好，电动机接地线良好。

3）油室油位正常，冷却水畅通。

4）开启泵压力表进口门，检查压力表指示正常。

5）各水箱液位正常，出口门开启。

6）泵出口门关闭，进口门开启。

（2）泵的启动。

1）将泵的电源送上，启动泵。

2）检查泵运行正常，开启泵出口门，泵的流量表、压力表指示均在规定范围内。

3）泵壳和轴承应无异声，轴承温度最高不超过75℃。

4）变化流量时，应注意泵压力和流量变化应符合规定，防止电动机超负荷损坏。

5）切换水泵，切换前应先启动备用泵，等备用泵投运正常后，再停泵。

（3）泵的停运。

1）关闭泵的出口门，停运行泵。

2）泵停运检修时，应关闭进、出口门，并隔绝电源按规定挂警示牌。

2. 罗茨风机运行操作

（1）启动前的检查。

1）检查油箱油位应在油位计1/2左右。

2）压力表、电流表保持完好，指针指示正常。

3）风机吸入口网罩完好，周围无杂物。

4）转动联轴器无卡涩现象。

（2）风机的启动。开罗茨风机排空门，启动罗茨风机，转动方向正确，运行正常无杂声，投入运行。

（3）风机的停运。开罗茨风机排空门，关闭设备用气门，停运罗茨风机。

四、工业废水处理运行操作

1. 启动前检查

检查废水系统各泵及风机电源已送上并处于备用状态，各药箱药液充足；酸、碱量充足。

2. 机组排水槽来非经常性废水处理步骤

（1）开启1个废水储存池进水门，启动机组排水泵。

（2）当1个废水储存池达到高液位时打开第2个废水储存池进水门，关闭第1个废水储存池进水门，当第2个废水储存池达到高液位时开启第3个废水储存池进水门，关闭第2个废水储存池进水门，依次类推。

（3）当3个废水池达到高液位时，启动2台罗茨风机；2个废水池达到高液位时，启动1台罗茨风机，进行曝气，同时开启次氯酸钠加药门，启动次氯酸钠加药泵，进行加药。开启加碱计量泵和对应的进碱门，当pH值达到高值时，停止加碱，继续曝气。

（4）开启1个废水储存池出水门，启动废水输送泵。废水依次经过pH调整槽、混合槽、反应槽、斜板澄清池、无阀滤池、最终中和池等。pH调整槽和最终中和池根据其在线pH表监测值，酸碱系统可自动加药调整。

（5）当1个废水储存池处理完后，依次处理其他废水储存池废水。

3. 机组排水槽和锅炉补给水处理系统来经常性废水处理步骤

（1）当机组排水槽或锅炉补给水系统废水池来废水时开启1个废水储存池进水门，当1个废水储存池高液位时开启第2个废水储存池进水门，关闭第1个废水储存池进水门。

（2）开启1个废水储存池出水门，启动废水输送泵。开启废水输送管旁路门，废水输送至最终中和池。

（3）根据最终中和池在线pH表的监测值，酸碱系统可自动加药调整。

（4）水质合格后，可启动最终中和池废水泵，送往用户。

4. 煤场和汽轮机房来排水处理步骤

（1）当煤场和汽轮机房来水时，开启1个废水储存池进水门。当废水储存池达到高液位时，开启第2个废水池进水门，关闭第1个废水储存池进水门。

（2）开启第1个废水储存池出水门，启动废水输送泵。开启pH调整槽进水门、无阀滤池进水门。

（3）废水依次经过pH调整槽、混合槽、反应槽、斜板澄清池、无阀滤池、最终中和池等。

（4）pH 调整槽和最终中和池根据其在线 pH 表监测值，酸碱系统可自动加药调整。

5. 加药系统运行步骤

（1）当 pH 调整槽或脱水机进水流量计有读数时，启动加混凝剂和脱水剂装置的计量泵进行加药。

（2）当流量计无读数时，各加药计量泵停运。

（3）加药时，酸、碱、混凝剂、脱水剂计量箱液位达高液位时启动搅拌机，达低液位时停运搅拌机。

6. 工业废水排泥处理步骤

（1）斜板澄清池泥渣监测界面仪读数达到规定值时，启动刮泥机，开启斜板澄清池排泥门、冲洗进水门，反冲洗。

（2）关闭冲洗进水门，开启排泥泵进口门，启动排泥泵，向浓缩池排泥。

（3）开启冲洗进水门，关闭斜板澄清池出泥门，正洗。

（4）当浓缩池搅拌机的扭矩或运行时间到达规定值时，启动脱水机，开启浓缩池出泥门、冲洗水门，反洗。

（5）关闭冲洗水门，开启脱水剂加药门，启动脱水剂加药泵，开启泥渣输送泵进口门，启动泥渣输送泵，开启脱水机进口门，脱水机运行。

（6）泥渣输送泵运行达到设定时间前开浓缩池冲洗水门，关闭浓缩池出泥门，冲洗后停运泥渣输送泵，关闭脱水机污泥进口门，停运脱水机，开启脱水机冲洗门，冲洗规定时间后关闭。

7. 加酸、碱运行步骤

（1）当 pH 调整槽或最终中和池进水 pH 表达到高值时，加酸装置计量泵启动，加药量由进水流量和进水 pH 值来确定。加药量为：

$$q = K \times Q \times 10^3 \times [10^{(pH-14)} - 10^{-7}] \times g/\rho \times v \times 10^3 \qquad (5\text{-}1)$$

式中　q——酸加药量，L/h；

　　　Q——废水流量，t/h；

　　　ρ——酸密度，g/cm³；

　　　v——酸浓度；

　　　g——酸摩尔质量；

　　　K——实际加药量与理论加药量的比值，现场根据加药后的 pH 值来调整。

（2）当 pH 调整槽或最终中和池进水 pH 表达到低值时，加碱装置计量泵启动，加药量由进水流量和进水 pH 值来确定。加药量为：

$$q = K \times Q \times 10^3 \times (10^{-pH} - 10^{-7}) \times g/\rho \times v \times 10^3 \qquad (5\text{-}2)$$

式中　q——碱加药量，L/h；

　　　Q——废水流量，t/h；

ρ——碱密度，g/cm³；

υ——碱浓度；

g——碱摩尔质量；

K——实际加药量与理论加药量的比值，现场根据加药后的 pH 值来调整。

8. 废水处理药液配制

（1）混凝剂：按混凝剂：水＝1∶4（体积比）配制，浓度为 2%。

（2）脱水剂。

1）用于处理煤场废水：按脱水剂计量箱每 2m³ 水加 1kg 药配制，浓度为 0.5%。

2）用于脱水机：按脱水剂计量箱每 2m³ 水加 4kg 药配制，浓度为 2%。

五、脱硫废水处理运行操作

1. 启动前检查

检查加药计量箱药液充足。所有抽取泵、搅拌机、刮泥机、计量泵处于备用状态。

2. 系统空池启动

（1）当缓冲箱液位没过缓冲箱搅拌机时启动缓冲箱搅拌机，当缓冲箱液位到达设定液位时启动废水泵向中和箱输送废水。

（2）当中和箱液位没过中和箱搅拌机时启动中和箱搅拌机，液位没过 pH 计探头时启动石灰计量泵向中和箱加石灰，调节 pH 值在要求范围内。

（3）当沉降箱液位没过沉降箱搅拌机时启动沉降箱搅拌机，并启动有机硫化物计量泵向沉降箱加药。

（4）当絮凝箱液位没过絮凝箱搅拌机时启动絮凝箱搅拌机，并启动硫酸氯铁计量泵和助凝剂计量泵向絮凝箱加药。

（5）开启澄清池进水门向澄清池进水，澄清池达到溢流液位后溢流进入出水箱；澄清池保持连续排泥。

（6）启动盐酸计量泵向出水箱加盐酸，调节 pH 值为 6～9，启动出水泵进行清水排放或回水至中和箱。

（7）当污泥箱达到高液位时，启动脱水机，脱水机运行信号返回时启动污泥箱污泥泵，根据实际情况调节流量，污泥箱到达低液位时停止污泥脱水。

3. 系统投运

（1）开启澄清池进口门，启动废水滤液泵。

（2）同时开启 1、2 号石灰计量箱出口门，启动石灰计量泵。

（3）启动有机硫计量泵、硫酸氯铁计量泵、助凝剂计量泵。

（4）脱硫废水来水，系统启动完毕。

4. 系统停运

（1）停止脱硫废水来水，关闭澄清池进口门。

（2）废水滤液泵、各加药泵同时停运后，关闭相应阀门。

（3）停运石灰计量泵前，需对管道进行冲洗。

（4）系统停运后各池搅拌机和刮泥机必须运行，如需停运需将相应池体排空。

六、脱硫废水零排放处理运行操作

（一）低温三效闪蒸结晶系统启动步骤

1. 系统注水

（1）一效、二效、三效分离器注工艺水至液位不小于 1.0m。

（2）蒸汽冷凝水罐注工艺水至液位不小于 0.8m。

（3）尾气冷凝罐注工艺水至液位不小于 1.0m。

（4）原水池注脱硫废水至液位不小于 2.0m。

（5）启动原水池空气搅拌装置的曝气罗茨鼓风机，并投入联锁模式。

2. 启动强制循环泵

（1）启动一效强制循环泵

1）开启一效强制循环泵进、出口阀门。

2）开启一效强制循环泵机封冷却水进、出水阀门。

3）启动一效强制循环泵。

（2）启动二效强制循环泵

1）开启二效强制循环泵进、出口阀门。

2）开启二效强制循环泵机封冷却水进、出水阀门。

3）启动二效强制循环泵。

（3）启动三效强制循环泵

1）开启三效强制循环泵进、出口阀门。

2）开启三效强制循环泵机封冷却水进、出水阀门。

3）启动三效强制循环泵。

3. 启动蒸汽冷凝水泵

（1）开启蒸汽冷凝水泵进口阀门。

（2）开启蒸汽冷凝水泵出口阀门。

（3）开启蒸汽冷凝水泵回流阀门。

（4）启动蒸汽冷凝水泵。

（5）将蒸汽冷凝水罐液位计投入联锁模式。

4. 启动凝结水泵 A（或 B）

（1）开启凝结水泵进口阀门。

（2）开启凝结水泵出口阀门。

（3）开启凝结水泵出口回流阀门。

（4）启动凝结水泵。

（5）凝结水泵出口电动调节门投入自动模式，尾气冷凝罐液位计投联锁模式。

5. 启动循环冷却水泵

（1）开启循环冷却水泵进口阀门。

（2）开启循环冷却水泵出口阀门。

（3）启动循环冷却水泵。

注：循环冷却水泵启动后，应注意观察循环冷却水泵的运行电流，如电流过大可适当关小循环冷却水泵出口阀门，降低运行电流，确保设备稳定运行。

6. 启动尾气真空泵

（1）开启尾气冷凝器至尾气冷凝罐阀门（常开）。

（2）开启二效加热器凝结水出水管道阀门（常开）。

（3）开启三效加热器凝结水出水管道阀门（常开）。

（4）开启尾气真空泵冷却进水、回水阀门。

（5）完全开启尾气真空泵入口手动平衡阀和电动平衡阀。

（6）上位机界面设置尾气真空泵入口为 15kPa（绝对压力）。

（7）启动尾气真空泵。

（8）关闭一效、二效、三效分离器顶部排气阀（常闭）。

（9）手动调节尾气真空泵入口电动平衡阀，每次调节开度为 3%～5%，逐步调节尾气真空度至 20～25kPa（绝对压力）。

7. 启动废水给料泵

（1）开启废水给料泵 A（或 B）进口阀门。

（2）开启废水给料泵 A（或 B）出口阀门。

（3）开启废水给料泵出口回流阀门，开度调至 50%。

（4）启动废水给料泵 A（或 B）。

（5）一效分离器废水入口电动阀投入联锁模式。

8. 启动出料系统

待三效分离器出口密度值达到 1380kg/m³（推荐值为 1350～1400kg/m³），则需要启动出料系统。

（1）开启出料泵的出口控制门。

（2）开启出料泵进口的冲洗电动阀门，冲洗 1.0min。

（3）开启出料泵入口控制门。

（4）启动出料泵。

（5）当三效分离器液体密度降到 1250kg/m³ 时，停运出料泵，开启冲洗水控制阀门，关闭出料泵入口控制门，冲洗 1～2min 后，关闭冲洗阀门。

（二）低温三效闪蒸结晶系统停运步骤

（1）停运蒸汽减温减压装置（关闭蒸汽减压电动调节减压阀和减温水

电动调节阀）。

（2）待一效、二效、三效分离器温度稳定（一效分离器液相温度较运行状态下降大于5℃），停尾气真空泵。

（3）停运循环冷却水泵。

（4）停运凝结水泵和蒸汽冷凝水泵。

（5）停运废水给料泵，关闭一效分离器给料阀门联锁。

（6）启动出料泵，降低一效、二效、三效分离器内液位。

（7）待一效、二效、三效分离器内液位降至0.4m以下，停运一效、二效、三效强制循环泵。

（8）待出料泵出口无浆液排放时，停运出料泵，并冲洗出料泵及其进出口管道。

（9）排空分离器内浆液，并冲洗。

1）关闭一效、二效、三效强制循环泵出口排放门。

2）开启一效、二效、三效分离器除雾器冲洗阀门。

3）冲洗5～10min。

4）关闭一效、二效、三效分离器除雾器冲洗阀门。

5）开启一效、二效、三效强制循环泵出口排放门。

（10）强制循环泵冲洗。

1）关闭一效、二效、三效强制循环泵出口排放门。

2）开启一效、二效、三效强制循环泵进口管道冲洗阀门。

3）冲洗5min。

4）关闭一效、二效、三效强制循环泵进口管道冲洗阀门。

5）开启一效、二效、三效强制循环泵出口排放门。

（11）分离器、加热器及强制循环泵充水浸泡。

1）关闭一效、二效、三效强制循环泵出口排放门。

2）开启一效、二效、三效分离器除雾器冲洗阀门。

3）一效、二效、三效分离器液位至1.0m。

4）关闭一效、二效、三效分离器除雾器冲洗阀门。

（12）关闭工艺水管道总阀门。

（三）低温三效闪蒸结晶系统运行调整及注意事项

1. 废水处理能力

废水处理能力取决于尾气真空泵的真空度和一效加热器生蒸汽的进蒸汽量，通过调节真空泵入口的电动平衡调节阀，可精准调节尾气真空度。通过调节一效加热器生蒸汽进口管道上的电动调节阀的开度，可以调节进蒸汽量，从而调节废水蒸发量。

在正常运行范围内，尾气真空度越大（压力越低），分离器蒸发速率越大，废水处理能力也相应增大；一效加热器生蒸汽进口管道上的电动调节阀的开度越大，进生蒸汽的量就越大，废水蒸发量就越大，从而废水处理能力也相应增大。

2. 分离器液位

系统运行过程中，主要通过一效分离器的进料阀的开关来控制一效分离器的液位，一效分离器液位决定了二效分离器和三效分离器的运行液位，正常情况下一效分离器的液位控制在 0.8～2.0m，三效分离器液位控制在 2.0m 以下。

3. 强制循环泵

一效、二效、三效强制循环泵启泵前，应确认机封冷却水的进水及回水阀门已开启；每次停运循环泵后，应及时排放浆液，并冲洗干净后充水浸泡。

4. 尾气真空泵

尾气真空泵的真空度正常运行值应小于 30kPa（绝对压力）。启动尾气真空泵时，应先开启一台凝结水泵。对应停运状态的凝结水泵，应关闭其进、出口阀门，以防止影响真空度。

（四）低温三效闪蒸结晶重要参数监控

（1）三效分离器液位（0.8～2.0m）。

（2）三效分离器浆液密度（1250～1380kg/m³）。

（3）尾气真空泵真空度（15～25kPa）。

（4）关注各点液位，以及液位变化的趋势是否合理。

（5）关注废水进料，如原水池液位难以维持在 2.0m 以上，应及时降低系统出力，或给一效分离器补充工艺水，严防设备"干烧"。

（6）关注三效密度的变化趋势是否合理。

（7）关注各设备运行状态，如有设备跳闸，应及时开启备用设备。

（五）低温三效闪蒸结晶常见运行问题及应对措施

1. 三效分离器液位过高（正常运行区间：0.8～2.0m）

原因：机组负荷大幅度增长，导致系统热量过大，系统平衡破坏。

危害：影响凝结水的水质，导致回用水电导率过高，严重时造成三效分离器溢流。

应对措施：

（1）减少热源。

（2）降低一效分离器液位波动区间（1.0～1.3mm）。

（3）提高尾气真空度（10～15kPa）。

预防措施：三效分离器液位设置高液位报警。

2. 分离器液位失真

原因：浆液浓度过高，堵塞液位计进水口；液位计浮球结垢卡死。

危害：二效、三效液位失真影响对系统运行情况的判断；一效液位失真，造成加热器"干烧"或分离器溢流。

应对措施：及时手动控制系统进料；现场冲洗、修复液位计。

预防措施：

（1）监盘时关注分离器液位，液位长时间不变化时，说明液位计已堵塞。

（2）设置液位计定时自动冲洗。

3. 一效分离器无进料

原因：原水池液位过低；废水给料泵已停运；进料阀门故障；液位计失真。

危害：造成加热器"干烧"。

应对措施：

（1）及时开启一效分离器除雾器冲洗水，手动控制系统进料。

（2）停供蒸汽热源。

（3）及时修复故障点，恢复系统正常进料。

预防措施：

（1）监盘时特别关注一效分离器液位，液位长时间不变或持续降低时，应及时分析处理。

（2）关注原水池液位，液位过低时，及时补充废水，或降低系统出力。

4. 凝结水电导率过高（正常值：$<800\mu S/cm$）

原因：分离器液位过高；雾沫夹带量增大；浆液浓度过高；分离器溢流；仪表测量偏差。

危害：凝结水品质过低，氯离子含量过高，无法回用。

应对措施：

降低分离器液位；将不合格凝结水排回至原水池；冲洗除雾器。

预防措施：

（1）监盘时关注分离器液位和三效分离器浆液密度，及时控制。

（2）设置联锁，电导率过高时，自动切换凝结水至原水池。

（3）监盘时关注凝结水电导率变化趋势，长时间持续增加或大幅度跳变时，应及时分析处理。

（4）定期取样分析，校准在线电导率仪。

5. 尾气冷凝罐液位过高或过低（正常值：0.6～1.0mm）

原因：凝结水泵出口调节阀故障；凝结水泵故障；水泵机封或管道漏气；凝结水产水量过大。

危害：分离器压力失衡；尾气真空度失控；尾气真空泵进水；凝结水泵"气缚"。

应对措施：

（1）手动控制调节阀门开度，至液位恢复正常值。

（2）查找故障点，及时处理；如故障短时间无法处理，则应停供蒸汽热源。

（3）降低系统出力，减少凝结水产量。

（4）适当关小凝结水泵回流阀；减小回流量，提高凝结水泵排出量。

预防措施：

（1）设置尾气冷凝罐高低液位报警。

（2）监盘时关注尾气冷凝罐液位变化趋势，如长时间不正常波动，则应及时分析处理。

6. 尾气真空度过低（正常值：15～30kPa）

原因：尾气冷凝器冷却不充分；尾气真空泵运行温度过高；汽水分离器液位过低。

危害：分离器真空度降低，系统出力降低；汽水分离器运行温度过高，破坏系统平衡。

应对措施：

（1）检查冷却水系统是否有异常，如有异常，及时修复。

（2）开启尾气冷凝罐工艺水进水手阀，降低尾气冷凝罐温度。

（3）停止系统热源的供应。

预防措施：巡检时关注尾气真空泵的汽水分离器液位和尾气真空泵运行温度，如有异常，及时处理。

7. 地坑液位失真

原因：进液温度过高，地坑水汽导致液位失真。

危害：真实液位过高，导致地沟溢流；真实液位过低，地坑泵空转。

应对措施：及时手动启动或停运地坑泵。

预防措施：巡检时注意查看地坑、地沟液位；监视液位趋势变化是否合理。

8. 三效分离器密度值失真

原因：测量接口管道堵塞；仪表故障。

危害：系统出料不及时，密度过高，堵塞、磨损设备。

应对措施：冲洗密度计；查验仪表。

预防措施：监盘时关注密度变化是否合理。

（六）高温烟气旁路雾化干燥塔启动操作步骤

（1）开启高温旁路烟气干燥塔出口电动挡板门，使干燥塔处于负压状态。

（2）开启高温旁路烟气干燥塔入口电动调节门至5%。（注：若先开启插拔门，蒸发器没有处于连通状态，烟灰易聚集在调节门前，将导致调节门调节卡涩，另外，开度不宜过大，否则将导致干燥塔升温过快，热膨胀厉害，发生形变）

（3）开启高温旁路烟气干燥塔入口电动插板门，使干燥塔处于连通状态。

（4）开启高温旁路烟气干燥塔一次风手动插板门。

说明：待各阀门开到位后，观察各温度计温度变化值，温度稳定时，缓慢调节干燥塔入口电动烟气调节门开度，每次调节5％开度，调节后待温度稳定，再次观察烟气温度，直到干燥塔入口温度达到300℃，出口温度达到220℃。

投水前说明：待入口温度达到300℃，干燥塔出口烟气温度稳定在220℃，运行人员到现场观察喷枪流量是否均衡，先将压缩空气压力控制在0.40MPa，然后投入雾化水流量至0.3m³/h，逐步提升水量，（注：空气压力和水压无法满足，则通过压缩空气减压阀调节，来控制气压，气压需比水压高0.02～0.04MPa）待稳定后逐步缓慢调节雾化水量至1.0m³/h。

（5）开启高温旁路烟气干燥塔喷枪入口压缩空气母管电动阀，调节空气压力稳定在0.50MPa。

（6）开启高温旁路烟气干燥塔喷枪入口脱硫废水母管电动调节阀至20％开度。

（7）开启高温旁路烟气干燥塔喷枪入口脱硫废水母管电动阀。

说明：观察干燥塔出口烟气温度，若温度在200～220℃之间，说明烟气流量及雾化水量相匹配；若温度大于250℃，则需降低干燥塔入口电动烟气调节门开度，直至蒸发器出口烟气温度在200～220℃之间；若干燥塔出口烟气温度小于200℃，则需增加干燥塔入口电动烟气调节门开度，直至干燥塔出口烟气温度在200～220℃之间。

（8）观察干燥塔各点位，是否有异常情况，人员正常监控，主要观察干燥塔烟气温度、雾化水量、水压、气压。

（9）运行24h后，抽出干燥塔底部测试杆，观察积灰情况，若有积灰或水迹则运行不正常，需检查干燥塔运行时雾化水量与出口温度是否匹配、气水压力是否匹配、喷枪喷头是否堵塞。

（七）高温烟气旁路雾化干燥塔停运操作步骤

（1）按照正常顺序停喷雾水泵。停泵后，再开启冲洗水阀冲洗30min，将喷雾水泵至干燥塔的输送管道中的浓盐水全部置换成工艺水，再关闭高温旁路烟气干燥塔喷枪入口脱硫废水母管电动阀。

（2）关闭高温旁路烟气干燥塔喷枪入口脱硫废水母管电动调节阀至0％，调节阀关闭后延时500s。

（3）关闭高温旁路烟气干燥塔喷枪入口压缩空气母管电动阀。

（4）关闭高温旁路烟气干燥塔入口A侧、B侧开关型电动挡板门。

（5）关闭高温旁路烟气干燥塔入口调节型电动挡板门至0％，调节门关闭后延时600s。

（6）关闭高温旁路烟气干燥塔一次风电动插板门。

（7）关闭高温旁路烟气干燥塔出口A侧、B侧开关型电动挡板门。

（八）高温烟气旁路雾化干燥塔事故状态停运操作步骤

当出现以下状态时，执行事故状态操作：

（1）干燥塔进口温度突降。

（2）干燥塔出口温度突降为 160℃以下。

这种情况下，立即关闭干燥塔废水入口电动阀，进行顺停操作（不进行冲洗）。

（九）高温烟气旁路雾化干燥塔运行要点

（1）在废水干燥时，要认真遵守工作程序和操作规范要求，保证干燥塔系统正常运转。

（2）设备出现故障需进行检修，检修时不得带电工作，干燥塔内壁检修温度须小于 50℃。维护操作时要注意保护系统管路及元器件的完整。

（3）操作人员在启闭电器开关时，应按操作规程进行。

（4）手动运行时，负荷下降时及时减小喷入干燥塔的浓水量，根据负荷情况调整雾化水量。

（5）调试期间每班检查干燥塔喷枪最少两次，发现有块状积灰或湿灰，应立即停止喷入浓水，并查明原因。

（6）干燥塔启停时，必须检查干燥塔喷枪是否有堵塞。

（7）雾化压缩空气和干燥塔浓水母管压力需不小于 0.5MPa。

（8）干燥塔入口温度不得低于 300℃，出口烟气温度控制在 200～220℃之间。

（9）每日检查干燥塔输灰装置是否正常运行（如有）。

（10）每日做好巡检记录及运行记录（水压、气压）并存档。

（11）喷枪雾化应在各烟气阀门开启后，且干燥塔入口烟气温度大于300℃、出口烟气温度达到 220℃稳定时，才能开始雾化。

（12）喷枪雾化时应先通压缩空气后通水，关闭时应先关水后关压缩空气。

（13）停机时应先关闭干燥塔程停程序后再关闭高温烟气程停程序。

（14）水质要求：浊度≤30NTU 对应 SS＜100，pH 值在 6～9 之间。

（15）冬季停运切记做好防冻。

第五节　公用系统操作规程相关要求

一、水汽系统运行操作

（一）水汽集中取样分析装置运行操作

1. 水汽集中取样分析装置投运步骤

（1）在输入样品水前，应对一次门与取样装置间的管路进行压力试验。

（2）检查接通取样装置的电源。

（3）在启动取样装置前，所有的阀门应在关闭状态（不包括背压阀、安全阀）。

（4）开启冷却器、恒温装置冷却水进口门和出口门，确认冷却器冷却水总量不低，恒温装置冷却水量不低。

（5）开启高温高压取样架样品入口门，开启排污门，冲洗取样点与取样装置之间的污物。逐个样点依次排污，高温高压样点每次排污时间不宜超过 1min，排污间隔不宜少于 5min，排污完成后应将排污门完全关闭。

（6）开启低温仪表盘样品入口门和人工取样门，缓慢地开启高温高压架样品隔离门并仔细观察温度计，同时缓慢地调节减压阀，调整减压阀出口样品压力，使样品流量满足仪表测量和人工取样的需要。

（7）开启仪表阀、调节流量计调节阀，为了减小冷却装置和冷却器的负荷及降低冷却器内发生沸腾的可能性，应保证低样品流量。

（8）调节人工取样阀（包括背压阀）直至人工取样流量至最大值。

（9）使用恒温装置将样品水温度控制在（25±1）℃范围内，在投运分析仪表前应将其启动并投入运行。

2. 水汽集中取样分析装置停运步骤

（1）停止全部仪表运行并切断电源。

（2）停止恒温装置运行并切断电源。

（3）关闭样品入口门。

（4）关闭冷却器冷却水进、出口门。

（5）如果停运时间超过 30 天，应根据仪表操作运行维护手册的要求对仪表电极进行处理（排出电极管路中的样水或对电极保湿）。预冷器、冷却器和恒温水箱中的水也应排放。

（6）一部分电极需要清洗，另一部分电极需要储存。储藏室温度应不低于 0℃。

3. 注意事项

（1）在引入样品水前，请确认已有足够的冷却水通入冷却器。当冷却水中断时，必须关闭样品入口门。当出现高温高压部件损坏时，必须关闭一次门。

（2）在投运恒温装置前，确认冷却水已接通。

（3）在切断冷却水前，关闭样品入口门。

（4）在未调节好减压阀前，不要开启仪表阀，以免损坏仪表。

（5）当出现样品水流量太小或因样品管路系统泄漏造成样品流失时应立即停止设备运行。

（6）当出现样品水流量异常变化时，应立即停止设备运行。

（二）水汽系统的化学监督

1. 机炉的化学监督

（1）机炉启动时的化学监督。

1）凝汽器进水至正常水位，开始排放式冲洗。

2）凝汽器循环式冲洗，直至凝结水 YD 合格。

3）监测内冷水箱水质合格可投用定子冷却水系统。

4）监测除氧器水 YD 合格，热力除氧开始。

5）监测除氧水至合格，可启动给水泵上水，同时投入给水加氨系统，维持水质。

6）锅炉换水，锅水澄清后可以点火，随后根据水汽品质向锅水中氢氧化钠调整连排开度，加强定排。

7）锅炉压力升高后，根据压力与含硅量关系进行洗硅。

8）分析蒸汽品质合格后可以进行汽轮机冲转，同时加强锅水处理，在并网4～8h内达到正常标准。

9）若监测凝结水 YD、Fe、O_2、SiO_2 合格，则可回收凝结水，至此启动结束，转入运行监督。

（2）机组运行阶段的化学监督。

1）按规定对汽水品质进行定期监督，不合格时加强分析次数，查明原因并及时处理。

2）根据水汽品质的监督情况及时调整药品的加入量，可通过调整泵行程或配药浓度来调整加药量。

3）为了保证蒸汽的品质，据锅水水质调整连排开度，并定期开启定排一次，控制锅水含硅量和排污率。

4）为了保证取样的正确性，应定期逐个全开取样架排污门，冲洗取样架管道。

5）对取样装置、监督仪表、加药及排污装置存在的缺陷，应及时联系有关人员处理。

（3）机炉检修和停运阶段的化学监督与保护。机炉停运后，化学值班人员应及时停运所有水汽化学监督仪表，热力设备停用或备用时，必须做好停用和备用保护工作，并定期进行检查监督，给水泵停运后，才能停止对给水系统的监督、加药。长期停运应放空各取样、加药管道。

（4）发电机冷却水的化学监督。

1）启动前的水质监督。初次启动前，对冷却水箱进行冲洗，取样、分析水箱水质，外状无色透明，水质合格后，转入循环冲洗，并加强监督。

2）运行中的化学监督。运行中应按规定监测内冷水水质，控制在合适范围内，当监督项目超标时，应进行换水，换水期间，每小时取样一次，直至水质合格。

2.机组冷、热态启动监督标准

（1）如果机组停运小于7天（采用热炉放水烘干）、热力系统主管道无检修，主系统处于密闭状态，机组冷态启动上水按以下要求进行化学监督：

1）凝汽器上水冲洗，应开启补水管加药阀门加入氨，维持 pH 值（比正常凝结水加药量大一些）。监督凝结水硬度、出水澄清透明，合格后向除氧器和锅炉上水，如果用凝结水泵上水，应向凝结水（精处理出口）系统加入氨；如果单独用凝结水补充水泵补水，应开启补水管加药阀门加入氨，维持 pH 值（比正常凝结水加药量大一些）。

2）由于系统密闭，无检修，系统比较干净，不需要系统进行冲洗，如有条件可联系化验班进行化验跟踪。（原因：如果有微量杂质，点火启动期间锅水还需要连续或定期排污洗硅一起去除。）

（2）如果机组停运大于 7 天（采用热炉放水烘干）或大、小修，热力系统主管道有检修，机组冷态启动时的化学监督如下：

1）进行凝汽器上水冲洗，应加入联胺和氨，化验监督凝结水硬度，出水澄清透明，合格后向除氧器上水，冲洗除氧器。

2）如果用凝结水泵上水，应向凝结水（精处理出口）系统加入联胺和氨，如果用凝结水补充水泵补水，应加入联胺和氨，维持 pH 值在要求范围内（比正常凝结水加药量大一些）。

3）化验除氧器排水硬度、出水澄清透明，合格后向锅炉上水。

4）对锅炉进行上水冲洗，取样检查出水澄清透明，冷态冲洗结束。

（3）如果机组停运小于 7 天（采用热炉放水烘干），热力系统主管道无检修，系统处于密闭状态，机组点火热态冲洗时的化学监督如下：

1）冷态冲洗上水结束后，锅炉投底部加热点火，蒸汽循环进入凝汽器，化验凝结水，如果水质不合格，进行热态冲洗凝汽器；如果水质合格，需要凝汽器持续向除氧器和锅炉上水，并及时投运凝结水精处理系统，尽快改善给水品质。

2）如果用凝结水泵上水，应向精处理出口和除氧器下降管加入联胺和氨，注意给水汽泵前置泵和汽泵切换运行时加药门开关要一致对应并及时切换，精处理出口 pH 值和给水 pH 值维持在要求范围内。

（4）如果机组停运大于 7 天（采用热炉放水烘干）或大小修，热力系统主管道有检修，机组点火热态冲洗按下列要求进行化学监督：

1）冷态冲洗结束后，锅炉投底部加热点火、蒸汽循环进入凝汽器，进行热态冲洗凝汽器，如果凝结水水质合格，需要凝汽器持续向除氧器和锅炉上水，应争取凝结水精处理系统的投运，尽快改善给水品质。

2）除氧器通汽加温（除氧），进行除氧器至锅炉段的热态冲洗，热态冲洗水温度一般应达到饱和温度。水质合格后向锅炉上水，启动循环泵循环冲洗，热态冲洗至锅水合格，全部冲洗过程结束。

3）高压加热器、低压加热器疏水系统应进行冲洗，化验疏水水质合格后，方可回收。

4）如果用凝结水泵上水，应向精处理出口和除氧器下降管加入联胺和氨，注意给前置泵和汽泵切换运行时，加药门开关要一致对应并及时切换，精处理出口 pH 值和给水 pH 值维持在要求范围内。

（5）用凝结水补充水管向锅炉（省煤器）、除氧器和凝汽器上水时，如果向凝补水管加氨，应严禁向定子冷却水箱补水，以防定子冷却水电导率过大。

（6）应尽早、及时、准确地对水汽品质进行质量监督，并适时进行水质校正处理，用氢氧化钠调整锅水 pH 值，严防锅炉在锅水低 pH 值状况下运行。当锅水二氧化硅偏大时，应开大连排开度，并定期排污。当负荷达到运行要求时，控制连排流量。

（7）应坚持"给水品质不合格不向锅炉上水，锅水品质不合格不点火、升压，蒸汽品质不合格不冲转，凝结水、疏水不合格不（全部）回收"的原则，切实做好机组启动期间的水汽监督工作。

（8）机组冷态启动期间，应填写《机组冷态启动水汽监督报表》及《机组冷态启动工况表》。

（9）及时投入凝汽器检漏装置，冲洗集中取样系统管路，分别投入水汽在线分析仪表及自动加药装置，机组并网后 8h 起水汽品质纳入合格率统计范围。

（10）对凝结水、给水、锅水系统进行加药处理时，应本着及时性、均匀性、少量性的原则将药液加入，不宜采用瞬间的、大剂量的加药方式（异常情况及特殊条件除外）。

（三）凝汽器检漏取样分析装置

1. 系统投运操作步骤

（1）关闭仪表门，开启吸水管一次门、回流管一次门、回流管二次门、人工取样门。

（2）接通检漏柜电源，旋转电磁阀切换开关至全通位置，启动凝结水取样泵进入初始循环运行。

（3）关闭回流管一次门、二次门，人工取样门有水样流出，如果流量偏小，向上调节凝结水取样泵示数筒增大流量。

（4）开启电导率仪仪表门，调节水样流量。

（5）开启钠离子分析仪仪表门，调节水样流量。

（6）选定运行方式

注意：如果设备短暂停机后投运可不进行初始循环，开启吸水管一次门、人工取样门，启泵后直接投运仪表。

2. 系统停运操作步骤

（1）切断各仪表电源，停凝结水取样泵，关闭吸水管一次门。

（2）旋转电磁阀切换开关至全关位置。

（3）切断检漏柜电源。

（四）热力系统的化学处理

1. 给水加氨处理

给水加氨处理的目的是中和水中游离 CO_2，提高给水 pH 值，防止给水对热力系统腐蚀。氨的加药点设在除氧器下降管。

2. 氨溶液的配制操作步骤

（1）配制前的检查：除盐水来水正常；氨气量充足；自动配氨装置电

源供电正常。

（2）氨溶液的配制操作步骤如下：

1）开启氨气至自动配氨装置阀门、除盐水至自动配氨装置阀门，开启自动配氨内供氨阀门、供水阀门。检测加药箱液位是否低水位，否则先进行补水至正常水位，再打启氨气控制门。

2）观察加药箱氨水的电导率、浓度、液位是否正常，如有异常，关闭相应阀门。

3. 锅水加氢氧化钠处理

在溶液中保持适量的 OH^-，抑制因锅水中氯离子、机械力和热应力对氧化膜的破坏作用。锅水采用氢氧化钠处理是解决锅水 pH 值降低的有效方法之一。

原理：在锅水中由于氢氧化钠与氧化铁反应生成铁的羟基络合物，使金属表面形成致密的保护膜。

氢氧化钠溶液的配制：

（1）开启计量箱进水门、排污门，冲洗计量箱，冲洗水澄清透明后，关闭排污门，补水至1/2水位后，启动搅拌器，加入适量氢氧化钠。

（2）继续注水至正常水位，关闭计量箱进水门。

（3）待药品全部溶解且搅拌均匀后，停运搅拌器。

4. 加药调整原则

（1）机组正常运行一般水汽比较正常，基本不要太多调整，机组负荷出现较大的变化时才需要调整水汽加药的量。一般如果给水的 pH 值低于标准范围可以加大加药泵的行程。

（2）凝汽器泄漏监视：首先是监测凝结水泵出口的 CC 值，如果 CC 值异常变动，需要人工立刻取样测量凝水的 Na^+，配合观察凝汽器检漏装置的在线仪表分析问题。如果人工测的 Na^+ 也偏大，需要增加测量凝结水的氯离子和硬度。如果确实有泄漏应立刻通知相应的人员。

（3）凝结水泵出口溶氧和除氧器出口溶氧需要定时监测，如超标及时通知值长或主值。

二、制氢设备的运行操作

（一）制氢设备启动前的检查

（1）检查水。检查原料水箱、除盐冷却水箱液位是否合适，水封阻火器排水是否正常，工业冷却水压力是否正常，与水有关的阀门状态是否正常。（冬季需开启一下破液箱手动补水门看看补水是否有压力、是否结冻）

（2）检查气。检查仪用压缩空气压力是否在 0.4～0.7MPa，检查向气动隔膜阀、气动球阀供气的气压是否正常，检查向各气动网供气的气源管有无漏气声。

（3）检查电。检查配电柜各电源均送电，碱液循环泵、除盐冷却泵、原料补水泵控制状态，整流柜与控制柜上的紧急停机按钮在弹起状态。

（4）检查本体。人工开启氧侧调节阀前手动门、氢侧调节阀前手动门后，仔细检查本体上的各手动阀门状态是否正确（如碱液流量调节阀门及碱液循环方式是否为正常模式内循环等），检查电解槽上是否有杂物、有无泄漏、有无结晶，检查在线仪表干燥剂变色硅胶是否失效变粉色、氢氧分离器液位是否正常；检查电解槽就地压力是否正常。

（5）检查参数。在上位机上检查碱液温度设定值是否正常、制氢压力设定值是否正常，检查上位机显示参数（压力、温度、液位等）有无异常，检查进干燥前侧三通阀、进储罐前三通阀是否正常、防爆轴流风机是否正常。

上述检查无误后，方可启动制氢设备。

（二）制氢设备的启动

（1）将整流柜内部空气断路器电源送上，在上位机上远方启动碱液循环泵、除盐冷却水泵，并就地检查除盐冷却水压力是否正常、碱液流量是否正常，并稍开冷却水阀门。

（2）在上位机主界面点击电解槽，点击"开机"按钮，延时10s后整流柜向电解槽送直流电（压力设定值自动改为0.8MPa，电压初期约为48V，电流逐渐升至300A左右，并维持不变），开始制取氢气，电解槽温度、压力缓慢升高至0.8MPa。

（3）当槽温达到50℃时，压力设定值自动改为2.8MPa，电解电流、电解槽压力迅速增加，电压逐渐升至56V，此时需人工缓缓打开氧气纯度分析仪取样截止阀并调节减压阀至样气流量约为200mL/min，并人工调整工业冷却水阀门，维持除盐冷却水为20～30℃。当槽压达到2.8MPa时，且氧气纯度高于99.2%时，人工将进干燥前三通阀由"排空"状态改为"干燥"状态，10～20min后需人工缓慢打开氢气纯度分析仪、露点仪、氢气纯度仪的取样截止阀，并调节减压阀、流量调节阀使样气流量均为120mL/min；需人工开启再生冷却器、氢气冷却器、再生排气积水器进行排污一次。

（4）当氢气纯度大于99.8%、露点（低于-50℃）合格后，人工将某氢储罐储氢门开启，将进储罐前三通阀由排空改为储罐状态，至此，制氢设备启动完毕。

（三）制氢设备的停运

在上位机上点击电解槽，点击"停机"按钮，则PLC自动控制设备进入停车卸压程序，槽压设定自动修改为0.3MPa，此时需人工及时关闭氧气纯度、露点仪、氢气纯度仪的取样截止阀，及时对氢气冷却器、再生冷却器、再生排气积水罐进行排污一次。

停车卸压包括如下动作（几乎同时执行）：

（1）氧气调节阀开度近100%快速卸压，压力卸至0.3MPa后，氧气调节阀关闭至开度为零。

（2）进干燥前三通阀排空，进储罐前三通阀程控改为排空，PLC 自动控制氢气调节阀开度大小保持氢氧侧液位平衡。

（3）氢气干燥塔加热器停止工作（若在工作状态），所有排水气动阀关闭，其余阀门状态保持、干燥状态和计时保持。

（4）温度调节阀关到 0% 降温。

（5）停止整流柜输出直流电源。

（6）停运原料补水泵。当电解槽压力卸至临近 0.3MPa 时，人工及时就地手动关闭氧侧调节阀前手动门、氢侧调节阀前手动门进行保压。电解槽温度低于 50℃时，在上位机上手动停运碱液循环泵、除盐冷却水泵，人工就地关闭工业水冷却阀门，后再生排气积水罐再次排污一次。至此制氢设备完全停运。

（四）制氢过程中日常检查与维护

当制氢装置正常运转后，值班人员应经常检查制氢设备的运行情况，判断上位机各参数、就地各参数是否正常，发现异常及时分析、汇报并调整，并做好记录。一般每 2h 记录制氢设备具体参数一次。

1. 检查本体

检查制氢系统设备及管路、阀门等状态是否正常，检查有无高压气体泄漏声音，检查有无碱液泄漏、电解槽表面出现碱液结晶现象，检查氢气纯度、露点仪等样气流量是否正常。

2. 检查气

注意储气罐来气、各空气过滤减压过滤器的压力是否正常，如有偏差及时调整，务必使其输出保持在合适范围内。

3. 检查水

检查水封排水、原料水系统、除盐冷却系统中各流量、温度、液位等是否正常，冬季严防管路冻结，夏季严防冷却水高温。

4. 检查电

检查变压器、整流柜、开关柜等是否正常，检查电气控制间空调及室温是否正常、有无焦煳味等。

5. 检查参数显示

检查就地仪表显示与上位机仪表显示是否一致、是否在规定范围之内，并查看其变化趋势。

6. 非正常情况下停机

（1）当制氢设备出现带压部分突然泄漏或当微机正常运行时，联锁保护起作用时，微机均会依据正常程序将设备停运行泄压，并记录当时各数据供检修分析。

（2）当微机自身故障时，PLC 继续工作，检修微机或关闭整流柜冷却水阀门，PLC 将自动按程序将设备停运泄压。

（3）当设备突然停电、自控失灵、制氢设备需要紧停时，关闭框架上的送氢门及联络门，密切注意氢氧分离器液位计指示，慢慢开启氢、氧两侧手动调节阀排空。在保持液位平衡的情况下，将系统压力释放。

注：非正常情况下停机后，应对整个设备进行检查，确认设备良好后方可开机。

7. 停机后的工作

（1）临时停机。

1）停机后检查所有应该关闭的阀门、气源、电气开关是否都已关闭。

2）泄压至约 0.3MPa，如无特殊需要，可不用氮气置换。

3）定期检查系统压力，如氢气压力下降，应用漏氢监测仪进行查找，并处理；若压力下降快，应用氮气置换并检查漏点予以消除。

4）定时检查电器元件运行情况，晶闸管元件出入口接头、冷却水管连接处与冷却水软管是否松动有渗水现象。若有水渗出，应停机，紧固连接处管壁。防止水滴入电气设备短路。

（2）较长时间停机。

1）停机后检查所有应该关闭的阀门、气源、电气开关是否都已关闭。

2）用氮气置换系统内的氢气。

3）置换完成后，用氮气将系统充压至约 0.3MPa。

4）定期检查系统压力。

5）保持设备及环境的清洁卫生。

6）接到开机指令后按正常开启设备步骤操作，如系统压力已降至零，应对系统进行重新置换及气密性检验后再开机。

（3）紧急停机、开机操作。

1）紧急停机操作。发生下列情况之一应紧急停机：

a. 厂房内起火。

b. 设备及气体管道有大量气体泄漏。

c. 电源断电后的紧急停机。

d. 其他危急制氢设备安全运行的紧急情况。

主电源断电引起的紧急停机：

a. 迅速到干燥间关闭氢气进口阀、氢气出口及排空手动阀。

b. 关闭氧中氧、氧中氢以及露点分析仪采样阀门及电源开关。

c. 在上位机上解列氢气干燥（再生）及电解停止。

d. 随时检查就地压力表的数值，如压力升高且接近或超过最高工作压力，需打开手动排空阀，将系统泄压；如压力下降低至 0.3MPa，需向系统充入氮气。

e. 联系运行值长，查明断电原因，如短时间能恢复供电，则按正常开机步骤启动设备，待运行正常氢气合格后恢复进入框架。

其他原因引起的紧急停机：

a. 迅速到控制间或整流控制柜按下控制柜上的急停按钮。

b. 发生大量气体泄漏时：关闭氢气进口阀，在上位机上点击"电解停止"，手动对系统卸压，注意不要急剧排放，打开控制间电源柜联锁通风开关，打开门窗保证通风；当压力下降低至 0.3MPa，需向系统充入氮气。在保证安全的情况下，尽量将泄漏点隔离开，并上报。

c. 发生火情时：用就地灭火器灭火；灭火同时关闭氢气进口阀，可适当开启放空阀，但必须保持系统处于正压状态，当压力降至 0.3MPa 以下时，开启对应的充氮阀向系统充氮；同时通知值长，切断制氢站所有电源，并上报。

d. 做好停机记录供事后分析处理，如属设备故障，应分析产生的原因并排除，经调试正常后方可投入使用。

注：设备在整流柜停止工作时补水泵严禁工作；关机时切记关闭分析取样门；严禁碱液温度在 40℃ 以上停止碱泵和冷却水。

2）应急停机后的开机操作。应急停机后的开机，应在确保故障已排除、确保安全的情况下，在上级领导与主要负责人安排下进行。开机操作步骤同正常开启设备。

（五）制氢设备安全注意事项

（1）运行过程中，操作人员应在上位机上认真、仔细地监控设备运行情况，并核对画面显示状态与现场相符。当有报警出现时，应及时判断报警位置，找出原因并进行处理。

（2）注意空气过滤减压器的压力指示，如有偏差及时调整，使其输出保持在 0.14MPa 左右。

（3）对所有管路接头阀门等经常巡视，注意有无泄漏现象。

（4）氢、氧分析仪气路箱气体流量是否在规定刻度上，当氧气纯度低于 99.2% 或氢气纯度低于 99.8% 时需要检查原因，必要时应停机，查明原因并排除后才能开机。

（5）每班定期排放制氢设备排污罐的污水和集水器的冷凝水，最好是在停机状态排放。排污罐带压力排污时一定注意先关闭二次门再缓缓打开一次门排完后，关闭一次门，再缓缓打开二次门。集水器的冷凝水在停机时排水，先打开一次门排水至排污罐后，关闭一次门，再打开二次门排掉冷凝水，之后关闭二次门再开机。

（6）注意循环泵的运转，调节流量计使循环流量控制在 600～900L/h 之间的某一最佳值。

（7）当制氢设备的碱液流量计流量持续下降时，说明碱液过滤器脏了，需要清洗过滤器。在停机状态下，先拆开顶盖，取出滤芯，用除盐水冲洗干净后应重新装好，紧固顶盖，使过滤器重新投入工作。

（8）注意除盐水箱自动补水是否正常。

（9）电气温控系统必须保持正常工作，防止失控，且观察就地仪表有无异常。

（10）阀关闭，置于充罐挡，开启框架氢气储罐进口阀，充罐运行。

（11）正常运行后，操作人员应注意观察装置的运行情况，并按规定的参数条件进行观察与操作，如装置入口氢工作压力、系统调节的压力、干燥器及氢气冷凝器后温度、再生气压等是否在规定范围内，并做好记录。每 2h 记录一次数据。

（12）设备正常运行期间每 2 个月测定一次碱液浓度，如设备搁置较长时间后，重新开机也应测量碱液浓度，使其保持在正常值。当碱液浓度低，需补碱时，应在碱液箱配好碱液后，将碱液打入系统内。

（六）制氢站安全管理制度

1. 制氢站出入管理制度

（1）任何人员进入氢站必须交出火种，手持移动通信工具需关闭，由值班人员保管，进入氢站不得穿能产生静电的服靴，不得穿带钉子的鞋。

（2）非当班运行人员进入制氢站，必须按规定办理登记手续后方可进入。

（3）外单位参观人员进入制氢站，除需办理登记手续外，必须经有关人员批准，并有专人带领。

（4）检修人员进入制氢站必须持有工作票或门禁卡。

（5）进入制氢站必须由值班人员引导，并听从值班人员的规劝。

（6）值班人员有权对进入制氢站的人员进行询问，有疑问时需经核准后方可进入。

（7）违反上述规定强行进入制氢站者，值班人员应立即报警。

（8）值班人员违反本制度，按违章处理。

2. 制氢站安全防火管理制度

（1）制氢站范围内严禁吸烟，与工作无关人员禁止进入制氢站。

（2）禁止在制氢站或储氢罐旁进行明火或能产生火花的工作，如必须在氢气管道附近进行焊接或动火工作，应事先经过氢气测量，证实工作区域内氢气含气量小于 3%，并办理动火工作票后方可开工。

（3）制氢室内和其他装有氢气设备附近，严禁烟火。禁放易燃易爆物品，并应设"禁止烟火"标示牌，储氢罐周围（10m 以内）应设围栏。

（4）排出有压力氢气或者进行储氢时，应均匀缓慢地开启设备上阀门，使气体缓慢放出，禁止剧烈地排送，以防因摩擦引起自燃。

（5）制氢室内管道阀门或者其他设备发生冻结时，应用蒸汽或热水解冻，禁止用火烤、敲击方式。

（6）在制氢系统上进行检修工作，不得使用能够产生火花的工具，应用铜制的工具，必须使用铁制工具时，应涂上黄油，手和衣服上不应有油脂。

（7）制氢站要有足够消防器材，值班人员应熟悉这些消防器材的使用方法。

（8）进入制氢站人员不得携带火种，不得穿易产生静电的服靴和带钉子的鞋。

（9）未办理批准许可手续，制氢站内禁止使用电炉、电钻、喷灯等一切能产生明火、高温的工具和物体。

（10）制氢站着火时，应立即停止电气设备运行，切断电源，排出系统压力，并用二氧化碳灭火器灭火。由于漏氢而着火时，除应用二氧化碳灭火器灭火外，还应用石棉布密封漏氢处，不使氢气逸出，或使用其他方法阻断气源。

三、电解海水制氯运行操作

（一）制氯系统启停操作

1. 启动前检查及准备

控制柜内（背面）的总电源开关、运行控制柜盘面的"电源开关"、运行控制柜的程控柜电源、自动反冲洗过滤器电源、海水升压泵电源、整流柜控制回路电源等应合上；纯水冷却装置处于正常备用状态；制氯装置相关门处于开启状态。

2. 电解海水制氯系统启动操作步骤

（1）启动冷却风机，管道泵运行，调节管道泵出口门。

（2）启动海水泵开始向制氯发生器注入海水。

（3）整流柜上"高压回路"合闸，"控制回路"合闸。

（4）整流柜高压回路合闸后，观察整流电源等有无异常，调整电解电流，发生器电解槽随即进入电解状态。

（5）调整好次氯酸钠罐出口的加药流量。

3. 电解海水制氯系统停运操作步骤

（1）整流柜上"输出调节"电位器旋钮逆时针旋到零位。

（2）整流柜上"高压回路"分闸，"控制回路"分闸。

（3）打开制氯发生器冲洗阀，关闭出液阀，将发生器电解槽冲洗干净。

（4）停运海水泵，关闭海水泵出口门及发生器冲洗阀，开启发生器排空阀，待发生器内残液排尽后关闭排空阀。

（5）停运纯水冷却系统管道泵、冷却风机，断开控制柜内控制电源及总电源开关。

（二）电解海水制氯发生器的酸洗

为了避免因电极结垢导致电解槽堵塞、槽压上升、电流效率下降等，应定期对电解槽进行酸洗，以保证电解长期、可靠、稳定进行。系统设有酸洗自动检测装置，由PLC自动分析，当发生装置达到累计运行时间，系统控制柜盘面闪光报警仪发出"发生器需酸洗"报警信号，此时发生器必须酸洗，否则整流电源自动切断并无法启动，直到完成酸洗操作程序后方能重新启动。酸洗液为浓度 5%～8% 的稀盐酸，由工业浓盐酸和海水在酸洗箱中按一定体积比混合配制而成。用酸洗方法除垢并不影响电极的性能和寿命。发生器酸洗前必须停止电解，排空电解槽内的残液，发生器酸洗操作应单台进行，连续酸洗 2 台时，中间要按"复位"键，否则酸洗泵不能合闸。

1. 酸洗液的配制

(1) 检查所需酸洗发生器已停运。

(2) 关闭次氯酸钠发生器进口手动门、出口手动门，关闭槽压变送器取样门。

(3) 打开次氯酸钠发生器各排空门、次氯酸钠发生器冲洗及排水门，直到发生器排空后关闭各排空门、次氯酸钠发生器冲洗及排水门。

(4) 打开次氯酸钠发生器进酸门、回酸门。

(5) 打开酸洗箱及酸雾吸收器进海水总门、酸雾吸收器进水门、酸洗箱海水进水门，向酸洗箱注入海水，海水至 1.2m 后关闭酸洗箱海水进水门。

(6) 打开酸洗泵进口门、酸洗泵再循环门。

(7) 在控制柜上将酸洗泵打到"手动"位置，启动酸洗泵。

(8) 打开酸储罐出口门、酸洗泵抽酸门，进行抽酸，酸液位达到 1.5m 时，关闭酸储罐出口手动门、酸洗泵抽酸门。

(9) 打开酸洗泵出口手动门，关闭酸洗泵再循环门，酸洗箱液位达到 0.2m 时，在控制柜上停运酸洗泵。

(10) 关闭酸洗泵出口门，打开酸洗箱进海水门，当酸洗箱液位达到 1.0m 时关闭酸洗箱进海水门。

(11) 打开酸洗泵再循环门，控制柜启动酸洗泵。

(12) 打开酸储罐出口手动门、酸洗泵抽酸门。当酸洗箱液位达到 1.2m 时，关闭酸储罐出口手动门、酸洗泵抽酸门。

(13) 打开酸洗泵出口门，关闭酸洗泵再循环门，直到酸洗箱液位不变。

2. 酸洗步骤

(1) 将所需酸洗次氯酸钠发生器整流变运行方式打到手动。

(2) 观察次氯酸钠发生器流量计流量大于 40m^3/h 时，发生器酸洗开始计时，进行 60min 的酸洗。

(3) 检查酸洗情况是否正常、各管道无漏点。

(4) 酸洗结束，控制柜停运酸洗泵。关闭酸洗泵出口手动门、酸洗泵进出口手动门、酸洗泵再循环手动门。

(5) 关闭次氯酸钠发生器进酸门，打开次氯酸钠发生器进口门，通过调节进口门，调节流量在 30～40m^3/h，酸洗箱开始回酸，酸洗箱液位达到 1.5m 时，关闭次氯酸钠发生器进口门。

（6）打开酸洗箱排污手动门，排至酸洗箱液位达到 0.2m 时，关闭酸洗罐排污门，重复上一步回酸步骤，将酸洗罐液位控制在 1.3m。

（7）系统内各阀门恢复至酸洗前的正常工作状态，并对发生器进行冲洗。

第六节　碳捕集、利用与封存系统操作规程相关要求

一、CCUS 系统启动前的检查和准备

（1）接到启动命令，通知各岗位值班员做好启动前的准备。

（2）准备好启动前的各类记录、整套启动热机操作票、表单及测振仪、听针等工器具。

（3）所有检修工作结束，工作票全部收回。

（4）检查全部设备周围应清洁无杂物，通道畅通，照明良好。

（5）所有系统连接完好，各种管道支吊架牢固，管道保温完整。

（6）厂房内外各处照明良好，事故照明系统正常，随时可以投运。

（7）确认检修工作场所接地线、短路线、工作牌、脚手架等安全措施已拆除，临时栅栏与警告牌已恢复，各种管道上的临时堵板已拆除。

（8）消防设施完备，厂区消防系统投入正常。

（9）各辅助系统控制电源、信号电源送电，且无异常。

（10）各主、辅设备联锁、保护试验已完成并合格；各电动阀门、气动阀门已调试完毕，开关方向正确。

（11）所有信号报警系统正常，仪表电源投入。

（12）DCS 显示正常。

（13）确认热工仪表投入、指示正确，自动保护装置完好，电源及气源正常。

（14）所有液位计明亮清洁，各有关压力表、流量表及保护仪表的一次门全部开启。

（15）检查各转动设备轴承的油位正常，油质合格。

（16）所有电动门、调整门、调节挡板送电，显示状态与实际相符合。

（17）确认各电气设备绝缘合格、外壳接地线完好后，送电至工作位置。

（18）净烟气侧与吸收系统信号交换的系统投入。

（19）烟气系统及相关的热工测点投入。

（20）工艺水系统具备投入条件。

（21）吸收塔、水洗塔、再生塔系统具备投入条件。

（22）DCS 系统完毕，热控、电气系统各项联锁、保护功能均能可靠投入。

（23）电气系统投入。

（24）烟气测量系统投入运行。

（25）药品准备充足（吸收剂等）。

（26）吸收塔、再生塔、水洗塔液位达50％～75％。

（27）吸收塔入口烟气温度小于50℃。

（28）脱硫系统运行正常。

（29）循环水池水位正常及循环泵运行正常。

（30）螺杆压缩机备用正常，过冷器和再冷器投入正常。

（31）二氧化碳球形储罐阀门开关正常。

（32）各泵、风机事故按钮动作正常。

二、CCUS系统启动顺序

（一）二氧化碳捕集单元启动顺序

（1）启动脱硫公用系统，确认系统工作正常。

（2）启动循环水系统。

（3）启动工业水系统。

（4）启动碱液配置和输送系统。

（5）启动除盐水供应系统。

（6）二氧化碳捕集系统启动前2～4h投入循环水系统，使辅机冷却水正常运行。除盐水储存罐保持高水位。

（7）启动吸收剂冷循环系统，保证贫液泵、富液泵运行（观察吸收塔和再生塔液位，先启动液位高的泵，根据液位情况投入另一台泵）。

（8）冷循环正常后，投入水洗和碱洗系统运行。

（9）烟气投入。

（10）开启脱硫吸收塔至水洗塔电动挡板。

（11）启动增压引风机，根据二氧化碳负荷及压力参数情况及时调整循环参数和吸收浓度在合理范围内。

（12）对蒸汽管道进行暖管和疏水，30min暖管结束时投入蒸汽运行。根据吸收塔和再生塔温度建立热循环调整液位及吸收效率。

（13）二氧化碳浓度合格后，投入压缩机、过滤器和冷却器运行，根据压力和温度调整冷却器运行，使二氧化碳参数正常。

（14）运行正常后，随时监视球罐压力、温度和液位。

（二）水洗单元启动顺序

（1）打开水洗塔工业水补水调节阀进行补水。

（2）待水洗塔液位至1.5m时，关闭水洗塔工业水补水调节阀。

（3）关闭水洗塔泵出口再循环门。

（4）关闭水洗塔泵出口调节阀。

（5）开启水洗塔泵入口门。

（6）开启水洗塔泵出口门及管线阀门。

（7）开启水洗水冷却器至水洗塔入口门。

（8）开启水洗塔至水洗塔泵出口阀门。

（9）投入 pH 计运行。

（10）将水洗塔泵出口调节阀开度调整至"0"。

（11）在 DCS 画面上启动水洗塔泵。

（12）缓慢调整水洗塔泵出口调节阀开度，控制其流量≤260m³/h。

（13）根据水洗塔泵入口 pH 值（8～11）投入碱液泵运行。

（14）检查关闭碱液泵至胺回收加热器手动门。

（15）开启碱液泵至水洗塔泵入口母管手动门。

（16）关闭碱液泵至胺回收加热器手动门。

（17）开启碱液泵进、出口手动门。

（18）关闭碱液泵出口管线与泵房排凝管线联络门。

（19）在碱液泵变频柜内合上碱液泵风扇电源开关，检查风扇运行正常。

（20）在 DCS 画面上，检查碱液泵无电气故障和控制报警。

（21）在 DCS 画面上启动碱液泵。

（22）根据 pH 值调整碱液泵频率。

（三）蒸汽及减温减压站启动顺序

（1）检查循环水系统运行是否正常。

（2）检查凝结水系统具备进水条件。

（3）联系机组，缓慢打开机组低压辅汽母管至 CCUS 项目供汽手动门。

（4）缓慢开启机组低压辅汽母管至 CCS 项目供汽电动门。

（5）开启管线疏水阀进行暖管。

（6）就地将减温减压橇电动门全开。

（7）在 PLC 控制柜上将控制方式切至手动，设置减温减压橇减温阀、减压阀开度。

（8）检查除盐水增压泵运行是否正常。

（9）缓慢开启减温减压橇入口手动门。

（10）开启降膜煮沸器进汽调节阀。

（11）开启减温减压橇疏水阀进行暖管，调节凝结水冷却器循环水入口调节阀开度至 100%，待疏水管出蒸汽后，暖管完毕。

（12）将减温减压橇切至自动运行。

（13）启动煮沸器泵，缓慢调节降膜煮沸器进汽调节阀开度，控制再生塔底部温度为 105℃左右。

（四）富液泵启动顺序

（1）开启富液泵入口手动门。

（2）开启富液泵出口管线手动门。

(3) 开启富液泵出口手动门。

(4) 将富液泵出口调节阀调整到"0"。

(5) 在 DCS 画面上，检查富液泵无电气故障和控制报警。

(6) 在 DCS 画面上启动富液泵。

(7) 通过调整富液泵出口调节阀开度，控制其出口流量≤450m³/h。

(8) 检查富液泵电动机电流是否正常。

(9) 检查富液泵电动机及机械本体振动是否正常。

(10) 检查富液泵出口压力是否正常，管道无泄漏现象。

（五）贫液泵启动顺序

(1) 开启再生塔出口至贫液泵电动门。

(2) 开启贫液泵入口主线电动门。

(3) 开启贫液泵入口电动门。

(4) 关闭闪蒸罐至贫液泵入口电动门。

(5) 将贫液泵出口主线调节阀调整至"0"。

(6) 开启贫液泵出口管线手动门。

(7) 关闭贫液泵再循环手动门。

(8) 开启贫液泵出口手动门。

(9) 关闭贫液提升泵入口电动门。

(10) 在 DCS 画面上，检查贫液泵无电气和控制报警。

(11) 在 DCS 画面上启动贫液泵。

(12) 缓慢调整贫液泵出口调节阀开度，控制其流量≤450m³/h。

(13) 检查贫液泵电动机电流正常。

(14) 检查贫液泵电动机及机械本体振动正常。

(15) 检查贫液泵出口压力正常，管道无泄漏现象。

（六）尾气洗涤泵启动顺序

(1) 关闭尾气洗涤泵出口调节阀。

(2) 开启尾气洗涤泵出、入口门。

(3) 在 DCS 画面上，检查尾气洗涤泵无电气故障和控制报警。

(4) 在 DCS 画面上启动尾气洗涤泵。

(5) 缓慢调整尾气洗涤泵出口调节阀开度，控制其流量≤300m³/h。

(6) 检查尾气洗涤泵电动机电流是否正常。

(7) 检查尾气洗涤泵电动机及机械本体振动是否正常。

(8) 检查尾气洗涤泵出口压力是否正常，管道无泄漏现象。

（七）二氧化碳压缩系统启动顺序

(1) 按正常工作阶段检查阀门状态。

(2) 合上主电动机电源和控制电源。

(3) 将设备设在手动状态。

(4) 开启压缩机上的排气阀。

（5）启动油泵，调整油压，将压缩机卸载到零载位。（注意油泵接线是否正确，当油泵接线错误时，油压无法建立，而且会出现油压低于排压的情况，此时需要调整油泵接线。）

（6）油泵启动后延时约 10s，压缩机启动。

（7）缓慢开启压缩机吸气阀。

（8）调整油压到高于排气压力 0.3MPa。

（9）在保证压缩机接线正确后，使压缩机流量调节指示器在"0％"的位置压缩机运转 30min，并随时观察运行状态。如有异常，立即停机，查明原因并排除故障后，再按上述操作重新开机。

（10）压缩机运转正常后，按增载按钮，按 20％的级差间隔 10min 逐级加载至 100％，同时调整压缩机吸气阀，保证供油温度在设备正常工作范围内，且所配电动机不超载运行。

（八）各循环泵启动步骤

（1）关闭相对应塔的排放阀。

（2）开启相对应塔的冲洗阀，给循环泵注水约 2min 左右后关闭冲洗阀。

（3）开启相对应塔的入口阀。

（4）启动循环泵。

三、CCUS 系统的运行调整

（一）水平衡/胺浓度平衡调整

1. 吸收塔尾气洗涤段循环系统

当循环系统有机胺浓度达到 2％时，向地下槽排入，同时引脱盐水来维持系统平衡。

2. 吸收—再生溶液循环系统

由于吸收段气体带走水分及二氧化碳带走水分，导致吸收—再生系统水不平衡。操作中通过加入地下槽中水来维持系统平衡。

注：溶液循环量根据吸收塔贫液流量控制，富液流量由吸收塔液位控制。

3. 水洗塔循环系统

定期排水并补充碱液，或在烟气进入碱洗塔前冷却。

4. 系统温度控制

水洗塔系统温度是由水洗水冷却器循环水流量的大小来控制。

（二）吸收剂温度

（1）对吸收塔而言，温度低有利于二氧化碳吸收，另一方面温度低降低了有机胺分压，减轻了洗涤负荷，但温度低吸收速度减慢。综合考虑，贫液入吸收塔温度控制在 40℃，由贫液冷却器、级间冷却器循环水流量来控制。

（2）对再生塔而言，温度高有利于解吸，但温度过高会引起有机胺的降解，增加腐蚀，同时增加能耗，因此再生塔底温度控制在108℃，由降膜煮沸器蒸汽流量来控制。

（3）再生塔的温度由再生塔压力决定。再生塔压力一定时，增加蒸汽流量，吸收剂再生更彻底（反应热），产生更多水蒸气（潜热），贫液温度不发生明显变化。

（三）吸收剂负荷调控

1. 溶液循环量

在一定温度、压力下，二氧化碳在有机胺中的溶解度是一定的，循环量过小，吸收效率低，循环量过大，增加能耗。

2. 蒸汽输入量

蒸汽输入量过小，溶液显热、散热比重增高，能耗下降；蒸汽输入量过大，工作负荷下降，水分蒸发量变大，增加能耗。

（四）再生能耗的优化

将再生能耗作为主要评价指标，贫、富液负荷作为参考，依次调整参数。

对于指定烟气的情况，使以下参数达到最优。

（1）降膜煮沸器蒸汽量。

（2）吸收剂循环量。

（3）MVR变频。

（4）富液分级流比例（10%）。

（5）级间冷却温度（40℃）。

（6）贫液温度（40℃）。

（五）烟气进量变化

（1）当烟气量增大时，为保证捕集率：

1）增加蒸汽进量。

2）适当增加溶液循环量。

3）维持级间冷却温度。

4）维持贫液温度。

注：应当注意吸收塔、水洗塔、再生塔是否有泛液现象。

（2）当烟气量减小时：

1）减小蒸汽进量。

2）适当减小溶液循环量。

3）维持级间冷却温度。

4）维持贫液温度。

（六）产品气量的变化

（1）当产品气需求量增大时：

1）增加烟气进量。

2）增加蒸汽用量。

3）适当增加溶液循环量。

4）适当降低级间冷却温度。

5）适当降低贫液温度。

（2）当产品气需求量减小时：

1）可不减少烟气进量。

2）减少蒸汽用量。

3）适当减少溶液循环量。

4）维持级间冷却温度。

5）维持降低贫液温度。

（七）二氧化碳捕集率要求的变化

（1）当二氧化碳捕集率要求增大时：

1）增加蒸汽用量。

2）适当增加溶液循环量。

3）适当降低级间冷却温度。

4）适当降低贫液温度。

（2）当二氧化碳捕集率要求降低时：

1）减少蒸汽用量。

2）适当减少溶液循环量。

3）维持级间冷却温度。

4）维持降低贫液温度。

（八）二氧化碳压缩系统日常维护与运行

（1）观察各项运行参数在表 5-22 范围内，超出运行范围需查明原因。

表 5-22　二氧化碳压缩系统运行参数

序号	项目	单位	数值
1	环境温度	℃	≤40
2	排气温度	℃	≤40
3	吸气压力	MPa（g）	0.01～0.03
4	排气压力	MPa（g）	2.5
5	油压	MPa	比排气压力高 0.2～0.4
6	油温	℃	50～60

（2）建议每隔一小时巡视记录一次。若负荷变化较大，建议适当缩短巡视记录时间。

（3）注意观察油分离器的视油镜，油位降低时，要及时补充润滑油。

（4）注意压缩机和电动机运行的声音，测量各部位的温度，发现异常时应及时排除。

（5）注意观察吸气过滤器滤芯前后压力差，如果压力差超过 0.01MPa

时必须及时清洗滤芯。

（6）注意设备的运行情况，若出现异常振动，应及时停机检查。

（九）循环水系统日常维护与运行

（1）系统压力在0.45MPa左右，冷却塔进水温度≤38℃，出水温度≤33℃。

（2）吸入池水位正常，否则应联系化学补水。

（3）电动机轴承油位正常，轴承温度正常，轴承温度最高不大于75℃，且不大于环境温度+40℃，电动机冷却水压力、温度正常，供水正常，电动机绕组温度正常。

（4）循环水泵振动、噪声正常，振动值不大于60μm。

（5）注意观察填料密封水的泄漏是否过量（正常情况下为连续水滴，不甩水）。

（6）网篦式滤网前后水位差≤0.2m，否则启动滤网清污。

（7）根据水质情况进行排污。

（8）循环水泵出口压力表、冷却润滑水系统压力表在泵停止后应关表前闸阀，以免下次启动前受压力冲击损坏，泵启动后可将上述阀门打开。

（9）调整各冷却器进口压力，保证不高于被冷却介质压力。

（10）水轮机振动<0.12mm，轴承箱温度<60℃，水轮机转速<150r/min。

（11）水轮机需要紧急停运时，完全打开水轮机进水旁路手动门，水轮机停运。

四、CCUS系统的停运

（一）二氧化碳捕集单元停运

1. 二氧化碳捕集系统的停运注意事项

在停运过程中，特别是与烟气及蒸汽系统相关的操作，应与主机及辅控运行人员密切联系，以保证锅炉的运行安全及高辅、低辅和二氧化碳捕集系统的安全停运。

2. 短期停运状态的停止操作步骤

（1）首先与主机及辅控运行人员取得联系，向值长汇报并经值长同意。

（2）根据二氧化碳捕集系统的温度、烟气量、二氧化碳浓度、脱碳效率等，逐渐降低蒸汽量，关闭蒸汽调节阀和停止凝结水系统运行，随后调整烟气量，停止引风机运行。关闭烟气挡板，吸收剂处于冷循环运行状态。

（3）保持冷循环运行；解列二氧化碳压缩撬块和储存系统运行。

（4）关注贫富液温度，当贫富液温度低于40℃时停运水洗系统和贫富液泵。

3. 二氧化碳捕集系统短时停机时一些设备的状态

此状态所指的是：机组正常运行与二氧化碳捕集系统正常运行、二氧化碳捕集系统事故情况下的停运。

（1）停运蒸汽及凝结水系统。

（2）停止烟气系统运行。

（3）切换二氧化碳管道（根据二氧化碳浓度要求）。

（4）停止二氧化碳撬块和储存系统运行。

（5）停止贫富液泵运行。

（6）停止水洗系统运行。

（7）停止贫液换热器运行。

备注：二氧化碳捕集系统短期停运时循环水系统连续运行，循环机力塔液位保持在 75% 水位左右。

4. 二氧化碳捕集系统长期停机状态的停止操作步骤

（1）接到值长停机命令时，二氧化碳捕集系统和辅控做好停机准备。

（2）除短时间停运步序外，应根据命令执行。

（3）锅炉 MFT，应瞬时关闭烟气挡板和引风机运行。

（4）若辅控环保参数超标应紧急停车。

（5）二氧化碳捕集系统停运后，停止循环水系统运行。

（6）停运设备，备用退出。

（7）所有设备在控制画面切至手动。

（8）所有电气开关切至就地。

（9）长期停运时，可以停运公用水和仪用系统。

（10）长时间停运时，按设备管理要求定期试转和保养。（注：长期停运时，用除盐水冲洗各设备及管道并防腐。）

5. 二氧化碳捕集系统紧急停运

（1）主机跳机。

（2）大量溶液泄漏。

（3）循环水中断。

（4）厂用电源故障 FGD 系统失电。

（5）单一设备故障（无备用）。

（6）危及人身和设备安全。

（二）水洗单元停运

（1）确认烟气系统退出。

（2）缓慢关闭水洗塔泵出口调节阀。

（3）停止水洗塔泵运行。

（4）停止碱液泵运行。

（三）减温减压站停运

（1）联系主机，CCUS 准备退出蒸汽运行。

（2）缓慢关闭降膜煮沸器蒸汽进口调节阀至"0"。

（3）就地控制方式切至手动，缓慢关闭减压阀和减温阀至"0"。

（4）就地关闭电动门。

（5）缓慢关闭减温减压橇入口手动门。

（6）若系统长时间停运，通知主机关闭低辅至 CCUS 供汽隔离门。

（四）二氧化碳压缩系统停运

1. 正常停机

（1）压缩机减载至零载位。

（2）压缩机吸气压力在最低正常运行值范围内，主机停机，延时 15s 停运油泵。

（3）油泵停运后关闭吸排气阀。

（4）切断主电源。

2. 非正常停机

（1）故障停机。

1）设备装有安全保护装置，当保护装置动作时，主机停机，同时声光报警，显示故障。消除故障后，才能再次启动。

2）依次关闭压缩机吸气截止阀、压缩机排气截止阀。

3）查明故障原因并排除。

（2）紧急停机。当操作现场出现严重安全隐患时，必须紧急停机：

1）按急停按钮。

2）切断总电源。

3）依次关闭压缩机吸气截止阀、压缩机排气截止阀。

4）查明原因，排除隐患。

（3）断电停机。突然停电时，按照以下操作步骤进行：

1）依次关闭压缩机吸气截止阀、压缩机排气截止阀。

2）切断总电源。

（五）循环水系统停运

（1）确认所有冷却水用户不需要冷却水，可停止循环水泵运行。

（2）停止循环水泵运行，检查电流到零，泵不倒转。

第六章　辅控作业规程相关要求

第一节　发电厂两票三制及相关要求

一、工作票和操作票

（一）工作票管理

1. 工作票种类与使用范围

在发电企业生产区域内一切生产设施、设备、系统上或其他区域进行安装、改造、检修、维护、消缺、试验等生产性工作时，必须使用工作票。

（1）工作票种类。

1）主票：电气第一种工作票、电气第二种工作票、热力机械工作票、热控工作票、紧急抢修单等。

2）安全风险预控票：安全风险预控票与主票同步使用。

3）附票：动火工作票（一级、二级）、有限空间工作票（一级、二级）、吊装工作票（一级、二级、三级）、脚手架搭拆工作票、其他专项作业工作票。

（2）工作票使用范围。

1）电气第一种工作票。

a. 高压设备上工作需要全部停电或部分停电的。

b. 室内外的二次接线和照明等回路上的工作，需要将高压设备停电或做安全措施的。

c. 低压厂用母线上的工作，需将母线停电或做安全措施的。

2）电气第二种工作票。

a. 带电作业和在带电设备外壳上的工作。

b. 控制盘、低压配电盘、配电箱、电源干线上的工作。

c. 二次接线回路或照明回路上的工作，无需将高压设备停电的。

d. 转动中的发电机、励磁机、同期调相机的励磁回路上的工作。

e. 自动装置、电动机的定期检查和试验工作。

f. 非当值值班人员用绝缘棒和电压互感器定相或用钳形电流表测量高压回路的电流。

3）热力机械工作票。在生产设备、系统上工作，需要将设备、系统停止运行或退出备用，由运行值班人员采取断开电源、水源、油源、汽（气）源，隔断与运行设备联系的热力系统，对检修设备进行消压、放水、吹扫等任何一项安全措施的检修工作；需要运行值班人员在运行方式、操作调整上采取保障人身、设备运行安全措施的检修工作，使用热力机械工作票。

包括：汽轮机、发电机（机械部分）等发电主机设备机械部分；发电厂汽、水、氢、油、煤粉、燃气、瓦斯、烟、风、压缩空气以及输煤、脱硫、脱硝、除尘、冲灰、输灰等辅助设备系统；向用户输送蒸汽、高温水的管网、换热站及附属设备的供热（采暖）系统；煤场、大坝、灰坝等其他区域的设备设施机械部分；与运行设备邻近的土建修缮工作；水库或大坝上下游禁区以内的作业。

4）热控工作票。在热控电源、通信、测量、监视、调节、保护等涉及DCS、联锁系统及设备上的工作，需要将生产设备、系统停止运行或退出备用的，使用热控工作票。

5）紧急抢修单。

a. 在危及人身和设备安全的紧急情况下进行设备故障处理，且其抢修时间不超过 4h 的，经当班运行值长同意，可不填用工作票，但应填用紧急抢修单。预计抢修工作时间超过 4h 的，仍应填用工作票。

b. 夜间必须临时进行的检修工作，如找不到工作票签发人，可使用紧急抢修单先开工，至第二天白天上班时抢修工作仍需继续进行的，则应补办工作票。

6）安全风险预控票。现场作业开始前，必须开展风险辨识，并结合现场工作环境、条件、工序开展风险动态辨识和再辨识，制定并落实防范措施，相关管理人员落实过程管控，确保作业人员人身安全健康，现场风险可控在控，除紧急抢修工作外，均应填用安全风险预控票。

7）附票。遇有与工作票工作内容相关的特殊作业必须同时使用相应附票，遇有其他类别的高风险作业使用其他专项作业工作票，附票不能代替工作票主票单独使用。

8）复杂和危险性较大的工作，在填写工作票的同时，还应制订安全、组织、技术措施，经审核、批准后严格执行。

2. 工作票票权人

（1）工作票中相关人员的安全职责。

1）工作票签发人的安全职责。

a. 确认工作必要性和安全性。

b. 审查确认工作票上所填安全措施正确和完善。

c. 审查确认风险预控票、相关附票中作业风险等级、危害因素、预控措施等内容正确和完善。

d. 确认所派工作负责人和工作班人员适当和足够，精神状态良好。

e. 工作开始后第一时间，应到达工作现场，检查安全措施执行情况。

f. 工作过程中，经常到现场检查工作是否安全地进行。

2）工作负责人的安全职责。

a. 正确、安全地组织工作。

b. 确认工作票及相关附票所列安全措施正确、完备，符合现场实际条件，必要时予以补充。

c. 组织开展风险评估，确认风险分级，填写安全风险预控票，向工作班全体人员进行安全措施交底。

d. 与工作许可人共同到现场确认工作票所列安全措施均已正确执行。

e. 工作中，督促、指导和检查工作班全体人员严格遵守安全工作规程和安全措施，及时制止违章行为。

f. 核实特种作业，如动火执行人、起重作业相关人员持有合格的特种作业资格证。

3）工作许可人的安全职责。

a. 确认工作票所列安全措施正确完备，符合现场条件。

b. 若对工作票所列内容有疑问，应向工作负责人或工作票签发人询问清楚，必要时应要求补充。

c. 与工作负责人共同到现场确认工作票所列安全措施均已正确执行。

d. 向工作负责人正确说明哪些设备带有压力、有爆炸和带电危险等情况。

e. 核实动火工作时间、部位，确认动火设备与运行设备已隔离。

f. 对未办理风险预控票的作业，不予办理许可开工手续。

4）值班负责人（值长、运行班长）的安全职责。

a. 负责审查工作的必要性，审查工期是否与批准期限相符。

b. 负责审查工作票所列安全措施是否正确完备、是否符合现场实际安全条件。

c. 对批准的检修工期以及审批后的工作票票面、安全措施负责。

d. 对工作票的接票至终结程序执行负责。

e. 对工作票所列安全措施的完备、正确执行负责。

f. 对工作结束后的安全措施恢复与保留情况的准确填写和执行情况负责。

（2）工作票中"三种人"的有关规定。

1）发电企业应每年至少组织一次对工作票签发人、工作负责人（含动火工作负责人）、工作许可人（以下简称"三种人"）的安全规程、运行规程和检修规程方面的培训和资格考试，考试合格后以企业正式文件公布"三种人"名单。

2）同一工作票的"三种人"不得相互兼任。同一人不得同时担任两个及以上工作任务的工作负责人，工作负责人不得同时作为另一项工作的工作班成员。工作票负责人可作为附票的工作负责人，或由具备资格的人员担任附票工作负责人。

3）承包商人员担任工作负责人资格的规定：

a. 各发电企业应要求承揽设备检修维护的长期承包商，在每年组织工作票"三种人"考试前提交拟担任工作负责人的人员名单。经发电企业审核通过并参加"三种人"资格培训及考试合格后，授予工作负责人资格。

b. 发电企业机组检修期间，各发电企业应要求承揽主辅设备检修的短期承包商，在进场前提交拟担任工作负责人的人员名单，经发电企业审核通过并参加"三种人"资格考试合格后，授予工作负责人资格。

c. 承揽临时发包项目的短期承包商人员不得担任工作负责人，由长期承包商担任工作负责人。

d. 担任工作负责人的承包商人员应至少具备两年及以上发电企业同专业检修维护工作经验。

e. 发电企业应对担任工作负责人的承包商人员的业务能力、履职能力进行跟踪评定，对达不到要求的应及时取消其工作负责人资格。

f. 承包项目结束后，承包商人员的"三种人"资格即告终结。如有在设备质保期内需由原承包商进行检修维护的，必须重新履行"三种人"资格认定程序。

3. 工作票的填写

（1）手工填写工作票时，应用蓝黑墨水填写，字迹要清楚，不得涂改。采用电子工作票的，自工作票许可程序开始，所有人员必须亲自操作签字或采取本人手工签字，严禁他人代办代签。

（2）工作票的填写应使用标准术语，要求准确、清楚和完整。

1）票面需要填写数字的，应使用阿拉伯数字（母线可以使用罗马数字）。时间为 24h 制，格式为"××时××分"，日期格式为"××××年××月××日"。

2）"编号"栏：填写工作票统一编号。

3）"班组"栏：一个班组检修，班组栏填写工作班组全称；几个班组进行综合检修，则班组栏填写检修单位。

4）"工作负责人"栏：工作负责人即为工作监护人，单一工作负责人或多项工作的总负责人填入此栏。

5）"工作班成员"栏：填写除工作负责人外的工作班成员的姓名。工作班成员人数在 10 人及以下的，填写全部工作人员名单；超过 10 人的，只填写 10 人姓名，其余人员姓名可写入"备注"栏。"共人"的总人数包含工作负责人。

6）"工作地点"栏：填写工作所在的具体地点。

7）"工作内容"栏：填写工作所在机组及设备双重名称编号、具体工作内容。

8）"计划工作时间"栏：根据工作内容和工作量，填写预计完成该项工作所需时间。

9）"安全措施"栏：根据工作现场实际情况，填写应具备的安全措施，内容要周密、细致，不错项、不漏项，不得采用如"注意安全""与运行联系""停电""关阀门"等词语。使用手写工作票的需在最后一项安全措施项目后空白行最左端盖"以下空白"章。

（3）电气第一种工作票"必须采取的安全措施"栏由工作负责人填写，每条措施均应有序号，电气第一种工作票中应具体写明停电设备的名称、编号及应拉断路器和隔离开关（包括已拉断路器和隔离开关），应拉操作直流电源（包括直流合闸电源），应合接地隔离开关的名称、编号及具体地点，应装接地线，应设遮栏等。悬挂标示牌应注明具体地点及种类名称；新能源集电线路第一种工作票中应拉开的断路器、隔离开关、熔断器（包括分支线和配合停电线路）、应设遮栏和标识牌、应挂的接地线、保留或邻近的带电线路、设备和注意事项及其他安全措施。

（4）电气第二种工作票"必须采取的安全措施"栏：应写明应拉断路器和隔离开关的编号、悬挂标示牌的种类和名称、断开直流电源以及熔断器的名称、编号、电压等级等。

（5）热力机械工作票"必须采取的安全措施"栏，填写以下内容：

1）要求运行人员做好的安全措施。（如：断开断路器、隔离开关和熔断器等；隔断与运行设备联系的油、水、汽、气系统，对检修设备排压等）。

2）应具体写明必须停电的设备名称（包括应拉开的断路器、隔离开关和熔断器等），必须关闭或开启的阀门（应写明名称和编号），并悬挂警示牌。

3）要求运行人员在运行方式、操作调整上采取的措施。

4）为保证人身安全和设备安全，必须采取的防护措施。

5）防止检修人员中毒、气体爆燃等采取的特殊安全措施。

（6）工作票"运行人员补充安全措施"一栏，填写以下内容：

1）由于运行方式和设备缺陷（如阀门不严等）需要扩大隔断范围的措施。

2）运行人员需要采取的保障检修现场人身安全和设备运行安全的运行措施。

3）如无补充措施，应在本栏中填写"无补充"（不盖"以下空白"章）。

（7）工作票中"安全措施"和"补充安全措施"应适当分项，并顺序编号。运行人员执行完一项后，在措施执行情况栏划钩（√）；需要检修作业人员执行的安全措施，工作负责人完成该项安全措施后，在对应的"执行情况"栏内填写"检修自理"。

（8）工作票"批准工作结束时间"栏：由值班负责人根据现场实际需要填写该项工作结束时间。

（9）安全措施执行完毕，工作许可人和工作负责人共同到现场检查核对安全措施落实无误后，由工作许可人填写"许可工作开始时间"并签名，工作负责人确认并签名。

（10）"工作负责人变动情况"栏：由工作票签发人填写工作负责人变动情况并签名。

（11）"工作票延期"栏：工作负责人填写工作票延期时间，值班负责人、工作许可人确认并签名。

（12）热力机械工作票"允许试运时间"及"允许恢复工作时间"栏：工作许可人填写并签名，工作负责人确认并签名。

（13）"工作终结"栏：由工作负责人填写工作终结时间并签名，工作许可人确认并签名。

（14）"备注"栏填写内容：需要特殊注明以及仍需说明的交待事项，如该份工作票未执行以及电气第一种工作票中接地线未拆除等情况的原因等；中途工作成员变动的情况；指定作业面工作监护人员；其他需要说明的事项。

4. 工作票的执行

（1）工作票生成。工作票签发人根据工作任务的需要和计划工作期限，确定工作负责人。工作负责人根据工作内容及所需安全措施，选择使用工作票的种类，填写工作票。

1）机组检修、线路检修、主变压器检修、水工建筑及机电设备等设备单元的检修改造工作，可使用一张总的工作票。

2）电气工作票上所列的工作地点，以一个电气连接部分为限。如检修设备属于同一电压等级、位于同一楼层、同时停送电且工作中不会触及带电导体时，则允许在几个电气连接部分使用一张电气第一种工作票。

3）在同一变电站内的几个电气连接部分上，依次进行的同一电压等级、同一类型的不停电工作，符合安全距离要求的，可使用一张电气第二种工作票。

4）一个班组在同一个设备系统上依次进行同类型的设备检修工作时，如全部安全措施不能在工作开始前一次完成，应分别办理工作票。

5）遇有与工作票工作内容相关的高风险作业及特殊作业，必须填用相应附票。主票许可后方可办理附票，或在需要时进行办理。

6）临时用电需履行必要的审核和批准手续，临时电源的接、拆工作使用电气工作票（一种、二种）。

（2）工作票签发。工作负责人填写好工作票，通过系统流转或交给工作票签发人审核，签发人确认无误后签发该工作票。

（3）工作票送达。工作票应由工作负责人在工作开始前送达运行值班人员或其电子版在备签发后通过系统自动流转给运行值班人员。

1）计划性的检修、消缺、试验工作票应在工作前一日送达。

2）临时工作或消缺工作，可在工作开始前直接交给运行值班人员。

（4）工作票接收。接到工作票后，值长或值班负责人应及时组织审查工作票全部内容，发现问题应向工作负责人和工作票签发人询问清楚。必要时，值班负责人可补充安全措施。确认无问题后，填写收到工作票时间，并在接票人处签名。工作票签收应记入运行值班日志。工作票存在以下问题时，原工作票作废，必须重新办理工作票：

1）工作票使用种类不对。

2）安全措施有错误。

3）安全措施中的动词被修改，设备名称及编号被修改，接地线位置被修改，日期、姓名被修改等。

4）错字、漏字的修改不符合规定。

5）"必须采取的安全措施"栏空白。

6）没有危险点分析与控制措施内容。

7）在易燃易爆等禁火区进行动火工作没有附带"动火工作票"。

8）工作负责人和工作票签发人不符合规定。

（5）工作票安全措施的执行。

1）值班负责人根据工作票计划开工时间、安全措施内容、机组启停计划，安排运行人员执行工作票所列安全措施。

2）工作许可人在工作票上填写已执行的安全措施和补充的安全措施。

3）实行运维一体化管理的电站，运行人员不能作为工作班成员，维护人员不能作为安全措施的执行人员。

（6）工作票许可。

1）工作许可人与工作负责人到现场检查已执行的安全措施，对补充的安全措施进行说明，指明实际的隔离措施，证明设备确已断电、降温、泄流或泄压。

2）工作许可人向工作负责人详细说明哪些设备带电、有压力、爆炸、触电等危险因素。

3）工作负责人确认安全措施完善并已正确执行、知悉现场危险因素后，在工作票上签名。工作许可人填写许可开始时间并签名，完成工作票许可手续。

4）许可进行工作的事项（包括工作票号码、工作任务、许可工作时间及完工时间）必须记录在运行日志中和一体化集中管控系统工作票相应栏目中。使用紧急抢修单进行处置的，值长应将采取的安全措施和进行紧急抢修的原因记录在运行日志内。

5）许可开工后，工作负责人和工作许可人不得单方面变动安全措施。

（7）工作监护。

1）工作开始前，工作负责人组织全体工作班成员进行安全技术措施交底，交待清楚工作范围、分工情况、安全措施布置情况、现场危险因素及安全注意事项，并同时进行安全文明生产风险及预控要求交底。全体工作班成员分别签字确认后，工作负责人方可下达开工指令。

2）工作过程中，工作负责人应随身携带工作票及其所有附票，在工作现场认真履行安全职责，进行工作全过程监护。

3）工作负责人因故暂时离开工作地点时，应指定能胜任的人员临时代替并将工作票交其执有，交代注意事项并告知全体工作班成员，原工作负责人返回工作地点也应履行同样交接手续。工作负责人离开工作地点超过2h，必须办理工作负责人变更手续。

4）工作票签发人或工作负责人，可根据现场工作范围、安全条件、工作需要等具体情况，增设专责监护人。

5）无工作负责人带领时，工作班成员不得进入工作地点。

6）工作人员变更。

a. 工作负责人变更，应经工作票签发人同意并通知工作许可人，在工作票上办理变更手续。原工作负责人应向新工作负责人交待清楚工作范围、工作内容、安全措施和工作班成员情况后方可离开。工作负责人变更情况应记入运行值班日志。

b. 工作班成员变更，新加入人员必须进行工作任务、工作地点和安全措施学习。工作负责人在所持工作票"备注"栏注明原因、变更人员姓名、变更时间，由变更人员签名。

（8）工作间断。工作间断时，工作班人员应从现场撤出，所列安全措施保持不动，工作票仍由工作负责人执存。间断后继续工作前，工作负责人应重新认真检查安全措施符合工作票要求，方可工作。

（9）工作票延期。

1）工作票的有效时间，以批准的工作期限为准。

2）工作若不能按批准工期完成时，工作负责人必须至少提前2h向工作许可人和值长申明理由，办理申请延期手续。

3）延期手续只能办理1次。如需再延期，应重新办理工作票，并注明原因。电气第二种工作票不能延期。

（10）工作结束后的设备试运。

1）检修后的设备设施应进行试运。机组设备、设施、系统重大技改项目或解体检修后的试运工作，应由发电企业安全生产分管领导或总工程师主持进行。

2）试运工作由工作负责人提出申请，经工作许可人同意并收回工作票，全体工作班成员撤离工作地点，在确认不影响其他工作票安全措施的情况下，由运行人员进行试运相关工作。严禁不收回工作票，以口头方式联系试运设备。

3）试运如需变动其他工作票的安全措施，工作许可人应将相关工作票全部收回，经其他工作组的工作负责人书面交代同意，相关工作班成员全部撤离后，方可变动安全措施，履行试运许可手续，开始试运。

4）设备试运期间，工作地点或设备试运区域应设置明显的"设备试运"标志。

5）试运结束后尚需继续工作的，工作许可人和工作负责人应按原工作票要求重新布置安全措施，并在工作票上签字确认。如需改变原工作票的安全措施，原工作票作废，并重新办理工作票。

6）不具备试运条件的，要在"检修设备试运"栏目中填写原因，并详细记录在运行日志内，遗留问题逐班交接。

（11）工作票终结。

1）工作结束后，工作负责人应全面检查并组织清扫整理工作现场，确认无问题后，带领全体工作班成员撤离现场。

2）工作许可人和工作负责人应共同到现场验收，检查设备状况、有无遗留物件、是否清洁等。验收完毕后，工作负责人填写工作结束时间，双方签名。

3）工作结束后，工作负责人应将工作情况和设备、系统、保护定值等发生变化的情况向运行人员进行详细的书面交底，方可办理工作票终结手续。

4）运行值班人员拆除临时围栏，取下标示牌，恢复安全措施，汇报值班负责人。对未恢复的安全措施，汇报值班负责人并做好记录。运行值班人员在工作票右上角加盖"已执行"章，工作票方告终结。

5）电气第一种工作票履行终结手续时，运行人员应准确填写"接地线（接地隔离开关）共××组，已拆除（拉开）××组，未拆除（拉开）××组，未拆除的接地线或未拉开的接地隔离开关编号"栏，由值班负责人确认后签字，工作票方告终结。

（12）工作票作废。因故作废的工作票，应由运行人员在工作票备注栏内写明作废原因、作废时间并签名，并在工作任务栏右上角加盖"作废"印章。

5. 动火工作票

（1）动火工作票使用范围。在重点防火部位或场所以及禁止明火区检修、维护作业需要动火时，必须同时填用动火工作票。动火工作票不能代替作业项目的工作票。

在下列场所进行的动火作业，应填用一级动火工作票：

1）油、氢、液氨等易燃易爆物品的制备、使用、输送、存储设备设施。

2）变压器室、蓄电池室、电缆间、电缆沟、电缆隧道、电缆竖井及电缆支架上有可能引燃电缆的动火作业。

3）发电机、水轮机转轮体、风电机组机舱内。

4）脱硫吸收塔、湿式除尘器、玻璃钢烟囱等采用有机物防腐材料的设备设施内部。

5）储存过可燃气体、易燃液体的容器及与此连接的系统和辅助设备。

油系统及与油系统相连接的管道、设备。

6）一级动火区以外的所有防火重点部位或场所，以及禁止明火区的动火作业，应填用二级动火工作票。

（2）动火工作票中相关人员的安全职责。

1）动火工作票签发人的安全职责。

a. 审查工作的必要性和安全性。

b. 审查申请工作时间的合理性。

c. 审查工作票上所列安全措施正确、完备。

d. 审查工作负责人符合要求，动火执行人持有合格的焊接或热切割特种作业资格证。

e. 指定专人测定动火部位或现场可燃性、易爆气体含量或粉尘浓度符合安全要求。

f. 审查动火安全措施正确、完备，符合现场实际条件。

2）动火工作负责人（监护人）的安全职责。

a. 正确安全地组织动火工作。

b. 确认动火安全措施正确、完备，符合现场实际条件，必要时进行补充。

c. 核实动火执行人持有允许进行焊接与热切割作业的有效证件，督促其在动火工作票上签名。

d. 向有关人员布置动火工作，交待危险因素、防火和灭火措施。

e. 与工作许可人现场共同确认安全措施已正确执行。

f. 始终监督现场动火工作。

g. 办理动火工作票开工和终结手续。

h. 动火工作间断、终结时检查现场无残留火种、动火作业工器具电源已切断。

3）运行许可人的安全职责。

a. 核实动火工作时间、部位。

b. 工作票所列有关安全措施正确、完备，符合现场条件。

c. 动火设备与运行设备已隔绝，完成相应安全措施。

d. 向工作负责人交待运行所执行的安全措施。

4）消防监护人的安全职责。

a. 确认动火现场配备必要、足够、有效的消防设施、器材。

b. 检查现场防火和灭火措施正确、完备。

c. 动火部位或现场可燃性、易爆气体含量或粉尘浓度符合安全要求。

d. 始终监督现场动火作业，发现违章立即制止，发现起火及时扑救。

e. 动火工作间断、终结时，检查确认现场无残留火种、无动火作业工器具，电源已切断。

5）动火执行人的安全职责。

a. 在动火前必须收到经审核批准且允许动火的动火工作票。

b. 核实动火时间、动火部位。

c. 做好动火现场及本工种要求做好的防火措施。

d. 全面了解动火工作任务和要求，在规定的时间、范围内进行动火作业。

e. 发现不能保证动火安全时应停止动火，并立即报告。

f. 动火工作间断、终结时清理并检查现场无残留火种。

（3）动火工作票的执行程序。

1）动火工作票的生成。动火工作票签发人根据动火地点及设备，对照动火级别的划分来选择使用动火工作票种类。动火工作负责人填写动火工作票，包括动火地点及设备名称、动火工作内容、申请动火时间、运行检修应采取的安全措施。

2）动火工作票签发和批准。

a. 一级动火工作票由申请动火部门负责人签发，安监部门负责人、消防主管部门负责人审核，安全生产分管领导或总工程师批准。

b. 二级动火工作票由申请动火班组负责人或班组技术专责签发，安全主管（专责）、消防主管（专责）审核，动火部门负责人批准。

c. 一级动火工作票的有效时间不得超过 24h；二级动火工作票的有效时间不得超过 120h，必须在批准的有效期内进行动火作业，需延期时应重新办理动火工作票。

3）动火工作许可。

a. 首次动火前，各级审批人、动火工作负责人、消防监护人和动火执行人均应到现场检查安全措施是否正确和完善，动火设备、区域是否与运行设备和易燃易爆品可靠隔离，测定可燃气体、易爆气体含量或粉尘浓度是否合格，配备的消防设施和采取的消防措施是否符合要求等，并在监护下作明火试验，确认无问题后方可允许动火。

b. 动火前，可燃气体、易爆气体含量或粉尘浓度检测时间距动火作业开始时间不得超过 2h。

4）动火作业监护。

a. 一级动火作业时，消防监护人、工作负责人、动火部门安监人员必须始终在现场监护。

b. 二级动火作业时，消防监护人、工作负责人必须始终在现场监护。

5）动火作业间断。

a. 动火作业间断时，动火执行人、消防监护人离开前，应清理现场，消除残留火种。

b. 动火执行人、消防监护人同时离开作业现场，间断时间超过 30min时，继续动火前，动火执行人、消防监护人应重新确认安全条件。

c. 一级动火作业，间断时间超过 2h 时，继续动火前，应重新测定可燃性、易爆气体含量或粉尘浓度，合格后方可重新动火。

d. 一级、二级动火作业，在次日动火前必须重新测定可燃性、易爆气体含量或粉尘浓度，合格后方可重新动火。

e. 一级动火作业过程中，应每间隔 2h 检测动火现场可燃气体、易爆气体或粉尘浓度是否合格，当发现不合格或异常升高时应立即停止动火，在未查明原因或排除险情前不得重新动火。

6）动火工作终结。动火工作结束后，动火工作负责人应全面检查并组织清扫现场，消除残留火种。工作负责人、动火执行人、消防监护人应共同到现场检查验收，确认无误后，方可办理动火工作票终结手续。

6. 有限空间工作票

（1）有限空间工作票使用范围。

1）进入有限空间内作业，必须填用有限空间工作票。

2）进入涉及硫化氢、氨气等有毒有害或燃爆气体、粉尘的有限空间作业时，应填用一级有限空间工作票。

3）进入不涉及硫化氢、氨气等有毒有害或燃爆气体、粉尘的有限空间，但属于相对密闭的有限空间作业时，应填用二级有限空间工作票。

（2）有限空间工作票中相关人员的安全职责。

1）有限空间工作票签发人的安全职责。

a. 审查工作的必要性和安全性。

b. 审查申请工作时间的合理性。

c. 审查工作票上所列安全措施是否正确、完备。

d. 审查工作负责人符合要求。

e. 指定专人测定有限空间氧量及现场可燃气体、易爆气体含量或粉尘浓度符合安全要求。

f. 审查有限空间作业安全措施是否正确、完备，是否符合现场实际条件。

2）有限空间工作票负责人的安全职责。

a. 正确安全地组织有限空间作业。

b. 确认作业环境、作业程序、防护设施、作业人员符合要求和现场实际，必要时进行补充。

c. 对作业人员进行安全交底和警示教育。

d. 动态掌握整个作业过程存在的危险因素和可能发生的变化，发生异常情况时，有权立即决定终止作业，迅速撤离作业人员并组织救援。

3）有限空间工作票监护人的安全职责。

a. 掌握有限空间作业危险因素。

b. 对出入有限空间的作业人员进行严格管控并做好记录。

c. 与作业人员始终保持有效的信息沟通，及时发现作业人员的异常行为并作出判断。

d. 发现异常情况，立即向作业人员发出撤离警报，必要时立即呼叫应急救援，并按照应急救援预案或者现场处置方案实施紧急救援。

4）有限空间工作票检测人的安全职责。

a. 接受有限空间安全作业安全生产培训。

b. 熟悉检测仪器设备和检测方法。

c. 按照作业人员操作规程中的有关规定进行有限空间检测。

d. 对所检测的数据负责。

5）有限空间工作票作业人员的安全职责。

a. 了解作业的内容、地点、时间、要求，熟知作业过程中的危险因素和应当采取的防护措施。

b. 与监护人员始终保持有效的信息沟通。

c. 遵守操作规程，正确使用安全防护设施并佩戴好个人防护用品，熟练掌握应急救援措施。

（3）有限空间工作票的执行程序。

1）有限空间工作票的生成。有限空间工作票签发人根据有限空间作业地点及设备，对照有限空间级别的划分来选择使用有限空间工作票种类。有限空间作业工作负责人填写有限空间工作票，包括有限空间作业地点及设备名称、工作内容、申请作业时间、应采取的安全措施。

2）有限空间工作票的审批。

a. 一级有限空间工作票由申请作业部门负责人及公司生产技术部门负责人、安监部门负责人审批，安全生产分管领导或总工程师批准。

b. 二级有限空间工作票由申请作业部门相应专业技术主管和安全主管审核，作业部门负责人批准。

3）有限空间作业开工。

a. 首次作业前，各级审批人、有限空间作业工作负责人、监护人、检测人均应到现场检查安全措施是否正确和完善，有限空间作业设备、区域是否与运行设备和易燃易爆品可靠隔离，测定氧量、可燃气体、易爆气体含量或粉尘浓度是否合格，配备的通风、救援设施和采取的安全措施是否符合要求等。并履行开工签字手续。

b. 作业前，可燃气体、易爆气体含量或粉尘浓度检测时间距作业开始时间不得超过 30min。

4）有限空间作业监护。

a. 一级有限空间作业时，监护人、工作负责人、作业部门相应专业技术人员和安监人员必须始终在现场监护。

b. 二级有限空间作业时，监护人、工作负责人必须始终在现场监护。

5）有限空间作业间断。

a. 有限空间作业中应至少每 30min 监测一次，如监测分析结果有明显变化，则应加大监测频率；对可能释放有害、可燃物质的有限空间，应连续监测。

b. 一级有限空间作业，若间断时间超过 30min，继续作业前，应重新测定可燃气体、易爆气体含量或粉尘浓度，合格后方可重新作业。

c. 一级、二级有限空间作业，在次日作业前必须重新测定可燃气体、易爆气体含量或粉尘浓度，合格后方可重新作业。

6）有限空间作业工作终结。工作负责人、监护人应共同到现场检查验收，确认无误后，方可办理有限空间工作票终结手续。

7. 吊装工作票

（1）吊装工作票使用范围。

1）所有涉及吊装、起重作业必须填用吊装工作票。

2）质量 40t 及以上的物品吊运，应填用一级吊装工作票并编制吊装作业方案。

3）质量在 10t（含）至 40t 之间或起吊高度超过 10m 的物品吊运，应填用二级吊装工作票。

4）质量在 10t 以下的物品吊运，应填用三级吊装工作票。

（2）吊装工作票中相关人员的安全职责。

1）吊装工作票签发人的安全职责。

a. 审查工作的必要性和安全性。

b. 审查申请工作时间的合理性。

c. 审查工作负责人符合要求。

d. 审查吊装作业安全措施正确、完备，符合现场实际条件。

2）吊装工作票负责人的安全职责。

a. 正确安全地组织吊装作业。

b. 确认作业环境、作业程序、防护设施、作业人员符合要求和现场实际，必要时进行补充。

c. 对作业人员进行安全交底和警示教育。

d. 动态掌握整个作业过程存在的危险因素和可能发生的变化，发生异常情况时，有权立即决定终止作业，迅速撤离作业人员并组织救援。

3）吊装工作票指挥人员的安全职责。

a. 指挥人员应熟知起重作业相关安全规程和操作规程。

b. 指挥人员应严格执行《起重吊运指挥信号》（GB 5082），与起重机司机联络时做到准确无误。

c. 负责载荷的质量计算和索具、吊具的正确选择。

d. 指挥人员负责对可能出现的事故采取必要的防范措施。

4）吊装工作票起重司机的安全职责。

a. 掌握起重机械操作规程及有关法律、法规、标准。

b. 掌握所操作的起重机械各机构及装置的构造和技术性能。

c. 熟知起重指挥信号。

d. 发现异常及时处理，并汇报指挥人员。

5）吊装工作票司索人员的安全职责。

a. 作业前，根据吊物选择合适的吊具与索具，并检查吊具、索具完好，连接点牢固、可靠。

b. 起重吊物时，司索人员应与吊物保持一定的安全距离。

c. 负责起重作业现场清理，保持道路通畅。

d. 听从指挥人员指挥，发现不安全情况时，及时通知指挥人员。

e. 工作结束后，所使用的绳索吊具应放置在规定地点，加强维护保养。达到报废标准的吊具、索具要及时处理、更换。

（3）吊装工作票的执行程序。

1）吊装工作票的生成。吊装工作票签发人根据吊装作业分级来选择使用吊装工作票种类。吊装作业工作负责人填写吊装工作票，包括吊装作业地点及设备名称、吊装工作内容、申请吊装时间、应采取的安全措施。

2）吊装工作票审批。

a. 一级吊装工作票由申请吊装部门负责人、安监部门负责人审核，安全生产分管领导或总工程师批准。

b. 二级吊装工作票由申请吊装作业部门专业技术主管、安监部门主管审核，作业部门负责人批准。

c. 三级吊装工作票由申请吊装作业部门专业技术主管、安全主管审核，作业部门负责人批准。

3）吊装作业开工。首次吊装作业前，各级审批人、工作负责人、指挥人员、起重机械司机和司索作业人员均应到现场检查安全措施是否正确和完善，符合吊装工作要求后方可允许吊装作业，并履行确认签字手续。

4）吊装作业工作终结。吊装作业工作结束后，工作负责人应全面检查并组织清扫现场，确认无误后，方可办理吊装工作票终结手续。

8. 脚手架搭拆工作票

（1）脚手架搭拆工作票使用范围。所有脚手架搭拆作业必须填用脚手架搭拆工作票。脚手架搭设完毕首次使用前，必须经过验收合格。

（2）脚手架搭拆工作票中相关人员的安全职责。

1）脚手架搭拆工作票审批人的安全职责。

a. 审查工作的必要性和安全性。

b. 审查申请工作时间的合理性。

c. 审查工作负责人符合要求。

d. 审查脚手架搭拆安全措施正确、完备，符合现场实际条件。

2）脚手架搭拆工作负责人。

a. 严格执行"三措两案"，选用合格管材及扣件搭设脚手架。

b. 确认作业环境、作业程序、防护设施、作业人员符合要求和现场实际，必要时进行补充。

c. 对作业人员进行安全交底和警示教育。

d. 动态掌握整个作业过程存在的危险因素和可能发生的变化，发生异常情况时，有权决定立即终止作业，迅速撤离作业人员并组织救援。

e. 参加脚手架验收工作，每天开工前对脚手架进行检查。

f. 消除脚手架搭拆作业的问题和隐患。

g. 脚手架搭拆期间，不得担任其他工作票负责人或作为其他作业工作班成员。

3）脚手架搭拆人员的安全职责。

a. 了解作业的内容、地点、时间、要求，熟知作业过程中的危险因素和应当采取的防护措施。

b. 遵守操作规程，正确使用安全防护设施并佩戴好个人防护用品，熟练掌握应急救援措施。

（3）脚手架搭拆工作票的执行程序。

1）脚手架搭拆工作票的生成。由脚手架搭拆工作负责人填写脚手架搭拆工作票，包括脚手架搭拆地点及用途、搭设形式及高度、安全风险分析及预控措施。

2）制定脚手架搭设方案。根据搭设脚手架的高度及类型，履行相关设计、论证、审批相关规定。

3）脚手架搭设。

a. 脚手架搭设前，脚手架搭拆工作负责人应检查人员和物资符合要求，确认无问题后方可允许搭拆作业。

b. 脚手架搭设时，相关人员要到场进行检查并留存检查记录，使用部门要明确监护人并全程监护。

4）脚手架的验收。脚手架搭设完毕首次使用前必须履行三级验收程序。6m 及以下脚手架进行班组级验收，由脚手架使用工作票工作负责人组织；6m 以上、24m 及以下脚手架进行部门级验收，由使用部门安健环主管组织。24m 以上脚手架，以及特殊、承重脚手架、悬吊架进行厂级验收，由安监部门和生产技术部门组织。各级验收人员检查完毕后在工作票上签字。

5）脚手架的使用。脚手架使用工作票工作负责人在每天使用前应进行检查签字，确认无问题后方可开展工作。

6）脚手架拆除。脚手架拆除时，应根据需要编制脚手架拆除工作方案并履行审批程序。拆除过程中相关人员进行检查并留存检查记录，使用部门明确监护人并全程监护。

9. 工作票管理要求

（1）工作票的编号。各单位可根据自身实际自行设定工作票编号原则，但必须确保每份工作票在本单位内的编号是唯一的。编号中应体现工作票的种类、时间和当月流水号等内容。

（2）工作票的保存。

1）工作票为一式两份。工作期间，一份由工作负责人在现场收持，另一份由运行人员留存。

2）附票为一式两份。工作期间，主票工作负责人、附票工作负责人各持一份。

动火工作票至少为一式三份。一级动火工作票一份由工作负责人收持，一份由动火执行人收持，另一份由安全管理部门留存；二级动火工作票一份由工作负责人收持，一份由动火执行人收持，另一份由动火部门（车间）留存。若动火工作与运行有关时，还应增加一份交运行人员收持。

3）工作结束后，工作票由运行、检修维护部门分别留存，并分别进行工作票票种数量、已终结数量、合格数量、不合格数量、作废数量的统计。月底统一交回安全监管部门审查、保存，由安全监管部门进行合格率评价。

4）已终结的纸质工作票应至少保存 3 个月，电子工作票至少保存一年。与设备一类障碍及以上事故有关的工作票，原票应与事故档案共同保存。

5）发电企业运行值班室应设立工作票夹，将已开工、已终结、作废及延期等工作票分类存放，便于交接、查阅。

（3）电子工作票管理要求。

1）采用电子工作票的发电企业，应使用集团一体化集中管控系统，并严格管理"三种人"的签字权限。电子工作票系统采取使用指纹、读卡等身份权限验证管理措施，严禁代签、盗签现象。

2）电子工作票系统录入的"三种人"资格必须实行系统自动闭锁，防止工作票流转到无资格人员处。

3）新建工作票必须由填票人手工录入，禁止从典型票、标准票、历史票（已执行票）上复制粘贴。对典型票、标准票、历史票实行文档保护，闭锁其复制功能。

4）任何人员不得修改电子工作票系统录入信息数据，如需维护、修改电子工作票管理系统，必须经分管生产的领导同意；系统后台管理人员应在收到书面通知后方可按照通知要求进行修改。工作负责人、工作票签发人、工作许可人资格由系统后台管理人员根据安全监管部门提供的书面公布文件录入。

5）工作许可人在工作票签收、许可、终结或在履行完工作票延期、工作负责人变更手续后，应同时进行登记，完成后方可关闭工作票网上管理流程。

（4）工作票的评价。

1）工作票合格率计算方法：

当月合格票数(c)＝当月使用的工作票份数(a)－不合格份数(b)

$$月合格率＝\frac{c}{a}×100\%$$

2）有下列情况之一者为不合格工作票：

a. 未按规定签名或代签名。

b. 工作内容（任务）和工作地点填写不清楚。

c. 应采取的安全措施不齐全、不准确或所要求采取的安全措施与系统设备状况不符。

d. 同一工作时间内一个工作负责人同时持有两份及以上有效工作票。

e. 工作票签发人、工作负责人和工作许可人不符合规定要求。

f. 使用术语不规范且含义不清楚。

g. 未按规定盖章。

h. 已终结的工作票，所拆除措施中接地线数目与装设接地线数目不同，而又未注明原因。

i. 安全措施栏中，装设的接地线未注明编号。

j. 安全措施栏中，不按规定填写，而有"同左""同上""上述"等字样。

k. 用票种类不当。

l. 未按规定使用附页。

m. 无编号或编号错误。

n. 未按规定对应填写编号或未打"√"或未写"检修自理"。

o. 应填写的项目而未填写（如时间、地点、设备名称等）。

p. 字迹不清或任意涂改。

q. 在保存期内丢失、损坏、乱写、乱画。

r. 已执行安全措施与必须采取的安全措施序号不对应。

s. "运行值班人员补充的安全措施"栏、"补充措施执行情况"栏内空白。

t. 重要安全措施遗漏。

u. 危险点分析与控制措施票的"声明栏"中人员签名与工作班成员不符。

v. 签发方和许可方任一方修改超过两处者。

w. 其他违反《电业安全工作规程》有关规定和本标准的行为。

（二）操作票管理

1. 总则

（1）操作票是按照规程形成操作规范、具有正确顺序的书面操作程序，落实操作全过程风险管控，严格执行操作票制度，能有效防止误操作。

（2）发电企业运行人员对机械、电气设备及其系统进行正常操作时，均应使用操作票。

（3）发电企业应针对常规操作项目建立典型操作票库，典型操作票应包括作业前风险辨识、操作风险等级、控制风险等级、操作项目、操作项目风险提示等内容，同时各企业要建立风险分级管理相关规定。

（4）发电企业应每年组织有关设备操作权、监护权、发令权资格的岗位培训和岗位考试。

（5）下列操作可以不用操作票，但应记入值班记录中：

1）事故紧急处理。

2）拉合断路器（开关）的单一操作。

3）拉开全站仅有的一组接地刀闸或拆除仅有的一组接地线。

4）油压装置补气、调油位，调速器手自动切换，油、水、气系统的单一程序操作等。

5）运行调整性操作以及程控可以实现的操作。

2. 操作票中相关人员职责

（1）发令人（应由值长、单元长、班组长担任）职责。

1）对操作票的执行与否进行决策，对发布命令的正确性、完整性负全部责任。

2）对操作票内容进行审核，对操作票内容正确性负主要责任。

3）对操作任务进行风险再评估，审核操作任务风险等级和控制级别。

4）对操作过程中的风险点向操作人、监护人进行安全技术交底。

5）对中、高风险操作任务，要按风险分级管控要求联系相应管理人员现场见证。

6）发布操作命令时应目的明确、任务具体。

（2）监护人和操作人职责。

1）监护人负责审核操作票，对操作票正确性负次要责任。

2）操作人负责填写操作票，对操作票正确性负一定责任。

3）监护人和操作人对执行操作指令的正确性负全部责任，其中监护人负主要责任。操作人擅自操作造成后果的，由操作人负主要责任。

4）监护人对操作任务进行操作风险评估，确定风险等级和控制级别。

5）值班人员有权拒绝接受违反规程以及危及人身、设备和电网安全的命令，同时申述不接受的理由，并迅速向上一级领导报告。

3. 操作票填写

采用手写操作票的，应用蓝黑墨水填写，字迹要清楚，不得涂改。使用一体化管控系统打印纸质操作票的，所有人员签名必须采取手写签字。使用无纸化电子操作票的，应采用信息系统授权管理，通过指纹、密码等人员识别技术签字，严禁告知他人密码代办代签。

（1）"操作基本信息"栏。

1）操作编号。手写操作票应事先编号，按照编号顺序使用；电子操作票应按顺序自动生成编号。

2）操作任务。每份操作票只能填写一个操作任务；内容应简洁明了，指明电压等级和操作目的；"操作任务"和"操作项目"必须填写设备双重名称（即设备名称和编号）。

3）"作业风险等级"和"风险控制等级"。作业前应先开展风险评估，确定操作任务风险等级，风险等级评估原则如下：

a. 操作项目程序存在重大风险或两项及以上较大风险的，应将整个作业操作风险等级确定为高风险作业。

b. 操作项目程序不存在一般、较大、重大风险项,将整个作业操作风险等级确定为低风险作业。

c. 除以上两种情况外的操作任务,将整个作业操作风险等级确定为中风险作业。

4)风险控制等级管控原则。

a. 被评估为"高风险作业"的操作,风险控制等级确定为公司(厂)级。

b. 被评估为"中风险作业"的操作,风险控制等级确定为部门(车间)级。

c. 被评估为"低风险作业"的操作,风险控制等级确定为班组级,由当值(班组)人员内部进行管控。

d. 各发电企业应具体制定相关管理人员到场见证机制。

(2)"操作前准备工作"栏。监护人确认与操作相关的工作票是否结束或者押回,确认后打"√"。监护人确认相关管理人员是否按照分级管理规定到场见证,管理人员要到场签字确认,确认后打"√"。

(3)"操作前风险评估"栏。各发电企业依据建立的典型操作票导入,并由监护人确认打"√"。若无该操作任务典型操作票,须组织专业人员依据本企业的风险数据库,根据操作项目,从人、机、环、管四方面开展危险因素辨识,并制定预控措施,履行审批流程后执行。

(4)"安全技术交底"栏。发令人按照"操作前风险评估""操作中风险提示"等内容向操作人、监护人进行安全技术交底,并进行签字确认。通过进行安全技术交底,操作人和监护人对操作任务风险进行第二次识别和修正。

(5)"操作项目"栏。填写操作项目时,应认真考虑一次系统改变对二次保护及自动装置的影响,考虑操作中可能出现的问题,考虑系统改变后的安全和经济运行,对照现场实际、模拟图板、运行技术标准、图纸、原有操作票及设备编号填写,确保其正确无误。操作人针对每一项操作项目程序进行风险再辨识,对辨识出的一般、较大、重大操作项目程序,在下一行进行操作风险提示,下列操作项目必须填入操作票内:

1)应执行的微机操作流程。

2)应拉、合的断路器(开关)和隔离开关(刀闸)。

3)安装或拆除控制回路或电压互感器回路的熔断器。

4)投、退保护回路压板。

5)拆、装接地线或拉、合接地隔离开关(刀闸),测试绝缘。

6)检验设备是否无压(电压、介质压力等)。

7)操作前和操作后,检查相应断路器(开关)和隔离开关(刀闸)的实际位置,并作为一个单独的操作项目填入操作票内。

8)应开启、关闭的阀门。

一项操作任务的操作项目篇幅超出一页时,可在"操作项目"栏最后一行内，填入"转×××××号操作票第×页"字样，并在下一页"操作项目"栏第一行内，填入"上接×××××号操作票第×页"字样。电子操作票应能自动生成上述字样。每页操作票均应写明操作任务，均有操作人、监护人、发令人的签名。

（6）"操作中风险点管控"栏。发电企业应根据典型操作票，将操作任务中的"一般、较大、重大"风险的操作项目导入该栏。针对一般、较大、重大的操作项目，应由相关管理人员（安全监督、生产保障人员）按照本企业风险分级管控规定履行到场见证职责。

（7）"操作后风险管控情况评价"栏。在操作结束后，由发令人、操作人、监护人对操作前、操作中的风险辨识和措施执行情况进行回顾性总结，可由操作人进行填写。最后由发令人、操作人、监护人再次签字确认，并如实填写完成时间，本次操作任务完成。

（8）操作票用词。

1）设备简称用词。

a. 变压器：主变压器称"主变"、厂用变压器称"厂用变"、启动/备用变压器称"启/备用变"等。

b. 断路器："开关""母联开关""旁路开关""×××线路开关""主变×××kV侧开关"、空气开关（包括二次空气开关）等。

c. 隔离开关：刀闸。

d. 母线：有"Ⅰ母""Ⅱ母""甲母""乙母""Ⅰ段母线""Ⅱ段母线""旁路母线"等。

e. 熔断器："保险"等。

f. 线路："×××线路"。

2）操作术语的用词。

a. 线路、母线、变压器：×××（设备名称）由×××（现状态）转为×××（结果状态等）。

b. 断路器：合上、拉开（包括二次空气开关）。

c. 隔离开关：合上、拉开（包括二次隔离开关）。

d. 熔断器：装上、卸下。

e. 继电保护及自动装置：投入、退出。

f. 小车开关：推至、拉至。

g. 接地线：装设、拆除。

h. 接地开关：合上、拉开。

i. 机械专业用词：充水、放水、升压、降压、升温、降温、并列、并网、加负荷、减负荷、解列、盘车、启动、停止、切至、切换、开启、开至、关闭、关至、投入、退出等。

j. 标识牌：悬挂、取下。

3）检查、验电、装、拆安全措施的用词。

a. 检查：检查×××（设备名称）×××（状态）。

b. 验电：在×××（设备名称）×××处（明确位置）三相验明确无电压。

c. 装设接地线：在×××（设备名称）×××处（明确位置）装设♯×××（编号）接地线。

d. 拆除接地线：拆除×××（设备名称）×××处（明确位置）♯×××（编号）接地线。

（9）典型操作票的使用。典型操作票由各专业工程师负责编写，操作票的"操作项目"程序需经生产技术部或运行管理部门审核，操作票的风险预控相关措施需经安全监察部门审核，最后经总工程师或生产分管副总批准后执行。典型操作票的内容必须同实际设备、系统操作相符合。设备名称（简称）、操作术语、运行方式改变、检查项目等用词应准确、符合规定。

4. 操作票执行

（1）操作人填写完操作票或打印一体化集中管控系统中的操作票后，应先自查。应根据操作任务从人、机、环、管四方面开展风险辨识或进行风险辨识的再确认，确认防范措施落实到位，再交于监护人审核。

（2）监护人根据操作任务进行风险再评估，确定操作风险等级和控制等级，检查作业前风险辨识是否全面。针对高风险操作还须提高审核等级，由发令人交部门（车间）专业人员审核同意后，办理操作票手续。

（3）发令人在下达操作任务命令前，还应安排监护人核实与操作任务相关工作票是否已终结或押回，并要求操作人员检查设备、安全工器具、系统运行方式、运行状态是否具备操作条件。审核中如发现错误，操作票应予以作废，并重新填写。

（4）发令人针对中、高风险的操作任务，须通知相应管理人员现场见证。

（5）操作前，由发令人对操作人员、监护人员进行操作中存在的风险开展安全技术交底，并确认签字。

（6）经审核的操作票，由发令人下达执行命令后，方可开始操作任务。

（7）电气操作时，操作人和监护人应在符合现场实际的模拟图（或微机五防系统、监控系统等）上进行模拟预演，确认操作项目及顺序正确无误。

（8）操作时，严格执行操作监护制，不允许在无人监护的情况下进行操作。电气倒闸操作必须由两人执行，其中岗位级别较高者作监护人。对中、高风险操作任务，相关管理人员（安全监督、生产保障人员）要按规定履行到场或在线远程视频见证职责。

（9）操作时，严格执行唱票复诵制。操作人、监护人共同核对设备名称、编号。监护人每次只准发一项操作指令，高声唱票。操作人手指设备名称、编号，高声复诵。监护人确认无误后，向操作人发出正式操作口令："正确！执行"。操作人听清口令后方可正式进行操作。唱票和复诵应严肃认真、准确、洪亮、清晰。操作过程中应对唱票复诵内容进行录音，操作结束后做好记录和保存。

（10）操作过程中必须按操作票填写的顺序逐项操作，禁止跳项、倒项、添项、漏项或穿插口头指令。监护人对一般、较大、重大操作项目的风险向操作人进行提示，每操作完一项，立即进行核对，检查无误后由监护人在"检查栏"内划上"√"符号，表示该项操作确已完毕，严禁执行完成全部操作项目后一起划"√"。全部操作完成后应进行复查。

（11）"操作时间"栏一般仅填写操作开始和终结时间。如操作涉及系统的倒闸操作或并列、解列（包括机组）、拉合断路器或重要的隔离开关、装拆接地线、测量绝缘电阻、重要阀门的开启或关闭、重要保护的投退等重要操作项目，应将有关操作时间记录在完成时间栏内。

（12）操作中必须使用防误闭锁解锁工具时，应经具有相关权限的人批准或授权使用，并记录使用情况。

（13）操作中产生疑问时，应立即停止操作并向发令人报告，弄清问题后再进行操作，不得随意更改操作票，不得随意解除闭锁装置。

（14）操作因故中断（如发生设备故障或事故），不能继续操作时，应向发令人汇报操作终止原因、项目等情况，必要时向上级领导汇报。由监护人在备注栏注明操作中断原因及时间。该操作票作为已执行的操作票统计。若需继续操作时，必须重新填写操作票并履行审核程序。

（15）一个操作任务，一般应始终由同一操作人和监护人进行，中途不得更换，不准做与操作无关的事情。若遇时间较长的大型操作，可以在操作告一段落后进行交接班。接班者必须重新核对操作，确认无误后，各有关人员应在原操作票上签字，方可继续操作。

（16）除遇紧急情况和事故处理外，一般操作应避免在交接班时进行。交班前30min，接班后15min内原则上不进行重大项目的操作。

（17）特殊情况需要在接班后1h内进行的复杂操作，操作票可由上一班人员填写和审核，负责向下一班做好交接。接班值班人员在执行操作任务前，操作人、监护人、发令人均应对操作票进行审核和签名，并对所要进行操作项目的正确性负全部责任。若前一班填写的操作票不合格，接班值班人员必须重新填写操作票。

（18）执行完成全部操作项目后，操作人、监护人应检查系统状态和设备参数是否正常，向发令人汇报操作结束，填写结束时间。

（19）操作结束后由发令人、操作人、监护人对操作前、操作中的风险辨识和措施执行情况进行回顾性总结，如有问题则需要在评价栏予以写明，并将改进措施、举一反三应用到下一次同类型操作任务中。

（20）操作结束后，由监护人负责在一体化集中管控系统内进行闭环。

并保存操作视频和唱票复诵录音文件等。

5. 其他注意事项

（1）操作票的编号。各单位可根据自身实际自行设定操作票编号原则，但必须确保每份操作票在本单位内的编号是唯一的。编号中应体现操作票的种类、时间和当月流水号等内容。

（2）操作票的印章。

1）填写完的操作票，应在最后一项操作项目的下一栏左侧盖"以下空白"章。如果最后一项操作项目刚好位于"操作项目"栏的最后一栏，则不盖"以下空白"章。

2）因审核中发现错误或其他原因作废的操作票，应在操作票每页"操作任务"栏右侧盖"作废"章，并在备注栏内注明作废原因。

3）已执行的操作票应分别在每页操作票"操作任务"栏右侧盖"已执行"章。

4）一份操作票因某种原因只操作了部分项时，如当页操作票操作项目均未操作，应在当页操作票"操作任务"栏右侧盖"未执行"章；如当页操作票内存在已操作项，应在当页操作票"操作任务"栏右侧盖"已执行"章，并在备注栏内注明操作中断的项目和原因。

（3）操作票的保存。已执行、未执行及作废的操作票及相关视频、录音文件至少保存 3 个月，由发电企业安全监管部门归口管理。

（4）有下列情况之一者，为不合格操作票：

1）无编号或编号不符合规定。

2）各级管理人员未按规定进行见证的。

3）操作前未开展风险辨识，未进行安全技术措施交底。

4）操作后未开展风险再总结、再回顾。

5）未填写日期时间。

6）一张操作票超过一个操作任务。

7）填写的操作任务不明确，操作项目不完整，设备名称、编号不规范。

8）装设接地线（合接地开关）前或检查绝缘前没验电，或没有指明验电地点。

9）装、拆接地线没有写明装、拆地点，接地线无编号。

10）没有填写断路器拉、合时间或没有填写装、拆（合、拉）接地线（接地开关）时间。

11）操作前未弄清操作目的或不填票、不审票、不根据模拟图板或接线图核对操作项目；操作中不高声唱票，不认真复诵和监护，不作必要的模拟手势；全部操作完毕后不进行复查。

12）操作项目漏项（包括遗漏检查项目）。

13）不按规定的并项。

14）操作顺序有错误。

15）未在每项操作完成后做记号"√"。

16）操作票未经审核。

17）各级签名人员不符合规定，未签名，未签全名或代签。

18）未按规定填写操作开始和终结时间。

19）未盖"已执行""未执行""作废"或"以下空白"印章。

20）未用蓝黑墨水填写，字迹潦草，票面模糊或有涂改。

二、设备定期试验与轮换制、运行交接班制、巡回检查制

（一）设备定期试验与轮换制

1. 设备定期试验与轮换管理要求

（1）运行部门应按照运行规程、操作票管理制度执行定期切换与试验工作（以下简称定期工作），确保所有设备处于健康状态。

（2）在定期工作前，应做好事故预想、风险辨识及防范措施。

（3）按规程规定，由专人按时完成设备定期工作；特殊情况下，经运行专业技术人员调整后执行。

（4）运行部门应建立定期工作相关台账，将试验情况记录在运行日志和台账中。

（5）运行规程内应编制定期工作项目与频次表，内容包括项目、周期、执行人等。编制时应考虑电力行业标准、技术监督项目、反事故措施整改、设备的实际状况、气候环境等因素。

2. 辅控运行常见定期工作项目及频次

辅控运行常见定期工作项目及频次见表6-1。

表6-1 典型辅控运行常见定期工作项目与频次

序号	辅控定期工作项目	频次
1	除灰输送用空气压缩机启停操作	每两周执行
2	脱硝空气压缩机启停操作	每两周执行
3	气化风机启停及切换操作	每两周执行
4	高压冲洗水泵启停及切换操作	每周执行
5	低压冲洗水泵启停及切换操作	每两周执行
6	回水泵启停及切换操作	每两周执行
7	渣浆泵启停及切换操作	每两周执行
8	轴封水泵启停及切换操作	每两周执行
9	稀释风机启停及切换操作	每两周执行
10	浆液循环泵启停及切换操作	每两周执行
11	氧化风机启停及切换操作	每两周执行
12	石灰石浆液循环泵启停及切换操作	每两周执行
13	石灰石浆液供给泵启停及切换操作	每两周执行
14	脱硫专业工艺水泵启停及切换操作	每两周执行

续表

序号	辅控定期工作项目	频次
15	除雾器冲洗水泵的启停及切换操作	每两周执行
16	滤布冲洗水泵启停及切换操作	每两周执行
17	废水排出泵启停及切换操作	每周执行
18	废水旋流器给料泵启停及切换操作	每两周执行
19	滤液水泵的启停及切换操作	每两周执行
20	脱硫空气压缩机启停操作	每两周执行
21	石膏缓冲泵启停切换操作	每两周执行
22	水解区域尿素溶液输送泵切换操作	每两周执行
23	尿素区内部洗眼器设备定期投运操作	每白班执行
24	尿素区热备用尿素水解器升温操作	每白班执行
25	尿素区1～3号水解器切换操作	每两周执行
26	尿素区水解器定期排污操作	每两周执行
27	尿素区消防喷淋试运操作	每两周执行
28	除盐水箱切换操作	每周执行
29	除盐水泵切换操作	每周执行
30	酸碱区洗眼器、淋浴器定期投运操作	每白班执行
31	消防水泵定期联锁试验操作	每两周执行
32	柴油消防水泵定期启动操作	每两周执行
33	制氢站空气中氢气浓度监测	每白班执行

3. 定期工作流程

（1）定期工作准备。

1）运行人员接班后，按照运行规程规定布置安排当班需要进行的定期工作。

2）对需要改变机组负荷、设备或系统运行方式的定期工作，需经值长批准。

3）重要的定期工作，值长（班长）执行《重大操作人员到位制度》，通知相关人员到场。

4）定期工作前，运行人员应开展风险辨识、做好事故预想，采取相应的预控措施。

5）定期工作前，检查备用设备或系统正常，具备定期工作条件。

（2）定期工作执行。

1）定期工作时，若发生事故，应立即终止工作，听从值长统一指挥，进行事故处理。

2）定期切换时，若发现设备缺陷，应恢复原运行方式，通知相关检修单位处理。

3）定期试验时，若发现参数异常，应向值长汇报，若试验结果偏差较大，应分析原因，必要时可重新进行试验，做好记录，向相关运行专业技术人员汇报。

4）定期工作时，若发现异常与缺陷，认真分析、记录，填写缺陷通知单。

5）将定期切换与试验执行情况，记录在定期工作台账中。

（3）定期工作延期或取消。

1）针对不到试验周期的设备或系统，定期工作可延期，但必须详细记录原因；延期执行或临时取消的定期工作，待执行条件具备后，由运行专业技术人员安排执行。

2）符合下列情况时，经生产领导批准后可不进行定期工作，但必须详细记录原因：

a. 设备或系统异常、运行方式薄弱，影响机组或电网安全运行时。

b. 重大活动、政治保电等特殊情况时。

（4）定期工作结果评价。定期工作结果与前次差异较大时，向相关运行专业技术人员汇报，由运行专业技术人员组织分析、查明原因，制定相应的防范措施，审批后下发执行。

4. 定期工作标准

火电辅控运行各岗位定期工作标准见表 6-2。

表 6-2　火电辅控运行各岗位定期工作标准

序号	流程	工作节点	岗位分工			工作内容与要求
			辅控主值	辅控副值	辅控巡操	
1	工作布置	明确任务	√			根据运行规程规定，按时按班布置定期工作
		指定操作人员	√			指定监护人与操作人
		交代注意事项	√			操作前提醒监护人与操作人操作设备的位置、操作主要步骤、存在的风险、使用的工器具以及人身安全防护等注意事项
2	工作准备	工作联系	√			对可能影响机组出力或非停的操作，向生产领导和相关专业技术人员汇报并到现场指导
			√			对涉及多个系统、多个部门的操作，联系相关人员配合
		风险分析	√	√	√	（1）在操作前监护人与操作人根据现场情况认真填写员工人身安全风险分析预控记录（纸版或电子版），掌握安全防范措施、携带相应安全工器具；（2）在操作前做好事故预想和防止误操作和设备误动的防范措施
		填写操作票		√	√	按照标准操作票进行填写
		准备工器具		√	√	根据操作任务、就地实际环境以及相关的管理制度，准备好工器具、钥匙以及自身防护用品

续表

序号	流程	工作节点	岗位分工			工作内容与要求
			辅控主值	辅控副值	辅控巡操	
3	工作执行	使用操作票的操作	√	√	√	严格按照"操作票管理制度"执行操作
		不使用操作票的操作	√	√	√	(1) 确认任务：操作前再次向发令人确认操作任务； (2) 核对设备：操作前核对设备位置、名称、编号及实际运行状态，防止误操作； (3) 设备启动前确认保护投入，保护退出履行审批手续； (4) 执行操作：根据操作措施或规定操作； (5) 核对参数：通知监盘人员连续监视所操作设备各项参数，并核对远方、就地参数及状态
4	工作结束	操作情况汇报	√	√	√	(1) 明确汇报操作完毕及结束时间； (2) 汇报所操作系统、设备操作前后状态与重要参数变化情况以及当前的运行方式
				√	√	(1) 汇报操作中发现的缺陷及其现象、名称和采取的措施； (2) 对操作中存在的问题汇报清楚
		工器具定置存放		√	√	将使用后的工器具、钥匙以及自身防护用品定置放置
		信息录入				将操作项目、设备名称、方式变化及操作中发现的重要缺陷录入值班日志
			√	√	√	(1) 将操作中发现的缺陷录入缺陷管理系统； (2) 将操作项目、设备名称、状态及参数录入运行日志； (3) 记录相关的管理台账

（二）运行交接班制

1. 运行交接班的管理要求

（1）在无特殊情况下，运行交接班最迟不超过以下时间：夜班与早班交接时间为上午 8 点整；早班与中班交接时间为下午 4 点整；中班与夜班交接时间为凌晨 1 点整。

（2）值班人员按规定班次轮换值班、提前到岗、按时交接，未经上级部门同意，不得随意更改。交班前半小时，接班后 15min 内，一般不进行重大操作和办理工作票，特殊情况例外。交接班前各岗位人员应按照规定的时间、线路、项目、标准认真检查。

（3）接班人员必须在接班后方可进行工作，交班人员未办理交接手续不得离开岗位。当不能正常交接班时，应按以下要求进行：

1）接班人员向接班值长（班长）汇报。

2）交班值长（班长）应立即落实解决，并进行处理、调解，不得离开。

3）个别岗位不能交班时，其调整操作应接受接班值长的统一指挥。

4）交接班发生分歧时，由值长（班长）协商解决，协商有困难时，报运行部门负责人处理。

5）在交接班分歧未处理前，交班人员不得离开岗位。

（4）正式交接班应以值长（班长）下令"接班"为准，一般应准点交接，接盘时间即为责任的分界点。燃料、脱硫、除灰、化学等辅控运行班长（主值）应在交班前、接班后向当值值长汇报本专业主要设备运行情况。

（5）交接班主要内容。

1）机组（设备）的运行方式、启停、轮换、试验、保护投退情况。

2）设备异常、缺陷及采取的措施和注意事项。

3）检修工作及其采取的安全措施，设备变更情况和检修交代事项。

4）各种记录、报表及上级有关指示。

5）工器具、钥匙及技术资料。

6）辖区内的卫生符合要求。

7）预计下班进行的工作。

（6）各岗位对口交接班准备，各岗位交接准备完成后，必须及时向上一级岗位汇报交接情况，各岗位交接完成后才能进行班组的交接。

（7）交班负责人应依据交班内容标准积极、主动向接班负责人交待，确保交接内容准确、到位。

（8）接班负责人听取交班负责人陈述、讲解交班记录内容，确认交班记录内容全面、满足接班条件。

（9）交班内容与标准存在偏差的交接班负责人共同确认偏差内容，必要时给予补充说明；若对偏差内容认识存在不统一的，经双方核实无误后再继续交接班，无法达成一致的应及时向部门领导汇报进行协调。

（10）交班前各岗位按照交班前检查提示，进行交班前检查。火电辅控运行各岗位交班工作标准见表6-3。

表6-3　火电辅控运行各岗位交班工作标准

序号	流程	工作节点	岗位分工			工作内容与要求
			辅控主值	辅控副值	辅控巡操	
1	交班准备	交班检查	√	√	√	在交班前1h，按照已划定区域和路线进行设备检查，确认所检查设备系统运行正常
			√			在交班前1h，对本机组各系统画面、保护及自动装置等全面检查，确认设备运行方式合理、参数稳定

序号	流程	工作节点	岗位分工			工作内容与要求
			辅控主值	辅控副值	辅控巡操	
1	交班准备	对当班其间各项工作情况的检查	√			（1）检查"两票"执行情况及其相关记录； （2）检查日常生产记录完善情况； （3）检查缺陷通知、录入、验收消缺情况； （4）检查设备运行方式、异常处理、保护投退等情况； （5）做好下一班接班后1h内预计进行操作的准备工作及其工作记录
		对当班期间各项工作情况的检查（即检查交班交代的内容）	√			（1）检查本机组"两票"执行情况及其相关记录； （2）检查本机组日常生产记录完善情况； （3）检查缺陷通知、录入、验收消缺情况； （4）检查设备运行方式、异常处理、保护投退等情况； （5）做好下一班接班后1h内预计进行操作的准备工作及其工作记录
		汇总传达指示、通知和要求				（1）电网与调度命令； （2）上级部门有关指示和文件要求； （3）部门通知
		审核、完成上报的数据报表	√			完成发电量、供热量、耗煤量、耗水量等报表
		审核、完善值班记录	√			（1）审核各辅控岗位的运行日志填写情况； （2）录入和完善辅控运行日志； （3）记录有关本机组的措施、通知及要求
		审查、完善自己在当班期间各项工作情况		√		（1）检查"两票"执行情况及其相关记录； （2）检查日常生产记录完善情况； （3）检查缺陷通知、录入、验收消缺情况； （4）异常处理、保护投退等记录情况
		工器具检查与整理			√	（1）钥匙：钥匙齐全、无损坏、位置对应，与《钥匙借用登记本》一致； （2）工器具：数量齐全、无损坏、位置对应，整洁可用
		技术资料检查与整理			√	（1）规程、系统图：数量齐全、无缺损、位置对应，干净整洁； （2）技术措施、学习资料：无缺损、位置对应，干净整洁
		清理卫生工作			√	对主控室、休息室、办票室等及其配备设施进行卫生清理

续表

序号	流程	工作节点	岗位分工			工作内容与要求
			辅控主值	辅控副值	辅控巡操	
1	交班准备	检查汇报		√	√	向机组长汇报检查情况
		听取所辖岗位汇报	√			在交班前 40min，听取本班情况与交班检查的汇报
		听取辅控各岗位汇报				在交班前 40min，听取辅控各岗位本班情况汇报
2	交班	对口交接	√	√	√	办理交班手续
3	班后会	清点人数				检查本班人员交班到位情况
		总结当班工作情况				(1) 总结本班的工作任务完成情况和经验教训； (2) 总结本班值班纪律及各项规程制度执行情况； (3) 总结异常情况发生的经过、处理、原因及防范对策； (4) 肯定成绩，表扬工作中的好人好事，指出缺点错误，批评违章违纪现象，提出改正方向
		布置会后工作				(1) 若当班发生设备异常或安全事故，组织相关岗位人员参加异常、事故分析会； (2) 下白班后进行安全学习或培训
		听取值长班会后讲话	√	√	√	(1) 听取值长班会后总结； (2) 服从会后安排
4	撤离现场	工作结束	√	√	√	整队离开工作现场

（11）接班前各岗位按照接班前检查提示，进行接班前检查。

火电辅控运行各岗位接班工作标准见表 6-4。

表 6-4 火电辅控运行各岗位接班工作标准

序号	流程	工作节点	岗位分工			工作内容与要求
			辅控主值	辅控副值	辅控巡操	
1	集合	集合	√	√	√	提前 30min 到达指定地点
2	接班准备	清点人数	√			检查本班人员到岗情况
		做好自身安全防护	√	√	√	检查自己服装、鞋帽符合《电业安全工作规程》规定
		检查人员身心健康	√			检查本班人员精神良好，头脑清醒，未饮酒和无影响工作的病症
		检查人员着装	√			检查本班人员服装、鞋帽符合《电业安全工作规程》规定

340

序号	流程	工作节点	岗位分工			工作内容与要求
			辅控主值	辅控副值	辅控巡操	
2	接班准备	依据人员情况，调配岗位	✓			对未到岗和不适合上岗人员，进行调配补充，运行机组不得出现无人上岗情况
		安排工作	✓			根据现场情况，交代检查注意事项
		带好检查器具	✓	✓	✓	带好手电、钥匙、听针等检查器具
		听取值长安排	✓	✓	✓	(1) 服从岗位调配； (2) 根据现场情况，注意检查重点设备系统
3	接班检查	了解生产情况	✓			(1) 运行方式、运行操作、定期试验、检修试验情况； (2) 运行异常、缺陷及采取的措施和注意事项； (3) 保护、自动装置运行和变化情况； (4) 设备检修及采取的安全措施，设备变更情况及检修交代事项
		会议及交待事项	✓			(1) 上班遗留的工作任务及注意事项； (2) 上级指示、命令、工作计划、技术措施、布置的任务以及落实情况； (3) 其他生产部门联系工作的内容及执行情况
		设备及系统检查	✓	✓	✓	(1) 按照已划定区域和路线进行设备检查； (2) 对发现的一般缺陷，接班后通知检修人员并录入缺陷系统； (3) 对发现的异常或缺陷隐患，立即通知值长，联系上班人员采取措施，进行处理
		了解本机组生产情况	✓	✓	✓	(1) 浏览运行日志； (2) 翻阅画面，了解运行方式、主设备运行参数现状和变化情况； (3) 设备缺陷及消缺情况，运行采取的防范措施； (4) 设备检修安全措施布置情况及现场检修作业情况； (5) 保护投退、自动装置运行和变化情况； (6) 发生的异常、事故原因及详细处理经过
		检查日常生产记录台账		✓		检查日常生产记录台账：内容与实际一致，无缺损、位置对应，干净整洁
		工器具检查			✓	(1) 钥匙：钥匙齐全、无损坏、位置对应，与"钥匙借用登记本"一致； (2) 工器具：数量齐全、无损坏、位置对应，整洁可用

续表

序号	流程	工作节点	岗位分工			工作内容与要求
			辅控主值	辅控副值	辅控巡操	
3	接班检查	技术资料检查			√	（1）规程、系统图：数量齐全、无缺损、位置对应，干净整洁； （2）技术措施、学习资料：无缺损、位置对应，干净整洁
		卫生情况检查			√	辅控室、休息室、办票室等及其配备设施：干净整洁，摆放整齐
		听取辅控各级人员汇报	√			收集辅控各级人员的汇报检查情况
		检查汇报	√			向值长汇报检查情况
4	班前会	听取辅控各级人员汇报	√			（1）设备运行、检修、备用情况和设备缺陷状况； （2）运行方式变更和运行注意事项； （3）电气与热工保护的变更情况； （4）工作票和安全措施的执行情况等
		布置工作任务及注意事项	√			（1）本班需要进行的定期（预计）工作； （2）待办工作票的安全措施执行和工作票办理； （3）落实重要缺陷及隐患防范措施和做好事故预想
		传达指示、通知和要求	√			（1）上级部门有关指示和文件要求； （2）部门通知
		汇报检查情况	√			向值长或副值长（单元长）汇报检查情况
		听取值长安排	√	√	√	（1）服从工作安排和工作注意事项； （2）认真听取值长传达的指示、通知和要求
5	接班	对口交接	√	√	√	符合接班条件，办理接班手续
6	接班汇报	听取辅控各岗位汇报	√			听取辅控各岗位汇报本岗位运行情况
		布置工作	√			根据机组生产情况，布置安排用煤、用水、用氢、环保等工作

（12）灰硫渣仓辅助运行、地磅辅助运行、循环水辅助运行及水库辅助运行以现场值班记录本签字为依据进行交接班。

（13）集控运行、燃料运行履行 SAP 系统签证手续进行交接班，交接双方在运行日志交接班模块上依次登录账号确认即完成交接班。

（14）运行部、燃料部（运行）管理人员应定期参加班前班后会，每人每月不少于 2 次，并建立管理人员班前班后会检查评价表，应保证每个班组每月有 1 名管理人员参加。

（15）应妥善保存本细则的执行表单，保存期为 1 年。

2. 交接班的执行程序

（1）交班前准备。

1）交班前 30min，原则上不进行重大操作或运行方式调整。

2）交班前 30min，各岗位应完成所辖设备的检查、试验、轮换工作，检查所辖区域卫生清洁，各岗位对照交班前检查提示表确认设备、系统运行方式正常，主要参数、指标正常，钥匙、工器具、应急物资等完整。

3）交班前 30min，各岗位应按照本厂《运行日志、报表、台账管理细则》要求，完成运行日志、报表、台账的记录，记录应清楚全面。

4）交班前 30min，值长、主值、班长等主要岗位应根据各岗位运行日志和交班前的自查情况，认真填写交接班信息记录表。

（2）接班前检查。

1）接班负责人应及时查阅值班日志和交接班检查提示表，并根据内容安排人员针对现场的检修工作、缺陷、异常、变更进行重点检查。

2）接班人员应提前 30min 进入现场，按照工作安排和接班检查要求，认真做好设备、系统的现场检查，对于检查中发现的问题，应主动向交班人员询问清楚或要求进行整改，不得自行处理。

3）交班人员应主动向接班人员详细介绍本班全部工作情况，对接班人员提出的疑问和要求进行详细说明和整改。

4）对设备变更、二类及以上缺陷或接班人员认为有必要的异常运行情况，进行现场交接。

5）接班人员应认真听取交班人员对生产运行情况的介绍，对照接班前检查提示表进行检查。

（3）班前会与班后会的管理要求。

1）班前会与班后会由值长（班长）主持召开，参加人员为本值（班）运行人员，并将相关内容记录在"班前班后会记录本"上。

2）班前班后会在控制室区域以站班形式召开，设班前班后会站队区域。

3）班前会召开时间为接班前 5～10min；班后会召开时间为交班后。

4）班前会主要内容：听取运行人员汇报；布置工作任务及注意事项；传达指示、通知和要求。

5）班后会主要内容：清点人数；总结当班工作情况；布置会后工作。

（4）班前会。

1）接班负责人应在接班前 5min 主持召开班前会，各岗位人员按分工汇报接班检查情况。接班人员应按规定的轮值表和时间及时参会，未经部门分管主任同意不得自行调换值班时间。

2）通报设备运行情况、工作票的办理情况。

3）通报休班期间设备发生的异常、处理情况及预防措施。

4）通报重要的检修交待。

5）通报设备重要缺陷或重要隐患。

6）接班负责人传达公司、部门的命令指示及专业交待。

7）接班负责人根据本班定期工作、调度或上级的工作指令，布置当班工作任务，并结合电网和系统运行方式、设备运行状态、运行薄弱环节及天气变化等因素进行风险提示，做好针对性的事故预想和防范对策。

8）接班负责人检查接班人员身体状况，确认其精神状态不适合当班时向部门汇报，暂停其工作。

9）各岗位针对当日工作任务分析人身安全风险，填写《员工人身安全风险分析预控本》预控措施，完成后方可进入现场巡检或执行操作。

10）运行部、燃料部（运行）管理人员应按要求参加运行交接班会，对交接班的规范性进行检查评价，对运行人员掌握现场缺陷、异常等风险及防范措施的情况进行检查、指导和评价。

11）现场有重大操作或试验计划时，运行部、燃料部（运行）相应专业管理人员应参加交接班会，讲解技术措施和试验方案，提示操作风险。

（5）交接班。

1）交接仪式。

a. 班前会结束后，对应的接盘人员统一站在交盘人背后。

b. 接班值长（班长）发出口令："接班"。

c. 交、接盘人员听到"接班"口令后，交盘人先统一起立、向后转、换位，接班人在盘前坐下。

d. 交盘人员离开盘面，准备进行班后会。

2）交接班应严格履行交接班手续，接班负责人同意并确认接班后，交班负责人方可交班并组织人员离开现场。未办理交接班手续，交班人员不得离开现场。

3）若接班人员未按时到达岗位，交班人员应继续工作，并将此情况向值长汇报，待接班人员到来并完成交接手续后方可离开现场。

4）岗位交接班发生矛盾时，由交接班负责人协商决定是否交接班。

5）接班人员必须在接班后方可进行参数调整和操作。

6）运行人员交接班必须按照"五必交、八不接"原则执行。

7）接班后，值长（班长、主值）应将班前会的相关工作安排、风险提示、管理人员交代的注意事项等进行记录。

（6）班后会。交班后交班负责人组织召开班后会，班后会记录应详实，主要内容包括：

1）清点各岗位人数，评价当班任务的完成情况、主要风险控制情况和控制措施落实情况，总结班中出现的不安全现象、不规范岗位行为和工作偏差等。

2）肯定成绩，表扬安全生产工作中的好人好事，指出缺点错误，批评违章违纪，提出今后努力的方向。

3）传达公司或部门有关的命令、指示。

4）针对《员工人身安全风险分析预控本》，评估风险管控效果，及时完善预控措施；会后由班组统一收回保管，以个人为单位按月保存待查。

5）当班发生较重大设备异常或人身安全事故，班后会结束后，交班负责人应组织相关岗位人员参加重大设备异常、人身安全事故分析会。

（三）运行巡回检查制

1. 巡检管理要求

（1）运行部门应建立巡回检查制度，并定期修订。

（2）运行部门应本着"巡检方便，路线最短、省时省力"原则制定科学巡检路线；根据设备和工艺特点，编制巡检标准。

（3）巡检时，应按照定人、定点、定时、定标准、定方法、定路线、定记录（简称"七定"）执行。

（4）各岗位外出巡回检查，应合理安排，主岗人员不得同时外出。

（5）宜采用计算机管理的巡回检查系统，计算机管理系统故障时，应以其他方式做好巡回检查记录。

（6）以下特殊情况应在确保安全的前提下，加强运行巡回检查次数：

1）设备存在重大缺陷或隐患。

2）设备检修后投入运行。

3）新设备刚投入运行。

4）特殊运行方式。

a. 特殊运行时期（如：重大节日、活动保电、迎峰度夏等）。

b. 恶劣气象条件（如：大风、大雨、大雪、高温、严寒等）。

（7）以下区域应暂时停止巡检：

1）雷雨期间，室外高压带电区域。

2）金属设备探伤区域。

3）存在有毒有害气体的区域。

4）正在吊装、起重的区域。

5）发生高温、高压物质泄漏的危险区域。

2. 巡检内容

巡回检查是了解设备、系统的运行情况，以及发现隐患、缺陷保证安全运行的重要措施，因此运行值班人员必须认真仔细地做好检查，如发现异常情况，要分析、判断，找出原因，及时予以消除，不能及时消除的，要采取措施，防止事态扩大，并及时汇报，做好记录交待。

巡回检查的主要内容：

（1）每个运行班对机组进行全面检查，执行检查工作人必须认真负责，严格按照机组运行巡回检查卡对设备进行全面详细的检查。

（2）各值班岗位按巡检路线和巡检时间对所管辖设备进行巡回检查，

特别注意检查各转动机械的振动、轴承温度、润滑油压、润滑油温、油箱油位或轴承箱油位油质、电动机温度等应正常，对系统设备漏泄、异声、表计指示异常等进行检查、分析和判断。

（3）检查辅控系统设备运行情况。

（4）检查吸收塔系统运行情况，重点检查浆液循环泵、氧化风机运行声音、振动、轴承温度、轴承油位。检查各浆液管道、膨胀节无漏浆，吸收塔溢流管无溢流。

（5）检查石灰石制浆系统运行情况，重点检查石灰石下料情况是否正常，球磨机运行声音、振动、轴承温度正常，润滑油箱油位在正常范围内，检查各浆液管道、膨胀节无漏浆。

（6）检查石膏脱水系统运行情况，重点检查脱水效果，石膏品质，以及脱水机运行情况，检查各浆液管道、膨胀节无漏浆。

（7）检查电除尘输灰运行情况，重点检查灰斗下灰情况是否正常，各输灰管道、仓泵无漏灰，灰斗无高料位。灰库卸灰正常，灰库料位正常。

（8）检查尿素水解供氨系统运行情况，重点检查各尿素水解箱液位正常，现场无漏氨，各机组供氨系统投入正常。

（9）检查水处理系统运行正常，重点检查各水箱水位正常，各电动机、泵运行正常。水质在线监测系统正常，除盐制水系统各床体无漏水，压缩空气管道无漏气，酸碱罐、管道无渗漏，酸碱区洗眼器水压正常，检查消防水系统压力正常，管道无渗漏。

（10）检查辅控公用系统运行情况，重点检查海水电解制氢系统运行正常，电解器、管道无漏氢，氢气检漏装置运行正常，制氢站消防器材均可靠备用，制氢站无明火作业。电解海水制氯系统运行正常，检查次氯酸钠储罐液位正常，各循环水泵入口加药流量在正常范围内，管道无渗漏。废水系统运行正常，各箱体液位正常，废水出水水质符合要求，各管道无渗漏。

（11）检查各配电间电气设备运行正常，开关无报警，无焦煳味，各干式变压器运行声音正常，绕组温度正常。

（12）对操作画面各设备、系统的压力、温度、水位、流量、联锁、信号报警等参数点定期检查，密切注意报警情况。

（13）检查主表盘各种仪表、信号、自动装置、联动装置的工作状况，表管有无泄漏和振动。交接班时必须试验热力信号的灯光、声响，联系控制室共同试验联络信号。

（14）检查各辅助电动机电流、轴承温度、联锁装置的工作状况与振动、运转声音，电动机外壳接地线是否良好，地脚螺栓是否牢固等。

（15）检查各辅助系统是否有跑冒滴漏、异常振动等情况。

3.巡检流程

（1）巡检准备。

1）值班负责人应根据运行方式、设备缺陷隐患和异常天气等布置巡视重点，交代注意事项。

2）巡检前开展人身风险辨识评价与预控，规范填写员工人身安全风险分析预控记录（纸版或电子版），掌握必要的安全防范措施。

3）巡检人员应了解设备运行方式及负荷分配情况、设备缺陷和隐患，熟悉检查重点。

4）巡检人员做好个人防护，携带巡检工器具、通信设备。

（2）巡回检查。巡检人员严格按照"七定"要求进行巡回检查。巡检"七定"见表6-5，巡检项目与标准示例见表6-6。

表6-5　火电运行各岗位巡检"七定"标准

定人	定点	定时	定标准	定方法	定路线	定记录
辅控主值	主要设备；薄弱环节的重要设备；重要辅机设备或系统	每班一次	参见示例表6-6	（1）看：看各种表计指示，看设备外貌；（2）听：使用听针检查转动机械及承压部件是否有异常声音；（3）闻：设备是否有焦煳味、油烟味等；（4）摸：允许用手触摸的设备，如轴瓦、电动机外壳等需要用手感来测试温度的设备；（5）测：用仪表测量各项参数；（6）试：对设备仪表进行试验（如油位计、水位计校对）	示例：水处理巡回检查路线：水处理控制室→除盐设备间→综合泵大泵坑→澄清池→砂滤池→矾加药间→废水排放泵坑→酸碱储存罐→除盐水箱、清水箱	（1）在运行日志上记录检查情况；（2）将发现的缺陷录入缺陷管理系统；（3）重大缺陷的发现及其后续处理情况；（4）上传巡检记录或记录相关检查台账
辅控副值	本机组内全部设备	每班两次				
	薄弱环节的设备及系统	每小时一次				
	主要设备及重点区域	每2h一次				
辅控巡检	辅控设备及系统	每班两次				
	辅控薄弱环节的设备及系统	每小时一次				
	辅控主要设备及重点区	每2h一次				

表6-6　检查项目与标准（以柴油发电机为例）

检查项目	检查标准
（1）润滑油；（2）冷却液；（3）冷却液系统的加热装置；（4）燃油；（5）截门；（6）柴油发电机出口开关；（7）蓄电池；（8）机头面板；（9）控制方式；（10）室内暖气	（1）柴油发电机组的机油油位正常；（2）冷却液在加水口下的50～100mm处；（3）加热装置投入，且运行正常；（4）燃油在高油位；（5）整个机组无漏油、漏液现象；（6）燃油、润滑油、冷却水等回路上的截门均在开启状态；（7）蓄电池电压正常（26～28V），充电装置正常；（8）机头面板无异常报警信号；（9）出口开关在热备用状态；（10）机头面板上的控制开关及出口开关的控制开关均在"自动"位；（11）冬季室内暖气运行正常

（3）巡检结束。

1）巡检人员向值班负责人汇报巡检情况。

2）录入设备缺陷，通知检修人员，将重要缺陷的发现及处理情况录入值班日志内。

3）记录相关检查台账和汇总上传巡检数据。

（4）巡回检查工作标准。火电辅控运行各岗位巡回检查工作标准见表 6-7。

表 6-7　火电辅控运行各岗位巡回检查的工作标准

序号	流程	工作节点	岗位分工			工作内容与要求
			辅控主值	辅控副值	辅控巡操	
1	巡检前准备	布置安排	√			（1）巡操员无特殊工作安排，按照《巡回检查制度》安排巡检； （2）根据实际情况，布置重点检查对象
		了解设备状况	√	√	√	（1）设备缺陷隐患和异常情况； （2）设备运行方式
		交代注意事项	√			巡检前根据现场实际异常情况，提醒巡操员远离可能发生烧伤、辐射、坠落、触电、窒息及摔伤等场所，检查方法以及人身安全防护等注意事项
		风险分析	√	√	√	在巡检前根据现场情况认真填写员工人身安全风险分析预控记录（纸版或电子版），掌握必要的安全防范措施
		准备工器具	√	√	√	根据巡检任务、就地实际环境等情况，准备好对讲机、手电、听针、测温仪、测振仪、钥匙以及自身防护用品
2	巡回检查	正常巡检		√	√	（1）各设备系统外观完整，无跑冒滴漏等现象； （2）通过看、听、嗅、摸、测等方法掌握设备运行状况及参数； （3）检查现场环境卫生状况良好，公用设备设施完好
		特殊巡检	√	√	√	（1）存在缺陷的系统、设备； （2）新投入运行的系统、设备； （3）大小修后处于试运行阶段的设备； （4）无备用的运行设备、系统； （5）极端天气巡检
		缺陷响应	√	√	√	（1）发现危及人身、设备安全的缺陷，立即进行紧急处理，并汇报； （2）对不涉及人身、设备安全的重要缺陷立即汇报，进行处理避免影响范围扩大，其后返回辅控室，进行后续处理
				√	√	一般缺陷巡检结束后汇报

续表

序号	流程	工作节点	岗位分工			工作内容与要求
			辅控主值	辅控副值	辅控巡操	
3	巡检结束	巡检情况汇报		√	√	（1）汇报系统、设备的状态、参数变化情况及当前运行方式； （2）汇报发现的缺陷及其现象、名称和采取的措施； （3）遗留缺陷的发展趋势； （4）现场发现的人员违章或装置性违章
				√	√	暂时无法确定的缺陷象征、不明原因的设备参数及状态变化
				√	√	检修工作的进度、采取的安全措施情况
				√	√	现场文明生产情况、设施缺陷
		工器具定置存放	√	√	√	将使用后的工器具、钥匙以及自身防护用品进行定置存放
		信息录入		√	√	（1）将缺陷录入缺陷管理系统，重大缺陷的发现及其后续处理录入值班日志； （2）记录相关检查台账
				√	√	将巡检设备相关数据进行记录和汇总

三、防误操作管理

（一）加强现场基础管理

（1）合理安排运行岗位加班、替班人员，原则上不得安排不同机组间人员交叉加班、替班，防止发生走错间隔等。确因工作需要安排人员跨机组工作时，要做好当班机组特性和现存缺陷、隐患、非正常运行方式等技术交底工作。

（2）现场工作人员当班前 8h 严禁饮酒，班组负责人必须清楚掌握员工精神状态，严禁安排状态不佳人员进行现场作业。

（3）现场安全工器具必须按照有关规定定期检验，合格后粘贴标签，明确下次检验时间。禁止使用检验不合格的工器具。验电器、万用表等工器具在使用前必须进行必要的检查和试验，工器具必须设专人保管，定置存放，安全用具禁止移作他用。

（4）现场所有携带型短路接地线必须编号，存放在集控室地线管理柜对号入座，按值移交；携带型短路接地线的导线、线卡、护套要符合标准，固定螺栓无松动，接地线编号、试验合格证清晰，无脱落。

（5）新设备启动投运时或试验工作需要运行人员操作的，应提前对运行人员进行安全、技术培训，试验负责人应提前至少 1 天向运行人员提交启动方案和措施，试验前在现场对运行及相关试验人员进行技术交底。

（二）加强现场安保管理

（1）建立完善生产区域的门禁或钥匙管理制度，明确各级人员使用权限、流程并做好记录，规范电子设备间、工程师站、保护室、励磁小间、配电室、升压站、氢站、油库等重要场所的进出入管理。

（2）门禁系统的日常维护工作纳入正常的设备维护和消缺管理，设备管理部信息专业设专人负责。

（3）继电保护和热控系统不得随意接入其他设备或接入互联网运行，防止病毒侵入。需要与系统联网实现监视、数据采集、远程诊断等功能时，必须做好可靠的隔离或防护措施，严格执行二十五项反措及二次防护系统的相关管理要求。

（4）DCS系统实行密码分级管理，高权限密码只有系统维护工程师、热控室主管、专工掌握。在工程师站操作结束后，必须关闭相关的应用程序，退出高级权限用户到重新登录页面，并加设屏幕保护密码。各级授权人员在发现系统异常时应组织相关人员查明原因并处理。

（三）加强现场标识管理

（1）机组间设明显的分界线标识，分界线两侧有明显的机组号标识，防止人员走错间隔。

（2）两台机组的发电机—变压器组保护室在同一房间布置的，应实现物理隔离，并设置明显的标识。

（3）现场系统及设备标识牌必须齐全，如在操作中遇到设备标识不清或有疑问的情况操作人员应停止操作，由对现场熟悉人员进行确认。生产现场重要调节、保护测点、重要阀门必须有醒目的提示牌。

（4）热控、继电保护及安装自动装置机柜内重要元件（如CPU板、出口跳闸继电器等）及端子排应做醒目标识。

（5）电子间、保护室等重要区域应设置电子语音提示，例如"你已进入××号机组电气保护室"等。

（四）加强运行规程及操作票管理

（1）设备、系统异动时应及时修编完善运行规程、系统图和标准操作票（或卡）。

（2）运行规程、系统图和标准操作票（或卡）应由运行部门相关专业主管编制，相关部门会审，总工程师（或分管生产领导）批准后方可下发使用。

（3）运行规程中应有系统启停操作的注意事项；特殊运行方式下的运行操作规定和注意事项。

（五）加强现场操作组织管理

（1）对于辅控系统的重大操作或重大试验项目，技术措施必须经过分管领导审批，严格执行到岗到位管理制度，应到位人员而未到位，不得进行下一步操作。到岗到位人员对操作安全技术问题严格把关，并监督现场操作执行情况。

（2）值班负责人要安排对系统熟悉的人员进行操作，由经验丰富、技能水平高的人员负责监护。

（3）电气倒闸操作和电气、热控保护投退以及信号强制操作至少两人进行，使用操作票（或卡），严禁在无监护情况下操作；严禁一组人员同时进行两项操作任务；严禁监护人参与操作，在操作过程中不得进行其他工作。保护投入前必须检查系统设备运行正常，控制回路、逻辑回路、信号回路正常，无异常报警，否则禁止投入操作。

（4）在运行机组、公用系统的保护回路上工作，必须制定防误操作的安全技术措施，经主管生产领导批准后方可进行。作业时必须携带相关图纸、资料，仔细核对系统、设备名称、编码、端子排编号、线号，核对无误后并在专人监护下方可进行作业，严禁单人作业。

（5）操作命令必须明确，向操作人员交待清楚操作任务、目的及要求，操作人员应复诵无误。在操作过程中，不得擅自更改操作票，不得随意解除闭锁装置。运行人员操作必须严格执行"两确认一停止"的原则，即：确认机组的名称与编号、确认设备的名称与编号，发现问题或异常立即停止操作。

（六）加强生产人员培训管理

（1）各级生产人员应加强安全、技术、技能培训，考试合格后上岗，认真落实生产人员岗位培训取证工作要求。

（2）利用仿真机开展浆液循环泵、氧化风机等重要设备故障及环保设施异常的事故处理培训，提高运行人员事故判断和处理的能力。

（3）加强运行人员热控、继电保护知识培训，掌握操作原则、热控逻辑和相关保护工作原理。

（4）各级技术人员应加强操作风险分析，组织开展事故预想和反事故演习，提高应急处置能力。

（5）设备、系统或装置发生异动后必须完善相关技术资料，并对相关人员进行培训。

（6）加强行业内事故通报学习，对于设备厂家一样、运行方式或管理模式相似单位的误操作事件，要从设备状态、方式优化和人员技能等方面强化培训，杜绝同类事件发生。

（七）加强防误操作新技术应用

（1）鼓励开展电子操作票、电子安全围栏、操作音频和视频在线传输、实时定位系统等防误操作新技术的探索、实践和应用。

（2）周密策划与部署防误操作新技术应用，结合"智能智慧"电站建设统筹安排，从设备使用、维护、成本等方面考虑，选择合适的防误操作新技术。

（3）使用防误操作新技术要编写具体的使用规定和管理要求，保证新技术应用达到预期效果。

（八）防止运行误操作专项措施

1. 防止电气误操作专项措施

（1）电气操作人员必须由经过安全技术培训、考试合格并经有关部门批准的值班人员担任。

（2）所有电气操作必须使用电气操作票（单一操作、参数调整或事故处理除外）并严格执行监护制度，所有电气系统的操作必须由两人执行，一人监护，一人操作，严禁在没有监护的情况下进行操作。操作过程中，监护人不得替代操作人进行操作。

（3）电气操作票由操作人填写，低风险的操作票由监护人、发令人（主值、值长）审核，中级及以上风险等级的操作票应提级审核，经专业管理人员到岗审核并签字后方可执行，确保操作票的正确性。单一操作可使用操作命令卡。每张操作票执行完毕后方可执行下一张操作票，严禁同时执行多张操作票。

（4）倒闸操作票审核合格后，操作人、监护人应在符合现场实际的模拟图上认真进行模拟预演，以保证操作项目和顺序正确；对于模拟图板上没有的系统设备，在操作前应在一次接线图上进行模拟预演；经预演确认无误后，监护人在操作项目以下空白格处加盖"以下空白"章，操作人、监护人、发令人分别签字。

（5）万用表、绝缘电阻表、高低压验电器等工器具在使用之前必须验证其完好无损；高、低压验电器使用前不仅要验证声、光指示正常，还必须在相应电压等级带电部位验证状况良好。万用表、绝缘电阻表的极线颜色应符合要求。

（6）操作人、监护人操作前必须核对机组位置和双重编号，停电前应确认要停电的设备确已停运、无电流指示及开关确已分闸后方可进行停电操作。设备送电前应现场检查接线完好，具备送电条件。

（7）电气倒闸操作严格执行"监护复诵制"，严禁操作人员私自改动操作票的内容或倒项、跳项、漏项、添项后进行操作，如需进行上述变动时，应重新填写操作票，经审核后方可进行操作。操作时应全程录像，录像文件至少保存三个月。

1）操作过程中发生异常或疑问时，应立即停止操作，汇报值班负责人，并禁止单人滞留现场，待值班负责人再行许可后，方可进行操作。不准擅自更改操作票，不准随意解除闭锁装置。

2）操作过程中严格执行"唱票→复诵→操作→回令"步骤，复诵时操作人员必须手指设备名称标识，监护人确认与复诵内容相符下"正确！执行！"令后，操作人方可操作。操作完毕后，操作人员回答"操作完毕！"。

3）监护人听到操作人回令检查确认后在"执行情况栏"打"√"，对重要节点操作完成时间进行记录。

4）停电拉闸操作必须按照断路器→负荷侧隔离开关→电源侧隔离开关的顺序依次进行；送电合闸操作应按照上述相反的顺序进行，严禁带负荷拉合隔离开关。

5）拉合隔离开关（断路器拉至试验位或送至工作位）前，必须检查断路器确已断开后，方可继续进行操作，以防止带负荷拉合隔离开关；应从表计、断路器位置指示器、带电指示器等多方面检查断路器合断位置。对于拉不开或合不上或名称不对应的断路器应立即停止操作，汇报值班负责人。

6）需打开断路器柜后柜门进行操作时，应仔细核对设备名称编号，防止走错间隔。

（8）断路器或隔离开关电气闭锁回路不应设重动继电器类元器件，应直接使用断路器或隔离开关的辅助触点。

（9）倒闸操作过程中应核对隔离开关分合闸位置，有隔离开关观察孔则通过观察孔核对；无隔离开关观察孔且无法直接观察断口状态，运行人员应通过"机构箱分/合闸指示牌、汇控箱位置指示灯、后台监控机的位置指示、现场位置划线标识确认、拐臂及传动连杆位置状态、遥测信号指示"等方式，综合判断隔离开关位置。

（10）检修人员在断路器检修后应确认检修与试验措施均已恢复，具备送电条件。送电前运行人员必须将断路器拉出确认断路器触头完好，无短接现象。禁止不经检查确认直接送电操作。

（11）五防闭锁装置必须安全可靠，与主设备同时投入运行。因维护、试验、消缺等工作需停用五防闭锁装置时，应经总工程师或主管生产的领导批准；短时间退出需经值长批准，并应尽快按程序投入运行。五防闭锁装置退出期间，电气倒闸操作应升级管控，指派专人使用万能解锁钥匙，使用时必须与操作人、监护人共同确认锁具、设备的名称、编号正确后方可操作。万能解锁钥匙必须按规定封存和保管。

（12）在操作中发现现场锁具拒开，禁止使用其他工具开锁，严禁撬锁，必须重新核对设备编号和确认间隔，经专业人员确认电脑钥匙故障后，经值长同意，总工程师或主管生产领导批准后方可使用万能解锁钥匙开锁，并做好详细记录。

（13）电气保护压板投入前，应使用高内阻直流电压表测量保护压板上下无保护动作出口后方可操作投入。

2. 防止 DCS 误操作专项措施

（1）具有操作权限的 DCS 操作员站只限于当班运行人员使用和操作。非当班运行人员（含运行部门管理人员）不能使用 DCS 操作员站，必须使用时应得到当班值长同意，并在指定的 DCS 操作员站进行相应操作。交接班时，接班人员在得到交班主值的同意后才能在指定的操作员站进行画面检查，并禁止进行任何操作，遇异常情况，应立即通知当班主值。

（2）检修人员进入辅控室进行工作票办理时，必须严格遵守辅控室管理规定，值长（主值）必须对外来人员的行为规范进行提示和管理，严禁无关人员进入操作警戒线内或在操作盘附近联系工作。

（3）DCS操作盘前表单、鼠标、键盘、电话等物品摆放必须符合定置管理规定，严禁出现乱丢、乱放和覆盖、按压操作键盘（操作按钮）、鼠标等不规范行为。

（4）监盘、操作时严禁做与工作无关的事情。在DCS画面操作时，原则上只允许调出一个操作框，在同时调用两个操作框操作时，必须有监护人进行二次确认。

（5）系统启动、停止前，应确认所有保护等已正常投入，所有报警信号已确认。

（6）DCS系统相关参数声光报警应分级设置，杜绝频发无效报警。

（7）监盘人员必须清楚掌握机组各设备系统运行方式和工况，操作指令发出后，运行人员应在当前画面停留，监视相关参数的变化趋势，直到参数稳定在正常值，再进行画面切换。

1）设备启动或阀门的开启操作。

操作前应明确操作任务，检查是否具备启动条件，如电源是否正常、联锁是否投入等，要考虑其启动后带来的联启联停等影响。

得到启动命令后在操作画面上弹出相应的启/停操作框中，再次检查操作设备的名称与编号正确无误，按下"启动（开启）"按钮后确认，同时观察该设备的启动电流及返回时间。如果是"成对"出现的设备还应观察另一台设备的相关参数。

对于重要设备的启动，在其启动后要严密跟踪监视相关参数，同时做好事故预想。

2）设备停止或阀门的关闭操作。

操作前应明确操作任务，检查是否具备停止条件，考虑其停止后带来的联启联停等影响。

得到停止命令后在操作画面上弹出相应的启/停操作框中，再次检查操作设备的名称与编号正确无误。按下"停止（关闭）"按钮并确认，观察该设备的相关参数，同时就地检查设备是否倒转。如果是成对出现的设备还应观察其另一台设备的相关参数。

系统运行中，重要辅机停运前联系热控人员检查无报警信号存在，运行人员检查DCS画面无开关量报警信号，停运操作后2min之内不要离开其所在的系统画面，同时做好事故预想。

在正常的设备轮换操作完后要注意在DCS画面上确认备用设备处于良好的备用状态。

3）模拟量加减指令的操作。

在操作前应明确操作目的，确认所调出的操作画面是否为所要操作的画面，确认当前指令值、反馈值，确认操作方向是否正确。

正常运行中应用鼠标点击操作对话框中的小指令操作，以点动操作的方法进行调节。非紧急情况下禁止使用操作对话框中的大指令操作。点击完成后确认鼠标按键释放，防止操作指令持续输入。

合理设置定值块的上下限，当操作中需要以数字形式输入指令时，应确认所输入的数字正确无误，特别注意小数点的位置，并且使用鼠标确认。

当操作中必须使用键盘"回车"键时，应仔细认真确认无误后才能进行。

指令输入后观察指令及所调节量的变化，在确认正常后才能切换至其他画面进行操作，禁止在指令或反馈未达到目标值时切换画面。

一项操作任务操作完成后，将鼠标移至空白处，防止误操作设备，数据输入时应特别注意负号，防止应输入负号而未输入的现象发生。

在操作中发现反馈与指令不一致、执行机构可能卡涩时，应及时将指令调整到与反馈数值一致，防止执行机构突然动作造成运行工况大幅度扰动。

4）自动投退的操作。

模拟量的总操或者分操投自动时都应注意其实际值（当前值）与设定值是否一致，原则上应在当前值与设定值一致时才能投自动。

在运行中需要改变设定值时，尽量避免大幅度改变，应考虑此设备的自动调节特性，防止干扰量过大引发自动调节超调，造成有关参数大幅度波动。

在升、降负荷操作时应特别注意相关参数设定值跟随内部曲线情况是否良好。自动投入应在系统参数运行稳定时进行，对于重要自动应由热控人员确认条件正确后再将自动投入。

自动、联锁或保护退出时应发出声光报警，确保能够及时提醒运行人员。

（8）DCS 系统或部件故障下的应急操作管理。在单侧 DPU 故障处理时，系统各运行参数正常，应将该 DPU 所控主要设备自动切换为手动，远方切换至就地，在恢复过程中，运行操作员应尽量减少操作，加强对该 DPU 所控设备的监视及机组主要参数的监视。在双侧 DPU 故障处理时，应将所控主要设备切换至就地，在恢复过程中，运行操作员应尽量减少操作，到就地对所控设备进行监视，必要时应向值长申请主机降负荷或停机停炉处理。

3. 防止热机系统误操作专项措施

（1）发令人下达的操作命令必须明确、正确，向操作员交待清楚操作要求及风险，操作人员必须复诵无误。

（2）操作时应核对设备系统、核对设备或阀门的双重编号（KKS 码）

无误后，用通信设备通知监盘人员"准备对××系统、××设备或××阀门开始操作"，征得控制室相应岗位人员同意后，经3s思考进行操作。

（3）一般的热力系统就地操作，可由一人单独完成，操作人对照需要操作的阀门，使用通信设备大声呼叫设备名称及编号。控制室确认呼叫正确后下令"可以操作"，得到控制室人员同意后就地人员开始按照要求操作。

（4）重要设备就地操作必须由二人完成，一人操作、一人监护；每操作一步应与控制室监盘人员联系一次，保持信息畅通。

（5）在进行就地操作时，监盘人员应对相关系统参数（流量、压力、温度、电流等）变化情况进行监视，发现异常及时通知就地人员停止操作，必要时恢复原运行状态。

（6）所有热力系统的操作力求缓慢，对于可能引起热冲击的热力系统，必须进行暖管和疏水。

（7）正常情况下现场不经常操作、一旦误操作可能导致人员伤害、机组非停等事件发生的阀门要上锁，解锁钥匙按值移交。

（8）现场进行任何阀门操作必须先汇报监盘主要人员或值长，不可随意操作或私自改变状态。

第二节　设备巡视与检查相关要求

一、辅控设备检查与操作通则

（一）辅控设备启动前检查

（1）检查检修工作结束，各设备人孔门关闭、地脚螺栓固定完好，转动机械的防护罩已罩好，管道及其连接良好，支吊架牢固。设备及管道的保温完整，现场整洁，通道畅通，楼梯、平台、栏杆完好，照明充足，工作票终结。

（2）检查热工表计、信号、联锁保护齐全，开启各仪表一次门。

（3）系统各阀门传动试验合格，操作开关灵活，反馈显示与实际位置相对应。

（4）检查转动机械轴承和各润滑部件，油位正常，油质合格，润滑油脂已加好。

（5）转动机械轴承及盘根冷却水正常。

（6）对可盘动的转动机械，应手盘联轴器，确认转动灵活无卡涩现象。电动机检修后的初次启动，必须经单独试转合格且转向正确方可连接。

（7）对系统进行全面检查，各阀门状态已按"阀门检查卡"要求置于正确位置。

（8）检查各水箱、油箱液位正常，水质、油质合格，油箱应放尽底部积水，并做好系统设备的充水（油）排气。

（9）电动机接线和外壳接地线良好，测量绝缘合格，就地事故按钮已复位。

（10）相应系统的其他检查工作结束后，送上辅机系统各设备的动力电源、控制电源，有关保护投入。

（11）送上系统相关设备及气动门的压缩空气气源。

（12）配合热工、电气完成辅机的联锁、保护试验工作，且应动作正常、定值正确，高压厂用电动机的联动试验，应将开关置于"试验"位置后再进行，试验结束后再送电。

（13）机组正常运行中的设备检修后恢复，应按要求进行试运检查，确认正常后，方可投入运行或备用方式。

（14）设备及系统的操作须做好详细记录，重要操作应执行操作监护制度。

（二）离心泵启动前的常规检查

（1）现场干净无杂物，保温良好，各种标志齐全，工作票终结并收回；联锁试验合格，设备试运转正常。

（2）仪表配置齐全，准确且已投用，保护装置静态校验动作正常且投入。

（3）系统已按相关要求检查完毕。

（4）离心泵的电源开关在断开位置，系统未运行时，离心泵的各联锁不得置"投用"位置。

（5）电动机绝缘合格，外壳接地良好。

（6）以上各条件具备后，电动机允许送电。

（7）轴承润滑油质良好，油位正常。

（8）密封水、冷却水投入正常。

（9）离心泵的放水门、放油门关闭。

（10）启动前离心泵排空气门应开启，开启注水门或进水门进行注水排空气，排空气结束应将排气门、注水门关闭。

（11）检查泵体及系统无跑、冒、滴、漏工质现象。

（12）启动时用的各种工具、仪表、记录卡备齐。

（三）容积泵启动前的检查

（1）按照离心泵的检查项目逐一检查合格。

（2）进、出口管路必须通畅，无任何阀门关断。

（3）启动时用的各种工具、仪表、记录卡备齐。

（四）风机启动前的检查

（1）各部件保温良好，外观完整。

（2）盘动转子时应灵活，无卡涩。

（3）各风门、挡板，经校验合格：开关方向正确、开度指示正确；就地指示与操作员站一致。

（4）辅机各种保护（轴承振动、温度，喘振、电气）、联锁、自动和报警装置等均已试验合格并投入，逻辑正确、测量装置齐全，仪表校验合格。

（5）轴承冷却水系统良好。

（6）配有强制油循环系统或液压控制油系统辅助设备启动前，油系统应提前 2h 启动。各润滑装置良好，油位正常，油质良好，油压、油温正常。

（7）启动时用的各种工具、仪表、记录卡备齐。

（8）现场消防设备齐全，处于备用状态。

（五）辅机设备启动

（1）各辅机设备启动前必须同有关人员联系。

（2）各辅机设备的启动前应遵照其逻辑关系进行，尽可能避免带负荷启动。

（3）辅机设备启动后应有专人监视电流和启动时间。若启动时间超过规定，电流仍未回到正常值时，应立即停止运行。

（4）C 级及以上检修后的辅机设备启动投运前应进行试转，试转时必须有检修负责人在场，确认转向正确，细听内部无异声，所有设备无异常现象，否则不许再启动或转入备用。

（5）对于就地带有选择开关的设备，启、停时应确认选择开关位置，如在辅控室操作员站上操作，应将选择开关置在"远方"位置，如在就地进行时，则应将开关置在"就地"位置。机组运行时，应将各辅机的选择开关置在"远方"位置。

（6）辅机设备启动后发生跳闸，必须查明原因，并消除故障后才可再次启动。辅机设备的连续启动次数参见《电机启动次数规定》执行。

（六）辅机设备启动后的检查

（1）各转动设备的轴承（轴瓦）以及减速箱温升要符合规定。

（2）辅机设备各部振动符合规定。

（3）电动机的温升、电流指示符合规定。

（4）各润滑油箱油位正常，无漏油现象。

（5）有关设备的密封部位应密封良好。

（6）转动设备和电动机无异常声音和摩擦声。

（7）各调节装置的机械连接应完好，无脱落。

（8）有关输送介质的设备入口、出口压力、流量正常。

（9）确认各联锁和自动调节装置均应投入正常。

（10）辅机设备所属系统无漏水、漏汽、漏油现象。

（七）辅机设备系统的停运

（1）凡是有程序停运的辅机，停运应使用程序进行操作，一般情况下，不得采用手动停用操作方式。

（2）辅机在停运前，应依据联锁方式采取必要的措施和操作，以保证相关设备不误启动、误跳闸或发生工质中断现象。

（3）停运前应检查操作员站画面，各停运允许条件满足方可停运。停用辅机设备前应与有关岗位联系并得到许可。

（4）调出相应的操作员站画面，确认后按下停止按钮，停止指示正确，电流回零。检查辅机进、出口门状态应按程序要求正确执行。

（5）检查设备停运后无倒转现象。

（6）设备停运后如需联锁备用，按"备用"要求各项满足备用条件，投入备用联锁。

（7）冬季时辅机停用后应采取必要的防冻措施，长期停运的设备应做好保养措施。辅机停运时注意比较惰走时间。

（八）辅机设备系统的故障隔离

设备及系统在运行中出现故障后，应及时检修。在检修前，为保障作业人员安全，需要对检修设备进行隔离，隔离原则：

（1）隔离一切危险源，包括汽、水、电、风、烟、油、气、酸、碱等。

（2）有备用设备或系统的，隔离前应启动备用设备，转移出力。

（3）隔离范围尽可能小，对系统影响尽量小。

（4）隔离时应先关介质来侧阀门，后关介质送出侧阀门。

（5）设备系统隔离后应泄压，确认排除危险源。

（6）先隔离近事故点阀门，如因汽、水弥漫而无法接近事故点，可先扩大隔离范围，待允许后再缩小隔离范围。

（九）发生下列故障之一，应紧急停止相应辅机设备

（1）发生强烈振动，超过允许值。

（2）设备内有明显的金属摩擦声或撞击。

（3）离心水泵发生汽化时。

（4）轴承冒烟或超温时。

（5）盘根或机械密封处，大量漏水或冒烟时。

（6）电动机着火或冒烟时。

（7）辅机跳闸保护该动作而未动作时。

（8）危及人身安全时。

（十）紧急停运步骤

按就地事故按钮（如果存在），检查原运行辅机停运，备用辅机自启动正常，故障辅机不应倒转，如果备用辅机未自启动，应立即手动开启，并汇报有关岗位，做好记录，查找故障原因；故障设备停运后应满足系统正常运行，不能维持正常运行时应根据该设备对机组负荷及安全状况的影响程度，采取相应的隔绝、减负荷等措施。

二、辅控系统巡回检查标准

（一）炉前脱硝巡回检查标准

炉前脱硝巡回检查标准见表 6-8。

表 6-8　炉前脱硝巡回检查标准

巡检项目	常见故障	巡检内容	巡检点	巡检标准
稀释风机	电动机倒转	电动机	轴承振动	小于标准值
			轴承声音	无异声
			轴承温度	小于标准值
	风机倒转	风机	轴承振动	小于标准值
			轴承温度	小于标准值
			出口压力	标准范围内
			声音	无水击声音或金属摩擦声音
			出口温度	在正常范围内
			入口滤网	无堵塞或破损，入口压力在标准范围内
			阀门状态	正常运行时，进出口门打开
			外观	外观完好，无破损
	管道破损	泄漏点	泄漏	系统和设备无泄漏，无积水
超声波吹灰系统	泄漏	超声波吹灰系统	压缩空气压力	压力在标准范围内
			压缩空气管道各阀门	手动门开启，吹灰时阀门动作正常，无卡涩
			安全门	安全门无内漏，无动作
			泄漏	管道无泄漏
氨气/空气混合器	混合器堵塞	氨气/空气混合器	氨气管道各阀门	阀门在正常位置
			氨气压力	在正常范围内
	氨气泄漏		氨气流量	在正常范围内
			混合器外观	外观完好，无泄漏
安全文明生产状况	—	工作票执行	—	安全措施正确和完善、工作内容和票面一致，工作组成员工作过程中无违反安规现象
	—	设备标志牌	—	设备标志牌、铭牌齐全
		热工仪表	—	表记完好齐全
		防护罩	—	防雨罩、保护罩齐全完好
		卫生状况	—	地面清洁、无积水、无油污、无其他杂物
		通风照明	—	照明按规定投退，各照明灯工作正常

（二）电除尘顶部巡回检查标准

电除尘顶部巡回检查标准见表 6-9。

表 6-9　电除尘顶部巡回检查标准

巡检项目	常见故障	巡检内容	巡检点	巡检标准
整流变压器	干燥呼吸器颜色异常；整流变压器声音异常	变压器油	油位	1/2～2/3
			油温	标准范围内
			油质	无杂质，油质正常
		呼吸器	硅胶颜色	蓝色
		本体	声音	无异声
高压隔离开关	闪烙放电，发热	操动机构	位置状态	位置状态正确
		本体	有无放电发热	无放电发热现象
振打装置	过电流异常	振打器	外观	良好
			声音	无异声
电除尘本体			接地装置	良好
			门孔封盖	严密
			声音	无异声
安全文明生产状况		工作票执行	—	安全措施正确和完善，工作内容和票面一致，工作组成员工作过程中无违反安规现象
		设备标志牌	—	设备标志牌、铭牌齐全
		热工仪表	—	表计完好齐全
		防护罩	—	防雨罩、保护罩齐全完好
		卫生状况	—	地面清洁、无积水、无油污、无其他杂物
		通风照明	—	照明按规定投退，各照明灯工作正常
		消防器材	—	配备正确、齐全

（三）电场除灰系统巡回检查标准

电场除灰系统巡回检查标准见表 6-10。

表 6-10　电场除灰系统巡回检查标准

巡检项目	常见故障	巡检内容	巡检点	巡检标准
灰斗		保温箱		外观良好
		电加热器		外观良好
		热电偶		外观良好

续表

巡检项目	常见故障	巡检内容	巡检点	巡检标准
仓泵	仓泵内有异物；仓泵之间堵灰；省煤器管道堵灰	料位计		外观良好
		手动隔绝阀		正常为开状态
		各气动阀		状态指示正确
		压力表		各压力表指示一致
		仓泵内积灰		各仓泵积灰应少于 1/2，并且温度应一致
		手动排气阀		正常为关状态
就地控制箱		面板		无报警，自动运行灯亮
		柜内		接地端子正常，无焦味，无积水
输送及仪用空气		压力表		压力在标准范围内
		各过滤器		状态正常，无报警
渗漏点	仓泵底部汽化垫片漏灰			系统和设备无渗漏
	管道连接法兰漏灰			
电除尘地坑	出力低	电除尘地坑泵		声音、温度、振动正常
		液位		在标准范围内，无溢流
		搅拌机		声音、温度、振动正常，油位正常，无漏油

（四）气化风机巡回检查标准

气化风机巡回检查标准见表 6-11。

表 6-11　气化风机巡回检查标准

巡检项目	常见故障	巡检内容	巡检点	巡检标准
气化风机本体	本体温度高	操作面板	本体温度	在标准范围内
			电动机	无异声，皮带正常
	出口气动门故障		控制方式	远方（公用气化风机除外）
			电磁阀控制箱	接通气源，无漏气
电加热器	运行温度高	操作面板	控制方式	远方（公用电加热除外）
			运行温度	155℃
	运行温度低		上限温度	165℃
			下限温度	145℃
	出口气动门故障		控制方式	远方（公用电加热除外）
			二次保险	完好
灰库气化风进口气动阀	出口气动门故障	电磁阀就地控制箱	灰库储气罐	压力正常
			控制方式	远方
			电磁阀箱	外观完整
			电磁阀	接线良好
			电磁阀箱	接通气源，无漏气

巡检项目	常见故障	巡检内容	巡检点	巡检标准
安全文明生产状况	—	工作票执行	—	安全措施正确和完善，工作内容和票面一致，工作组成员工作过程中无违反安规现象
		设备标志牌	—	设备标志牌、铭牌齐全
		热工仪表	—	表计完好齐全
		防护罩	—	防雨罩、保护罩齐全完好
		卫生状况	—	地面清洁、无积水、无油污、无其他杂物
		通风照明	—	照明按规定投退，各照明灯工作正常
		消防器材	—	配备正确、齐全

（五）沉淀池系统巡回检查标准

沉淀池系统巡回检查标准见表 6-12。

表 6-12　沉淀池系统巡回检查标准

巡检项目	常见故障	巡检内容	巡检点	巡检标准
回水泵	温度高	电动机、泵	电动机、泵体、轴承温度	在标准范围内
	振动大		电动机、泵体振动	正常
	出口压力波动大		出口压力表	正常
	回水泵轴封甩水		轴封	无泄漏现象
	异声		声音	回水泵无异常声音
	—		其他	回水泵无异味
	变频器故障	运行泵的变频器状态	变频器控制箱	工作正常，无异声，无任何报警现象
喷淋泵	温度高	电动机、泵	电动机、泵体、轴承温度	在标准范围内
	振动大		电动机、泵体振动	正常
	出口压力波动大		出口压力表	正常
沉淀池系统各水池、污泥池	水位高、水位低	各沉淀池和回水池，各反应池排污泵、排泥泵	水位	在正常范围内
	泥位高		泥位	在正常范围内
	—		各排泥泵温度、振动	无异声，振动值不高，温度不高
其他	—	—	地脚螺栓	牢固齐全
			渗漏点（个）	无
			标志齐全	标志齐全
			卫生状况	良好
			外观检查	良好

续表

巡检项目	常见故障	巡检内容	巡检点	巡检标准
安全文明生产状况	—	工作票执行	—	安全措施正确和完善，工作内容和票面一致，工作组成员工作过程中无违反安规现象
		设备标志牌	—	设备标志牌、铭牌齐全

（六）脱硫吸收塔系统巡回检查标准

脱硫吸收塔系统巡回检查标准见表 6-13。

表 6-13 脱硫吸收塔系统巡回检查标准

巡检项目	常见故障	巡检内容	巡检点	巡检标准
浆液循环泵	出口膨胀接泄漏浆液循环泵出力偏低电流偏低	电动机	轴承振动	小于标准值
			轴承声音	无异声
			轴承温度	在标准范围内
		泵	轴承振动	小于标准值
			轴承温度	在标准范围内
			出口压力	在标准范围内
			声音	无水击声音或金属摩擦声音
			出口电动门	正常运行时，应开启
			入口滤网	正常运行时，滤网密封严密，无漏水漏浆
			轴承油位	1/2～2/3
		备用泵	备用状态	正常应注满水，出口电动门关闭，电动机状态良好
				电动机无转动
		渗漏点		系统和设备无渗漏、无积水
氧化风机	入口滤网容易脏，出力下降	电动机	轴承振动	小于标准值
			轴承声音	无异声
			轴承温度	在标准范围内
		风机	轴承振动	小于标准值
			轴承温度	在标准范围内
			出口压力	在标准范围内
			声音	正常
			出口温度	在标准范围内
			入口滤网	无堵塞或破损，入口压力在标准范围内
		备用风机	备用	正常运行时，出口门应开启，入口门开启，电动机无转动
		渗漏点		系统和设备无渗漏

364

（七）脱硫工艺水系统巡回检查标准

脱硫工艺水系统巡回检查标准见表 6-14。

表 6-14 脱硫工艺水系统巡回检查标准

巡检项目	常见故障	巡检内容	巡检点	巡检标准
工艺水泵电动机		轴承	振动	正常运行小于标准值
			声音	无异声
			温度	在标准范围内
工艺水泵泵体	入口膨胀节抽扁	轴承	振动	正常运行小于标准值
			声音	无异声
			温度	在标准范围内
	出口压力低	出口压力	—	在标准范围内
备用工艺水泵	—	备用状态		进出口手动门开启，电动机状态良好，电动机无转动
工艺水箱本体	—	液位		在标准范围内
		再循环门		根据出口压力调节
		外观		外观良好
		管道	—	正常无泄漏
渗漏点	—			系统和设备无渗漏、无积水
除雾器冲洗水泵电动机		轴承	振动	正常运行小于标准值
			声音	无异声
			温度	在标准范围内

（八）化学系统巡回检查标准

化学系统巡回检查标准见表 6-15。

表 6-15 化学系统巡回检查标准

巡检范围	巡检项目	常见故障	巡检内容	巡检标准
除盐大厅	床体、管道	渗漏	床体、管道接口	无渗漏
		—	床体压力	停运为零，运行床体压差小于标准值
	室内情况	—	电磁阀箱	表面清洁、无漏气
		—	卫生状况	地面清洁、无积水、无油污、无其他杂物，墙皮无脱落
		—	通风照明	排气扇工作正常、各照明灯工作良好
		—	消防器材	数量充足、压力正常、未过期
		—	门窗状况	门窗关闭严密，无缺损现象
		—	设备标示牌	设备标示牌、铭牌齐全、正确

续表

巡检范围	巡检项目	常见故障	巡检内容	巡检标准
除盐电子设备间	盘柜	—	柜门	柜门完好并关闭
	室内情况	—	室内环境	温度<40℃，湿度<60%
		—	卫生状况	地面及盘柜清洁、无积水、无油污、无其他杂物、墙皮无脱落
		—	通风照明	排气扇工作正常、各照明灯工作良好
		—	消防器材	数量充足、压力正常、未过期
		—	门窗状况	门窗关闭严密，无缺损现象
除盐380V配电室	干式变压器	表面有异物	变压器外壳	表面清洁
		—	面板	面板无报警
		—	绕组温度	小于标准值
		—	变压器本体	运行变压器无异常声音
		—		运行变压器无异味
	NS抽屉开关	指示灯故障	红绿灯指示正常	和断路器实际状态相符
		断路器跳闸	断路器位置	不在"trip"位置
	MT型开关	没有储能	储能机构	储能电动机正确动作，储能指示正确
		电流表故障	电流指示正常	与负荷实际电流相符
		指示灯故障	红绿指示灯正常	和断路器实际状态相符
			各断路器位置	和断路器实际位置相符
		指示机构故障	分合闸机械指示	和断路器实际状态相符
除盐水泵房	管道	渗漏	管道接口	无渗漏
	清水泵	—	泵本体温度	在标准范围内
		—	泵本体声音	无异声
		—	泵本体油位	在1/2以上
		—	电动机温度	在标准范围内
		—	电动机声音	无异声
	反洗水泵	—	泵本体温度	在标准范围内
		—	泵本体声音	无异声
		—	泵本体油位	在1/2以上
		—	电动机温度	在标准范围内
		—	电动机声音	无异声
	除盐水泵	—	泵本体温度	在标准范围内
		—	泵本体声音	无异声
		—	泵本体油位	在1/2以上
		—	电动机温度	在标准范围内
		—	电动机声音	无异声

续表

巡检范围	巡检项目	常见故障	巡检内容	巡检标准
除盐水泵房	自用水泵	—	泵本体温度	在标准范围内
		—	泵本体声音	无异声
		—	泵本体油位	在1/2以上
		—	电动机温度	在标准范围内
		—	电动机声音	无异声
除盐酸碱喷射间	酸碱管道	渗漏	管道接口	无渗漏
	室内情况	—	卫生状况	地面清洁、无积水、无油污、无其他杂物，墙皮无脱落
		—	通风照明	排气扇工作正常、各照明灯工作良好
		—	门窗状况	门窗关闭严密，无缺损现象
		—	设备标示牌	设备标示牌、铭牌齐全、正确
除盐罗茨风机房	管道	渗漏	管道接口	无渗漏
	罗茨风机	—	风机温度	在标准范围内
		—	风机声音	无异声
	室内情况	—	卫生状况	地面清洁、无积水、无油污、无其他杂物，墙皮无脱落
		—	通风照明	排气扇工作正常、各照明灯工作良好
		—	消防器材	数量充足、压力正常、未过期
		—	门窗状况	门窗关闭严密，无缺损现象
		—	设备标示牌	设备标示牌、铭牌齐全、正确
除盐酸碱储存区	酸碱罐、氨水罐、计量箱	—	液位指示	与实际液位相符，高位罐不低于标准值
		—	罐本体	无渗漏
	酸碱管道、氨水管道	渗漏	管道接口	无渗漏
	卸酸碱泵、卸氨水泵	机械密封渗漏	机械密封	无渗漏
		—	压力表	停运时无压力
	废水池	—	废水泵冷却水	停运时冷却水门关闭
		—	废水池液位	不在高液位
	清水箱	—	液位指示	与实际液位相符，不低于标准值，无溢流
		—	水箱	无渗漏
	除盐水箱	—	液位指示	与实际液位相符，不低于标准值，无溢流
		—	水箱	无渗漏
	室外情况	—	卫生状况	地面清洁、无积水、无油污、无其他杂物

续表

巡检范围	巡检项目	常见故障	巡检内容	巡检标准
除盐酸碱储存区	室外情况	—	照明	各照明灯工作良好
		—	消防器材	数量充足、压力正常、未过期
		—	设备标示牌	设备标示牌、铭牌齐全、正确
精处理再生单元	再生塔	渗漏	床体、管道接口	无渗漏
	再生冲洗水泵	—	泵本体温度	在标准范围内
		—	泵本体声音	无异声
		—	泵本体油位	在1/2以上
		—	电动机温度	在标准范围内
		—	电动机声音	无异声
	罗茨风机	—	风机温度	在标准范围内
		—	风机声音	无异声
	周边情况		卫生状况	地面清洁、无积水、无油污、无其他杂物
		—	设备标示牌	设备标示牌、铭牌齐全、正确
水汽取样间	取样管路	渗漏	管道接口	无渗漏
		流量偏大或偏小	取样流量	取样流量指示在标准范围内
		取样压力异常	取样压力	取样压力不超过标准值
	在线仪表	指示异常	仪表读数	各项水质指标在标准范围内
	恒温装置	温度异常	恒温装置温度	温度在 $25℃±1℃$ 范围内
	室内情况	—	卫生状况	地面清洁、无积水、无油污、无其他杂物，墙皮无脱落
		—	通风照明	排气扇工作正常、各照明灯工作良好
		—	消防器材	数量充足、压力正常、未过期
		—	门窗状况	门窗关闭严密，无缺损现象
		—	设备标示牌	设备标示牌、铭牌齐全、正确
化学加药间	溶液箱	—	溶液箱液位	无溢流现象，液位不低于标准值
	加药管道	泄漏	管道接口	无渗漏现象
	加药泵	—	泵本体声音	无异声
		—	泵本体油位	在1/2以上，无渗油现象
		—	泵出口压力	凝结水加药压力在标准范围内，给水加药压力在标准范围内
		—	泵行程	根据水质进行调整
	药品	泄漏	药品储存情况	药品无泄漏现象，摆放整齐，储量充足
	室内情况	—	卫生状况	地面清洁、无积水、无油污、无其他杂物，墙皮无脱落
		—	通风照明	排气扇工作正常、各照明灯工作良好

巡检范围	巡检项目	常见故障	巡检内容	巡检标准
化学加药间	室内情况	—	消防器材	数量充足、压力正常、未过期
		—	门窗状况	门窗关闭严密，无缺损现象
		—	设备标示牌	设备标示牌、铭牌齐全、正确
精处理酸碱储存区	酸碱罐	—	液位指示	与实际液位相符，不低于标准值，无溢流
		—	罐本体	无渗漏
	酸碱管道	渗漏	管道接口	无渗漏
	酸碱泵	机械密封渗漏	机械密封	无渗漏
		—	压力表	停运时无压力
脱硫废水加药间	石灰溶药箱、计量箱	—	液位	液位在标准范围内
		—	搅拌机	运转正常
	计量泵	—	泵本体声音	无异声
		—	泵本体油位	在1/2以上，无渗油现象
		—	泵出口压力	在标准范围内
		—	泵行程	根据水质进行调整
	助凝剂溶药箱	—	空气压缩机	空气压缩机排污
		—	报警指示灯	检查报警所示设备
	计量箱、储罐	—	各计量箱、储罐液位	液位不低于标准值，无溢流现象
	加药管道	—	各加药管道接口	无渗漏现象
	卸酸泵	机械密封渗漏	机械密封	无渗漏
		—	压力表	停运时无压力
	室内情况	—	卫生状况	地面及盘柜清洁、无积水、无油污、无其他杂物，墙皮无脱落
		—	通风照明	排气扇工作正常、各照明灯工作良好
		—	消防器材	数量充足、压力正常、未过期
		—	门窗状况	门窗关闭严密，无缺损现象
		—	设备标示牌	设备标示牌、铭牌齐全、正确

第三节　运行标准化作业相关要求

一、运行标准化含义

运行标准化是指在现有发电企业运行管理的基础上，将运行工作的每一操作程序和每一管理过程进行分解，以科学技术、规章制度和实践经验为依据，以获得最佳生产秩序和安全、环保、经济效益为目标，对运行作业过程进行改善和规范，对实际或潜在的问题制定共同和重复使用的规则的管理过程。它包括标准的制定、发布、实施及最终达到标准。

二、运行标准化原则

企业应按照国家、行业、集团、电网的有关规定和要求，遵循"安全环保、经济高效、统一调度、团结协作"原则，以安全环保为基础，以经济效益为目标，以运行标准化为手段，全面提高运行管理水平，确保机组安全、环保、经济运行。

三、运行岗位标准作业流程

辅控运行值班员标准作业流程工作主要有辅控运行交接班管理流程（见图 6-1）、辅控运行操作管理流程（见图 6-2）、设备巡回检查管理流程（见图 6-3）、设备定期试验与切换管理流程（见图 6-4）。

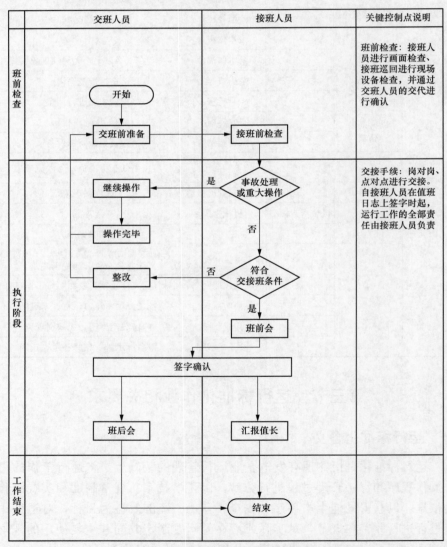

图 6-1　辅控运行交接班管理流程

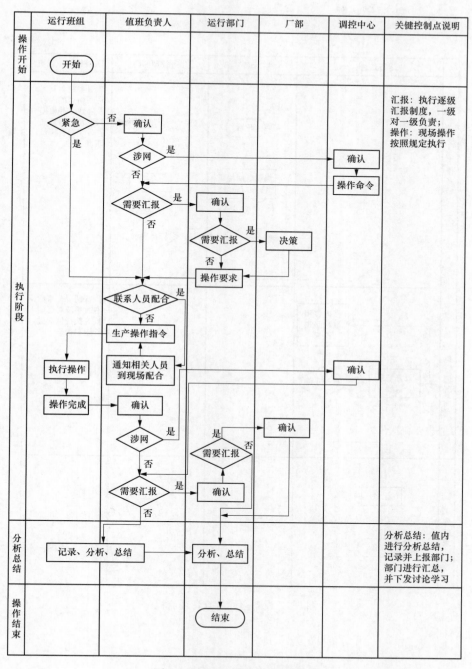

图 6-2 辅控运行操作管理流程

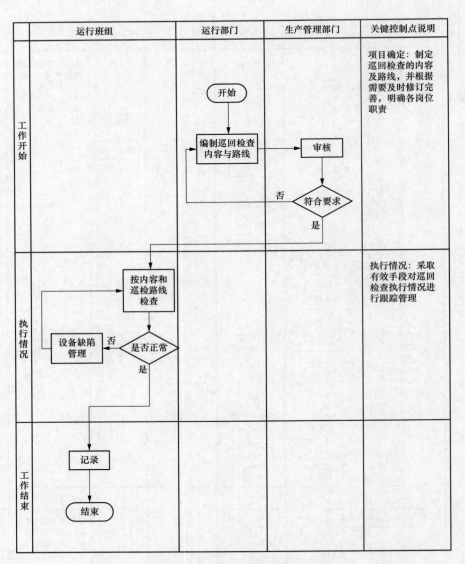

图 6-3　设备巡回检查管理流程

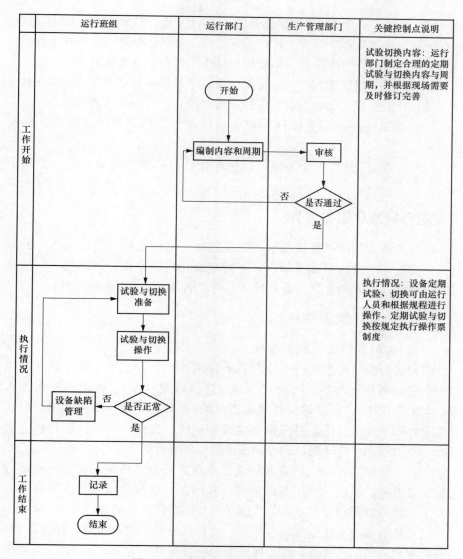

图 6-4　设备定期试验与切换管理流程

四、运行部门在运行标准化执行过程中的职责和权限

运行部主要负责运行操作及管理工作，具体职责和权限如下：

（1）贯彻执行国家法律法规和集团、公司、电网及企业有关管理规定，组织开展运行生产工作。

（2）编制与企业目标一致的运行安全生产目标和实施方案，制定相应内部管理制度，严格落实执行。

（3）负责全厂的生产调度、指挥、协调与运行监督工作。

（4）编制运行标准、规程、系统图，制定安全、技术措施，组织培训学习。

（5）开展"两票三制"、缺陷管理、运行分析、技术监督、指标竞赛、运行优化、定置管理等日常工作，做好安全、环保、经济运行各项工作。

（6）开展运行事故预想、风险辨识分析与预控，落实防范措施。

（7）开展部门管理人员及运行岗位人员学习培训和安全生产教育工作。

（8）开展运行人员反违章工作的宣传、教育、检查与考评工作。

（9）组织开展本企业运行操作合规性评价工作，并落实整改、持续提升。

（10）组织开展本企业实施运行标准化管理体系的评审工作，并落实整改。

五、运行标准化工作方针

运行人员应坚持"精确预想、精准监操、精细巡检、精诚协作"的运行工作方针，严格执行规章制度，实行标准化、程序化、清单化、精细化运行管理模式，做到有章可循，有章必循，不断提高运行管理水平。

六、运行标准化控制手段

（一）运行部门主要控制手段

（1）运行部门根据运行安全目标和年度生产计划〔如：发电量、厂用电率、设备利用小时数、火电（供热量、供电煤耗率）、水电（发电耗水率、水能利用率）、新能源（年利用小时数、弃风/光率、可利用率）等〕，层层分解到季度、月度，并分解落实到各班组、岗位，每月跟踪目标完成情况，及时滚动生产计划，确保完成季度和年度目标。

（2）运行部门管理人员应参加联系点班组安全日活动，学习讨论事故通报，吸取经验教训，提出整改建议。联系点人员每周至少一次对员工人身安全风险分析预控记录（纸版或电子版）的填写进行检查与评价。

（3）运行部门完成年度政治保电、春检、秋检、迎峰度夏、防洪防汛、防寒防冻期间的隐患排查工作，保证安全检查完成率为100%，并针对发现的隐患，制定技术措施，防止隐患进一步扩大。

（4）定期开展技术讲课、仿真机培训、反事故演习、业务考试等培训活动，提升运行人员的操作技能，提高风险辨识和事故处理能力。

（5）组织开展"两票"操作无差错评比活动，保证"两票"合格率达到100%。

（6）按时参加政府、电网、厂级等机构组织的特种作业人员取证培训工作，保证特种作业人员持证上岗率达到100%。

（7）在重大操作和发生异常时，运行管理人员及时到位，监护和指导运行人员操作，降低事故发生率。

（8）运行管理人员应每月至少检查一次安全工器具、应急工器具、手动工器具、便携式仪表，定期检验安全工器具、便携式仪表，保证工器具合格率达到 100%。

（二）运行班组主要控制手段

（1）值长（值班长）积极与调度沟通，争发抢发电量，优化运行方式，合理安排检修消缺，完成各项生产任务。

（2）值长（班长）在接班前，应检查每位员工做好自身安全防护；在特殊作业时，提醒正确佩戴个人防护用品，规范操作与调整；并每天检查一次员工人身安全风险分析预控记录（纸版或电子版）的填写与执行情况，杜绝职业健康危害和轻微伤事件的发生。

（3）值长（班长）严格要求本班人员执行"两票三制"，认真监视调整，掌握设备健康状况，及时发现设备缺陷，避免设备异常，杜绝二类障碍事件发生。在交班前，对本班工作完成情况进全面检查，控制两票合格率为 100%。

（4）值长（班长）结合设备隐患、异常运行方式、特殊天气情况安排运行人员做好事故预想，制定防范措施，防止事故的发生。

（5）运行班组应按照培训计划做好考问讲解、技术问答、运行分析工作，提高运行人员的业务技能和风险辨识能力。

（6）运行班组每轮值（每周）开展一次安全日活动，由值长（班长）主持，由专人负责记录，讨论吸取各类事故经验教训，提高运行人员的安全防范意识，保证安全培训计划完成率为 100%。

（三）运行岗位主要控制手段

（1）运行人员检查和操作调整前，应先进行风险辨识、事故预想，填写员工人身安全风险分析预控记录（纸版或电子版），再进行风险预控，杜绝人身未遂事件发生。

（2）运行人员在执行各项工作时，严格按照《电业安全工作规程》、"运行操作规程"、各类技术措施等规章制度执行，避免违章和差错发生。

（3）运行人员认真执行"三制"和监视调整，及时发现设备缺陷并督促处理，保证缺陷发现率为 100%，杜绝设备异常事件发生。

七、运行标准化执行

（一）运行监视与调整

1. 运行人员监视与调整的"五项纪律"

（1）认真监视、精心调整，不得打盹、睡觉。

（2）没有监盘资质，不得独立监盘。

（3）轮流监盘，不得擅自离盘。

（4）监盘时不得携带手机等电子产品。

（5）监盘时不得做与工作无关的事情。

2. 运行监视与调整管理要求

（1）各级运行管理人员应每天至少一次深入现场检查、指导运行监盘工作。

（2）值长（班长）每班对所辖机组及系统进行定期巡盘，发现运行人员监盘纪律问题及时批评和纠正，对发现的主要参数异常及时指导调整。

（3）没有监盘资质的运行人员学习监盘时，必须有专人监护和负责。

（4）认真监视调整、分析参数变化，维持参数正常，发现异常要查明原因、迅速处理。

（5）机组启停、异常处理时，加强监盘力度，提高监护等级。

（6）机组停运后，系统运行或设备运转时，应有专人监盘。

（7）根据天气、运行方式及设备隐患等，做好事故预想与监视调整工作。

（8）监盘人员应不间断监视设备运行工况，至少每 30min 对所有画面主要参数、设备状态检查一遍。

（9）按时抄表，保证数据真实，若发现异常，及时分析、对比和调整。

（10）交接盘要求：

1）接盘人员应浏览机组画面，了解运行方式、参数、设备状况及报警情况。

2）交盘人员应主动交代设备运行情况、参数变化趋势和当前操作、调整内容及注意事项。

3）遇重大操作、异常处理时，接盘人员应先协助处理，告一段落后再进行交接。

（二）运行定期工作管理要求

（1）运行部门应按照运行规程、操作票管理制度执行定期切换与试验工作（以下简称定期工作），确保所有设备处于健康状态。

（2）在定期工作前，应做好事故预想、风险辨识及防范措施。

（3）按规程规定，由专人按时完成设备定期工作；特殊情况下，经运行专业技术人员调整后执行。

（4）运行部门应建立定期工作相关台账，将试验情况记录在运行日志和台账中。

（5）运行规程内应编制定期工作项目与频次表，内容包括项目、周期、执行人等。编制时应考虑电力行业标准、技术监督项目、反事故措施整改、设备的实际状况、气候环境等因素。

（三）紧急异常工况操作

紧急异常工况处理原则：

（1）企业应遵循"保人身、保电网、保供热、保设备"原则。

（2）迅速控制异常发展，消除异常根源，解除对人身和设备安全的威胁。

（四）紧急异常工况处理权限

（1）值长是全厂事故处理的现场最初领导者、组织者、指挥者和主要责任者。

（2）电网紧急异常工况处理时，上级调度部门是值长的直接上级，值长应执行调度命令；厂内紧急异常工况处理时，值长应严格按照规程操作，并接受副总工程师及以上领导的调度指挥命令。

（3）紧急异常工况处理时，生产领导对紧急异常工况处理所发布的命令，应经值长下达执行，其他领导在紧急异常工况处理时，可向值长提出建议或提醒，一般不能对运行人员下令操作。

（4）紧急异常工况处理时，由值长负责，必须明确正、副值长分工，并加强联系和沟通，避免同一系统、同一设备发出不同指令。当值长外出时，由副值长等代替值长行使指挥权。

（5）紧急异常工况处理时，各岗位应立即按照规程进行事故处理，若涉及值长权限时，待操作完毕后向值长汇报。

（6）厂内公用段、消防泵、燃油泵房（火电）等重要公用系统岗位，在发生停电或设备全停时，必须立即向值长汇报。

（五）紧急异常工况处理的一般流程

紧急异常工况处理应按照"确认分析、迅速检查、准确判断、采取措施、限制发展、处理异常、简明汇报"流程执行，紧急异常工况处理流程如图6-5所示。

（1）监盘人员通过参数变化、异常象征，认真分析异常根源，判断异常范围。

（2）巡检人员迅速对异常范围或设备进行外部检查，并及时汇报事故象征和就地检查情况。

（3）监盘人员立即相互沟通、明确分工、相互配合，采取操作调整、控降负荷、停用设备隔离系统等有效措施，限制异常事态的发展；若异常情况严重，无法控制，按照规程规定进行紧急停机或申请停机。

（4）运行人员实时跟踪执行措施是否准确、完善，及时补充、调整控制措施。

（5）运行人员稳定参数，维持机组运行，查阅所有设备状态与参数情况，并就地检查确认。

（6）异常工况处理后，按相关规定，值长向电网调度、厂内领导、公司上级部门等简要汇报。

（7）异常工况处理后，运行人员应在运行日志中及时记录异常现象、处理过程等内容。

（8）交班结束后，由值长组织召开分析会，分析总结处理成功的经验，剖析处理失误的原因，提出有效的防范措施，记录在运行分析台账中，为同类异常工况处理提供依据。

（六）紧急异常工况内容

辅控典型紧急异常工况内容见表6-16。

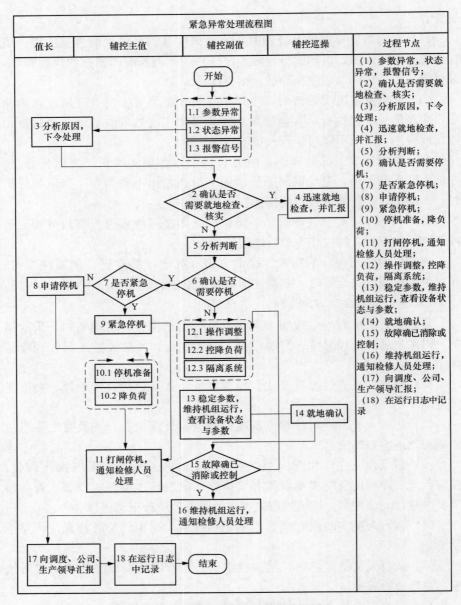

图 6-5　紧急异常工况处理流程图

表 6-16　辅控典型紧急异常工况内容（火电）

专业	设备、系统及参数	非停事件	异常内容
电气	电气系统	母线失电	此母线所带设备全部跳闸，系统退出运行
热控	测控系统	DCS系统失电、控制系统失灵、重要保护误动引起汽轮机掉闸或锅炉灭火	仪表、仪器指示数值与实际偏差大以致失灵，自动调整异常，重要表计故障等

续表

专业	设备、系统及参数	非停事件	异常内容
化学	化学系统	除盐水或工业冷却水长时间中断	电导率、溶氧、硬度等水质参数超标，超滤、反渗透、工业废水等系统异常
除灰	湿除尘、电除尘系统	湿除尘器着火，湿除尘器、电除尘器电场短路，烟尘浓度无法控制，电除尘器失电，冷灰斗脱落	湿除尘器、电除尘器部分电场掉闸或火花率大、冷灰斗结焦堵灰
	输灰系统		输灰空气压缩机异常、气力输灰不畅、输灰系统严重堵灰
	除灰参数		烟尘浓度超标
脱硫、脱硝	脱硫系统	浆液循环泵全部跳闸、除雾器着火、吸收塔浆液罐严重泄漏	单台浆液循环泵跳闸、SO_2参数超限
	脱硝系统		脱硝系统异常、NO_x参数超限

八、运行标准化交接班

（一）交接班原则

运行人员交接班必须按照"五必交、八不接"原则执行。

1. 交接班的"五必交"内容

（1）必须交代机组（设备）运行方式，机组（设备）启停、切换、试验情况。

（2）必须交代设备存在的缺陷及采取的防范措施。

（3）必须交代设备检修及工作票所列安全措施的落实情况。

（4）必须交代调度与上级的指示、命令、布置的工作任务及执行情况。

（5）必须交代下班计划的工作及其注意事项。

2. 交接班的"八不接"内容

（1）重大操作、事故处理未告一段落不交接。

（2）接班人员未到或精神状态不佳不交接。

（3）参数超限、运行方式不合理不交接。

（4）交代不清不交接。

（5）工作任务无故未完成不交接。

（6）安全措施不到位不交接。

（7）卫生不合格不交接。

（8）工器具、钥匙、资料不齐全不交接。

（二）交接班主要内容

（1）机组（设备）的运行方式、启停、轮换、试验、保护投退情况。

（2）设备异常、缺陷及采取的措施和注意事项。

（3）检修工作及其采取的安全措施，设备变更情况和检修交代事项。

（4）各种记录、报表及上级有关指示。

（5）工器具、钥匙及技术资料。

（6）辖区内的卫生符合要求。

（7）预计下班进行的工作。

（三）运行交接班标准流程

（1）接班工作流程：集合、接班准备、接班检查、班前会、接班、接班汇报。

（2）交班工作流程：交班准备、交班、班后会、撤离现场。

（3）交接仪式：

1）班前会结束后，对应的接盘人员统一站在交盘人背后。

2）接班值长（班长）发出口令："接班"。

3）交、接盘人员听到"接班"口令后，交盘人先统一起立、向后转、换位，接班人在盘前坐下。

4）交盘人员离开盘面，准备进行班后会。

（4）班前会与班后会的管理要求：

1）班前会与班后会由值长（班长）主持召开，参加人员为本值（班）运行人员，并将相关内容记录在"班前班后会记录本"上。

2）班前班后会在控制室区域以站班形式召开，设班前班后会站队区域。

3）班前会召开时间为接班前 5～10min；班后会召开时间为交班后。

4）班前会主要内容：

a. 听取运行人员汇报。

b. 布置工作任务及注意事项。

c. 传达指示、通知和要求。

5）班后会主要内容：

a. 清点人数。

b. 总结当班工作情况。

c. 布置会后工作。

（四）交接班管理要求

（1）值班人员按规定班次轮换值班、提前到岗、按时交接，未经上级部门同意，不得随意更改。

（2）交班前半小时，接班后 15min 内，一般不进行重大操作和办理工作票，特殊情况例外。

（3）交接班前各岗位人员应按照规定的时间、线路、项目、标准认真检查。

（4）接班人员必须在接班后方可进行工作，交班人员未办理交接手续不得离开岗位。当不能正常交接班时，应按以下要求进行：

1）接班人员向接班值长（班长）汇报。

2）交班值长（班长）应立即落实解决，并进行处理、调解，不得离开岗位。

3）个别岗位不能交班时，其调整操作应接受接班值长的统一指挥。

4）交接班发生分歧由值长（班长）协商解决，有困难时报运行部门负责人处理。

5）在交接班分歧未处理前，交班人员不得离开岗位。

（5）正式交接班应以值长（班长）下令"接班"为准，一般应准点交接，接盘时间即为责任的分界点。

（6）火电企业燃料、脱硫、除灰、化学等辅控运行班长（主值）应在交班前、接班后向当值值长汇报本专业主要设备运行情况。

九、安全工器具管理标准化

（一）安全工器具配置及检查标准

安全工器具配置及检查标准见表 6-17。

表 6-17　安全工器具配置及检查标准

序号	名称	规格	数量	图片	检查标准与周期	配置场所
1	绝缘手套	6kV	2 双/处		（1）是否有破损处和其他部位异常现象；（2）合格证粘贴牢固且在有效期内；（3）每月检查一次，每半年检验一次	有电气倒闸操作的岗位
2	绝缘靴	6kV	2 双/处		（1）胶料部分是否破损；（2）合格证粘贴牢固且在有效期内；（3）每月检查一次，每半年检验一次	有电气倒闸操作的岗位
3	验电器	3kV、6kV、10kV、15kV、20kV、35kV、110kV、220kV、550kV、1000kV	各 2 把/处		（1）外观完整无破损；（2）表面无污物、无灰尘；（3）合格证粘贴牢固且在有效期内；（4）声光报警正常；（5）每月检查一次，每半年检验一次	有电气倒闸操作的岗位

序号	名称	规格	数量	图片	检查标准与周期	配置场所
4	高压绝缘电阻表	1000V 2500V	各2块/处		（1）外观完整无破损； （2）绝缘电阻表测量线齐全； （3）合格证粘贴牢固且在有效期内； （4）电池电量满足使用条件； （5）每月检查一次，每年检验一次	有电气倒闸操作的岗位
5	低压绝缘电阻表	500V	2块/处		（1）外观完整无破损； （2）绝缘电阻表测量线齐全； （3）合格证粘贴牢固且在有效期内； （4）电池电量满足使用条件； （5）每月检查一次，每年检验一次	有电气倒闸操作的岗位
6	携带式接地线	各企业根据电压等级足量配置，规格示例：线长2m×3根＋1m	若干		（1）完整无破损、无断股、无绞线松股、夹具断裂松动、护套破损等缺陷； （2）合格证粘贴牢固且在有效期内； （3）每月检查一次，每5年检验一次	有电气倒闸操作的岗位
7	煤粉浓度检测仪	PM10、PM2.5 0～1000μg/m³	1块/处		（1）外观完整无破损； （2）合格证粘贴牢固且在有效期内； （3）电池电量充足； （4）每月检查一次，每年检验一次	辅控

序号	名称	规格		数量	图片	检查标准与周期	配置场所
8	氢气测漏仪	0～1000mg/L		2块/处		（1）外观完整无破损；（2）合格证粘贴牢固且在有效期内、电池电量充足；（3）声光报警正常（按下"ON"键试验）；（4）每月检查一次，每年检验一次	辅控
9	氨气检测仪	测量范围：0～100mg/L；响应时间：小于120m/s；基本误差：±0.2%；分辨率：0.1mg/L；		1块/处		外观完整无破损；合格证粘贴牢固且在有效期内；电池电量充足；每月检查一次，每年检验一次	辅控
10	可燃气体检测仪	被测气体	测量范围	可选量程		外观完整无破损；合格证粘贴牢固且在有效期内；电池电量充足；每月检查一次，每年检验一次	辅控
		可燃物	0～100% LEL	0～100% VOL（红外）			
		氧气	0～30% VOL	0～30% VOL	1块/处		
		硫化氢	0～100 mg/L	0～50、200、1000mg/L			
		一氧化碳	0～1000 mg/L	0～500/2000/5000mg/L			
11	护目眼镜	材质能避免辐射光对眼睛造成伤害；防御物体飞溅对眼部产生的伤害		2副/处		外观完整无破损；合格证粘贴牢固且在有效期内；每月检查一次	辅控
12	安全带	双保险悬挂双背带式		1套/处		安全带检验合格；每半年试验一次；各主要部件未损坏；每月检查一次	辅控

383

（二）便携式仪表配置及标准

便携式仪表配置及标准见表 6-18。

表 6-18　便携式仪表配置及标准

序号	名称	规格	数量	图片	检查标准	配置场所
1	万用表	用于测量 400V 及以下电流、电压、电阻、电容、通断、频率等	2块/处		（1）外观完整无破损； （2）表线齐全； （3）合格证粘贴牢固且在有效期内； （4）电池电量充足； （5）每月检查一次，每年检验一次	有电气倒闸操作的岗位
2	钳形电流表	用于测量 600V 以下电压等级，导通 200A 以下电流	2块/处		（1）外观完整无破损； （2）合格证粘贴牢固且在有效期内； （3）电池电量充足； （4）每月检查一次，每年检验一次	有电气倒闸操作的岗位
3	测振仪	加速度：0.1～199.9m/s²；速度：0.1～199.9mm/s；位移：0.001～1.999mm	1块/处		（1）外观完整无破损； （2）合格证粘贴牢固且在有效期内； （3）电池电量充足； （4）每月检查一次，每年检验一次	辅控
4	测温枪	−32～380℃	2块/处		（1）外观完整无破损； （2）合格证粘贴牢固且在有效期内； （3）电池电量充足； （4）每月检查一次，每年检验一次	辅控
5	百分表	规格：0～10mm；分度值：0.01mm	2块		（1）外观完整无破损； （2）合格证粘贴牢固且在有效期内； （3）每月检查一次，每年检验一次	辅控
6	巡检仪	测量范围：0.01～50g；低频范围：10～1000Hz；高频范围：4000～20000Hz；分辨率：0.01g	若干		（1）外观完整无破损； （2）合格证粘贴牢固且在有效期内； （3）电池电量充足； （4）每月检查一次	辅控

续表

序号	名称	规格	数量	图片	检查标准	配置场所
7	执法记录仪	拍照像素：1800万像素及以上；摄像像素：300万像素；画面视角178°；影像分辨率：1296P以上	2块/处		（1）外观完整无破损；（2）合格证粘贴牢固且在有效期内；（3）电池电量充足；（4）每月检查一次	辅控
8	对讲机	最大通话距离3km	若干		（1）信号正常，声音清晰，电量充足；（2）每月检查一次	辅控
9	录音笔	录音模式：LinearPVM/MP3；容量：4GB以上	2块/处		（1）信号正常，声音清晰，电量充足；（2）每月检查一次	有电气倒闸操作的岗位

（三）应急工器具配置及标准

应急工器具配置及标准见表6-19。

表6-19　应急工器具配置及标准

序号	名称	规格	数量	图片	检查标准	配置场所
1	正压呼吸器	30MPa、6.8L碳纤维瓶	1件/处	中压管路 面罩 高压管路 背带 气瓶及保护套 供气阀 气瓶固定带 快速接头 产品标识 减压器 余压报警器 气瓶开关手轮 压力表 背托 腰带	（1）外观完好无损；（2）气瓶压力在20～30MPa（200～300bar）之间（1bar=0.1MPa）；（3）合格证粘贴牢固且在有效期内；（4）各部件连接完好，无漏气；（5）每月检查一次，每3年检验一次	辅控
2	担架	铝合金折叠担架（可选配）	1副/处		（1）抬竿无断裂、无弯曲，布面无破损；（2）每月检查一次	辅控

序号	名称	规格	数量	图片	检查标准	配置场所
3	铁锹	大号尖头锹，$L=1200mm$	1把/处		（1）锹把和锹头安装牢固，锹把光滑无裂纹，锹头无锈蚀；（2）每月检查一次	辅控
4	防烫服	材质能够防御高温、高热、高湿度；L规格1套，XL规格1套	2套		（1）检查是否有破损处和其他部位有异常现象；（2）每月检查一次	辅控
5	雨鞋	长腰、短腰各一双	2双/处		（1）外观完整无破损、无发黏、无老化、无裂纹等现象；（2）每月检查一次	辅控
6	急救药箱	体温计1支；止血带1根；降暑药2盒；跌打损伤药1盒；急救包2包；夹骨板1副；三角巾1块；生理盐水1瓶等	1个/处		（1）药品无缺失，无过期药品，使用记录齐全；（2）每月检查一次	辅控
7	防毒面具	使佩戴者呼吸器官与周围大气隔离	2套/处		（1）罩体、眼窗、导气管及通话器部件完好；（2）每月检查一次	辅控

（四）手动工器具配置及标准

手动工器具配置及标准见表 6-20。

表 6-20 手动工器具配置及标准

序号	名称	规格	数量	图片	检查标准	配置场所
1	钳子	尖嘴钳 / 钢丝钳	各1把/处		（1）外观完整、无变形或弯曲、裂纹等现象；（2）每月检查一次	辅控

续表

序号	名称	规格	数量	图片	检查标准	配置场所
2	螺钉旋具	十字槽螺钉旋具 一字槽螺钉旋具	各1把/处		（1）外观完整、无变形或弯曲、裂纹现象； （2）每月检查一次	辅控
3	扳手	8″、10″、12″、15″、18″	各1把/处		（1）外观完整、无变形或弯曲、裂纹现象； （2）每月检查一次	辅控
4	管钳	长度：300mm、450mm	各1把/处		（1）外观完整、无变形或弯曲、裂纹现象，无油污； （2）每月检查一次	辅控
5	听针	长度：500mm、1000mm	各2根/处		（1）外观完整、无变形或弯曲、裂纹现象； （2）每月检查一次	辅控
6	阀门扳手	铁质，长度：300mm、400mm、500mm、700mm 铜质，长度300mm、500mm	各2把/处		（1）外观完整、无变形或弯曲、裂纹现象，无油污； （2）每月检查一次	辅控
7	大锤	5磅 10磅	各1把/处		（1）锤柄清洁、无油污； （2）锤头完整，表面光滑微凸，无歪斜、缺口、凹入及裂纹等； （3）锤柄使用整根硬木制成，安装牢固，并将头部用锲栓固定； （4）每月检查一次	辅控
8	断路器摇把	厂家规格	2把/处		（1）外观完整、无变形、无裂纹等现象； （2）每月检查一次	有电气倒闸操作的岗位

序号	名称	规格	数量	图片	检查标准	配置场所
9	隔离开关摇把	厂家规格	2把/处		（1）外观完整，无变形、无裂纹等现象；（2）每月检查一次。	有电气倒闸操作的岗位
10	空气预热器摇把	厂家规格	1把		（1）外观完整，无变形、无裂纹等现象；（2）每月检查一次	辅控

（五）标识标牌、隔离用具配置及标准

标识标牌、隔离用具配置及标准见表 6-21。

表 6-21　标识标牌、隔离用具配置及标准

序号	名称	规格	数量	示例图片	检查标准	配置场所
1	运行设备标牌	120mm×240mm 磁吸式	20块/处		（1）无破损，字迹清晰；（2）每月检查整理一次	辅控
2	安全标识牌	160mm×200mm	若干		（1）标识牌无变形、字迹清晰、悬挂绳牢固（"禁止合闸，有人工作""禁止操作，有人工作""禁止合闸，线路有人工作""在此工作"等标识牌）；（2）每月检查整理一次	辅控
3	隔离围带	涤纶布，厚度20μm（丝），宽度5cm，长度50m	5条/处		（1）无破损，字迹清晰；（2）每月检查整理一次	辅控
4	隔离围栏	高950mm；长450～3500mm	2付/处		（1）无破损，伸缩正常，底座牢固；（2）每月检查一次	辅控
5	隔离闭锁锁具	防剪锁，链条长0.5m和1.0m两种	20条/处		（1）锁头、链条无锈蚀，钥匙无缺失，开闭灵活；（2）每月检查整理一次	辅控

第七章 故障判断与处理

故障处理总则：

（1）发生事故时，值班人员应采取一切可行的方法、手段尽快消除事故根源，防止事故扩大。在设备确已不具备运行条件时或继续运行对人身、设备有严重危害时，应立即停止系统运行。

（2）发生事故时，主值应立即向值长、专业专工汇报，指挥值班员迅速按照运行规程的规定处理事故。对于直接领导者的命令，除对设备、人身有直接危害时，运行值班人员可以向直接领导者指出其明显错误之处，并向主管领导和有关部门汇报，其余的均应坚决执行。

（3）在事故发生的情况下，运行人员应认真分析，确认是否有保护动作，做好记录，并及时联系维护人员，向值长汇报，在维护人员未到场前先按照规程进行处理。

（4）当发现本规程没有列举的事故情况时，值班人员应根据自己的经验和当时的实际情况，主动采取措施。事故处理完毕后，主值或值班人员应如实地把事故发生的时间、现象以及自己采取的措施一一记录清楚，并在班后会或安全活动日进行研究讨论，分析事故原因，总结经验和吸取教训。

第一节 脱硫系统故障判断与处理

一、脱硫系统常见的问题分析及处理

（一）除雾器堵塞及结垢

造成除雾器堵塞结垢的原因较多，除石灰石品质、设计不合理、运行维护工作不到位等原因外，以下几点也是导致除雾器结垢与堵塞的原因：

（1）除雾器堵塞，由于工艺水系统阀门关闭不严，大量工艺水内漏到吸收塔，改变了系统的水平衡。尤其在系统长期低负荷运行时，影响更大，导致除雾器得不到足够的冲洗。除雾器堵塞后，会改变烟气的流通面积，降低除雾效果，堵塞严重的除雾器不能得到充分冲洗，堵塞会进一步发展，会堆积大量的石膏，严重时甚至导致除雾器的坍塌。

（2）除雾器堵塞的原因有除雾器冲洗压力不够，部分除雾器冲洗阀门故障没能及时排除。由于运行人员在进行系统调整时，因系统水平衡、物料平衡控制不当，造成吸收塔液位长期在高液位下运行，除雾器无法冲洗，堵塞除雾器。

（3）运行参数控制不到位，当吸收塔循环泵浆液的 pH 值较高时，烟

气透过除雾器夹带的液滴中含有未反应的 $CaCO_3$ 与原烟气中高浓度的 SO_2 反应形成结晶石膏，即所谓的石膏硬垢，牢固地黏附在换热板上，很难清除。

（二）烟道膨胀节泄漏

FGD 烟道膨胀节泄漏也是一个普遍问题，特别是在吸收塔出口，膨胀节本身质量和安装质量是造成泄漏的主要原因。由于 FGD 系统的烟气中带有一定量的水分，烟气温度较低时，水分便凝结成水，沉积在膨胀节空腔中，即使在非金属蒙皮上设置疏水口，但由于运行时蒙皮的不规则底部形状以及疏水口的数量限制，也无法将沉积水完全排出。酸性的水不仅会腐蚀金属框架的防腐层，而且也不断腐蚀非金属蒙皮。同时酸性的水可能从蒙皮与防腐层的接合面渗漏出来。所以仅通过将蒙皮处螺栓拧紧，也无法保证接合面不渗漏。所以非金属膨胀节的结构和非金属蒙皮内衬材料的选择是否合理将直接影响非金属膨胀节的耐腐蚀性和是否渗漏。泄漏的主要原因之一是安装工艺质量问题，烟道膨胀节为散装式，在现场进行组装过程中如产生刮破、折皱、出现破口等就会造成泄漏。另外，管道与膨胀节连接部位密封不严也是造成泄漏的主要原因之一，为此部分电厂采购了质量优良的非金属膨胀节并严格施工，彻底解决了烟道膨胀节泄漏问题。

（三）吸收塔系统故障

1. 浆液循环泵

烟气脱硫吸收塔采用的浆液循环泵均为离心泵，石灰石中二氧化硅含量高、浆液浓度大、浆液 pH 值低、浆液循环泵转速低、叶轮材质不合格，均可能导致浆液循环泵过流部件磨损腐蚀，目前浆液循环泵普遍存在的问题及缺陷包括机械密封泄漏、浆液循环泵汽蚀及叶轮磨损、减速机超温等。

（1）机械密封泄漏。浆液循环泵的密封处也是易漏之处，浆液循环泵、石膏排出系、石灰石浆液输送泵因相继发生机械密封损坏的故障而泄漏，而且大部分都是发生在启停过程中。在启停过程中，由于压力变化较大，浆液中的颗粒状物容易进入机械密封，虽然机械密封材料的硬度大，但比较脆，转动时挤压使机械密封损坏。分析其产生的原因主要有产生料干摩擦、浆液循环泵本身的振动超标以及机械密封本身制造问题。

（2）浆液循环泵汽蚀及叶轮磨损。有的脱硫工程投运后不足半年甚至不足 3 个月便出现浆液循环泵出口压力下降，导致脱硫效率下降，解体检查发现叶轮局部磨损严重。其主要原因：

1）叶轮铸造前对钢水中镍元素加入量不足（取样化验结果）。

2）浆液中硬质颗粒超标，浆液循环泵转速太高，加剧磨损；浆液循环泵的汽蚀在 FGD 系统也常见，加上磨损和腐蚀，使浆液循环泵产生噪声和振动、缩短浆液循环泵的使用寿命、影响浆液循环泵的运转性能，严重时浆液循环泵不到 2 个月就会报废。

3）减速器超温及其他故障。目前，浆液循环泵与电动机的连接有直接连接和通过减速器连接两种形式。实践表明，几乎所有的减速器都存在超温现象，一个主要原因是减速器设计过小，内部冷却面积偏小，冷却水流量难以增大。作为临时措施，一些电厂在减速器外加冷却水，更多的电厂是进行改造，将减速器拆除而更换为较低速的电动机。

浆液循环泵噪声超标主要是电动机问题，选用质量好的电动机及确保安装质量，可减少噪声。另外，一些浆液循环泵包括石膏排出泵入口设有不锈钢或 PP（聚丙烯）滤网，滤网破损及堵塞也常发生，停运时要及时更换和清理。

2. 氧化风机

（1）氧化风管堵塞。造成堵塞的原因是氧化风管标高较低、浆液倒流使管内结垢。FGD 氧化系统的送风总管在循环浆液池中安装的位置相对降低，其管道已浸在浆液中，当浆池中的浆液没有排空、罗茨风机停止运行时，浆液沿着布风管迅速倒流至管道内沉积，长此以往造成管内沉积物增多、结垢、堵塞氧化风管。所以设计时应使送风管的底部标高高于液面的最高标高，防止浆液倒流管内结垢，并设有冲洗水，在风机停运时冲洗氧化风管道。在现有的情况下，运行操作时应在液面浸到送风管之前，启动罗茨风机运行，在浆液排空后，停止罗茨风机运行，以防浆液倒流管内结垢。

（2）噪声超标。氧化风机噪声超标也是常见问题，根据调查和测试，脱硫氧化风机在运行中产生的噪声主要有：

1）进、出气口及放气口的空气动力性噪声。

2）机壳以及电动机、轴承等的机械性噪声。

3）基础振动辐射的固体声等。

在以上几部分噪声中，以进、出（放）气部位的空气动力性噪声张度最高，是脱硫氧化风机噪声的主要部分。在采取噪声控制措施时，应首先考虑对这部分噪声的控制。另外，机壳及电动机整体噪声严重超标，整体噪声频率呈宽带和低、中频特性，高噪声透过门、窗、墙体向外辐射，使厂界噪声超标，对脱硫运行人员产生危害。

脱硫氧化风机噪声控制可按声级大小、现场条件及要求，采取不同的措施。一般包括安装消声器、加装隔声罩、采取车间吸声及新型机房设计等。

3. 除雾器

（1）除雾器堵塞坍塌。除雾器是湿法脱硫中必不可少的设备，其结垢和堵塞现象较为常见，当除雾器堵塞严重时会导致除雾器不堪重负而坍塌。除雾器的堵塞情况，除设计流速过大造成堵塞外，运行方面的主要原因有：

1）除雾器冲洗时间间隔太长。

2）除雾器冲洗水量不够。

3）除雾器冲洗水压低，造成冲洗效果差。

4）除雾器冲洗水质不干净，造成冲洗水喷嘴堵塞。

5）冲洗水阀故障。

6）冲洗水管断裂等。

除雾器的堵塞不仅会导致本身的损坏，还可导致除雾器的烟气流速增高，除雾效果变差，更多的石膏液滴被夹带进入出口烟道，因此，正确冲洗除雾器是非常重要的。

（2）运行中防止除雾器堵塞的处理措施一般有：

1）严格控制吸收塔液位，保证吸收塔液位不超过高液位报警。

2）控制水质，保证冲洗水干净无杂物。

3）保证定期冲洗是除雾器长期、安全、可靠运行的前提。

4）根据除雾器压降的多少来判断是否冲洗，定期检查和清理除雾器的堵塞情况。

5）粉尘不仅影响 FGD 系统的脱硫效率和石膏品质，而且会加剧除雾器的结垢堵塞，对 FGD 系统来说务必要控制入口粉尘含量。

（3）除雾器冲洗水管及阀门内漏。在许多 FGD 系统中出现了除雾器冲洗水管断裂现象。其原因主要有：①冲洗水阀门开启速度过快，冲洗水对水管产生了水冲击现象，频繁地冲击造成水管断裂；②设计冲洗水管时固定考虑不周、不牢固，冲洗除雾器时水管或多或少地存在振动，最后造成水管断裂。

（四）石膏脱水系统故障

1. 真空泵

水环式真空泵在运行中，经常发生内部结垢情况，致使转子无法转动。造成转子不能转动的主要原因是真空泵的工作介质，水硬度高、水中钙镁化合物沉积结垢造成泵转子与壳体之间间隙变小、堵塞，进而引起真空泵不能正常运行。其处理措施一般有：

（1）启动前手动盘车。

（2）出现试转困难的时候采取柠檬酸清洗。

（3）增加真空泵停运后水冲洗环节，确保停运后泵体内的清洁，维持真空泵的正常运行。

（4）若有条件，可将真空泵密封水更换为软化水。

2. 真空皮带脱水机

真空皮带脱水机常见的问题有皮带跑偏、滤布跑偏、滤布打折破损、滤布接口断裂、冲洗水管道和喷嘴堵塞、落料不均匀或堵塞等，运行中出现的问题有：

（1）电动机因过电流或过电热跳闸。

（2）滤布纠偏装置故障。

（3）胶带磨损。真空皮带脱水机胶带和胶带支撑平台之间发生了比较严重的胶带磨损。在胶带支撑平台两边的接水槽中，随处可见磨损下来的胶带碎末。一方面，磨损下来的胶带会堵塞接水槽；另一方面，还会堵塞支撑平台润滑水槽，致使胶带摩擦阻力增大，严重影响胶带的使用寿命。

（4）真空皮带脱水机真空盒漏水严重。

（五）石灰石制浆系统故障

1. 球磨机入口堵塞

球磨机入口堵塞，浆液溢流，球磨机不能正常运行，主要原因是球磨机入口水管设计不合理。脱硫球磨机设计为湿式球磨机，运行中石灰石和工艺水同时进入球磨机，水源主要来自滤液池的滤液水，水温在 $50℃$ 左右，入口水管安装位置在弯头下部约 $200mm$ 处，这样一来水中的蒸汽在弯头上遇冷凝结，使石灰石下料中的粉状物逐渐黏附在弯头上部，积到一定厚度便造成下料口堵塞。解决的措施通常为：

（1）将入口来水管变更在弯头上部，减少水汽对下料的影响。

（2）加装报警装置并引入控制室，便于运行人员及时发现和处理堵塞。

2. 湿式球磨机内衬板损坏

橡胶衬板用于石灰石制备系统中的球磨机内衬，衬板在球磨机内主要受到腐蚀、撞击、磨损，所以易损坏，因此选择合适的球磨机衬板在石灰石浆液的制备生产中很重要。球磨机衬板要求必须具有很好的耐磨、抗冲击、耐老化、抗腐蚀的性能，其中耐磨是最主要的。国家标准对球磨机橡胶衬板的技术要求是：抗拉强度为 $16MPa$，硬度为 $65HRC±5HRC$（洛氏硬度），伸长率大于或等于 400%，回弹性为 36%，相对体积磨耗量小于或等于 $60mm^3$。

从磨损的观点看，影响衬板磨损的主要因素有进料尺寸、磨矿介质尺寸、球磨机转速、球磨机直径、矿物硬度与填充率，但通常这些参数是不变的。因此正确的衬板结构设计和安装质量，直接影响球磨机处理能力、生产效率、衬板磨损速度和磨矿成本。若运行中球磨机筒体内撞击声音异常增大，是橡胶衬板损坏的征兆，需及时停机检查更换。

3. 湿式球磨机漏浆

由于球磨机筒体内装有大量浆液，筒体的旋转给球磨机入口的密封带来一定困难，会出现漏浆现象。有的电厂选择的密封形式不好，采用的是填料密封，密封结构简单，加之浆液浸泡和磨损，使用寿命短，不超过一周就有泄漏；有的电厂密封垫的尺寸选择错误，漏浆更为严重。对入口漏浆，一些电厂通过更换更好的机械密封，在球磨机入口机械密封下部增加汇流管，并从球磨机入口比例水引取冲洗水源，减少了漏浆现象。球磨机出料端甩料的原因一般有：

（1）石灰石给料与球磨机给水配比存在问题，配水量过多。造成配比不当的因素有：逻辑控制上，阀门给水配比设置不当；球磨机入口和石灰石浆液循环箱的注水调节门没有设自动，或是阀门有损坏，导致给水量过多；石灰石称重给料机不准等。

（2）球磨机本身问题。因球磨机本身的问题导致甩料的因素有：球磨机安装不水平；球磨机内钢球过多；各种规格的钢球配比不合理。

（3）石灰石浆液旋流器对球磨机甩料有较大影响，主要是控制回流浆液与成品浆液的流量比，回流浆液流量大易使球磨机内浆液过多，球磨机系统物料失去平衡而溢流。可以在旋流器喷嘴处通过用水桶、秒表和磅秤等较粗略的方法来测量该处的体积流量和密度，如果测量结果与设计值偏差较大，则需更换旋流子底流沉沙嘴。运行时应逐一排查原因并有针对性地去解决。

4. 球磨机出力或浓度达不到设计要求

球磨机出力不足主要是设计选取时偏小，或球磨机内钢球装载量不足、钢球大小比例配置不当造成的。前者属先天不足，只有通过更换球磨机或增加球磨机来满足烟气脱硫装置的运行要求。钢球装载量不足可从运行中电流的大小来判断，这时应及时补充钢球，一般来说，只需补充直径较大的两种型号的钢球即可。球磨机应在额定工况下运行，但给料量小会造成钢球磨损变快和制浆量不足等弊端。根据经验，运行中应按实际钢球装载量的最大出力给料，既可降低电耗也能降低浆液细度。如果小钢球过多则球磨机出力也将不足。

脱硫用石灰石浆液对密度和细度有较严格的要求。设计要求石灰石浆液密度一般为 $1210\sim1250kg/m^3$，对应的石灰石浆液质量百分比为 $25\%\sim30\%$，合格的石灰石浆液细度大多要求为大于 325 目（$44\mu m$）90% 通过。密度过高易造成管道磨损和堵塞，同时也会加快石灰石浆液箱搅拌器的磨损；密度过低会造成即便吸收塔供浆调节阀门全开，石灰石浆液量仍无法满足吸收塔的需要，致使吸收塔内吸收液 pH 值过低。湿式球磨机制浆系统运行调整的目的是使磨制出的石灰石浆液的密度（或浓度）、细度满足脱硫工艺要求，达到设计值，并保证系统安全稳定运行，能耗最低。球磨机带负荷试运时，应通过对石灰石浆液的密度（或浓度）、细度等指标进行多次调整，包括对其影响因素如球磨机加球量、制浆系统水量平衡、给料量以及旋流器的入口压力及底流流量的调整等多方面的反复试验，才能取得理想的效果。调整石灰石浆液细度的途径通常有：

（1）保持合理的钢球装载量和钢球配比。石灰石靠钢球撞击、挤压和碾磨成浆液，若钢球装载量不足，细度将很难达到要求。运行中可通过监视球磨机主电动机电流来判断钢球装载量，若发现电流明显下降则需及时补充钢球。球磨机在初次投运时钢球质量配比应按设计进行。

（2）调节球磨机入口进料量。为了降低电耗，球磨机应经常保持在额定工况下运行，但当钢球补充不及时，则需根据球磨机主电动机电流降低情况适当减小给料量，才能保证浆液细度合格。

（3）控制进入球磨机石灰石粒径大小和 Fe_2O_3、SiO_2 成分，使之处于设计范围内。一般湿式球磨机进料粒径应小于 20mm。

（4）调节进入球磨机入口工艺水（或来自脱水系统的回收水）量。球磨机入口工艺水（或来自脱水系统的回收水）的作用之一是在筒体中流动带动石灰石浆液流动，若水量大则流动快，碾磨时间相对较短，浆液粒径就相对变大；反之变小。为保证浆液的密度和细度，水量应与球磨机出力相对应，要控制在一个合适的范围内，通常情况下，进入球磨机的石灰石和给水量比例在 2.3~2.5 较为合适，石灰石较湿时可减少给水量。

（5）调节旋流分离器的水力旋流强度。旋流器入口压力越大，旋流强度则越强，底流流量相对变小，但粒径变大，反之粒径变小。因此在运行中要密切监视旋流器入口压力在适当范围内。调节旋流分离器入口压力时，若系统装有变频式再循环泵，则可通过调节变频式再循环泵的转速来改变旋流器入口压力；若旋流器由多个旋流子组成，则可通过调节投入旋流子个数去实现调整目的。旋流子投入个数和旋流器压力应在运行中找出一个最佳组合范围，这是保证浆液细度、物料调节平衡的关键。

（6）适当开启细度调节阀，让一部分稀浆再次进入球磨机碾磨。旋流器入口石灰石浆液的密度设定值一般不要超过 $1.5t/m^3$，超过此限值系统磨损、堵塞现象明显加剧，磨制的浆液细度也无法保证。

（7）各种手段的调节需要检测、化验数据，因此运行应经常冲洗密度计，保证测量准确性，同时加强化学监督，定期化验浆液细度和密度为球磨机的调节提供依据。

二、脱硫系统事故处理

（一）吸收塔溢流

1. 原因

（1）液位计故障，导致实际液位高于测量液位。

（2）吸收塔浆液浓度较低，使测量液位低于实际液位。

（3）就地巡检、上位机监盘不利，对于高液位未能及时发现。

（4）吸收塔溢流管堵塞，液位上升无法外排。

（5）脱硫系统停运前液位较高，停吸收塔浆液循环泵后液位上升过快。

（6）吸收塔浆液泡沫多。

2. 现象

（1）上位机液位显示正常，而就地已溢流。

（2）上位机显示液位高于正常值，上位机报警。

（3）出口烟道疏水管石膏浆液流动。

（4）溢流管溢出泡沫。

3. 处理

（1）启动备用浆液循环泵。

（2）停止吸收塔补水、补浆，将吸收塔排浆量调节到最大。

（3）打开吸收塔排空门，使液位下降。

（4）联系热控人员对吸收塔液位计进行校验

（5）如浆液倒灌进入出口烟道应及时开启烟道排污门进行排放。

（6）及时添加消泡剂。

（二）吸收塔浆液循环泵跳闸

1. 现象

（1）循环泵跳闸，声光报警信号发出。

（2）循环泵指示灯红灯熄、绿灯亮，电动机停止转动。

（3）联锁开启 BUF 旁路挡板、停运增压风机，关闭 FGD 烟气进、出口挡板。

2. 原因

（1）高压厂用电源中断。

（2）吸收塔液位过低。

（3）吸收塔循环泵控制回路故障。

（4）循环泵电动机轴承温度高。

（5）循环泵电动机绕组温度高。

（6）循环泵轴承振动大。

（7）循环泵进口门关闭。

3. 处理方法

（1）确认联锁动作正常，BUF 旁路挡板自动开启，增压风机跳闸，烟气进口、出口挡板自动关闭，若增压风机未跳闸，挡板动作不良，应手动处理。

（2）查明浆液循环泵跳闸原因，并按相关规定处理。

（3）启动备用浆液循环泵，维持 FGD 正常运行。

（4）及时向值长汇报，必要时通知相关检修人员处理。

（5）检查吸收塔液位计是否正常，检查低液位报警和跳闸值设定是否正确，视情况对液位计进行冲洗或校验，若仍无效则联系检修人员处理。

（6）检查吸收塔底部排放门有无异常。

（7）若所有浆液循环泵均跳闸，应确认 FGD 紧急停机保护动作。

（8）若属高压厂用母线失电引起跳闸，应按厂用电失电预案处理。

（9）视吸收塔内烟温情况，开启事故喷淋冲洗水，以防止吸收塔防腐及除雾器损坏。

（10）做好 FGD 启动准备工作，待故障消除后，根据需要投入 FGD

运行。

（11）若短时间内不能恢复运行，按短时停运处理。

（三）吸收塔循环泵管道破裂大量漏浆处理

1. 现象

（1）吸收塔循环泵管道破裂喷浆。

（2）脱硫系统排水坑液位持续上涨。

（3）吸收塔循环泵额定出力不足。

（4）循环浆液减少，脱硫效率下降，烟囱出口含硫量上涨。

（5）吸收塔循环泵本体振动大。

（6）吸收塔液位持续降低。

2. 原因

（1）长时间受石膏浆液腐蚀冲刷。

（2）防腐材料密封不合格。

（3）浆液内氯离子含量不合格。

3. 处理

（1）停运漏浆吸收塔循环泵，关闭浆液循环泵入口门，及时联系检修人员紧急处理。

（2）投入吸收塔备用浆液循环泵运行，加大石灰石浆液的补充，提高吸收塔浆液 pH 值，保证脱硫效率，控制烟囱出口含硫量不超标。

（3）监视吸收塔入口烟温，必要时投入事故喷淋，对入口烟气进行降温。

（4）监视吸收塔液位，加强补水及冲洗，短时停止石膏浆液排出，保证吸收塔液位。

（5）监视排水坑液位防止溢流。

（四）氧化风机跳闸

1. 现象

（1）氧化风机跳闸，声光报警信号发出。

（2）氧化风机电流到零，电动机停止转动。

（3）氧化风机油站压力低或油温低报警。

2. 原因

（1）氧化风机轴承温度高。

（2）氧化风机电动机轴承温度高。

（3）氧化风机电动机绕组温度高。

（4）氧化风机振动大。

（5）氧化风机出口门已关且氧化风机排空门已关。

（6）氧化风机油站加热器故障或冷却水阀门内漏。

3. 处理

（1）确认备用氧化风机自启动正常，若不自启动，手动启动备用氧化风机，维持 FGD 系统正常运行。

（2）检查氧化风机冷却水系统是否正常，若不正常，设法恢复。

（3）检查跳闸氧化风机的轴承温度及电动机轴承温度、绕组温度是否正常。若不正常则联系检修人员隔绝处理。

（4）通知检修人员处理油站滤网和加热器。

（五）除雾器差压高

1. 原因

（1）除雾器冲洗不正常，除雾器结垢。

（2）除雾器设计不合理。

（3）吸收塔烟气流速过高或流速分布不均匀，局部偏高。

（4）冲洗系统设计不合理或运行中冲洗不正常。

（5）除雾器差压管路堵塞或表计故障。

2. 故障常规处理

（1）控制合理的 pH 值，在能保证脱硫效率的情况下尽量控制较低的 pH 值，pH 值不低于标准范围。

（2）当除雾器压差不正常升高或压差较大时，调整冲洗方式延长单阀冲洗的时间，以提高冲洗的效果。

（3）在烟道内加装导流板，改善烟气流速和流向。

（4）对除雾器冲洗系统进行改造，改善冲洗效果。

（5）检查吹扫除雾器差压表。

（六）吸收塔浆液 pH 计指示异常

1. 现象

（1）上位机发吸收塔 pH 值报警。

（2）pH 值大幅波动，过高或过低。

2. 原因

（1）pH 计流量过小、堵塞。

（2）pH 计冲洗水泄漏。

（3）pH 计电极污染、损坏、老化。

3. 处理

（1）检查冲洗 pH 计管路。

（2）检查调整 pH 计冲洗门，消除泄漏。

（3）冲洗 pH 计，检查 pH 计的电极并校验表计。

（七）吸收塔浆液循环泵振动大

1. 现象

（1）吸收塔浆液循环泵振动大。

（2）泵体声音异常。

（3）轴承温度升高。

（4）电动机电流波动。

（5）地脚螺栓松动。

2. 原因

（1）安装质量工艺欠佳。

（2）浆液循环泵入口滤网存在堵塞现象。

（3）浆液浓度大，过负荷。

（4）叶轮磨损腐蚀严重，受力不均匀。

（5）电动机振动大导致泵体振动大。

3. 处理

（1）停运设备，通知检修人员检查处理。

（2）有效控制浆液 pH 值（5.0～5.6）和吸收塔浆液浓度小于 20%，且密度维持在 1150kg/m^3 以下。

（3）对浆液循环泵进口滤网进行反冲洗。

（八）工艺水中断处理

1. 现象

（1）吸收塔浆液循环泵轴承温度持续上涨。

（2）石膏脱水系统真空泵跳闸。

（3）吸收塔以及各箱罐液位持续下降。

（4）工艺水泵出口压力表压力值归零。

（5）脱硫系统区域现场杂用水中断。

2. 原因

（1）工艺水泵跳闸，备用工艺水泵未联锁启动。

（2）工艺水箱液位低，工艺水泵联锁跳闸。

（3）工艺水管破裂，漏水量大。

（4）工艺水泵出口手动门异常关闭。

（5）工艺水箱前级供水中断，长时间未恢复。

3. 处理

（1）启动备用工艺水泵，维持工艺水压力正常。

（2）检查工艺水泵运行是否正常，检查进、出口门位置是否正常，如不正常，进行调整，停用故障工艺水泵。

（3）若是工艺水泵原因导致的工艺水中断，立即将除雾器冲洗水与工艺水母管联络手动门开启。

（4）若是工艺水箱补水导致的，应立即切换另一路补水。

（5）若是工艺水母管破裂导致，设法隔离泄漏点。应紧急将浆液循环泵轴封水切至工业水管网带，紧急停运石灰石制浆系统、石膏脱水系统。

（6）若短时间无法恢复工艺水系统运行时，应汇报值长。按短时停运处理。注意对接触浆液的泵和管道在停运后及时排空，避免沉积。

（7）加强对各工艺水用户的检查监视，尤其是以工艺水作为冷却水的设备，能停运的则停运，不能停运的切至工业水或消防水，确保设备安全。

（九）石灰石浆液流量降低

1. 原因

（1）石灰石浆液泵故障。

（2）石灰石浆液管道堵塞。

（3）吸收塔进浆调节门故障，调节失常。

（4）流量计故障，显示失常。

2. 处理

（1）启动备用浆液泵，停用故障浆液泵。通知检修人员处理。

（2）冲洗石灰石浆液管道。

（3）检查调整吸收塔进浆调节门。如无效则应开启旁路门，手动调节浆液流量。通知检修人员处理。

（4）检查处理石灰石浆液流量计。

（十）高压厂用电源中断的处理

1. 现象

（1）高压厂用母线故障。

（2）机组发电机跳闸，备用电源未能投入。

（3）脱硫变压器故障备用电源未能投入。

2. 原因

（1）高压厂用母线电压消失，CRT 报警。

（2）运行中的脱硫设备跳闸，对应母线所带的高压厂用电动机停运。

（3）该段所带对应的 380V 母线失电，对应的 380V 负荷失电跳闸。

3. 处理

（1）立即确认脱硫联锁跳闸动作是否完成，若各烟道挡板动作不良，则应立即将自动切换为手动操作。

（2）确认 UPS 段直流系统供电正常，工作电源开关和备用电源开关在断开位置，并断开各负荷开关。

（3）向上级领导汇报，联系电气维修人员，查明故障原因恢复供电。

（4）注意监视烟气系统内各温度的变化，必要时应手动启动事故喷淋、除雾器冲洗。

（5）若高压厂用电源短时间不能恢复，按停机相关规定处理，尽快排出管道和泵体内的浆液并冲洗，以免浆液沉积。

（6）装设搅拌器的各箱罐，在搅拌器跳闸后，联系检修人员就地手动盘车，并将各箱罐排空以免沉积。

（十一）脱硫系统典型故障、异常处理

脱硫系统典型故障、异常处理见表 7-1。

（十二）石膏脱水系统常见故障及处理

石膏脱水系统常见故障及处理见表 7-2。

表 7-1　脱硫系统典型故障、异常处理

故障现象		故障原因	故障处理
脱硫效率低	吸收塔 pH 值异常	pH 计故障	切换备用 pH 计，通知检修人员处理故障 pH 计
		pH 值低	增加石灰石浆液流量
		CEMS 仪表不准	通知检修人员校表、处理
		入口含硫量超标	更换煤种、加大石灰石浆液供应量
		入口粉尘浓度高	调整电除尘有关参数（运行方式、电流极限、火花电压等）
	石灰石浆液异常	流量低	增大流量
		管路堵塞	进行冲洗，如无效果通知检修人员处理
		石灰石浓度低、石灰石粒径不合格	调整制浆系统
		石灰石质量不合格	要求石灰石供应商更换合格石灰石
		自动控制程序异常或有关仪表测量不准	（1）退出自动控制，改为手动控制；（2）通知热控人员处理
	CEMS 仪表异常	仪表故障、取样管堵塞、测点不合理	通知检修人员较表、处理
	吸收塔石膏浆液异常	入口粉尘浓度高	调整电除尘有关参数（运行方式、电流极限、火花电压等）
		脱硫废水排放不足	增大脱硫废水排放量
		氧化风量不足	（1）清理滤网；（2）切换氧化风机；（3）启动备用风机，增大氧化风量；（4）如氧化风喷嘴堵塞，需在系统停运时检修
	循环浆液量异常	浆液循环泵台数不足	增加浆液循环泵运行台数（全开）
		浆液循环泵入口门未全开、喷嘴堵塞、管道泄漏	通知检修人员处理
除雾器差压高		冲洗不及时	加强冲洗
		测点故障	通知检修人员较表、处理
		风量过大	调整风量
		除雾器故障（除雾片倒塌、除雾片过软等）	通知检修人员处理
		冲洗系统异常（冲洗喷嘴堵塞、冲洗阀门故障、冲洗流量压力不足、冲洗管断裂等）	通知检修人员处理
		吸收塔浆液品质原因	调整

401

续表

故障现象	故障原因	故障处理
浆液管道堵塞	冲洗不及时、冲洗时间不够	加强冲洗
	浆液浓度过大	调整运行方式
	滤网堵塞	通知检修人员处理
	浆液流量低	提高泵出力
	搅拌器停运（泵入口管堵）	通知检修人员处理
	阀门内漏、管道外漏、阀门开度不够	通知检修人员处理
脱水皮带机皮带跑偏	皮带安装质量差	通知检修人员调整
	纠偏装置不动作	通知检修人员处理
	滤布破损	通知检修人员处理
	石膏厚度大	调整皮带速度
球磨机入口堵料	（1）石灰石粒径大、杂质多；（2）石灰石过湿	联系检修人员清理，石灰石卸料时对品质不合格石灰石拒绝接收
	石灰石给料量过大	调整给料量（确认称重皮带机称重是否异常）
	球磨机入口冲洗水量少	调整冲洗水量

表 7-2　石膏脱水系统常见故障及处理

故障现象	故障原因	故障处理
滤液变混浊	（1）滤布有破损；（2）下料过大导致浆液通过裙边进入真空系统	（1）修补或更换滤布；（2）调整下浆，如需要停机冲洗系统
滤布跑偏	（1）滤布张紧松弛；（2）滤布纠偏装置气源压力不足；（3）纠偏装置故障；（4）下浆量过大，皮带机转速过低；（5）驱动或从动滚筒松动或中心线不平行；（6）橡胶皮带跑偏严重	（1）调整张紧；（2）查看是否有泄漏点，如无泄漏点，询问主机气源情况；（3）联系检修人员处理；（4）调整下浆量，提高皮带机转速；（5）联系检修人员处理；（6）参照皮带跑偏处理
皮带跑偏	（1）皮带张紧装置故障；（2）托板润滑水故障；（3）驱动或从动滚筒松动或中心线不平行	（1）联系检修人员调整皮带张紧装置；（2）重新提供润滑水；（3）联系检修人员处理
真空泵电流波动大	（1）汽水分离器至滤液水箱管道堵塞；（2）泵内动静摩擦；（3）泵内有结垢	（1）停机，联系检修人员疏通处理；（2）停机，联系检修人员处理；（3）停机，联系检修人员处理

故障现象	故障原因	故障处理
汽水分离器及连接管道振动大	汽水分离器至滤液水箱管道堵塞	停机,联系检修人员疏通
真空度低	(1) 滤饼太薄; (2) 系统有泄漏点	(1) 加大进浆量或降低皮带机转速; (2) 全面查找,联系检修人员处理
旋流器底流流减少	旋流器积垢,管道堵塞	冲洗,联系检修人员疏通
滤饼厚度不均	下料不畅	调整下料量,查看下料分配器无堵塞
石膏氯离子超标	(1) 冲洗水量不足; (2) 石膏浆液中氯离子含量超标	(1) 加大冲洗水量; (2) 排放系统废水
石膏含水量超标	(1) 真空度低; (2) 石膏浆液中含 $CaCO_3 \cdot 1/2H_2O$ 过多; (3) 滤饼厚度异常	(1) 参照真空度低处理; (2) 化验吸收塔浆液,查看氧化风系统是否正常,氧化风管无堵塞; (3) 调整使滤饼厚度在规定范围内
旋流站压力高	旋流子堵塞	冲洗,如冲洗不能解决,联系检修人员疏通

(十三) 高效圆盘滤布脱水机常见故障及处理

高效圆盘滤布脱水机常见故障及处理见表 7-3。

表 7-3　高效圆盘滤布脱水机常见故障及处理

故障现象	故障原因	故障处理
滤饼脱落率低	(1) 滤饼太薄; (2) 刮刀距离不当; (3) 反吹风压力太低	(1) 调整主轴转速; (2) 调整刮刀距离; (3) 检查反吹风分系统
控制盘与摩擦片之间漏气	(1) 两盘没有贴紧; (2) 配合面磨损; (3) 配合面润滑不良	(1) 调整弹簧; (2) 更换或维修控制盘与摩擦盘; (3) 加足润滑油
脱水盘漏气	(1) 滤布袋局部破损; (2) 滤布袋与插座处密封不严; (3) 液面太低	(1) 更换滤布袋; (2) 调整或更换 O 形密封圈; (3) 提高液面
真空度太低	(1) 真空泵工作不正常; (2) 真空管漏气与堵塞; (3) 脱水机有漏气点; (4) 浆液液位太低	(1) 检修; (2) 修补管路; (3) 检修; (4) 提高浆液液位面
不能形成滤饼,滤饼太薄	(1) 浆液浓度太低; (2) 主轴转速不合适; (3) 脱水机漏气; (4) 真空度太低	(1) 增加浓度; (2) 调整转速; (3) 检修; (4) 检修
润滑点供油不足	(1) 油嘴堵塞; (2) 干油泵工作不正常; (3) 管接头连接不当	(1) 清除堵塞物或更换油嘴; (2) 检修; (3) 紧固
给料不正常	进料管堵塞	检修管路并清洗
控制不正常	(1) 电路失灵; (2) 电气元件损坏	按电气原理图检修

三、脱硫系统典型异常事件

（一）脱硫浆液循环泵跳闸异常事件

1. 设备简介

某电厂 4 号机组脱硫系统设计为 3 台浆液循环泵，吸收塔液位计型号为 EJA438W，共计 3 台。

2. 事件经过

12 月 3 日 17 时 20 分，某电厂 4 号机组脱硫浆液循环泵因"吸收塔液位低"保护动作，3 台浆液循环泵同时跳闸。事后对吸收塔液位进行检查，发现有 2 台液位信号分别从 17 时 15 分至 17 时 20 分由正常 13m 液位逐渐下降到 7.4m 和 6.8m。1 号排浆泵启动后，液位快速下降到 3m 以下，发"吸收塔液位低"保护，脱硫浆液循环泵跳闸。

3. 原因分析

自 12 月 2 日 20 时 57 分，由于 2 号排浆泵管路堵塞，被迫停运。启动 1 号排浆泵运行，造成吸收塔 1、2 号液位信号与 3 号液位信号偏差达到 3～5m。检查就地管路畅通，1 号排浆泵停运后虚假偏低的两路信号恢复正常，与另一路信号完全一致。判断变送器及取样管路无问题，偏差大原因就是受到排浆泵的运行影响，特别是刚刚启动运行时影响较大。进一步分析到由于吸收塔排浆出口浆液密度大，在启动排浆泵后，吸收塔排出泵把排出管附近的液体抽出，上部液体不能及时补充到排出口附近，再加上液位变送器安装位置离吸收塔 1 号排出口距离较近，变送器感受不到液体的压力（压力式测量液位），造成虚假低液位现象发生。

检修排浆泵期间，停止过系统排浆，检修结束后，启动排浆泵，液位快速下降到低于 3m，造成"吸收塔液位低"保护动作，3 台浆液循环泵跳闸。

4. 整改措施

（1）临时退出吸收塔液位保护，同时加强对另一台变送器的维护和监视。利用机组的检修机会，将两台变送器移位到离吸收塔排出口较远的位置。

（2）利用脱硫停运机会清理吸收塔排出口附近的石膏，彻底处理排出管道堵塞对液位的影响。

（二）脱硫浆液循环泵出口压力高异常事件

1. 设备简介

某电厂 1、2 号机组（2×600MW）烟气脱硫采用石灰石—石膏湿法脱硫工艺，烟气脱硫效率不低于 95%。脱硫剂为石灰石（$CaCO_3$）与水磨制的悬浮浆液，与烟气中 SO_2 反应后生成亚硫酸钙，并就地强制氧化为石膏（$CaSO_4 \cdot 2H_2O$），石膏经两级脱水处理排出。

吸收塔采用传统的逆流喷淋塔工艺，吸收塔布置三层喷淋和二级除雾装置，用浆液循环泵打到喷淋层。5个搅拌器不断搅拌吸收塔的池底，使吸收池不会产生堵塞和石膏沉降。氧化空气喷嘴布置在搅拌器的正前方，有利于氧化空气均匀分布并快速溶解。该塔在脱去烟气中 SO_2 的同时，其他少量有害物质如飞灰、SO_3、HCl 和 HF 也可得到去除。

2. 事件经过

某年 3—4 月，2 号吸收塔浆液循环泵 C 出口压力高达 350kPa，5 月机组检修时，对吸收塔喷淋层进行检查，发现 A 喷淋层堵塞喷嘴 5 个，B 喷淋层堵塞喷嘴 12 个，C 喷淋层堵塞喷嘴 40 个。对直管道拆除并对喷嘴进行清理，对弯管进行切割清理，并用树脂进行修补。

同年 7 月，1 号吸收塔浆液循环泵 A 出口压力高达 300kPa，9 月机组检修时，对吸收塔喷淋层进行检查，发现 A 喷淋层堵塞喷嘴 47 个，B 喷淋层堵塞喷嘴 23 个。对直管道拆除并对喷嘴进行清理，对弯管进行切割清理，并用树脂进行修补。

3. 原因分析

脱硫系统设计硫分为 1.03%，2010 年平均硫分为 1.12%，严重超标，给吸收塔运行造成严重影响。由于硫分过高，吸收塔浆液反应差，亚硫酸钙析出，吸收塔塔体及喷淋层支架、吸收塔入口、除雾器支架上黏附亚硫酸钙，运行中脱落掉落吸收塔浆液内，沉积底部。由于浆液循环泵入口未装不锈钢材质的滤网，吸收塔底部的石膏结晶体由浆液循环泵打入喷嘴，体积较大的卡在喷嘴处造成喷嘴严重堵塞。

4. 整改措施

（1）对吸收塔浆液循环泵入口加装滤网。

（2）利用停机机会对吸收塔塔体及喷淋层支架、吸收塔入口、除雾器支架上的石膏进行彻底清理。

（3）加强石灰石品质管理，提高石灰石品质，保证浆液品质。

（4）加强石灰石浆液供给系统设备的点检，提高设备健康水平，防止因供浆系统故障造成不能给吸收塔补浆，使亚硫酸钙析出过多。

（5）加强设备备件储备工作，及时处理设备缺陷，保证设备正常运行。

（三）脱硫真空皮带脱水机滤布纵向撕裂异常事件

1. 设备简介

某电厂脱硫真空皮带脱水机为水平带式，出力为 34.3t/h，过滤面积为 $36m^2$，轴功率为 20kW，驱动电动机功率为 22kW。

2. 事件经过

某年 12 月 11 日 23 时 12 分，3 号真空皮带脱水机运行，频率为 16.8Hz。2 号真空皮带脱水机检修。发现 3 号真空皮带脱水机滤布横向撕裂约 10cm，纵向撕裂约 4m。

3. 原因分析

（1）3 号真空皮带脱水机滤布接缝处原来就有小孔。滤布已检修多次，不同程度地存在破损。

（2）3 号真空皮带脱水机的滤布滚筒上粘有石膏，使滤布打折程度重，而且机头的滤布偏斜、松动，导致滤布接口处的小孔卡在刮滤布的石膏夹板上，使滤布撕裂。

（3）真空皮带脱水机脱水过程中，就地热气大、能见度低，在石膏脱水运行期间，石膏在下料口处有部分堆积，将滤布顶起，使得真空皮带脱水机下部冲洗喷嘴穿入原来靠近滤布接口处的小孔内，造成滤布撕裂。

4. 整改措施

（1）将真空皮带脱水机处的照明改成防雾灯；在就地增加大功率轴流风机，及时排走过多的热气，以便能及时发现真空皮带脱水机的有关异常。

（2）在真空皮带脱水机下部加装堵料信号开关。

（3）修复滤布上的孔洞，防止类似情况再次发生。

（4）加强设备点检，定期对设备进行维护，保证设备的可靠性。

（四）脱硫真空皮带脱水机滤布横向撕裂异常事件

1. 设备简介

某电厂脱硫真空皮带脱水机是将脱硫吸收塔内结晶的石膏浆液脱水为外在水分小于 10% 的固体石膏的设备，该设备由机架、中间打孔皮带、滤布、真空盒、真空泵、真空罐及管道、密封水、滤布冲洗水和滤饼冲洗水、皮带跑偏保护、滤布跑偏保护、滤布过力矩保护装置等组成。

2. 事件经过

某年 3 月 31 日 12 时 29 分，脱硫真空皮带脱水机运行期间下料口堵塞，滤布卷进旋转的驱动滚筒内，造成滤布横向撕裂。

3. 原因分析

（1）石膏下料口堵塞，运行人员没有及时发现，造成异常扩大导致滤布撕裂。

（2）脱硫真空皮带脱水机驱动滚筒后的第一根支架托辊没有安装，造成该部分石膏大量积聚下陷卷进驱动滚筒，直接造成滤布横向撕裂。

（3）滤布过力矩保护拒动，造成滤布横向撕裂。

4. 整改措施

（1）定期检查、清理下料口积料，监盘人员密切注意工业电视显示的石膏下料口部位，及时发现下料口堵塞异常。

（2）恢复安装驱动滚筒后的第一根支架托辊，避免滤布下陷卷进驱动滚筒。

（3）定期试验滤布过力矩保护装置使其性能可靠。

（4）在石膏下料口处安装堵料保护装置。

（五）脱硫真空皮带脱水机托辊弯曲异常事件

1. 设备简介

某电厂脱硫真空皮带脱水机为水平带式，过滤面积为 15.3m³，滤饼含水率<10%。

2.事件经过

某年7月26日8时44分，运行人员启动真空皮带脱水机B运行，现场检查运行正常，9时15分，监盘人员发现B真空皮带脱水机真空泵电流低至120A（查看DCS电子记录为9时13分电流从180A突然降至118A），通过工业电视查看现场情况，判断真空皮带脱水机B石膏饼下料口堵料，停止真空皮带脱水机B运行，通过工业电视摄像头发现真空皮带脱水机B尾部滤布支撑托辊弯曲。就地检查发现真空皮带脱水机B滤布卷在头部第一个托辊与皮带滚筒间，滤布撕裂，两根滤布支撑托辊弯曲。

3.原因分析

（1）滤布在主动轴上方发生卷曲后，配重托辊限位开关未起保护作用。

（2）电动机过载保护装置未起保护作用。

4.整改措施

（1）对重要保护装置限位开关定期进行试验，避免同类故障的再次发生。

（2）配重托辊更换限位开关，保证限位开关能正确动作。

（3）加强设备点检，定期对设备进行维护，保证设备的可靠性。

（六）脱硫工艺水泵全停异常事件

1.设备简介

某电厂工艺水系统主要设备有1座工艺水箱、3台除雾器冲洗水泵以及3台工艺水泵，工艺水泵是型号为1S100-65-200的单级离心式水泵。

2.事件经过

某年5月31日19时30分，运行人员发现工艺水箱水位低，立即启动脱硫补给水泵进行补水，由于工业废水至工艺水箱补水量小，1号除雾器冲洗水泵运行中用水量大，造成工艺水箱水位下降过快，因水位过低使工艺水泵全部跳停，4min后，运行人员发现工艺水泵全停，启动工艺水泵恢复供水。

31日21时01分，工艺水箱水位补至7.2m，停运脱硫补给水泵，工艺水箱补水电动门联锁关闭，此时辅控主值正在投运制水设备中。同日21时40分，副值发现2台真空皮带脱水机全停，1、3号滤布滤饼冲洗水泵仍在运行，工艺水泵全停，立即联系恢复工艺水箱补水，工艺水箱补至1.26m时，启动1、3号工艺水泵，正常后到就地检查发现1、3号滤布滤饼冲洗水泵机械密封有不同程度损坏，5号湿式球磨机1、2号浆液再循环泵机械密封无冷却水，怀疑管道堵塞，辅控主值停运5号制浆设备，启动6号制浆设备。随后汇报辅控长，根据历史曲线发现21时32分工艺水箱水位低于0.5m引起1、3号工艺水泵全停约10min，安排辅控主值到就地检查5号湿式球磨机工艺水管道堵塞情况，并向值长汇报，联系点检人员检查。

3. 原因分析

（1）运行人员监盘不力，投运制水设备过程中失去了对工艺水箱水位的监视，导致工艺水箱水位低于 0.5m，工艺水泵保护动作跳闸，是造成此次事故的主要原因。

（2）第二次跳停后，因滤布滤饼冲洗水泵及 5 号湿式球磨机 2 号浆液循环泵冷却水长时间缺水，导致机械密封损坏。

（3）监盘人员对工艺水系统各参数不清楚，不能很好地控制工艺水箱水位，开关补水门的时间判断不清楚。

4. 整改措施

（1）加强运行人员的培训力度，提高运行人员的技术水平，做到能及时发现参数异常及时处理。

（2）加强运行人员监盘质量的监督检查，提高监盘质量。

（3）优化设备参数异常时声光报警装置，保证设备参数异常时能及时发现。

（4）完善脱硫设备保护，当脱硫主要设备密封水、冷却水中断时延时自动跳停设备，防止主要设备损坏。

（七）脱硫工艺水泵烧毁、脱硫退出运行异常事件

1. 设备简介

某电厂工艺水系统主要设备有 1 座工艺水箱、3 台工艺水泵。脱硫工艺水泵是为脱硫系统提供机械密封水和冷却水的重要设备，工艺水系统不正常将导致脱硫系统退出运行。

2. 事件经过

某年 6 月 4 日 1 时 35 分，脱硫 3 号工艺水泵跳闸，上位机显示为运行状态，脱硫运行人员没有及时发现，导致 3 号吸收塔浆液循环泵冷却水失去。同日 2 时 5 分，3 号吸收塔浆液循环泵减速机油温高达 85℃报警，就地检查确认 3 号工艺水泵跳闸，紧急启动备用工艺水泵，在启动过程中，2 号备用工艺水泵因启动条件不满足未能启动。同日 2 时 36 分，3 号吸收塔浆液循环泵由于轴承温度高跳闸，导致 3 号脱硫系统跳闸；3 时 44 分，2 号备用工艺水泵经处理正常后投入运行；4 时 53 分，启动 3 号吸收塔浆液循环泵；5 时 30 分，投入 3 号脱硫系统。经对 3 号工艺水泵电动机解体检查，发现后侧轴承烧毁，电动机烧损，传输运行信号的接点粘连。

3. 原因分析

（1）3 号工艺水泵轴承烧毁，运行人员监盘、巡检不认真，没有及时发现设备异常，导致异常扩大。

（2）运行管理、设备管理不到位，由于 2 号工艺水泵正常运行时电流偏大，检修人员将 2 号工艺水泵出口阀关小，并将 2 号工艺水泵置就地控制位，运行人员未将 2 号工艺水泵置远方位，造成 2 号工艺水泵失去联锁

保护，扩大异常范围。

4. 整改措施

（1）提高运行人员监盘质量，及时发现设备异常，及时进行处理。

（2）增加工艺水系统压力低声光报警功能，及时发现工艺水系统异常。

（3）加强运行管理，定期检查设备并确认其在正常的运行方式，使系统可控。

（4）发现电动机电流、振动偏大异常，应及时组织检修，保证设备的运行可靠性。

（八）脱硫两台湿式球磨机同时故障的异常事件

1. 设备简介

某电厂 2 台 220MW 机组配置 2 套脱硫石灰石浆液制备系统，为 2 套吸收塔系统共用。每套制浆系统的湿式球磨机出力为 6.4t/h。每套制浆系统出力能满足 1.5 台机组额定负荷运行的需要。湿式球磨机的体积为 $\phi 2200 \times 5000mm$，最佳钢球装载量为 18t。

2. 事件经过

某年 12 月 23 日 16 时 30 分，2 台机组运行，2 号湿式球磨机因入口管道与石灰石漩流子发生严重堵塞停运，当时 1 号湿式球磨机正在抢修。由于入炉煤含硫量高，造成供浆量严重不足，脱硫效率与吸收塔 pH 值逐渐下降，采取各种措施后，脱硫效率仍然低于规定值，24 日 6 时 2 套脱硫系统被迫全停。

3. 原因分析

（1）石灰石太湿，粉末含量较多，造成球磨机入口管道堵塞。

（2）运行人员操作不当，没有定期对制浆系统进行冲洗。

（3）在发现石灰石较湿的情况下，没有及时组织人员到现场定期对设备进行巡视。

（4）没有及时备用一些石灰石粉，以便紧急时使用。

（5）对 1 号湿式球磨机检修时间太长，且在检修期间没有做好各方面的事故预想。

（6）在单台球磨机运行且石灰石品质又差的情况下，运行人员没有引起高度重视，没有加强对设备进行巡视。

4. 整改措施

（1）保证石灰石的品质，以免造成球磨机入口管道堵塞。

（2）严格执行巡回检查制度。在单套制浆系统运行情况下运行人员应增加设备巡检次数，发现设备异常及时进行处理。

（3）加强监盘人员的技术培训，发现参数异常时及时进行相应的有关调整。

（4）储备一定数量的石灰石粉，以便制浆系统故障时紧急使用。

（5）健全制浆系统全停的应急预案，并加强演练。

（九）脱硫氧化风机电动机损坏异常事件

1. 设备简介

某电厂脱硫系统配置3台氧化风机，正常A、C氧化风机运行，B氧化风机为备用，所配电动机功率为560kW，前后轴承均为6222/C3，采用32号汽轮机油自循环稀油润滑。

2. 事件经过

某年3月28日10时25分，A氧化风机突然振动增大至0.083mm左右，电流突变至61A，持续时间约20s后跳闸。就地检查确定电动机前轴承损坏，测量前小盖与轴颈摩擦处最高温度为95℃，电动机前部甩油严重，后轴承未发现异常。因氧化风机电动机轴承改造项目正在审批阶段，计划将在1号机组小修期间改造，故未进行解体工作，只将前油盖打开检查，发现轴承整体已变色，轴承的保持架破损脱落、滚道及滚珠粗糙变形，油室密封磨损。

临时用同参数备用电动机替代，原A氧化风机电动机进行轴瓦改造。A氧化风机电动机改造完成后，5月16日11时开始油循环，19时7分至21时01分进行空载试验，现场测试数据反映良好，且改造后风机侧振动也大幅下降，现场振速表显示一直在0.5mm/s左右，对比A氧化风机及改造前的2.7mm/s左右下降明显，证明改造相当成功。

3. 原因分析

（1）对比查找以前氧化风机电动机故障记录，氧化风机电动机故障具有突发性，故障前振动、声音及温度均未发现异常，轴承室内油色无劣化迹象，油位无明显降低，电动机受瞬时冲击造成轴承损坏应该为主要原因。

（2）此电动机前后轴承均为6222/C3，抗瞬时振动冲击能力差，氧化风机发生喘振会对电动机造成冲击导致瞬间损坏，比如2010年11月26日11时15分左右，B氧化风机发生喘振因及时发现停止B氧化风机未造成后果。

（3）检修工艺差，检修中未对关键轴系配合尺寸（包括轴颈与轴承内套尺寸及配合量、轴承外套与轴承室尺寸及配合量等）进行测量；外委维修单位检修水平不高，A氧化风机电动机轴向振动一直偏大，多次处理仍未能解决。

4. 整改措施

（1）对氧化风机电动机重点关注，加强点检频率，并做好记录。

（2）缩短换油周期，由3000h改为1500h。

（3）结合机组检修机会将氧化风机电动机逐步改造为轴瓦式电动机。

（4）加强检修工艺及过程管理，电动机大修必须对电动机轴承、轴承室及端盖的配合公差进行测量，保证配合公差符合标准要求，并做好记录。修改作业指导书，增加以上数据测量项目。

（5）电动机大修前后必须对电动机轴承的弯曲度进行测量并记录。

（十）脱硫除雾器坍塌异常事件

1. 设备简介

某电厂吸收塔内部除雾器为平板除雾器，直径为 11.7m，分两级布置，安装有除雾器冲洗水系统。

2. 事件经过

某年 7 月 11 日 10 时 00 分，检查发现烟道冷凝水中有大量石膏浆液流出，分析原因为除雾器可能发生了坍塌，造成烟气夹带大量浆液进入烟道、烟囱，沉积后顺冷凝水管路流出。同日 10 时 21 分，停运脱硫系统，进入吸收塔内部进行检查，发现叶片间沉积大量石膏，部分除雾器本体坍塌脱落。

3. 原因分析

（1）脱硫系统停运期间，由于控制部分故障，导致脱硫系统挡板门误动，135℃的锅炉热烟气进入吸收塔内，造成除雾器叶片受热变形。

（2）冲洗水管道在运行中曾发生断裂、变形，造成个别管道喷嘴处压力降低，无法对除雾器叶片进行有效冲洗。叶片间沉积石膏较多，造成堵塞。

（十一）脱硫系统石膏成稀泥状异常事件

1. 设备简介

某电厂脱硫石膏脱水系统包括：石膏浆液旋流器、真空皮带脱水机、真空泵、滤布滤饼冲洗水箱、滤布滤饼冲洗水泵、滤液泵、石膏库等。其中一级石膏脱水旋流器为 1、2 号脱硫塔各自单独设置，二级石膏脱水装置 1、2 号真空皮带脱水机及辅机为两台脱硫塔公用。

吸收塔内的石膏浆液经石膏排放泵（每塔两台，一运一备）送到石膏脱水旋流器，旋流后浓度高的浆液（底流，浓度为 50%～60%）经底流分配器进入真空皮带脱水机脱水后制成表面水分≤10% 的石膏，浓度较低的浆液（溢流）和从真空皮带脱水机脱除的滤液进入滤液池，经滤液池滤液泵返回吸收塔或送制浆系统利用，或经废水供浆泵进入水处理系统。脱水后的石膏饼直接进入石膏库存放、外运。

2. 事件经过

某年 8 月 25 日 6 时 23 分，2 号真空皮带脱水机脱出的石膏成稀泥状。当时 2 号脱硫系统运行，吸收塔浆液密度为 1172kg/m³（正常运行密度为 1100～1150kg/m³），pH 值为 5.3，石膏脱水旋流器压力为 145kPa（设计压力为 140～170kPa），石膏厚度为 18mm，真空度为 22～28kPa。

发现石膏脱水很差，运行人员立即采取了以下处理措施进行调整：

（1）将石膏脱水旋流器的压力往上调整到 150～170kPa，运行观察一段时间，石膏稀泥状还是无效。

（2）在维持石膏脱水旋流器的压力正常时，调整石膏的厚度，往更厚或更薄方向调整，均无效。

（3）加大滤布冲洗水压力，观察一段时间，无效。

（4）调整滤布跑偏现象，无效。

（5）倒换至 1 号真空皮带脱水机运行，作同样的调整仍然无效。

化学化验吸收塔与石膏中的浆液品质以及石膏旋流器底流含固量，只有 34％。由于近段时间煤质较差，锅炉燃油偏多，分析可能与此有关。根据煤场存煤情况，改善入炉煤的品质，减少主机稳燃用油量。同时加大石灰石供浆量，一边加强石膏排放，一边将少部分吸收塔中的浆液外排，尽量加大废水外排量。

26 日，石膏脱水效果已有明显改善，但含水率还是很高达到 35％，待吸收塔浆液密度降低到 1142kg/m³ 时停止石膏脱水，继续外排部分浆液。27 日 15 时 18 分，重新对 2 号吸收塔进行石膏脱水时，石膏已恢复正常。

3. 原因分析

（1）主机稳燃频繁用油的影响。

（2）2 号电除尘器除尘效率较差，导致浆液中含尘量较高。

（3）废水系统不能正常投入运行，浆液中的氧离子含量和其他金属离子含量较多。

（4）塔中浆液起泡现象频繁，增加消泡剂量过大对浆液品质有很大的影响。

（5）石灰石品质差，杂质含量较高。

（6）入炉煤品质差，硫分与灰分含量较高。

4. 整改措施

（1）改善入炉煤的品质，减少稳燃用油。

（2）加强废水系统设备的治理，保证设备的可靠运行。

（3）对电除尘运行模式进行调整，确保除尘效率符合要求。

（4）定期对脱水系统的设备进行维护。定期检查石膏脱水旋流器底流与旋流子是否有磨损，发现异常及时处理，保证脱水系统可靠运行。

（5）加强对石灰石品质的监督。

（6）定期对氧化风机入口滤网进行清洗，保证氧化风机的正常运行，以便有足够的氧化风量，确保石膏结晶充分。

（7）调整滤布冲洗水压力，确保滤布冲洗干净。

第二节　除尘系统故障判断与处理

一、电除尘系统事故处理

（一）电除尘器的故障处理原则

设备异常或故障停运的一般原则：

（1）在运行过程中发现异常情况，应及时、准确分析并判断原因，进行必要的操作和调整，并将情况向上级汇报。

（2）电除尘器在运行过程中发生严重威胁人身或设备安全的故障时，应立即停运该设备，做出必要的处理并向上级汇报。

（二）立即停运设备的情况

1．电气方面

（1）整流变压器发热严重，电抗器温升超过 65℃，整流变压器温升超过 40℃或设备内部有明显的闪络、拉弧、振动等。

（2）阻尼电阻起火。

（3）高压绝缘部件闪络严重，高压电缆头闪络放电。

（4）供电装置失控，出现大的电流冲击。

（5）电气设备起火。

（6）其他严重威胁人身及设备安全情况。

2．机务方面

（1）电场发生短路。

（2）电场内部异极间距严重缩小，电场持续拉弧。

（3）CO浓度已到跳闸值（一般为 2%），或者有迹象表明电场内部已出现自燃。

（4）振打、排灰机构卡死应立即停运电动机，除灰系统中采用冲灰水箱连续冲洗，但冲灰水突然中断时应停运排灰阀。

（三）酌情考虑停运情况

1．电气方面

（1）整流变压器、电抗器发热严重，已超过正常允许值。

（2）阻尼电阻冒火，供电装置出现偏励磁。

（3）因冷却风扇故障而使晶闸管元件发热严重。

（4）各电缆接头，尤其是主回路电缆头、整流变压器、电抗器进线接头发热严重。

2．机务方面

（1）灰斗堵灰。

（2）锅炉投油。

（四）电除尘器的事故处理

电除尘器的故障可分为本体故障、电源故障、综合故障，其故障现象一般可从电控设备中体现，但这三者之间并不是相互独立，而是相辅相成，因此，故障的判断应从多个方面分析，去伪存真。本体故障包括电场短路、电场开路等；电源故障包括偏励磁、过电流、晶闸管短路、系统自检故障等；综合故障包括除尘效率下降、反电晕、运行电流和电压低等。

1．电场完全短路

（1）现象：

1）投运时电流上升很大，而电压指示为零。

2）运行时，二次电流剧增，二次电压指示为零。

3）高压柜上电场故障指示灯亮，事故喇叭响，计算机上相应画面显示电除尘故障。

（2）原因：

1）高压隔离开关处于接地位置。

2）电晕线脱落与阳极或外壳接触。

3）绝缘子被击穿。

4）硅堆击穿短路或变压器二次侧线组短路。

5）极板或其他部件有成片铁锈脱落，在阴、阳极板间搭桥短路。

6）灰斗篷灰，造成长期满载与阴阳极下部接触造成短路。

（3）处理：

1）供电柜停止运行，拉开电源开关。

2）检查高压隔离开关操作位置是否正确。

3）检查下灰是否正常，若有故障及时处理。

4）排除故障后，作升压试验，做好记录。若故障不能排除，应停止供电，断开电源，将双极隔离开关打至接地位置，向值班长汇报。

2. 电场不完全短路

（1）现象：

1）电压表、电流表剧烈摆动，时而跳闸。

2）二次电流不正常或偏高，二次电压瞬时大幅度降低或闭锁到零后再次回升。

（2）原因：

1）电晕线损坏未完全脱落，随气流摆动。

2）不均匀气流冲击加上振打的冲击引起极板极线晃动。

3）极板、极线间局部积灰过多，使两极间绝对距离变近。

4）壳体焊接不良，人孔门密封差，导致冷空气冲击各部件或元件结露变形。

5）电缆对地接触不良。

6）振打装置失灵或振打强度不够。

7）绝缘子结露，造成高压对地放电。

（3）处理：

1）停止电场运行，拉开电源开关。

2）检查及调整振打装置和振打周期，及时处理振打缺陷。

3）检查电场排灰情况。

4）故障排除后，作升压试验，做好记录，如不能运行，则停止供电，断开电源，向值班长汇报。

3. 电场开路

（1）现象：二次电压升至 30kV 以上仍无电流。

（2）原因：

1）高压隔离开关操作有误，或接触不良。

2）高压回路测点后有开路现象。

3）接地电阻高，高压回路循环不良。

4）整流输出高压端避雷器或放电端空间击穿损坏。

5）阻尼电阻烧坏。

6）变压器二次输出导线断线。

（3）处理：停止设备运行，检查隔离开关位置是否正确，接触是否良好，若不正确则做好记录，向值班长汇报，联系检修人员处理。

4. 电气设备过热处有焦味或明火，或自动跳闸

（1）原因：

1）电气某处连接松动，接触电阻大，造成长期过热，将连接处烤焦、烧红。

2）过热严重或绝缘击穿造成短路。

（2）处理：发现有焦煳味时，应立即停止运行，查找故障点，通知检修人员，有明火时依 GB 26141《电业安全工作规程》执行。

5. 高压柜主机控制失灵

（1）原因：

1）一次电源供电故障。

2）整流变压器故障，变压器绝缘子击穿，高压隔离开关接点打弧，高压系统漏电或短路。

3）控制系统自身故障。

（2）处理：联系检修人员检查处理。

（五）常见故障分析及处理方法

电除尘系统常见故障分析及处理方法见表 7-4。

表 7-4　电除尘系统常见故障分析及处理方法

故障现象	故障原因	故障处理
报警响，跳闸指示灯亮，再次启动时电压升不起来或电压升到一定之后再次跳闸	（1）高压直流回路（包括阴极线，极板）有永久性击穿点或短路点； （2）整流装置元件故障； （3）灰斗料位计失灵，灰斗满灰使阴阳极短路	（1）恢复报警，检查设备； （2）通知检修人员处理； （3）通知检修人员处理
（1）整流变压器启动后一、二次电压迅速上升，但一次电流无指示； （2）整流变压器运行中一、二次电压、电流突然无指示，整流变压器跳闸	（1）电源开关未合到位； （2）高压回路串接的电阻烧断	（1）立即停止整流变压器运行，合好电源开关再按规定启动； （2）通知检修人员处理

续表

故障现象	故障原因	故障处理
（1）电场一、二、次电压降低，一、二、次电流减少； （2）振打器跳闸，运行指示灯灭； （3）振打器磁锤棒不落下	（1）振打器热电偶继电器动作； （2）机械部分犯卡； （3）振打器过电流缺相； （4）瓷轴损坏或拉杆链子断； （5）接触器接点接触不好	（1）热电偶复位； （2）停炉处理； （3）通知检修人员处理； （4）通知检修人员处理； （5）通知检修人员处理
（1）一次电压很低，一次电流较大； （2）二次电压接近为零，二次电流很大	（1）高压隔离开关接地，造成短路； （2）灰斗积灰过多，造成阴阳极短路； （3）高压电缆击穿或其终端接头绝缘损坏击穿造成对地短路； （4）电晕极断线，造成对地短路； （5）电场内两极间有金属异物造成对地短路； （6）异极间距局部变小； （7）电晕极振打装置转动磁轴损坏或磁轴箱内严重积灰造成对地短路； （8）高压绝缘子损坏或石英套管内壁结露结灰造成对地短路	（1）隔离开关置于电场位置； （2）放尽灰斗积灰； （3）更换电缆或终端接头； （4）停炉处理断线； （5）停炉处理异物； （6）通知检修人员处理； （7）更换磁轴或清除积灰； （8）更换损坏绝缘子，投入加热装置
二次电压正常，二次电流下降或为零	（1）电晕线肥大，放电不良； （2）收尘极或电晕极上积灰太多； （3）阴阳极振打未投或失灵	（1）调节振打力度和周期； （2）清除积灰； （3）排除振打故障
二次电压低，二次电流大不稳定，有闪络	（1）阴阳极之间局部间距变小； （2）电场内有异物； （3）高压绝缘子爬电； （4）高压电缆有漏电部位	（1）调整两极间间距； （2）消除异物； （3）将绝缘子擦净，提高绝缘子加热温度； （4）消除漏电部位或更换电缆
二次电流剧烈摆动	（1）阴阳极弯曲造成局部间距变小； （2）高压电缆部分对地击穿； （3）阴、阳极框架晃动，造成局部间距变小	（1）修整弯曲部位； （2）修理击穿部分； （3）检修处理
（1）整流变压器投入后，一、二次电压和电流都指示异常，表计有摆动； （2）烟囱冒烟浓度增加，变黑或变白； （3）电场一、二次电压降低，一、二次电流较正常增加很多	（1）调整回路有故障； （2）烟气变黑，电压稍有降低，电流稍有增加，属于燃烧不好，烟气含碳量增加所致； （3）烟气变白，电压降低，电流增加很多，甚至一倍以上，锅炉汽、水系统承压部件泄漏，烟中含有大量潮汽	（1）立即停止整流变压器运行； （2）属于第一种原因时，通知司炉改善燃烧； （3）属于第二种原因时通知集控尽快查出泄漏点，并将整流变压器停止运行
火花过多	人孔漏风，湿空气进入，锅炉泄漏水分、绝缘子脏	采取针对性措施

续表

故障现象	故障原因	故障处理
除尘效率不高	(1) 异极间距差过大; (2) 气流分布不均匀,分布板堵灰; (3) 漏风率大,工况改变,使烟气流速增加,温度下降,从而使尘粒荷电性能变弱; (4) 尘粒比电阻过高,甚至产生反电晕使驱动性能下降,且沉积在电极上的灰尘释放电荷很慢,黏附力很大,使振打难以脱落; (5) 高压电源稳定差,电压自调系统灵敏度下降或失灵,使实际操作电压低; (6) 进入电除尘器的烟气条件不符合本设备原始设计条件,工况改变; (7) 设备有机械方面的故障,如振打功能不好等; (8) 灰斗阻流板脱落,气流旁路	(1) 调整异极间距; (2) 清除堵灰或更换分布板; (3) 补焊堵塞漏风处; (4) 烟气调质,调整工作点; (5) 检修或更换; (6) 根据修正曲线按实际工况考核效率; (7) 检修振打,使其转动灵活或更换加大锤重; (8) 检查阻流板并处理
排灰装置卡死或熔断器跳闸	(1) 有掉锤故障; (2) 机内有杂物,焦块掉入排灰装置	停机检修
高压控制柜运行中跳闸	(1) 一次电源供电故障; (2) 整流变压器故障,变压器绝缘子击穿,高压系统漏电或短路,控制系统自身故障	(1) 找出原因修理或更换; (2) 经常记录电能表读数,早期发现异常读数及故障
硅整流装置输出失控	(1) 晶闸管击穿; (2) 反馈量消失,取样电阻排损坏	(1) 更换零件; (2) 检查有关元件和回路
控制回路及主回路操作不起来	(1) 安全联锁未到位闭合; (2) 高压隔离开关联锁未到位; (3) 合闸线圈及回路断线; (4) 辅助开关接触不良	(1) 检查人孔门及开关柜门是否关闭到位; (2) 检查高压隔离开关到位情况; (3) 更换线圈,检查接线; (4) 检修开关
送电操作时控制盘面无灯光信号指示	(1) 回路元件接触不良; (2) 灯泡损坏; (3) 熔断器熔断	(1) 检查各元件及回路; (2) 更换灯泡; (3) 更换熔断器
调压时表盘仪表均无指示	(1) 仪表内部故障; (2) 无触发输出脉冲; (3) 快速熔断器熔断; (4) 晶闸管元件开路; (5) 交直流取样回路断线; (6) 交流电压表测量切换开关接触不良	(1) 检修校验仪表; (2) 用滤波器检查输出脉宽及个数; (3) 更换; (4) 检查二次接线; (5) 检查开关触电
闪络指示有信号,而控制屏其他仪表不相应连动	(1) 外来干扰; (2) 闪络封锁信号转换环节及元件损坏	(1) 检查屏蔽接地; (2) 加旁路措施,更换元件
闪络一次后二次电压不再自动上升而报警	(1) 闪络时第一次封锁脉冲宽度过大; (2) 电压上升率给定值过低	(1) 改变参数调整脉宽; (2) 增大给定电压

续表

故障现象	故障原因	故障处理
带负荷升压，电压指示正常，电流指示为零	(1) 电流取样回路开路； (2) 电流表内部断线	(1) 检查二次接线； (2) 测量电压值
升压时一次电压调压正常，二次电压时有时无，并伴有放电声	(1) 整流变压器二次线圈及硅堆开路； (2) 高压引线对壳体安全距离不够； (3) 直流采样分压回路有开路现象	(1) 吊芯检查整流变压器，并排除故障； (2) 检查并装好高压引线； (3) 吊芯检查整流变压器并修复
油压报警跳闸，整流变压器排出臭氧味	整流变压器二次线圈或整流硅堆击穿短路	吊芯检查整流变压器，损坏部位更换新品
油位信号动作跳闸报警	整流变压器油位低于低限位	查明原因，排除故障，同时给整流变压器补充油至适当油位
操作时油压报警	瓦斯继电器内有气体	打开排气阀排尽气体

二、除灰输送系统事故处理

（一）输灰压力欠压报警及处理

1. 故障现象

（1）气源压力降至下限出现欠压报警。

（2）仓泵加压流化阶段，仓泵内压力升高时间大大超过已设定允许最大加压流化时间，出现欠压报警。

2. 故障分析及处理

（1）压力开关接触不良或接线端子松脱；检查压力开关或接线端子接触是否良好并加油处理。

（2）气源压力不足，空气压缩机供气不足；检查气源供气是否正常，检查空气压缩机工作是否正常并处理。

（3）进气管路一次进气阀未打开或流量调节阀开度太小，阻力太大；检查进气阀和流量调节阀，调整开度。

（4）进气阀、出料阀、平衡阀漏气比较严重；检查是否存在漏气，并作相应处理。

（5）程序出现混乱，同时进气的仓泵数量超出限制；重新调整程序。

（6）欠压报警后，如发现为压力开关故障，则可手动复位或强制输送。

（二）堵管报警及处理

1. 故障现象

（1）上位机 CRT 发堵管报警。

（2）仓泵压力升高至堵管设定压力，进气阀关闭，在同一输灰管道的仓泵处于停止状态。

2. 故障分析及处理

（1）压力开关故障，造成假堵管报警。处理方法参考欠压力报警处理，手动复位解除报警即可。

（2）出料阀卡死而无法打开，造成假堵管报警，增加控制压力，手动打开进气阀和出料阀，并进入输送状态。待仓泵压力下降到输送压力下限时，延时 $10\sim30s$ 后手动关闭进气阀，再关闭出料阀，然后检修出料阀。完成后手动复位解除报警即可投入正常运行。

（3）气源压力与流量不足，可能导致堵管，处理方法参考欠压力报警处理。

（4）运行过程中阀门开闭动作异常，如进气阀异常关闭、出料阀无法打开或异常关闭，此时应检查调整程序及检修相应部件。

（5）进气阻力太大，调整流量调整阀开度。

（6）进气阀、出料阀、平衡阀漏气，处理方法参考前节所述。

（7）管道内有块状异物导致堵管。需清理管道，排除异物。

（8）空气压缩机干燥器故障或疏水不及时，造成压缩空气湿度过大，导致堵管。应加强压缩空气疏水或检修空气压缩机干燥器。

（9）因锅炉煤种变化或燃烧不完全，飞灰物理性质变化或电除尘故障后灰斗积满大量沉降灰，导致飞灰颗粒粗大，造成无法正常输送，此时应调整仓泵各运行参数，提高输送流速，降低输送浓度。调整方法为：提高三次气流量，减少一次气流量。

（10）堵管报警后，如判断非假堵管，则应先清管，再进行以上检查处理过程。清堵方法：采用吹吸式清堵，仓泵进气，打开出料阀，待仓泵压力升高并稳定后，关闭进气阀，打开消堵管上的消堵阀（或打开平衡阀），释放管内压缩空气及部分飞灰至电除尘灰斗或烟道。重复以上过程，直至吹通管道。清堵过程中现场控制箱上的自动/手动按钮必须置手动位置。管道吹通后，应打开进气阀、出料阀，清除仓泵及管道内残存灰，然后再检修仓泵。注意此时如急需投运同一输灰管上的其余仓泵，则可按程序控制器或现场控制箱上的复位按钮，此时其余仓泵可投入运行，但注意本仓泵出料阀在其余仓泵运行时不能随意打开检修。

（三）灰斗高料位

1. 事故现象

（1）灰斗高料位报警。

（2）灰斗高料位严重时灰斗有可能坍塌。

2. 事故原因

（1）输灰系统故障。

（2）灰斗下灰不畅。

（3）输灰自动方式设置不合理。

（4）燃烧煤粉中灰分较大。

3. 事故处理

（1）就地认真巡检，及时发现输灰管道、阀门泄漏。并通知检修人员尽快处理。

（2）如处理输灰故障需停止输送时，时间上应有具体要求，越快越好。原则上按抢修处理。

（3）系统正常运行时，电除尘运行方式严格按专业主管调整好的方式执行。

（4）重点关注仓泵排气管，及时判断发现仓泵排气管堵塞，并通知检修人员尽快处理。

（5）认真监盘，及时发现输灰异常。出现输灰时间过长、曲线拉长的情况时，立即采取排堵处理。

（6）仓泵最小循环周期时间不可随意更改，如更改需向值长、专业主管汇报。

（7）对一电场仓泵进料情况重点关注，发现仓泵进料不畅，立即派人就地敲打该仓泵、进料管、灰斗，并检查仓泵排气阀是否堵塞，如确认堵塞，要求检修人员尽快处理。

（8）当灰斗出现高料位时，将该仓泵的进料时间设为最大，并对该仓泵实行重点输送（必要时就地手动输送）。如果是因仓泵进料不畅造成，同时采取上条办法处理（第7条）。

（9）当灰斗高料位报警时间持续4h后，应停运与之对应的整流变压器。并通知热控人员检查灰斗料位计，确认是否误报。如确认是误报，应在灰斗料位计投入正常后恢复整流变压器正常运行。

（10）如在灰斗没发高料位报警信号就出现整流变压器短路报警，应及时通知热控人员检查灰斗料位计。

（11）如高料位超过规定时间无法消失，应及时通知专业主管、值长，经有关领导同意后采取就地排放措施或申请停机处理。

（四）灰斗下灰不畅

1. 常见原因

（1）仓泵圆顶阀动作不正常或阀门故障。

（2）仓泵排气圆顶阀动作不正常或阀门故障。

（3）灰斗流化风供应不正常。

（4）灰斗内有受潮结块的灰。

（5）灰斗内有异物。

（6）灰斗加热器未投入或温度升不上去。

（7）灰斗漏风严重。

（8）油灰混合物在灰斗壁挂灰严重。

（9）灰斗保温不良。

（10）烟气中水分过大，灰潮。

2. 常规处理

（1）投入或检查灰斗加热器。

（2）消除漏风点。

（3）油枪未撤，不得投入整流变压器运行。

（4）查找保温不良原因，联系检修人员处理。

（5）通知检修人员处理。

（五）气动阀门拒动

1. 常见原因

（1）控制气源压力不足。

（2）电磁阀拒动。

（3）气动阀门卡死。

（4）控制气源管脱落。

（5）电磁阀漏气严重。

2. 常规处理

（1）检查气源不足的原因。

（2）通知检人员修处理卡涩部位。

（3）处理脱落的气源管路。

（4）检查电磁阀。

（六）进料时仓泵顶部返灰

1. 常见原因

（1）负压管堵。

（2）排气阀开启不到位。

（3）气动进气阀不严。

2. 常规处理

（1）疏通负压管。

（2）联系检修人员处理。

（七）送料时仓泵顶部返灰

1. 常见原因

（1）下料圆顶阀与进气阀延时过短。

（2）下料圆顶阀关闭不严。

（3）下料圆顶阀密封圈损坏。

2. 常规处理

（1）增加延时。

（2）联系检修人员处理。

（3）更换密封圈。

三、灰库系统事故处理

（一）灰库顶部排尘风机故障

1. 常见原因

（1）排尘风机叶轮发生卡涩。

（2）速度开关出现异常。

（3）电动机故障（电源中断、温度继电器断开）。

2. 常规处理

（1）就地检查排尘风机是否堵塞。

（2）检修排尘风机叶轮是否卡涩。

（3）联系维护人员，对开关进行检查后，重新设置开关。如果电缆和接头断开要复原；如果烧毁，更换熔断器或保护装置；如果开关损坏，更换开关。

（4）检查电气装置。

（二）布袋除尘器差压高

1. 常见原因

（1）布袋除尘器差压过大或差压设定值过低。

（2）布袋使用时间过长。

（3）反吹装置出现故障。

2. 常规处理

（1）适当调整布袋除尘器差压。

（2）及时更换布袋。

（3）通知检修人员进行处理。

（三）灰库卸灰时不下灰

1. 常见原因

（1）手动插板门的位置不正确。

（2）气动插板门故障或动作不正常。

（3）干灰散装机电气故障或机械卡涩。

2. 常规处理

（1）检查插板门的具体位置。

（2）通知检修人员处理卡涩部位。

（3）通知电气人员检查故障。

（四）干卸灰常见故障及处理

干卸灰常见故障及处理见表 7-5。

表 7-5　干卸灰常见故障及处理

故障现象	故障原因	故障处理
卸灰时不下灰	（1）灰库流化效果不佳； （2）电动锁气器卡涩； （3）气动下料阀卡涩	（1）检查灰库气化风系统； （2）联系检修人员处理； （3）手动打开下料阀
下灰时冒灰	（1）灰口灰位探针损坏，灰满时不能停止下灰； （2）下灰口没有与罐车口连接紧密； （3）下灰软管泄漏； （4）收尘管堵塞	（1）停止卸灰，联系检修人员处理； （2）紧密连接点； （3）联系检修； （4）疏通收尘管

（五）双轴搅拌机常见故障及处理

双轴搅拌机常见故障及处理见表7-6。

表7-6　双轴搅拌机常见故障及处理

故障现象	故障原因	故障处理
噪声较大	（1）主轴磨损变形； （2）轴承损坏； （3）轴承座或减速机固定螺栓松动	（1）更换或修复； （2）更换； （3）拧紧连接螺栓
减速机油温太高	（1）主轴磨损变形； （2）轴承损坏； （3）箱体内积灰太多，阻力增加	（1）更换或修复； （2）更换； （3）及时冲洗
含水率不足	（1）水压不够； （2）水量不足； （3）喷嘴堵塞	（1）调整水压； （2）调整手动调节阀开度； （3）清理或更换
轴端漏灰	（1）主轴磨损； （2）填料磨损	（1）更换或修复； （2）更换填料

（六）灰库气化风机的故障分析及排除方法

灰库气化风机的故障分析及排除方法见表7-7。

表7-7　灰库气化风机的故障分析及排除方法

故障现象	故障原因	故障处理
气化风机不能转动或卡死	（1）转子相互碰撞或转子和机壳擦碰； （2）气化风机负载过重； （3）由于管道加在气化风机上的载荷或由于基础不平而引起气化风机机壳变形； （4）异物进入气化风机； （5）气化风机积尘堵塞	（1）检查转子和机壳的间隙； （2）检查气体的工作压力和温度； （3）检查转子和机壳的内腔； （4）气化风机必须进行彻底的检修； （5）清洗气化风机
异常的噪声	（1）转子相互碰撞或转子和机壳擦碰； （2）齿轮间隙过大； （3）滚动轴承间隙过大； （4）由于积尘使转子失去平衡	（1）检查转子和机壳的间隙； （2）更换齿轮； （3）更换轴承； （4）清洗转子
气化风机过热	（1）滤清器堵塞使进口流量减少； （2）压力差过大引起压缩过热； （3）油位过高或油的黏度过大； （4）转子与转子之间、转子与机壳内壁之间间隙过大（磨损）	（1）清洗或更换滤清器； （2）检查管道和安全阀的压力设定； （3）换用其他牌号的油及校正油位； （4）气化风机必须大修
漏油	（1）轴端漏油，油封损坏； （2）端盖和侧板之间漏油； （3）油位观察窗漏油； （4）油漏入压缩腔，油封磨损或损坏，油位过高； （5）零件之间的毛细管之间引起漏油	（1）更换油封； （2）修复接合处的密封； （3）更换密封垫，固紧观察窗玻璃； （4）气化风机需要大修； （5）校正油位； （6）气化风机需要大修

故障现象	故障原因	故障处理
进口流量过低	（1）进口阻力过大； （2）实际运行参数偏离原来规定的参数； （3）间隙过大（磨损）	（1）检查进口管道系统（滤清器堵塞）； （2）检查运行参数（压力、流量）； （3）气化风机必须大修

四、除尘系统典型异常事件

（一）电除尘器个别灰斗严重积灰异常事件

1. 设备简介

某电厂电除尘器为龙净双室五电场高效电除尘器，型式为干式、卧式、板式。

2. 事件经过

1号机组于2015年10月14日B级检修后投运，至2016年3月19日计划停运，累计运行156天，

1号锅炉除尘、除灰系统自B级检修后投运以来，未出现灰斗高料位报警，电除尘器一、二次电压及电流正常，峰值、火花率、振打正常，气力除灰系统运行正常，未发生堵灰等异常。只有上位机显示五电场灰斗温度低于设定温度下限。

2016年3月21日，对1号锅炉电除尘器进行内部检查，发现四、五电场有部分灰斗积灰严重

2号电除尘器4号灰斗积灰严重，已经接触到阳极板。2号电除尘器5号灰斗四壁已经积灰，若继续运行有蓬灰隐患。2号电除尘器10号灰斗积灰严重，已经接近阳极板。1号电除尘器5号灰斗有部分存灰，存灰高度在1m左右。

3. 原因分析

针对1号锅炉电除尘器四、五电场部分灰斗发生积灰现象，分析原因如下：

（1）四、五电场分布位置较靠后，受分布位置和环境温度影响，烟温、灰温热量损失大，灰斗温度低，并且四、五电场收尘量低，加之飞灰特性较细、易黏等因素，导致四、五电场积灰。

（2）灰斗大量积灰并非一朝一夕，发电部专业及运行人员对灰斗料位计过于依赖，未能及时发现。

（3）灰斗料位计信号可靠性较差，不能准确显示、及时报警。

4. 整改措施

（1）对其他锅炉灰斗落灰情况进行一次就地彻底检查，以四、五电场为检查重点。尤其对四、五电场料位计以及落灰情况进行重点检查。

（2）日常运行检查时，不要仅依赖灰位信号。每班必须就地检查，通过敲打落灰管路及打开排灰检查门，进行确认是否积灰。提高检查、监盘质量，按规定执行定期工作，做到系统、设备缺陷早发现、早处理。

（3）了解每天"煤质分析报告"煤质指标，根据机组负荷（冬季考虑供热机组负荷）、煤量及机组吹灰等情况，合理调整电除尘器电流极限值、供电方式（后级电场采用间歇供电方式）等运行方式；根据落灰情况及出口粉尘含量，适时调整振打周期及振打方式；根据煤量及吹灰等情况，及时调整气力除灰循环周期和落灰时间。

（4）为防止灰斗结焦，密切监视灰斗料位，杜绝出现局部高料位，并将电除尘电场火化率控制在 20 以下，若高于控制值则应先调整电流极限和运行方式，若效果不佳可停止单个电除尘室的运行，并将振打器方式调整为强制连续振打，时间为 30min，若投运后效果不佳，可适当延长停运及振打时间。

（5）在监盘、调整中要善于进行比较、分析，结合运行工况、季节、气候等综合因素变化，进行能耗、数据对比，总结经验以保证除尘、除灰系统的正常运行。

（二）除尘系统积灰异常事件

1. 设备简介

某电厂 1 号机组配备型号为 2BE222.3/21/405/13/10×4-G 的电除尘器，并通过 IPC 系统实现电除尘器的在线监控和管理，电除尘器分为两室，由三个电场组成，烟气经电除尘器五个串联的电场后，经引风机送至脱硫装置由烟囱排出。

2. 事件经过

某年 1 月 18 日 5 时 20 分，电除尘器 B 列一至五电场相继跳闸，除尘值班人员通知相关专业、值长和维护人员。经过专业人员检查处理后，电除尘器 B 列二、三、四、五电场相继投入，一电场未能投入。到 24 日，二、三、四、五电场又陆续跳闸，经认真分析最终确定跳闸原因为电场内灰位过高，24 日上午开始紧急放灰。30 日，因 1 号机组磨煤机跳闸灭火停机，烟道经通风冷却后，打开电除尘器人孔门进入电除尘器内部查看，发现电除尘器 B 列一、二电场极板有近 20 组变形，阴极线部分断裂，固定极板的固定架弯曲折断，造成极板之间短路，未放灰的三、四、五电场积灰较高，已经淹没到极板极线以上，但目测无极板和极线的较大变形现象。经检修处理完，电除尘器 B 列一、二电场缺陷，机组并列之后，电除尘器 B 列 BT/RI、BT/R2、BT/R3 投入，BT/R4 因绝缘低不能投入，经过一个阶段的输放灰，2 月 10 日，电除尘器五电场投入运行，2 月 12 日，电除尘器 B 列电场相继投入。

3. 原因分析

（1）设备上的原因。从电除尘器的这次设备损坏故障来分析，由于设备上的原因有很多，且监视设备未能起监视作用，只能以当时的管道输送压力来判断输送情况。从省煤器仓泵掏出的焊条、铁片和保温材料来看，这是造成省煤器堵塞的主要原因。而在试运期间的煤质好，现燃用的煤质差，厂家调试的一次和三次气比例不合适，不能满足除灰要求是造成此次电除尘器积灰的主要原因。

（2）维护方面的原因。在省煤器颗粒较大的灰粒到达电除尘器一、二电场后，造成电除尘器的输灰设备磨损漏灰，由于维护人员少，消缺时间较长，而当检修消缺时又必须停止输灰系统运行，这在很大程度上导致了积灰高度的增加。

（3）运行方面的原因。辅控运行人员大多为转岗的职工，对辅控岗位不是很熟悉，培训时间短，专业技术素质较低，对设备突发的一些故障现象判断分析不准确。

4. 整改措施

（1）对设备进行改造和检修，对除灰系统存在的遗留缺陷彻底消除，确保设备监视参数正常工作，指导运行人员监视调整，

（2）增加维护人员的技术力量，缩短消缺时间，提高消缺质量。

（3）加强运行人员的培训，组织技术人员讲课，提高运行人员技术水平。

（4）加强管理，完善各项规章制度，制定防止灰斗积灰、输灰管线堵灰技术措施。

（三）电除尘器堵灰导致机组被迫停运异常事件

1. 设备简介

某电厂机组电除尘器型号为 RWD/DB251×2×5-2，除尘效率＞99.5%。

2. 事件经过

某年6月15日，运行人员巡检发现输灰系统一电场灰斗保温处存在漏灰现象，通知维护人员查找处理漏灰点，维护人员检查发现由于灰斗内部积灰造成灰斗变形、灰斗焊口开焊，灰从灰斗开焊部位漏出，随即对灰斗进行补焊处理。17日，由于灰斗内部积灰情况加剧，一电场、三电场灰斗漏灰严重无法处理，机组被迫停运消缺。

3. 原因分析

（1）由于机组燃烧劣质煤而机组又在供热期间燃煤量大，造成输灰系统出力与除尘器落灰量不匹配。

（2）危险点分析不到位，对设备长时间超出力运行所带来的严重后果估计不足。

（3）运行人员分析能力不足，对设备超出力运行的防范措施落实不到位、没有相应的管理手段。

（4）设备管线超检修更换年限，影响设备的正常运行及出力。

4. 整改措施

（1）运行人员提高监盘及巡检质量。

（2）加强培训，提高运行人员异常事件的分析和处理能力，并制定相应的管理制度。

（3）对老化、磨损的设备及时更换和消缺，提高检修质量。

（四）电除尘器堵灰异常事件

1. 设备简介

某电厂机组采用 BE 型电除尘器，阴阳极系统及气流分布装置均采用顶部电磁锤振打清灰，采用小分区供电方式，吊打分开式刚性阴极系统。

2. 事件经过

某年 6 月 8 日，2 号机组检修结束后启动，电除尘器及干除灰系统投运正常。9 日，2 号锅炉电除尘器四、五电场开始发生堵灰现象，排堵、吹扫后落灰再次堵灰，堵灰由每班 3~4 次发展至 11 日每班 7~8 次，12 日不落灰，只吹扫管道压力依然不通，出现长时间吹扫压力保持 0.05MPa 不降的情况。13 日，拆开五电场出口仓泵出口管道，发现有大量焦块，堵塞在出口仓泵，清理后恢复正常。以后又在五电场主仓泵、出后仓泵再次清出焦块。

3. 原因分析

灰斗积灰，电除尘器极板间放电将灰烧结成块，焦块下落堵塞仓泵造成四、五电场发生堵灰，暴露出以下问题：

（1）灰斗高料位计不准，高料位时未发报警。

（2）运行人员检查不到位，没有通过就地检查发现灰斗高料位。

（3）检修过程中没有将灰斗积灰清理，机组启动后发生堵灰。

4. 整改措施

（1）定期检查灰斗料位计，清理探头积灰，并安装双料位，提高可靠性。

（2）运行人员每班检查灰斗落灰情况，通过敲击灰斗声音、平衡管负压判断落灰及积灰情况，发现灰斗高料位后必须停运对应的整流变压器。

（3）检修时必须将灰斗积灰全部清理，防止异物堵塞仓泵和管道。

（五）输灰管线仓泵圆顶落料阀损坏异常事件

1. 设备简介

某电厂锅炉除灰系统由北京克莱德华通物料输送有限公司提供，一、二、三电场采用 MD 泵，四、五电场采用 AV 泵。

2. 事件经过

2018 年 1 月 19 日 2 时 0 分，停止 1 号锅炉 1A 输灰管线，检修处理 1A 副二泵气化风喷嘴掉落缺陷；2 时 30 分 1 号锅炉 1A 输灰管线四个灰斗相继发高料位；3 时 0 分检修工作结束后启动 1 号锅炉 1A 输灰管线，发现输送困难，管线压力不回落。随即停运硅整流变压器 BT/R1、BT/R3，查找输灰不畅的原因，通过排堵、敲管、分仓落料、单仓泵输送、检查泵间补气等一系列手段，到 19 日 10 时 0 分确认为副二泵圆顶落料阀密封不严所致。随即联系设备部点检人员更换副二泵圆顶落料阀，由于圆顶落料阀上部插板门无法关闭，致使隔离困难，直到 18 时 30 分该圆顶落料阀才更换结束。更换下来的旧圆顶落料阀圆顶表面严重磨损。恢复措施后于 19 时 0 分开始输灰，检修打开各个仓泵平衡管后落料输送均正常。到 21 时 43 分 1 号锅炉输灰 1A 出口泵高料位消失，22 时 50 分 1 号锅炉输灰 1A 副二泵高料位消失，23 时 50 分 1 号锅炉输灰 1A 副一泵高料位消失。1 月 20 日 0 时 12 分投入 1 号锅炉电除尘器硅整流变压器 BT/R3，11 时 51 分 1 号锅炉电除尘器 1 主泵高料位消失，13 时 13 分投入 1 号锅炉电除尘器硅整流变压器 BT/R1，输灰系统和电除尘器均运行正常。

3. 原因分析

（1）本次 1 号锅炉 1A 输灰管线副二泵圆顶落料阀磨损严重的直接原因是密封圈长时间不严而没有及时处理，逐渐磨损积累所致。间接原因为密封圈压力不足、密封不严的缺陷长期存在，无论是运行人员还是设备管理人员都没有引起足够重视，致使缺陷进一步扩大，直至设备损坏。

（2）设备部锅炉专业人员于 2018 年 1 月 6 日提工作票"1 号锅炉电除尘器一电场 A 侧副二泵圆顶落料阀密封圈更换"未得到运行人员许可，然后没有继续坚持消缺而将其搁置，也没有向发电部管理人员反映这一情况，致使设备最终损坏。

4. 整改措施

（1）运行人员要严把设备关，不能随便同意热控人员强制信号。

（2）加强专业知识培训，尤其是设备结构、设备特性方面的培训。

（3）设备存在缺陷时应及时组织消缺，不能拖延，不能因为影响负荷而不去消缺。

（六）灰库分选系统管道堵塞异常事件

1. 设备简介

某电厂灰库分选系统由高压离心风机、变频给料机、主风管、放风管、二次风调节门、GFX 型涡流离心式分级机（在粗灰库顶）、CZT 型高效旋风分离器（在细灰库顶）组成闭式循环系统。

2. 事件经过

某年 12 月 6 日 14 时 5 分，辅控运行人员发现 2 号分选风机电流为 287A，正常电流为 300A 左右。通过后来调取 2 号分选风机电流画面，发现从 11 时 54 分 52 秒到 14 时 43 分 29 秒，2 号分选风机电流共有五次较大波动，其中 14 时 43 分 29 秒分选风机电流最低到 117.58A。同日 16 时 30 分，巡操员到现场检查没有发现堵管及其他异常，17 时值班员发现 2 号分选风机电流为 117A，立即在盘面手动停止给料机运行，对管道进行吹扫。现场再次检查发现给料机出口堵塞，开停风机一次，处理无效。于 22 时，

2号分选管堵塞处理不通，停止风机运行，进行检修处理。12月11日16时30分疏通完毕，系统投入正常。

3. 原因分析

（1）系统设计要求当分选风机电流低于250A时，应自动停止给料机运行，此次分选系统联锁保护未动作是造成2号分选管堵塞主要原因。

（2）堵塞前电流多次大幅度波动低于250A，但由于系统安装时，厂家按分选系统就地控制方式接保护线，而该厂是远方监视控制，造成保护48V电源信号未能加到控制给料机的PLC（可编程序控制器）上，保护实际失去作用。

（3）运行值班人员发现2号分选风机电流异常后未加强监视，未及时采取停止给料机运行或降低给料机处理的正确措施，是造成进一步堵塞严重的直接原因。

（4）灰库系统没有异常声光报警提示，只有画面软报警，缺少及时发现和处理异常的手段，是造成分选管堵塞的间接原因。

4. 整改措施

（1）进行保护系统改进，从根本上避免系统故障。2号分选系统风机电流超低保护48V＋电源应不通过就地/远控切换手闸，直接在48V＋熔丝下接取。投粉运行前，进行低电流联锁保护、风机入口挡板联锁保护等相关保护的传动试运。

（2）修改分选系统微机控制画面，添加实时曲线，添加报警系统，便于辅控人员监视。

（3）运行人员对分选风机电流做好记录，遇有电流下降或上升趋势及时汇报并提前调整给料频率。1、2号分选风机电流下降到260A时，手动停止给料机运行，对管道进行吹扫处理。

（七）除灰空气压缩机运行中爆燃异常事件

1. 设备简介

某电厂除灰系统在装空气压缩机12台，其中1～6号空气压缩机采用复盛GD螺杆空气压缩机，型号为SA-250WG，应用于该厂二期机组输灰动力气源。

2. 事件经过

某年4月11日1点40分，辅控运行丙班值班员检查2号空气压缩机时听到电动机轴头侧轴承有"嘶嘶"声，电话通知电气值班人员检查，值班人员检查确认可以运行。同日6时22分，2号空气压缩机运行电流为21A，运行人员判断为不加载，记录缺陷，并停止空气压缩机运行。于7时15分，由于输灰母管压力低（0.34MPa），输灰管道堵塞，再次启动2号空气压缩机，当时电动机电流为24A。于7时35分，白班接班人员检查2号空气压缩机就地PLC显示屏时，发现排气温度显示为零，检查电动机没有太大的异常响声。于8时2分，辅控室外边传来一声巨响，辅控长到辅控室外查看，发现二期空气压缩机室南门有大量浓烟冒出，电话通知辅控值班员立即停止了 1～6 号空气压缩机运行。检查画面发现 2 号空气压缩机在近控的正常停止状态，而非运行远控状态。空气压缩机全停后，工作人员进入室内发现 2 号空气压缩机着火，立即用干粉灭火器将火扑灭。于 8 时 25 分，事故设备确定后，依次恢复其他空气压缩机的正常运行。

事后查看事故现场：2 个空气过滤器滤芯着火烧毁；2 个空气过滤器入口弯头（橡胶）烧毁；油气分离器桶过热；油气分离器芯烧毁；安全阀起座；油箱的油位计指示为零且变形；所有非金属管全部烧毁；所有机箱内各种电气和热工电源线温控线烧毁；机箱内有油迹且所有部件全部过火。爆炸时形成的强大冲击波还造成机柜东西两侧安装的 4 块化妆板被冲击掉在地上且严重变形，空气压缩机室西门和南门的窗户玻璃被震碎，且西门（推拉门）被冲击掉。

3. 原因分析

（1）由于 2 号空气压缩机油气分离器堵塞，热工保护 A/D 转换器故障，保护失去，安全阀多次频繁起座，致使气罐内高温高压油气从泄压孔中高速喷出，产生静电火花，混合气体达到一定的浓度后，瞬间起爆形成强大的冲击波，并造成空气压缩机着火。

（2）空气压缩机油气过滤器堵塞和多点温度测点显示为 0℃，"轻故障报警"已经发出，运行人员发现后未能及时通知检修人员消缺处理，造成气罐内压力升高，安全阀频繁起座，产生静电火花，引爆处于临界浓度的油气混合体是此次事件的直接原因。

（3）控制箱 PLC 内的 A/D 转换器异常，保护失去作用，是此次事件的间接原因之一。

（4）轻故障报警没有引起足够的重视，设备带病运行，小问题逐步演变成大隐患，责任制不落实是此次事件的又一间接原因。

（5）设备改造后发生的新问题没有得到足够的重视，重要的元器件经常损坏没有查到根源，整治改造不彻底也是此次事件的间接原因之一。

4. 整改措施

（1）严格按照厂家的标准、规范的作业程序，做好空气压缩机的维护保养工作，并做好记录。

（2）设备部对干除灰系统气量不足的问题要尽快组织研究，找出根源，核算出正常的用气量，补充空气压缩机数量，确实满足生产用气，使干除灰系统运行正常，从根本上解决空气压缩机带病运行，按照正常的周期进行保养维护和大修。

（3）加强运行、检修维护消缺和设备点检管理的时效性，做到小故障不放过，轻故障与重故障同等对待，全面落实责任制，提高责任心。

（4）运行中对异常工况分析监控要进一步加强，不放过任何一个疑点，发现异常要一查到底，及时通知消缺维护，并且要随时跟踪监控，必要时停止设备的运行。

（5）切实做好培训工作，尤其是新改造的设备，从运行、检修、点检等专业的实际出发，及时组织本厂或厂家专业技术人员进行培训讲课。

（6）对于保护的设置要重新梳理程序，针对实际情况进行各专业的探讨，达成一致，审批后重新设置。

第三节　脱硝系统故障判断与处理

一、脱硝系统故障停运

（一）脱硝系统紧急停运

发生下列情况之一时，脱硝系统自动中断喷氨：

（1）锅炉 MFT 跳闸。

（2）SCR 入口烟气温度小于最低极限值。

（3）SCR 入口烟气温度大于最高极限值。

（4）稀释风流量低于最低风量（有的为一次风或二次风）。

（5）稀释风机全停。

（6）氨空比大于规定值。

（7）反应器出口氨逃逸大于极限值。

（8）发生危及人身、设备安全的因素。

（9）操作员手动跳闸。

（10）自动关闭喷氨关断阀，停止供氨，保持稀释风运行对喷氨管道进行吹扫。如果锅炉仍运行，应尽快查明脱硝跳闸原因并处理，然后按正常启动步骤启动脱硝系统；如果锅炉不运行，则按规程规定继续稀释风运行，按正常停机步骤停运脱硝系统。

（二）脱硝系统异常停运

发生下列情况之一时，应申请停运脱硝系统：

（1）氨逃逸大于设计值，经调整无效。

（2）供氨系统出现外漏，必须中断供氨后进行处理。

（3）催化剂堵塞严重，经连续吹灰后无法维持正常差压。

（4）其他如压缩空气系统故障、电源中断等短期无法处理达到正常的情况且不能正常供氨。

（5）经值长同意后，手动或自动关闭喷氨关断阀，停止供氨，停运后按正常停运操作步骤操作。

二、脱硝系统常见的故障及处理

脱硝系统常见的故障及处理见表 7-8。

表 7-8　脱硝系统常见的故障及处理

故障	故障现象	故障原因	故障处理
脱硝效率低	（1）脱硝效率低于设计值； （2）反应器出口 NO_x，排放浓度高	（1）喷氨量不足，或尿素循环泵转速低； （2）喷氨不均匀； （3）稀释风量不足； （4）脱硝热解计量模块母管堵塞； （5）反应器入口 NO_x 含量高； （6）喷氨格栅喷嘴堵塞； （7）氮氧化物测量误差； （8）催化剂积灰或催化剂失效	（1）加大喷氨量，若是尿素循环泵转速低，则通知检修人员检查； （2）进行喷氨格栅优化调整； （3）检查稀释风系统，调整稀释风量； （4）若是脱硝热解计量模块母管堵塞，联系维护人员处理； （5）调整锅炉燃烧煤质问题时调整煤源； （6）氮氧化物测点用标气进行标定； （7）加强吹灰，停炉后对催化剂喷氨格栅喷嘴进行检查
脱硝耗氨量过大	（1）氨消耗量超过设计值； （2）供氨调节阀开度增大； （3）氨逃逸大	（1）喷氨不均匀； （2）稀释风量不足； （3）氨空混合气管道泄漏； （4）锅炉过量空气系数过大； （5）煤质差，锅炉氧量过高，SCR 入口氮氧化物浓度过高； （6）催化剂积灰或催化剂活性降低	（1）进行喷氨优化； （2）检查稀释风系统； （3）检查氨回路有无泄漏情况，若有泄漏点联系维护人员处理； （4）适当降低锅炉总风量，保持合适的氧量； （5）改善煤质； （6）加强吹灰，停炉后检查催化剂
催化剂反应层差压高	SCR 反应器进、出口差压高报警	（1）积灰、灰渣堵塞或催化剂本体结构损坏； （2）压差测点故障； （3）催化剂反应层吹灰器故障或气压低	（1）加强吹灰； （2）若是测点问题，联系维护人员处理压差测点； （3）调整喷氨格栅的节流阀，使氨气流量均匀； （4）检查吹灰器运行是否正常，检查声波吹灰器气源压力是否正常； （5）停机检查催化剂，结构损坏时更换，异物堵塞时清除
催化剂层发生二次燃烧	（1）空气预热器前后及尾部烟道负压大幅增加； （2）空气预热器出口风温不正常升高，排烟温度不正常升高	（1）锅炉启动初期油或煤粉未燃尽，在催化剂层沉积过多； （2）吹灰器运行不正常； （3）低负荷运行时间过长，造成大量可燃物堆积在催化剂上	（1）发现烟道内烟气温度不正常升时，立即调整燃烧，对受热面蒸汽吹灰； （2）在确认尾部烟道再燃烧时，达到紧停条件时立即紧急停炉，立即停止送风机、引风机运行并关闭所有烟风挡板，严禁通风； （3）空气预热器入口烟气温度、排烟温度、热风温度降低到80℃以下，各人孔和检查孔不再有烟气和火星冒出后停止蒸汽吹灰，打开人孔和检查孔检查确认再燃烧低负荷运行熄灭后，开启烟风挡板进行通风冷却； （4）炉膛经过全面冷却，进入再燃烧处检查确认设备无损坏，受热面积聚的可燃物彻底清理干净，检查催化剂

续表

故障	故障现象	故障原因	故障处理
热解炉底部及管道结晶	（1）喷氨流量下降； （2）喷氨格栅压力降低； （3）稀释风流量降低	（1）尿素溶液喷枪嘴堵塞； （2）加热器工作不正常； （3）喷入热解炉尿素溶液量过大	（1）机组停运后，通知维护人员对喷嘴进行清理； （2）加强对尿素溶液系统滤网的清理； （3）定期对压缩空气系统进行检查，确保压缩空气系统运行正常； （4）检查加热器； （5）对喷氨量自动调整进行优化
除盐水中断	（1）相关尿素溶液罐、废水池液位下降； （2）各相关计量与分配装置冲洗水中断，冲洗时热解炉及热解炉出口温度不下降	（1）化学除盐水系统故障； （2）误关闭除盐水供水门	（1）暂时停止尿素溶液的制备和尿素喷枪的冲洗，关闭相应阀门； （2）查明除盐水中断的原因，及时联系相应人员尽快恢复供水； （3）在处理过程中，密切监视尿素溶解罐的温度、液位的变化情况，必要时停止加热汽源； （4）根据情况，申请降低负荷或停止 SCR 系统
常见 NO_x 超标	（1）DCS 发氮氧化物超标报警； （2）烟囱出口 NO_x 超出排放限值	（1）机组负荷大幅波动； （2）喷氨调门故障； （3）燃煤品质变化； （4）CEMS 仪表故障	（1）申请稳定负荷，必要时降低负荷； （2）加大喷氨量； （3）调整燃煤品质； （4）查明 CEMS 仪表故障原因并处理

三、脱硝系统典型异常事件

（一）脱硝系统尿素热解结晶堵塞管路

1. 设备简介

某电厂采用 SCR 脱硝法，其脱硝系统设计由尿素溶液制备系统和尿素热解法制氨喷氨系统组成。尿素热解喷氨系统流程：稀释风机从余热锅炉中吸取烟气（烟气温度约为 600℃），送入热解炉中对尿素溶液进行热解后，经出口母管送至零米脱硝喷氨分配联箱，再由脱硝喷氨分配联箱分出 36 根喷氨管，从下至上分 9 层，每层 4 根，再次送入 SCR 反应模块进行脱硝反应。

2. 事件经过

2016 年 6 月 7 日，接运行人员反馈，脱硝系统氨注射格栅入口母管压力报警，且自 6 月 6 日开始 1 号机组稀释风机风量开始出现明显下降趋势，脱硝效果也明显下降。6 月 7 日晚停机后，通过对脱硝喷氨分配联箱处阀门解体检查，发现脱硝喷氨支管内均有大量白色膏状结晶，其中第 6、7、9、16、17、20 阀门堵塞较为严重，管道基本全部堵塞。

3. 原因分析

对堵塞的白色膏状结晶体取样作溶解试验，分别用冷水、热水、盐酸、硫酸浸泡溶解，均未见明显溶解；尝试用乙炔焊枪火烤，未见明显熔化。

查阅相关资料，发现其与上海某电厂尿素热解炉结垢产物相仿，结合其产生工况，初步判定其与文献中提到的结垢物质基本相同；怀疑该膏状结晶物主要成分为三聚氰酸和三聚氰胺等，可能还含有缩二脲。三聚氰酸加热时不熔化，在 330～360℃才分解为氰酸（CHNO），氰酸水解生成氨和二氧化碳。

结合尿素热解副产物产生工况和现场具体情况，分析推测尿素热解系统结晶堵塞原因为：

（1）喷氨支管较多，各支管的长度差别较大，而支管流量分配法调节不明显，导致各支管流量分配不均，较长支管的流量偏小，再加上喷氨管道和分配阀局部保温不佳，在热损失较大情况下，导致支管远端的温度较低，发生管内结晶，堵塞管道。

（2）前期脱硝稀释风机有缺陷，风机在低频下运行，风量较低，而带来的热风量不足，热量不能满足尿素充分热解需求，导致尿素热解不完全，管道内发生结晶。

（3）在管道内发生结晶情况下，结晶管道流通面积更小，流通阻力更大，流经热风量相应更少，工况更加恶化，加剧结晶堵塞速度。

4. 整改措施

（1）将喷氨分配集箱由原来的 1 个（布置在零米）改为 2 个，一个布置在原来位置，另一个布置在炉东侧 13m 平台附近（余热锅炉中部），分别供应下部和上部区域的喷氨格栅，以保证上下部入喷氨格栅前的管道行程基本一致。

（2）喷氨支管由 36 根改为 9 根，每根支管上配流量分配阀和就地流量计，每根喷氨支管进入炉膛前再设置小分配集箱，然后再分为 4 根喷氨支管进入炉内，在每个小分配集箱，以减少各分配支管流阻差异，使各支管流场、温度分布均匀。

（3）增加管道和阀门的保温厚度，避免因保温不良，而导致温度过低产生副产物。

（4）在两个母分配集箱上加装压力表，在每根支管进入炉膛前的小分配集箱上增加远传温度计，送入 DCS，通过对各分配集箱压力和温度的监视，保证系统流场、温度场分布均匀。

（5）加强对稀释风机运行状况的监视，保证稀释风机供应风压、风量充足。

（二）尿素热解脱硝装置燃烧

1. 设备简介

某电厂于 2016 年完成烟气 SCR 脱硝的超低排放改造，技术方案采用尿素溶液热解制氨的选择性催化还原法脱硝。主要工艺流程为：50% 浓度尿素溶液经尿素给料泵进入各炉的脱硝系统，由计量分配模块控制，尿素溶液与压缩空气混合喷入热解炉内，热解产生氨气经稀释风机稀释送入 SCR 反应器内进行脱硝反应。

2. 事件经过

炉 SCR 脱硝装置在 7 月 26 日 14 时 55 分突然出现热解炉内部压力突升至 5100Pa，稀释风机流量和电流下降，经转换稀释风机及降低尿素溶液给料量运行约 8h 后，热解炉内压力下降至 3000Pa 左右，27 日 3 时 25 分该炉热解炉内压力开始逐渐升高，4 时 11 分热解炉出口温度升高至 537℃并保持不变，电加热器保护跳闸。4 时 32 分现场检查发现热解炉至喷氨联箱管道弯头处检查孔法兰有烧红点，测温枪实测管道温度为 657℃。立即退出脱硝装置运行。16 时 00 分打开热解炉本体人孔及尾部检查孔发现内部有大量白色固体结晶，部分结晶有烧灼痕迹，热解炉上部筒壁附着部分灰白色结晶物。

3. 原因分析

因 4 号炉热解炉内积存有较多尿素不完全分解产生的三聚化合物，在反应的过程中发生热解，析出大量氨气，达到爆炸极限，再有其他因素（如闪火、温度、压力等），氨气产生爆炸，爆炸能量使氨气达到自燃点后燃烧。而热解炉出口温度表显示值为 537℃，已达到热电阻温度指示限值，实际温度远大于显示温度，故能解释现场实测检查孔法兰烧红处温度为 657℃。整个异常的过程可以归纳为：因压缩空气压力波动引起喷枪雾化风流量低，尿素喷枪雾化效果差引起尿素溶液在热解炉内无法完全分解，生成大量结晶物堵塞热解炉出口，同时结晶物进一步反应产生大量氨气，因结晶物堵塞造成热解炉内部分区域氨气达到爆炸极限，引起氨气爆炸，同时引燃热解炉及后部管道内的结晶物造成持续燃烧。

4. 整改措施

（1）热解系统内应有满足运行需要数量的温度测点，保证热解反应在反应要求的区间内进行。在热解炉温度低于反应温度时，严禁投料运行。同时在改变尿素投料量时，应跟踪调整热解炉内温度，保证反应温度正常。

（2）在热解系统运行中应严格规范双相流喷枪尿素流量的上限，控制尿素流量与压缩空气雾化风流量匹配；必须确保喷枪雾化风的压力稳定，流量不低于喷枪要求的与尿素流量匹配的最低值。

（3）保证雾化用压缩空气的品质，定期对尿素系统保护动作情况进行校验。

（4）当工况发生变化引起异常时，应密切监视稀释风流量及热解系统内部压力，及时发现内部结晶的出现。当发现热解系统内部结晶时，应立即停运脱硝系统，并进行结晶物清理，防止情况恶化，引起氨气着火。

（5）热解系统停运后，应检查内部结晶情况。系统投运前，试验尿素喷枪的雾化效果。

（6）严格控制热解系统内氨气的浓度在 5%以下，必须保证热解系统高温稀释风机流量在允许的最低流量以上运行。

（7）有效监控热解炉及后部喷氨管道的温度变化，发现异常升高时，应立即处理。

（8）加强对热解炉内部氨浓度的监控，提高热解系统尾部氨逃逸仪的可靠性。

第四节　电厂水处理系统故障判断与处理

一、原水预处理事故处理

（一）澄清池、滤池异常及处理

澄清池、滤池异常及处理见表 7-9。

表 7-9　澄清池、滤池异常及处理

故障现象	故障原因	故障处理
运行中的澄清池出水发浑	生水流量及温度变化剧烈	调整流量及温度使其稳定
	凝聚剂加药量太小或凝聚剂泵不上药	适当加大凝聚剂量或检查凝聚剂泵上药情况，若不上药，及时联系检修人员处理
	生水流量过大	调整生水流量
	沉渣层太高	加强排污，降低沉渣层高度
	泥渣层太低	适当加大加药量
	斜管污堵	冲洗斜管
	搅拌器异常	检查调整搅拌器转速，或联系检修人员处理
澄清池出水流量变小达不到额定出力	澄清池出口被污物堵塞	清除出口污物
	水压变低	提高水压
澄清池投入时测定水质发现水中凝聚剂量较多，水质不合格	澄清池备用时未关闭凝聚剂入口门或未关严，且泵在连续切换时未关联络门或联络门未关严	加大排污，使水质尽快达标。如短时不能达标，而在水源较紧张的情况下，考虑重新切入原澄清池运行
澄清池投入后发现水质浊度无明显好转	凝聚剂泵未投入或加入量太少	投入凝聚剂泵，并加大剂量
	凝聚剂泵入口门未开启	开大凝聚剂泵入口门
	澄清池凝聚剂入口门未开启或开度太小	开启澄清池凝聚剂入口门或开大凝聚剂入口门
	搅拌器转速不合适	开大凝聚剂泵入口门
澄清池运行时突然不出水或水量明显减少	侧排、底部排污门坏，关不住	停澄清池，联系检修人员处理
	生水水源突然中断	启动化学补水泵
澄清池投入后水位无上升趋势或上升太慢	澄清池入口门未开或开度太小	打开澄清池入口门或开大澄清池入口门
	水源水压太低	提高生水水源压力
	侧排、底部排污门坏，关不住	停澄清池，联系检修人员处理

故障现象	故障原因	故障处理
高效过滤器出水浑浊或水质不合格	过滤器失效，未及时停运	将失效过滤器停运进行清洗，投入备用过滤器
	压缩空气门未关严	关严压缩空气门，并将过滤器内空气排尽
	纤维上附着微生物或油类	用2%碱泡2h
	入口水水质劣化	查明原因，保证入口水水质
过滤器运行中水质不合格	流量过大	调整流量
	加压室水泄漏	检查球囊是否破裂，停用联系检修人员处理
	下向洗进水阀未关严	停用联系检修人员处理
过滤器反洗后水质浑浊	清洗不彻底	重新清洗，增大反洗强度
过滤器投入后无压力，无流量	过滤器入口门未开或门坏	停用联系检修人员处理
机械过滤器正洗跑滤料	滤料乱层	停运，联系检修人员处理
机械过滤器气擦洗时气量不足	罗茨风机出力不足	切换风机，联系检修人员处理
	管道缓冲门未关	关闭缓冲门
	过滤器进气管滤网堵塞	联系检修人员处理

（二）加药泵异常及处理

加药泵异常及处理见表 7-10。

表 7-10　加药泵异常及处理

故障现象	故障原因	故障处理
加药泵出口压力不够	吸入管道堵塞	疏通管道
	吸入管道漏入空气	排除管道空气
	吸入口滤网堵塞	清洗滤网
	进药门坏	调换进药门
加药泵运行有冲击声	传动零件磨损严重	调换零件
	介质中有空气	排除空气
	油脂乳化	更换油脂
	隔膜片破裂	调换隔膜片

（三）罗茨风机异常及处理

罗茨风机异常及处理见表 7-11。

表 7-11　罗茨风机异常及处理

故障现象	故障原因	故障处理
风机运行过程中有撞击或摩擦声	轴承或齿轮磨损	应立即停运检查
	油脂劣化	更换油脂
	密封圈断裂	调换密封圈
风机运行过载	排气压力高	排除管道中压力
	轴承温度高	检查油脂情况
	电动机电流过高	增加一台风机运行

（四）消防水、生活水、工业水系统出水压力异常及处理

消防水、生活水、工业水系统出水压力异常及处理见表 7-12。

表 7-12　消防水、生活水、工业水系统出水压力异常及处理

故障现象	故障原因	故障处理
系统出水压力低	泵出力降低	进行检查，根据实际情况处理
	水池出口门未开足	调整出口门
	出水系统有渗漏	进行检查，消除缺陷
	系统用水量大	增加水泵
	出口管堵塞	清洗出口管
系统出水压力高	变频器故障	检查变频器，消除缺陷
	系统进水门未开启或开度太小	检查系统阀门

（五）消防水池、生活水池、服务水池液位异常及处理

消防水池、生活水池、服务水池液位异常及处理见表 7-13。

表 7-13　消防水池、生活水池、服务水池液位异常及处理

故障现象	故障原因	故障处理
水池液位低	水池进水门开度太小	调整阀门开度
	澄清池、滤池出力降低	提高澄清池、滤池出力
水池液位高	水池进水门开度太大	调整阀门开度
	各水池出口泵出力降低	提高泵出力
	水池之间连通门调节不当	调整阀门开度
	澄清池、滤池出口流量太大	调整澄清池、滤池出力

二、锅炉补给水处理事故处理

（一）除盐设备故障分析和处理

除盐设备的故障是多方面的，原因也是比较复杂的，如处理不当或延误时机，可能出现供水紧张或断水的严重后果。因此，要求运行人员熟悉除盐原理、设备结构、系统连接和运行操作的基础，对故障进行认真分析，找出原因，只有这样，才能防患于未然，正确而及时地排除故障，保证安全，经济供水。故障发生的主要原因有以下三方面。

1. 操作失误引起故障

这类故障有：因再生液的浓度和流速不稳，逆流再生时树脂乱层以及对流式床再生不彻底而使水质不良或出水量降低；因阴、阳床出口门未关严，导致生水或中间水串入出口而使出水硬度增加或呈酸性水；因阳床严重失效而使阴床出水硬度增大；因阴床严重失效而供出酸性水；因再生期间床内维持较高压力（在出口门不严的情况下）而将再生液顶到出口水中；因成床或反洗操作过快、过猛或排空启床而将集水装置和中排装置顶坏，造成大量树脂泄漏等。

2. 设备结构不良引起的故障

当设备的结构不良或存在缺陷时，都可能引起故障。如进排酸碱装置或进水装置损坏，设备内部有死角，床体不垂直以及阀门损坏等，都可能影响再生效果及出水品质；由于这些原因引起的故障，往往持续时间长，且具有连续性。因此必须加强管理，执行计划检修，提高检修质量，保证设备的健康水平。

3. 树脂原因引起的故障

当树脂污染、氧化、碎裂，或是阴阳树脂混杂和床层较低时，都会使周期制水量降低，水质劣化，因此要采取预防措施。对已污染的树脂应进行复苏，以恢复其性能。

除盐设备故障分析和处理见表 7-14。

表 7-14 除盐设备故障分析和处理

故障现象	故障原因	故障处理
逆流再生固定床经再生后出水仍不合格	阳床顶压过程中，顶压压力未达到要求，压力不稳，造成乱层	重新再生
	酸、碱浓度低或剂量太小	提高酸碱浓度，增大酸碱计量
	再生工艺不符合标准	按规定进行再生并对再生程序进行检查
	水源水质发生劣化未发现，仍按原定浓度进行再生	根据水源水质变化情况加酸、碱浓度重新再生或补充树脂
	出水装置损坏造成偏流	联系检修人员处理
	各气动阀门动作不正常，其他水源渗入	检查气动阀门动作情况，联系检修人员处理，并将渗入的它种水源切断
	中排装置支管断裂或堵塞造成偏流	联系检修人员处理
	阳床小反洗后，放水未放至中排处使之乱层	加大反洗流量，重新再生
	所用仪器、器皿被污染	重新清洗分析仪器、器皿
	离子交换树脂污染	重新再生
	阳床小反洗不彻底，树脂表面有污泥	复苏、擦洗树脂或更换树脂

续表

故障现象	故障原因	故障处理
阳床投入后出水不合格	反进门不严，入口水质发生变化	关严反进门或联系检修人员处理，查水源水质变化情况，视情况而处理
	进酸门未关严	关严进酸门，无效时联系检修人员处理
	阳床失效后再生效果差	重新再生
	所用仪器、器皿被污染，再生不好	重新清洗仪器、器皿
	阳床树脂污染，再生不好	擦洗树脂，重新再生
	再生液品质差	提高再生液品质
阴床出水不合格	反进门未关严	关严反进门，无效时联系检修人员处理
	进酸门未关严	关严进酸门，无效时联系检修人员处理
	阴床失效后，再生效果差	重新再生
	再生液品质差	提高再生液品质，重换碱液
	所用仪器、器皿被污染	重新清洗仪器，器皿
	阴床树脂污染，再生不好	擦洗树脂，重新再生
逆流再生浮动阳床反洗时，发现有树脂	大反洗时，流量太大或控制不稳	调整或控制反洗流量并使其稳定
逆流再生浮动床正洗或运行中发现有跑树脂现象	出水装置损坏	联系检修人员处理
阴、阳床出现周期制水量低	入口水质发生了变化	了解水源水质，适当增大再生剂量，并做好预处理工作
	进水装置损坏，发生偏流	联系检修人员处理
	反洗水量不足，树脂表面不平	加大反洗，进行检修
	酸、碱计量不足，酸碱浓度低	增加酸、碱量，增大酸、碱浓度
	运行时间太长，树脂压实太少	进行大反洗，补充或更换树脂
	树脂污染，短缺	擦洗或将被污染的树脂复苏，补充树脂
	再生程控误动造成再生效果差	检查树脂的交换容量
	再生工艺未掌握好	重新进行再生
阳床运行中 Na 离子突然增高，并出现硬度、碱度升高	清水水质受污染	查明原因，杜绝污染
		放尽并清理清水箱
		阳床未失效，可经正洗合格后投入运行，如无效，需重新再生

故障现象	故障原因	故障处理
阴、阳床中排不通畅	中排锦纶被污染物污堵	小反洗后，进行大反洗，清除污物
	中排管内堵塞	停运清理
阳床再生后，Na 离子降不下来	反洗不彻底，树脂松动不好	重新反洗再生
	酸浓度不够，酸量不足	提高酸浓度，增加酸量
	中排管排酸分布不均	联系检修人员处理
	树脂乱层	重新再生
	酸碱品质差	更换酸液
	树脂污染	擦洗树脂
除盐水箱水质劣化	由于阴床失效，未及时发现，造成除盐水硅酸根增大超标	停止运行，投运另一台阴床，并根据情况对除盐水箱进行排水换水
	由于误操作或是由于运行中的阴床反洗入口门不严时，造成除盐水硬度、硅酸根增大	对除盐水箱进行排水处理，如阀门有缺陷，需联系检修人员进行处理
	由于误操作或进碱门未关严，再生液进入水箱	对除盐水箱进行排水处理，如阀门有缺陷，需联系检修人员处理
逆流再生浮动床进再生液不畅	床体出水水帽装置污堵	反冲洗水帽或联系检修人员处理
	床体进水装置滤网污堵	冲洗滤网或联系检修人员处理（紧急情况下，可开启排气门再生）

（二）混床设备故障分析和处理

混床设备故障分析和处理见表 7-15。

表 7-15　混床设备故障分析和处理

故障现象	故障原因	故障处理
混床出水电导率或 SiO_2 超标	阴、阳床失效未及时再生以至将不合格的水送入	立即停运再生失效床
	混床因再生不当，效果不好	重新再生
	再生中的混床入口门及反进门不严或再生液入口门不严使再生液进入运行床	重新更换入口门或反进门
	酸、碱系统阀门未关严	检查酸、碱系统阀门并关严，或联系检修人员处理
	混脂效果不好	重新混脂
混床阴、阳树脂反洗分层不好	反洗分层操作不当	分层时，切记先进行空气搅动，然后进行水力筛分并掌握好流量使树脂迅速分开
	阴、阳树脂密度不符合规定	改善操作，必要时更换树脂
	树脂被污染	重新复苏树脂

故障现象	故障原因	故障处理
混床阴、阳树脂反洗分层不好	树脂未完全失效	可在分层前先加一定量浓度的 NaOH 碱液进气混合，浸泡 4h，使阳树脂变为 Na 型，阴树脂变为 Cl 型，增加阴、阳树脂的密度差，然后进行分层
	阴、阳树脂抱成团或带有气泡	重新分层，再生
混床再生中，排液中有树脂	中排装置支管、网套脱落或部分损坏，支管断裂	停运检修
运行中的混床采样水质正常，但混床出水母管水质异常	在线仪表不准	校验仪表
	再生床的出口门未关严	停止再生，关严出口门，或联系检修人员处理好后重新再生
	混床进酸门未关严	停止运行，联系检修人员处理
	停运中的床出入口门未关严，不合格水进入系统	关严出入口门，根据实际水质情况，决定是否采取二级水箱换水措施

（三）酸、碱系统故障分析和处理

酸、碱系统故障分析和处理见表 7-16。

表 7-16　酸、碱系统故障分析和处理

故障现象	故障原因	故障处理
喷射器不上酸、碱	法兰接合面不平导致泄漏	联系检修人员处理
	入口水压低	开大喷射器进水门，提高水压
	喷射器被污物堵塞	联系检修人员处理
	喷射器酸碱入口门损坏	联系检修人员换门
	交换器内顶压力过大	调整交换器内顶压力
	喷嘴磨损严重	联系检修人员处理
	酸碱计量箱出口门损坏	联系检修人员处理
酸、碱罐或计量箱液位突然下降	酸、碱系统设备泄漏	迅速查明泄漏部位，检查时应戴好防护面具和橡胶手套，穿好胶靴和防酸、碱服后再入现场
		如属于管道系统泄漏，应联系关闭高位酸、碱罐出口门，向值长、车间主任汇报，联系检修人员，并要求尽快检修，迅速恢复
		如计量箱泄漏，应将计量箱中的酸、碱再生阴、阳床用完，如无失效床提前进行再生，并及时向车间主任汇报，联系检修人员处理
		如因储存罐泄漏应立即向值长汇报，将储存罐内酸、碱送至其他酸、碱罐，联系检修人员处理，使其尽快恢复正常

三、凝结水精处理设备事故处理

（一）凝结水精处理设备故障分析和处理

凝结水精处理设备故障分析和处理见表 7-17。

表 7-17 凝结水精处理设备故障分析和处理

故障现象	故障原因	故障处理
运行周期短	再生不彻底	检查酸、碱浓度及要掌握好稀释水流量和再生时间、设备内部装置
	入口水质发生劣化	分析进水水质，检查凝汽器是否泄漏
	树脂老化	更换新树脂
	树脂污染	复苏树脂，如不能复苏，必须更换新树脂
	树脂流失	检查混床及树脂管道是否有泄漏，检查出水或排水装置是否泄漏
混床压差高	床体内部装置故障导致偏流	停运混床，联系检修人员处理
	运行流速高	降低流速，使每台混床流量基本保持一致
	树脂污染	复苏树脂，如不行则更换新树脂
	破碎树脂多	增大反洗流速，或延长反洗时间，查破碎原因，联系检修人员处理
树脂流失	底部出水装置损坏，树脂泄漏	检查出水装置是否损坏，发现问题及时处理
	反洗流速过高，迫使树脂压碎被带走	减小反洗流速，添加树脂到规定高度
	树脂磨损，破碎而被带走	检查设备运行周期，并添加树脂
	底排门未关严	联系检修人员处理
高混出水不合格	凝汽器泄漏严重，造成混床提前失效	应将备用混床投运，将失效混床停运，并立即向值长汇报，及时进行凝汽器堵漏或采取其他措施
	表计失灵，化学药品失效	检查核正表计，更换新药品
	树脂分层不好，使出水周期缩短	调整反洗流量和时间，取得较好的分离效果
	混脂效果不好	停运混床，重新混脂

（二）水泵故障分析和处理

水泵故障分析和处理见表 7-18。

表 7-18　水泵故障分析和处理

故障现象	故障原因	故障处理
水泵不上水，流量表无指示，压力表、真空表指示小或摆动	启动前灌水不足，空气未排尽	停泵，重新启动
	进水管或吸水管堵塞或进口门未开	停泵，消除缺陷
	进水管法兰接合面不平漏气或进水门盘根漏气	消除缺陷，重新启动
	水泵转动方向不对	停电动机，接线位置互换
	水箱水位过低、水源不足	提高水位
	盘根过松吸入空气	紧好盘根
泵不上水，泵转动，电流表指示零，流量表指示为零或小于零	水泵因故障跳闸后，在没有逆止门或逆止门不严的情况下出口水倒回使水泵倒转	关闭出口门，重新灌水启动，在未关闭出口门的情况下禁止启动
水泵不上水，出水表压力指示大，真空表、电流表、流量表指示小或无指示	出口门未开或开度小，或出口门有缺陷	开大出口门或停泵，更换出口门
	进出口管有堵塞现象	消除不通的缺陷
水泵发生显著振动和杂声	泵内吸入空气或进水量不足	停泵消除漏气缺陷，检查进口侧管道是否畅通，重新启动，开大进口门增大进水量
	地脚螺栓松动	紧好地脚螺栓
	联轴器接合不良，水泵与电动机转子不同心，水泵或电动机转子不平衡，轴承磨损，转动部分发生摩擦或泵内有杂声	需要停泵，查找原因，消除缺陷
水泵电动机电流过大	过负荷运行	关小出口门
	电压过低	关小出口门减小负荷，通知电气人员调整电压
	三相电源一相熔断或接地	停泵，消除电气缺陷
	转动部分有摩擦卡涩或盘根过紧	停泵，消除缺陷
轴承过热及电动机冒火	轴承缺油或油质不良	补油或换油
	轴承磨损或油环有缺陷	停泵，消除机械缺陷
	轴承没有间隙或间隙太小	停泵，调整轴承间隙
	绝缘不良，局部短路	要干燥电动机，运行中注意电动机的防火防潮
	直流电动机整流子接触不良	消除整流子缺陷

四、工业废水处理事故处理

（1）废水溢流。由于水处理系统中的管道堵塞或泵设备故障等原因，使废水无法正常流动，最终导致废水溢流。这种事故可能造成环境污染和设备损坏，需要及时清理和修复设备。

（2）能耗过高。废水处理系统中的设备运行过程中，如泵、风机等能耗设备可能出现异常，导致能耗过高。这种情况可能是由于设备故障、控制系统失效或操作不当等原因引起的，需要及时检修设备和调整操作。

（3）水质超标。废水处理系统的处理效果不达标，导致出水水质超过规定标准。这可能是由于处理工艺不当、设备故障或操作不当等原因引起的，需要对废水处理系统进行调整和改进。

（4）水泵故障。废水处理系统中的水泵设备出现故障，无法正常运行导致废水无法顺利流动。这种情况可能是由于水泵老化、电动机故障或供电异常等原因引起的，需要及时检修水泵设备。

（5）化学品泄漏。废水处理系统中使用的化学药剂储存容器泄漏，导致化学品泄漏事故。这种情况可能是由于容器老化、操作不当或设备故障等原因引起的，需要及时清理泄漏物并修复设备。

（6）设备堵塞。废水处理系统中的设备如格栅、过滤器等可能会因为废水中的固体颗粒堵塞而无法正常运行。这种情况可能是由于废水中的悬浮物过多、设备维护不及时或设备设计不合理等原因引起的，需要进行设备清理和维护。

（7）电气故障。废水处理系统中的电气设备出现故障，导致系统无法正常运行。这种情况可能是由于电路故障、电器老化或供电异常等原因引起的，需要及时检修电气设备。

（8）操作失误。操作人员在废水处理系统的运行过程中，由于疏忽或操作不当导致事故发生。例如，误操作断路器、误操作阀门或误操作控制系统等。这种情况需要对操作人员进行培训和管理，以减少操作失误。

（9）设备老化。废水处理系统中的设备随着使用时间的增加，可能会出现老化现象，导致设备性能下降或失效。这种情况需要定期检修设备、更换老化部件，以保证废水处理系统的正常运行。

（10）供电中断。废水处理系统的运行依赖于稳定的供电，如果供电中断，系统无法正常运行。这种情况可能是由于供电设备故障、电力系统故障或自然灾害等原因引起的，需要及时修复供电设备或采取备用供电措施。

五、脱硫废水处理事故处理

（一）澄清池出水异常及处理

澄清池出水异常及处理见表 7-19。

表 7-19　澄清池出水异常及处理

故障现象	故障原因	故障处理
液位低	排泥量大	减少排泥量
矾花上飘	加药量太大或太小	调整加药量
	药品浓度不够	检查药品浓度
	进水流量太大	降低流量

（二）石灰浆液系统异常及处理

石灰浆液系统异常及处理见表7-20。

表 7-20　石灰浆液系统异常及处理

故障现象	故障原因	故障处理
调节门不出药	调节门开度太小，沉积物堵塞	手动开大调节门
回流门没流量	调节门开度太大	关小调节门
	石灰浆液计量泵变频器输出小	增加变频器输出
	管道堵塞	停运系统，疏通管道

（三）聚合物系统异常及处理

聚合物系统异常及处理见表7-21。

表 7-21　聚合物系统异常及处理

故障现象	故障原因	故障处理
液位低	进水电磁阀堵塞	清理电磁阀
	工业水流量小	检查工业水压力
搅拌机过负荷	药液浓度过高	重新配制合格药液
药粉供给异常	滤网堵塞	清洗滤网
	喷射器堵塞	清洗喷射器
	药品潮湿结块	检查空气压缩机并更换干燥药品

（四）计量泵异常及处理

计量泵异常及处理见表7-22。

表 7-22　计量泵异常及处理

故障现象	故障原因	故障处理
计量泵出口压力不够	吸入管堵塞	疏通管道
	吸入管漏入空气	排除管道空气
	吸入口滤网堵塞	清洗滤网
	进药门坏	调换进药门
计量泵运行有冲击声	传动零件磨损严重	调换零件
	介质中有空气	排除空气
	油脂乳化	调换油脂
	隔膜片破裂	调换隔膜片

六、脱硫废水零排放处理故障判断与处理

1. 一效分离器液位不变化

异常原因：

（1）蒸发量过低。

（2）液位计故障。

处理方法：

（1）检查一效分离器运行温度及运行压力是否正常。

（2）检查液位计是否堵塞，并冲洗液位计。

2. 一效分离器液位持续降低

异常原因：

（1）废水给料泵出口阀门故障。

（2）废水给料泵故障。

（3）系统出力过大。

处理方法：

（1）检查废水给料泵出口阀门。

（2）检查废水给料泵。

（3）降低系统出力。

3. 系统处理能力低

异常原因：尾气真空泵真空度过低。

处理方法：检查尾气真空泵及其管路。

4. 尾气真空度异常

异常原因：

（1）冷却水量不足。

（2）真空泵循环水量不够。

处理方法：检查冷却水阀门及管路。检查真空泵汽水分离器液位。

5. 凝结水水质变差

异常原因：

（1）分离器运行液位过高。

（2）尾气真空度波动过大。

（3）废水进料水质差。

处理方法：

（1）降低一效分离器液位。

（2）稳定尾气真空度。

（3）化验进料废水水质。

6. 出料时三效浆液密度降低缓慢

异常原因：

（1）废水中的含固量过高。

（2）出料管路堵塞。

（3）出料泵故障。

处理方法：

（1）化验废水含固量。

（2）检查出料管路。

（3）修复出料泵。

（4）冲洗出料泵入口管路。

7. 分离器液位过高

异常原因：

（1）一效分离器液位过高。

（2）系统处理量过大。

处理方法：

（1）降低一效分离器液位。

（2）降低系统处理能力，保证一效分离器与三效分离器的气相温度差值不大于 25℃。

特别提示：

（1）废水中的石膏等固体含量不大于 5％，且不能通过向原水池中加入低固体含量的水进行稀释的方法来降低废水中的含固量。

（2）本套装置不能单独处理高浓度盐水。

（3）短期停运时，应连续运行浆液循环泵，系统长期停运时需排出分离器内浆液，并将设备冲洗干净后，用工艺水浸泡浆液循环泵、加热器以及分离器底部。

（4）系统运行时应严防三效分离器液位过高、三效分离器密度过高和一效分离器液位过低。

8. 干燥塔常见故障及处理

干燥塔常见故障及处理见表 7-23。

表 7-23　干燥塔常见故障及处理

故障现象	故障原因	故障处理
进出口挡板门执行器报警/故障	执行器损坏	更换执行器
	执行器异常	断电、复位
	阀门积灰	清理阀门积灰
进出口挡板门密封不严，漏气	阀门积灰	（1）开启吹灰阀，吹灰； （2）打开阀前检修孔，清理积灰
出口温度显示异常	温度计异常或损坏	检查温度计或更换温度计
	喷枪雾化不良，废水未 100％蒸发	（1）检查喷嘴是否有颗粒污堵； （2）检查喷枪气液比，调整气液比； （3）更换喷枪
喷枪堵塞	喷嘴堵塞	拧下喷嘴进行清理
干燥塔桶壁积灰	气密封阀门未开启或开度不够，气密封气量不够	开启/开大气密封阀门

七、化水系统异常事故案例

（一）不合格除盐水进入除盐水箱异常事件

1. 设备简介

某电厂化学除盐水箱储量：2 台容积 3000m³，水质控制标准：电导率 $<0.2\mu S/cm$，$SiO_2<1.5\mu g/L$。

2. 事件经过

2018 年 8 月 21 日 13 时 45 分，辅控主值汇报化学主管接班除盐水箱出口母管两块电导率表分别达到 $0.30\mu S/cm$ 和 $0.33\mu S/cm$，3 台混床运行制水，出水电导率均为 $0.08\mu S/cm$。2010 年 8 月 21 日 14 时 8 分，化学主管到现场手测 1 号混床电导率为 $0.538\mu S/cm$，现场表计指示 $0.08\mu S/cm$。14 时 30 分，停止 1 号混床运行，投入除盐水箱再循环，进行 1 号混床再生。化验班人员手测除盐水箱 SiO_2 为 $1.0\mu g/L$。联系热控人员校验 1 号混床出水电导率表计。

化水 1 号混床 8 月 20 日 10 时 50 分启动，电导率一直显示 $0.08\mu S/cm$（包括停止期间），数据显示异常；16 时 22 分除盐水箱电导率超过 $0.2\mu S/cm$ 的标准，20 时 0 分除盐水箱电导率达到 $0.227\mu S/cm$。21 日 2 时 0 分除盐水箱电导率达到 $0.246\mu S/cm$，8 时 0 分二值接班除盐水箱电导率达到 $0.265\mu S/cm$，13 时 45 分除盐水箱电导率达到 $0.30\mu S/cm$。

3. 原因分析

（1）1 号混床电导率表故障，固定指示 $0.08\mu S/cm$，表计异常未发现，致使不合格水进入除盐水箱。

（2）辅控运行人员对超标数据未引起重视，不分析、不汇报。

（3）交接班不严肃，重要水质仪表指示异常随意交接班。

4. 整改措施

（1）重要仪表数据发生变化一定要查清原因，原因不清不放过。不能准确查找到原因要及时向值长和专业人员汇报进行处理。

（2）交接班时对不合格数据进行交代，引起重视，及时进行处理。

（3）当水质发生变化时，检查前一级设备运行和仪表指示是否正常。

（4）在线仪表显示异常，及时用手工分析的方法确认，不能凭主观判断。

（二）精处理投运过程中导致旁路全开异常事件

1. 设备简介

某电厂凝结水精处理系统为中压系统。每台机组由 2×50% 的高速阳床和 2×50% 的高速阴床组成。精处理系统设在凝结水泵与低压加热器之间。凝结水精处理系统中的阳床或阴床各自配一套 100% 旁路系统。在阴阳床正常时，两台运行，当一台失效时，旁路阀门自动打开 50%，失效床自动解列，并将失效树脂输送至阳再生罐或阴再生罐进行再生，然后将再生好的备用树脂输送至阳床或阴床，并对其进行清洗投运。

2. 事件经过

某年 5 月 3 日 17 时 28 分，1 号机组 1B 高速阳床树脂输送完毕开始投运。凝结水精处理工况为：1A 高速阳床和 1A、1B 高速阴床运行，高速阳床入口母管温度为 53.5℃，高速阳床入口母管压力为 1.72MPa。旁路均处在自动模式，阳床旁路门阀位开度为 50%，高速阳床进出口母管压差为 0.03MPa。1 号机组高速阴床入口母管温度为 49.81℃，压力为 1.66MPa，1 号阴床进出口母管压差为 0.05MPa，同日 17 时 32 分，1B 高速阳床升压步序结束，进行再循环正洗步序时高速阳床入口母管压力降至 0.7MPa，高速阴床入口母管压力降至 0.68MPa。凝结水精处理旁路全开，床体全部解列。同日 21 时，1B 阴床树脂再生后倒换完毕，开始投运 1B 阴床。投运过程中再次由于精处理入口压力低至 0.67MPa，凝结水精处理旁路全开，床体全部解列。

3. 原因分析

（1）现执行的《辅控运行规程》要求精处理床体投运升压时间为 4min，待阳床、阴床进水门前后压力一致后，关升压门。但此次操作人员投入精处理过程中随意更改凝结水精处理投运步序逻辑参数，擅自将各床体投运升压时间设定值为 20s，由于升压时间缩短，各床体内压力并未与进水压力达到一致。导致投运时出现瞬间泄压现象，精处理入口母管压力突降，入口压力低保护动作，自动解列。

（2）辅控运行操作人员不清楚精处理旁路自动打开部分条件是阳床入口压力大于 4.0MPa 或小于 1.0MPa。由精处理过程可知，当时高速阳、阴床入口母管压力均低于 1.0MPa，导致床体在投运过程中全部自动解列。

4. 整改措施

（1）加强运行人员培训，熟悉操作程序，牢记设备逻辑参数，严格按运行规程操作。

（2）精处理投运时必须就地核实床体确已满水，投、退过程及时核对各主要参数，保证设备正常投、退。

（3）提高运行人员对异常现象的分析及处理能力。

（三）电厂工业废水车间水池溢水淹泵的异常事件

1. 设备简介

某电厂工业废水处理系统有 5 座废水池，每座废水池容量为 1500m³。

2. 事故经过

2019 年 12 月 17 日 20 时 30 分左右，某电厂化学水处理车间 4 号中和水泵启动，开始由中和水池向工业废水处理间高含盐废水池打水，21 时左右，高含盐废水池液位由 4.0m 上升至 6.0m，达水位上限，造成溢水最终导致地面积水高度达 200mm，使两台排污泵、两台泥水提升泵、两台中间水泵电动机进水。

3. 原因分析

（1）运行人员责任心不强，巡检不到位。

（2）高含盐废水池、工业废水回用水池溢流口封堵。

4. 防范措施

（1）定期开展运行管理及培训，提高运行人员责任心及工作能力。

（2）系统的优化：

1）拆除由工业废水前池至高含盐废水池的临时水泵，减少高含盐废水池的进水量。

2）优化运行方式，减少软化水、除盐水的补水量，以降低因化学制水而产生的高含盐废水量。

3）保证工业废水处理设备系统正常运行，做到工业废水100%处理后回用至机组通风冷却塔。

4）增加灰场抑尘频率，将高含盐废水尽量用于灰场喷洒。

5）由热工实施水池液位自动控制功能，实现泵体自动启停。

6）打开高含盐废水池、工业废水池溢流口，以防异常情况下水池不能溢流导致事故扩大。

（四）某电厂酸碱系统跑酸、碱事件

1. 设备简介

某电厂除盐水系统有三套除盐系统，酸碱再生系统与之匹配的是阴、阳床再生系统和混床再生系统，再生时将酸碱储罐的再生液放入酸碱计量箱即可进行再生操作。

2. 事故经过

某电厂进行2号混床再生工作，混床酸碱计量箱补酸碱后，巡检人员进入化学车间闻到刺鼻的酸味。及时向主值汇报，立即关闭酸碱储存罐出口一、二次手动门。经系统查找发现混床酸碱计量箱法兰处漏酸碱。

3. 原因分析

（1）操作人员责任心不强、粗心大意，在向酸碱计量箱进酸碱时人员未在现场看守，造成溢流。

（2）酸碱阀门内漏。

4. 防范措施

（1）制定酸碱操作到岗到位标准，在计量箱补酸碱时现场应当有专人看护。

（2）酸碱系统阀门选用品质较好的隔膜阀。

（五）某电厂运行混床串碱事件

1. 设备简介

某电厂除盐水系统有三套除盐系统，酸碱再生系统与之匹配的是阴、阳床再生系统和混床再生系统，再生时将酸碱储罐的再生液放入酸碱计量箱即可进行再生操作。

2. 事故经过

某电厂化学运行进行 1 号混床再生操作，2 号混床正常运行。1 号混床进行进酸碱操作时，发现 2 号混床的产水 pH 值急剧上升，产水电导率迅速增大，除盐水箱 pH 值较高及电导率逐步升高。迅速停止 1 号混床再生操作后，pH 值、电导率停止上升。

3. 原因分析

2 号混床在再生之后手动进碱门未关严，同时进碱气动门内漏。

4. 防范措施

(1) 离子交换系统再生之后及时关严进碱手动门。

(2) 发现混床进碱阀门损坏时应当及时联系检修人员处理。

(3) 在混床再生之前和再生过程中应当对运行混床的阀门状态进行检查，确保进酸门、进碱门处于关闭状态。

第五节 公用系统故障判断与处理

一、汽水品质异常处理

1. 蒸汽品质不合格（汽包锅炉）

蒸汽品质不合格原因及处理见表 7-24。

表 7-24 蒸汽品质不合格原因及处理

故障原因	故障处理
蒸汽大量带水	查找原因，调整锅炉运行工况
锅水含盐量高，SiO_2 超标	加强锅炉连排，改善锅水品质
汽包内汽水分离装置存在缺陷	申请停炉检修消缺，提高分离效率
减温水不合格，污染蒸汽	联系集控调整减温水量，保证给水品质
锅炉运行工况剧变	与集控联系，尽量使之稳定
新机组启动时，系统中有杂质	应加强锅炉排污，尽快达到标准

2. 锅水品质不合格（汽包锅炉）

(1) 锅水外观浑浊。锅水外观浑浊原因及处理见表 7-25。

表 7-25 锅水外观浑浊原因及处理

故障原因	故障处理
给水浑浊	查明原因，改善给水水质，加强排污
给水硬度大或铁含量高	查明原因，改善给水水质，加强排污，加强锅炉排污和控制调整锅水品质
锅炉排污不足，新锅炉或检修锅炉初投	增加锅炉排污量，至锅水澄清或换水
运行工况不稳定	联系集控，稳定工况

（2）锅水 SiO_2 超标。锅水 SiO_2 超标原因及处理见表 7-26。

表 7-26　锅水 SiO_2 超标原因及处理

故障原因	故障处理
启动时系统冲洗不彻底	加强排污
给水 SiO_2 不合格	按给水 SiO_2 高处理
排污不足	加大连排，必要时开定排
高压加热器投入疏水影响	疏水合格后再回收，加强排污换水

（3）锅水 pH 值不合格。锅水 pH 值不合格原因及处理见表 7-27。

表 7-27　锅水 pH 值不合格原因及处理

故障原因	故障处理
加药量不当或给水硬度大	调整加药量，查明原因及时处理
锅炉排污过多或过少	根据锅水水质进行排污调整
药品不纯或加药系统有缺陷	分析药品纯度、及时更换或消缺
锅炉偏烧或负荷波动太大	联系集控，调整锅炉运行工况
凝汽器泄漏	按凝汽器泄漏的故障处理

（4）汽水品质超标（直流锅炉）。汽水品质超标原因及处理见表 7-28。

表 7-28　汽水品质超标原因及处理

故障原因	故障处理
锅炉内的水循环不畅，锅炉内水垢和氧化物的积累	清洗直流炉内的水管道和水循环系统，以保证流体循环畅通
水处理药剂品质差	分析药品纯度、更换水处理药剂
运行压力波动大	保持压力稳定
未定期排放直流炉内部的汽水	及时排放汽水，保持水质的新鲜度
锅炉内温度过高	控制锅炉内加热温度，避免过高的温度导致水中氨和氯化物的产生

3. 给水品质劣化原因及处理

（1）给水含硅量不合格。给水含硅量不合格原因及处理见表 7-29。

表 7-29　给水含硅量不合格原因及处理

故障原因	故障处理
组成给水的凝结水、补给水或疏水等不合格	查明原因，不合格水禁止回收
高速混床失效	切换备用混床，停止失效混床
锅炉排污扩容器送出蒸汽严重带水	调整扩容器的出口门开度，无效时停止回收

（2）给水浑浊，铜铁含量高。给水浑浊，铜铁含量高原因及处理见表 7-30。

表 7-30　给水浑浊，铜铁含量高原因及处理

故障原因	故障处理
凝结水浑浊	排放凝结水
机组启动时冲管不彻底	加强锅炉排污、换水
给水溶氧超标，引起腐蚀	调整除氧器运行工况，加强给水氨处理
高压加热器疏水铁含量高	疏水排放停止回收，锅炉加大排污或换水
取样冷却器管漏入冷却水	对取样系统检查消缺

（3）给水 pH 值、N_2H_4 不合格。给水 pH 值、N_2H_4 不合格原因及处理见表 7-31。

表 7-31　给水 pH 值、N_2H_4 不合格原因及处理

故障原因	故障处理
加 NH_3、N_2H_4 过多或过少	调整加药量，至适当范围
凝结水 pH 值低	调整凝结水处理，调整加氨量
除氧器除氧效果差，N_2H_4 消耗多	联系调整除氧器其运行工况

（4）给水溶氧不合格。给水溶氧不合格原因及处理见表 7-32。

表 7-32　给水溶氧不合格原因及处理

故障原因	故障处理
凝水溶氧超标	真空系统查漏、堵漏
除氧器超负荷运行	降低负荷保持在正常参数内稳定运行
除氧器排气门开度不够	调整除氧器排气门开度
除氧给水温度低	调整运行温度
除氧器内部装置损坏	停运检查

（5）给水硬度超标、外状浑浊。给水硬度超标、外状浑浊原因及处理见表 7-33。

表 7-33　给水硬度超标、外状浑浊原因及处理

故障原因	故障处理
凝汽器泄漏	凝汽器查漏、堵漏
疏水硬度大	排放疏水，检查原因
取样冷却器泄漏	停运检修
启动时给水箱冲洗不合格	加强锅炉水质调整

4. 内冷水品质不合格

内冷水品质不合格原因及处理见表 7-34。

表7-34　内冷水品质不合格原因及处理

故障原因	故障处理
电导率大或硬度大	进行补水换水
缓蚀剂加入量不足	增其剂量，使之适当
pH 值低	换水并加缓蚀剂

5. 凝结水品质不合格

（1）凝结水溶氧不合格。凝结水溶氧不合格原因及处理见表7-35。

表7-35　凝结水溶氧不合格原因及处理

故障原因	故障处理
凝结水真空系统泄漏	查漏，堵漏
短时补水量过大	均匀稳定运行

（2）凝结水硬度不合格。凝结水硬度不合格原因及处理，见表7-36。

表7-36　凝结水硬度不合格原因及处理

故障原因	故障处理
凝汽器泄漏	查漏，堵漏
疏水品质不合格	排放不合格疏水

6. 水汽品质劣化三级处理

水汽品质劣化三级处理要求见表7-37。

表7-37　水汽品质劣化三级处理要求

项目			正常值	处理值		
				一级	二级	三级
凝结水	钠（$\mu g/L$）	混床运行	≤10	>10		
		混床停运	≤10	>5	>10	>20
	氢电导率（25℃）（$\mu S/cm$）	混床运行	≤0.20	>0.20		
		混床停行	≤0.30	>0.30	>0.40	>0.65
	硬度（$\mu mol/L$）	混床运行	0	>2		
		混床停行	<2	2~5	5~20	>20
给水	pH（25℃）		9.2~9.6	<9.2		
	氢电导率（$\mu S/cm$）		≤0.15	>0.15	>0.20	>0.30
	溶解氧（$\mu g/L$）		≤7	>7	>20	
锅水	pH 值		9.0~9.7	<9.0 或 >9.7	<8.5 或 >10.0	<8.0 或 >10.5
锅水 pH 值低于 7.0 应立即停炉						

续表

项目		正常值	处理值		
			一级	二级	三级
说明	（1）一级异常发生后，有因杂质造成腐蚀的可能性，应在72h内恢复到正常值。 （2）二级异常发生后，肯定有杂质造成腐蚀的可能性，应在24h内恢复到正常值。 （3）三级异常发生后，正在进行快速腐蚀，应在4h内停炉。 （4）当凝结水含钠量＞400μg/L时，应紧急停炉。 （5）在异常处理的每一级中，如果在规定的时间内尚不能恢复，则应采取更高一级的处理方法				

二、制氢设备事故处理

（一）可直接显示的故障情况

制氢设备可直接显示的故障情况见表 7-38。

表 7-38　制氢设备可直接显示的故障情况

故障现象	故障原因	故障处理
KOH 温度高	冷却水供应不足	检查冷却水源和供应管道
	温度调节阀出现故障	检查球阀和电动机动作情况，检修或更换调节阀
	KOH 控制热电偶出现故障	检查和更换热电偶
	电解槽出口热电偶故障	检查和更换热电偶
	电解槽堵塞	清洗电解槽
KOH 液位高	加入电解液过多	排去部分电解液
	液位开关故障	检查和更换液位开关
KOH 液位低	补给水供应不足	检查冷却水源和供应管道
	补给水泵继电器故障	检查和更换补给水泵继电器
	补给水泵故障	检查和更换补给水泵
	液位开关故障	检查和更换液位开关
	补给水门故障	检查和更换补给水门
	补给水逆止阀故障	检查和更换逆止阀
	液位开关故障	检查和更换液位开关
KOH 流量小	KOH 过滤器堵塞	清洗或更换 KOH 过滤器
	KOH 泵损坏	更换损坏部件
	KOH 流量开关故障	检查或更换流量开关
	KOH 泵继电器故障	检查和更换 KOH 泵继电器
氢气压力过高	压力传感器故障	对压力传感器检查和校正
氧气压力过高	氧气排空管堵塞	疏通氧气排空管
	氧气压力传感器故障	对压力传感器检查校正
	氧气调节阀故障	修理或更换调节阀

456

续表

故障现象	故障原因	故障处理
预升压低	氢气阀门或管道系统泄漏	检查并更换泄漏处
	槽体或膜片泄漏	检查并更换泄漏处
	氢气压力传感器故障	检查并校正压力传感器
	氢气调节器故障	检查并更换损坏部件
氢气或氧气压力低	背压调节器设置太低	增加背压调节器的设置
	气体阀门或管道泄漏	检查并更换泄漏处
	系统排气阀故障	检查和更换排气阀
	系统减压阀故障	检查和更换减压阀
	背压调整器故障	修理或替换
	压差调节器或故障	检查并更换损坏部件
	压力传感器或故障	检查和校正压力传感器
压差低	排空管堵塞	疏通排空管
	压差调节器故障	检查并更换损坏部件
	槽体或膜片泄漏	检查并更换泄漏处
	干燥器切换前未预升压，切换时氢气压力下降得太多	检查干燥器再生进气阀和排气阀
氧中含氢量高	初启动时氢气浓度高	调大气体流量，若导致系统停机则立即就地启动
	氧气中氢气流量不准确	检查并校正流量计
	氧气中氢气催化剂传感器故障	检查和更换传感器
	热电偶故障	检查和更换热电偶
	槽体或膜片层穿透泄漏	检查并更换泄漏处
电源报警	供电部分故障	通知电工检查
补给水阻抗低	补给水水质差	冲洗至水质量探头灯由红变绿
	补给水监测器故障	检查和更换监测器探头
外部报警	外部报警	检查报警信号的来源
	外部常闭式报警电路跳线器脱落	更换常闭式跳线器
失电	暂时失电	重启发生器
环境温度过高或过低	过冷或过热	调节环境温度使其达到发生器的运行要求
	空气热电偶故障	检查并更换热电偶

（二）不直接显示的故障并且不会引起系统停运

制氢设备不直接显示的故障并且不会引起系统停运见表 7-39。

表 7-39　制氢设备不直接显示的故障并且不会引起系统停运

故障现象	故障原因	故障处理
电源没电	电源母线断路器跳开	断路器复位
	电源启动接触器故障	检查和更换接触器
	电源控制回路熔丝断开	检查和更换熔丝
	电源温度转换开关断开	送上电源温度转换开关
发生器不能启动	程控控制器不在运行模式	切换程序控制器至运行模式
	程序未安装到程序控制器	将程序安装到 RAM 中或安装 EEP-ROM
不能提供直流电源	电源开/关继电器故障	检查和更换继电器
	供电电源熔丝熔断	检查和更换熔丝
	电源或二极管故障	检查和更换故障零件
	供电电源控制板故障	更换供电电源控制板
产气量达不到额定出力	系统输送管道受阻	检查系统输送管道
	温度调节阀移位	检查和调整温度调节阀的位置
	温度调节阀故障（敞开）	检查球阀和电动机调节装置并检修或更换
	电源熔丝熔断	检查和更换熔丝
	电源或二极管故障	检查和更换故障零件
	电源控制板故障	检查和更换控制板
运行电压过高	KOH 浓度不合格	更换 KOH 电解液
	电解槽电缆连接故障	清理并紧固电缆连接器
	电压表不准确	检查并更换电压表
压差不正常	排气管堵塞	疏通排气管
	压差调整器故障	检查并更换损坏部件

（三）氢气压缩机故障处理

氢气压缩机故障处理见表 7-40。

表 7-40　氢气压缩机故障处理

故障现象	故障原因	故障处理
流量或压力没有或较小	液压油系统泄漏或堵塞	检查是否有油从安全阀流出，如果没有参照下面"无油循环"进行调整
	安全阀旁路打开导致油循环不正常	关闭安全阀旁路；检查安全阀的调定值；检查安全阀各零件，并更换损坏零件
管路或阀门堵塞、泄漏	气体止回阀泄漏或堵塞	检查止回阀密封件和各零件是否磨损，并更换
	气体吸入过滤器阻塞	检查过滤器滤芯，进行清洗或更换
	管路泄漏	检查排放和吸入管的接头
	油侧或气侧膜片破损，导排出量降低	更换膜片

续表

故障现象	故障原因	故障处理
无油循环	密封或阀座泄漏	检查止回阀并更换损坏的密封件或零件；检查活塞和活塞环并更换损坏零件；检查喷射泵并更换损坏零件；检查油的黏度
	油流阻塞或丧失	检查油吸入过滤器并进行清理或检修；检查油位是否足够；对油过滤器进行排气
极度的噪声和撞击声	压缩机失油引起的压缩机缸盖内汽蚀	参照"无油循环"进行检查和修正
电动机过载	压缩机运行在比规定负荷高的条件（特别是吸入压力比设计压力高）	应控制吸入和排放两者的最大运行条件
泄漏检查系统报警	膜片破裂或密封件泄漏	检查并更换损坏的零件

三、电解海水制氯事故处理

电解海水制氯事故处理见表 7-41。

表 7-41　电解海水制氯事故处理

故障现象	故障原因	故障处理
运行控制柜各泵故障报警灯亮且报警铃响	泵电动机缺相	为不影响装置运行，可投"备用"，同时检查原因及时排除
	泵负荷过重、卡死	检查原因及时排除
发生器海水流量低报警	海水母管来水流量低	检查海水泵房海水泵是否启动
	相关海水阀开度不够	将相关海水门全开
	海水泵出力不够	调节海水泵变频调速电位器旋钮
	海水预过滤器堵塞	将海水预过滤器拆开清洗
发生器出口温度高报警	发生器海水流量低	将海水流量调整到额定值
	电气接点温升高	检查接线螺栓是否拧紧，接触面是否平整
	电解电流过大	调整电解电流在正常工作范围
发生器出口压力高报警	发生器出液门未打开	将发生器出液门打开
	海水泵扬程太高	调节海水泵变频调速电位器旋钮
海水预过滤器差压高	海水预过滤器堵塞	将海水预过滤器拆开清洗
自动冲洗过滤器差压高	自动冲洗过滤器堵塞	将自动冲洗过滤器拆开检查、清洗
发生器需酸洗报警	发生器累计工作时间超过 720h。（此时如不酸洗继续开机，8h 后整流柜将自动跳闸）	停机，按"酸洗操作"对发生器进行酸洗，酸洗时间必须在 60min 以上才能解除报警

续表

故障现象	故障原因	故障处理
电解槽温度过高	电流过高	调整电流
	电解槽内部结构损坏	修复电解槽内部结构
电解槽内部电极腐蚀	电极材料不耐腐蚀	更换耐腐蚀性能更好的材料
	电解槽液体杂质太多	定期清理电解槽内部杂质
氯气泄漏	氯气供应管道破损	及时修复破损管道
	阀门失效	检查并更换失效的阀门
次氯酸钠浓度低	电流太低	将电流调到规定值
	取样时间不对	装置稳定运行 20min 后再取样
	海水流量过大	将海水流量调整到规定值
整流柜"高压回路"合闸后，只有电压没有电流	发生器内未充满海水	检查管路是否畅通流量是否正常
	整流柜的"输出调节"旋钮在零位	调节整流柜的"输出调节"旋钮
系统不能投程控	运行控制盘上"手动—程控"转换开关未置于"程控"位置	运行控制盘上"手动—程控"转换开关置于"程控"位置
	整流柜有故障	检查并排除整流柜故障
	发生器需酸洗报警信号未消	发生器酸洗
纯水冷却装置故障报警	冷却水温度高	检查风机运行是否正常、膨胀水箱水量是否足够、管道内是否有气泡
	冷却水压力低	检查管道泵运行是否正常
纯水冷却装置液位低	高位膨胀水箱需要补水	高位膨胀水箱补水至高液位

第六节 碳捕集、利用与封存系统故障判断与处理

一、二氧化碳捕集单元故障判断与处理

（一）二氧化碳捕集系统事故处理的一般原则

（1）发生事故时，运行人员应综合参数的变化及设备异常现象，正确判断和处理事故，防止事故扩大，限制事故范围或消除事故；在保证设备安全的前提下迅速恢复二氧化碳捕集装置正常运行，满足机组脱碳的需要。在机组确已不具备运行条件或继续运行对人身、设备有直接危害时，应停运脱碳装置。

（2）运行人员应视恢复所需时间的长短使二氧化碳捕集装置进入短期停机、中期停机或长期停机状态。

（3）在电源故障情况下，应尽快恢复电源，启动各循环系统。如果 8h 内不能恢复供电，泵、管道、容器内的溶液必须排出，并用工艺水冲洗干净。

460

（4）事故处理结束后，运行人员应实事求是地记录事故发生的时间、现象及所采取的措施，对事故现象的特征、经过及采取的措施认真分析，总结经验教训。

（5）出现火灾事故时，运行人员应根据情况按以下措施处理：

1）运行人员在现场发现有设备或其他物品着火时，立即报警，查实火情。

2）正确判断灭火工作是否具有危险性，按照《电业安全工作规程》《电力设备消防典型规程》的规定，根据火灾的地点及性质，正确使用灭火器材，迅速灭火，必要时应停止设备或母线的工作电源和控制电源。

3）灭火工作结束后，运行人员应对各部分设备进行检查，对设备的受损情况进行确认。

（二）二氧化碳捕集系统异常判断和处理

1. 二氧化碳产量低

原因：

（1）溶液再生不好。

（2）溶液循环量过少。

（3）溶液浓度偏低。

（4）贫液温度过高。

（5）原料气气量过小。

处理：

（1）加大煮沸器蒸汽用量，降低溶液碳化度。

（2）加大溶液循环量。

（3）补充复合胺或浓缩溶液。

（4）降低贫液温度。

（5）适当调整气量，加强过滤。

2. 吸收塔带液

原因：负荷过大；溶液脏，杂质多；溶液起泡；填料损坏严重。

处理：减少负荷；加强过滤；加消泡剂；停车更换填料。

3. 贫液碳化度高

原因：溶液再生不好；再生塔底压力高；再生塔底液位高；补入水量过多，溶液温度低。

处理：加大煮沸器蒸汽用量，降低溶液碳化度；降低塔内阻力；降低液位；加大煮沸器蒸汽用量，提高溶液温度。

4. 有机胺含量低

原因：向再生塔补充水量过多；系统损失大；胺降解。

处理：适当减少补充水量；杜绝跑、冒、滴、漏，减少损失；减少系统中还原性物质及氧含量。

5. 再生塔液位下降快

原因：再生塔拦液；热负荷过大；吸收塔液位自控失灵；吸收塔拦液；补水量少。

处理：加强过滤、加消泡剂；减少蒸汽用量；改手动操作；适当减少循环量、加消泡剂；加大补充水量。

6. 贫液泵抽空

原因：再生塔底部液位低；初开泵时，气未排净。

处理：补充软水或适当降低吸收塔液位；停泵排气。

7. 富液泵抽空

原因：液位自控失灵；吸收塔液位低；开泵时气未排净。

处理：手动操作；系统补水或适当调低再生塔液位；停泵排气。

8. 吸收塔液泛现象

现象：

（1）塔后气体流量显著变小。

（2）塔内压损剧烈增。

（3）塔釜液位迅速下降。

处理：减少引风机风量，适当减小贫液流量，等待一定时间后，重新开启风机并减小烟气进量。

9. 再生塔液泛现象

现象：

（1）塔后气体流量显著变小。

（2）塔内压损剧烈增。

（3）塔釜液位迅速下降。

处理：停止蒸汽通入再沸器，关闭 MVR，适当减小富液流量，等待一定时间后，开启 MVR 并减少压缩气量，通入蒸汽并适当减小蒸汽用量。

10. 吸收剂大量泄漏

现象：

（1）连接管道破损泄漏。

（2）塔器以及储罐破损泄漏。

（3）连接法兰密封不严泄漏。

（4）各接头及仪表安装处密封不严泄漏。

处理：

（1）疏散人员至上风口处。

（2）判断是否需要紧急停机，并采取控制措施。

（3）待泄漏停止后，应急人员佩戴好防有机蒸汽口罩冲洗现场，检查原因。

（4）如吸收剂易燃，应严格控制附近火源、电源。

如有大量吸入有机蒸汽或被高温泄漏液体烫伤的人员，应立即送往通风处进行紧急抢救。

11. 一般异常事故的处理

（1）循环水中断处理：停运贫液泵、富液泵、回流泵，关闭泵的进出口阀。关闭煮沸器阀门，打开二氧化碳放空阀，停运风机。

（2）电源中断处理：将各泵、风机开关至停的位置，关进出口阀，关蒸汽，放空二氧化碳。

（3）再生塔泛塔处理：关小蒸汽进口阀门，将带出的溶液打回系统，避免由分离器带出界区。

（4）调节阀故障：启用旁路，通知仪表人员处理。

二、二氧化碳压缩系统故障判断与处理

1. 压缩机不能正常开机

原因：

（1）流量调节未至"0％"位。

（2）压缩机内充满油，压缩机内磨损烧伤。

（3）电源断电或电压过低。

（4）压力控制器或温度控制器调节不当使触头常开。

（5）压差控制器或热继电器断开后未复位。

（6）电动机绕组烧毁或短路。

（7）变位器、接触器、中间继电器线圈烧毁或触头接触不良。

（8）电控柜或仪表箱电路接线有误。

处理：

（1）减载至零位。

（2）盘动压缩机联轴器，将机腔内积液排出。

（3）拆卸检修。

（4）排除电路故障，按产品要求供电，按要求调整触头位置。

（5）按下复位键。

（6）检修。

（7）拆检、修复。

（8）检查、改正。

2. 压缩机在运行中突然停机

原因：

（1）吸气压力低保护。

（2）排气压力过高保护。

（3）电动机超载热保护。

（4）油压过低保护。

（5）控制电路故障。

（6）仪表箱接线端松动，接触不良。

（7）油温过高保护。

处理：查明原因，排除故障，更换熔丝，紧固仪表箱接线端。

3. 设备振动过大

原因：

（1）设备地脚螺栓未紧固。

（2）设备与管道固有振动频率相近而共振。

处理：

（1）塞紧调整垫铁，拧紧地脚螺栓。

（2）改变管道支撑点位置。

4. 运行中有异常声音

原因：

（1）压缩机内有异物。

（2）止推轴承磨损破裂。

（3）滑动轴承磨损、转子与机壳摩擦。

处理：

（1）检修压缩机及吸气过滤器。

（2）更换，检修。

5. 排气温度过高

原因：

（1）压缩机不正常磨损。

（2）机内喷油量不足。

（3）油温过高。

处理：

（1）检查压缩机。

（2）调整喷油量。

（3）增加油冷却器冷却水量，降低油温。

6. 压缩机机体温度过高

原因：

（1）吸气温度过高。

（2）部件磨损造成摩擦部位发热。

（3）油冷却器冷却能力不足。

（4）喷油量不足。

（5）由于杂质等原因造成压缩机烧伤。

处理：

（1）需控制吸气温度。

（2）查明原因，排除故障。

（3）增加喷油量。

（4）停机检查。

7. 油压过低

原因：

（1）油压调节阀开启过大。

（2）油量不足（未达到规定油位）。

（3）油路管道或油过滤器堵塞。

（4）油泵故障。

（5）油泵转子磨损。

（6）喷油。

处理：

（1）适当调节。

（2）添加润滑油到规定量。

（3）清洗。

（4）检查、修理。

（5）检修、更换。

（6）按设备喷油条款操作处理。

8. 油温过高

原因：

（1）油冷却器冷却效果下降。

（2）油温调节阀故障。

处理：

（1）清除油冷却器传热面上的污垢。

（2）查明原因，排除故障。

9. 排气压力过高

原因：用户的工艺系统有问题。

处理：检查工艺过程。

10. 润滑油消耗量过大

原因：

（1）加油过多。

（2）喷油。

（3）油冷却器回油不佳。

处理：

（1）放油到规定量。

（2）查明原因，进行处理。

（3）检查回油管路。

11. 压缩机能量调节机构不动作

原因：

（1）上卸载电磁阀故障。

（2）油管路或接头处堵塞。

（3）油活塞间隙大。

（4）滑阀或油活塞卡住。

（5）指示器故障。

（6）油压过低。

处理：

（1）检修或更换、清洗。

（2）滑阀或油活塞拆卸检修。

（3）调节油压调节阀。

12. 停机时压缩机反转不停（反转几转属正常）

原因：吸气逆止阀故障（如逆止阀卡住，弹簧弹性不足或逆止阀损坏）。

处理：检修或更换。

13. 设备喷油

原因：

（1）操作不当。

（2）油温过低。

（3）增载过快。

（4）加油过多。

处理：

（1）注意操作。

（2）提高油温。

（3）缓慢增载。

（4）放油到适量。

三、公共系统故障判断与处理

1. 循环水系统压力低

现象：

（1）循环水泵出口压力表、系统各压力表、DCS 上显示压力低。

（2）有自动调节功能的用户调节门开度大直至全开，被冷却介质温度大于设定温度。

（3）用户冷却器出水温度高。

原因与处理：

（1）循环泵入口压力低至规定值以下，循环水泵自动跳闸。

（2）部分用户冷却水进、出口门开度过大，也会使系统流量过大、压力降低，这时可根据情况关小这些用户进、出水阀，提高系统压力。如果温度调节阀失灵全开则需切为手动控制或打开旁路控制，联系检修人员处理。

（3）如果网篦式清污机前后水位差过高或水池水位过低引起循环水泵

出力不足，应启动清污机清污或向水池补水到正常水位。

（4）检查确认循环水泵故障引起出力不足则停止循环水泵，联系检修人员处理。

（5）系统流量过大时应注意不使辅机冷却水泵过负荷，电动机绕组温度不超过允许值。

（6）如果系统压力降低的同时冷却塔水池水位降低很快，应检查压力管道是否破裂引起系统大量泄漏，如无法维持则停运系统进行检修。

2. 冷却水温度高的原因与处理

（1）冷却塔回水温度高，热水温度与冷水温度差正常，应检查冷却水系统压力、流量是否正常。进塔水量在设计水量的 90%～110%（3600～4400t/h）之间，环境温度高，风机转速达高限时，应限制系统负荷。

（2）从冷却水量、冷却塔热水、冷水温差判断冷却塔冷却能力不足时，首先检查风机是否正常。如自动失灵则切为手动调整，增加风机转速，联系检修人员处理。如不是风机原因则检查填料是否堵塞，如有堵塞则联系检修人员进行清扫。

第七节　烟气污染物达标排放运行控制措施及超标处置措施

一、烟气污染物达标排放运行控制措施

（一）组织措施

（1）提高环保指标在班组绩效中比例，对发生环保异常及以上事件实行一票否决制。

（2）每天发送全厂环保监控日报表。

（3）建立环保超标台账。

（4）加强与燃料部门的沟通，及时了解煤种变化情况，提前预控。

（5）成立部门环保组，完善部门环保监督网络。

（6）定期评估环保设施的可靠性，发现问题及时要求相关部门整改。

（7）定期组织班组进行环保应急演练，提高操作人员的技能水平。

（二）技术措施

（1）控制入炉煤硫分。

（2）加强除雾器冲洗，控制除雾器差压及喷淋层差压。

（3）在保证机组安全的情况下，吸收塔液位控制尽量高。

（4）吸收塔石膏浆液含固量控制在 10%～15%。

（5）控制吸收塔浆液 Cl^- 含量＜10000mg/L。

（6）严把脱硫石灰石品质关，控制 $CaO \geq 50\%$。

（7）控制吸收塔溢流，当吸收塔出现溢流时应及时添加脱硫消泡剂。

（8）保持脱硫废水连续运行，保证脱硫废水处理量。

（9）在保证锅炉安全燃烧的条件下尽可能减少烟气量。

（10）加强鼓泡塔甲板冲洗，控制吸收塔甲板差压。

（11）控制电除尘入口烟气温度＜135℃。

（12）根据电除尘整流变压器运行参数调整整流变压器在最佳运行方式下运行。

（13）严格执行防止灰斗高料位运行措施。

（14）巡检中应关注风烟系统是否有漏风点，如有，应通知有关部门及时处理。

（15）机组升降负荷应提前将喷氨调节设定值设低些。

（16）关注喷氨自动调节品质，如调节不佳时应及时切手动调节并及时通知相关人员。

（17）严格执行氨区设备定期排污工作，防止氨气管路堵塞。

（18）关注喷氨调节门开度与氨气流量对应关系，如异常，应及时通知相关人员。

（19）严格执行防止液氨供应中断措施。

（20）控制 SCR 入口烟气 NO_x 浓度小于规定值。

二、烟气污染物超标处置方案

（一）烟气污染物超标处置方案总则

（1）应立即确认是否是分析仪表故障，如确认是仪表故障应立即通知设备相关人员进行处理，并如实做好记录。

（2）如不是分析仪表故障应分析超标原因并根据分析结果针对性处理。

（3）烟气污染物超标应及时向部门相关专业、领导汇报。

（4）对烟气污染物超标应如实做好相关记录。

（二）烟尘超标处置方案

（1）如是负荷波动或是炉膛扰动造成的应尽快稳定。

（2）如烟气流量过大应降低烟气流量。

（3）如排烟温度过高应降低排烟温度。

（4）暂停锅炉吹灰。

（5）最上层喷淋层切换为其他喷淋层。

（6）必要时降负荷。

（7）如入炉煤灰分过大、热值过低应及时更换煤种。

（三）NO_x 超标处置方案

（1）将喷氨调节设定值设低，增大喷氨流量。

（2）如自动调节品质不佳应及时切手动，开大喷氨调节门。

（3）如是 SCR 入口烟气 NO_x 浓度过高造成，应及时调整锅炉燃烧。

（4）如是液氨供应造成，应切罐运行。

（5）如是氨气管道滤网堵塞造成，应立即切旁路运行并通知检修人员清洗滤网。

（6）如脱硝入口烟温超规定值，应立即降负荷以及调整锅炉燃烧，尽快重新投入运行。

（四）SO_2 超标处置方案

（1）立即启动备用吸收塔浆液循环泵（喷淋塔）。

（2）增加石灰石浆液流量，提高吸收塔 pH 值。

（3）如制浆系统故障，石灰石浆液流量无法满足，应启动事故罐浆液。

（4）如入炉煤硫分过高应及时更换低硫分煤种。

（5）调高吸收塔液位（鼓泡塔）。

（6）必要时降负荷。

第八章 辅控运行岗位危险源辨识与防范

根据《生产过程危险和有害因素分类与代码》（GB/T 13861），危险和有害因素是指可对人造成伤亡、影响人的身体健康甚至导致疾病的因素。危险有害因素是指可能导致人身伤害和（或）健康损害、财产损失、工作场所环境破坏的因素，包括根源、状态、行为，或其组合。按类型分为：人的不安全行为、物的不安全状态、环境的不良条件及管理失误或缺失四个方面。

参照《企业职工伤亡事故分类》（GB 6441），综合考虑起因物、引起事故的诱导性原因、致害物、伤害方式等，将危险因素分为物体打击、车辆伤害、机械伤害、起重伤害、触电、淹溺、灼烫、火灾、高处坠落、坍塌、冒顶片帮、透水、放炮、火药爆炸、瓦斯爆炸、锅炉爆炸、容器爆炸、其他爆炸、中毒和窒息、其他伤害 20 类。

危险源是指可能导致伤害或疾病、设备损坏、工作环境或自然环境破坏和其他财产损失以及这些情况组合的根源或状态。

危险源辨识是指识别危险源的存在并确定其特性的过程。

第一节 脱硫运行操作危险源辨识与防范

一、脱硫运行主要操作

（1）吸收塔系统的启停操作。
（2）浆液循环泵启停及切换操作。
（3）石灰石制浆系统启停操作。
（4）石膏脱水系统启停操作。

二、脱硫运行操作危险源辨识与防范

（一）吸收塔系统启停操作

吸收塔系统启停操作危险源辨识与防范见表 8-1。

表 8-1 吸收塔系统启停操作危险源辨识与防范

工序	危险源	危害因素	危害后果	作业标准
作业环境评估	转动的电动机	肢体部位或饰品衣物、用具工具接触转动部位	机械伤害	（1）衣服和袖口应扣好，不得戴围巾、领带，长发必须盘在安全帽内； （2）不准将用具、工器具接触设备的转动部位； （3）不准在转动设备附近长时间停留； （4）不准在联轴器上、安全罩上或运行中设备的轴承上行走和坐立
		安全标识缺损	机械伤害	工作前核对设备名称及编号

工序	危险源	危害因素	危害后果	作业标准
作业环境评估	孔洞、沟道	孔洞、沟道无盖板及平台防护栏杆不全	坠落	行走时注意脚下孔洞、沟道盖板是否完好，不准擅自进入隔离区域
	噪声	进入噪声区域、使用高噪声工具时未正确使用防护用品	噪声聋	进入噪声区域、使用高噪声工具时正确佩戴合格的耳塞
执行工作任务	转动的电动机	标识牌缺失或者错误，运行人员走错间隔误操作设备	设备异常	（1）就地与DCS画面核对标识牌名称及KKS码正确； （2）严格执行操作票； （3）严格执行两确认一停止
		启动时人员站在转动机械径向位置	机械伤害	设备启动时所有人员应先远离，站在转动机械的轴向位置，并有一人站在事故按钮位置
	阀门扳手	用力过猛，滑脱	物体打击	（1）扳手与门轮卡牢，防止脱开； （2）操作人应两脚分开且脚底站稳，两腿合理支撑； （3）操作人应两手握紧扳手的手柄，并且合理、均匀用力，防止用猛力或暴力； （4）扳手的手柄应与门轮在同一水平面，使得扳手的力合理地作用在门轮上，防止用力过大
	石膏浆液	管道、阀门破裂，设备密封不严	污染环境	管道、阀门破裂及时通知检修人员处理；处理完毕后及时清理浆液

（二）浆液循环泵启停及切换操作

浆液循环泵启停及切换操作危险源辨识与防范见表8-2。

表8-2　浆液循环泵启停及切换操作危险源辨识与防范

工序	危险源	危害因素	危害后果	作业标准
作业环境评估	转动的电动机	肢体部位或饰品衣物、用具（包括防护用品）、工具接触转动部位	机械伤害	（1）衣服和袖口应扣好，不得戴围巾、领带，长发必须盘在安全帽内； （2）不准将用具、工器具接触设备的转动部位； （3）不准在转动设备附近长时间停留； （4）不准在联轴器上、安全罩上或运行中设备的轴承上行走和坐立
		安全标识缺损	机械伤害	工作前核对设备名称及编号
	孔洞、沟道	孔洞、沟道无盖板及平台防护栏杆不全	坠落	行走时注意脚下孔洞、沟道盖板是否完好，不准擅自进入隔离区域
	噪声	进入噪声区域、使用高噪声工具时未正确使用防护用品	噪声聋	进入噪声区域、使用高噪声工具时正确佩戴合格的耳塞

工序	危险源	危害因素	危害后果	作业标准
执行工作任务	转动电动机、泵	标识牌缺失或者错误，运行人员走错间隔误操作设备	设备异常	（1）就地与 DCS 画面核对标识牌名称及 KKS 码正确； （2）严格执行操作票； （3）严格执行两确认一停止
		启动时人员站在转动机械径向位置	机械伤害	设备启动时所有人员应先远离，站在转动机械的轴向位置，并有一人站在事故按钮位置
		排放门未关闭即启动设备	设备异常	就地操作人员与监盘人员随时保持可靠的联系，禁止排放门未关闭启动设备
		启动后电动机电流大	设备异常	吸收塔循环泵启动时电流长时间不返回负荷电流，进行停止检查，间隔 2h 后方允许启动
		未按正确步序启动吸收塔循环泵	设备异常	（1）启动循环泵前，监盘人员通知就地操作人员并核实具备启动条件； （2）严格执行操作票。停泵前，监盘人员通知就地操作人员并核实具备停止条件
	阀门扳手	用力过猛，滑脱	物体打击	（1）扳手与门轮卡牢，防止脱开； （2）操作人应两脚分开且脚底站稳，两腿合理支撑； （3）操作人应两手握紧扳手的手柄，并且合理、均匀用力，防止用猛力或暴力； （4）扳手的手柄应与门轮在同一水平面，使得扳手的力合理地作用在门轮上，防止用力过大
	石膏浆液	管道、阀门破裂，设备密封不严	污染环境	管道、阀门破裂及时通知检修人员处理；处理完毕后及时清理浆液

（三）石灰石制浆系统的启停操作

石灰石制浆系统的启停操作危险源辨识与防范见表 8-3。

表 8-3　石灰石制浆系统的启停操作危险源辨识与防范

工序	危险源	危害因素	危害后果	作业标准
作业环境评估	转动的电动机	肢体部位或饰品衣物、用具（包括防护用品）、工具接触转动部位	机械伤害	（1）衣服和袖口应扣好，不得戴围巾、领带，长发必须盘在安全帽内； （2）不准将用具、工器具接触设备的转动部位； （3）不准在转动设备附近长时间停留； （4）不准在联轴器上、安全罩上或运行中设备的轴承上行走和坐立
		安全标识缺损	机械伤害	工作前核对设备名称及编号

续表

工序	危险源	危害因素	危害后果	作业标准
作业环境评估	孔洞、沟道	孔洞、沟道无盖板及平台防护栏杆不全	坠落	行走时注意脚下孔洞、沟道盖板是否完好，不准擅自进入隔离区域
	噪声	进入噪声区域、使用高噪声工具时未正确使用防护用品	噪声聋	进入噪声区域、使用高噪声工具时正确佩戴合格的耳塞
执行工作任务	转动的电动机、泵	标识牌缺失或者错误，运行人员走错间隔误操作设备	设备异常	(1) 就地与DCS画面核对标识牌名称及KKS码正确； (2) 严格执行操作票； (3) 严格执行两确认一停止
		启动时人员站在转动机械径向位置	机械伤害	设备启动时所有人员应先远离，站在转动机械的轴向位置，并有一人站在事故按钮位置
		未按正确步序启动石灰石制浆系统	设备异常	(1) 启动泵前，监盘人员通知就地操作人员并核实具备启动条件； (2) 严格执行操作票。停泵前，监盘人员通知就地操作人员并核实具备停止条件
	阀门扳手	用力过猛，滑脱	物体打击	(1) 扳手与门轮卡牢，防止脱开； (2) 操作人应两脚分开且脚底站稳，两腿合理支撑； (3) 操作人应两手握紧扳手的手柄，并且合理、均匀用力，防止用猛力或暴力； (4) 扳手的手柄应与门轮在同一水平面，使得扳手的力合理地作用在门轮上，防止用力过大
	石灰石浆液	管道、阀门破裂，设备密封不严	污染环境	管道、阀门破裂及时通知检修人员处理；处理完毕后及时清理浆液

（四）石膏脱水系统的启停操作

石膏脱水系统的启停操作危险源辨识与防范见表 8-4。

表 8-4　石膏脱水系统的启停操作危险源辨识与防范

工序	危险源	危害因素	危害后果	作业标准
作业环境评估	转动的电动机	肢体部位或饰品衣物、用具（包括防护用品）、工具接触转动部位	机械伤害	(1) 衣服和袖口应扣好，不得戴围巾、领带，长发必须盘在安全帽内； (2) 不准将用具、工器具接触设备的转动部位； (3) 不准在转动设备附近长时间停留； (4) 不准在联轴器上、安全罩上或运行中设备的轴承上行走和坐立
		安全标识缺损	机械伤害	工作前核对设备名称及编号
	孔洞、沟道	孔洞、沟道无盖板及平台防护栏杆不全	坠落	行走时注意脚下孔洞、沟道盖板是否完好，不准擅自进入隔离区域

工序	危险源	危害因素	危害后果	作业标准
作业环境评估	噪声	进入噪声区域、使用高噪声工具时未正确使用防护用品	噪声聋	进入噪声区域、使用高噪声工具时正确佩戴合格的耳塞
执行工作任务	转动电动机、泵	标识牌缺失或者错误，运行人员走错间隔误操作设备	设备异常	（1）就地与 DCS 画面核对标识牌名称及 KKS 码正确； （2）严格执行操作票； （3）严格执行两确认一停止
		启动时人员站在转动机械径向位置	机械伤害	设备启动时所有人员应先远离，站在转动机械的轴向位置，并有一人站在事故按钮位置
		未按正确步序启动石灰石制浆系统	设备异常	（1）启动泵前，监盘人员通知就地操作人员并核实具备启动条件； （2）严格执行操作票。停泵前，监盘人员通知就地操作人员并核实具备停止条件
	阀门扳手	用力过猛，滑脱	物体打击	（1）扳手与门轮卡牢，防止脱开； （2）操作人应两脚分开且脚底站稳，两腿合理支撑； （3）操作人应两手握紧扳手的手柄，并且合理、均匀用力，防止用猛力或暴力； （4）扳手的手柄应与门轮在同一水平面，使得扳手的力合理地作用在门轮上，防止用力过大
	石膏浆液	管道、阀门破裂，设备密封不严	污染环境	管道、阀门破裂及时通知检修人员处理；处理完毕后及时清理浆液

第二节　除灰运行操作危险源辨识与防范

一、除灰运行主要操作

（1）电除尘器的投运。

（2）布袋除尘器的投运。

（3）输灰系统的启停操作。

（4）气化风机启停及切换操作。

二、除灰运行操作危险源辨识与防范

（一）电除尘器投运

电除尘器投运危险源辨识与防范见表 8-5。

表 8-5　电除尘器投运危险源辨识与防范

工序	危险源	危害因素	危害后果	作业标准
作业环境评估	转动的电动机	肢体部位或饰品衣物、用具（包括防护用品）、工具接触转动部位	机械伤害	（1）衣服和袖口应扣好，不得戴围巾、领带，长发必须盘在安全帽内； （2）不准将用具、工器具接触设备的转动部位； （3）不准在转动设备附近长时间停留； （4）不准在联轴器上、安全罩上或运行中设备的轴承上行走和坐立
		安全标识缺损	机械伤害	工作前核对设备名称及编号
	照明	现场照明不充足	其他伤害	照明不足区域操作人员必须携带手电筒
	噪声	进入噪声区域、使用高噪声工具时未正确使用防护用品	噪声聋	进入噪声区域、使用高噪声工具时正确佩戴合格的耳塞
执行工作任务	380V交流电	未按操作票正确步序对电气设备送电	触电	按照操作票步序执行工作任务，严禁漏项、越项
		走错间隔	触电	工作前核对设备名称及编号
	灰斗加热器	高温灰渣泄漏	灼烫	（1）除尘器投入前按照要求启动灰斗加热器； （2）就地检查管线，发现漏灰及时处理，漏灰严重时，用警戒绳隔离，防止烫伤； （3）检查各气动阀门是否开关灵活
	阀门扳手	用力过猛，滑脱	物体打击	（1）扳手与门轮卡牢，防止脱开； （2）操作人应两脚分开且脚底站稳，两腿合理支撑； （3）操作人应两手握紧扳手的手柄，并且合理、均匀用力，防止用猛力或暴力； （4）扳手的手柄应与门轮在同一水平面，使得扳手的力合理地作用在门轮上，防止用力过大

（二）布袋除尘器投运

布袋除尘器投运危险源辨识与防范见表 8-6。

表 8-6　布袋除尘器投运危险源辨识与防范

工序	危险源	危害因素	危害后果	作业标准
作业环境评估	转动的电动机	肢体部位或饰品衣物、用具（包括防护用品）、工具接触转动部位	机械伤害	（1）衣服和袖口应扣好，不得戴围巾、领带，长发必须盘在安全帽内； （2）不准将用具、工器具接触设备的转动部位；

工序	危险源	危害因素	危害后果	作业标准
作业环境评估	转动的电动机	肢体部位或饰品衣物、用具（包括防护用品）、工具接触转动部位	机械伤害	（3）不准在转动设备附近长时间停留； （4）不准在联轴器上、安全罩上或运行中设备的轴承上行走和坐立
		安全标识缺损	机械伤害	工作前核对设备名称及编号
	照明	现场照明不充足	其他伤害	照明不足区域操作人员必须携带手电筒
	噪声	进入噪声区域、使用高噪声工具时未正确使用防护用品	噪声聋	进入噪声区域、使用高噪声工具时正确佩戴合格的耳塞
执行工作任务	380V交流电	未按操作票正确步序对电气设备送电	触电	按照操作票步序执行工作任务，严禁漏项、越项
		走错间隔	触电	工作前核对设备名称及编号
	灰斗加热器	高温灰渣泄漏	灼烫	（1）除尘器投入前按照要求启动灰斗加热器； （2）就地检查管线，发现漏灰及时处理，漏灰严重时，用警戒绳隔离，防止烫伤； （3）检查各气动阀门是否开关灵活
	阀门扳手	用力过猛，滑脱	物体打击	（1）扳手与门轮卡牢，防止脱开； （2）操作人应两脚分开且脚底站稳，两腿合理支撑； （3）操作人应两手握紧扳手的手柄，并且合理、均匀用力，防止用猛力或暴力； （4）扳手的手柄应与门轮在同一水平面，使得扳手的力合理地作用在门轮上，防止用力过大

（三）输灰系统的启停操作

输灰系统的启停操作危险源辨识与防范见表 8-7。

表 8-7　输灰系统的启停操作危险源辨识与防范

工序	危险源	危害因素	危害后果	作业标准
作业环境评估	转动的电动机	肢体部位或饰品衣物、用具（包括防护用品）、工具接触转动部位	机械伤害	（1）衣服和袖口应扣好，不得戴围巾、领带，长发必须盘在安全帽内； （2）不准将用具、工器具接触设备的转动部位； （3）不准在转动设备附近长时间停留； （4）不准在联轴器上、安全罩上或运行中设备的轴承上行走和坐立
		安全标识缺损	机械伤害	工作前核对设备名称及编号

工序	危险源	危害因素	危害后果	作业标准
作业环境评估	粉尘	粉尘飘扬、吸入粉尘	人身伤害	按要求正确佩戴个人防护用品、防尘口罩
	孔洞、沟道	孔洞、沟道无盖板及平台防护栏杆不全	坠落	行走时注意脚下孔洞、沟道盖板是否完好，不准擅自进入隔离区域
	噪声	进入噪声区域、使用高噪声工具时未正确使用防护用品	噪声聋	进入噪声区域、使用高噪声工具时正确佩戴合格的耳塞
执行工作任务	粉尘	管道、阀门出现漏灰	污染环境	管道、阀门出现漏灰时及时联系检修人员处理，处理完毕及时清理积灰
		粉尘飘扬、吸入粉尘	人身伤害	按要求正确佩戴个人防护用品、防尘口罩
	阀门扳手	用力过猛，滑脱	物体打击	（1）扳手与门轮卡牢，防止脱开； （2）操作人应两脚分开且脚底站稳，两腿合理支撑； （3）操作人应两手握紧扳手的手柄，并且合理、均匀用力，防止用猛力或暴力； （4）扳手的手柄应与门轮在同一水平面，使得扳手的力合理地作用在门轮上，防止用力过大

（四）气化风机启停及切换操作

气化风机启停及切换操作危险源辨识与防范见表 8-8。

表 8-8 气化风机启停及切换操作危险源辨识与防范

工序	危险源	危害因素	危害后果	作业标准
作业环境评估	转动的电动机	肢体部位或饰品衣物、用具（包括防护用品）、工具接触转动部位	机械伤害	（1）衣服和袖口应扣好，不得戴围巾、领带，长发必须盘在安全帽内； （2）不准将工具、工器具接触设备的转动部位； （3）不准在转动设备附近长时间停留； （4）不准在联轴器上、安全罩上或运行中设备的轴承上行走和坐立
		安全标识缺损	机械伤害	工作前核对设备名称及编号
	孔洞、沟道	孔洞、沟道无盖板及平台防护栏杆不全	坠落	行走时注意脚下孔洞、沟道盖板是否完好，不准擅自进入隔离区域
	噪声	进入噪声区域、使用高噪声工具时未正确使用防护用品	噪声聋	进入噪声区域、使用高噪声工具时正确佩戴合格的耳塞
执行工作任务	转动的电动机	风机启动后有明显振动或异声	设备异常	联系检修人员进行检查，振动超标严重时应立即停运
		备用风机倒转	设备异常	检查备用风机出口门是否关严
		风机启动后，电流在规定的时间内未返回，电动机损坏	设备异常	风机启动后，电流在规定的时间内未返回，应及时停止风机运行，防止电动机损坏，并通知检修人员处理

续表

工序	危险源	危害因素	危害后果	作业标准
执行工作任务	转动的电动机	启动时人员站在转动机械径向位置	机械伤害	设备启动时所有人员应先远离，站在转动机械的轴向位置，并有一人站在事故按钮位置
	阀门扳手	用力过猛，滑脱	物体打击	（1）扳手与门轮卡牢，防止脱开； （2）操作人应两脚分开且脚底站稳，两腿合理支撑； （3）操作人应两手握紧扳手的手柄，并且合理、均匀用力，防止用猛力或暴力； （4）扳手的手柄应与门轮在同一水平面，使得扳手的力合理地作用在门轮上，防止用力过大

第三节　脱硝系统运行操作危险源辨识与防范

一、脱硝运行主要操作

（1）SCR 脱硝系统投运。

（2）尿素溶液制备与储存。

（3）尿素区水解器切换操作。

（4）稀释风机启停及切换操作。

二、脱硝系统运行操作危险源辨识与防范

（一）SCR 脱硝系统投运

SCR 脱硝系统投运危险源辨识与防范见表 8-9。

表 8-9　SCR 脱硝系统投运危险源辨识与防范

工序	危险源	危害因素	危害后果	作业标准
作业环境评估	转动的电动机、泵	安全标识缺损	机械伤害	工作前核对设备名称及编号
		肢体部位或饰品衣物、用具（包括防护用品）、工具接触转动部位	机械伤害	（1）正确佩戴安全帽，衣服和袖口应扣好，不得戴围巾、领带，长发必须盘在安全帽内； （2）不准将用具、工器具接触设备的转动部位； （3）不准在转动设备附近长时间停留； （4）不准在联轴器上、安全罩上或运行中设备的轴承上行走和坐立
	氨气	泄漏	中毒窒息	（1）进入尿素水解区必须释放静电； （2）确定尿素水解区无泄漏报警

工序	危险源	危害因素	危害后果	作业标准
作业环境评估	高温高压汽水	管道、阀门破裂；设备密封不严	烫伤	不要靠近高温设备、管道
	孔洞、沟道	孔洞、沟道无盖板及平台防护栏杆不全	坠落	行走时注意脚下孔洞、沟道盖板是否完好，不准擅自进入隔离区域
执行工作任务	氨气	操作中发生泄漏	中毒窒息	根据风向，迅速撤离泄漏污染区，人员至安全区，并进行隔离，严格限制出入，应急处理人员戴自给正压式呼吸器，穿专用的防化工作服，不要直接接触泄漏物，尽可能切断泄漏源，防止进入下水道、排洪沟等限制性空间
		未使用防爆扳手	火灾爆炸	应使用铜质工具，如必须使用钢质工具应涂黄油
		皮肤接触	灼烫伤	立即脱去被污染的衣着，用大量流动清水冲洗至少 15min，就医
	氨气	眼睛接触	灼烫伤	立即提起眼睑，用大量流动清水或生理盐水彻底冲洗至少 15min，就医
		吸入	中毒	迅速脱离现场至空气新鲜处，保持呼吸道通畅，如呼吸困难，给输氧，如呼吸停止，立即进行人工呼吸，就医
	高温高压汽水	开关阀门时人员站立位置不正确	烫伤	操作阀门时，应站在阀门的一侧，尤其是操作高温高压阀门时，严禁将身体正对着阀门操作，以防阀门盘根汽水泄漏烫伤或射伤工作人员
	阀门扳手	用力过猛，滑脱	物体打击	(1) 扳手与门轮卡牢，防止脱开；(2) 操作人应两脚分开且脚底站稳，两腿合理支撑；(3) 操作人应两手握紧扳手的手柄，并且合理、均匀用力，防止用猛力或暴力；(4) 扳手的手柄应与门轮在同一水平面，使得扳手的力合理地作用在门轮上，防止用力过大
	转动的电动机、泵	防护罩缺损	机械伤害	防护罩缺损禁止启动
		启动时人员站在转动机械径向位置	机械伤害	设备启动时所有人员应先远离，站在转动机械的轴向位置，并有一人站在事故按钮位置
		未按正确步序启动泵	机械伤害	启动泵前，监盘人员通知就地操作人员并核实具备启动条件

（二）尿素溶液制备与储存

尿素溶液制备与储存危险源辨识与防范见表 8-10。

表 8-10 尿素溶液制备与储存危险源辨识与防范

工序	危险源	危害因素	危害后果	作业标准
作业环境评估	转动的电动机	肢体部位或饰品衣物、用具（包括防护用品）、工具接触转动部位	机械伤害	（1）衣服和袖口应扣好，不得戴围巾、领带，长发必须盘在安全帽内； （2）不准将用具、工器具接触设备的转动部位； （3）不准在转动设备附近长时间停留； （4）不准在联轴器上、安全罩上或运行中设备的轴承上行走和坐立
		安全标识缺损	机械伤害	工作前核对设备名称及编号
	孔洞、沟道	孔洞、沟道无盖板及防护栏杆不全	坠落	行走时注意脚下孔洞、沟道盖板是否完好，不准擅自进入隔离区域
	转动设备	液位不满足启动要求，造成泵体损坏	设备异常	启动前检查液位，液位不满足时提前注水
执行工作任务	尿素	溶液制备过程温度低，造成尿素结晶	设备障碍	按照操作规定执行，温度保持 50℃ 左右
	尿素溶液	溶液制备过程浓度不达标，造成溶液无法满足使用要求	设备异常	尿素溶解前提前配比好相应的水位，通过密度计控制溶液密度
		溶液制备结束，未对相关系统进行冲洗排污，造成管道结晶堵塞	设备障碍	尿素溶液配置结束后，对相关管路进行冲洗
	阀门扳手	用力过猛，滑脱	物体打击	（1）扳手与门轮卡牢，防止脱开； （2）操作人应两脚分开且脚底站稳，两腿合理支撑； （3）操作人应两手握紧扳手的手柄，并且合理、均匀用力，防止用猛力或暴力； （4）扳手的手柄应与门轮在同一水平面，使得扳手的力合理地作用在门轮上，防止用力过大
	转动的电动机	启动时人员站在转动机械径向位置	机械伤害	设备启动时所有人员应先远离，站在转动机械的轴向位置，并有一人站在事故按钮位置

（三）尿素区水解器切换操作

尿素区水解器切换操作危险源辨识与防范见表 8-11。

表8-11 尿素区水解器切换操作危险源辨识与防范

工序	危险源	危害因素	危害后果	作业标准
作业环境评估	转动的电动机	肢体部位或饰品衣物、用具（包括防护用品）、工具接触转动部位	机械伤害	（1）衣服和袖口应扣好，不得戴围巾、领带，长发必须盘在安全帽内；（2）不准将用具、工器具接触设备的转动部位；（3）不准在转动设备附近长时间停留；（4）不准在联轴器上、安全罩上或运行中设备的轴承上行走和坐立
		安全标识缺损	机械伤害	工作前核对设备名称及编号
	孔洞、沟道	孔洞、沟道无盖板及防护栏杆不全	坠落	行走时注意脚下孔洞、沟道盖板是否完好，不准擅自进入隔离区域
	尿素溶液	水解器加热器不能正常运行，导致相关系统结晶堵塞	设备异常	投运前检查备用水解器加热器正常投运，温度正常
执行工作任务	氨气	切换过程氨气中断，造成环保超标	设备异常	按照操作规定执行，先投入备用水解器正常后再退出原运行水解器
	尿素水解器	原运行水解器退出过程压力超标	设备异常	提前将原运行水解器运行压力降低
	管道	切换后水解器相关管道堵塞	设备异常	切换完成后立即对全程尿素管道进行蒸汽吹扫
	蒸汽	蒸汽管道输水不充分，管道振动	设备异常	蒸汽投入前要提前导通管道确保充分疏水，防止蒸汽管道振动
	阀门扳手	用力过猛，滑脱	物体打击	（1）扳手与门轮卡牢，防止脱开；（2）操作人应两脚分开且脚底站稳，两腿合理支撑；（3）操作人应两手握紧扳手的手柄，并且合理、均匀用力，防止用猛力或暴力；（4）扳手的手柄应与门轮在同一水平面，使得扳手的力合理地作用在门轮上，防止用力过大
	转动的电动机	启动时人员站在转动机械径向位置	机械伤害	设备启动时所有人员应先远离，站在转动机械的轴向位置，并有一人站在事故按钮位置

（四）稀释风机启停及切换操作

稀释风机启停及切换操作危险源辨识与防范见表8-12。

表 8-12　稀释风机启停及切换操作危险源辨识与防范

工序	危险源	危害因素	危害后果	作业标准
作业环境评估	转动的电动机	肢体部位或饰品衣物、用具（包括防护用品）、工具接触转动部位	机械伤害	（1）衣服和袖口应扣好，不得戴围巾、领带，长发必须盘在安全帽内； （2）不准将用具、工器具接触设备的转动部位； （3）不准在转动设备附近长时间停留； （4）不准在联轴器上、安全罩上或运行中设备的轴承上行走和坐立
		安全标识缺损	机械伤害	工作前核对设备名称及编号
	孔洞、沟道	孔洞、沟道无盖板及防护栏杆不全	坠落	行走时注意脚下孔洞、沟道盖板是否完好，不准擅自进入隔离区域
	噪声	进入噪声区域、使用高噪声工具时未正确使用防护用品	噪声聋	进入噪声区域、使用高噪声工具时正确佩戴合格的耳塞
执行工作任务	转动的电动机	风机启动后有明显振动或异声	设备异常	联系检修人员进行检查，振动超标严重时应立即停运
		备用风机倒转	设备异常	检查备用风机出口门是否关严
		风机启动后，电流在规定的时间内未返回，电动机损坏	设备异常	风机启动后，电流在规定的时间内未返回，应及时停止风机运行，防止电动机损坏，并通知检修人员处理
		启动时人员站在转动机械径向位置	机械伤害	设备启动时所有人员应先远离，站在转动机械的轴向位置，并有一人站在事故按钮位置
	阀门扳手	用力过猛，滑脱	物体打击	（1）扳手与门轮卡牢，防止脱开； （2）操作人应两脚分开且脚底站稳，两腿合理支撑； （3）操作人应两手握紧扳手的手柄，并且合理、均匀用力，防止用猛力或暴力； （4）扳手的手柄应与门轮在同一水平面，使得扳手的力合理地作用在门轮上，防止用力过大

第四节　电厂化学运行操作危险源辨识与防范

一、电厂化学运行主要操作

（1）向酸储存罐卸酸操作。

（2）向碱储存罐卸碱操作。

（3）补给水处理除盐系统投运操作。

（4）补给水处理一级除盐再生操作。

（5）精处理高速混床投运操作。

（6）消防水系统定期联锁试验操作。

二、电厂化学运行操作危险源辨识与防范

（一）卸酸储存罐卸酸操作

卸酸储存罐卸酸操作危险源辨识与防范见表 8-13。

表 8-13　卸酸储存罐卸酸操作危险源辨识与防范

工序	危险源	危害因素	危害后果	作业标准
作业环境评估	酸雾	酸罐储存间内未进行通风	中毒窒息	打开室内风机进行通风置换直至满足工作要求
	孔洞、沟道	孔洞、沟道无盖板及防护栏杆不全	坠落	行走时注意脚下孔洞、沟道盖板是否完好，不准擅自进入隔离区域
执行工作任务	酸	操作中发生泄漏	灼烫伤	（1）运送酸液的汽车到达现场后，必须服从站台卸车人员的指挥，汽车押运员不准操作卸车站台的设备、阀门和其他部件，罐区卸车人员负责管道的连接和阀门的开关操作； （2）卸料导管应支撑固定，卸料导管与阀门的连接要牢固，阀门应逐渐开启
		作业时未正确使用防护用品	灼烫伤	（1）从事酸作业人员必须穿专用防酸服和戴耐酸手套，并根据工作需要戴口罩及防护眼镜，穿橡胶围裙及长筒胶靴（裤脚应放在靴外）； （2）进入酸气较大的场所进行操作时，应佩戴套头式防毒面具
		皮肤接触	灼烫伤	立即脱去被污染的衣着，用大量流动清水冲洗至少 15min，就医
		眼睛接触	灼烫伤	立即提起眼睑，用大量流动清水或生理盐水彻底冲洗至少 15min，就医
	阀门扳手	用力过猛，滑脱	物体打击	（1）扳手与门轮卡牢，防止脱开； （2）操作人应两脚分开且脚底站稳，两腿合理支撑； （3）操作人应两手握紧扳手的手柄，并且合理、均匀用力，防止用猛力或暴力； （4）扳手的手柄应与门轮在同一水平面，使得扳手的力合理地作用在门轮上，防止用力过大

（二）卸碱储存罐卸碱操作

卸碱储存罐卸碱操作危险源辨识与防范见表 8-14。

表 8-14　卸碱储存罐卸碱操作危险源辨识与防范

工序	危险源	危害因素	危害后果	作业标准
作业环境评估	碱	储存罐、缓冲罐、计量箱、阀门、法兰、管道泄漏	灼烫伤	工作前检查储存罐、缓冲罐、计量箱、阀门、法兰、管道完好情况；掌握液碱烧伤处理方法；保证化学危险品储存场所足量配备完好的中和用药品；喷淋洗眼器完好
	孔洞、沟道	孔洞、沟道无盖板及防护栏杆不全	坠落	行走时注意脚下孔洞、沟道盖板是否完好，不准擅自进入隔离区域
执行工作任务	碱	操作中发生泄漏	灼烫伤	（1）运送碱液的汽车到达现场后，必须服从站台卸车人员的指挥，汽车押运员不准操作卸车站台的设备、阀门和其他部件，罐区卸车人员负责管道的连接和阀门的开关操作；（2）卸料导管应支撑固定，卸料导管与阀门的连接要牢固，阀门应逐渐开启
		作业时未正确使用防护用品	灼烫伤	从事碱作业人员必须穿专用防碱服和戴耐碱手套，并根据工作需要戴口罩及防护眼镜，穿橡胶围裙及长筒胶靴（裤脚应放在靴外）
		皮肤接触	灼烫伤	立即脱去被污染的衣物，迅速用大量的清水冲洗，再用1%的醋酸清洗，就医
		眼睛接触	灼烫伤	立即提起眼睑，迅速用大量的清水冲洗，再用1%的醋酸清洗，就医
		卸运液碱临时管路连接不严密	灼烫伤	卸液碱前必须检查冲洗水压力足够保持开启，检查临时管路连接稳固严密方可以开始卸液碱，一旦出现漏点必须立即停止
	阀门扳手	用力过猛，滑脱	物体打击	（1）扳手与门轮卡牢，防止脱开；（2）操作人应两脚分开且脚底站稳，两腿合理支撑；（3）操作人应两手握紧扳手的手柄，并且合理、均匀用力，防止用猛力或暴力；（4）扳手的手柄应与门轮在同一水平面，使得扳手的力合理地作用在门轮上，防止用力过大

（三）补给水处理除盐系统投运操作

补给水处理除盐系统投运操作危险源辨识与防范见表 8-15。

表 8-15　补给水处理除盐系统投运操作危险源辨识与防范

工序	危险源	危害因素	危害后果	作业标准
作业环境评估	转动的电动机	肢体部位或饰品衣物、用具（包括防护用品）、工具接触转动部位	机械伤害	（1）衣服和袖口应扣好，不得戴围巾、领带，长发必须盘在安全帽内； （2）不准将用具、工器具接触设备的转动部位； （3）不准在转动设备附近长时间停留； （4）不准在联轴器上、安全罩上或运行中设备的轴承上行走和坐立
		安全标识缺损	机械伤害	工作前核对设备名称及编号
	孔洞、沟道	孔洞、沟道无盖板及防护栏杆不全	坠落	行走时注意脚下孔洞、沟道盖板是否完好，不准擅自进入隔离区域
	噪声	进入噪声区域、使用高噪声工具时未正确使用防护用品	噪声聋	进入噪声区域、使用高噪声工具时正确佩戴合格的耳塞
执行工作任务	酸、碱转动的电动机	混床出水水质不合格，再生液进入除盐水箱	设备异常	除盐系统再循环至混床出水指标合格后再向除盐水箱进水，若有再生操作，应检查再生床体严密隔离，除盐水箱一运一备
		泵启动后出口门未开启	设备异常	泵启动后检查出口压力在合格范围，防止长期憋压运行
		启动时人员站在转动机械径向位置	机械伤害	设备启动时所有人员应先远离，站在转动机械的轴向位置，并有一人站在事故按钮位置
	阀门扳手	用力过猛，滑脱	物体打击	（1）扳手与门轮卡牢，防止脱开； （2）操作人应两脚分开且脚底站稳，两腿合理支撑； （3）操作人应两手握紧扳手的手柄，并且合理、均匀用力，防止用猛力或暴力； （4）扳手的手柄应与门轮在同一水平面，使得扳手的力合理地作用在门轮上，防止用力过大

（四）补给水处理一级除盐再生操作

补给水处理一级除盐再生操作危险源辨识与防范见表 8-16。

表 8-16　补给水处理一级除盐再生操作危险源辨识与防范

工序	危险源	危害因素	危害后果	作业标准
作业环境评估	转动的电动机	肢体部位或饰品衣物、用具（包括防护用品）、工具接触转动部位	机械伤害	（1）衣服和袖口应扣好，不得戴围巾、领带，长发必须盘在安全帽内； （2）不准将用具、工器具接触设备的转动部位； （3）不准在转动设备附近长时间停留； （4）不准在联轴器上、安全罩上或运行中设备的轴承上行走和坐立
		安全标识缺损	机械伤害	工作前核对设备名称及编号

续表

工序	危险源	危害因素	危害后果	作业标准
作业环境评估	孔洞、沟道	孔洞、沟道无盖板及防护栏杆不全	坠落	行走时注意脚下孔洞、沟道盖板是否完好，不准擅自进入隔离区域
	酸、碱	酸碱储存罐、缓冲罐、计量箱、阀门、法兰、管道泄漏	灼烫伤	工作前检查酸碱储存罐、缓冲罐、计量箱、阀门、法兰、管道完好情况；掌握盐酸、液碱烧伤处理方法；保证化学危险品储存场所足量配备完好的中和用药品；喷淋洗眼器完好
执行工作任务	酸、碱	再生床体再生液漏入运行床体	设备异常	（1）再生床体进、出口手动门必须关闭严密； （2）检查运行床体进酸、碱气动门关闭严密
	阀门扳手	用力过猛，滑脱	物体打击	（1）扳手与门轮卡牢，防止脱开； （2）操作人应两脚分开且脚底站稳，两腿合理支撑； （3）操作人应两手握紧扳手的手柄，并且合理、均匀用力，防止用猛力或暴力； （4）扳手的手柄应与门轮在同一水平面，使得扳手的力合理地作用在门轮上，防止用力过大
	转动的电动机	启动时人员站在转动机械径向位置	机械伤害	设备启动时所有人员应先远离，站在转动机械的轴向位置，并有一人站在事故按钮位置

（五）精处理高速混床投运操作

精处理高速混床投运操作危险源辨识与防范见表 8-17。

表 8-17　精处理高速混床投运操作危险源辨识与防范

工序	危险源	危害因素	危害后果	作业标准
作业环境评估	转动的电动机	肢体部位或饰品衣物、用具（包括防护用品）、工具接触转动部位	机械伤害	（1）衣服和袖口应扣好，不得戴围巾、领带，长发必须盘在安全帽内； （2）不准将用具、工器具接触设备的转动部位； （3）不准在转动设备附近长时间停留； （4）不准在联轴器上、安全罩上或运行中设备的轴承上行走和坐立
		安全标识缺损	机械伤害	工作前核对设备名称及编号
	孔洞、沟道	孔洞、沟道无盖板及防护栏杆不全	坠落	行走时注意脚下孔洞、沟道盖板是否完好，不准擅自进入隔离区域
	噪声	进入噪声区域、使用高噪声工具时未正确使用防护用品	噪声聋	进入噪声区域、使用高噪声工具时正确佩戴合格的耳塞

工序	危险源	危害因素	危害后果	作业标准
执行工作任务	高速混床	混床升压不正常，阀门故障，导致跑树脂	设备异常	混床升压时间超过 2min，停止升压，检查混床是否存在外漏或内漏
	阀门扳手	用力过猛，滑脱	物体打击	（1）扳手与门轮卡牢，防止脱开； （2）操作人员应两脚分开且脚底站稳，两腿合理支撑； （3）操作人应两手握紧扳手的手柄，并且合理、均匀用力，防止用猛力或暴力； （4）扳手的手柄应与门轮在同一水平面，使得扳手的力合理地作用在门轮上，防止用力过大
	转动的电动机	启动时人员站在转动机械径向位置	机械伤害	设备启动时所有人员应先远离，站在转动机械的轴向位置，并有一人站在事故按钮位置

（六）消防水系统定期联锁试验操作

消防水系统定期联锁试验操作危险源辨识与防范见表 8-18。

表 8-18 消防水系统定期联锁试验操作危险源辨识与防范

工序	危险源	危害因素	危害后果	作业标准
作业环境评估	转动的电动机	肢体部位或饰品衣物、用具（包括防护用品）、工具接触转动部位	机械伤害	（1）衣服和袖口应扣好，不得戴围巾、领带，长发必须盘在安全帽内； （2）不准将用具、工器具接触设备的转动部位； （3）不准在转动设备附近长时间停留； （4）不准在联轴器上、安全罩上或运行中设备的轴承上行走和坐立
		安全标识缺损	机械伤害	工作前核对设备名称及编号
	孔洞、沟道	孔洞、沟道无盖板及防护栏杆不全	坠落	行走时注意脚下孔洞、沟道盖板是否完好，不准擅自进入隔离区域
	噪声	进入噪声区域、使用高噪声工具时未正确使用防护用品	噪声聋	进入噪声区域、使用高噪声工具时正确佩戴合格的耳塞
执行工作任务	消防水	消防水系统压力低	设备异常	（1）严格按照操作票执行，定期试验时所有消防系统水泵均投入自动； （2）检查现场消防水系统是否出现泄漏或者有单位使用消防水
	阀门扳手	用力过猛，滑脱	物体打击	（1）扳手与门轮卡牢，防止脱开； （2）操作人应两脚分开且脚底站稳，两腿合理支撑； （3）操作人应两手握紧扳手的手柄，并且合理、均匀用力，防止用猛力或暴力；

续表

工序	危险源	危害因素	危害后果	作业标准
执行工作任务	阀门扳手	用力过猛，滑脱	物体打击	（4）扳手的手柄应与门轮在同一水平面，使得扳手的力合理地作用在门轮上，防止用力过大
	转动的电动机	启动时人员站在转动机械径向位置	机械伤害	设备启动时所有人员应先远离，站在转动机械的轴向位置，并有一人站在事故按钮位置

第五节　公用系统运行操作危险源辨识与防范

一、公用系统运行主要操作

（1）制氢系统启停操作。

（2）次氯酸钠发生器投运操作。

（3）次氯酸钠发生器酸洗操作。

二、公用系统运行操作危险源辨识与防范

（一）制氢系统启停操作

制氢系统启停操作危险源辨识与防范见表 8-19。

表 8-19　制氢系统启停操作危险源辨识与防范

工序	危险源	危害因素	危害后果	作业标准
作业环境评估	氢气	泄漏	火灾爆炸	（1）进入制氢站必须释放静电； （2）确定制氢站无泄漏报警
	孔洞、沟道	孔洞、沟道无盖板及平台防护栏杆不全	坠落	行走时注意脚下孔洞、沟道盖板是否完好，不准擅自进入隔离区域
执行工作任务	氢气	进入制氢室前未启动通风机	火灾爆炸	进入制氢室前先启动通风机
		操作中发生泄漏	爆炸	（1）使用氢气检漏仪监测氢气浓度； （2）发现氢气泄漏时，停运制氢设备，加装堵板，隔离漏点，使用氮气或二氧化碳进行吹扫置换； （3）制氢室着火时，应立即停止电气设备运行，切断电源，排除系统压力，应用二氧化碳灭火器灭火； （4）由于漏氢而着火时，应用二氧化碳灭火器灭火并用石棉布密封漏氢处不使氢气逸出，或采用其他方法断绝气源

工序	危险源	危害因素	危害后果	作业标准
执行工作任务	氢气	氢氧气体混合	爆炸	（1）启动制氢设备后，操作人员要严密观察氢、氧液位，确保氢氧液位在正常范围内； （2）严格执行操作票，确保氢气出口压力、流量在规定范围内
		未使用防爆扳手	爆炸	应使用铜质工具，如必须使用钢质工具应涂黄油
		作业时未正确使用防护用品	爆炸	（1）禁止穿着尼龙、化纤或者棉、化纤混纺的衣物； （2）进入制氢站的人员不准穿带铁钉的鞋； （3）进行制氢设备的维护工作时，手和衣服不应沾有油脂
	阀门扳手	用力过猛，滑脱	物体打击	（1）扳手与门轮卡牢，防止脱开； （2）操作人应两脚分开且脚底站稳，两腿合理支撑； （3）操作人应两手握紧扳手的手柄，并且合理、均匀用力，防止用猛力或暴力； （4）扳手的手柄应与门轮在同一水平面，使得扳手的力合理地作用在门轮上，防止用力过大

（二）次氯酸钠发生器投运操作

次氯酸钠发生器投运操作危险源辨识与防范见表 8-20。

表 8-20　次氯酸钠发生器投运操作危险源辨识与防范

工序	危险源	危害因素	危害后果	作业标准
作业环境评估	转动的电动机	肢体部位或饰品衣物、用具（包括防护用品）、工具接触转动部位	机械伤害	（1）衣服和袖口应扣好，不得戴围巾、领带，长发必须盘在安全帽内； （2）不准将用具、工器具接触设备的转动部位； （3）不准在转动设备附近长时间停留； （4）不准在联轴器上、安全罩上或运行中设备的轴承上行走和坐立
		安全标识缺损	机械伤害	工作前核对设备名称及编号
	孔洞、沟道	孔洞、沟道无盖板及防护栏杆不全	坠落	行走时注意脚下孔洞、沟道盖板是否完好，不准擅自进入隔离区域
	噪声	进入噪声区域、使用高噪声工具时未正确使用防护用品	噪声聋	进入噪声区域、使用高噪声工具时正确佩戴合格的耳塞

工序	危险源	危害因素	危害后果	作业标准
执行工作任务	380V交流电	电解槽漏电	触电	操作过程中，远离电解槽，禁止无关人员靠近电解槽
	阀门扳手	用力过猛，滑脱	物体打击	（1）扳手与门轮卡牢，防止脱开； （2）操作人应两脚分开且脚底站稳，两腿合理支撑； （3）操作人应两手握紧扳手的手柄，并且合理、均匀用力，防止用猛力或暴力； （4）扳手的手柄应与门轮在同一水平面，使得扳手的力合理地作用在门轮上，防止用力过大
	转动的电动机	启动时人员站在转动机械径向位置	机械伤害	设备启动时所有人员应先远离，站在转动机械的轴向位置，并有一人站在事故按钮位置

（三）次氯酸钠发生器酸洗操作

次氯酸钠发生器酸洗操作危险源辨识与防范见表8-21。

表8-21 次氯酸钠发生器酸洗操作危险源辨识与防范

工序	危险源	危害因素	危害后果	作业标准
作业环境评估	转动的电动机	肢体部位或饰品衣物、用具（包括防护用品）、工具接触转动部位	机械伤害	（1）衣服和袖口应扣好，不得戴围巾、领带，长发必须盘在安全帽内； （2）不准将用具、工器具接触设备的转动部位； （3）不准在转动设备附近长时间停留； （4）不准在联轴器上、安全罩上或运行中设备的轴承上行走和坐立
		安全标识缺损	机械伤害	工作前核对设备名称及编号
	孔洞、沟道	孔洞、沟道无盖板及防护栏杆不全	坠落	行走时注意脚下孔洞、沟道盖板是否完好，不准擅自进入隔离区域
	酸、碱	酸计量箱、阀门、法兰、管道泄漏	灼烫伤	工作前检查酸计量箱、阀门、法兰、管道完好情况；掌握盐酸烧伤处理方法；保证化学危险品储存场所足量配备完好的中和用药品；喷淋洗眼器完好
	酸	酸雾吸收器未开启	中毒和窒息	开启酸雾吸收器，调整进水量，使酸雾全部吸收

续表

工序	危险源	危害因素	危害后果	作业标准
执行工作任务	380V交流电	电解槽漏电	触电	操作过程中，远离电解槽，禁止无关人员靠近电解槽
	次氯酸钠	眼睛接触次氯酸钠	灼烫伤	立即提起眼睑，迅速用大量的清水冲洗，再用0.5%的碳酸氢钠溶液清洗，就医
	次氯酸钠	皮肤接触次氯酸钠	灼烫伤	立即脱去被污染的衣物，迅速用大量的清水冲洗，再用0.5%的碳酸氢钠溶液清洗，就医
	阀门扳手	用力过猛，滑脱	物体打击	（1）扳手与门轮卡牢，防止脱开； （2）操作人应两脚分开且脚底站稳，两腿合理支撑； （3）操作人应两手握紧扳手的手柄，并且合理、均匀用力，防止用猛力或暴力； （4）扳手的手柄应与门轮在同一水平面，使得扳手的力合理地作用在门轮上，防止用力过大
	转动的电动机	启动时人员站在转动机械径向位置	机械伤害	设备启动时所有人员应先远离，站在转动机械的轴向位置，并有一人站在事故按钮位置

第九章 应急救援与现场处置

应急救援的基本任务:

(1) 立即组织营救受害人员。组织撤离或者采取其他措施保护危害区域内的其他人员,抢救受害人员是应急救援的首要任务。在应急救援行动中,快速、有序、有效地实施现场急救与安全转送伤员,是降低伤亡率、减少事故损失的关键。

(2) 迅速控制事态。对事故造成的危害进行检测、监测,测定事故的危害区域、危害性质及危害程度,及时控制住造成事故的危险源是应急救援工作的重要任务。

(3) 消除危害后果,做好现场恢复。针对事故对人体、动植物、土壤、空气等造成的现实危害和可能的危害,迅速采取封闭、隔离、洗消、监测等措施,防止对人的继续危害和对环境的污染。

(4) 查清事故原因,评估危害程度。事故发生后应及时调查事故发生的原因和事故性质,评估事故的危害范围和危害程度,查明人员伤亡情况,做好事故原因调查,并总结救援工作中的经验和教训。

第一节 应急救援的基本原则

应急救援应坚持以人为本、快速反应、科学施救、全力保障的原则,对险情或事故做到早发现、早报告、早研判、早处置、早解决。

一、以人为本

把保障人民群众的生命安全和身体健康、最大程度地预防和减少安全生产事故灾难造成的人员伤亡作为首要任务。切实加强应急救援人员的安全防护,充分发挥人的主观能动性,充分发挥专业救援力量的骨干作用和人民群众的基础作用。

二、快速反应

为尽可能降低重大事故的后果及影响,减少重大事故所导致的损失,要求应急救援行动必须做到迅速、准确和有效。所谓迅速,就是建立快速的应急响应机制,迅速准确地传递事故信息,迅速地调集所需的大规模应急力量和设备、物资等资源,迅速地建立起统一指挥与协调系统,开展救援活动。

三、科学施救

采用先进技术，充分发挥专家作用，实行科学民主决策。采用先进的救援装备和技术，增强应急救援能力。依法规范应急救援工作，确保应急预案的科学性、权威性和可操作性。

四、全力保障

企业应从专（兼）职应急救援队伍、应急专家队伍、应急物资和装备、应急经费、应急技术、应急通信与后勤、应急协调机制等方面全力保障各项应急资源。

第二节　信息报告

突发事件发生后，按照有关制度和预案要求，在规定时间、按规定程序向上级单位、当地政府及行业主管部门报告信息，不得迟报、瞒报、谎报和漏报。事件（事故）报告分为初报、续报、结果报告、补报。

一、初报

企业发生事件（事故）后，应在1h内上报子分公司，子分公司接到报告后，应在1h内报告集团公司总调度室、电力产业管理部及有关部门。事件（事故）初报应包括下列内容：

（1）事件（事故）单位详细信息（单位全称、隶属关系、现场负责人、单位负责人等）。

（2）事件（事故）发生的时间、地点以及现场情况。

（3）事件（事故）简要经过。

（4）事件（事故）已经造成或者可能造成的伤亡人数（包括下落不明的人数）。

（5）事件（事故）原因初步分析，初步估计的直接经济损失和事故等级。

（6）已经采取的措施。

（7）报告地方政府及行业监管部门的情况。

（8）社会舆情及其他应当报告的情况。

二、续报

完成初报后，如果伤亡人数、事态发展未出现新情况，从事故发生直至应急救援结束，企业应每8h进行一次续报。续报应包括事故发展、处置进展、进一步原因分析和损失情况，以及有助于分析事故原因、现场处置的支撑材料，例如：事故单位证照情况、现场照片、示意图和系统图等。

三、结果报告

突发事件处理结束后，企业应报告处置结果，结果报告应包括：应急处置措施、事件（事故）救援过程、初步调查情况、潜在或间接危害、善后处理、社会影响、遗留问题等情况及相关支撑材料。

四、补报

自事故发生之日起 30 日内，如果伤亡人数、事态发展出现新的变化，企业应及时补报。发生道路交通事故、火灾事故 7 日内，如事故造成的伤亡人数发生变化，应及时补报。补报应执行初报流程和时限要求。

企业行政管理区域内，或对外承接的工程建设或生产服务项目发生事故时，必须履行事故报告程序。

第三节　现场处置注意事项

一、佩戴个人防护器具方面的注意事项

（1）进入生产现场抢险人员必须戴安全帽，着装符合电力安全生产规程要求。

（2）在高空工作，抢救时必须采取防止伤员高处坠落的措施；救护者也应注意救护中自身的防坠落、摔伤措施，登高时应随身携带必要的安全带和牢固的绳索等。

（3）如事故发生在夜间，应设置临时照明灯，以便于抢救，避免意外事故，但不能因此延误进行急救。

二、使用抢险救援器材方面的注意事项

（1）脊柱有骨折伤员必须硬板担架运送，勿使脊柱扭曲，以防途中颠簸使脊柱骨折或脱位加重，造成或加重脊髓损伤。

（2）用车辆运送伤员时，最好能把安放伤员的硬板悬空放置，以减缓车辆的颠簸，避免对伤员造成进一步的伤害。

（3）伤员搬运与转运时的注意事项：

1）根据伤员的病情和搬运经过通道情况决定搬运的方法和体位。重伤员运送应使用担架，腹部创伤及脊柱创伤者应卧位运送，颅脑损伤一般采取半卧位，胸部受伤者一般采取仰卧偏头或侧卧位，以免呕吐误吸。

2）担架搬运时一般病人脚向前，头向后，医务人员应在担架的后侧，以利于观察病情，且不影响抬担架人员的视线。

3）伤员一旦上了担架，不要再轻易更换，尤其脊柱受伤人员，不要随便翻动或移动，以免增加病人不必要的损伤和痛苦。

4）担架上救护车时，一般病人的头向前，减少行进间对头部的颠簸和利于病情的观察。

5）在搬运的过程中，要严密观察病人的病情变化，如有意外情况，随时停车进行处理。

三、采取救援对策或措施方面的注意事项

（1）伤员如神志清醒者，应使其就地躺平，严密观察，暂时不要站立或走动。

（2）伤员如神志不清者，应就地仰面躺平，且确保气道通畅，并用 5s 时间，呼叫伤员或轻拍其肩部，以判定伤员是否意识丧失，禁止摇动伤员头部呼叫伤员。

（3）需要抢救的伤员，应立即就地坚持正确抢救，坚持分秒必争和不断地进行，同时及早与医疗部门联系，争取医务人员接替救治。在医务人员未接替救治前，不应放弃现场抢救，更不能只根据没有呼吸或脉搏擅自判定伤员死亡，放弃抢救。

（4）发现有人触电，应立即切断电源，使触电人脱离电源，并进行急救。救护人员在抢救过程中应注意保持自身与周围带电部分必要的安全距离。

（5）遇有电气设备着火时，应立即将有关设备的电源切断，然后进行救火。扑救可能产生有毒气体的火灾（如电缆着火等）时，扑救人员应佩戴正压式呼吸器

四、现场自救和互救注意事项

（1）现场自救及施救人员要做好自身防护，要在保护人员安全的情况下开展施救，不得扩大事故范围，加重人员受伤程度。

（2）事故发生后，对事故现场警戒，设立事故区域，未经同意不得进入事故现场。

（3）事故后有威胁人身安全的紧急情况时，与应急处理无关的人员立即撤离事故现场。

（4）应急救援成员在处理过程中发现设备异常或其他险情应及时将情况上报，绝不能盲目处理。

（5）应急救援人员在实施救援前，要积极采取防范措施，做好自我防护，防止发生次生事故。

（6）在急救过程中，遇有威胁人身安全情况时，应首先确保人身安全，迅速组织脱离危险区域后，再采取急救措施。

（7）救护人在进行人员救治时，必须进行伤员伤情的初步判断，不可直接进行救护，以免由于救护人的不当施救造成伤员的伤情恶化。

五、应急救援结束后的注意事项

现场作业人员应配合安监人员做好现场的保护、拍照、事故调查等善后工作。现场的事故处理工作完毕后，应急行动也宣告结束，事故的调查和处理工作属正常工作范围。事故应急处理后运行人员、检修现场作业人员应将事故发生的现象、时间、处理过程如实地记录，并以书面形式上报。

第四节　事故应急处置措施

企业突发事件发生后，一旦运行值长（值班负责人）接到报警，应立即担任起企业现场最初应急总指挥责任，组织开展最初应急反应，直到有更高级别的人员来替代。同时，各级值班人员应按照最初应急反应体系要求，担负相应的应急小组功能职责，直到按应急预案规定的负责人到岗后交接，以保证任何时候接到报警并立即展开行动，预防事故升级和最大限度地降低事故的后果。

当突发事件涉及人员伤亡，要立即组织相关人员营救受伤人员，疏散、撤离、安置受到威胁的人员。同时，做好设备的先期应急处置，控制危险源，标明危险区域，封锁危险场所等，防止事态的进一步发展和扩大。

一、分级响应

突发事件发生后，企业应急领导小组应根据相关突发事件（事故）的影响程度和相关应急响应分级标准，立即启动相应级别的应急行动，开展应急救援和处置工作。包括：

（1）按照应急组织体系要求，成立现场应急指挥部，召集成立各应急处置功能小组，组织、指挥、协调各应急处置功能小组及时采取有效预防控制措施，避免和最大限度减少突发事件可能造成的损失。

（2）根据现场情况，制定和调整现场救援方案，保持与上级单位、地方政府及有关部门的联系、协调与配合等。

（3）迅速救援受害受困人员，隔离设备系统，控制危险源，并防止事件扩大和次生、衍生事故发生。

（4）及时疏散受到威胁的人员。

（5）整合现场应急资源，根据需要调集人员、物资、交通、通信、消防、急救等物资装备。

（6）按照有关规定，随时将有关情况及时向上级单位、地方政府及行业监管部门报告。

二、分级响应的调整与解除

企业应研判突发事件危害及发展趋势，根据突发事件发展情况和危害程度及时调整和解除应急响应。包括：

（1）如未能对事件进行有效控制，事件发展速度较快并可能造成更为严重的后果时，应进一步提升应急行动级别。必要时，并按相关规定接受地方政府或行业主管部门的统一协调和指挥。如地方政府接管应急处置工作，企业应急指挥部应向其移交应急指挥权，服从和配合地方政府开展应急救援工作。

（2）如突发事件得到有效控制，事态发展逐渐向好，企业可根据实际情况调整应急响应级别。

（3）突发事件威胁和危害得到控制或消除后，企业应按规定解除应急状态。

三、处置要求

应急响应程序启动后，企业应急救援队伍、负有特定职责的人员履行各项应急行动职责。

（一）设备紧急处置

突发事件发生后，应迅速采取必要的隔离措施，对系统运行方式进行调整，控制险情和危险源，防止事件扩大。包括：

（1）隔离故障设备设施，必要时，立即解列故障机组、集电线路。

（2）迅速查清故障性质、原因、影响范围。

（3）做好系统运行方式调整，确保其他机组、设备的正常稳定运行。

（4）做好防事故扩大化的事故预想，加强重要负荷、设备及其他非故障设备检查、监视，并做好设备设施加固措施。

（5）组织开展故障设备抢修，消除影响，减少损失。

（6）其他设备紧急处置措施。

（二）人员救护与搜救

突发事件发生后，如危机到人身安全时，应立即组织疏散；如已发生人员伤亡、失踪，应组织进行人员救护与搜救工作。包括：

（1）有组织地转移、疏散或撤离可能受突发事件危害的人员和重要财产，疏散过程中防止发生踩踏和混乱，根据实际情况启用应急避难场所，并对相关人员进行妥善安置，确保其基本生活保障。

（2）在应急响应的处置与救援中，现场应急指挥部应根据事发现场的风险评估结果，组织成立搜救队伍，采取有效安全防范措施，开展搜寻和营救行动。搜救行动中应时刻保持通信畅通，出现直接威胁救援人员生命安全或容易造成次生或者衍生事故等情况时，现场应急指挥部可以决定暂停应急处置和救援；在险情或衍生事故隐患消除后，现场应急指挥部确认恢复施救条件时，再继续组织应急处置和救援。

（3）对请求周边应救援力量参加事故救援的，应派专人到路口接应救援队伍，确保救援队伍快速到达事故现场。

（4）如发生人员受伤，应组织医疗救护人员携带相关药品、医疗器材到达事故现场，开展救护工作，确保现场受伤人员得到及时救治。现场不具备条件的，经先期处置后立即送往附近医疗机构。

（三）现场保护与警戒

应急救援过程中，应急处置人员应严格执行安全操作规程，配备必要的安全设施和防护用品，保证应急行动过程中人身安全和财产安全，同时应做好现场保护与警戒工作：

（1）对危险场所，建立应急处置现场警戒区域，进行出入管制，设专人维持现场秩序，在相关道路实行交通管制，并根据需要设置应急救援绿色通道。

（2）事故发生后，企业应妥善保护事故现场及有关证据。任何单位和个人不得破坏事故现场、毁灭事故证据。因抢救人员、防止事故扩大以及疏通交通等原因，需要移动事故现场物件时，应当做出标记，绘制现场简图并做好记录，妥善保存现场痕迹、物证。同时，对事故现场进行摄影、摄像，并详细记录说明。

（四）安全防护与环境监测

1. 安全防护

企业应提供相应的应急安全防护用品和应急救援设施，救援过程中，参与应急救援的人员应做好安全防护措施，规范佩戴、使用应急安全防护用品和救援设施。

组织评估现有应急处置措施是否得当、安全防护是否有效，确保救援过程安全。

2. 环境监测

为防止次生、衍生事件（事故）发生，企业应对事故现场及其周边环境进行观察、分析或监测，对事故波及的重要设备、重要设施以及重点部位进行巡视检查，评估事故影响范围和变化趋势，为应急处置收集信息。包括：

（1）建/构筑物：结构变形、承重情况。

（2）气象信息：水情、雨情、风向、冰冻、气温。

（3）工作环境：有毒有害气体、易燃易爆气体、危险化学品泄漏量等。

（4）生态环境：大气、水体、土壤等。

（5）地质：位移、沉降变形、垮塌等。

（五）舆情监测与发布

企业应加强网络、社会舆情监测、分析，及时发出预警，采取应对措施。包括：

（1）及时发布舆情信息，根据现场实际情况、应急阶段性特点，随时跟踪、分析，及时更新信息。

（2）应加强与新闻媒体、事件相关方的沟通协调，根据现场应急指挥部的授权，及时、准确对外发布突发事件信息，正确引导社会和公众舆论，减少突发事件带来的负面影响。

第五节　火灾应急处置措施

一、火灾定义

火灾是指火失去控制而形成的灾害性燃烧现象，通常会造成财产损失和人员伤亡。发生火灾的三要素是氧气、可燃物和点火源。在火灾防治中，如果能够阻断火灾三要素的任何一个就可以扑灭火灾。

二、火灾分类

根据 GB/T 4968—2008《火灾分类》火灾可分为 6 类。

A 类火灾：固体物质火灾。这种物质通常具有有机物性质，一般在燃烧时能产生灼热的余烬。

B 类火灾：液体或可熔化的固体物质火灾。

C 类火灾：气体火灾。

D 类火灾：金属火灾。

E 类火灾：带电火灾。物体带电燃烧的火灾。

F 类火灾：烹饪器具内的烹饪物（如动植物油脂）火灾。

三、灭火器的分类

1. 灭火剂

灭火剂是能够有效地破坏燃烧条件，中止燃烧的物质。一切灭火措施都是为了破坏已经产生的燃烧条件，并使燃烧的联锁反应中止。灭火剂被喷射到燃烧物和燃烧区域后，通过一系列的物理、化学作用，可使燃烧物冷却、燃烧物与氧气隔绝、燃烧区内氧的浓度降低、燃烧的联锁反应中断，最终导致维持燃烧的必要条件受到破坏，停止燃烧反应，从而起到灭火作用。

（1）水和水系统灭火剂。

水是最常用的灭火剂，既可以单独用来灭火，也可以在其中添加化学物质配制成混合液使用，从而提高灭火效率，减少用水量。这种在水中加入化学物质的灭火剂称为水系统灭火剂。水能从燃烧物中吸收很多热量，使燃烧物的温度迅速下降，使燃烧终止，水在受热汽化时体积增大 1700 多倍，当大量的水蒸气笼罩于燃烧物的周围时，可以阻止空气进入燃烧区，从而大大减少氧的含量，使燃烧因缺氧而窒息熄灭。在用水灭火时加压水能喷射到较远的地方具有较大的冲击作用，能冲过燃烧表面而进入内部，从而使未着火的部分与燃烧区隔离开来，防止燃烧物继续分解燃烧，同时水能稀释或冲淡某些液体或气体，降低燃烧强度，能浸湿未燃烧的物质，使之难以燃烧，还能吸收某些气体、蒸汽和烟雾，有助于灭火。

不能用水扑灭的火灾主要包括：

1）密度小于水和不溶于水的易燃液体的火灾。如汽油、煤油、柴油等，苯类醇类、醚类、酮类、酯类等大容量储罐，如用水扑灭，则水会存在液体下沉，被水加热后引起爆沸，形成可燃液体的飞溅和溢流，使火势扩大。

2）遇水产生燃烧物的火灾，如金属钾、钠、碳化钙等不能用水，而应用沙土灭火。

3）硫酸、盐酸和硝酸引起的火灾。不能用水流冲击，因为强大的水流能使酸飞溅，流出后遇可燃物质，有引起爆炸的危险，酸溅在人身上，能灼伤人。

4）电气火灾未切断电源前不能用水扑救，因为水是良导体容易造成触电。

5）高温状态下，化工设备的火灾不能用水扑救，以防高温设备遇冷水后骤冷引起形变或爆裂。

（2）气体灭火剂。

气体灭火器的使用始于 19 世纪末期，早期的气体灭火器主要采用二氧化碳，由于二氧化碳不含水、不导电、无腐蚀性，对绝大多数物质无破坏作用，所以可以用来扑救精密仪器和一般电气火灾，它还适于扑救可燃液体和固体火灾，特别是那些不能用水灭火以及受到水、泡沫、干粉等灭火剂的玷污容易损坏的固体物质火灾。但是二氧化碳不宜用来扑灭金属钾、镁、钠、铝等及金属过氧化物、有机过氧化物、氨酸盐、硝酸盐、高锰酸盐、亚硝酸盐、重铬酸盐等氧化剂的火灾。因为二氧化碳中灭火器中喷射出时温度降低，使环境空气中的水蒸气凝聚成小水滴，上述物质遇水即发生反应，释放大量的热量，同时释放出氧气，使二氧化碳的窒息作用受到影响，因此上述物质用二氧化碳灭火效果不佳。七氟丙烷属于含氢氟烃类灭火剂，具有灭火浓度低、灭火效率高、对大气无污染的优点，由于其是由氮气、氩气、二氧化碳自然组合的一种混合物，平时以气态形式储存，所以喷放时，不会形成浓雾或造成视野不清，使人员在火灾时能清楚地分辨逃生方向，且它对人体基本无害。

（3）泡沫灭火器。

泡沫灭火器有两大类型，即化学泡沫灭火器和空气泡沫灭火器。化学泡沫是通过硫酸铝和碳酸氢钠的水溶液发生化学反应，产生二氧化碳，而形成泡沫。空气泡沫是由含有表面活性剂的水溶液在泡沫发生器中通过机械作用而产生的，泡沫中所含的气体为空气，空气泡沫也称为机械泡沫。

空气泡沫灭火剂种类繁多，根据发泡倍数的不同，分为低倍数泡沫、中倍数泡沫和高倍数泡沫灭火剂。高倍数泡沫灭火剂的发泡倍数高（201～1000 倍），能在短时间内迅速充满着火空间，特别适用于大空间火灾，并具有灭火速度快的优点。低倍数泡沫剂则与此不同，它主要靠泡沫覆盖着火对象表面将空气隔绝而灭火，且伴有水渍损失，对液体烃的流淌火灾和地下工程、船舶，贵重仪器设备及物品的灭火无能为力。高倍数灭火剂在油罐区、液化烃罐区、地下油库等场所扑救失控性大火作用明显。

（4）干粉灭火器。

干粉灭火器是由一种或多种具有灭火能力的细微无机粉末组成，主要包括活性灭火组分、疏水成分、惰性填料。粉末的粒径大小及其分布对灭火效果影响很大，影响窒息、冷却、辐射及对有焰燃烧的化学抑制作用是干粉灭火效能的集中体现，其中，化学抑制作用是灭火的基本原理，起主要灭火作用。干粉灭火器中的灭火组分是燃烧反应的非活性物质，当进入燃烧区域火焰中时，捕捉并终止燃烧反应产生的自由基，降低了燃烧反应的速率。火焰中干粉浓度足够高，与火焰的接触面积足够大，自由基中止速率大于燃烧反应生成的速率，链式燃烧反应被终止，从而火焰熄灭。

2. 灭火器种类及其使用范围

灭火器由桶体、气头喷嘴等部件组成，借助驱动压力，可将所充装的灭火剂喷出，达到灭火目的。灭火器由于结构简单、操作方便、轻便灵活、使用面广，是扑救初级火灾的重要消防器材。灭火器的种类很多，按其移动方式分为手提式、推车式和悬挂式；按驱动灭火器的动力来分，可分为储气瓶式、储压式、化学反应式；按所充装的灭火剂，则又可分为清水、泡沫、酸碱、二氧化碳、卤代烷、7150 等。

（1）清水灭火器。

清水灭火器充装的是清洁的水，并加入适量的添加剂，采用储气瓶加压的方式，利用二氧化碳钢瓶中的气体做动力，将灭火剂喷射到着火物上，达到灭火的目的。

（2）泡沫灭火器。

泡沫灭火器包括化学泡沫灭火器和空气泡沫灭火器两种，分别是通过同体内酸性溶液与碱性溶液混合后发生化学反应或借助气体压力，喷射出泡沫覆盖在燃烧物的表面上，隔绝空气起到窒息灭火的作用。泡沫灭火器适合扑救脂类、石油产品等 B 类火灾以及木材等 A 类物质的初期火灾，但不能扑救 B 类水溶性火灾，也不能扑救带电设备及 C 类和 D 类火灾。化学泡沫灭火器内充装有酸性和碱性两种化学药剂的水溶液，当用时，两种溶液混合引起化学反应生成泡沫，并在压力的作用下，喷射出去灭火，按使用操作可分为手提式、舟车式、推车式。

空气泡沫灭火器充装的是空气泡沫灭火剂，具有良好的热稳定性，抗烧时间长，灭火能力比化学泡沫高 3～4 倍。空气泡沫灭火器可根据不同需要分别充装蛋白泡沫、氟蛋白泡沫、聚合物泡沫、清水泡沫和抗溶泡沫等，用来扑救各种油类和极性溶剂的初起火灾。

（3）酸碱灭火器。

酸碱灭火器是一种内部装有 65％的工业硫酸和碳酸氢钠的水溶液做灭

火剂的灭火器。使用时两种药液混合发生化学反应，产生二氧化碳压力，在二氧化碳气体压力下喷出进行灭火。A 类灭火器适用于扑救 A 类物质的初期火灾，如木、竹、织物、纸张等燃烧的火灾，不能用于扑救 B 类物质燃烧的火灾，也不能用于扑救 C 类可燃气体或 D 类轻金属火灾，同时也不能用于带电场合火灾的扑救。

（4）二氧化碳灭火器。

二氧化碳灭火器是利用其内部充装的液态二氧化碳的蒸汽压将二氧化碳喷出灭火的一种灭火器具，其利用降低氧气含量，造成燃烧区窒息和灭火。一般当氧气的含量低于 12％或二氧化碳浓度达 30％～35％时，燃烧终止。1kg 的二氧化碳液体在常温常压下能生成 500L 左右的气体，足以使 $1m^2$ 空间范围内的火焰熄灭，由于二氧化碳是一种无色的气体，灭火不留痕迹，并有一定的电缆绝缘性能等特点，因此更适宜于扑救 600V 以下带电电器、贵重设备、图书档案、精密仪器仪表的初期火灾以及一般可燃液体的火灾。

（5）干粉灭火器。

干粉灭火器以液态二氧化碳或氮气做动力，将灭火器内干粉喷出进行灭火，该类灭火器主要通过抑制作用灭火，按使用范围可分为普通干粉和多用干粉两大类，普通干粉也称 BC 干粉，是指碳酸氢钠干粉、改性钠盐、氨基干粉等，主要用于扑救可燃液体、可燃气体和带电设备的火灾，还适用于扑救一般固体物质火灾，但都不能扑救轻金属火灾。

3. 灭火器灭火机理

（1）冷却灭火：灭火剂直接喷射到燃烧物上，以减低燃烧物的温度。

（2）隔离灭火：着火的物体和区域与周围的物体隔离或移开，因可燃物质缺失而停止。

（3）窒息灭火：阻止空气流通或用不燃物质稀释空气，使燃烧物得不到氧气而熄灭。

（4）抑制灭火：化学灭火剂参与燃烧反应，使燃烧链终止，从而使燃烧终止。

四、火力发电厂火灾风险评估

（1）火力发电厂生产可能引起火灾的主要原材料有：燃煤、0 号轻柴油、氢氧化钠、液氨、联胺、各类油品、化学药剂等，它们大多是易燃、易爆物质，物料在使用、储存、运输过程极易导致火灾、爆炸事故的发生。

（2）火灾所在作业场所或分布区域（装置/设备/工序/单元名称）：办公区域、变压器、档案室、电缆、员工宿舍、发电机、锅炉燃油系统、集控室、计算机房、加油站、煤场、燃油罐区、食堂、输煤皮带、物资仓库、蓄电池、圆形煤罐、制粉系统、制氢站、电子间、升压站、开关室、储能电站等。

（3）事故前可能出现的征兆。

1）易燃物附近存在明火作业或其他点火源。

2）在禁火区违章作业而又不采取合理的消防措施。

3）氨泄漏，遇火源可能造成火灾。

4）建筑物未达到规范规定的耐火等级。

5）电气火灾。

6）在生产过程中存在着大量的用电设备，如配电装置、电气线路、电动机等，极有可能发生电气火灾事故。

7）电缆中间接头制作不良、压接头不紧，接触电阻过大，长期运行造成电缆接头过热烧穿绝缘。

8）外来因素破坏，如电焊火花、小动物破坏引起电缆火灾。

9）由于电气设备短路、过载、接触不良、散热不良等原因导致电气设备过热，设备周围如果存在可燃物质，易引起火灾。

10）电缆短路或过电流引起火灾。

11）电缆的各种保护措施不到位；消防设施没有安装或失效，引起电缆火灾或使火灾扩大、蔓延。

12）当建筑物和电气线路遭受雷电袭击时，由于避雷装置失效，避雷接地断裂等，能引起电气设备发生火灾。

13）电火花和电弧温度很高，不仅能引起绝缘物质的燃烧，而且可以引起金属熔化、飞溅，它是构成火灾、爆炸的危险火源。

14）在生产场所多有易燃物质，如果电器打火、雷击、设备防静电接地失效打火或其他点火源产生时有发生火灾、爆炸的可能。

15）可能造成的危害程度：设备、财产损毁，甚至导致人员伤亡。

五、火力发电厂辅控运行常见火灾处置措施

（一）辅控室火灾事故处置措施

1. 事故风险描述

（1）各种电气设备、电气线路、开关设备、照明灯具、电线电缆等，由于其结构不同、环境不同、运行特点不同，操作、使用不当，或设备损坏短路、电火花等均可能引起电气火灾，可燃物遇明火、高热着火。

（2）人员会受到烟雾中毒窒息；不同程度的烧伤或死亡。可能导致运行系统和运行设备参数无法监视、控制，直接威胁运行系统、设备的安全，可能会导致机组跳闸。

2. 处置措施

（1）运行值班员发现辅控楼有燃烧异味、冒烟迹象或消防报警系统警铃动作，监控盘显示并确认为火灾报警，立即查找着火具体部位。

（2）若辅控楼通信室、工程师站、电子间等区域着火，自动灭火系统应发出报警，确认人员已撤出，打开气体消防保护回路投入开关门板，将气体消防保护回路投入开关向上达到闭合位置，启动烟烙尽气体喷放灭火，

如果 30s 内未能启动，则派有经验的人员到就地手动启动。若未设自动灭火系统，灭火人员佩戴合格的正压呼吸器、防毒面罩，使用二氧化碳等气体灭火器实施灭火。

（3）若通信室、工程师站、电子间等冒烟着火设备属于电气设备，在不影响辅控室监视设备运行参数下，立即切断该设备电源开关，进行隔离后使用室内配备移动式灭火器进行灭火。

（4）联系电气、热控等相关专业检修人员进行配合灭火工作，并通过消防广播系统通知无关人员疏散。

（5）开启着火区域的直流事故照明，停运通风系统和空调系统，关闭通风风道的防火闸门，切断通风系统和空调系统设备电源。

（6）如发现辅控室冒烟着火设备火势较大，无法立刻隔离或着火设备影响控制室监控电脑无法监控，通过现场仪表监视设备运行情况，无法维持设备运行则停运处理，并向值长汇报，准备启动辅控室特殊消防系统进行灭火。

3. 注意事项

（1）灭火过程中注意正确佩戴个人防护器具。

（2）控制室各种防护器具要完整好用，定期进行检查保证灭火工作能顺利展开。

（3）灭火人员应看好火灾趋势，疏散通道保持畅通，以应付突发事件。

（4）灭火过程中保持通信畅通，人员做好电气灼伤、触电及紧急救护的准备。

（5）电气设备灭火应采用二氧化碳灭火器，断电后可利用室内消防栓水喷雾灭火。

（二）制氢站火灾事故处置措施

1. 事故风险描述

（1）氢气储罐、氢管道、氢干燥器、阀门等设备损坏因素，致使氢气泄漏。

（2）制氢站运行、检修人员违规操作引起火花造成氢气系统着火。

（3）外来人员携带火种和通信工具，穿不符合要求的服装及鞋等引起氢气系统着火。

（4）氢气泄漏或氢气浓度超过 1‰ 遇火源发生爆炸危害极大，直接威胁机组安全运行，会导致人员伤亡、制氢站及周边建筑物、设备受到损毁，导致严重后果。

（5）事故发生可能导致人员伤亡事件，由于无法供氢可能导致全厂机组停运。

2. 处置措施

（1）当制氢站发生氢气泄漏时，当值运行人员立即停止制氢设备运行，并向值长汇报。

（2）值长立即启动处置方案，通知各级人员到位。

（3）消防队在接到通知后，消防队员、消防车辆 5min 内赶到现场，在运行人员的指挥下对泄漏点进行喷水。

（4）保安队对泄漏区域进行隔离，严禁无关人员靠近。

（5）运行人员对泄漏点进行隔离。

（6）在泄漏点隔离后，在检测氢气浓度确认氢气没有继续泄漏的情况下，由检修人员对设备进行检修。

（7）消防队员到达火灾现场后，首先进行火场侦察，并向制氢站相关技术人员了解情况（相关人员提供专业技术支持），然后根据现场火灾情况队长指挥具体扑救措施。

（8）在火灾扑救过程中如果发生危险品爆炸、毒气泄漏及火势猛烈消防队灭火力量无法控制时，消防队长应立即向现场总指挥汇报，由总指挥启动危急响应程序，求助地方公安消防队赶来实施救援。

（9）在等待地方消防队救援的同时，公司消防队（与义务消防员）应积极进行火势控制，防止火势蔓延。

（10）地方消防人员到达现场后，本厂消防队长应立即报告火场情况，公司内部其他人员积极配合地方消防人员进行灭火并保护好现场。公司消防队员（及义务消防员）要一切服从地方消防队的统一指挥和安排，并提供一切条件和方便，不得以任何理由干扰影响阻碍地方消防队灭火。

（11）医务队在到达现场后，做好医务准备工作，如有人受伤迅速对现场受伤人员进行救治，如受伤人员状况严重，在做好必要的救护措施后，马上报告总指挥，把伤员送到市医院救治。

（12）事故处理完成后，及时组织恢复设备的正常运行。

3. 注意事项

（1）注意个人防护，佩戴个人防护器具方面的注意事项。

（2）接警、出警迅速，问清情况。

（3）指挥员要注意当天风向以及灭火时的风向变换，以观察氢气储罐的状态，一旦有爆炸危险，立即下令救援人员撤退。

（4）警戒区域要最大限度地减少人员数量。

（5）各种防护器具要完整好用，保证灭火工作顺利展开。

（6）消防人员要部署在便于进攻和撤退的地方，以应付突发事件。

（7）水枪手应利用地形地物和低姿射水姿势进行自我保护。

（三）电气设备及电缆火灾事故处置措施

1. 事故风险描述

电气设备及电缆出现绝缘老化、长期过负载运行、受外力损坏及受周边热力管道、油管道、易燃或腐蚀性介质影响或表面粉尘自燃均可能导致电气设备或电缆着火。小范围电缆着火可能导致某些运行参数显示异常或某些设备停运，如电缆火势持续蔓延，烧损大量动力电缆和控制电缆，波及旁边的设备及所在厂房，甚至可能导致人员伤亡。

2. 处置措施

（1）工作人员现场发现电缆夹层间内有火苗或烟雾时，在保证自身安全的情况下立即使用电缆夹层间内的干粉灭火器进行灭火，电缆桥架着火时，应选择就近的干粉灭火器或二氧化碳灭火器进行灭火，并将火灾情况和消防设施投入情况向值长汇报，值长立即通知消防队和维护部相关专业人员，同时派巡操人员就地查看情况。维护部专业人员立即到现场确认电缆运行情况，确认电缆火苗或烟雾来源，必要时协助运行人员隔离着火电缆连接的设备。

（2）消防装置报警或动作后，值长应该立即派巡操人员就地查看情况，巡操人员到达现场后，确认消防报警或动作原因，如现场确实有火苗或烟雾，运行人员在保证自身安全的情况下立即使用就近的干粉灭火器或二氧化碳灭火器进行灭火，并将火灾情况和消防设施投入情况向值长汇报，运行监盘人员监测机组各运行参数是否有异常，并根据火灾情况决定停电范围，紧急停运设备。

（3）消防队接到报警后，5min内赶到着火现场，消防人员到达现场了解情况后，所有现场无关人员撤离火灾现场，将火灾现场交给消防队扑救，有义务消防队员资质的人员留下配合灭火，由消防队长指挥义务消防队员配合的具体工作。

（4）根据火灾情况，应急人员积极开展人员紧急救助、疏散工作，并保障救火资源。医护人员开展受伤人员现场救护、救治，必要时紧急送医院治疗。

（5）根据具体情况执行其他危急处置措施，启动关联预案。

（6）灭火工作完成后，各部门或各专业队伍应该立即清点人数。

3. 注意事项

电缆夹层和电子间是密闭空间，电缆火灾时如果里面的烟络尽气体动作，很短时间内将消耗内部空间所有氧气，因此禁止普通工作人员在没有佩戴专业设备的情况下进入该区域进行灭火，应该由专业消防人员佩戴正压式呼吸器进行灭火。

第六节　人身伤害事故应急处置措施

一、人身伤害事故安全基础理论介绍

（一）人身伤害事故定义

依据《企业职工伤亡事故分类》（GB 6441—1986）将人身伤害事故定义为企业职工在生产劳动过程中，发生的人身伤害（以下简称伤害）、急性中毒（以下简称中毒）。

（二）人身失能伤害分类

依据《企业职工伤亡事故分类》（GB 6441—1986）标准人身失能伤害分为三类：

（1）暂时性失能伤害。指伤害及中毒者暂时不能从事原岗位工作的伤害。

（2）永久性部分失能伤害。指伤害及中毒者肢体或某些器官部分功能不可逆的丧失的伤害。

（3）永久性全失能伤害。指除死亡外，一次事故中，受伤者造成完全残废的伤害。

（三）伤害事故类别

根据《生产过程危险和有害因素分类与代码》（GB/T 13861），危险和有害因素是指可对人造成伤亡、影响人的身体健康甚至导致疾病的因素。危险有害因素是指可能导致人身伤害和（或）健康损害、财产损失、工作场所环境破坏的因素。按类型分为人的不安全行为、物的不安全状态、环境的不良条件及管理失误或缺失四个方面。

依据《企业职工伤亡事故分类》（GB 6441—1986），综合考虑起因物、引起事故的诱导性原因、致害物、伤害方式等，将事故类别分为 20 类，即物体打击、车辆伤害、机械伤害、起重伤害、触电、淹溺、灼烫、火灾、高处坠落、坍塌、冒顶片帮、透水、放炮、火药爆炸、瓦斯爆炸、锅炉爆炸、容器爆炸、其他爆炸、中毒和窒息、其他伤害。

二、火力发电厂人身伤害事故风险评估

火力发电厂生产运行与检修维护中使用的设备设施众多，其中涉及特种设备：锅炉、压力容器、压力管道、起重机、电梯、厂内机动车辆等。火力发电系统的管理、运行、维护又需要有高素质的各类工作人员，其中涉及的特种作业有：电工作业、金属焊接和切割作业、起重机械（含电梯）作业、厂内机动车辆驾驶、登高架设作业、锅炉作业（含水质化验）、压力容器操作等。在生产过程中存在物体打击、车辆伤害、机械伤害、起重伤害、触电、灼烫、火灾、高处坠落、坍塌、锅炉爆炸、容器爆炸、中毒和窒息等伤害。

（一）人身伤害所在作业场所或分布区域（装置/设备/工序/单元名称）

人身伤害所在作业场所或分布区域：锅炉、汽轮机、发电机、电除尘器、卸船机、斗轮机、堆取料机、皮带输煤机、碎煤机、磨煤机、给煤机、风机、空气压缩机、变压器、泵类、起重机、行车、升降机、升降平台、电梯、电动葫芦、叉车、运输车辆、储油罐、碱储存罐、酸储存罐、污水处理装置、污油处理装置、脱硫脱硝设备、脱水仓、沉淀池等。

（二）事故前可能出现的征兆

1. 触电事故伤害

（1）电击。

1）电气线路或电气设备在设计、安装上存在缺陷，或在运行中，缺乏必要的检修维护，使设备或线路存在漏电、过热、短路、接头松脱、断线碰壳、绝缘老化、绝缘击穿、绝缘损坏、PE 线断线等隐患。

2）未设置必要的安全技术措施（如保护接零、漏电保护、安全电压、等电位联结等），或安全措施失效。

3）电气设备运行管理不当，安全管理制度不完善；没有必要的安全组织措施。

4）专业电工或机电设备操作人员的操作失误，或违章作业等。

（2）电伤。

1）带负荷（特别是感性负荷）拉开裸露的闸刀开关。

2）误操作引起短路。

3）线路短路、开启式熔断器熔断时，炽热的金属微粒飞溅。

4）人体过于接近带电体等。

2. 有限空间事故伤害

（1）未制定受限空间作业职业病危害防护控制计划、受限空间作业准入程序和安全作业规程。

（2）未确定并明确受限空间作业负责人、准入者和监护者及其职责。

（3）未在受限空间外设置警示标识，告知受限空间的位置和所存在的危害。

（4）未在当实施受限空间作业前，对空间可能存在的危险有害因素进行识别、评估，以确定该密闭空间是否可以准入并作业。

（5）未提供合格的受限空间作业安全防护设施与个体防护用品及报警仪器。

3. 锅炉压力容器伤害事故

（1）压力容器存在设计、制造缺陷。

（2）压力容器超压、超温使用。

（3）压力容器不定期进行检验，腐蚀、材质发生变化。

（4）安全阀、压力表、液位计等安全附件失效。

（5）操作人员不按操作规程进行操作。

4. 电梯伤害事故

（1）联锁装置失灵发生人员被挤压、剪切、撞击和发生坠落。

（2）设备维修缺失，电气裸露，人员被电击，甚至触电。

（3）控制系统失灵，轿厢超速度、超越极限行程发生撞击。

（4）乘客明显超载，导致断绳造成坠落。

（5）由于材料失效、强度丧失而造成结构破坏。

5. 危险化学品泄漏伤害事故

（1）存储不当，存储不稳固，未放置在专用位置。

（2）现场控制措施失效，比如围堰。

（3）人员操作失误、违章作业等。

（4）搬运、运输过程中处置不当等。

6. 机械伤害事故

防护罩设计不合理，或由于各种原因被损坏、拆除，未及时修复或补全，使旋转运动部件全部或部分暴露。

7. 物体打击伤害事故

（1）高处掉落的物体击中人体。

（2）操作或检修时，因用力过猛，工具或部件在惯性力作用下飞出击中人体。

（3）违章操作，带压检修，零部件在压力的作用下飞出击中人体。

（4）检修工具及设备的附件等，若使用不当或放置不牢固，致使工具意外飞出、附件意外坠落，可能造成物体打击。

8. 车辆伤害事故

（1）运行中车辆存在机械故障或维护检修不到位。

（2）厂区道路不顺畅，路面不平；积雪结冰、存水等。

（3）厂区道路转弯半径不足、路面宽度不够。

（4）驾驶员麻痹大意、违章操作。

（5）人员密集或人行频率较高路段没有或缺少警告标志和声光报警信号。

9. 高处坠落伤害事故

（1）高处作业安全防护设施存在缺陷，例如作业面没有防护栏杆、作业平台狭窄及安全带、安全绳存在缺陷或不佩戴安全带等。

（2）操作人员违反安全操作规程。

（3）操作人员作业中麻痹大意，不遵守劳动纪律，比如上岗前喝酒、吃嗜睡药、不按规定佩戴劳动保护用品等。

（4）操作人员身体原因不适合从事高处作业，例如患有恐高症或其他禁忌证。

（5）高处作业现场缺乏必要的监护。

10. 中毒伤害事故

短时间内吸入较高浓度有毒气体，可出现眼睛及上呼吸道明显的刺激症状、眼结膜及咽部充血、头晕、头痛、恶心、呕吐、胸闷、四肢无力、步履蹒跚、意识模糊，长时间吸入会令人窒息昏迷，甚至死亡。

11. 高温中暑伤害事故

高温中暑是在气温高、湿度大的环境中，从事重体力劳动，发生体温调节障碍，水、电解质平衡失调，心血管和中枢神经系统功能紊乱为主要表现的一种症候群。病情与个体健康状况和适应能力有关。

12. 灼烫伤害事故

（1）由于热力汽水管道、阀门因腐蚀等造成爆管泄漏或因材质不满足要求，安全余度不大而运行中引起高温蒸汽或热水泄漏，造成作业人员灼烫。

（2）热力站换热设备、热水或蒸汽输送管道等发生爆裂，可能造成灼烫事故。

（3）危险化学品飞溅到操作人员身上造成的灼烫。

（三）可能造成的危害程度

导致人员伤亡。

三、火力发电厂火灾类事故现场处置措施及注意事项

（一）机械伤害事故现场处置措施及注意事项

1. 事故风险描述

机械设备运动（静止）部件、工具、加工件直接与人体接触引起的夹击、碰撞、剪切、卷入、绞、碾、割、刺等形式的伤害。各类转动机械的外露传动部分（如齿轮、轴、履带等）和往复运动部分都有可能对人体造成机械伤害，造成休克、颅脑损伤、脊椎受伤、手足骨折、创伤性出血，严重者出现死亡。

2. 应急处置措施

（1）发生机械伤害事故应立即切断动力电源，首先抢救伤员，观察伤员的伤害情况，如手前臂、小腿以下位置出血，应选用橡胶带、皮带或止血纱布等进行绑扎止血。

（2）对发生休克、颅脑损伤、脊椎受伤、手足骨折、创伤性出血的伤员的处理方法与高空坠落或物体打击事故相同。

（3）动用最快的交通工具或其他措施，及时把伤员送往临近医院抢救，运送途中应尽量减少颠簸。同时密切注意伤者的呼吸、脉搏、血压及伤口的情况。

（4）当机械发生重大事故时，必须及时上报有关单位或组织抢救，保护现场，设置危险区域，专人监护，拍摄事故现场照片。

（5）报警时，报警人应详细准确报告：出事地点、单位、电话、事态现状及报告人姓名、单位、地址、电话；报警完毕报警员应到路口迎接消防车及急救人员的到来。

（6）在急救过程中，遇有威胁人身安全情况时，应首先确保人身安全，迅速疏散人群至安全地带，以减少不必要伤亡。

（7）使用二氧化碳灭火器灭火时应做好防冻伤和防中毒保护措施。

（8）火灾扑灭后，应保护好现场接受事故调查，并如实提供火灾事故情况，协助消防部门认定火灾原因，核定火灾损失。

3. 注意事项

（1）现场施救人员应具备相应知识和能力，确保救治得体有效，应急药品要确保齐全、有效。

（2）进入现场必须确认现场是受控的、人员安全防护措施足够，防止

事故再次发生。

（3）疑有脊椎骨折时，禁忌一人抬肩一人抱腿的错误方法。

（4）救援人员要做好自身防护措施，高处救援正确使用防坠落用具。

（5）应急救援结束后对事故按照"四不放过"处理原则进行处理。

（二）物体打击事故现场处置措施及注意事项

1. 事故风险描述

物体在重力或其他外力作用下产生运动，打击人体造成的人身伤害。

2. 应急处置措施

（1）一旦有事故发生，首先要高声呼喊，通知现场人员，马上拨打120急救电话，并向上级领导及有关部门汇报。

（2）做好人员分工，在事故发生的时候做好应急抢救，如现场包扎、止血等措施，防止伤者流血过多造成死亡。

（3）重伤人员应立即送往医院救治，一般伤员在等待救护车的过程中，门卫要在大门口迎接救护车，有程序地处理事故，最大限度地减少人员和财产损失。

3. 注意事项

（1）现场施救人员应具备相应知识和能力，确保救治得体有效，应急药品要确保齐全、有效。

（2）进入现场必须确认现场是受控的、人员安全防护措施足够，防止事故再次发生。

（3）疑有脊椎骨折时，禁忌一人抬肩一人抱腿的错误方法。

（4）救援人员要做好自身防护措施，高处救援正确使用防坠落用具。

（5）应急救援结束后对事故按照"四不放过"处理原则进行处理。

（三）高处坠落事故现场处置措施及注意事项

1. 事故风险描述

由于高处作业引起的高空坠落事故。

2. 应急处置措施

（1）发生高空坠落事故后，现场人员应立即根据伤者受伤情况，组织对受伤人员急救，并向上级报告。

（2）若发生肢体骨折，应尽快固定伤肢，减少骨折断端对周围组织的进一步损伤。

（3）检查呼吸、神志是否清楚，若心跳呼吸停止应立即进行心肺复苏。

（4）如有出血，立即止血包扎。

（5）如果患者出现意识不清或痉挛，这时应取昏迷体位。在通知急救中心的同时，注意保证呼吸道畅通。

3. 注意事项

（1）发生高处坠落事故后，抢救的重点放在对休克、骨折和出血上进行处理。

（2）如需把伤员搬运到安全地带，搬运时要有多人同时搬运，禁止一人抬腿另一人抬腋下的搬运方法，尽可能使用担架、门板，防止受伤人员加重伤情。

（3）应保护好事故现场，防止无关人员破坏事故现场，以便有关部门进行事故调查。

（四）起重伤害事故现场处置措施及注意事项

1. 事故风险描述

操作人无证上岗、违规操作、起重机械设计不规范、品质缺陷等可能对工作人员造成巨大伤害。

2. 应急处置措施

（1）当发现有人受伤后，应立即停止起重机械运行，现场有关人员立即向周围人员呼救，同时向企业应急领导小组报告。

（2）立即对伤者采取包扎、止血、止痛、消毒、固定临时措施，防止伤情恶化。

（3）如受伤人员有骨折、休克或昏迷状况，应采取临时包扎止血措施，进行人工呼吸或胸外心脏按压，尽量努力抢救伤员。

3. 注意事项

（1）受伤者伤势严重，不要轻易移动伤者。

（2）去除伤者身上的用具和口袋中的硬物，注意不要让伤者再受到挤压。

（五）车辆伤害事故现场处置措施及注意事项

1. 事故风险描述

企业机动车辆在行驶中引起的对人体直接撞击、坠落和物体倒塌、挤压伤亡事故。主要有车辆伤害受伤（轻伤、重伤）和车辆伤害死亡两种。

2. 应急处置措施

（1）当发生车辆伤害后，熄灭汽车发动机，转移受伤员工，把抢救的重点放在对颅脑损伤、胸部骨折和出血上进行处理。

（2）对心跳呼吸停止者，现场施行心肺复苏。对失去知觉者宜清除口鼻中的异物、分泌物，随后将伤员置于侧卧位以防止窒息。

（3）对出血多的伤口应加压包扎，有搏动性或喷涌状动脉出血不止时，暂时可用指压法止血，或在出血肢体伤口的近端扎止血带，上止血带者应有标记，注明时间，并且每20min放松一次，以防肢体的缺血坏死。

（4）立即采取措施固定骨折的肢体，防止骨折的再损伤。

（5）遇有开放性颅脑或开放性腹部伤、脑组织或腹腔内脏脱出者，不应将污染的组织塞入，可用干净碗覆盖，然后包扎，避免进食、饮水或用止痛剂，速送往医院诊治。

（6）当有异物刺入体腔或肢体，不宜拔出，等到达医院后，准备手术时再拔出，有时戳入的物体正好刺破血管，暂时尚起填塞止血作用，一旦现场拔除，会招致大出血而来不及抢救。

（7）若有胸壁浮动，应立即用衣物、棉垫等充填后适当加压包扎，以限制浮动，无法充填包扎时，使伤员卧向浮动壁，也可起到限制反常呼吸的效果。

（8）若有开放性胸部伤，立即取半卧位，对胸壁伤口应行严密封闭包扎。使开放性气胸改变成闭合性气胸，速送医院。

3. 注意事项

（1）在伤员救治和转移过程中，采取固定等措施，防止加重伤员的伤情。

（2）在无过往车辆或救护车的情况下，可以动用肇事车辆运送伤员到医院救治，但要做好标记，并留人看护现场。

（3）保护好事故现场，依法合规配合做好事件处理。

（4）现场应急处置能力确认和人员安全防护等。

（5）应急救援结束后的隐患排查。

（六）缺氧、中毒窒息事故现场处置措施及注意事项

1. 事故风险描述

进入受限空间内部检修或清理作业时，由于内部含氧量不足或有有毒气体会造成人员窒息、中毒。

2. 应急处置措施

（1）患者出现头晕、晕倒等现象，应立即并采取急救措施尽快使伤者脱离危险区。并呼叫现场其他人员向上级汇报。监护人员不可盲目进入受限空间内，应设法帮助内部人员迅速逃离现场，对伤者进行现场急救。

（2）应将伤员转移至通风处，松开衣服。当伤者呼吸停止时，施行人工呼吸；心脏停止跳动时，施行胸外按压，促使自动恢复呼吸。

（3）应马上送往医院救治，一般伤员在等待救护车的过程中，门卫要在大门口迎接救护车，有程序地处理事故，最大限度地减少人员和财产损失。

（4）需要进入受限空间内部施救时，立即向本单位主要负责人报告，由主要负责人宣布启动专项应急预案。

3. 注意事项

（1）在有限空间作业时监护人等发现事故，不能冒然下去抢救，必须立即使用通风设施、防毒面具、绳索、梯子等。

（2）首先向容器内进行强制通风，佩戴防毒护品并携带防毒面具给伤员佩戴，尽快使伤员脱离危险区域。要注意救护过程中，搬运时动作要轻柔、行动要平稳，以尽量减少伤员痛苦。

（七）触电事故现场处置措施及注意事项

1. 事故风险描述

线路破损、绝缘损坏、接地不良、短路、漏电保护器失效或缺失。

2. 应急处置措施

（1）发现有人触电，首先要使触电者尽快脱离电源。并报告上级组织抢救。

（2）对触电后神志清醒者，要有专人照顾、观察，情况稳定后，方可正常活动；对轻度昏迷或呼吸微弱者，可针刺或掐人中、涌泉等穴位，并送医院救治。

（3）对触电后无呼吸但心脏有跳动者，应立即采用口对口人工呼吸；对有呼吸但心脏停止跳动者，则应立刻进行胸外心脏按压法进行抢救。

（4）如触电者心跳和呼吸都已停止，则须同时采取人工呼吸和俯卧压背法、仰卧压胸法、心脏按压法等措施交替进行抢救。

（5）在就地抢救的同时，尽快拨打 120 求救。

3. 注意事项

（1）现场无任何合适的绝缘物（如橡胶、尼龙、木头等），救护人员也可用几层干燥的衣服将手包裹好，站在干燥木板上，拉触电者的衣服，使其脱离电源。

（2）救护者一定要判明情况，做好自身防护。

（3）在触电人脱离电源的同时，要防止二次摔伤事故。

（4）如果是夜间抢救，要及时解决临时照明，以避免延误抢救时机。

第十章　职业危害因素及其防治

第一节　粉尘的危害及其防治

一、粉尘的介绍

粉尘是指直径很小的固体颗粒物质，是一种空气污染物，可以是自然环境中天然产生，如火山喷发产生的尘埃，也可以是工业生产或日常生活中的各种活动生成，如矿山开采过程中岩石破碎产生的大量尘粒。生产性粉尘就是特指在生产过程中形成的，并能长时间飘浮在空气中的固体颗粒。随着工业生产规模的不断扩大，生产性粉尘的种类和数量也不断增多，同时，许多生产性粉尘在形成之后，表面往往还能吸附其他的气态或液态有害物质，成为其他有害物质的载体。生产性粉尘的产生不仅造成作业环境的污染，影响作业人员的身心健康，而且由于生产性粉尘常常会扩散到作业点以外，还会污染厂矿周围的大环境，直接或间接地影响周围居民的身心健康，带来严重的环境污染问题。生产性粉尘污染的产生与技术水平、生产工艺和防护措施等因素有关，可以通过采取适当的措施降低和防止其产生。

二、粉尘对健康的主要危害

所有粉尘对身体都是有害的，不同特性，特别是不同化学性质的生产性粉尘，可能引起机体的不同损害。如可溶性有毒粉尘进入呼吸道后，能很快被吸收入血流，引起中毒；具有放射性的粉尘，则可造成放射性损伤；某些硬质粉尘可机械性损伤角膜及结膜，引起角膜浑浊和结膜炎等；粉尘堵塞皮脂腺和机械性刺激皮肤时，可引起粉刺、毛囊炎、脓皮病及皮肤皲裂等；粉尘进入外耳道混在皮脂中，可形成耳垢等。粉尘对机体的损害是多方面的，尤其以呼吸系统损害最为主要。

三、粉尘危害的防治措施

目前，粉尘对人造成的危害，特别是尘肺病尚无特异性治疗，因此预防粉尘危害，加强对粉尘作业的劳动防护管理十分重要。粉尘作业的劳动防护管理应采取三级防护原则。

1. 一级预防

（1）一级预防主要措施包括：主要是以工程防护措施为主的综合防尘，即改革生产工艺、生产设备，尽量将手工操作改为机械化、自动化和密闭化、遥控化操作；尽可能采用不含或含游离二氧化硅低的材料代替含游离二氧化硅高的材料；在工艺要求许可的条件下，尽可能采用湿法作业；使用个人防尘用品，做好个人防护。

（2）定期检测，即对作业环境的粉尘浓度实施定期检测，使作业环境的粉尘浓度达到国家标准规定的允许范围之内。

（3）健康体检，即根据国家有关规定，对工人进行就业前的健康体检，对患有职业禁忌证、未成年、女性职工，不得安排其从事禁忌范围的工作。

（4）宣传教育，普及防尘的基本知识。

（5）加强维护，对除尘系统必须加强维护和管理，使除尘系统处于完好、有效状态。

2. 二级预防

二级预防措施包括建立专人负责的防尘机构，制定防尘规划和各项规章制度；对新从事粉尘作业的职工，必须进行健康检查；对在职的从事粉尘作业的职工，必须定期进行健康检查，发现不宜从事接尘工作的职工，要及时调离接尘岗位。

3. 三级预防

三级预防主要措施为：对已确诊为尘肺病的职工，应及时调离原工作岗位，合理安排其治疗或疗养，患者的社会保险待遇应按国家有关规定办理。

第二节　噪声的危害及其防治

噪声是声音的一种，具有声音的物理特性。从卫生学的角度，凡是使人感到厌烦或不需要的声音都称为噪声。除了频率和强度无规律的组合所形成的使人厌烦的声音以外，其他如谈话的声音或音乐，对于不需要的人来说，也是噪声。生产性噪声是指生产过程中产生的声音，频率和强度没有规律，听起来使人感到厌烦，称为生产性噪声或工业噪声。除此以外，还有交通噪声和生活噪声等。噪声除了对一般人群产生影响外，还对劳动者、办公楼、写字楼等地点的工作人员产生影响，造成职业危害。

生产性噪声的分类方法有很多种，按照来源可分为以下三种：

（1）机械性噪声：机械的撞击、摩擦、转动所产生的噪声，如冲压、打磨发出的声音。

（2）流体动力性噪声：气体的压力或体积的突然变化，或流体流动所产生的声音，如空气压缩或释放（汽笛）发出的声音。

（3）电磁性噪声：如变压器所发出的嗡嗡声，在大型变电站更加明显。

根据噪声随时间分布情况，生产性噪声可分为连续噪声和间断噪声。连续噪声按照随时间的变化程度，又可分为稳态噪声和非稳态噪声。随着时间的变化，声压波动<3dB 称为稳态噪声，否则即为非稳态噪声。间断噪声是指在测量过程中，声级保持在背景噪声之上的持续时间≥1s，并多

次下降到背景噪声水平的噪声。此外，还有一类噪声称为脉冲噪声，是指声音持续时间<0.5s，间隔时间>1s，声压有效值变化>40dB的噪声。

一、噪声的主要危害

早期人们只注意到长期接触一定强度的噪声，可以引起听力的下降和噪声性耳聋，火药发明后就有关于爆震聋的记载。后经过多年的研究证明，噪声对人体的影响是全身性的，除了对听觉系统影响外，也可对神经系统、心血管系统、内分泌系统等非听觉系统产生影响。

（一）听觉系统

听觉系统是感受声音的系统，噪声危害的评价以及噪声标准的制定主要以听觉系统的损害为依据。外界声波传入听觉系统有两种途径：一种途径是通过空气传导，声波经外耳道进入，引起鼓膜振动，通过中耳的听骨链（锤骨、砧骨、镫骨）传至内耳，从而使基底膜听毛细胞感受振动，经第八对脑神经传达到中枢神经系统，产生音响感觉；另外一种途径是骨传导，即声波由颅骨传入耳蜗，再通过耳蜗传入内耳。这两种途径对于听力测量和噪声性耳聋的诊断、鉴别诊断等方面均有重要价值。噪声引起听觉系统的损伤变化一般由暂时性听阈位移逐渐发展成为永久性听阈位移。

1. 暂时性听阈位移

暂时性听阈位移是指人或动物接触噪声后所引起的听阈变化，脱离噪声环境后经过一段时间，听力可以恢复到原来水平。

短时间暴露在噪声环境中，感觉声音刺耳、不适，停止接触后，听觉系统敏感性下降，脱离噪声接触后对外界的声音有"小"或"远"的感觉，听力检查听阈可提高10~15dB，离开噪声环境数分钟之内可以恢复，这种现象称为听觉适应。听觉适应是一种生理保护现象。

较长时间停留在噪声环境中，引起听力明显下降，离开噪声环境后，听阈可提高15~30dB，需要数小时甚至数十小时听力才能恢复，称为听觉疲劳。一般在十几小时内可以完全恢复的属于生理性听觉疲劳。在实际工作中常以16h为限，即在脱离接触后到第二天上班的时间间隔。随着接触噪声的时间不断增加，如果前一次接触引起的听力变化未能完全恢复又再次接触噪声，可使听觉疲劳逐渐加重，听力不能恢复，变为永久性听阈位移。永久性听阈位移属于不可恢复的改变。

2. 永久性听阈位移

永久性听阈位移是指噪声或其他因素引起的不能恢复到正常水平的听阈升高。出现这种情况时听觉系统已发生器质性的变化，通过扫描电子显微镜可以观察到听毛细胞倒伏、稀疏、脱落，听毛细胞出现肿胀、变形或消失等现象。通常，这种情况的听力损失不能完全恢复，听阈位移是永久性的。

根据损伤的程度，永久性听阈位移又分为听力损失或听力损伤以及噪声性耳聋。

噪声引起的永久性听阈位移早期常表现为高频听力下降，听力曲线在3000～6000Hz（多在4000Hz）出现"V"形下陷［又称听谷（tip）］，此时患者主观无耳聋感觉，交谈和社交活动能够正常进行。随着病情加重，除了高频听力继续下降外，语言频段（500～2000Hz）的听力也受到影响，出现语言听力障碍，表现为高频及语频听力都下降。

高频（特别是在3000～6000Hz）听力下降，是噪声性耳聋的早期特征。对其发生的可能原因有以下几种解释：

（1）耳蜗接受高频声波的细胞纤毛较少且集中于基底部，而接受低频声波的细胞纤毛较多且分布广泛，故表现为高频听力下降。

（2）内耳螺旋板接受4000Hz的部位血液循环较差，且血管有一个狭窄区，易受淋巴振动的冲击而引起损伤，三块听小骨对高频声波所起的缓冲作用较小，故高频部分首先受损。

（3）共振学说则认为外耳道平均长度为2.5cm，根据物理学原理，对于一端封闭的管腔，波长是其4倍的声波能引起最佳共振作用。对于人耳来说，这一长度相当于10cm，3000Hz声音的波长为11.40cm，因此，能引起共振的频率为3000～4000Hz。

3. 噪声性耳聋

长期接触高强度的噪声可以引起不同程度的听力下降甚至耳聋。职业性噪声聋是指劳动者在工作场所，由于长期接触噪声而发生的一种渐进性的感音性听觉损伤。职业性噪声聋是噪声对听觉系统长期影响的结果，是法定职业病。

《职业性噪声聋的诊断》（GB/Z 49）首先要求要有连续3年以上的职业性噪声作业史，出现渐进性的听力下降、耳鸣等症状，经纯音测听检查为感音神经性聋，并结合职业健康监护资料和现场的职业卫生学调查综合分析，排除其他致聋原因（如药物中毒性耳聋、外伤聋、传染病聋、家族性聋、突聋等）以后才可以诊断。职业性噪声聋的诊断分级和临床上听力损失的分级略微有一点不同，职业性噪声只有三个等级，轻度停留在26～40dB之间，中度是41～55dB之间，大于等于56dB属于重度。

4. 爆震性耳聋

在某些生产条件下，如进行爆破，由于防护不当或缺乏必要的防护设备，可因强烈爆炸产生的冲击波所造成急性听觉系统的外伤，引起听力丧失，称为爆震性耳聋。这种情况根据损伤程度不同，可出现鼓膜破裂、听小骨损伤、内耳组织出血等，同时伴有脑震荡。患者主诉有耳鸣、耳痛、恶心、呕吐、眩晕，听力检查结果是严重障碍或完全丧失。轻者听力可以部分或大部分恢复，重者可致永久性耳聋。

（二）神经系统

听觉器官感受到噪声后，经听神经传入大脑，引起一系列神经系统反应。可出现头痛、头晕、心悸、睡眠障碍和全身乏力等神经衰弱综合征。有的表现为记忆力减退和情绪不稳定，如易激怒等。检查可见脑电波改变，主要为 α 波节律减少及慢波增加。此外，可有视觉运动反应时潜伏期延长、闪烁融合频率降低、视力清晰度及稳定性下降等。植物神经中枢调节功能障碍主要表现为皮肤划痕试验反应迟钝。

（三）心血管系统

心率可表现为加快或减慢，心电图 ST 段或 T 波出现缺血型改变。血压变化在早期可表现为不稳定，长期接触较强的噪声可以引起血压持续性升高。脑血流图呈现波幅降低、流入时间延长等特点，提示血管紧张度增加、弹性降低。

（四）内分泌及免疫系统

有研究显示，在中等强度噪声［70～80dB（A）］用下，肾上腺皮质功能增强；大强度噪声［100dB（A）］作用下，肾上腺皮质功能减弱。接触较强噪声的劳动者或实验动物可出现免疫功能降低，接触噪声时间越长，变化越显著。

（五）消化系统及代谢功能

可出现胃肠功能紊乱、食欲差、胃液分泌减少、胃紧张度降低、胃蠕动减慢等变化。有研究显示，噪声可引起人体脂肪代谢障碍，血胆固醇升高。

（六）生殖功能及胚胎发育

国内外大量的流行病学调查表明，接触噪声的女性有月经不调现象，表现为月经周期异常、经期延长、血量增多及痛经等。月经异常以年龄为 20～25 岁，工龄为 1～5 年的年轻女性多见。接触高强度噪声，特别是 100dB（A）以上噪声的女性中，妊娠恶阻及妊娠高血压的发病率明显增高。

（七）工作效率

噪声对日常谈话、听广播、打电话、阅读、上课等都会带来影响。当噪声达到 65dB（A）以上，即可干扰通话；噪声达 90dB（A），即使大声叫喊也不易听清楚。

在噪声干扰下，人们会感到烦躁，注意力不集中，反应迟钝，不仅影响工作效率，而且降低工作质量。在车间或矿井等工作场所，由于噪声的影响，掩盖了异常信号或声音，容易发生各种工伤事故。

二、防止噪声危害的主要措施

（一）控制噪声源

根据具体情况采取技术措施，控制或消除噪声源，是从根本上解决噪声危害的一种方法。采用无声或低噪声设备代替发出强噪声的设备，如用无声液压代替高噪声的锻压，以焊接代替铆接等，均可收到较好的效果。在生产工艺过程允许的情况下，可将噪声源，如电动机或空气压缩机等移至车间外或更远的地方，否则需采取隔声措施。此外，设法提高机器制造的精度，尽量减少机器零部件的撞击和摩擦，减少机器的振动，也可以明显降低噪声强度。在进行工作场所设计时，合理配置声源，将噪声强度不同的机器分开放置，有利于减少噪声危害。

（二）控制噪声的传播

在噪声传播过程中，应用吸声和消声技术，可以获得较好效果。采用吸声材料装饰在车间的内表面，如墙壁或屋顶，或在工作场所内悬挂吸声体，吸收辐射和反射的声能，使噪声强度减低。具有较好吸声效果的材料有玻璃棉、矿渣棉、棉絮或其他纤维材料。在某些特殊情况下，为了获得较好的吸声效果，需要使用吸声尖劈。消声是降低动力性噪声的主要措施，用于风道和排气管，常用的有阻性消声器、抗性消声器，消声效果较好。还可以利用一定的材料和装置，将声源或需要安静的场所封闭在一个较小的空间中，使其与周围环境隔绝起来，即隔声室、隔声罩等。在建筑施工中将机器或振动体的基底部与地板、墙壁连接处设隔振或减振装置，也可以起到降低噪声的效果。

（三）制定职业接触限值

尽管噪声对人体产生不良影响，但在生产中要想完全消除噪声，既不经济，也不可能。因此，制定合理的卫生标准，将噪声强度限制在一定范围内，是防止噪声危害的主要措施之一，我国《工作场所有害因素职业接触限值第2部分：物理因素》（GB/Z 2.2—2007）规定，噪声职业接触限值为每周工作5天，每天工作8h，稳态噪声限值为85dB（A），非稳态噪声等效声级的限值为85dB（A）；每周工作日不足5天，需计算40h等效声级，限值为85dB（A）。

（四）个体防护

当工作场所的噪声强度暂时不能得到有效控制，且需要在高噪声环境下工作时，佩戴个体防护装备是保护听觉系统的一项有效的防护措施。按照传统的分类方法，护听器可分为耳塞、耳罩和防噪声头盔（噪声帽）三大类型。耳塞是一类插入耳道，或置于外耳道入口，能和耳道形成密封的护听器，大致分为泡棉耳塞、预成型耳塞、免揉搓泡棉耳塞等。耳罩是由围住耳廓四周而紧贴在头部并遮住耳道的壳体等组成。壳体又称为耳罩的杯罩部分，外壳通常由硬质塑料制成，内置海绵等发泡材料。壳体和头部接触的部分为填充海绵、液体或凝胶等材质的柔软垫圈，起到和耳周密封并提高舒适性的作用。防噪声头盔（噪声帽）耳罩的两个杯罩不直接相连，而是卡接到安全帽上配合使用。

（五）健康监护

定期对接触噪声的劳动者进行健康检查，特别是听力检查，观察听力变化情况，以便早期发现听力损伤，及时采取有效的防护措施。从事噪声作业的劳动者应进行就业前检查，取得听力的基础资料，凡有听觉系统疾患、中枢神经系统和心血管系统器质性疾患或植物神经功能失调者，不宜从事噪声作业。噪声作业劳动者应定期进行健康体检，发现有高频听力下降者，应及时采取适当的防护措施。对于听力明显下降者，应及早调离噪声作业并进行定期检查。

（六）合理安排劳动和休息

对从事噪声作业的劳动者可适当安排工间休息，休息时应脱离噪声环境，使听觉疲劳得以恢复。应经常检测工作场所的噪声，监督检查预防措施的执行情况及效果。

第三节 高温的危害及其防治

高温作业是指在生产劳动过程中，工作地点湿球和黑球温度指数≥25℃的作业。湿球和黑球温度指数是指湿球、黑球和干球温度的加权值，也是综合性的热负荷指数。

按照气象条件的特点，可将高温作业分为下面三个基本类型。

1. 高温、强热辐射作业

工作环境的气象特点是：气温高、热辐射强度大，相对湿度较低，形成过热环境。例如：冶金工业的炼焦、炼铁、轧钢等车间；机械工业的铸造、锻造、热处理等车间；陶瓷、玻璃、搪瓷、砖瓦等工艺的炉窑车间；火力发电厂和轮船的锅炉间等。

2. 高温、高湿作业

工作环境的气象特点是：高气温、高湿度，而热辐射强度不大。高湿环境的形成，主要是由于生产过程中产生大量的水蒸气或生产工艺要求车间内保持较高的相对湿度所致。例如：印染、缫丝、造纸等工艺，车间气温可达35℃以上，相对湿度达90％以上；有些潮湿的深矿井中气温在30℃以上，相对湿度可达95％以上，也形成了高温、高湿环境。

3. 夏季露天作业

夏季气温较高时，从事室外作业，如农田劳动、建筑、搬运等露天作业，人体除受太阳的直接辐射作用外，还受到加热的地面和周围物体的二次辐射，且持续时间较长，形成温度高、强热辐射的工作环境。

一、高温作业对生理功能的影响

高温作业时，人体会出现一系列生理功能的改变，主要表现为体温调节、水电解质代谢、循环系统、消化系统、神经系统、泌尿系统等多个方面。

1. 体温调节

人体体温相对恒定，可以保证机体新陈代谢的正常进行。当周围环境的温度发生变化时，人体温度感受器感受到的温度信息传递到下丘脑的体温调节中枢，通过调节机体的产热和散热，来维持体温的相对恒定。

2. 水电解质代谢

出汗量是高温作业受热程度和劳动强度的综合指标。工作场所的环境温度越高，劳动强度越大，人体出汗量则越多。汗液的有效蒸发率在干热、有风的环境中高达 80% 以上。在湿热、风小的环境中有效蒸发率常常不足 50%，汗液往往以汗珠的形式淌下来，不能有效地散热。汗液的主要成分是水、盐、Ca^{2+}、K^+、葡萄糖、乳酸、氨基酸等，这在制订防暑降温措施时应该加以考虑。一个工作日出汗量为 6L 是生理最高限度，失水不应超过体重的 1.5%，否则可能导致水电解质代谢紊乱。有调查显示，从事高温作业的劳动者一个工作日出汗量为 3000~4000g，经汗腺排出盐量为 20~25g，故大量出汗可导致水盐代谢紊乱。

3. 循环系统

血液供求矛盾使得循环系统处于高度应激状态。一方面，高温作业环境下从事体力劳动时，心脏不仅要向扩张的皮肤血管网输送大量血液，以便有效地散热；而且还要向工作肌输送足够的血以保证工作肌的活动和维持正常的血压。另一方面，由于机体不断出汗，大量水分丢失，可导致有效血容量的减少。心脏向外周输送血液的能力取决于心排出量，而心排出量又依赖于心率和有效血容量。如果高温作业劳动者在劳动时已达最高心率，且机体热蓄积不断增加，则不可能通过增加心排出量来维持血压和肌肉的灌流，可能导致热衰竭。

4. 消化系统

高温作业时，机体的血液重新分配，消化系统血流减少，常导致消化液分泌减少，消化酶活性和胃液酸度（游离酸和总酸）降低；胃肠道收缩和蠕动减弱，排空的速度减慢。这些因素均可引起食欲减退和消化不良，导致胃肠道的疾患增加。

5. 神经系统

高温作业可对中枢神经系统产生抑制作用，出现肌肉工作能力降低。从生理学的角度可把这种抑制看作是保护性反应，但由于注意力、肌肉工作能力、动作的准确性、协调性及反应速度等降低，易发生工伤事故。

6. 泌尿系统

高温作业时，大量水分经汗腺排出，肾血流量和肾小球滤过率下降，经肾脏排出的尿液大量减少，有时达 85%~90%。此时，如不及时补充水分，则血液浓缩可使肾脏负担加重，引起肾功能不全，尿中可见蛋白、红细胞、管型等。

中暑是高温环境下由于热平衡和（或）水电解质代谢紊乱等而引起的

一种以中枢神经系统和（或）心血管系统障碍为主要表现的急性热致疾病。致病因素为工作环境温度过高、湿度大、风速小、劳动强度过大、劳动时间过长是中暑的主要致病原因。过度疲劳、未经历热适应、睡眠不足、年老、体弱、肥胖易诱发中暑。按照发病机制重症中暑可分为三种类型：热射病、热痉挛和热衰竭。

二、主要预防措施

1. 技术措施

（1）合理设计工艺流程。

合理设计工艺流程，改进生产设备和操作方法是改善高温作业劳动条件的根本措施。例如钢水连铸、轧钢、铸造、瓷等生产自动化，可使劳动者远离热源，减轻劳动强度。

热源的布置应符合下列要求：①尽量布置在车间外面；②采用热压为主的自然通风时，尽量布置在天窗下面；③采用穿堂风为主的自然通风时，尽量布置在夏季主导风向的下风侧。此外，温度高的成品和半成品应及时运出车间或堆放在下风侧。

（2）隔热。

隔热是防止热辐射的重要措施，可以采用水或导热系数小的材料进行隔热。首先要对热源采取隔热措施；热源之间设置隔墙（板），使热空气沿着隔墙（板）上升，经过天窗排出，以免热的气体扩散到整个车间。

（3）通风降温。

根据实际情况选择通风方式，主要有：①自然通风：热量大、热源分散的高温车间，每小时需换气 30～50 次以上，才能使余热及时排出，进风口和排风口配置合理，可充分利用热压和风压的综合作用，使自然通风发挥最大的效能；②机械通风：在自然通风不能满足降温需要或生产上要求车间内保持一定的温度、湿度时，可采用机械通风。

2. 保健措施

（1）供给饮料和补充营养。

高温作业劳动者应补充与出汗量相等的水分和盐分。一般每人每天供水 3～5L，盐 20g 左右。8h 工作日内出汗量超过 4L 时，除从食物摄取盐外，尚需通过饮料补充适量盐分。饮料的含盐量以 0.15％～0.20％为宜，饮水方式以少量多次为宜。

高温作业人员膳食中的总热量应比普通劳动者高，最好能达到 12600～13860kJ。蛋白质增加到总热量的 14％～15％为宜。此外，还要注意补充维生素和钙等营养素。

（2）个人防护。

高温作业劳动者的工作服，应以耐热、导热系数小而透气性能好的织物制作。为了防止辐射热对健康的损害，可用白色帆布或铝箔制作工作服。

目前，我国现行隔热服的国家标准是《防护服装隔热服》（GB 38453）。隔热服是指按规定的款式和结构缝制的以避免或减轻工作过程中的接触热、对流热和热辐射对人体的伤害为目的的工作服。该标准适用于作业人员为了避免环境中高温物体、高温热源所产生的接触热、对流热和辐射热造成的伤害所使用的防护服。不适用于消防用隔热服和熔融金属及焊接用防护服。此外，根据不同高温作业的需求，可提供给劳动者工作帽、防护眼镜、面罩、手套、鞋盖、护腿等个体防护装备。特种作业人员如炉衬热修、清理钢包等作业人员，需佩戴隔热面罩和穿着隔热、阻燃、通风的防护服；如喷涂金属（铜、银）的作业人员，需佩戴隔热面罩和穿着铝膜隔热服等。

（3）体检。

对高温作业劳动者应进行就业前和入夏前体格检查。凡有心血管、呼吸、中枢神经、消化和内分泌等系统的器质性疾病、过敏性皮肤瘢痕患者、重病后恢复期及体弱者，均不宜从事高温作业。

3. 组织措施

要加强领导，改善管理，严格遵守我国高温作业卫生标准和有关规定，做好厂矿防暑降温工作。必要时可根据工作场所的气候特点，适当调整夏季高温作业的劳动和作息制度。

第四节　有毒有害化学物质的危害及其防治

有毒有害化学物质是指在一定的条件下，较小剂量即可引起机体暂时或永久性病理改变，甚至危及生命的化学物质，也称毒物。机体受毒物作用后引起一定程度损害而出现的疾病状态称为中毒。职业性化学中毒是指劳动者在生产过程中由于接触生产性化学毒物而引起的中毒。生产性毒物是指生产劳动过程中产生的、存在于工作环境中的化学物质。化学毒物在职业病危害诸多因素中也称之为化学因素。随着生产力的提高以及科技的迅猛发展，新的化合物正以每年数以千计的速度不断问世，劳动者发生重大中毒事故的潜在威胁逐步增大。我国职业病发病率居高不下，职业危害形势依然严峻，其中职业性化学中毒所占的比例比较高。各类重大职业性急慢性化学中毒事件严重威胁着人民群众的生命安全和身体健康，影响社会的和谐稳定。

一、有毒有害化学物质的危害

化学毒物主要通过呼吸道、皮肤、消化道进入人体，从而对人体造成伤害，严重时威胁到人的生命。

1. 呼吸道

呼吸道是气体、蒸汽、雾、烟、粉尘形式的化学毒物进入人体内最重要的途径。大部分职业中毒都是化学毒物通过呼吸道进入人体，然后进入血液，并蓄积在肝、脑、肾等脏器中。其特点是作用快，毒性强。

2. 皮肤

皮肤是人体面积最大的器官，完整的皮肤是很好的防毒屏障。但有些化学毒物可通过完整的皮肤，或经毛孔到达毛囊，再通过皮脂腺而被吸收，一小部分化学毒物可通过汗腺进入体内，如有机磷农药、硝基化合物等；还有一些对皮肤局部有刺激性和损伤性作用的化学毒物，如砷化物等，可使皮肤充血或损伤而加快化学毒物的吸收。若皮肤有伤口，或在高温、高湿度的情况下，可增加化学毒物的吸收。

3. 消化道

正常情况下也可经由污染的手，或被污染的水杯、器皿等，将化学毒物带入消化道，主要由小肠吸收。如进食被化学毒物污染的食物或饮用水、误服毒物等也可导致中毒。有些化学毒物可由口腔黏膜（及食管黏膜）迅速吸收而进入血循环。如有机磷酸酯类、氰化物等。

二、有毒有害化学物质的防治措施

（1）改革工艺过程，消除或减少职业性有害因素的危害。如在职业中毒的预防时，采用无毒或低毒的物质代替有毒物质，限制化学原料中有毒杂质的含量。油漆生产中可用锌白或钛白代替铅白；喷漆作业采用无苯稀料，并采用静电喷漆新工艺；在酸洗作业限制酸中砷的含量；电镀作业采用无氰电镀工艺等。在铸造工艺中用石灰石代替石英砂，并采取湿式作业。在机械模型制造时，采用无声的液压代替噪声高的锻压等。

（2）生产过程尽可能机械化、自动化和密闭化，减少工人接触化学毒物、粉尘及各种有害因素的机会。加强生产设备的管理和检查维修，防止化学毒物的跑、冒、滴、漏和防止发生意外事故。

（3）加强工作场所的通风排毒除尘。厂房车间是相对封闭的空间，室内的气流影响毒物、粉尘的排除，可采用局部抽出式机械通风系统及除尘装置排除化学毒物和粉尘，以降低工作场所空气中的化学毒物和粉尘浓度等。

（4）厂房建筑和生产过程的合理设置。在进行厂房建筑和生产工艺过程设备设施建设时，应严格按照《工业企业设计卫生标准》（GB/Z 1）建设。有生产性化学毒物逸出的车间、工段或设备，应尽量与其他车间、工段隔开，合理地配置，以减少影响范围。厂房的墙壁、地面应以不吸收化学毒物和不易被腐蚀的材料制作，表面力求平滑和易于清理，以便保持清洁卫生等。

第五节　工频电场的危害及其防治

工频电场指按 50 Hz 或 60 Hz 随时间正弦变化的电荷产生的电场。工频电场存在于人们生活各个方面，如电热毯、电吹风、电视机等家电设备以及大型用电设备。在职业接触中，主要是电力系统：高压、超高压输电线路等。

一、工频电场对健康的危害

工频电场辐射对人体的危害是极低频电磁场辐射的范畴，主要以电场辐射形式作用于人体。对生物体的作用主要是热效应和非热效应。根据研究表明，工频电场辐射属于极低电场辐射，对长期处于工频电磁场辐射的维修、巡逻的工作人员会导致神经衰弱、头痛、头昏、疲劳、乏力、睡眠障碍和记忆力减退，并且有些人还会伴有手足多汗、脱发、易激动等症状；通常会导致胸闷、心悸、心前区不适和疼痛。对于长期接触工频电场的人员，还会有发生肿瘤的风险，重点是白血病、淋巴系统肿瘤与神经系统肿瘤。神经衰弱和记忆力减退是工频电场劳动者最常见的症状。

国家标准 GB/Z 2.2—2007《工作场所有害因素职业接触限值　第 2 部分：物理因素》中规定"8 小时工作场所工频电场职业接触限值"为 5kV/m。

二、工频电场的防护措施

（1）选择辐射较低的设备，某些设备改进后，设备标准、尺寸必须符合规定范围，电气与电气之间保持一定的距离。

（2）加强设备外壳与接地设施检查，确保完整有效。

（3）减少作业接触时间。

（4）加强职业健康宣教，加强岗前职业健康检查。

参考文献

［1］《火力发电职业技能培训教材》编委会. 电厂化学设备运行（第二版）［M］. 北京：中国电力出版社，2020.

［2］《火力发电职业技能培训教材》编委会. 环保设备运行（第二版）［M］. 北京：中国电力出版社，2020.

［3］大唐国际发电股份有限公司编. 火力发电生产典型异常事件汇编. 辅机部分［M］. 北京：中国电力出版社，2013.

［4］托克托发电公司编. 大型火电厂新员工培训教材. 电厂化学分册［M］. 北京：中国电力出版社，2020.

［5］马骏主编. 实用职业卫生学（第二版）［M］. 北京：团结出版社，2017.

［6］中国安全生产科学研究院. 安全生产管理（2022 版中级）［M］. 北京：应急管理出版社，2022.